Hans-Günter Boy/Horst Flachmann/Otto Mai
Elektrische Maschinen und Steuerungstechnik

Vorwort

Dieses Buch erscheint in der Reihe *Die Meisterprüfung in der Elektrotechnik* und behandelt ausführlich alle wichtigen Teile der *elektrischen Maschinen und Schaltungstechnik*.

Der Teil *Elektrische Maschinen* behandelt insbesondere die Gleichstromgeneratoren und -motoren, die Wechselstrom- und Drehstrommotoren. Aber auch die Transformatoren mit ihren Schaltgruppen werden dargestellt.

Innerhalb der *Schalt- und Steuerungstechnik* ist ein Kapitel den Schaltgeräten gewidmet. Weiterhin werden *Schaltungsbeispiele in konventioneller Technik* mit Grundschaltungen und speziellen Schaltungsbeispielen behandelt als auch eine *Einführung in binäre Schaltungen* mit den entsprechenden Schaltzeichen gegeben. Eine Einführung in das Thema der *speicherprogrammierbaren Steuerungen* schließt sich an. Ein weiteres Kapitel behandelt die *Drehzahlverstellung von Gleich- und Drehstrommaschinen* mit den zugehörigen Stellern der Leistungselektronik.

Dieser Band ist *für jeden Elektrofachmann in der Energietechnik* von Bedeutung, da Antriebe und Steuerungen zur elementaren Ausrüstung aller Betriebe gehören.

Besondere Bedeutung erlangt er bei der *Meisterausbildung* von Elektrikern der energietechnischen Berufe wie Elektroinstallateuren, Elektromechanikern, Elektromaschinenbauern sowohl im Handwerk als auch in der Industrie.

Da zu dieser Buchreihe der Band *Mathematische und elektrotechnische Grundlagen* gehört, werden grundlegende Kenntnisse auf diesen Gebieten *vorausgesetzt*.

Hierzu zählen der Umgang mit mathematischen Formeln, das magnetische Feld, die elektrischen Grundgesetze der Gleichstrom- und Wechselstromtechnik und die grundlegenden Zusammenhänge der Drehstromtechnik.

Die mit diesem Buch erreichbaren *Lernziele* entsprechen jenen Anforderungen, die der *Zentralverband der Deutschen Elektrohandwerke* für die Meisterprüfung im Elektroinstallationshandwerk, Elektromaschinenbauer- und Elektromechanikerhandwerk festgelegt hat.

Die heutige Form der Buchreihe entwickelte sich aus den bekannten Bänden *Die Meisterprüfung in der Elektrotechnik*. Sie ist das Ergebnis ständiger Erprobungen mit Meisterschülern der *Bundes-Fachlehranstalt für das Elektrohandwerk* in Oldenburg und bringt die umfangreichen Erfahrungen der Autoren im Handwerk und in der Industrie zum Ausdruck.

Die übersichtliche Gliederung der Fachthemen erleichtert dem Leser die Einarbeitung. *Beispiele* tragen zum besseren Verständnis der Fachprobleme bei.

Die *neuesten Normen* wurden eingearbeitet. Zum besseren Verständnis befinden sich im Buch *Gegenüberstellungen der alten und der neuen Normen*.

In dieser Auflage wurde der Abschnitt «Speicherprogrammierbare Steuerungen» dem Stand der Technik angepaßt.

Oldenburg/Würzburg   Verfasser und Verlag

In der Fachbuchgruppe «Die Meisterprüfung in der Elektrotechnik» sind bisher erschienen:

Böttle/Friedrichs: Mathematische und elektrotechnische Grundlagen
ISBN 3-8023-0724-0

Boy/Dunkhase: Elektro-Installationstechnik
ISBN 3-8023-0723-2

Boy/Flachmann/Mai: Elektrische Maschinen und Steuerungstechnik
ISBN 3-8023-0725-9

Folkerts/Friedrichs: Hausgeräte-, Beleuchtungs- und Klimatechnik
ISBN 3-8023-0722-4

Böttle/Boy/Grothusmann: Elektrische Meß- und Regeltechnik
ISBN 3-8023-0560-4

Dugge/Haferkamp: Grundlagen der Elektronik
ISBN 3-8023-0658-9

Böttle/Friedrichs: Aufgaben und Ergebnisse Elektrotechnik
ISBN 3-8023-0756-9

Ebenfalls im Vogel-Buchverlag sind in der Fachbuchgruppe «Elektronik» erschienen:

Meister: Elektrotechnische Grundlagen
ISBN 3-8023-0528-0

Beuth: Bauelemente
ISBN 3-8023-0529-9

Beuth/Schmusch: Grundschaltungen
ISBN 3-8023-0555-8

Beuth: Digitaltechnik
ISBN 3-8023-0584-1

Müller/Walz: Mikroprozessortechnik
ISBN 3-8023-0891-3

6

Inhaltsverzeichnis

1 Elektrische Maschinen 15
  1.1 Gleichstrommaschinen 15
    1.1.1 Mechanischer Aufbau der Gleichstrommaschinen 15
    1.1.2 Anschlußbezeichnungen von Gleichstrommaschinen, Feldstellern und Anlassern 18
    1.1.3 Bestimmung der Drehrichtungen von Gleichstrommaschinen 23
    1.1.4 Funktion der Gleichstrommaschinen 25
    1.1.5 Erregerarten der Gleichstromgeneratoren 27
    1.1.6 Betriebsarten 28
    1.1.7 Bauformen der elektrischen Maschinen 31
    1.1.8 Schutzarten 31
  1.2 Gleichstromgeneratoren 35
    1.2.1 Wirkungsweise 35
      Ankerrückwirkung 35, Fremderregter Generator 42, Nebenschlußgenerator 45, Reihenschlußgenerator (Hauptschlußgenerator) 47, Doppelschlußgenerator (Verbund- oder Kompoundgenerator) 48
    1.2.2 Parallelschaltung von Gleichstromgeneratoren 50
      Parallelschaltung von Gleichstromnebenschlußgeneratoren 52, Parallelschaltung von Gleichstromdoppelschlußgeneratoren 52
    1.2.3 Gleichstrom-Dreileiternetz 54
      Reihenschaltung von Gleichstromgeneratoren 54, Dreileitergenerator 55
  1.3 Gleichstrommotoren 57
    1.3.1 Wirkungsweise 57
      Stromdurchflossene Leiterschleife im Magnetfeld 57, Anlassen des Gleichstrommotors 58, Nebenschlußmotor 60, Reihenschlußmotor 63, Universalmotor 64, Doppelschlußmotor 66, Fremderregter Motor 68, Drehzahlsteuerung von Gleichstrommotoren 70, Leonardschaltung 71, Leistungsmessungen 73, Verluste und Wirkungsgrade 74
    1.3.2 Funkentstörung 76
    1.3.3 Bremsschaltungen von Gleichstrommotoren 78
    1.3.4 Scheibenläufermotor 79
  1.4 Transformatoren (Umspanner) 81
    1.4.1 Aufbau mit Schutzeinrichtungen 81
      Magnetgestell 81, Wicklungen 83, Ölkessel und Schutzeinrichtungen 86
    1.4.2 Wirkungsweise 88
      Spannungserzeugung 88, Leerlauf 88, Belastung 89
    1.4.3 Leistungsschild 91
      Leistungs- und Spannungsangabe 91, Kurzschlußspannung, Kurzschlußstrom 92, Schaltgruppen 96, Zickzackschaltung 97
    1.4.4 Parallelschaltungen 100
    1.4.5 Stelltransformatoren 102
      Grundsätzliche Möglichkeiten zur Änderung der Ausgangsspannung 102, Lichtbogen-Schweißtransformator 102
    1.4.6 Kleintransformatoren 105
      Grundsätzlicher Aufbau 105, Wirkungsweise 107

7

	1.4.7	Spartransformatoren...	108
1.5		Asynchronmaschinen für Dreiphasenwechselstrom	111
	1.5.1	Drehfeld..	111
	1.5.2	Schleifringläufermotor..	112
		Aufbau 112, Wirkungsweise 113, Leistungsschild 118	
	1.5.3	Kurzschlußläufermotor	118
		Aufbau 118, Wirkungsweise 120	
	1.5.4	Asynchronlinearmotor..	125
		Aufbau 125, Wirkungsweise 126, Magnetschwebebahn 127	
	1.5.5	Anlaßverfahren der Drehstrom-Asynchronmotoren	129
		von Kurzschlußläufermotoren 129, von Schleifringläufermotoren 133, allgemeine Bestimmungen über Anlassen von Asynchronmotoren 133	
	1.5.6	Elektrische Bremsungen von Drehstrom-Asynchronmotoren	135
		Gegenstrombremsung 135, Gleichstrombremsung 136	
	1.5.7	Drehzahlsteuerungen von Drehstrom-Asynchronmotoren...........	136
		durch Beeinflussung des Schlupfes 137, durch Änderung der Frequenz 138, durch Änderung der Polpaarzahlen nach konventioneller bzw. nach neuester Methode (PAM-Wicklungen) 139	
	1.5.8	Spannungsumschaltungen von Drehstrom-Asynchronmotoren........	145
	1.5.9	Betriebliche und praktische Gegenüberstellungen von Kurzschlußläufermotoren und Schleifringläufermotoren..........................	146
		Vorteile des Kurzschlußläufermotors gegenüber dem Schleifringläufermotor 146, Vorteile des Schleifringläufermotors gegenüber dem Kurzschlußläufermotor 147	
	1.5.10	Elektrische Welle	147
		Aufbau und Schaltungsweise 147, Wirkungsweise der einfachen Wellenschaltung 147	
	1.5.11	Drehtransformator	148
		Aufbau 148, Wirkungsweise 149	
	1.5.12	Asynchrongeneratoren.......................................	150
		Schaltung 150, Wirkungsweise 151	
1.6		Asynchronmaschinen für Einphasenwechselstrom	151
	1.6.1	Aufbau	151
	1.6.2	Wirkungsweise	153
		Einschaltmoment 153, Anlauf 153, Betrieb, Betriebsverhalten 155	
	1.6.3	Spezieller Hilfsstrang	157
	1.6.4	Spaltpolmotor	158
		Aufbau 158, Wirkungsweise, Betriebsverhältnisse 158	
	1.6.5	Drehstrom-Asynchronmotor am Einphasennetz	160
		Anlaßmöglichkeiten am Einphasennetz 160, Steinmetzschaltung 160	
1.7		Synchronmaschinen	162
	1.7.1	Aufbau	162
		Außenpolmaschine 162, Innenpolmaschine 162, Dämpferwicklung 163, Erregermaschine 165	
	1.7.2	Wirkungsweise des Synchrongenerators	166
		Leerlauf 166, Belastung 167	
	1.7.3	Parallelschaltung	169
		Synchronisiervorgang 169, Prüfung der Phasenlage 170, Lastverteilung 173	
	1.7.4	Wirkungsweise des Synchronmotors	173
		Anlaufbedingungen 173, Betriebsverhalten 174, Phasenschieber 175	
	1.7.5	Synchron-Kleinstmaschinen	177
		Synchron-Kleinstmotor 177, Drehstrom-Reluktanzmotor 178	

8

1.7.6 Schrittmotoren 179
Funktionsbegriff 179, Aufbau 181, Betriebsverhalten 182,
Anwendungen 185
1.8 Stromwendermaschinen für Einphasenwechselstrom 186
Stromwendermaschinen für Dreiphasenwechselstrom 186
1.8.1 Frequenzfragen 186
1.8.2 Stromwendermaschinen für Einphasenwechselstrom (Motoren) 186
1.8.3 Repulsionsmotoren 187
Aufbau 187, Wirkungsweise 188
1.8.4 Stromwendermaschinen für Drehstrom (Motoren) 191
Drehstrom-Reihenschluß-Stromwendermotor 191, Ständergespeister Drehstrom-Nebenschluß-Stromwendermotor 193, Läufergespeister Drehstrom-Nebenschluß-Stromwendermotor 195
1.9 Umformer 196
1.9.1 Motorgeneratoren 196
Aufbau 197, Wirkungsweise 197
1.9.2 Frequenzumformer 197
Asynchroner Frequenzumformer 197
1.9.3 Einankerumformer 199
Einankerumformer mit getrennten Läuferwicklungen 199, Einankerumformer mit angezapften Läuferwicklungen 201
1.10 Gliederung der Einphasen-, Dreiphasen-(Drehstrom-) und Gleichstrommaschinen 203
1.10.1 Energieumformung 203
1.10.2 Drehfeldmaschinen mit kreisförmigem und elliptischem Drehfeld 203
1.10.3 Schlupf 204
1.10.4 Maschinen mit Neben- und Reihenschlußcharakter 205
1.11 Störungen an elektrischen Maschinen 206
1.11.1 Störungen an Gleichstrommaschinen 206
1.11.2 Störungen an Einphasen- und Drehstrommotoren 207

2 Schalt- und Steuertechnik 209
2.1 Bedeutung der Schaltzeichen 209
2.2 Schaltgeräte 212
2.2.1 Schaltkontakte 212
2.2.2 Nenndaten von Schaltgeräten 216
2.2.3 Schalter und deren Einteilung 219
2.2.3.1 Schalter in der Einteilung nach dem Schaltvermögen 219
2.2.3.2 Schalter in der Einteilung nach dem Verwendungszweck 221
Steuerschalter — Nockenschalter 221, Walzenschalter 222, Momentschalter (Mikroschalter) 224, Tastschalter — Druckknopftaster 225, Grenztaster oder Endtaster 227, Programmgeber 229
2.2.4 Meldeleuchten 230
2.2.5 Relais 230
Zeitrelais 230, Stromstoßschalter 231, Stromrelais 232
2.2.6 Wächter und Begrenzer 232
Druckwächter 233, Temperaturwächter 234, Drehzahlwächter 234
2.2.7 Schütze 235
Aufbau und Wirkungsweise 235, Lebensdauer 237, Ölschütze 237, Remanenzschütze 238
2.2.8 Steckvorrichtungen 238
Schutzkontakt-(Schuko-)Steckvorrichtung 239, Perilex-Steckvorrichtung 240, CEE-Steckvorrichtung 240

9

2.2.9 Schutzeinrichtungen 242

Schmelzsicherungen oder Leitungsschutzsicherungen (LS-Sicherungen) 242, Gerätesicherungen (G-Sicherungen) 248, Niederspannungs-Hochleistungssicherungen (NH-Sicherungen) 248, Leitungsschutzschalter 250, Motorschutzschalter 253, Leistungsschalter 255, Thermisches Überstromrelais — Bimetallrelais 256, Motorvollschutz 258

2.3 Stromkreise 259
    2.3.1 Hauptstromkreis 259
    2.3.2 Hilfsstromkreis 260
    2.3.3 Steuerspannung 262
    2.3.4 Steuertransformator 262
    2.3.5 Bestimmungen nach VDE 0113 263
2.4 Schaltungsunterlagen 264
    2.4.1 Zeichenregeln 266
    2.4.2 Übersichtsschaltplan 266
    2.4.3 Stromlaufpläne 269
    2.4.3.1 Stromlaufplan in zusammenhängender Darstellung 269
    2.4.3.2 Stromlaufplan in aufgelöster Darstellung 270
    Allgemein 270, Darstellungsgrundsätze 271
    2.4.4 Geräteverdrahtungsplan 273
    2.4.5 Anschlußplan 273
    2.4.6 Verbindungsplan 273
    2.4.7 Anordnungsplan 274
    2.4.8 Aderzahlermittlung mit Hilfe von Potentialzahlen 276
2.5 Funktionsbeschreibungen 277
2.6 Steuerungsentwurf mit Grundschaltungen 279
    2.6.1 Allgemein 279
    2.6.2 Grundschaltungen 280
    Tippbetrieb 280, Haltegliedsteuerung 280, Folgeschaltung 281, Verzögerungsfolgeschaltung 282, Verriegelungsschaltung 282, Kontrollschaltungen 285, Sonderschaltungen für Gleichstrombetrieb 285
2.7 Steuerungsbeispiele 286
    2.7.1 Kühlanlage — Verdichtersteuerung 286
    2.7.2 Kusa-Schaltung 287
    2.7.3 Automatische Y-Δ-Anlaßschaltung 288
    2.7.4 Dahlander-Schützschaltung 291
    2.7.5 Begrenzungssteuerung (Garagentor) 292
    2.7.6 Kaskadenschaltung (Transportband) 292
    2.7.7 Schleifringläufer-Selbstanlasserschaltung 295
    2.7.8 Bremswächterschaltung 295
    2.7.9 Selbsttätige Netzumschaltung 296
    2.7.10 Feuerungsanlage (Brennersteuerung) 296
2.8 Darstellung von Steuerungen mit Schaltzeichen für binäre Schaltungen 299
    2.8.1 Binäre Steuerungen 299
    2.8.1.1 Signalpegel 299
    2.8.1.2 Wahrheitstabelle 300
    2.8.1.3 Grundform des Schaltzeichens für Binärschaltungen 300
    2.8.1.4 Negierung von Signalen 301
    2.8.1.5 Binäre Verknüpfungsglieder — Schaltzeichen und Funktion 301
    2.8.2 Steuerungsdarstellung durch Funktionspläne 308
    2.8.2.1 Darstellung von Verknüpfungssteuerungen 308
    2.8.2.2 Darstellung von Ablaufsteuerungen 309

10

2.9   Speicherprogrammierbare Steuerungen................................. 313
       2.9.1   Allgemein 313
       2.9.2   Funktion speicherprogrammierbarer Steuerungen 314
       2.9.3   Aufbau einer speicherprogrammierbaren Steuerung 315
       2.9.3.1 Stromversorgung 317
       2.9.3.2 Digitale Eingabebaugruppen 317
       2.9.3.3 Digitale Ausgabebaugruppen 319
       2.9.3.4 Zentralbaugruppe 319
       2.9.3.5 Zeitbaugruppen................................. 321
       2.9.3.6 Bus-System.................................... 321
       2.9.3.7 Speicherbaugruppen 321
       2.9.3.8 Baugruppen für besondere Anwendungen 323
       2.9.4   Programmierung speicherprogrammierbarer Steuerungen........... 324
       2.9.4.1 Aufbau einer Anweisung............................ 325
       2.9.4.2 Operationsvorrat speicherprogrammierbarer Steuerungen........... 325
       2.9.4.3 Programmierung der Grundverknüpfungen als Anweisungsliste 328
       2.9.4.4 Programmeingabe in speicherprogrammierbare Steuerungen 334

3 Drehzahlverstellung elektrischer Antriebe 339
   3.1   Grundbegriffe der Stromrichtertechnik 339
          3.1.1   Steuern der Energieflußrichtung 340
          3.1.2   Einteilung der Stromrichter nach der Art der Kommutierung 340
          3.1.3   Schutz von Stromrichtern 341
          3.1.4   Ungesteuerte Stromrichter (Gleichrichter) 343
          3.1.4.1 Einpulsschaltung (Einwegschaltung) M 1 344
          3.1.4.2 Zweipuls-Mittelpunktschaltung M 2 344
          3.1.4.3 Zweipuls-Brückenschaltung B 2 345
          3.1.4.4 Dreipuls-Mittelpunktschaltung M 3 345
          3.1.4.5 Sechspuls-Brückenschaltung (Drehstrom-Brückenschaltung) B 6 346
          3.1.5   Dimensionierungshinweis für Gleichrichterschaltungen 346
          3.1.5.1 Spannungsbeanspruchung der Dioden 346
          3.1.5.2 Strombeanspruchung der Dioden 348
          3.1.5.3 Sicherungsauslegung.................................... 348
   3.2   Gesteuerte Stromrichter für Gleichstrommotoren 348
          3.2.1   Impulssteuersatz 349
          3.2.2   Halb- und vollgesteuerte Stromrichterschaltungen 349
          3.2.3   Gleichrichterbetrieb.................................... 350
          3.2.4   Wechselrichterbetrieb 351
          3.2.5   Wechselrichtertrittgrenze................................ 351
          3.2.6   Zweipulsige vollgesteuerte Brückenschaltung B 2 353
          3.2.7   Sechspulsige Brückenschaltung B 6 353
          3.2.8   Halbgesteuerte Brückenschaltung B 2 HZ 355
          3.2.9   Aufbau eines geregelten Stromrichters 356
          3.2.10   Zusammenwirken von Stromrichter und Motor 357
          3.2.10.1 Gleichstrom-Nebenschlußmotor 357
          3.2.10.2 Motor und Stromrichter 359
          3.2.10.3 Drehrichtungs- und Momentenumkehr mit Stromrichtern 360
          3.2.11   Einsatzbereich von Gleichstrom-Nebenschlußmotoren 369
          3.2.12   Gleichstromumrichter (Gleichstromsteller) 369
          3.2.12.1 Funktion eines Gleichstromstellers 371
          3.2.12.2 Steuerung der Ausgangsspannung 371
          3.2.12.3 Einsatz von Gleichstromstellern 372
          3.2.12.4 4-Quadranten-Betrieb mit mechanischer Umschaltung 372

11

3.2.12.5 Betriebsquadranten von Gleichstromstellern ohne mechanische Um-
      schaltung 373
3.3 Drehzahlsteuerung des Drehmotors 375
    3.3.1   Wechsel- und Drehstromsteller für Induktionsmotoren 377
    3.3.1.1 Steller für Wechselstrommotoren 378
    3.3.1.2 Steller für Drehstromkurzschlußläufermotoren 380
    3.3.2   Drehzahlsteuerung beim Drehstrom-Schleifringläufermotor.......... 382
    3.3.2.1 Untersynchrone Stromrichterkaskade (USK) 382
    3.3.3   Umrichter mit Zwischenkreis................................... 383
    3.3.3.1 Umrichter mit Stromzwischenkreis 384
    3.3.3.2 Umrichter mit Spannungszwischenkreis 386
    3.3.3.3 Pulsumrichter (Umrichter mit konstanter Zwischenkreisspannung) .. 388

Stichwortverzeichnis 393

Gegenüberstellung üblicher alter und neuer Anschlußbezeichnungen elektrischer Maschinen

Maschinenart	Maschinenteil	Alte Be-zeichnung	Neue Be-zeichnung	DIN-Ent-wurf
Gleichstrommaschinen				
	Ankerwicklung	A−B	A1−A2	
	Wendepolwicklung	G−H	B1−B2	
Bemerkung:	Kompensationswicklung	G−H	C1−C2	42401
Weitere Untergliede-	Reihenschlußwicklung	E−F	D1−D2	Blatt 3
rung siehe Seite 4	Nebenschlußwicklung	C−D	E1−E2	
DIN 42401	Fremderregte Wicklung	I−K	F1−F2	
Wechselstrommaschinen ohne Stromwender				
A. *Einphasen-Kurz-*	Ständerwicklung			
schlußläufermaschinen	a) Hauptstrang	U−V	U1−U2	42401
	b) Hilfsstrang	W−Z	Z1−Z2	Blatt 2
B. *Drehstrom-Kurz-*	1. Ständerwicklung mit	U−V−W	U−V−W	
schlußläufermaschinen	herausgeführtem	−Mp	−N	
	Sternpunkt			42401
	2. Ständerwicklung in	U−X	U1−U2	Blatt 2
	offener Schaltung	V−Y	V1−V2	
		W−Z	W1−W2	
C. *Drehstrom-Schleif-*	1. Ständerwicklung			
ringläufermaschinen	ohne herausgeführ-			
	ten Sternpunkt (oder			
	wie unter Dreh-	U−V−W	U−V−W	
	strom-Kurzschluß-			42401
	läufermaschinen)			Blatt 2
	2. Läuferwicklung			
	a) dreiphasig	u−v−w	K−L−M	
	b) zweiphasig	u−v−x/y	K−L−Q	
D. *Drehstrom-Syn-*	1. Ständerwicklung mit			
chroninnenpolmaschinen	herausgeführtem			
	Sternpunkt (oder wie	U−V−W	U−V−W	42401
	unter Kurzschluß-	−Mp	−N	Blatt 2
	bzw. Schleifringläu-			
	fermaschinen)			
	2. Polradwicklung	I−K	F1−F2	42401
	(fremderregt)			Blatt 3
Transformatoren				
A. *Einphasen-Transfor-*	1. Oberspannungswick-	U−V·	1.1−1.2	
matoren mit getrennten	lung			42402
Wicklungen	2. Unterspannungs-	u−v	2.1−2.2	
	wicklung			

Maschinenart	Maschinenteil	Alte Bezeichnung	Neue Bezeichnung	DIN-Entwurf
B. *Einphasen-Spartransformatoren*	1. Oberspannungsseite 2. Unterspannungsseite	U−V u−v	1.1−2.1−2	42402
C. *Drehstrom-Transformatoren mit herausgeführtem Sternpunkt*	1. Oberspannungswicklung 2. Unterspannungswicklung	W−V−U −Mp w−v−u−mp	1W−1V− 1U −1N 2W−2V− 2U −2N	42402
D. *Drehstrom-Spartransformatoren mit herausgeführtem Sternpunkt*	1. Oberspannungsseite 2. Unterspannungsseite	W−V−U } Mp w−v−u	1W−1V− 1U 2W−2V− 2U } N	42402

14

1 Elektrische Maschinen

Unter elektrischer Maschine wird allgemein Generator oder auch Motor verstanden. Der *Generator* wird von einer Arbeitsmaschine angetrieben und wandelt somit mechanische in elektrische Energie um. Der *Motor* treibt Arbeitsmaschinen an und wandelt somit elektrische in mechanische Energie um. Beide Maschinenarten sind heutzutage in unserer hochindustrialisierten Zeit nicht mehr fortzudenken. Je nach Spannungsarten werden in der Praxis Gleich- und Wechselstrommaschinen angewendet.

1.1 Gleichstrommaschinen

1.1.1 Mechanischer Aufbau der Gleichstrommaschinen

Der mechanische Aufbau einer Gleichstrommaschine besteht aus dem Ständer und dem Anker. Der Anker ist stets derjenige Teil, in dessen Wicklungen Spannungen induziert werden. Hierbei kann der Anker als drehender oder ruhender Teil ausgeführt werden. So gehört z.B. die Gleichstrommaschine zu den Außenpolmaschinen, hierbei ist der rotierende Teil der Anker. Bei der Synchronmaschine (Innenpolmaschine) ist der Ständer der Anker, der drehende Teil das Polrad. Bei den Asynchronmotoren wird der Ständer als Primäranker, der Läufer dagegen als Sekundäranker bezeichnet.

Mechanischer Aufbau

Ständer	Anker
Polkörper	Ankerkörper
Erregerwicklung	Ankerwicklung
Wendepolwicklung	Welle
Bürstenhalter	Stromwender
Kohlebürsten	Lüfter
Lagerschilder	
Gleitlager	
Anschlußbrett	

a) Ständer (Magnetgestell)
Er stellt den ruhenden Teil der Maschine dar (Bild 1.1a). Er wird aus massivem Werkstoff (Stahl- oder Grauguß) in einem Stück oder in geschweißter Bauweise hergestellt. Durch das Joch erfolgt der magnetische Rückfluß. Im Inneren der Maschine befinden sich die ausgeprägten Hauptpole (Bild 1.1b) mit den dazugehörenden Erregerspulen. Bei mittleren und größeren Maschinen werden zwischen den Hauptpolen die Hilfs- oder Wendepole angeordnet. Auf den Wendepolen ist die mit dickem Draht ausgeführte Wendepolwicklung angeordnet, die in Gegenreihe zum Anker geschaltet ist.
    Zur Vermeidung der Wirbelstromverluste müssen die Polschuhe der Hauptpole aus

15

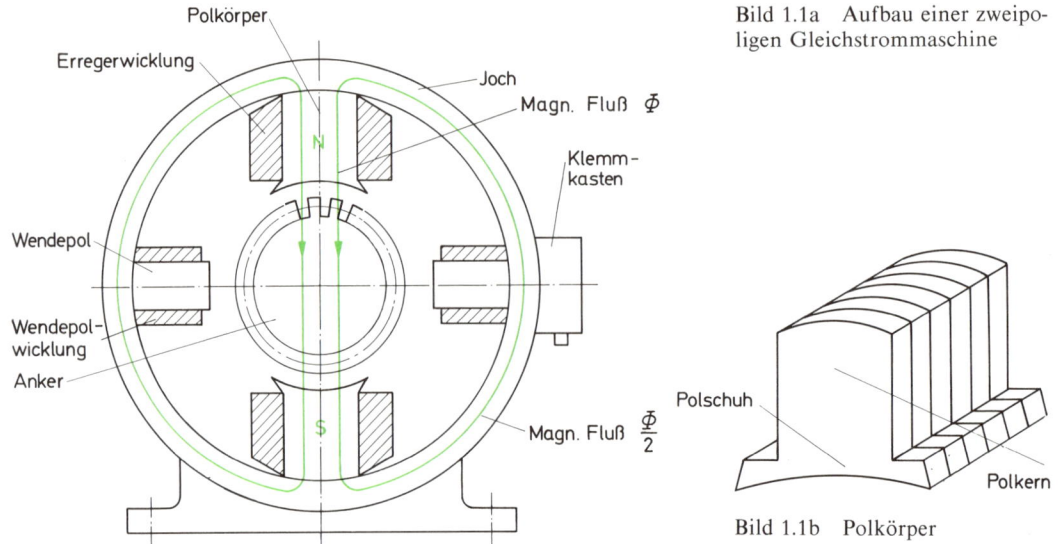

Bild 1.1a Aufbau einer zweipoligen Gleichstrommaschine

Bild 1.1b Polkörper

geschichteten Dynamoblechen zusammengesetzt werden, die gegenseitig durch Seidenpapier, Lack oder Zunderung isoliert werden.

Aus fertigungstechnischen Gründen werden oftmals die gesamten Hauptpole aus geschichteten Dynamoblechen hergestellt.

Die Wicklungsanschlüsse (Erreger- und Ankerwicklung) werden zum Anschlußbrett herausgeführt und dort je nach Schaltungsart miteinander verbunden.

b) Anker
Der genutete Ankerkörper (Bild 1.2a) ist aus Dynamoblechen zusammengeschichtet, um ebenfalls Wirbelstrombildung zu verhindern. Die von den Nuten (Bild 1.2b) aufgenommene Ankerwicklung wird je nach Strombelastung als Runddraht oder Profilstab ausgeführt. Wegen der großen Fliehkräfte muß die Wicklung in den einzelnen Nuten durch Hartholz- oder Kunststoffstäbe gesichert werden. Meistens wird um die komplette Ankerwicklung noch eine zusätzliche Drahtbandage gezogen. Die Ankerwicklung ist in sich geschlossen und besteht aus einzelnen Teilspulen (Bild 1.2c). Durch die räumlich angeordneten einzelnen Ankerspulen werden im konstanten Magnetfeld Wechselspannungen induziert, die gegeneinander zeitlich verschoben sind. Der Anfang einer Spule und das Ende der nächsten werden in die Lötfahne einer Stromwenderlamelle geführt (Bild 1.2d) und dort durch Weich- oder Hartlot verbunden.

Die Ankerwicklung kann als ohmscher Widerstand mit — je nach Polzahl und Wicklungsart — zwei bzw. mehreren parallelen Ankerzweigen aufgefaßt werden.

c) Stromwender (Bild 1.3a und 1.3b)
Der Stromwender (Kollektor, Kommutator) besteht aus einzelnen in Umfangsrichtung angeordneten Hartkupferlamellen. Die Lamellen sind einzeln und gegen die Welle durch Glimmerzwischenlagen oder Mikanitplatten isoliert. Bei kleinen Maschinen wird

16

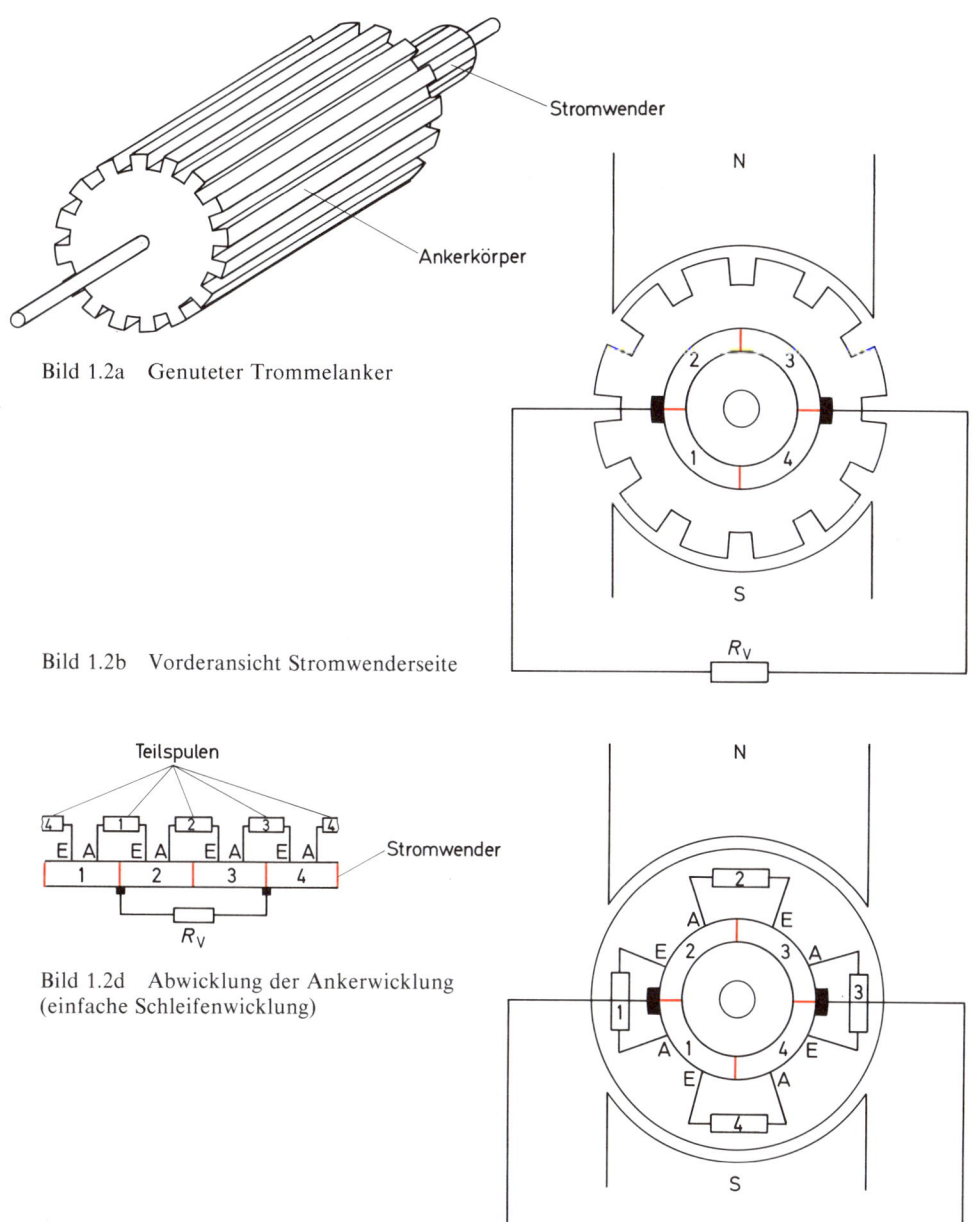

Bild 1.2a Genuteter Trommelanker

Bild 1.2b Vorderansicht Stromwenderseite

Teilspulen

Stromwender

Bild 1.2d Abwicklung der Ankerwicklung
(einfache Schleifenwicklung)

Bild 1.2c Ersatzschaltbild

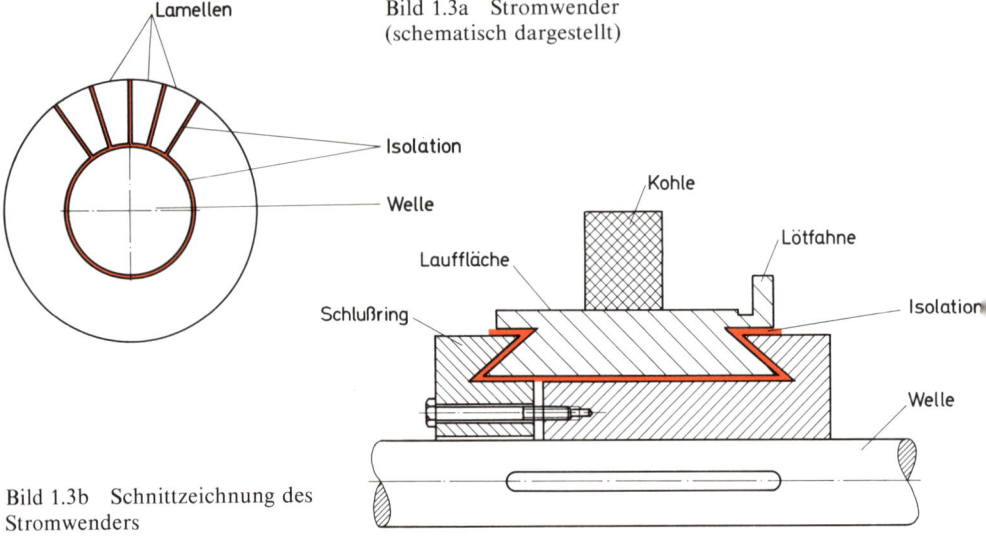

Bild 1.3a Stromwender
(schematisch dargestellt)

Bild 1.3b Schnittzeichnung des
Stromwenders

der Stromwender auf die Welle gepreßt, bei großen Maschinen wird er zusätzlich durch eine Paßfeder gesichert.

Er hat die Aufgabe, die induzierte Wechselspannung in der Ankerwicklung in die Gleichspannung des Netzes umzuformen. Die elektrische Verbindung zwischen Stromwender und dem ruhenden Teil wird durch Kohlebürsten hergestellt. Diese befinden sich im Bürstenhalter, die es gestatten, je nach Bedarf den geforderten Druck der Bürste (etwa $2 \, \mathrm{N \cdot cm^{-2}}$) auf den Stromwender einzustellen.

Durch die dauernde Berührung und den Abrieb sind die Kohlebürsten störanfälliger und bedürfen einer regelmäßigen Wartung. Der Stromwender wird damit zu einem empfindlichen Bauteil der Gleichstrommaschine.

1.1.2 Anschlußbezeichnungen von Gleichstrommaschinen, Feldstellern und Anlassern

Die Anschlußbezeichnungen für Gleichstrommaschinen sind in den VDE-Vorschriften 0570 festgelegt worden (Tabelle 1/1a und 1/1b).

a) Feldsteller (Bild 1.4)
Soll die Spannung eines fremderregten Generators, Nebenschluß- oder Doppelschlußgenerators bei Belastung konstant gehalten werden, schaltet man in Reihe mit der Erregerwicklung einen Feldsteller. Der Feldsteller ist ein hochohmiger, veränderlicher

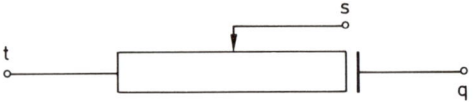

Bild 1.4 Feldsteller für Nebenschluß-,
Doppelschluß- und fremderregten Generator

18

Tabelle 1/1a Anschlußbezeichnungen nach VDE 0570
Bezeichnungen von Klemmen und Netzleitungen für Gleichstrom

	A. Maschinen			Alte Anschluß-bez.	Neue An-schlußbez.
1	Anker			A−B	A1−A2
2	Nebenschlußwicklung für Selbsterregung			C−D	E1−E2
3	Reihenschlußwicklung für Erregung mit eigenem Ankerstrom			E−F	D1−D2
4	Wendepolwicklung Kompensationswicklung	in Maschine verschaltet		G−H	B1−B2 C1−C2
5	getrennte Wendepol- und Kompensationswicklung	Wendepolwicklung		GW−HW	B1−B2
6		Kompensationswicklung		GK−HK	C1−C2
7	auf beide Seiten des Ankers verteilte gleiche Wicklungsteile, z.B. zum Zwecke der Symme-trierung für Rundfunkentstörung	Reihenschluß-Wicklungen bei Motorrechtslauf	Seite der Anker-klemme A1	EA−FA	1D1−1D2
8			Seite der Anker-klemme A2	EB−FB	2D1−2D2
9		Wendepol-Wicklungen	Seite der Anker-klemme A1	GA−HA	1B1−1B2
10			Seite der Anker-klemme A2	GB−HB	2B1−2B2˙
11	fremderregte Feldwicklungen	allgemein		I−K	F1−F2
12		bei Bemessung für die eigene Ankerspannung, wahlweise		C−D	E1−E2
	B. Anlasser und Steller				
13	Anlasser	Klemme für Anschluß an	Netz	L	
14			Anker	R	
15			Nebenschlußwicklung	M	
16	Steller	Klemme für Anschluß an	Nebenschlußwicklung	s	
17			Anker oder Netz	t	
18			Anker oder Netz, zum Kurzschließen der Nebenschlußwicklung	q	
	C. Netzleitungen				
19	positiver Leiter			P	L+
20	negativer Leiter			N	L−
21	Mittelleiter			Mp	M

* Neue Anschlußbezeichnung lt. DIN 42401, Blatt 3, 31. August 1975.

19

Tabelle 1/1b Anschlußbezeichnungen der Gleichstrommaschinen mit Wendepolen

		Gleichstrommaschinen mit Wendepolen			
Drehsinn		mit Nebenschlußwicklung	mit Reihenschlußwicklung	mit Doppelschlußwicklung	mit fremderregter Wicklung
Motoren	Rechtslauf				
	Linkslauf				

20

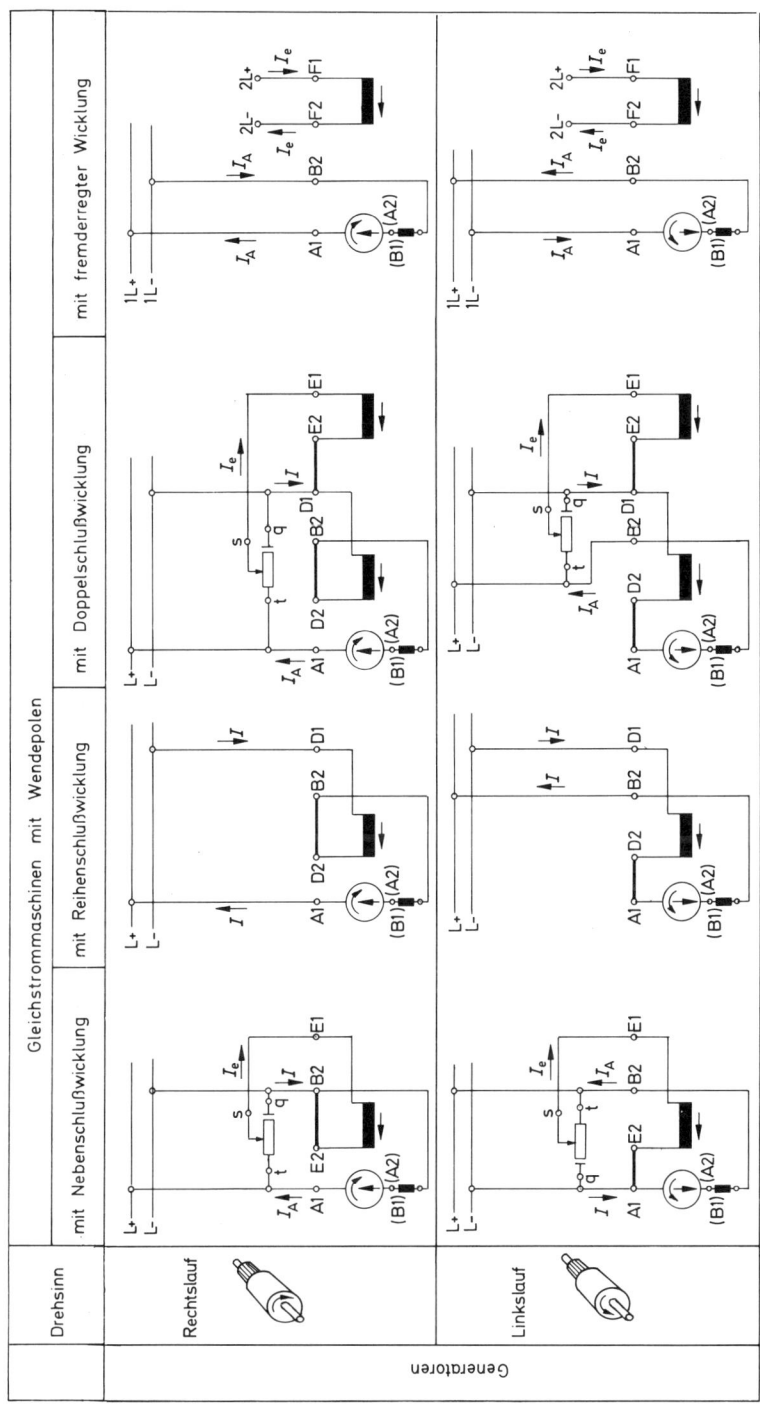

Gleichstrommaschinen mit Wendepolen

21

Widerstand. Er wird auch für Drehzahländerungen von Gleichstrommotoren angewendet. Wird der Feldsteller vor das Erregerfeld geschaltet, sind die Anschlußbezeichnungen folgende:

1. Anschluß t an positiven Netzpol (L+) oder an positiven Ankeranschluß;
2. Schleifer s an Nebenschlußwicklungsanschluß E 1 oder fremderregte Wicklung F 1;
3. Kurzschlußkontakt q an negativen Netzpol (L−) oder negativen Ankeranschluß.

Der Kurzschlußkontakt q hat hierbei die Aufgabe, beim Abschalten des Erregerstromes die Wicklung kurzzuschließen und somit eine Gefährdung der Wicklung durch zu hohe Selbstinduktionsspannung und den damit verbundenen starken Lichtbogen auszuschließen.

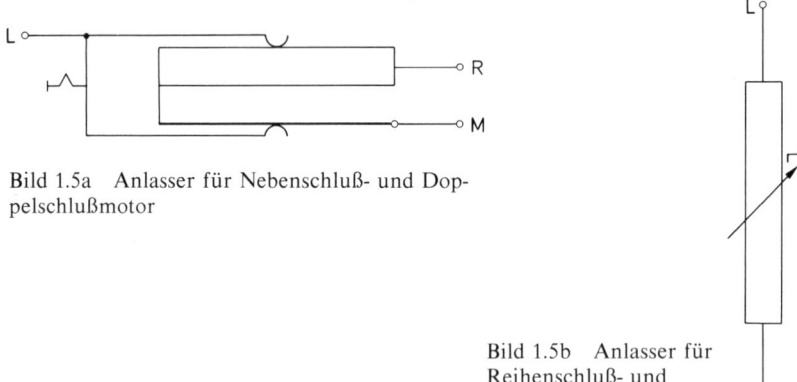

Bild 1.5a Anlasser für Nebenschluß- und Doppelschlußmotor

Bild 1.5b Anlasser für Reihenschluß- und fremderregten Motor

b) Anlasser (Bild 1.5a und 1.5b)
Im Gegensatz zum Feldsteller wird der Anlasser als relativ niederohmiger Vor- oder Begrenzungswiderstand in Reihe mit dem Anker geschaltet. Im Einschaltaugenblick des Motors begrenzt dieser Widerstand den Anlaufstrom bei normaler Vollast etwa auf das 1,5fache des Nennstromes. Normale Anlasser sind nur für S2-Betrieb ausgelegt, dürfen also nur zum Anlassen verwendet werden. Die Anschlüsse des Anlassers sind:

L = Anschluß vom positiven Netzpol L+
R = Anschluß zum Anker (Rotor)
M = Anschluß zur Nebenschlußwicklung (Magnetfeld)

c) Stellanlasser (Steueranlasser) (Bild 1.6a und 1.6b)
Häufig werden Anlasser und Feldsteller zu einer Baueinheit zusammengefügt. Die ersten Kontakte sind Anlasserstufen, die letzten Kontakte werden dem Feldsteller zugeordnet. Mit den Anlaßstufen begrenzt man den Anlaßspitzenstrom und steuert zusätzlich die Motordrehzahl bis zur Nenndrehzahl. Mit dem Feldsteller führt man eine Feldschwächung durch und erreicht damit eine Drehzahländerung über Nenndrehzahl.

Der Stellanlasser wird in der Praxis für Nebenschluß- und Doppelschlußmotoren eingesetzt. Die Drahtquerschnitte müssen für Dauerbelastung ausgelegt sein.

22

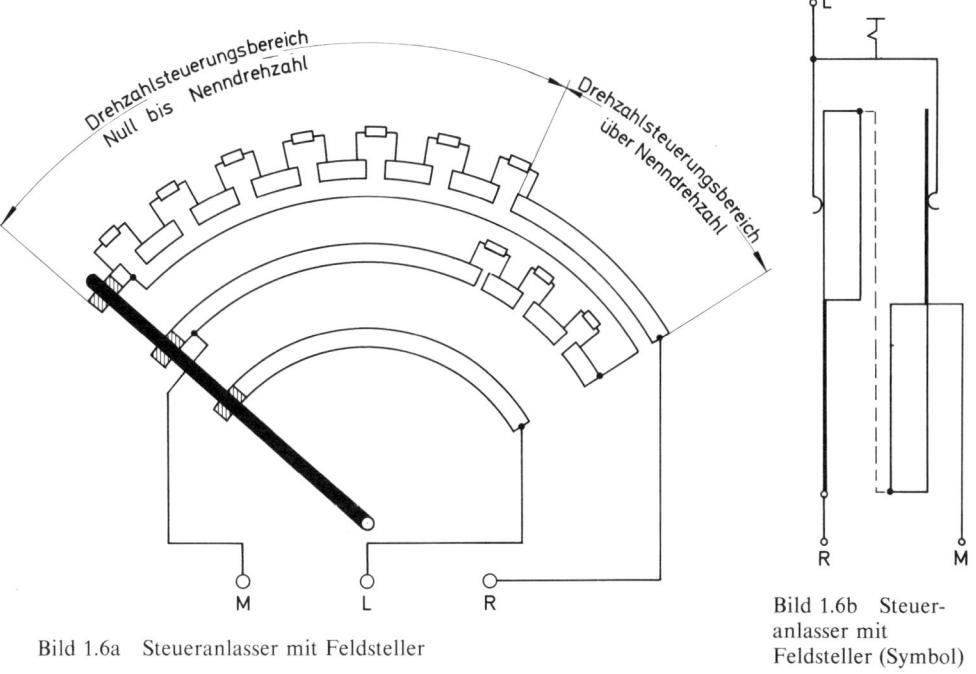

Bild 1.6a   Steueranlasser mit Feldsteller

Bild 1.6b   Steueranlasser mit Feldsteller (Symbol)

1.1.3   Bestimmung der Drehrichtungen von Gleichstrommaschinen

Die Drehrichtung für Generator und Motor wird von der Antriebsseite bzw. Abtriebsseite (Wellenseite) bestimmt. Normalerweise werden die Maschinen in der Praxis für Rechtslauf (Uhrzeigersinn) ausgelegt. In Sonderfällen muß die Richtung der Maschine angegeben werden. Bei den Schaltbildern von Gleichstrommaschinen kann die Drehrichtung nicht wie gewöhnlich nach der Generator- oder Motorregel bestimmt werden; hier gelten besondere Bestimmungen.

Gleichstrommaschine	von der der Stromwenderseite entgegengesetzten Seite aus
Kurzschlußläufer	von der Abtriebsseite aus

a) Generator (Bild 1.7a und 1.7b)
Durchfließt der Strom die Erregerwicklung in alphanumerischer Reihenfolge (F 1 — F 2), wird die Ankerklemme A 1 bei Rechtslauf der positive Pol.

Bei Drehrichtungsänderung können bei *selbsterregten* Generatoren nur die Ankeranschlüsse vertauscht werden. Ein Vertauschen der Feldanschlüsse ist nicht möglich, sie würde eine Zerstörung der Remanenz mit sich bringen. Nur bei fremderregten Generatoren können die Feldanschlüsse geändert werden. Trotz Drehrichtungsänderung muß die Polarität des Netzes unbedingt erhalten bleiben.

23

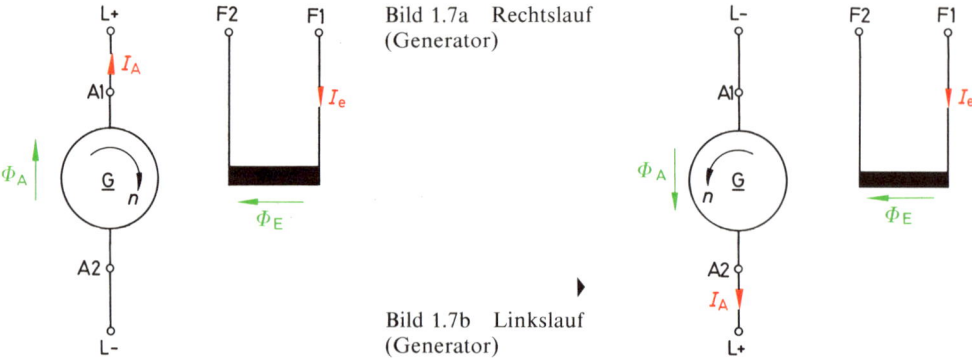

Bild 1.7a   Rechtslauf
(Generator)

Bild 1.7b   Linkslauf
(Generator)

Bei Generatoren wird die Ankerwicklung als Energieerzeuger betrachtet, die
Richtung des Stromes läuft von A 1 oder A 2 zum Netz.
Die Erregerwicklung wird als Energieverbraucher angesehen, der Strom fließt von
F 1 nach F 2.

b) Motor (Bild 1.8a und 1.8b)
Fließt der Strom in alphanumerischer Folge durch Anker- und Erregerwicklung, erhält
der Motor den Drehsinn «Rechtslauf». Wird die Stromrichtung in der Anker- oder
Erregerwicklung vertauscht, so ändert man die Drehrichtung. Werden beide Stromrichtungen verändert, bleibt die Drehrichtung erhalten.

Bei den Motoren wird sowohl die Anker- als auch die Erregerwicklung als Energieverbraucher betrachtet. Der Strom fließt bei Rechtslauf in alphanumerischer
Reihenfolge vom Netz zum Motor durch die Wicklung.

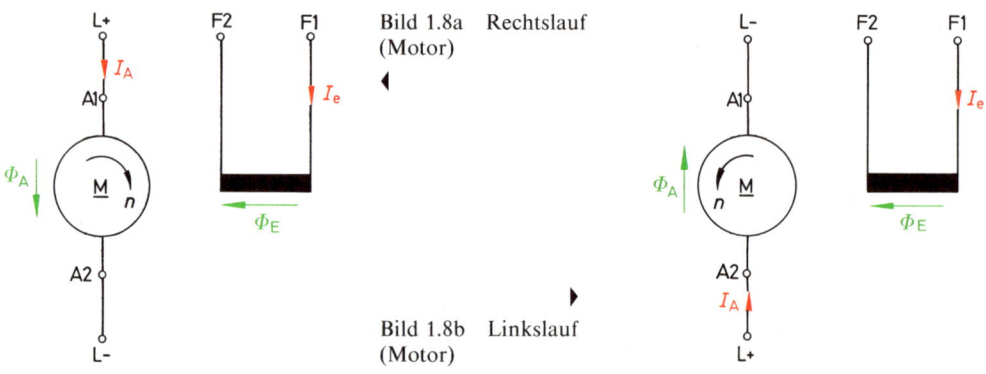

Bild 1.8a   Rechtslauf
(Motor)

Bild 1.8b   Linkslauf
(Motor)

24

In den Schaltbildern 1.7a und 7b sowie 1.8a und 8b bedeuten die Stromrichtungspfeile gleichzeitig die Richtung des magnetischen Feldes in der Anker- und Erregerwicklung.

1.1.4 Funktion der Gleichstrommaschinen (Generator bzw. Motor)

Die Gleichstrommaschinen können sowohl als Generator wie auch als Motor eingesetzt werden. In den Grundschaltungen bleiben beide Maschinen gleich.

a) Generator (Bild 1.9a und 1.9b)
Der Generator wandelt mechanische Energie in elektrische Energie um. Er muß von einer Kraftmaschine angetrieben werden, damit durch Drehbewegungen Feldlinien geschnitten werden und somit in den Ankerleitern die Urspannung U_0 entsteht.

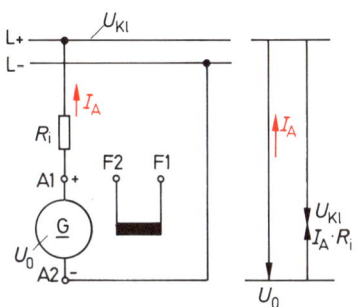

Bild 1.9a Spannungsverhältnisse beim Generator

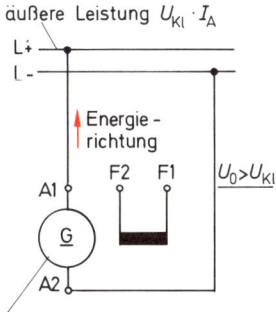

Bild 1.9b Leistungsverhältnisse beim Generator

> Die Generatorregel lautet:
> Hält man die rechte Hand so, daß die Feldlinien vom Nordpol her auf die Innenfläche der Hand auftreffen und der abgespreizte Daumen in die Bewegungsrichtung zeigt, so fließt Induktionsstrom in der Richtung der ausgestreckten Finger.

Wird der Generator belastet, fließt durch die Ankerwicklung mit dem inneren Widerstand R_i der Belastungsstrom I_A, der den inneren Spannungsfall $I_A \cdot R_i$ verursacht. Die an den Klemmen A 1 und A 2 zur Verfügung stehende Klemmenspannung U_{Kl} ist um den Betrag des inneren Spannungsfalls geringer. Der Unterschied von $U_0 - U_{Kl} = I_A \cdot R_i$ ist erforderlich, um den Strom I_A durch den Innenwiderstand zu treiben. Der innere Spannungsfall ist der Urspannung U_0 entgegengerichtet, die somit höher als die Klemmenspannung sein muß. Nach dem Ohmschen Gesetz für Gleichstrommaschinen lautet die Spannungsformel für den Generator:

$$U_{Kl} = U_0 - I_A \cdot R_i,$$

wobei R_i = innerer Gesamtwiderstand ist, der von I_A durchflossen wird.

25

Bei Generatoren ist der «Drehwille» (Gegendrehmoment) immer entgegengesetzt der Antriebsdrehrichtung

Die Lenzsche Regel lautet:
Jeder von einer induzierten Spannung hervorgerufene Strom ist so gerichtet, daß sein Magnetfeld die erzeugende Bewegung hemmt.

Wird die Spannungsformel $U_{Kl} = U_0 - I_A \cdot R_i$ mit dem Ankerstrom I_A multipliziert unter Berücksichtigung der Erregerverluste, ergibt sich die Leistungsformel für normale Generatoren (Nebenschluß- und Doppelschlußgeneratoren)

$$U_{Kl} \cdot I_{Netz} = U_0 \cdot I_A - I_A^2 \cdot R_i - I_e^2 \cdot R_{Nebenschluß}$$

$$U_0 \cdot I_A = \text{Ankerleistung}$$

$$U_{Kl} \cdot I_{Netz} = \text{Netzleistung (Nennleistung)}$$

$$I_A^2 \cdot R_i = \text{innere elektrische Verluste}$$

$$I_e^2 \cdot R_{Nebenschluß} = \text{Verluste Nebenschlußfeld}$$

Die genormten Netzspannungen sind 110 V, 220 V und 440 V. Um die Spannungsverluste in den Zuleitungen zum Verbraucher auszugleichen, werden die Generatorspannungen über 110 V um etwa 5% erhöht, z.B. 115 V, 230 V und 460 V.

b) Motor (Bild 1.10a und 1.10b)
Der Unterschied zwischen Generator und Motor besteht lediglich in der Stromrichtung bzw. zwischen dem Spannungsunterschied der Klemmenspannung U_{Kl} und der induzierten Gegenspannung U_0 bei Belastung. Da der Motor im Gegensatz zum Generator

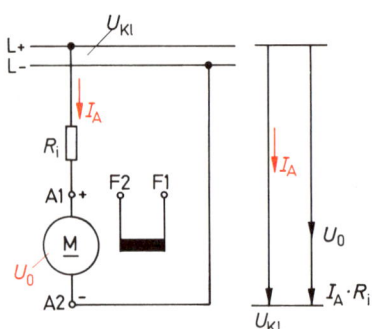

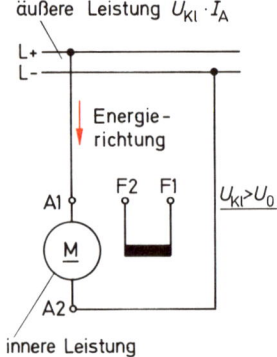

Bild 1.10a   Spannungsverhältnisse beim Motor

Bild 1.10b   Leistungsverhältnisse beim Motor

26

elektrische Energie in mechanische Energie umwandelt, muß die Klemmenspannung um den inneren Spannungsfall $I_A \cdot R_i$ größer sein als die induzierte Gegenspannung U_0. Die elektrische Energie fließt vom Netz zum Motor.
Die Spannungsformel für den Motor lautet:

$$U_{Kl} = U_0 + I_A \cdot R_i$$

Beim Motor wirkt das Drehmoment der angetriebenen Maschine dem inneren Motor-Drehmoment entgegen. Die Leistungsformel lautet:

$$U_{Kl} \cdot I_{Netz} = U_0 \cdot I_A + I_A^2 \cdot R_i + I_e^2 \cdot R_{Nebenschluß}$$

Zusammenfassung
Gleichstrommaschinen können je nach Stromrichtung und äußerer Schaltung ihre Energieform in die eine oder in die andere Richtung umformen.
Sollen die Nenndaten der Maschine erhalten bleiben, muß der Generator, als Motor betrieben, eine höhere Ankerspannung erhalten. Bei Überführung in den Generatorzustand muß die Antriebsdrehzahl oder der magnetische Fluß erhöht werden.

1.1.5 Erregerarten der Gleichstromgeneratoren

Die verschiedenen Erregerarten der Gleichstromgeneratoren unterscheiden sich hinsichtlich der Erzeugung des magnetischen Feldes. Man unterscheidet grundsätzlich drei verschiedene Erregerarten:

a) Fremderregung (Bild 1.11)
Wird der Erregerstrom einer fremden Spannungsquelle (z.B. Batterie, Gleichstromgenerator) entnommen, so wird die Maschine fremderregt.

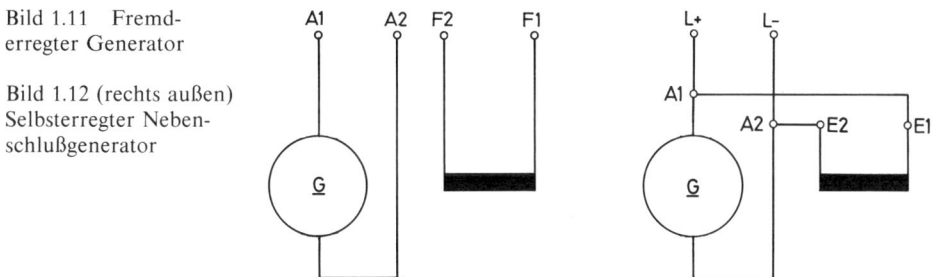

Bild 1.11 Fremd-
erregter Generator

Bild 1.12 (rechts außen)
Selbsterregter Neben-
schlußgenerator

b) Selbsterregung (Bild 1.12)
Die gebräuchlichste Erregerart ist die Selbsterregung. Durch den Restmagnetismus der Hauptpole und des Joches wird in der Ankerwicklung des hochfahrenden Generators eine geringe Spannung induziert (etwa 2 bis 4% der Nennspannung). Diese reicht aus, um den Generator auf seine volle Klemmenspannung zu erregen. Ein Fehlen der Selbsterregung kann folgende Ursachen haben:

1. Falsche Drehrichtung des Generators.
2. Das Erregerfeld ist dem Restmagnetismus durch den Erregerstrom entgegengerichtet.
3. Kein Restmagnetismus vorhanden.

Man unterscheidet drei Arten von Selbsterregungen:

1. Reihenschlußerregung.
2. Nebenschlußerregung.
3. Doppelschlußerregung.

c) Eigenerregung (Bild 1.13)
Unter Eigenerregung versteht man die Erregung einer Hauptmaschine durch einen selbsterregten Generator. Beide Maschinen sind direkt mechanisch durch eine Welle bzw. über Treibriemen, Ketten- oder Zahnradtrieb miteinander verbunden und werden nur eigens für diesen Zweck verwendet.

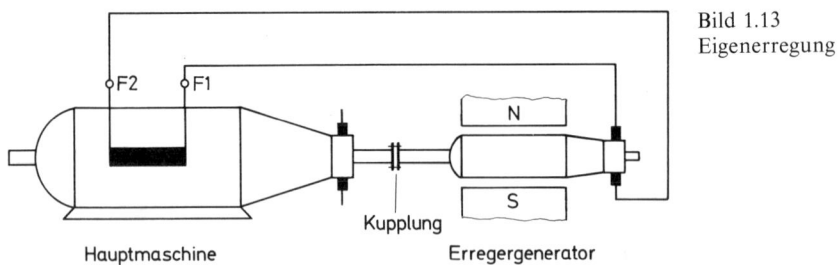

Bild 1.13
Eigenerregung

1.1.6 Betriebsarten

Die Betriebsarten von elektrischen Motoren werden lt. VDE 0530 «Regeln für elektrische Maschinen» in verschiedene Belastungsgruppen eingeteilt. Die Motoren müssen so bemessen werden, daß die zulässigen Wicklungstemperaturen bei den jeweiligen Arbeitsverfahren nicht überschritten werden. Um den Motor auch bei Schaltbetrieb voll ausnutzen zu können, wird für die Nennleistung die mittlere quadratische Leistung eingesetzt (Bild 1.14). Die mittlere quadratische Leistung wird aus folgender Formel bestimmt:

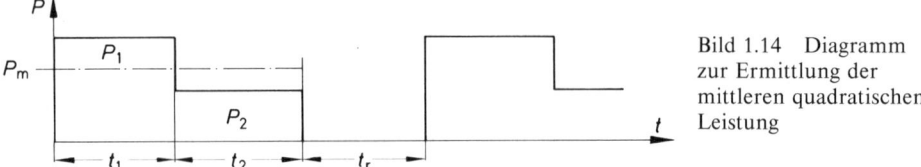

Bild 1.14 Diagramm zur Ermittlung der mittleren quadratischen Leistung

28

$$P_\mathrm{m} = \sqrt{\frac{P_1^2 \cdot t_1 + P_2^2 \cdot t_2}{t_1 + t_2}}$$

Belastungsdauer $t = t_1 + t_2$
Zeit der Ruhepause $= t_\mathrm{r}$
Spieldauer $= t + t_\mathrm{r}$

Bei der Bestellung oder Planung dieser Motoren gibt die relative Einschaltdauer ED das Verhältnis von Belastungsdauer zur Spieldauer an.

$$ED = \frac{\text{Belastungsdauer}}{\text{Belastungsdauer} + \text{Pause}} \cdot 100\%$$

$$ED = \frac{t}{t + t_\mathrm{r}} \cdot 100\%$$

$$ED = \frac{\text{Belastungsdauer}}{\text{Spieldauer}} \cdot 100\%$$

Bild 1.15 Betriebsarten von Elektromotoren

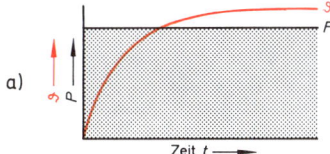

a) Dauerbetrieb (DB) S1

Bei **Dauerbetrieb (DB)** ist die Betriebsdauer bei Nennleistung so lang, daß die Beharrungstemperatur erreicht wird. Dies ist bei normalen Motoren der Fall. Sie dürfen dauernd mit ihrer Nennlast belastet werden.

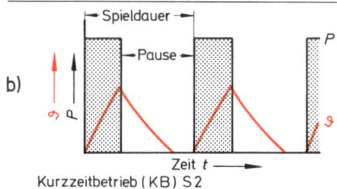

b) Kurzzeitbetrieb (KB) S2

Bei **Kurzzeitbetrieb (KB)** ist die Betriebsdauer so kurz, daß die Beharrungstemperatur nicht erreicht wird. In der anschließenden längeren Pause kühlt der Motor sich auf die Ausgangstemperatur ab.

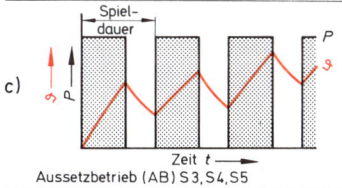

c) Aussetzbetrieb (AB) S3, S4, S5

Bei **Aussetzbetrieb (AB)** sind die Pausen so kurz, daß der Motor im Stillstand sich nicht auf die Raumtemperatur abkühlen kann.

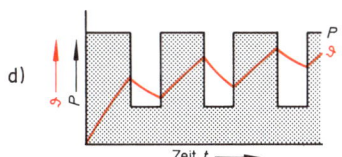

d) Durchlaufbetrieb mit Aussetzbelastung (DAB) S6

Bei **Durchlaufbetrieb mit Aussetzbelastung (DAB)** kann sich der Motor in den Leerlaufpausen nicht abkühlen.

P = Leistung, ϑ = Maschinenerwärmung, t = Betriebsdauer

29

Die Normwerte für die relative Einschaltdauer sind 15%, 25%, 40%, 60%, bezogen auf eine Spieldauer von max. 10 min. Eine abweichende Spieldauer muß auf dem Leistungsschild der Maschine angegeben werden. In Bild 1.15 sind die wichtigsten Betriebsarten der elektrischen Maschinen zusammengefaßt.

Wird eine elektrische Maschine vor der vorhandenen Nennleistung im Dauerbetrieb (S 1) auf eine Betriebsart mit aussetzendem Betrieb umgerechnet, kommt folgende Formel zur Anwendung:

$$P_1^2 \cdot ED_1 = P_2^2 \cdot ED_2$$

Beispiel

Ein Drehstrommotor $P_1 = 8$ kW, für Dauerbelastung ($ED_1 = 100\%$) ausgelegt, soll für eine relative Einschaltdauer von $ED_2 = 40\%$ und 10 min Spieldauer eingesetzt werden.

Wie groß darf die Leistung P_2 des Motors sein?
Wie lange sind Belastungsdauer und Pause?

Lösung

$$P_2 = P_1 \cdot \sqrt{\frac{ED_1}{ED_2}}$$

$$P_2 = 8 \text{ kW} \cdot \sqrt{\frac{100\%}{40\%}} = 8 \text{ kW} \cdot 1{,}58 = \underline{12{,}64 \text{ kW}}$$

$$ED = \frac{\text{Belastungsdauer}}{\text{Belastungsdauer} + \text{Pause}} \cdot 100\%$$

$$\text{Belastungsdauer} = \frac{ED}{100\%} \cdot \text{Spieldauer}$$

$$\text{Belastungsdauer} = \frac{40\%}{100\%} \cdot 10 \text{ min} = 4 \text{ min}$$

$$\text{Pause} = \text{Spieldauer} - \text{Belastungsdauer}$$

$$\text{Pause} = 10 \text{ min} - 4 \text{ min} = \underline{6 \text{ min}}$$

Bemerkung

Dieser Motor mit einer Nennleistung von 8 kW kann durch die kurzzeitige Belastung von 4 min Belastungsdauer in seiner Motorleistung um das 1,58fache erhöht werden. Ebenso kann ein ED-Motor mit entsprechend verminderter Leistung dauerbelastet werden.

Tabelle 1/2 Bauformen der elektrischen Maschinen (Auszug aus DIN 42950)

Kurzzei-chen	Bildliche Darstellung	Art der Lagerung	Art der Befestigung	Bemerkungen
B 3		2 Schildlager	Gehäuse mit Füßen	freies Wellenende für Riemenscheibe, Zahnrad, Kupplungshälfte
B 5		2 Schildlager	Befestigungsflansch (Flanschmotor)	Gehäuse ohne Füße, freies Wellenende
B 8		2 Schildlager um 180° gedreht	Gehäuse mit Füßen, Deckenbefestigung	freies Wellenende
V 3		2 Führungs-lager	Befestigungsflansch am oberen Lager-schild	freies Wellenende oben u.U. Traglager zur Aufnahme des Läufergewichts
V 5		2 Führungs-lager	Gehäuse mit Füßen zur Wandbefesti-gung	freies Wellenende unten u.U. Traglager zur Aufnahme des Läufergewichts
V 10		2 Schildlager	Befestigungsflansch auf der Antriebsseite	freies Wellenende unten Befestigungsfläche antriebsseitig

Tabelle 1/3a Schutzarten für Berührungs- und Fremdkörperschutz (nach DIN 40050)

Erste Kennziffer	Schutzumfang	
	Benennung	Erklärung
0	Kein Schutz	Kein Schutz des Betriebsmittels gegen Eindringen von festen Fremdkörpern
1	Schutz gegen große Fremdkörper	Schutz gegen Eindringen von festen Fremdkörpern mit einem Durchmesser größer als 50 mm
2	Schutz gegen mittelgroße Fremdkörper	Schutz gegen Eindringen von festen Fremdkörpern mit einem Durchmesser größer als 12 mm
3	Schutz gegen kleine Fremdkörper	Schutz gegen Eindringen von festen Fremdkörpern mit einem Durchmesser größer als 2,5 mm
4	Schutz gegen kornförmige Fremdkörper	Schutz gegen Eindringen von festen Fremdkörpern mit einem Durchmesser größer als 1 mm
5	Schutz gegen Staubablagerung	Schutz gegen schädliche Staubablagerungen. Das Eindringen von Staub ist nicht vollkommen verhindert, aber der Staub darf nicht in solchen Mengen eindringen, daß die Arbeitsweise beeinträchtigt wird
6	Schutz gegen Staubeintritt	Schutz gegen Eindringen von Staub

1.1.7 Bauformen der elektrischen Maschinen (Tabelle 1/2)

Die Bauformen von elektrischen Maschinen werden nach DIN 42950 mit einem Buchstaben (B oder V) und einer Kennziffer angegeben; z.B. bedeutet B 3, daß der Motor waagerecht (horizontal) auf einer Grundplatte steht. Die senkrechte (vertikale) Ausführung erhält den Buchstaben V an 1. Stelle. An 2. Stelle wird die Kennziffer 3, 5 oder 10 usw. verwendet.

Innerhalb des EWG-Bereiches strebt man in der heutigen Zeit gemeinsam genormte Bauformen der elektrischen Maschinen an. Die Bauformen sind wichtig für die Konstruktion (Lagerausführung, Befestigung) und für die Bestellung von elektrischen Maschinen. Maschinen mit genormten Anbaumaßen sind daher nichtgenormten Maschinen vorzuziehen. Dieser Gesichtspunkt sollte bei der Anschaffung von Maschinen besonders beachtet werden.

32

Tabelle 1/3b Schutzarten für Wasserschutz (nach DIN 40050)

Zweite Kennziffer	Schutzumfang	
	Benennung	Erklärung
0	Kein Schutz	—
1	Schutz gegen senk-recht fallendes Tropf-wasser	Wassertropfen, die senkrecht fallen, haben keine schädliche Wirkung
2	Schutz gegen schräg fallendes Tropfwasser	Wassertropfen, die in einem beliebigen Win-kel bis 15° zur Senkrechten fallen, haben keine schädliche Wirkung
3	Schutz gegen Sprühwasser	Wasser, das in einem beliebigen Winkel bis 60° zur Senkrechten fällt, hat keine schädli-che Wirkung
4	Schutz gegen Spritzwasser	Wasser, das aus allen Richtungen gegen das Betriebsmittel spritzt, hat keine schädliche Wirkung
5	Schutz gegen Strahl-wasser	Ein Wasserstrahl, der aus allen Richtungen gegen das Betriebsmittel gerichtet wird, hat keine schädliche Wirkung

Zweite Kennziffer	Schutzumfang	
	Benennung	Erklärung
6	Schutz bei Überflutung	Wasser dringt bei vorübergehender Überflutung nicht in schädlichen Mengen in das Betriebsmittel ein
7	Schutz beim Eintauchen	Wasser dringt nicht in schädlichen Mengen ein, wenn das Betriebsmittel unter dem festgelegten Druck kurze Zeit in Wasser eingetaucht wird.
8	Schutz beim Untertauchen	Wasser dringt nicht in schädlichen Mengen ein, wenn das Betriebsmittel unter einem festgelegten Druck und für lange Zeit unter Wasser getaucht wird

1.1.8   **Schutzarten** (Tabelle 1/3a und 1/3b)

Die Schutzarten von elektrischen Maschinen sind nach DIN 40050 mit Kurzzeichen festgelegt.

Elektrische Maschinen müssen so ausgelegt sein, daß sie gegen Eindringen von Feuchtigkeit und Fremdkörpern geschützt werden. Die Schutzarten werden mit dem allgemeinen Buchstaben IP angegeben, an zweiter und dritter Stelle folgen dann die Kennziffergrößen.

Die *erste Kennziffer* gibt den Schutz gegen Berührung und Eindringen von Fremdkörpern an, die *zweite Kennziffer* den Schutz gegen Eindringen von Wasser.

Elektrische Maschinen in Sonderschutzarten sind z.B. die explosions- und schlagwettergeschützten Ausführungen; sie erhalten den Zusatzbuchstaben «Ex» oder «Sch». Erweiterte Bestimmungen siehe Vorschriften VDE 0530.

Nur Reparaturwerkstätten, die vom Technischen Überwachungsverein (TÜV), Gewerbeaufsichtsamt oder von der Berufsgenossenschaft zugelassen sind, dürfen Reparaturen an Maschinen mit Sonderschutzarten ausführen.

1.2 Gleichstromgeneratoren

1.2.1 Wirkungsweise

1.2.1.1 Ankerrückwirkung

a) Entstehung der Ankerrückwirkung und ihre Folgen

Wenn der rotierende Teil im stillstehenden Magnetfeld von Feldlinien geschnitten wird, entsteht nach dem Induktionsgesetz im Anker die Induktionsspannung U_0. Dabei ist die Höhe der Spannung von dem Magnetfluß und der Drehzahl abhängig. Die Bürsten der Gleichstrommaschinen werden so angeordnet, daß sie immer elektrisch 90° zum Hauptfeld Φ_H stehen (Bild 1.16a). In dieser Stellung herrscht zwischen den Bürsten der größte Potentialunterschied (Spannungsunterschied). Die Bürsten stehen somit in der geometrisch neutralen Zone.

Im Leerlauf (unbelasteter Zustand) des Generators durchsetzt das Hauptfeld den Anker gleichmäßig in Richtung der Polschuhe. Die Bürsten bleiben in der geometrischen neutralen Zone stehen (Bild 1.16a).

Wird der äußere Stromkreis geschlossen, fließt durch die Ankerwicklung der Belastungs- oder Ankerstrom I_A, der ein belastungsabhängiges Feld ausbildet, das sogenannte Ankerquerfeld Φ_Q (Bild 1.16b). Bei belasteter Maschine sind somit grundsätzlich verschiedene Magnetfelder vorhanden, die sich einander überlagern und ein resultierendes Feld, das Hauptfeld Φ_R, bilden (Bild 1.16c und d).

Das Ankerquerfeld verdrängt das symmetrische Erregerfeld aus der Polachse. An den auflaufenden Polkanten verlaufen die Feldlinien des Querfeldes in entgegengesetzter und an den ablaufenden Polkanten in gleicher Richtung wie die Feldlinien des Erregerfeldes (Bild 1.16c). Das bedeutet eine Feldschwächung an den auflaufenden und eine Verstärkung an den ablaufenden Polkanten. Ein funkenfreier Lauf des Stromwenders ist aber nur dann gewährleistet, wenn die Bürstenbrücke aus der geometrisch neutralen

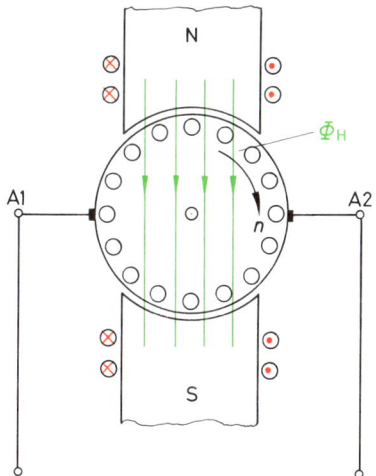

Bild 1.16a   Hauptfeld (Generator)

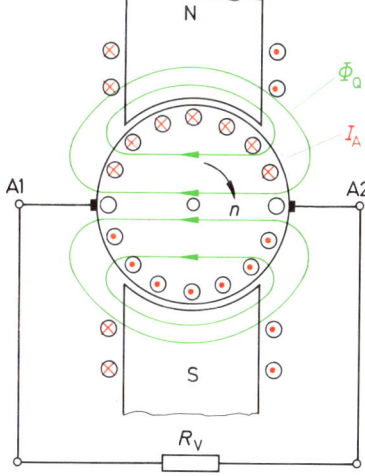

Bild 1.16b   Ankerfeld (Generator)

35

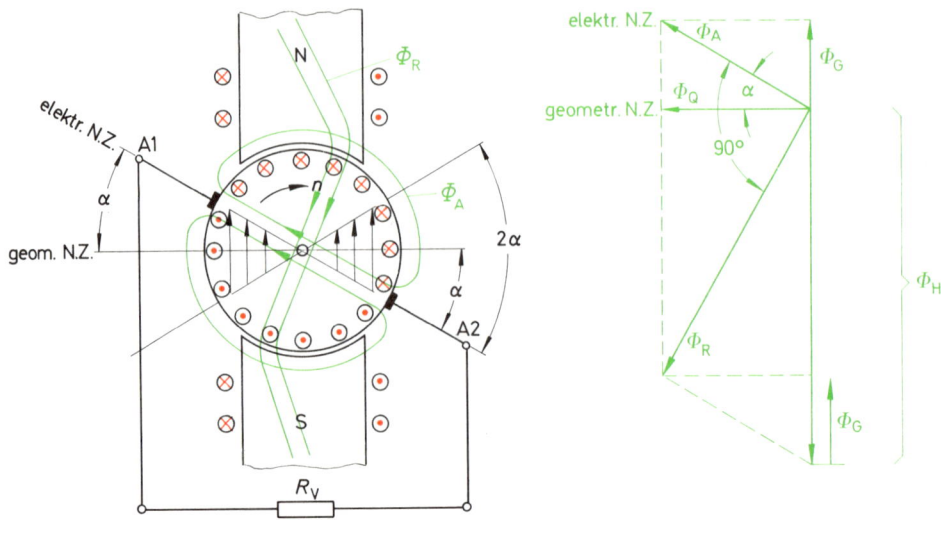

Bild 1.16c   Gesamtfeld (Generator)   Bild 1.16d   Zeigerbild

Zone um den Winkel α verschoben und zur jeweiligen Belastung eingestellt wird. In der jetzigen Stellung der elektrisch neutralen Zone bleibt die feldfreie Zone von einer Spannungserzeugung weiterhin verschont.

Hauptfeld Φ_R und Ankerfeld Φ_A bleiben somit durch die Bürstenverschiebung senkrecht aufeinander stehen. Die Sättigungserscheinungen der Polschuhe an den ablaufenden Polkanten verursachen einen Rückgang des magnetischen Flusses und damit eine Schwächung der induzierten Spannung U_0. Die vom Verschiebungswinkel $2\,\alpha$ eingeschlossenen Spulen gelangen in den Bereich entgegengesetzter Pole. Die induzierten Spannungen rufen Ströme hervor, die mit ihren Gegendurchflutungen und deren Gegenfeldern Φ_G das Hauptfeld nochmals schwächen (Bild 1.16c und d).

Sättigungserscheinungen in den Hauptpolen und Ankergegenfeldern Φ_G rufen bei Generatoren Spannungsrückgang, bei Motoren Drehzahlerhöhungen hervor. Die Folgen der Ankerrückwirkung müssen durch eine entsprechende Erhöhung des Erregerstromes ausgeglichen werden. Somit ergibt sich durch Bürstenverschiebung folgende Tabelle:

Bürstenverschiebung	beim Generator	beim Motor
in Drehrichtung	Feldschwächung	Feldverstärkung
gegen die Drehrichtung	Feldverstärkung	Feldschwächung

36

b) Stromwendung

Neben der normalen Ankerrückwirkung und ihren Folgen muß gleichzeitig der Stromwendung (Kommutierungsvorgang) wichtige Bedeutung beigemessen werden.

Stromwender und Bürsten haben bei Generatoren die Aufgabe, den Wechselstrom in der Ankerwicklung in Gleichstrom für das Netz umzuformen.

Durch die Rotation des Ankers wird in der neutralen Zone (NZ) der Ankerstrom in seiner Richtung vom «Kreuzstrom» zum «Punktstrom» geändert (Bild 1.17a). Hier werden dauernd eine oder mehrere Ankerspulen kurzzeitig überbrückt, d.h. kurzgeschlossen (Bild 1.18b).

Nach dem Induktionsgesetz hat jede Stromänderung in einer Spule (Induktivität) eine Spannung zur Folge:

$$U_0 = -L\frac{\Delta i}{\Delta t}$$

L = Induktivität in $\dfrac{\text{Vs}}{\text{A}}$ = H = Ω s

Δi = Stromänderung in A
Δt = Zeitintervall in s

Die Spannung versucht, die Stromrichtung in der kurzgeschlossenen Spule zu erhalten (Lenzsche Regel). Durch die Flußumkehr in der neutralen Zone wird aber der Strom in der durch die Bürste kurzgeschlossenen Spule zur Richtungsänderung gezwungen. Auf dem Bürstenquerschnitt mit seiner ungleich belastenden Stromdichte wirkt sich das nachteilig als Bürstenfeuer und Lamellenabbrand aus. Die Ursache liegt in der Verzögerung der Stromwendung, d.h., der ablaufende Teil des Bürstenquerschnittes wird erheblich stärker belastet (Bild 1.17b), was zu einer unerwünschten Erwärmung der Bürsten und des Stromwenders führt.

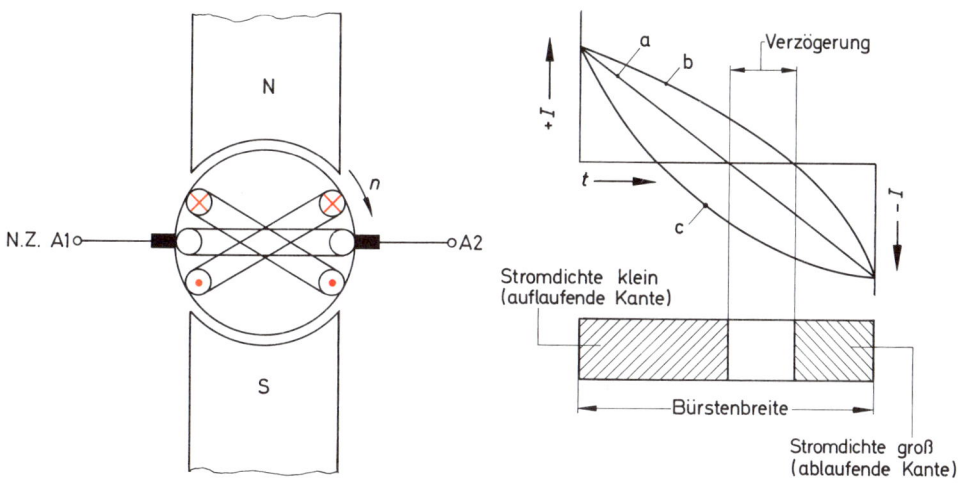

Bild 1.17a Stromwendung   Bild 1.17b Übergangskurven

37

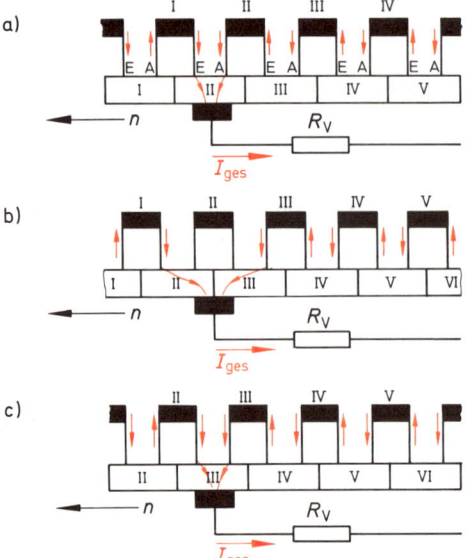

Um eine Beschädigung bzw. Zerstörung vor allem des Stromwenders zu vermeiden, können folgende Abhilfen getroffen werden:

1. freie Stromwendung (Maschinen ohne Wendepole),
2. erzwungene Stromwendung (Maschinen mit Wendepolen).

Zu 1.   Bei der freien Stromwendung gelangen die kommutierenden Spulen bei Belastungszunahme um den einseitigen Winkel α in den Bereich des entgegengesetzten Hauptpoles. Damit werden diese Spulen vom entgegengesetzten Magnetfeld geschnitten. Die Stromwendespannung (Selbstinduktionsspannung) wächst, wodurch das Bürstenfeuer zunimmt. Die Aufhebung des Bürstenfeuers wird erreicht durch Verschiebung der Bürstenbrücke in Drehrichtung (Generator Bild 1.16c) bzw. entgegengesetzt der Drehrichtung (Motor).

Zu 2.   Bei der Stromwendung mit Wendepolen (erzwungene Stromwendung) unterscheidet man:

— Die *geradlinige Kommutierung,* d.h., die Stromwendespannung (Selbstinduktionsspannung) ist gleich der vom Wendefeld induzierten Wendefeldspannung (Bild 1.17b, Kurve a). Die Stromdichte unter der auflaufenden Bürstenkante entspricht der Stromdichte unter der ablaufenden Bürstenkante.

— Die *Unterkommutierung* oder verzögerte Stromwendung, d.h., die Stromwendespannung ist größer als die Wendefeldspannung (Bild 1.17b, Kurve b). Hier ist die Stromdichte unter der ablaufenden Bürstenkante größer als unter der auflaufenden Bürstenkante.

— Die *Überkommutierung* oder beschleunigte Stromwendung, d.h., die Stromwendespannung ist kleiner als die Wendefeldspannung (Bild 1.17b, Kurve c). Hier ist die Stromdichte unter der ablaufenden Bürstenkante kleiner als unter der auflaufenden Bürstenkante. In der Praxis wird hiervon fast ausschließlich Gebrauch gemacht.

38

c) Aufhebung der Ankerrückwirkung durch Wendepole und Kompensationswicklung

Bei schwankender Belastung müssen die Bürsten einer Gleichstrommaschine um den Belastungswinkel α verschoben werden, damit die Stromwendung immer in der feldfreien Zone stattfinden kann. Der Grund dieses Übels ist der veränderliche Ankerstrom (Belastungsstrom) mit seinem mehr oder weniger starken Ankerquerfeld. Die Wendepole (Hilfspole) machen eine Verschiebung der Bürstenbrücke überflüssig, außerdem hebt die Kompensationswicklung (Ausgleichswicklung) unter den Hauptpolen das restliche Ankerquerfeld auf.

Die Wendepolwicklung (Bild 1.19a) hat die Aufgabe, in der neutralen Zone ein Wendefeld zu erzeugen, das dem Ankerquerfeld entgegengerichtet ist und es somit aufhebt (kompensiert). Da das Wendepolfeld nicht in der Lage ist, das gesamte Ankerquerfeld zu erfassen, kann zusätzlich eine Kompensationswicklung in den Hauptpolen untergebracht werden (Bild 1.19b).

Wendepol- und Kompensationswicklung liegen in Reihe und werden gemeinsam vom Ankerstrom durchflossen (Bild 1.19c und Bild 1.19d). Durch die Aufhebung des Ankerquerfeldes entfällt eine Bürstenverschiebung aus der neutralen Zone.

Da bekanntlich stets ein Bürstenfeuer an der ablaufenden Bürstenkante (Unterkommutierung) auftritt, werden die Windungszahlen der Wendepole so gewählt, daß ihre Durchflutung $\Theta_w = I_A \cdot N_w$ etwa 20% bis 30% höher ist als die Ankerdurchflutung $\Theta_A = I_A \cdot N_A$ (Überkommutierung). Somit wird die Wendefeldspannung gegenüber der Stromwendespannung etwas größer (Abschnitt 1.2.1.1).

Die Anschlußbezeichnung der Wendepole und Kompensationswicklungen lautet allgemein B 1 − B 2 und C 1 − C 2. In der Praxis werden meistens Anker-, Wendepol- und Kompensationswicklungen innerhalb der Maschine verschaltet. Bei einer Ankerumschaltung infolge Drehrichtungsänderung werden so gleichzeitig die Wendepol- und Kompensationswicklungen mit umgekehrt; eine Fehlschaltung am Anschlußbrett ist dabei ausgeschlossen.

Bild 1.19a Stromrichtungen in den Anker-, Wendepol- und Kompensationswicklungen

Bild 1.19b Hauptpol mit Nuten für die Kompensationswicklung

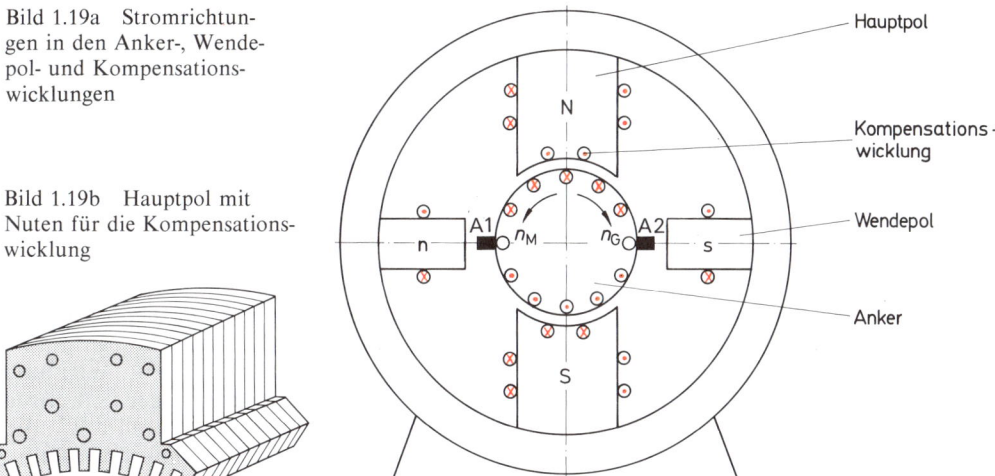

39

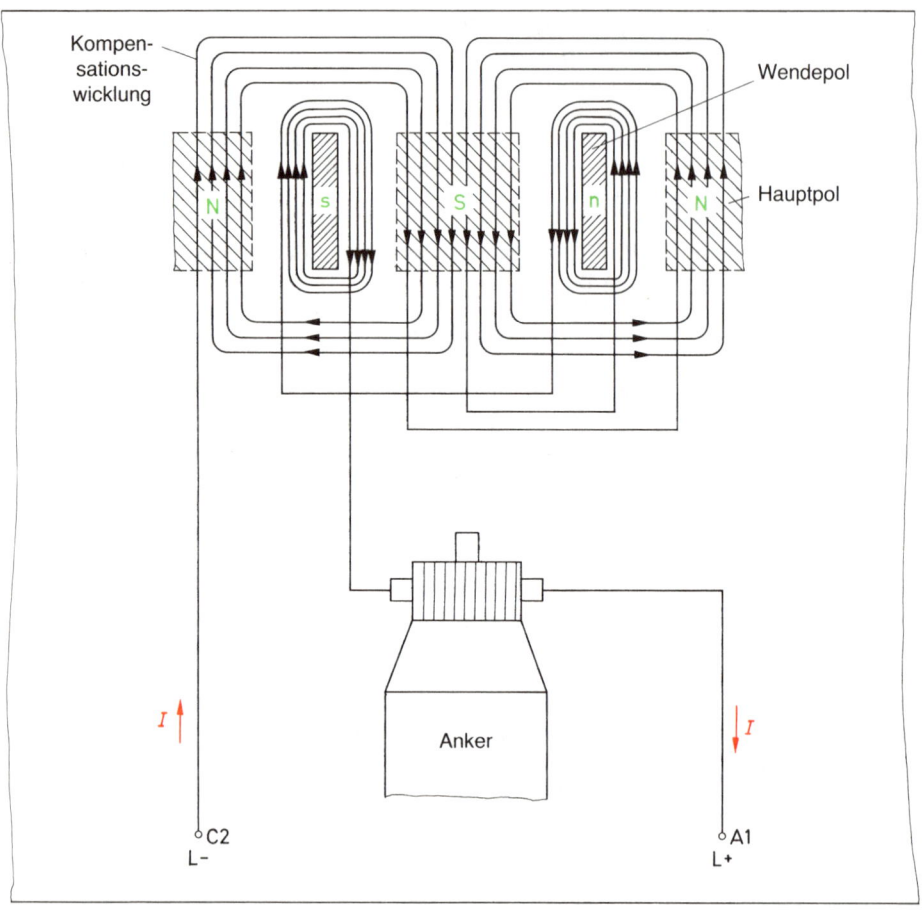

Bild 1.19c   Abwicklung eines zweipoligen Gleichstromgenerators mit Hauptpolen sowie asymmetrisch angeordneten Wendepolen und Kompensationswicklungen für Rechtslauf

Bei einem Generator folgt, in Drehrichtung gesehen, auf einen Hauptpol immer ein ungleichnamiger Wendepol. Bei Motoren ist es umgekehrt (Bild 1.19a).

Das Wendefeld erfaßt vorwiegend den Teil des Ankerfeldes in der neutralen Zone. Der restliche unerfaßbare Teil liegt jeweils unter den Hauptpolen. Man ordnet deshalb in den Polschuhen eine besondere Wicklung, die Kompensationswicklung, an. Diese Wicklung hat nun die Aufgabe, bei großen Maschinen (ab 100 kW) unter starker oder stoßartiger Belastung die Feldverzerrung unterhalb der Hauptpole aufzuheben. Sie wird wie die Wendepolwicklung vom gleichen Belastungsstrom durchflossen, liegt mit ihr in Reihe und unterstützt die magnetische Flußrichtung der Wendepole.

40

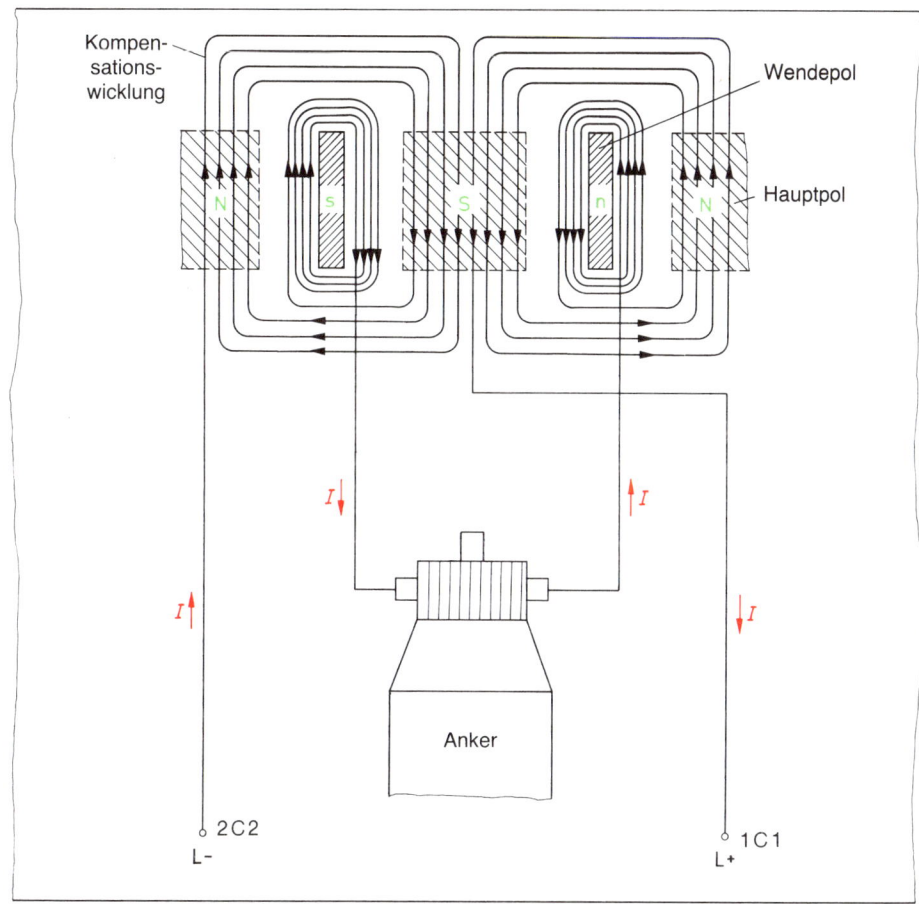

Bild 1.19d   Abwicklung eines zweipoligen Gleichstromgenerators mit Hauptpolen sowie symmetrisch angeordneten Wendepolen und Kompensationswicklungen für Rechtslauf

Die Stromrichtung in der Kompensationswicklung muß, wie in der Wendepolwicklung, der Ankerstromrichtung entgegengerichtet sein. Steigt bei Belastung der Ankerstrom an, wird auch das Ankerquerfeld verstärkt. Folglich müssen das Wendepol- und Kompensationsfeld ansteigen, damit das Ankerquerfeld kompensiert wird. Die Gesamtdurchflutung ergibt sich aus der Formel:

$$\Theta_{\text{Ges}} = \Theta_{\text{W}} + \Theta_{\text{K}} - \Theta_{\text{A}}$$

Wendepol- und Kompensationswicklungen können unsymmetrisch (asymmetrisch) (Bild 1.20a) oder symmetrisch (Bild 1.20b) zur Ankerwicklung angeordnet werden. Sollen die Ausführungen der Wendepol- und Kompensationswicklungen getrennt auf dem Anschlußbrett angeschlossen werden, erhalten sie bei unsymmetrischer Schaltung die Bezeichnung B 1—B 2 bzw. C 1—C 2 (Tabelle 1/1a).

41

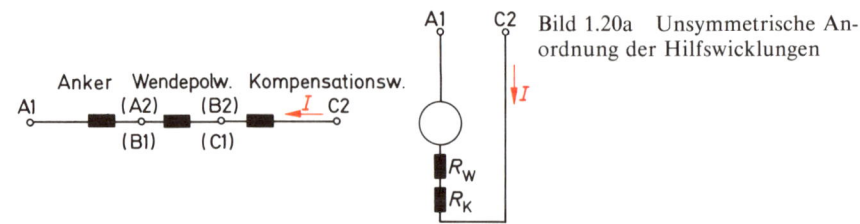

Bild 1.20a Unsymmetrische Anordnung der Hilfswicklungen

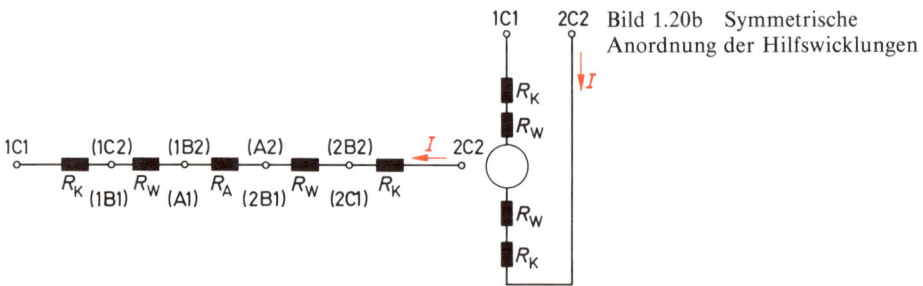

Bild 1.20b Symmetrische Anordnung der Hilfswicklungen

Zusammenfassung

1. Die Ankerrückwirkung entsteht durch das Ankerquerfeld und das Ankergegenfeld der belasteten Maschine, wodurch Verzerrung und Schwächung des Erregerfeldes hervorgerufen werden.

2. Bei Generatoren *ohne Wendepole* erfolgt die Bürstenverschiebung in Drehrichtung, bei Motoren entgegengesetzt der Drehrichtung.
   Bei Generatoren *mit Wendepolen* folgt in Drehrichtung auf einen Hauptpol ein *ungleichnamiger Wendepol*.
   Bei Motoren folgt in Drehrichtung auf einen Hauptpol ein *gleichnamiger Wendepol*.

3. Wendepol-, Kompensations- und Ankerwicklung liegen in Reihe und werden vom gleichen Belastungsstrom durchflossen. Das Wendepolfeld hebt das Ankerquerfeld in der neutralen Zone auf. Eine Bürstenverschiebung ist bei Belastungsänderung nicht mehr erforderlich. Außerdem wird die Selbstinduktionsspannung durch die Wendefeldspannung in der kurzgeschlossenen Spule aufgehoben. Die Kompensationswicklung hebt das restliche Ankerquerfeld unter den Hauptpolen auf. Aus preislichen und räumlichen Gründen wird die Kompensationswicklung nur bei großen Maschinen angewendet.

1.2.1.2 Fremderregter Generator

Ein Generator wird fremderregt, wenn die Erregerwicklung aus einer fremden Gleichspannungsquelle gespeist wird (Bild 1.21a). Der Erregerstrom ist damit unabhängig von der induzierten Ankerspannung U_0. Nach der Generatorgrundgleichung

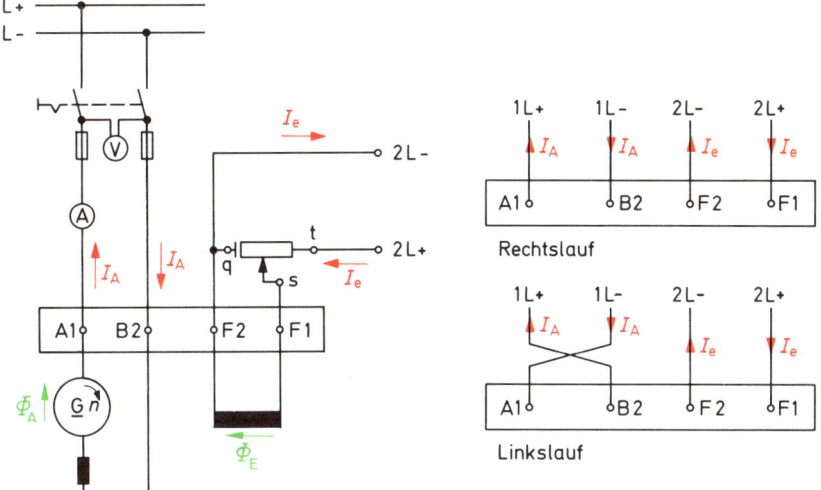

Bild 1.21a Schaltbild eines fremderregten Generators*

Bild 1.21b Anschlußbretter

$$U_0 \sim \Phi \cdot n$$

ist die induzierte Spannung U_0 vom magnetischen Fluß Φ und der Antriebsdrehzahl n abhängig. In der Praxis wird aber meistens der Erregerstrom I_e durch den Feldsteller verändert und dabei die Drehzahl n konstant gehalten. Die Leerlaufkennlinie nach Bild 1.22a gibt die Abhängigkeit (Funktion) der Generatorspannung U_0 vom Erregerstrom I_e an. Der Generator wird im Leerlauf spannungsmäßig so ausgelegt, daß bei Belastung immer noch die volle Klemmenspannung erreicht wird. Wenn der fremderregte Generator auch als selbsterregter verwendet wird, muß die Leerlaufkennlinie eine geringere Remanenzspannung U_R aufweisen (siehe Nebenschlußgenerator).

Durch den Hauptschalter wird der Generator mit dem Netz verbunden. Der Anker- bzw. Belastungsstrom I_A durchfließt die in Reihe geschalteten Widerstände von Anker- (R_A), Wendepol-(R_W) und Kompensationswicklung (R_K). Die Widerstände werden zum gesamten inneren Widerstand

$$R_i = R_A + R_W + R_K$$

zusammengefaßt. Am Innenwiderstand R_i tritt der innere Spannungsfall

$$U_i = U_v = I_A \cdot R_i$$

auf. Die am Netz zur Verfügung stehende Klemmenspannung ist daher

$$U_{Kl} = U_0 - I_A \cdot R_i$$

---

* Um die Stromverläufe klar zu erkennen, sind sie in den Schaltbildern der Gleichstrommaschinen trotz geöffneter Schalter mit eingezeichnet worden.

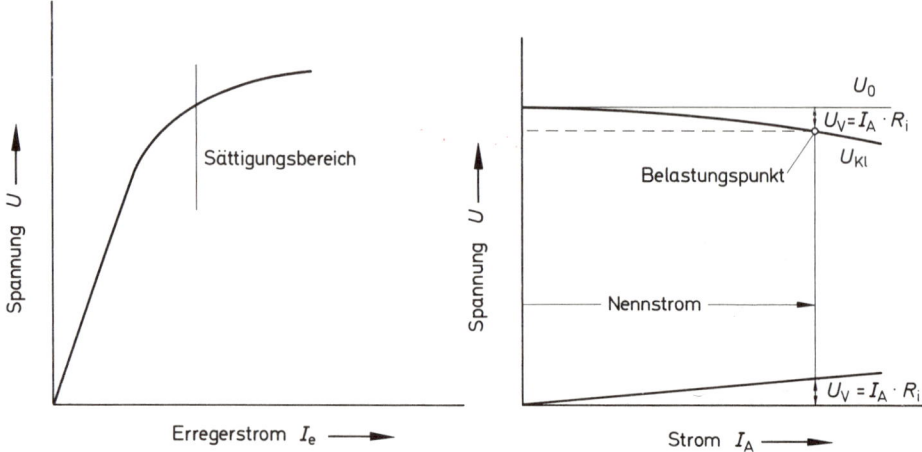

Bild 1.22a Leerlaufkennlinie eines fremderregten Generators

Bild 1.22b Belastungskennlinie eines fremderregten Generators

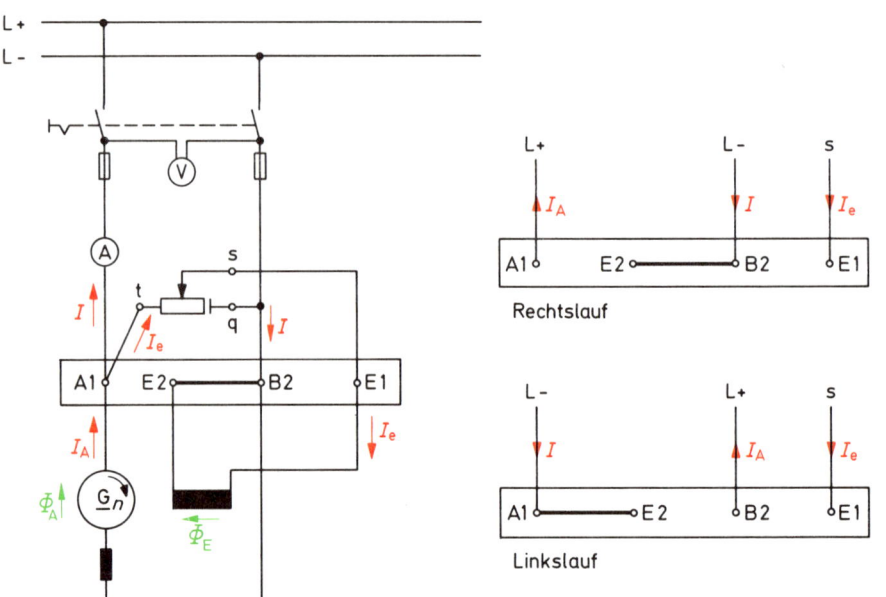

Bild 1.23a Schaltbild eines Nebenschlußgenerators

Bild 1.23b Anschlußbretter

Die Belastungskennlinie (Bild 1.22b) zeigt bei zunehmender Belastung eine relativ geringe Spannungsabweichung gegenüber der Leerlaufspannung. Der Spannungsverlust beträgt etwa 5% bis 10% zwischen Leerlauf und Nennlast. Bei dieser Annahme wird vorausgesetzt, daß die Ankerrückwirkung durch Wendepol- und Kompensationswicklung aufgehoben wird, da sonst noch eine größere Spannungsabsenkung die Folge wäre.

Eine konstante Klemmenspannung U_{Kl} erreicht man durch Änderung des Erregerstromes I_e, so daß die induzierte Spannung U_0 immer um den inneren Spannungsverlust höher liegt als die erforderliche Klemmenspannung.

Zusammenfassung

a) Der fremderregte Generator ist im mechanischen Aufbau wie der Nebenschlußgenerator ausgeführt.

b) Durch seine geringe Spannungsabweichung bei Belastungsschwankungen kann er in der Praxis als spannungssteif angesehen werden.

c) Der Generator ist im Kurzschluß gefährdet, da das magnetische Feld in voller Höhe erhalten bleibt; er gibt hierbei den größten Strom ab.

d) Auf dem Leistungsschild müssen außer den normalen Nenndaten zusätzlich die Erregerspannung und der Erregerstrom angegeben werden.

e) Die fremderregte Maschine wird als Erregergenerator oder in der Leonardschaltung als Steuergenerator und steuerbarer Motor (Leonardmotor) eingesetzt.

1.2.1.3 Nebenschlußgenerator

Beim Nebenschlußgenerator (Bild 1.23a) liegen die Ankerwicklung und Erregerwicklung parallel, d.h., die Erregerwicklung liegt im Nebenschluß. Die Grundlage hierfür liefert das von Werner von Siemens begründete elektrodynamische Prinzip. Er benötigt deshalb zur Selbsterregung immer einen kleinen Restmagnetismus, um seine Spannung auf die gewünschte Klemmenspannung «hochzuschaukeln». Wie die Leerlaufkennlinie in Bild 1.24a zeigt, steigt die Spannung proportional mit dem Erregerstrom I_e an und verläuft dann anschließend in den Sättigungsbereich ein. Dieser Strom muß so gerichtet sein, daß das erzeugte Magnetfeld die gleiche Richtung aufweist wie der Restmagnetismus. Die Leerlaufkennlinie muß gegenüber dem fremderregten Generator eine Remanenzspannung U_R aufweisen. Die Drehzahl bleibt bei Aufnahme der Kennlinie konstant. Feldsteller und Nebenschlußwicklung liegen in Reihe, aber parallel zu den Anschlüssen A 1 und B 2. Die induzierte Spannung U_0 ist somit von der Formel

$$U_0 \sim I_e \cdot (R_E + R_{St})$$

abhängig. Soll die Spannung geändert werden, muß der Feldsteller (R_{St}) verändert werden. Aus dieser Erkenntnis heraus kann der größtmöglichste Erregerstrom I_e durch die Formel bestimmt werden:

$$I_e \sim \frac{U_0}{R_E + R_{St}}$$

Die Belastungskennlinie (Bild 1.24b) des Generators stellt die Abhängigkeit der Spannung vom Belastungsstrom $I = I_A - I_e$ dar. Beim fremderregten Generator ist der

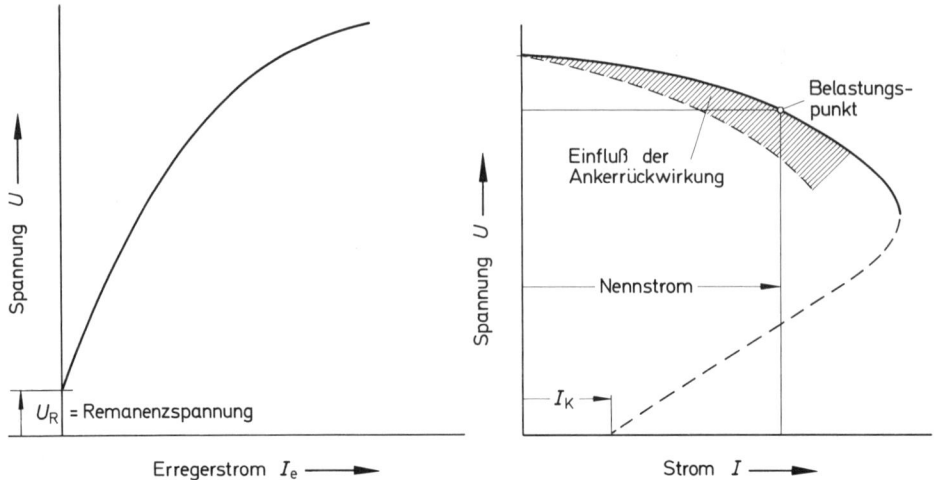

Bild 1.24a Leerlaufkennlinie eines Nebenschlußgenerators

Bild 1.24b Belastungskennlinie eines
Nebenschlußgenerators

Ankerstrom I_A gleich dem Belastungsstrom (Netzstrom). Beim Nebenschlußgenerator wird ein Teil des Ankerstromes von etwa 2% bis 6% zur Nebenschlußwicklung abgezweigt, so daß

$$I_A = I + I_e$$

ist. Man erkennt, daß die Klemmenspannung mit zunehmender Belastung und somit größer werdendem Spannungsfall sinkt. Dazu die Formel:

$$U_{Kl} = U_0 - I_A \cdot R_i$$

Da die Erregerwicklung aber parallel zu den Anschlüssen A 1−B 2 liegt, wird auch der Erregerstrom und somit der Kraftfluß Φ von diesem Spannungsrückgang betroffen. Die Folge ist beim Nebenschlußgenerator ein größerer Spannungsrückgang als beim fremderregten Generator. Bei wechselnder Netzbelastung wird der Erregerstrom wieder durch den Feldsteller oder einen Schnellregler auf den gewünschten Spannungswert eingestellt. Erfolgt ein Kurzschluß an den Anschlüssen, bricht die Generatorspannung unmittelbar zusammen. Die Spannung an der Erregerwicklung wird ebenfalls Null, so daß lediglich der Remanenzfluß bleibt. Die erzeugte Remanenzurspannung treibt nur noch den ungefährlichen Kurzschlußstrom I_K durch den inneren Widerstand der Maschine. *Selbsterregte Gleichstromgeneratoren* können sich nur dann voll erregen, wenn
a) kein mechanischer Fehler vorliegt,
b) der vom Erregerstrom erzeugte magnetische Fluß die gleiche Richtung hat wie der Restmagnetismus. Voraussetzung hierfür ist die richtige Drehrichtung.

Zusammenfassung

a) Die Erregerwicklung besteht aus vielen dünnen Windungen (hoher Widerstand).

b) Der Generator kann sich auf die volle Netzspannung erregen, auch wenn der äußere Stromkreis nicht geschlossen ist.

c) Die Klemmenspannung ist nicht so steif wie beim fremderregten Generator. Der Nebenschlußgenerator kann aber als kurzschlußfest angesehen werden.

d) Der Nebenschlußgenerator polt auch bei Rückstrom nicht um, da der Erregerstrom als Generator oder Motor die gleiche Richtung aufweist und die Drehrichtung somit gleich bleibt.

e) Der Generator wird als Lichtmaschine, als Erregermaschine für große Drehstromgeneratoren zur Gleichspannungsversorgung des Polrades (Schenkelpol- oder Turboläufer) oder als Ladegenerator für Batterien verwendet.

1.2.1.4 Reihenschlußgenerator (Hauptschlußgenerator)

Die Erreger- und Ankerwicklung liegen beim Reihenschlußmotor (Bild 1.25a) in Reihe. Der Belastungsstrom I ist gleichzeitig Erregerstrom I_E und Ankerstrom I_A. Der Generator kann sich nur dann voll erregen, wenn der normale Belastungsstrom I fließt.

Bild 1.25a   Schaltbild eines Reihen- ▶
schlußgenerators

Bild 1.25b   Anschlußbretter

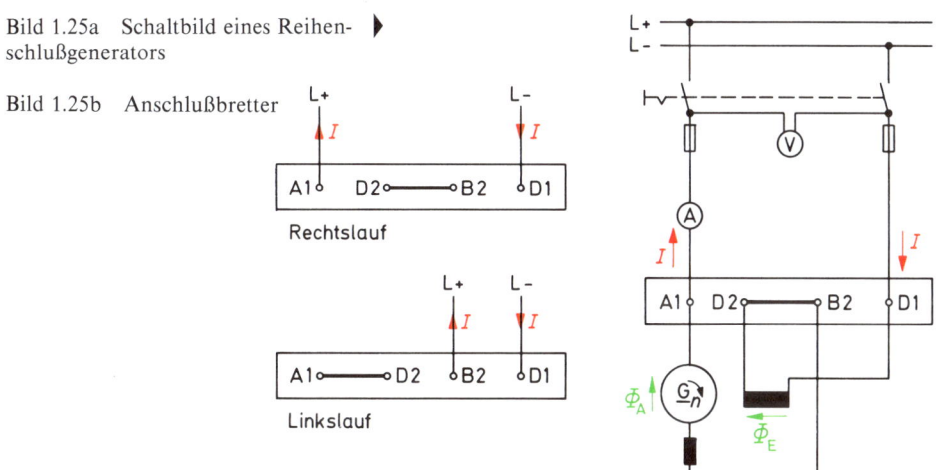

Eine Leerlaufkennlinie hat der Generator nicht. Die Belastungskennlinie (Bild 1.26) verhält sich wie die Leerlaufkennlinie eines Nebenschlußgenerators mit Remanenzspannung. Kleine Korrekturen der Netzspannung können nur durch einen verstellbaren Parallelwiderstand zur Reihenschlußwicklung erfolgen. Wenn der Parallelwiderstand verkleinert wird, wird der Strom in ihm größer, der Strom in der Reihenschlußwicklung aber kleiner. Mit der magnetischen Spannung $\Theta = I \cdot N$ werden somit auch der magnetische Fluß Φ und die induzierte Spannung U_0 geschwächt.

Das Anwendungsgebiet des Reihenschlußgenerators bleibt infolge des Nachteils der konstanten Last begrenzt.

47

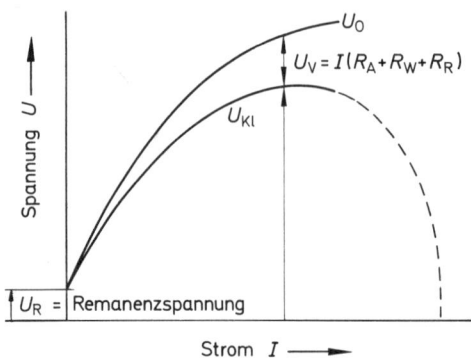

Bild 1.26 Belastungskennlinie eines Reihenschlußgenerators

Zusammenfassung

a) Die Wicklungen des Reihenschlußgenerators liegen in Reihe und werden vom gesamten Strom I durchflossen.

b) Die Erregerwicklung besitzt bei wenigen Windungen mit starkem Drahtquerschnitt einen geringen Widerstand.

c) Die Klemmenspannung verändert sich sehr stark mit der Belastung.

d) Der Reihenschlußgenerator polt bei Rückstrom um, da der Strom in umgekehrter Richtung durch die Erreger- und Ankerwicklung fließt. Er kann deshalb zum Laden von Akkus nicht verwendet werden.

e) Der Generator kann sich nur dann voll erregen, wenn der volle Belastungs- oder Nennstrom fließt.

f) Der Generator hat bei sehr starker Belastung einen sehr hohen Kurzschlußstrom; er ist somit kurzschlußgefährdet (Bild 1.26).

1.2.1.5 Doppelschlußgenerator (Verbund- oder Kompoundgenerator)

Der Doppelschlußgenerator (Bild 1.27a) hat auf jedem Hauptpol eine Nebenschluß- und eine Reihenschlußwicklung. Die Nebenschlußwicklung (Spannungswicklung) liegt parallel zum Ankerkreis und kann durch den Restmagnetismus der Hauptpole den Generator im Leerlauf auf die volle Leerlaufspannung erregen. Die Maschine verhält sich somit wie ein normaler im Leerlauf arbeitender Nebenschlußgenerator (Bild 1.28a). Durch die Reihenschlußwicklung (Stromwicklung) fließt bei Leerlauf nur ein geringer Erregerstrom, der keinen nennenswerten Kraftfluß Φ erzeugt und damit kaum zur Spannungserzeugung beiträgt.

Wird der Hauptschalter geschlossen und der Generator durch Verbraucher belastet, fließt durch die Reihenschlußwicklung der Belastungsstrom $I_A = I + I_e$, der ein zusätzliches Magnetfeld erzeugt. Unterstützen sich beide Magnetfelder, so spricht man von einer *Normalkompoundierung* (Bild 1.28b, Kennlinie a und Bild 1.29a). Der Spannungsfall in der Maschine wird durch die Vergrößerung des Gesamtfeldes infolge der Erhöhung der induzierten Spannung ausgeglichen. Die Spannung bleibt konstant und übertrifft in der Spannungsstabilität die des Nebenschlußgenerators und des fremderregten Generators. Soll der Spannungsfall auf langen Leitungen zwischen Generator und Verbraucher durch die Generatorklemmenspannung ausgeglichen werden, wird die Maschine *überkompoundiert* (Bild 1.28b, Kennlinie b). Die normale Reihenschlußwicklung

48

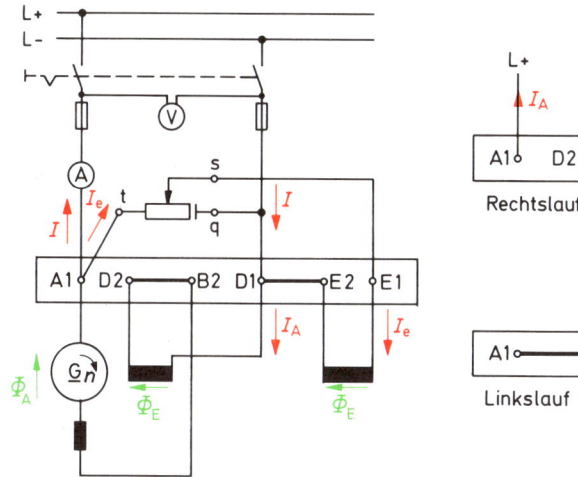

Bild 1.27a   Schaltbild eines
Doppelschlußgenerators

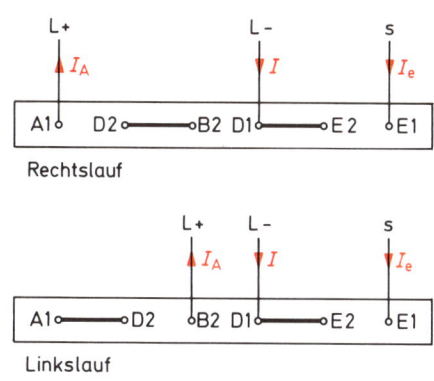

Bild 1.27b   Anschlußbretter

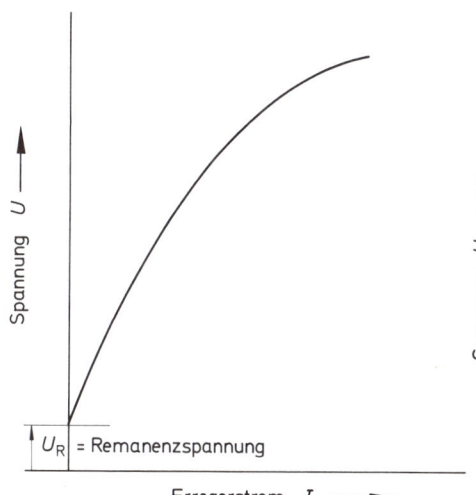

Bild 1.28a   Leerlaufkennlinie eines
Doppelschlußgenerators

Bild 1.28b (rechts)   Belastungskennlinien
eines Doppelschlußgenerators

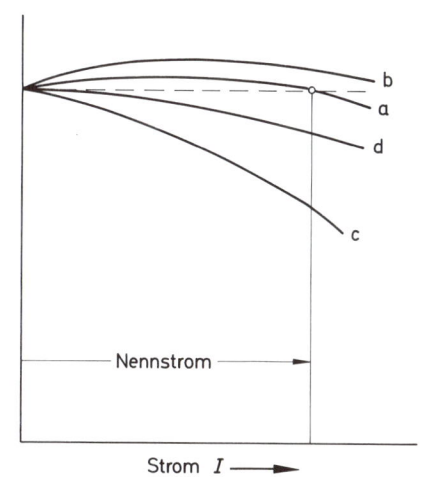

a = mit Normalkompoundierung
b = mit Überkompoundierung
c = mit Gegenkompoundierung
d = Nebenschlußgenerator

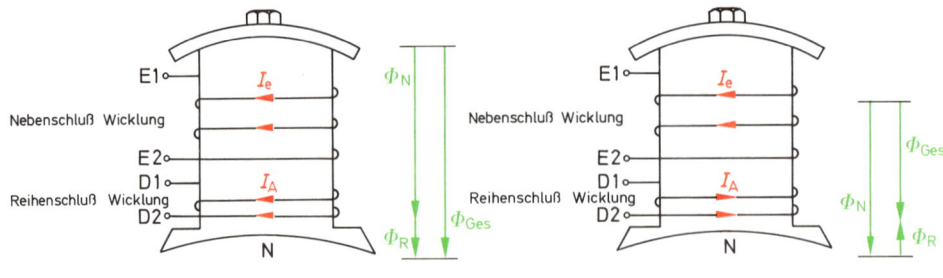

a) Normalkompoundierung b) Gegenkompoundierung

Bild 1.29 Schaltungen der Wicklungen eines Doppelschlußgenerators

erhält dafür Zusatzwindungen. Schaltungstechnisch verhält sich diese Anordnung wie die Normalkompoundierung. Für Sonderzwecke wird die Reihenschlußwicklung der Nebenschlußwicklung entgegengeschaltet, die Anschlüsse der Reihenschaltung D 1—D 2 werden umgeklemmt. Der Belastungsstrom durchfließt in umgekehrter Richtung die Wicklung. Das Magnetfeld der Reihenschlußwicklung wirkt dem der Nebenschlußwicklung entgegen ($\Phi_{Ges} = \Phi_N - \Phi_R$). Man spricht dann von einer *Gegenkompoundierung* (Bild 1.2/13b, Kennlinie c, und Bild 1.29b). Die Klemmenspannung nimmt dabei mit wachsender Belastung und somit größer werdendem Strom ab.

In der Praxis wird auch bei der Gegenkompoundierung anstatt einer Nebenschlußwicklung eine fremderregte Wicklung verwendet.

Zusammenfassung

a) Der Doppelschlußgenerator vereinigt in sich den Nebenschluß- und Reihenschlußgenerator.
b) Die Wicklungen können so geschaltet werden, daß sich ihre Magnetfelder unterstützen oder entgegenwirken.
c) Der Doppelschlußgenerator kann seine Klemmenspannung bei starken Netzbelastungen konstant halten.
d) Er polt auch bei Rückstrom nicht um, da stets die magnetische Wirkung der Nebenschlußwicklung gegenüber der Reihenschlußwicklung überwiegt.
e) Findet der Doppelschlußgenerator zum Laden von Akkumulatoren Verwendung, wird die Reihenschlußschaltung kurzgeschlossen, um ein Umpolen bei Spannungsrückgang zu vermeiden.

1.2.2 Parallelschaltung von Gleichstromgeneratoren

Allgemeines
Gleichstromgeneratoren werden miteinander parallelgeschaltet, um in Zentralen die Betriebssicherheit zu gewährleisten und einzelne Generatoren vor Überlastung zu schützen.

Die Parallelschaltung von Generatoren stellt grundsätzlich eine Gegenreihenschaltung von Spannungserzeugern dar. Wie aus Bild 1.30 ersichtlich ist, müssen die Span-

50

Bild 1.30 Parallelschaltung von
Gleichstromgeneratoren
(Prinzipschaltbild)

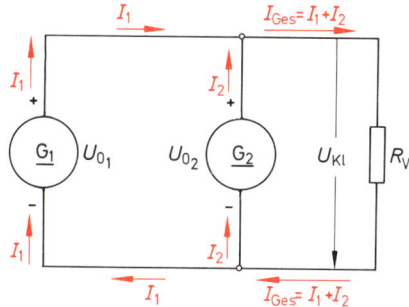

$P_{Ges} = P_1 + P_2$
$P \quad = U_{Kl} \cdot I_1 + U_{Kl} \cdot I_2$
$P \quad = U_{Kl} \cdot (I_1 + I_2)$
$P \quad = U_{Kl} \cdot \Sigma I$

nungen der Generatoren mit der Netzspannung übereinstimmen. Die einzelnen abgegebenen Generatorströme I_1 und I_2 addieren sich zum Gesamtstrom $I_{Ges} = I_1 + I_2$. Die Gesamtleistung $P_{Ges} = P_1 + P_2$ steht dem Netz zur Verfügung.

Aus dieser Erkenntnis heraus sind bei Parallelbetrieb von Gleichstromgeneratoren folgende Punkte wichtig:

a) Gleiche Leerlaufspannungen der Generatoren
Die Spannungen werden durch getrennte oder durch einen gemeinsamen umschaltbaren Spannungsmesser kontrolliert.

b) Gleiche Polaritäten der Generatoren
Die Polaritäten können auf verschiedene Weise ermittelt werden:

1. Durch ein polarisiertes Meßinstrument, z.B. Drehspulinstrument.
2. Durch eine Glimmlampe. Der negative Pol (Katode) überzieht sich mit einer Glimmhaut.
3. Durch die Hell- oder Dunkelschaltung (Bild 1.31).

Bild 1.31 Polaritätskontrolle
durch Lampenschaltungen

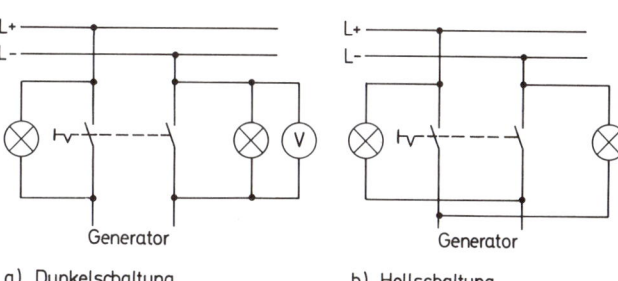

a) Dunkelschaltung   b) Hellschaltung

c) In der positiven Leitung eines jeden Generators befindet sich ein Rückstromschalter
Der Rückstromschalter arbeitet nach dem magnetischen Ausgleichsprinzip. Er hat die Aufgabe, bei Spannungsrückgang $U_0 < U_{Kl}$ den Generator vor Rückstrom zu schützen und einen Übergang in den Motorzustand zu verhindern.

51

d) Ausgleichsleistung beim Parallelbetrieb von Doppelschlußgeneratoren (Abschnitt 1.2.2.2).

Man strebt weiter an, daß Generatoren, die unmittelbar miteinander verbunden sind, annähernd gleiche Belastungskennlinien aufweisen. Damit sind die Parallelbedingungen und die Lastverteilungen auf beiden Generatoren sicher gewährleistet.

In der Praxis werden auch Nebenschluß- und Doppelschlußgeneratoren parallel geschaltet. Reihenschlußgeneratoren kommen wegen der großen Belastungsschwankungen heute nicht mehr zur Anwendung.

1.2.2.1 Parallelschaltung von Gleichstromnebenschlußgeneratoren

Nebenschlußgeneratoren (Bild 1.32) können parallel geschaltet werden, wenn die aus Abschnitt 1.2.2 wichtigen Punkte beachtet werden (gleiche Spannung, gleiche Polarität).

Wird Generator 2 dem Netz zugeschaltet, muß die anstehende Klemmenspannung so hoch sein wie die Netzspannung. Erst dann wird der Feldsteller verändert und die induzierte Spannung von Generator 2 erhöht, bis er Last übernimmt, oder der Feldsteller von Generator 1 wird so verändert, daß dieser dann entlastet wird. Die genaue Kontrolle der Lastverteilung erfolgt durch getrennte Strommesser, die jeweils einem Generator zugeordnet sind. Soll in belastungsschwachen Zeiten die Leistung auf Generator 1 übertragen werden, wird die Spannung von Generator 1 durch den Feldsteller erhöht oder bei Generator 2 allmählich gesenkt. Erst dann wird Generator 2 nach Kontrolle des Strommessers (Anzeige Null) vom Netz getrennt. Bei Doppelschlußgeneratoren wird in gleicher Weise verfahren.

1.2.2.2 Parallelschaltung von Gleichstromdoppelschlußgeneratoren

Der Parallelbetrieb von Doppelschlußgeneratoren (Bild 1.33) ist komplizierter als der von Nebenschlußgeneratoren. Wird die Spannung eines Generators im Betrieb vermindert, so kann der Generator Rückstrom aus dem Netz aufnehmen. Die Reihenschlußwicklung wird dann in umgekehrter Richtung vom Strom durchflossen und schwächt dadurch das magnetische Feld der Nebenschlußwicklung.

Die Rückwirkung kann so weit fortschreiten, bis der Generator in den Motorzustand übergeht. Dieser Gefahr kann begegnet werden, wenn zwischen beiden Generatoren eine Ausgleichsleitung von Klemme D 2 des ersten zur Klemme D 2 des zweiten Generators gelegt wird. Hierdurch wird auf beiden Generatoren eine gleichmäßige Lastverteilung hervorgerufen. Durch die Ausgleichsleitung werden die Reihenschlußwicklungen in sich parallel geschaltet. Somit herrscht an den Klemmen D 1–D 2 der gleiche Potentialunterschied. Die richtige Stromverteilung (Ausgleichsstrom) durch die Ausgleichsleitung ist damit gewährleistet.

Nebenschluß- und Doppelschlußgenerator können nur dann parallel geschaltet werden, wenn der Nebenschlußgenerator einen ohmschen Widerstand erhält, der schaltungsmäßig und größenmäßig im Widerstandswert dem der Reihenschlußwicklung des Doppelschlußgenerators entspricht.

52

Bild 1.32 Parallel-
schaltung von Neben-
schlußgeneratoren

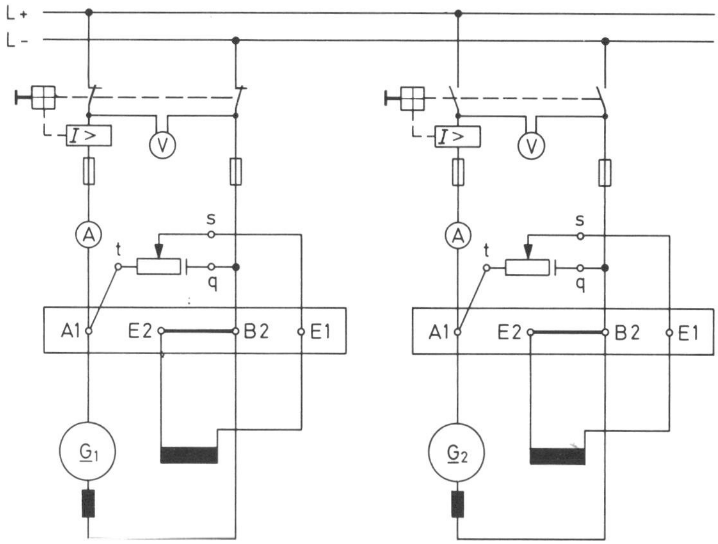

Bild 1.33 Parallel-
schaltung von Doppel-
schlußgeneratoren

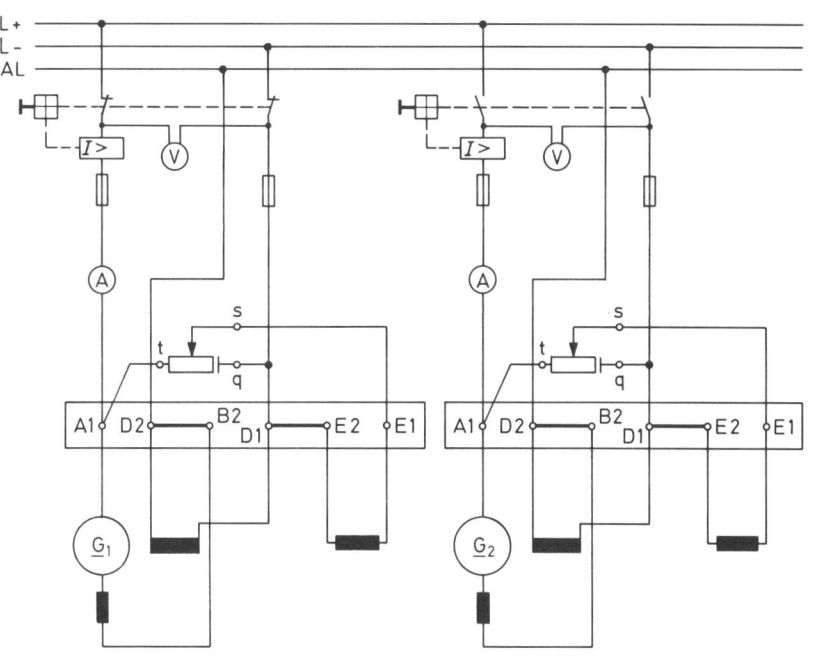

53

1.2.3 Gleichstrom-Dreileiternetz

Allgemeines

Gleichstromnetze werden in Zwei- (Bild 1.34) und Dreileitersysteme (Bild 1.35) einge-teilt.

Zweileitersysteme bestehen aus einer Hin- und Rückleitung. Da beide Leitungen vom gleichen Strom durchflossen werden, müssen die Leitungsquerschnitte gleich ausgeführt sein. Diese Anlagen werden nur für Verbraucher mit geringer Belastbarkeit für kurze Entfernungen verwendet ($U = 220$ V). Um die Wirtschaftlichkeit der Übertragung über größere Entfernungen bei hohen Leistungen zu erhöhen, wird das Dreileitersystem mit doppelter Spannung ($2 \cdot U = 440$ V) angewendet.

Die in der Praxis angewendeten Gleichstromdreileitersysteme werden durch die Rei-henschaltung von zwei Generatoren oder durch den Dreileitergenerator versorgt.

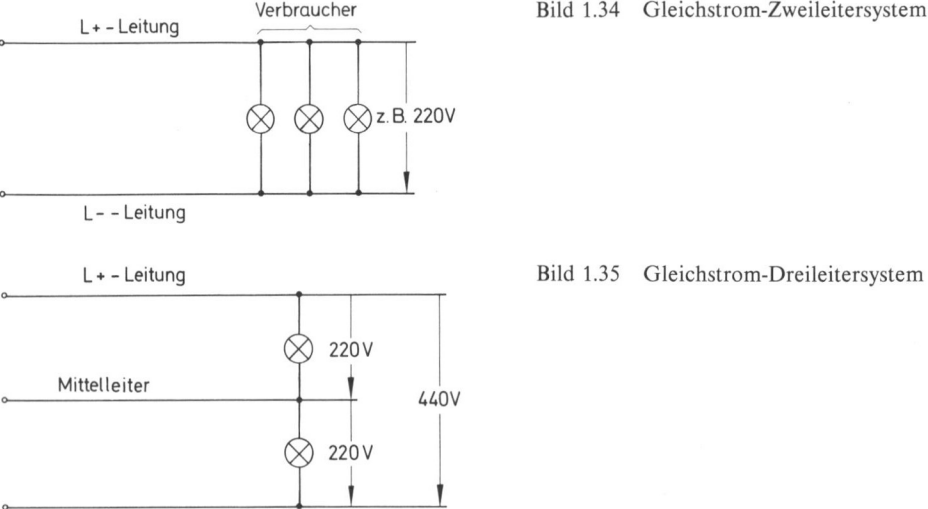

Bild 1.34   Gleichstrom-Zweileitersystem

Bild 1.35   Gleichstrom-Dreileitersystem

1.2.3.1 Reihenschaltung von Gleichstromgeneratoren (Bild 1.36)

Ein Gleichstrom-Dreileiternetz kann auf einfache Art aus der Reihenschaltung zweier Nebenschluß- oder Doppelschlußgeneratoren gleicher Leistung und Spannung herge-stellt werden.

Die Außenleiterspannung (Spannung zwischen L+- und L−-Leiter) stellt die dop-pelte Maschinenspannung dar. Sie beträgt gewöhnlich $U = 440$ V. Die dritte Leitung, der Mittelleiter M, wird am Verbindungspunkt zwischen den beiden in Serie geschalteten Generatoren abgegriffen. Die zwischen dem M und dem Außenleiter gemessene Span-nung beträgt

$$\frac{U_{\text{Außenleiter}}}{2} = 220 \text{ V}$$

54

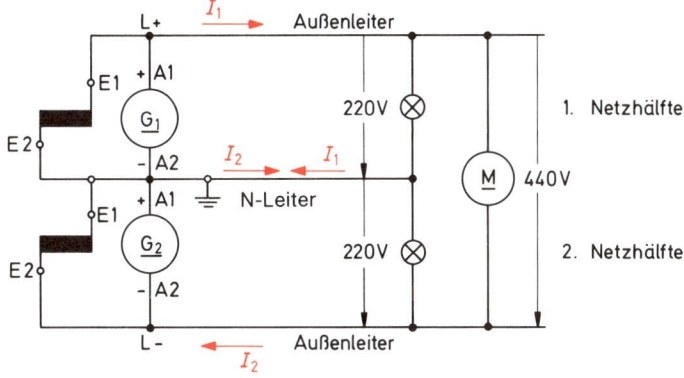

Bild 1.36 Reihenschaltung von Gleichstrom-Nebenschlußgeneratoren

Zwischen L+- und N-Leiter* bzw. L−- und N-Leiter herrscht nur die Hälfte der Außenleiterspannung, also $U = 220$ V.

Der Mittelleiter wird aus Sicherheitsgründen in der Zentrale ab 50 V Netzspannung geerdet: Er wird dann zum N-Leiter.

Bei gleicher Belastung auf beiden Netzhälften ist der N-Leiter stromlos. Dieser günstige Zustand ist anzustreben, kann aber in der Praxis kaum erreicht werden. Wird nun das Netz ungleichmäßig belastet, fließt im N-Leiter immer der Differenzstrom $\Delta I = I_2 - I_2$ beider Außenleiterströme (Bild 1.37a).

Aus diesem Grund kann bei stärkerem Querschnitt der Außenleiter der Querschnitt des Mittelleiters auf die Hälfte vermindert werden, jedoch nicht unter 16 mm² für Cu-Leitung und 25 mm² für Al-Leitung.

Der N-Leiter darf niemals allein durch einen Schalter oder eine Sicherung unterbrochen werden. Es würde die Netzhälfte mit dem höheren ohmschen Widerstandswert (kleiner Last) durch Überspannung und somit zu hohem Strom gefährdet. Nach Bild 1.37b würde $R_1 = 40\ \Omega$ mit Sicherheit zerstört werden.

1.2.3.2 Dreileitergenerator (Bild 1.38)

Eine Spannungsteilung kann auch an einem einzelnen Gleichstromgenerator vorgenommen werden. Man erhält dann den sogenannten Dreileitergenerator. Diese Ausführung hat gegenüber zwei Maschinen den Vorteil, daß eine einzelne Maschine mit voller Leistung im Betrieb wirtschaftlicher ist als zwei Maschinen mit je halber Leistung.

Die Außenleiterspannung (Gleichspannung) wird direkt am Stromwender zwischen den Bürsten A 1 und A 2 abgegriffen. Außer dem Stromwender befinden sich auf der Welle zusätzlich Schleifringe. Um den dritten Leiter, den Mittelleiter, künstlich herzustellen, muß die Ankerwicklung im einfachsten Falle um 180° symmetrisch angezapft und mit den Schleifringen verbunden werden. Über die Schleifringe wird die induzierte Wechselspannung einer Drosselspule zugeführt. Wird die Mitte der Drosselspule angezapft, erhält man den künstlichen Mittel- bzw. Nulleiter. Durch diese Schaltungsanordnung wird das Netz in zwei symmetrische Hälften aufgeteilt. Die Drosselspule stellt für den Wechselstrom einen hohen induktiven Widerstand dar, so daß der Verlust in der Drossel sehr gering ist. Wird das Gleichstromnetz ungleichmäßig belastet, durchfließt der Differenzstrom den Mittelleiter und fließt zur Drosselspule zurück. Bei Gleichstrom

---

* N-Leiter (Neutralleiter)

55

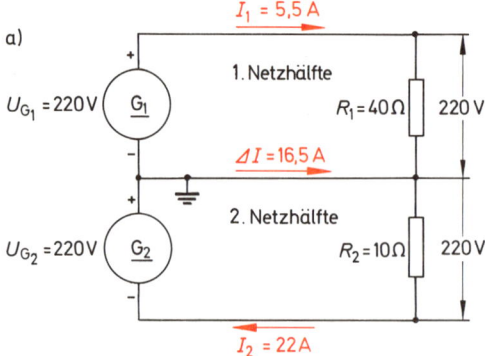

a)

1. Netzhälfte:
$$I_1 = \frac{U_1}{R_1} = \frac{220\,V}{40\,\Omega} = 5,5\,A$$

2. Netzhälfte:
$$I_2 = \frac{U_2}{R_2} = \frac{220\,V}{10\,\Omega} = 22\,A$$

Differenzstrom im N-Leiter
$$\Delta I = I_2 - I_1 = 22\,A - 5,5\,A = 16,5\,A$$

a) ohne Unterbrechung des N-Leiters

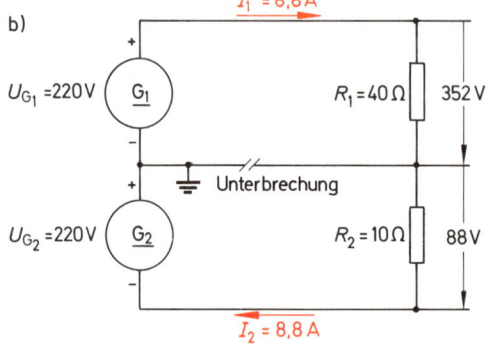

$$U_{ges} = U_{G_1} + U_{G_2} = 220\,V + 220\,V = 440\,V$$
$$I_1 = I_2 = \frac{U_{ges}}{R_1 + R_2} = \frac{440\,V}{40\,\Omega + 10\,\Omega} = 8,8\,A$$

1. Netzhälfte:
$$U_1 = I_1 \cdot R_1 = 8,8\,A \cdot 40\,\Omega = 352\,V$$

2. Netzhälfte:
$$U_2 = I_2 \cdot R_2 = 8,8\,A \cdot 10\,\Omega = 88\,V$$

b) mit Unterbrechung des N-Leiters

Bild 1.37   Gleichstrom-Dreileitersystem

Bild 1.38   Dreileitergenerator (Prinzipbild)

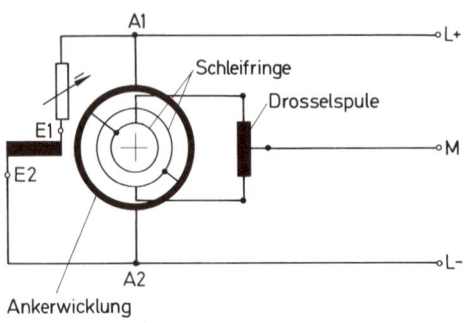

wird aber für die Drosselspule nur der geringe ohmsche Widerstand wirksam, so daß der Ausgleichsstrom leicht zur Ankerwicklung zurückfließen kann.

Der Dreileitergenerator beruht auf dem gleichen Prinzip wie der Einankerumformer mit der gemeinsamen Ankerwicklung (Abschnitt 1.9.3.2).

Gleichstromdreileiternetze können außerdem noch auf verschiedene andere Weise hergestellt werden, z.B. durch

1. Batteriespannungsteilung,
2. Ausgleichsmaschinensatz.

56

Zusammenfassung

a) Der Vorteil eines Gleichstromdreileiternetzes liegt in der Materialersparnis und in niedrigeren Anlagekosten gegenüber Zweileitersystemen.

b) Es können größere Leistungen auf weitere Entfernungen gegenüber Zweileitersystemen übertragen werden.

c) Das Netz stellt zwei verschiedene Spannungen zur Verfügung, z.B.: Hierdurch kann das Netz gleichmäßig ausgelastet werden.

d) Bei Netzspannungen ab 50 V muß der Mittelleiter nach VDE geerdet werden: er wird zum Nulleiter.

e) Der Nulleiter darf niemals durch eine Sicherung oder einen Schalter allein getrennt werden. Bei ungleicher Netzbelastung wären sonst die Verbraucher in der schwächer belasteten Netzhälfte gefährdet.

$$L+ \text{ und } L- = 440 \text{ V}$$
$$L+ \text{ und } M = 220 \text{ V}$$
$$M \text{ und } L- = 220 \text{ V}$$

1.3 Gleichstrommotoren

1.3.1 Wirkungsweise

1.3.1.1 Stromdurchflossene Leiterschleife im Magnetfeld

Befindet sich eine drehbare, stromdurchflossene Leiterschleife im Magnetfeld (Bild 1.39), erfährt diese eine Ablenkung, deren Richtung nach der Motorregel (linke Hand) bestimmt ist. Die Motorregel lautet:

> Hält man die linke Hand so, daß die Feldlinien vom Nordpol in die Innenfläche der Hand eintreten und die ausgestreckten Finger in Stromrichtung zeigen, so zeigt der abgespreizte Daumen die Ablenkrichtung des Leiters an.

Erreger- und Ankerfeld bilden zusammen ein resultierendes Magnetfeld, das ein Drehmoment $M = 2 \cdot F \cdot r$ am Ankerumfang ausübt. Das entwickelte Drehmoment ist gleich dem angenäherten Produkt aus Magnetfeld Φ und Ankerstrom I_A.

$$M \sim \Phi \cdot I_A$$

Nach dem Induktionsgesetz entsteht in der Leiterschleife eine Induktionsspannung, wenn diese durch Drehbewegung von Kraftlinien geschnitten wird. Diese Spannung ist beim Motor die Gegenspannung U_0 (beim Generator die induzierte Spannung U_0), die der Ursache, der angelegten Klemmenspannung U_{Kl}, entgegenwirkt (Lenzsche Regel). Die Richtung der Gegenspannung wird nach der Generatorregel (rechte Hand) bestimmt. Ihre Größe ist vom Magnetfeld Φ und der Drehzahl n der Leiterschleife abhängig.

$$U_0 \sim \Phi \cdot n$$

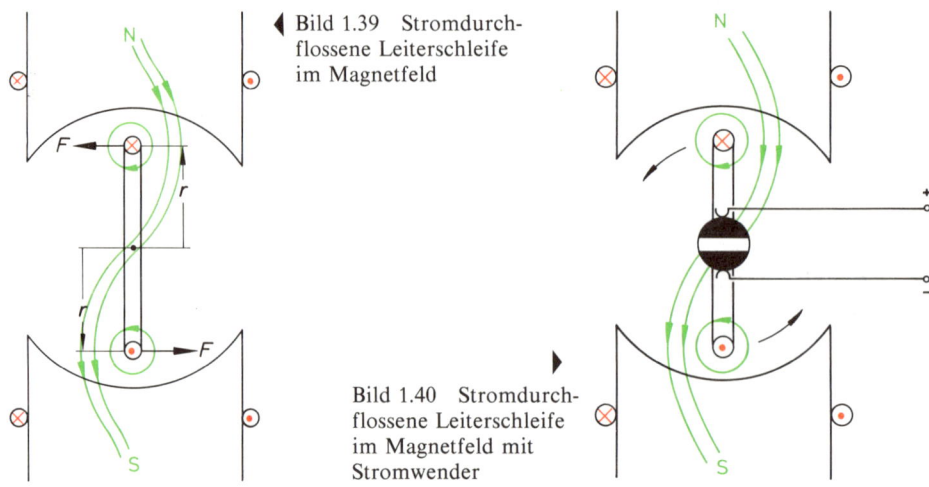

Bild 1.39 Stromdurch-
flossene Leiterschleife
im Magnetfeld

Bild 1.40 Stromdurch-
flossene Leiterschleife
im Magnetfeld mit
Stromwender

Wird die Leiterschleife (Bild 1.40) mit dem Stromwender verbunden, findet in der neu-
tralen Zone eine Kommutierung statt, so daß die Stromrichtungen unter dem Nord- und
Südpol gleich bleiben. Deshalb entsteht eine fortlaufende Rotation. Das gleiche Prinzip
liegt auch bei mehreren Leitern in einem lamellierten und genuteten Ankerkörper vor.
Ein Vertauschen der Anschlüsse von Erregerwicklung oder Leiterschleife ruft eine
Drehrichtungsumkehr hervor.

1.3.1.2 Anlassen des Gleichstrommotors

Beim direkten Einschalten von größeren Gleichstrommotoren (etwa ab 1 kW Nennleistung) treten erhebliche Stromerhöhungen auf, die eine Beschädigung der Stromquelle,
des Netzes bzw. der Ankerwicklung des Motors zur Folge haben können. Der Grund des
hohen Einschaltstromes liegt in der fehlenden induzierten Gegenspannung U_0. Im
Stillstand wird der Strom allein durch den sehr kleinen Ankerwiderstand R_A begrenzt.
Durch Vorschalten eines Anlaßwiderstandes zum Ankerkreis kann der Anlaßspitzenstrom auf ein Mindestmaß begrenzt werden. Der Einschaltstrom wird nach dem Ohmschen Gesetz der Gleichstrommaschine bestimmt.

Ohne Anlaßwiderstand: Mit Anlaßwiderstand:

$$I_A = \frac{U_{Kl}}{R_A} \qquad\qquad\qquad I_A = \frac{U_{Kl}}{R_A + R_V}$$

Sobald sich der Anker dreht, wird eine Gegenspannung U_0 induziert. Der Anlaßwiderstand wird nun stufenweise abgeschaltet, die Spannungsdifferenz zwischen Klemmenspannung U_{Kl} und Gegenspannung U_0 wird verringert. Je nach Verwendungszweck
kommen in der Praxis zur Ausführung:

a) Anlasser für Kurzzeitbetrieb (normales Anlassen)
b) Anlasser für Dauerbetrieb (normales Anlassen und Drehzahlsteuerung bis Nenndrehzahl).

58

Im Leerlauf (unbelasteter Zustand) ist die Gegenspannung fast gleich der Klemmenspannung. Der innere Spannungsfall $\Delta U = U_{Kl} - U_0$ läßt nur einen geringen Strom fließen. Sobald der Anker durch ein Gegenmoment von außen belastet wird, verringert sich die Drehzahl und damit gleichzeitig die Gegenspannung. Der innere Spannungsfall wird größer und somit auch der Ankerstrom. Dieser wird aber benötigt, damit der Motor bei größerer Belastung das Gegenmoment überwinden kann.

Die Gegenspannung gilt als eigentlicher Regulator des Motors. Sie paßt sich den Belastungsverhältnissen an und regelt automatisch die Stromaufnahme des Motors.

Beispiel
Von einem Nebenschlußgleichstrommotor für eine Nennspannung von 220 V, einer Gegenurspannung von 215 V, einem Ankerwiderstand von 0,5 Ω und einem vorhandenen Anlaßwiderstand von 4,5 Ω ist

1. der Nennstrom zu berechnen,
2. die Größe des Anlaßwiderstandes für Anlaßbetrieb unter Normallast zu überprüfen. Das Nebenschlußfeld bleibt unberücksichtigt.

Lösung
1. Beim direkten Einschalten aus dem Stillstand

$$I_A = \frac{U_{Kl}}{R_i} = \frac{220\text{ V}}{0,5\text{ Ω}} = \underline{440\text{ A}}$$

beim Anlauf über Anlaßwiderstand von 4,5 Ω

$$I_A = \frac{U_{Kl}}{R_i + R_v} = \frac{220\text{ V}}{0,5\text{ Ω} + 4,5\text{ Ω}} = \underline{44\text{ A}}$$

Bei Belastung im Nennbetrieb mit kurzgeschlossenem Anlasser

$$I_N = \frac{U_{Kl} - U_0}{R_i} = \frac{220\text{ V} - 215\text{ V}}{0,5\text{ Ω}} = \underline{10\text{ A}}$$

2. Nach den Vorschriften soll beim Anlaufen unter Normallast der Anlaßspitzenstrom das 1,5fache des Nennstromes nicht übersteigen. In unserem Falle beträgt er das

$$\frac{44\text{ A}}{10\text{ A}} = 4,4\text{fache des Nennstromes.}$$

$$U_{Kl} = U_0 + 1,5 \cdot I_N (R_i + R_v)$$

$$R_v = \frac{U_{Kl} - U_0}{1,5 \cdot I_N} - R_i \quad (U_0 = 0)$$

$$R_v = \frac{U_{Kl}}{1,5 \cdot I_N} - R_i$$

$$R_v = \frac{220\ \text{V}}{1{,}5 \cdot 10\ \text{A}} - 0{,}5\ \Omega = 14{,}7\ \Omega - 0{,}5\ \Omega$$

$$R_v = \underline{14{,}2\ \Omega}$$

Es ist somit eine Nachrechnung des Anlaßwiderstandes erforderlich.

1.3.1.3 Nebenschlußmotor

Beim Nebenschlußmotor (Bild 1.41a) ist die Erregerwicklung E 1—E 2 parallel zur Ankerwicklung A 1—B 2 geschaltet. Beide Wicklungen liegen unmittelbar an der gleichen Netzspannung. In Reihe mit dem Anker liegt der Anlaßwiderstand (Begrenzungswiderstand), der den Ankerstrom I_A auf das geforderte Maß begrenzt. Die Erregerwicklung (Nebenschlußwicklung) liegt schon beim Einschaltvorgang an voller Netzspannung und wird durch den Erregerstrom I_e sofort voll erregt. Das Magnetfeld ist somit nicht vom Belastungsstrom und der Drehzahl des Ankers abhängig.

Ein Nebenschlußmotor erreicht deshalb im Anlauf mit konstantem Magnetfluß (ohne Einfluß der Ankerrückwirkung) sein höchstes Drehmoment $M \sim I_A$.

Im Gegensatz zum Reihenschlußmotor, dessen Drehmoment quadratisch mit dem Strom ansteigt, werden diese Motoren nur für Antriebe verwendet, die im Anlauf ein kleines bis mittleres Gegenmoment überwinden müssen.

Im *Anlaufmoment* ist der Anlaßwiderstand voll eingeschaltet, und das Magnetfeld ist in voller Höhe erregt. Am Anlaßwiderstand fällt dabei der größte Teil der Netzspannung ab, der Rest am Anker.

Nach der Formel $n \sim U_0 / \Phi$ verhält sich die Motordrehzahl bei konstantem Magnetfeld Φ linear zur induzierten Gegenspannung U_0 im Anker $n \sim U_0$.

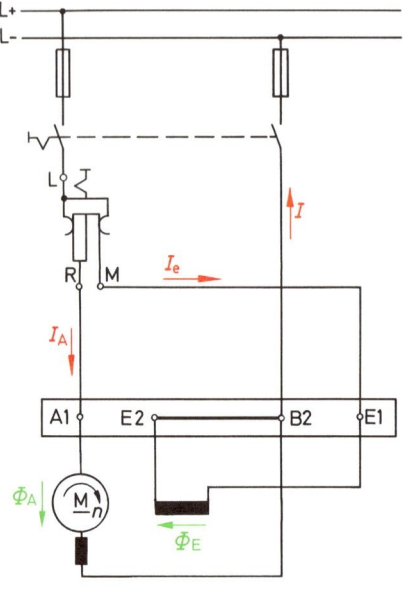

Bild 1.41a
Schaltbild eines
Nebenschlußmotors
für Rechtslauf

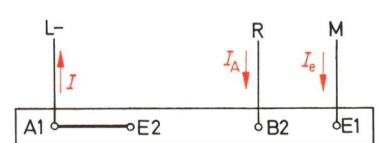

Bild 1.41b   Anschlußbrett für Linkslauf

60

Aus dieser Erkenntnis heraus kann mit dem Anlaßwiderstand die Drehzahl des Motors bis zur Nenndrehzahl gesteuert werden.

Der Nachteil dieser unwirtschaftlichen Drehzahlsteuerung liegt in der großen Verlustleistung im Anlasser ($P_v = I_A^2 \cdot R_v$), wodurch sich ein schlechter Gesamtwirkungsgrad ergibt.

Im *Nennbetrieb* erhält der Anker die volle Netzspannung nach der Formel

$$n \sim \frac{U_{Kl} - I_A \cdot R_i}{\Phi}$$

Die Motordrehzahl wird durch die Differenz $U_0 = U_{Kl} - I_A \cdot R_i$ bestimmt. Der Spannungsfall $I_A \cdot R_i$ zwischen Leerlauf und Nenndrehzahl bei konstanter Klemmenspannung stellt einen kleinen Wert dar. Der Motor bleibt in seiner Drehzahl fast konstant (Bild 1.42). Eine wirtschaftliche Drehzahlsteuerung wird durch Drehzahlerhöhung erreicht, indem das Magnetfeld der Nebenschlußwicklung durch einen Feldsteller geschwächt wird. Bei konstanter Netzspannung und konstantem Ankerstrom I_A lautet die Formel $n \sim 1/\Phi$, d.h., die Drehzahl ist umgekehrt proportional dem Magnetfeld Φ.

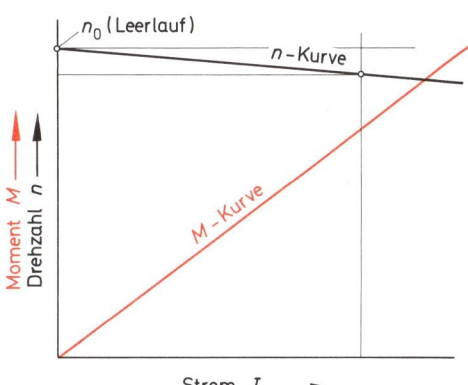

Bild 1.42 Belastungskennlinie eines Nebenschlußmotors

Bei einer Schwächung des Erregerfeldes wird die induzierte Gegenspannung U_0 im Augenblick geringer. Die erhöhte Spannungsdifferenz (Spannungsverlust in der Maschine) $\Delta U = U_{Kl} - U_0$ im Anker treibt einen größeren Ankerstrom durch den Ankerkreis, was wiederum ein größeres Motormoment zur Folge hat. Die Drehzahl steigt so lange an, bis der Ankerstrom I_A wieder so weit zurückgeht, daß das Motormoment ausreicht, um das Lastmoment zu überwinden. Eine Feldschwächung hat immer einen Rückgang des Motormoments zur Folge; die Leistungsminderung wird durch die Drehzahlerhöhung wieder ausgeglichen. Wird bei einem leerlaufenden Nebenschlußmotor das Feld sehr stark geschwächt, steigt die Drehzahl entsprechend an; *der Motor geht durch.* In Sonderfällen wird der Motor mit einer Hilfsreihenschlußwicklung ausgelegt, um ein unstabiles Drehzahlverhalten durch die Ankerrückwirkung zu vermeiden.

61

Zusammenfassung

a) Der Nebenschlußmotor ist im mechanischen Aufbau wie der Nebenschlußgenerator ausgeführt.

b) Die Drehzahl ändert sich kaum mit Belastung: Der Motor ist in seinem Drehzahlverhalten sehr stabil. Der Nebenschlußmotor wird dort eingesetzt, wo eine gleichmäßige Drehzahl erforderlich ist, z.B. bei Werkzeugmaschinen und Personenaufzügen.

c) Die Drehzahlsteuerung kann sowohl unterhalb sowie oberhalb der Nenndrehzahl erfolgen.

d) Eine Drehrichtungsumkehr wird meistens im Ankerkreis mit einem Wendeschalter (Bild 1.43) vorgenommen.

Der Anlaßwiderstand muß mit der Erregerwicklung leitend (galvanisch) verbunden werden, damit im Ausschaltaugenblick die hohe Selbstinduktionsspannung der Wicklung über dem Anlasser und Ankerkreis kurzgeschlossen wird.

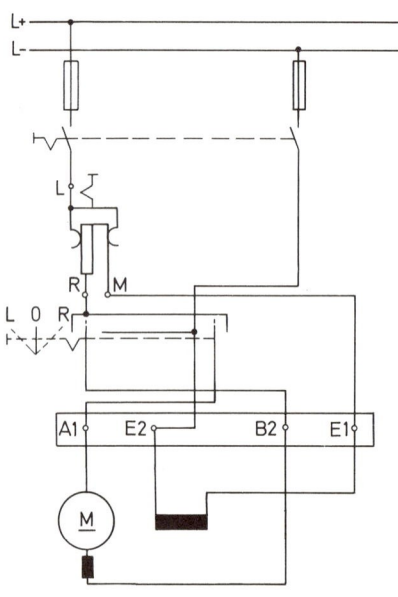

Bild 1.43 Nebenschlußmotor mit Wendeschalter

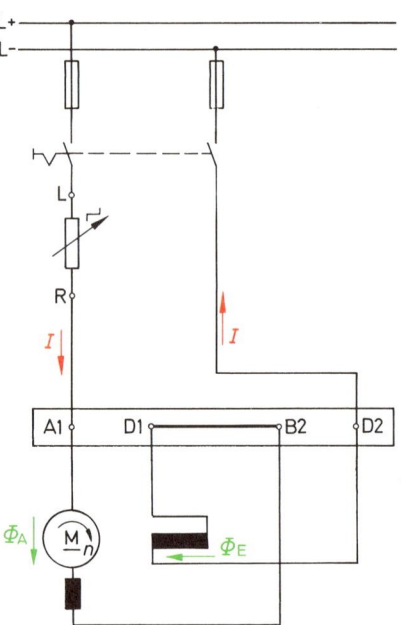

Bild 1.44a Schaltbild eines Reihenschlußmotors für Rechtslauf

Bild 1.44b Anschlußbrett für Linkslauf

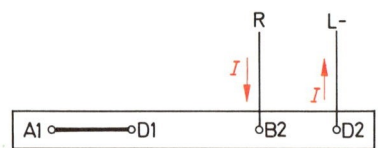

62

1.3.1.4 Reihenschlußmotor

Beim Reihenschlußmotor (Bild 1.44a) liegen Anker- und Erregerwicklung in Reihenschaltung und werden somit vom gemeinsamen Strom I durchflossen, der gleichzeitig Erregerstrom I_E und Ankerstrom I_A ist.

Im Leerlauf (bei Entlastung) hat der Motor sein geringstes Moment zu überwinden. Somit ist auch der aufgenommene Strom I sehr gering. Er wird nach folgender Formel bestimmt:

$$I = \frac{U_{Kl} - U_0}{R_A + R_W + R_H}$$

$R_A =$ Widerstand der Ankerwicklung
$R_W =$ Widerstand der Wendepolwicklung
$R_H =$ Widerstand der Hauptwicklung

Der geringe Strom baut nur ein geringes Erregerfeld auf. Um die Gegenspannung aufrechtzuerhalten, die wegen der geringen Spannungsfälle nur wenig kleiner als die Klemmenspannung ist, muß die Drehzahl entsprechend hohe Werte annehmen. Die angenäherte Formel lautet (wie beim Nebenschlußmotor):

$$U_0 \sim \Phi \cdot n$$

$$n \sim \frac{U_0}{\Phi}$$

Die Drehzahl verhält sich bei konstanter Klemmenspannung umgekehrt zum Magnetfeld Φ. Der Reihenschlußmotor kann deshalb im Leerlauf eine hohe Drehzahl annehmen, so daß der Anker durch die hohen mechanischen Beanspruchungen (Fliehkräfte) gefährdet ist; *er geht durch*. Um dies zu vermeiden, muß der Reihenschlußmotor immer mit der anzutreibenden Maschine direkt oder starr gekuppelt werden.

Im Anlauf fließt durch die Erregerwicklung ein kräftiger Strom, der ein starkes Erregerfeld aufbaut.

Bild 1.45 Belastungskennlinie eines Reihenschlußmotors

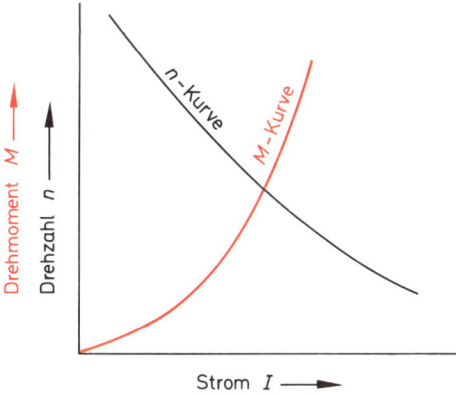

63

Im Gegensatz zum Nebenschlußmotor, dessen Drehmoment linear mit dem Ankerstrom bei konstantem Magnetfeld steigt, wird bei einem Reihenschlußmotor (im ungesättigten Bereich des Eisens) das Motormoment quadratisch mit dem Ankerstrom ansteigen $M \sim I^2$, da das Magnetfeld sich proportional mit dem Strom ändert ($M \sim \Phi \cdot I$, $\Phi \sim I$, $M \sim I \cdot I \Rightarrow M \sim I^2$) (Bild 1.45).

Das treibende Motormoment ist im Anlauf daher sehr groß; so benötigt der Motor für ein vierfaches Nenndrehmoment nur eine zweifache Nennstromaufnahme aus dem Netz.

Reihenschlußmotoren haben deshalb von allen Gleichstrommotoren das höchste Drehmoment. Sie werden vorwiegend für schwere Lasten verwendet.

Zum Anlassen des Motors kann wie bei jedem Gleichstrommotor ein veränderbarer Anlaßwiderstand vorgeschaltet werden. Seine Drehzahl kann damit bis zur Nenndrehzahl gesteuert werden.

Zusammenfassung

a) Anker- und Erregerwicklung liegen in Reihe und werden vom gemeinsamen Strom I durchflossen. Die Erregerwicklung wird wegen des starken Belastungsstromes mit wenigen Windungen und starkem Querschnitt ausgeführt.

b) Die Drehzahl ändert sich sehr stark bei Belastung. Im Leerlauf neigt der Motor zum Durchgehen und darf deshalb nur starr verbunden werden. Im Anlauf entwickelt er ein kräftiges Moment.

c) Die Veränderung der Motordrehzahl kann folgendermaßen vorgenommen werden:
Drehzahlerhöhung durch Nebenwiderstand zur Erregerwicklung oder Anzapfung der Erregerwicklung.
Drehzahlminderung durch Vorwiderstand oder Reihenschaltung von zwei Motoren (Bahnmotoren).

d) Der Reihenschlußmotor findet Anwendung bei Straßenbahnen, bei Elektrokarren, bei Schnellbahnen, bei Hebezeugen, als Autoanlasser.

1.3.1.5 Universalmotor

Der Universalmotor (Bild 1.47a) ist ein kleiner Reihenschlußmotor, der sowohl mit Gleichstrom als auch mit einphasigem Wechselstrom bei normaler Netzfrequenz betrieben werden kann. Man nennt ihn deshalb auch Allstrommotor. Da öffentliche Netze fast nur noch Wechselstrom führen, wird der Universalmotor in erster Linie hierfür dimensioniert.

Er unterscheidet sich in der Bauform vom normalen Gleichstrommotor durch das gedrungene Ständerpaket, das mit den Polschuhen ein Stück bildet (Bild 1.46). Zur Vermeidung der Wirbelströme beim Betrieb von Wechselspannung ist das Ständerpaket aus Dynamoblechen zusammengeschichtet.

Die Erregerwicklung ist symmetrisch zum Anker aufgeteilt. Hierdurch wirken die Teilspulen der Erregerwicklung wie Drosselspulen, die zur Funkentstörung beitragen. Aus technischen und rationellen Gründen wird der Anker mit seiner Wicklung maschinell hergestellt.

Im Gegensatz zum Einphaseninduktionsmotor, dessen synchrone Drehfelddrehzahlen durch Netzfrequenz und Polpaarzahl festliegen, können mit dem Universalmotor Drehzahlen über 3000 min^{-1} bis 30 000 min^{-1} erreicht werden.

64

Bild 1.46 Ständer- und Läuferblechschnitt
eines Universalmotors

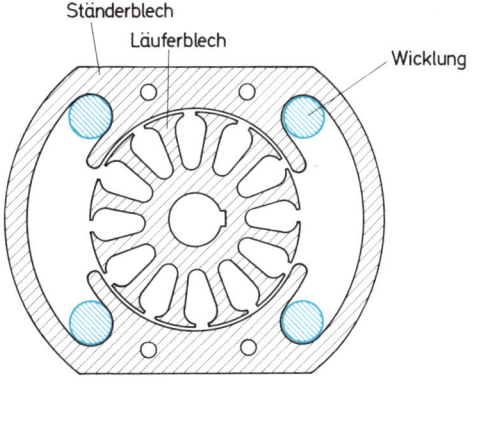

Ständerblech
Läuferblech
Wicklung

Bild 1.47b
Belastungskennlinie
eines Universalmotors ▶

Bild 1.47a
Schaltbild eines
Universalmotors mit
Zusatzwicklungen

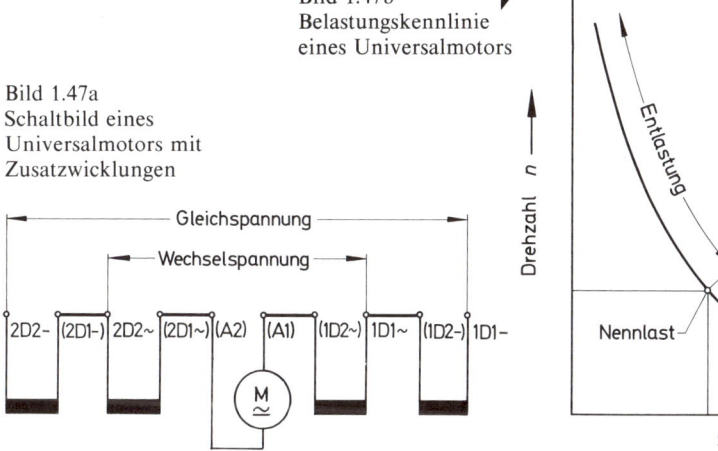

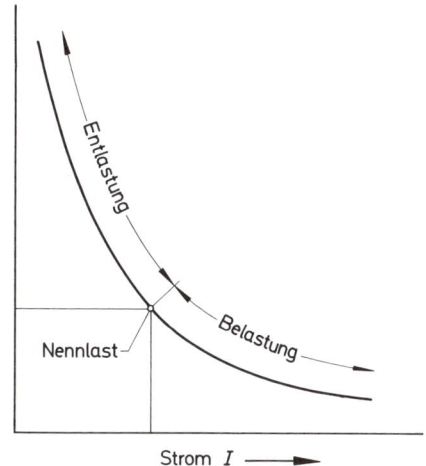

Da bekanntlich die Erregerwicklungen bei Wechselspannung neben dem ohmschen einen induktiven Widerstand besitzen, ist der Spannungsabfall an ihnen größer; Drehzahl und Leistung gehen daher beim Übergang von Gleich- auf Wechselspannung um etwa 15% zurück.

Soll in Sonderfällen für beide Spannungsarten bis etwa 6000 min^{-1} die Leistung konstant gehalten werden, wird die Erregerwicklung mit Anzapfungen (Zusatzwicklungen) ausgeführt. Beim Gleichstrombetrieb erhält der Motor einige Windungen mehr als bei Wechselstrombetrieb.

In seiner Wirkungsweise verhält sich der Universalmotor wie ein normaler Gleichstrom-Reihenschlußmotor. Bei starker Belastung fließt in der Anker- und der Erregerwicklung ein hoher Belastungsstrom. Beide Wicklungen erzeugen kräftige magnetische Felder, so daß der Motor in der Lage ist, ein starkes Drehmoment im Anlauf und im Betrieb zu entwickeln. Bei Entlastung werden der Strom und damit die Magnetfelder schwächer. Der Motor entwickelt dadurch eine höhere Drehzahl und kann durchgehen (Bild 1.47b). Aus Sicherheitsgründen wird in einigen Fällen auf die Motorwelle ein

65

Fliehkraftschalter montiert, der bei kritischen Drehzahlen den Motor abschaltet oder einen ohmschen Widerstand zuschaltet. Eine einfache grobstufige und unwirtschaftliche Drehzahlsteuerung ist wie bei jedem Gleichstrommotor der Vorwiderstand. Eine feinstufige, aber ebenfalls nicht verlustlose Drehzahlsteuerung wird durch die Barkhausenschaltung (Bild 1.48) erreicht. Ein ohmscher Widerstand wird als Potentiometer so geschaltet, daß ein Teil als Vorwiderstand R_v, der andere als Parallelwiderstand R_p zur Ankerwicklung liegt.

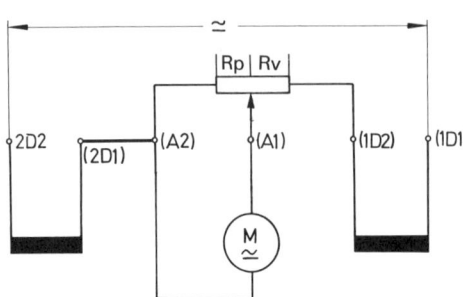

Bild 1.48   Barkhausenschaltung

So neigt der Motor bei Leerlauf nicht mehr zum Durchgehen, er verliert dadurch den starren Reihenschlußcharakter. Motorwicklungen und Widerstand müssen aufeinander abgestimmt werden. Für spezielle Drehzahlsteuerungen, z.B. bei Handbohrmaschinen, wendet man heute Phasenanschnittsteuerungen durch Thyristoren oder Triac an.

Zusammenfassung

a) Der Universalmotor ist stets ein Reihenschlußmotor. Dadurch wirken die Erregerwicklungen wie Drosseln und bewirken eine Funkentstörung. Zusätzlich wird der Motor mit einem Breitbandentstörer entstört.

b) Da die räumlichen Abmessungen sehr gering sind, können keine Wendepole untergebracht werden. Zur Behebung des Läuferquerfeldes werden die Bürsten um 1 bis 2 Stromwenderlamellen aus der neutralen Zone gegen die Drehrichtung verschoben.

c) Diese hochtourigen Kleinstmotoren mit ihren Drehzahlen von $1500\,\text{min}^{-1}$ bis $30\,000\,\text{min}^{-1}$ sind in ihrer Leistung auf etwa 2000 W begrenzt. Die Anwendung des Motors ist sehr vielseitig, z.B. für Handbohrmaschinen, Haushaltsmaschinen (Staubsauger, Mixer usw.)

1.3.1.6   Doppelschlußmotor

Der mechanische Aufbau des Doppelschlußmotors (Bild 1.49a) entspricht dem eines Doppelschlußgenerators. Die Erregerwicklungen werden gewöhnlich so geschaltet, daß sie sich in ihrem magnetischen Verhalten unterstützen (normalkompoundiert). Im unbelasteten Zustand (Leerlauf) verhält er sich wie ein Nebenschlußmotor mit konstantem Magnetfluß Φ. Ein Durchgehen ist deshalb bei Entlastung nicht möglich.

66

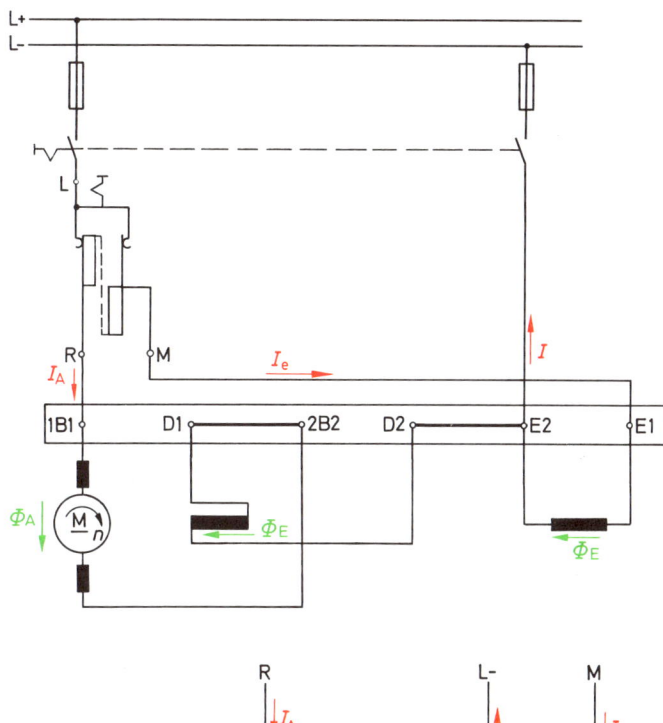

Bild 1.49a
Schaltbild eines Doppel-
schlußmotors für Rechtslauf

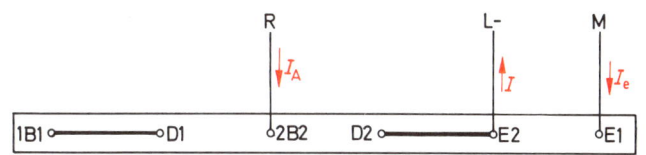

Bild 1.49b   Anschlußbrett
für Linkslauf

Bei Belastung wird die Reihenschlußwicklung vom belastungsabhängigen Ankerstrom durchflossen, das Nebenschlußfeld wird zusätzlich durch das Reihenschlußfeld
unterstützt. Der Motor erhält ein gutes Anzugsmoment bei belastungsabhängiger Drehzahl. Doppelschlußmotoren besitzen deshalb keine so steife Drehzahlkennlinie wie der
normale Nebenschlußmotor und kein so hohes Drehmoment wie der Reihenschlußmotor (Bild 1.50a). Je nach Ausführung und Anwendung der Erregerwicklungen kann die
eine oder andere Charakteristik des Motors annähernd erreicht werden.

In Sonderfällen wird die Reihenschlußwicklung so geschaltet, daß sie der Nebenschlußwicklung entgegenwirkt (gegenkompoundiert). Dieses Verfahren ist nur dort
anzuwenden, wo der Motor eine stabile Drehzahl bei veränderlicher Belastung (bis zur
Nennlast) erreichen soll. Die Gegenkompoundierung soll möglichst vermieden werden,
denn mit stärkerer Belastung wird auch das Hauptfeld schwächer, und das Drehmoment
des Motors nimmt ab.

Bei großen Belastungsstößen kann notfalls das Gegenmoment nicht mehr überwun-
den werden, die Stromaufnahme aus dem Netz steigt durch die fehlende Gegenspannung
in der Ankerwicklung an, die Sicherungen sprechen an.

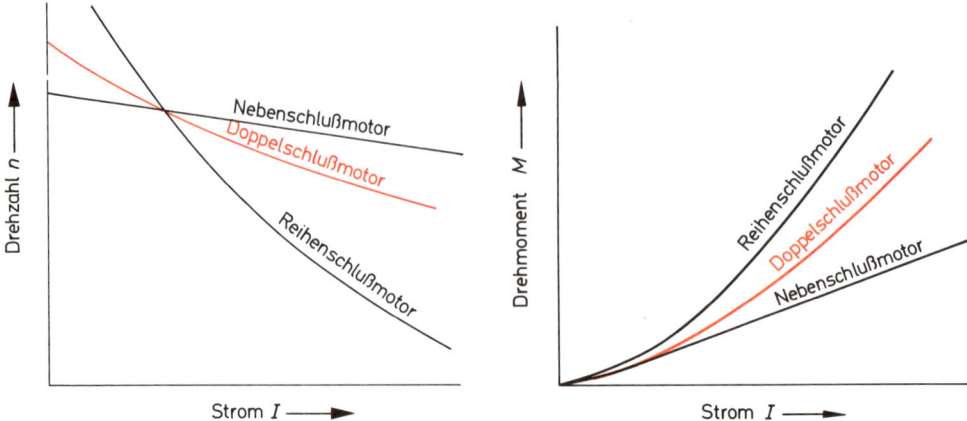

Bild 1.50a   Drehzahlkennlinien

Bild 1.50b   Drehmomentkennlinien

Zusammenfassung

a) Beim Doppelschlußmotor werden die Nebenschluß- und Reihenschlußwicklungen gemeinsam auf einem Polkern untergebracht und am Anschlußbrett verschaltet. Das Anschlußbrett erhält gegenüber anderen Gleichstrommotoren 6 Klemmenanschlüsse.

b) Die Nebenschlußwicklung kann auch durch eine fremderregte Wicklung ersetzt werden. Bei der Wicklung F 1−F 2 hat man am Anschlußbrett nur noch eine Brücke.

c) Anwendung findet der Doppelschlußmotor dort, wo Leerlauf und Stoßbelastungen zu erwarten sind, z.B. bei Pressen, Stanzen, Scheren. Durch sein weiches Drehmoment-Drehzahl-Verhalten bei Belastung paßt er sich gut den Arbeitsbedingungen an.

d) Die Drehzahl des Motors kann, wie bei jedem Gleichstromnebenschlußmotor, durch einen Anlaßwiderstand oder Feldsteller verändert werden.

1.3.1.7   Fremderregter Motor

Der fremderregte Motor (Bild 1.51a) benötigt getrennte Spannungsquellen für den Anker- und Erregerkreis. Er ist im mechanischen Aufbau wie der Nebenschlußmotor ausgeführt. Statt der Anschlußbezeichnung E 1−E 2 erhält er die Bezeichnung F 1−F 2. Zusätzlich müssen auf dem Leistungsschild (Bild 1.53) die Erregerspannung und der Erregerstrom angegeben werden. Fremderregte Motoren werden z.B. als Spielzeugmotoren für kleine Leistungen mit Dauermagneten versehen. Da Anker- und Erregerkreis galvanisch getrennt sind, bleibt bei einem Spannungsrückgang am Anker das Erregerfeld konstant.

Dadurch bleibt die Drehzahl im Vergleich zum Nebenschlußmotor stabiler (Bild 1.52). Außerdem neigt der fremderregte Motor weniger zum Durchgehen als der Nebenschluß-motor. Eine Drehzahländerung ist wie bei jedem Gleichstrommotor durch Anker- und Feldsteuerung möglich. Fremderregte Motoren werden heute dort verwendet, wo bei gleichbleibendem Nenndrehmoment die Drehzahlabweichung zwischen Leerlauf- und Nenndrehzahl gering sein soll, z.B. bei Leonardschaltung. Da es heute nur noch selten klassische Gleichstromnetze gibt, werden die Gleichstrommotoren meistens von Wechselspannung (Drehspannung) über Gleichrichtersätze gespeist (Bild 1.54).

Bild 1.51a   Schaltbild eines fremderregten Motors für Rechtslauf

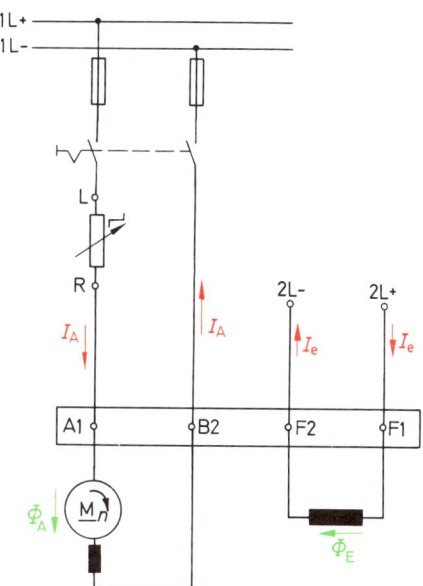

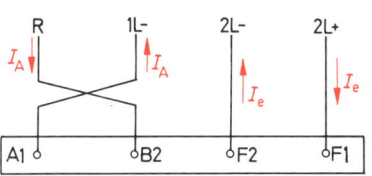

Bild 1.51b   Anschlußbrett für Linkslauf

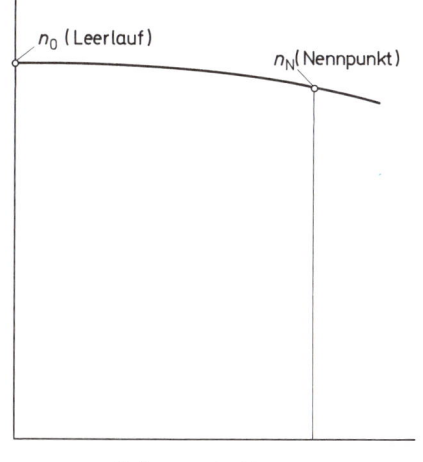

Bild 1.52   Belastungskennlinie eines fremderregten Motors

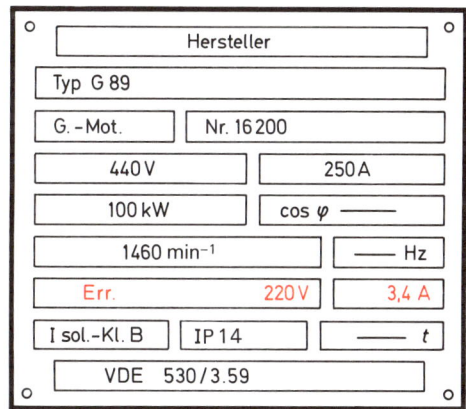

Bild 1.53   Leistungsschild eines fremderregten Motors

69

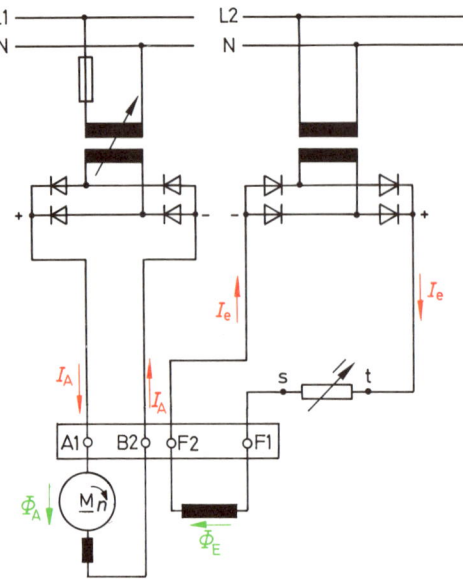

Bild 1.54 Drehzahländerung eines fremd-erregten Motors durch Stelltransformator

Wird statt eines Anlassers ein Stelltransformator für den Ankerkreis verwendet, so kann auf einfache Weise die Drehzahlsteuerung bei konstanter Erregung im unteren Drehzahlbereich fast verlustlos erfolgen.

Die Belastungsabhängigkeit der Drehzahl ist in jedem Bereich nur gering (siehe Belastungskennlinien Leonardsatz Bild 1.56). Die Drehzahlverstellung im unteren wie auch im oberen Drehzahlbereich verhält sich wie beim Nebenschlußmotor.

Zusammenfassung

a) Der fremderregte Motor ist im mechanischen Aufbau wie ein Nebenschlußmotor ausgeführt.

b) Er erhält durch seine getrennten Gleichspannungsquellen eine gute Drehzahlstabilität bei Nennlast.

c) Fremderregte Motoren werden überwiegend in der Steuer- und Regeltechnik, z.B. beim Leonardsatz, angewendet. Motoren mit sehr geringer Leistung werden mit Dauermagneten versehen, z.B. Spielzeugmotoren, Trockenrasierer usw.

1.3.1.8 Drehzahlsteuerung von Gleichstrommotoren

Für die Drehzahlsteuerung von Gleichstrommotoren ergeben sich zwei Steuerungsarten:

a) Drehzahlsteuerung durch Änderung der Ankerspannung und
b) Drehzahlsteuerung durch Änderung der Feldspannung.

Bei der *Drehzahlsteuerung durch Spannungsänderung am Anker* liegt mit dem Ankerwiderstand ein Vorwiderstand R_v (Stellwiderstand) in Reihe. Diese Steuerung läßt sich nur im Bereich von Null bis zur Nenndrehzahl (Betriebsdrehzahl) durchführen. Die Drehzahl ändert sich hierdurch etwa proportional mit der anliegenden Spannung am Anker. Am Vorwiderstand fällt damit die restliche Spannung ab. Das bedeutet hohen Leistungsverlust und damit schlechten elektrischen Wirkungsgrad, außerdem wird die Drehzahl sehr stark lastabhängig. Diese Steuerungsmöglichkeit wird nur selten oder nur bei Motoren mit geringer Leistung angewendet. Durch die verminderte Belüftung müssen diese Motoren im unteren Drehzahlbereich mit herabgesetztem Drehmoment arbeiten oder bei vollem Drehmoment mit Fremdbelüftung ausgelegt werden. Eine feinstufige und fast verlustlose Drehzahlsteuerung im unteren Drehzahlbereich wird meistens durch die Leonardschaltung erreicht.

Eine weitere Möglichkeit, die Drehzahl des Gleichstrommotors zu verändern, wird durch *Spannungsänderung an der Erregerwicklung (Feldschwächung)* hervorgerufen. Es kann also nur eine Steuerung im Drehzahlbereich über Nenndrehzahl erfolgen. Bei gleichmäßiger Belastung und konstanter Ankerklemmenspannung muß durch Feldschwächung der Ankerstrom infolge geringerer Gegenspannung ansteigen, bis Antriebsdrehmoment und Gegenmoment durch Drehzahlerhöhung ausgeglichen werden.

Das neue Motordrehmoment muß bei erhöhter Drehzahl zurückgehen, wenn die Motorleistung konstant bleiben soll. Damit eine Unstabilität der Drehzahl vermieden wird, soll der Drehzahlbereich nicht größer als 1 : 4 sein. Bei Entlastung (Reihenschlußmotor) oder stark eingestellter Feldschwächung (Nebenschlußmotor) können die Drehzahlen des Motors rapide ansteigen: Der Motor geht durch, der Anker erleidet mechanischen Schaden.

1.3.1.9 Leonardschaltung

Bei der Leonardschaltung findet man eine feinstufige, belastungsunabhängige und fast verlustlose Drehzahlsteuerung vor (Bild 1.55).

Der Leonardsatz besteht aus verschiedenen Maschinen. Der eigentliche Steuersatz setzt sich aus dem fremderregten Steuergenerator G_1 und dem fremderregten Steuermotor M_2 zusammen. Bei beiden Maschinen sind die Anker elektrisch miteinander verbunden. Der Steuergenerator G_1 wird von einem Drehstrommotor M_1 mit gleichbleibender Drehzahl angetrieben. Die Erregerwicklungen der fremderregten Maschine werden von einer Erregermaschine G_2 (selbsterregter Nebenschluß- oder Doppelschlußgenerator) gespeist. Die Erregermaschine kann aber auch durch einen Gleichrichtersatz ersetzt werden. Die Ankerspannung des Steuermotors M_2 wird durch Veränderung des Feldstellers R_1 vom fremderregten Steuergenerator G_1 beeinflußt. Wird die Stromrichtung in der Erregerwicklung des Steuergenerators durch den Wendeschalter umgepolt, ändert sich auch die Polarität der Ankerspannung.

Bleibende Polarität der Erregung des zu steuernden Motors M_2 und Polaritätsänderung am Anker dieses Motors verursachen Drehrichtungsänderung. Eine Drehzahlverstellung des Steuermotors M_2 erfolgt überwiegend im unteren Drehzahlbereich. Eine Drehzahlverstellung des Motors M_2 im oberen Drehzahlbereich kann auch durch eine Feldschwächung erreicht werden.

Für stoßartig belastete Leonardsätze wird zum Schutz des Netzes vor starken Stromstößen ein Schwungrad (Ilgnerrad) auf der Welle angebracht.

Leonardsatz und Ilgnerrad ergeben dann den Ilgnerumformer. Der Antriebsmotor M_1 muß hierbei ein elastisches Drehmoment-Drehzahl-Verhalten zeigen. Es werden deshalb meistens Induktionsmotoren mit veränderlichen Läuferwiderständen (Schleifringläufermotoren) verwendet.

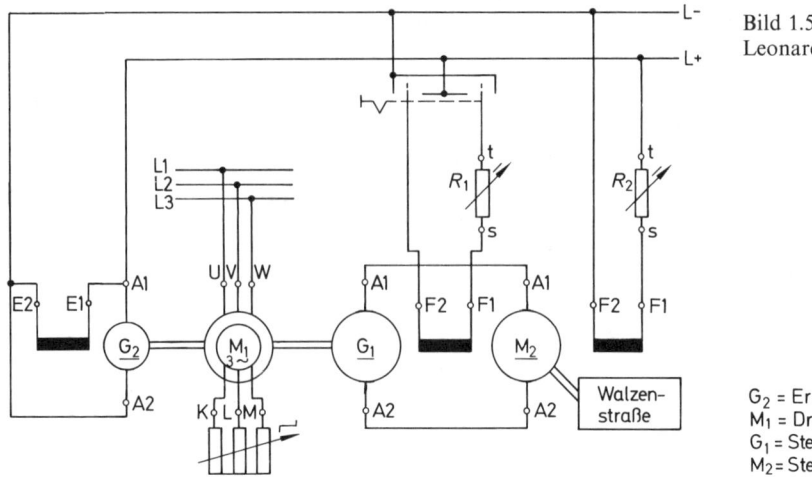

Bild 1.55
Leonardschaltung

G_2 = Erregergenerator
M_1 = Drehstrommotor
G_1 = Steuergenerator
M_2 = Steuermotor

Vorteile

a) feinstufige und fast verlustlose Drehzahlsteuerungen, für große Motorleistungen bis 1 : 15 bei 6000 kW,
b) fast unabhängig von der Belastung (Nebenschlußcharakter) (Bild 1.56),
c) gute betriebsmäßige Drehrichtungsumkehr (durch Anker- oder Feldumpolung),
d) fast konstantes Drehmoment im unteren Drehzahlbereich.

Nachteile

a) durch die mechanisch gekuppelten Maschinen wird der Wirkungsgrad schlecht ($\eta \approx 0{,}7$),
b) hohe Anschaffungs- und Wartungskosten,
c) Steuergenerator G_1 und Steuermotor M_2 besitzen — im Gegensatz zur Zu- und Gegenschaltung — die gleichen Leistungen, da der Ankerstrom beide Ankerwicklungen durchfließt. Bei der Zu- und Gegenschaltung ist die Leistung des Steuergenerators G_1 nur halb so groß wie die des Steuermotors M_2. Die andere Hälfte der Leistung für den Steuermotor wird einem Gleichstromnetz entnommen.

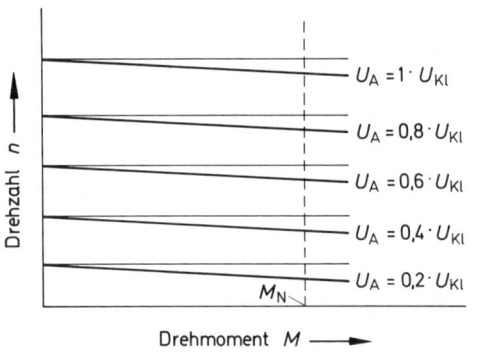

Bild 1.56 Belastungskennlinien der Leonardschaltung

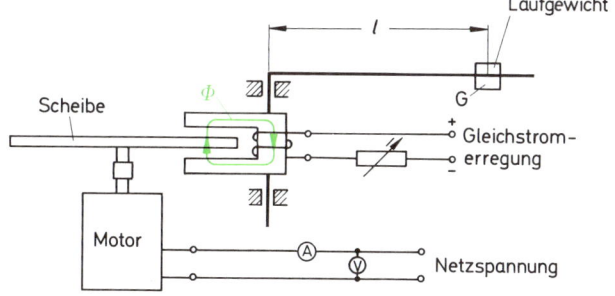

Bild 1.57 Prinzipschaltbild
der Wirbelstrombremse

1.3.1.10 Leistungsmessungen

Um die abgegebene Leistung eines Elektromotors zu bestimmen, werden in der Praxis verschiedene Meßverfahren angewendet.

a) Bei der *Wirbelstrombremse* (Bild 1.57) werden nichtferromagnetische Scheiben, z.B. Kupfer- oder Aluscheiben, mit der Motorwelle gekuppelt und zwischen gleichstrom-erregten Elektromagneten abgebremst. Durch die Rotation der Scheibe wird je nach Drehzahl des Motors die Größe der Wirbelströme mit ihren Feldern verändert. Die Scheibe wird hierdurch abgebremst und der Motor auf seine abgegebene Leistung kontrolliert. Das Moment $G \cdot l$ der Waage ist gleich dem abgegebenen Motormoment M. Mit Hilfe des gemessenen Drehmoments und der gemessenen Drehzahl kann die mechanische Leistung des Motors bestimmt werden zu:

$$P = \frac{G \cdot l \cdot n}{9550} = \frac{M \cdot n}{9550} \qquad \begin{array}{l} P \ = \ \text{in kW} \\ G \ = \ \text{in N} \\ l \ = \ \text{in m} \end{array}$$

M in Nm
n in min^{-1}

Der Motorwirkungsgrad wird nach folgender Formel berechnet:

$$\eta = \frac{\dfrac{M \cdot n}{9{,}550}}{U \cdot I} \cdot 100\%$$

$$\eta = \frac{P_{ab}}{P_{zu}} \cdot 100\%$$

b) Bei der *Backenbremse* (Bild 1.58) befindet sich zwischen zwei Bremsbacken die abzu-bremsende Bremstrommel. Das Reibungsmoment wird durch den Druck der Backen mittels der Flügelmuttern eingestellt. Das abgegebene Motormoment muß gleich dem Gegenmoment aus Gewicht und Hebelarm sein. Stimmen Strom und Drehzahl des Motors mit den Nenndaten überein, so gibt der Motor seine mechanische Nennlei-stung an die Trommel ab.

73

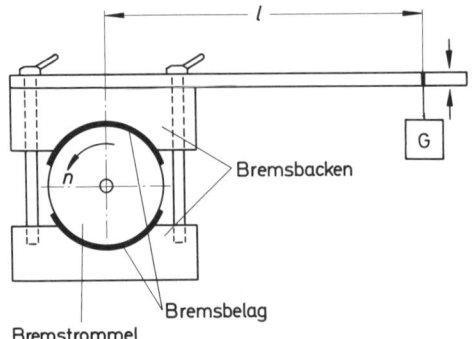

Bild 1.58   Backenbremse

Bremsbacken

Bremsbelag

Bremstrommel

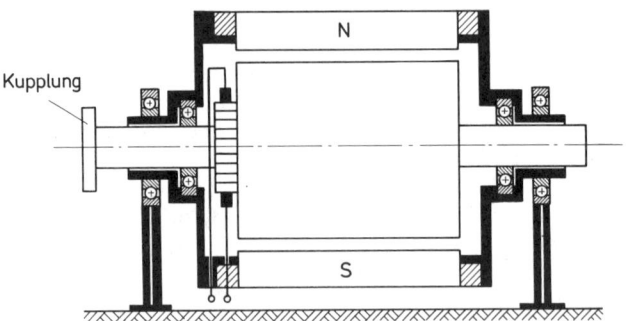

Bild 1.59   Bremsgenerator

Kupplung

Sowohl die Wirbelstrombremse als auch die Backenbremse werden für kleine bis mittlere Leistungen verwendet. Messungen an Drehstrommotoren können bei diesem Prüfverfahren nur im stabilen Bereich vorgenommen werden.

c) *Der Bremsgenerator (Pendelmaschine)* ist wegen seiner hohen Meßgenauigkeit für elektrische Maschinen die meist angewandte Leistungsmeßmethode (Bild 1.59). Der Bremsgenerator kann auch als Motor benutzt werden. Wird die Pendelmaschine als Generator verwendet, so kann die abgegebene Energie in den Widerständen in Wärme umgesetzt (Verlustbremsung) oder in das Netz zurückgeschickt werden (Nutzbremsung). Die Pendelmaschine wird als Nebenschluß- oder fremderregte Maschine ausgeführt. Um die Messungen so genau wie möglich zu halten, werden Ständer und Anker durch Kugellager voneinander getrennt gelagert. Das direkt gemessene Motormoment wird vom beweglichen Ständer über einen Hebelarm auf die Drehmomentwaage übertragen.

1.3.1.11 Verluste und Wirkungsgrade

Bei der Bestimmung der Wirkungsgrade kleinerer Maschinen erfolgt die direkte Messung aus Leistungsaufnahme und Leistungsabgabe. Für große Maschinen bevorzugt man wegen der Genauigkeit die indirekte Ermittlung des Wirkungsgrades nach dem Einzelverlustverfahren (Bild 1.60). Die Verluste werden aufgeteilt in:

74

Bild 1.60   Leistungsflußbild

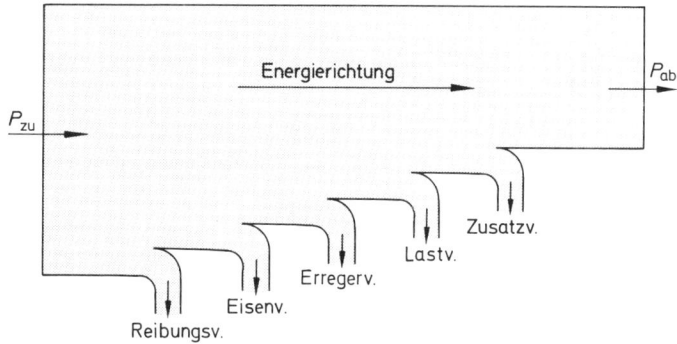

a) Leerverluste
Luft-, Lager-, Bürstenreibungsverluste sowie Eisenverluste (Wirbelstrom- und Hysteresisverluste).

b) Erregerverluste
Sie werden bei Aufbau des Magnetfeldes (Erregerfeldes) durch den Erregerstrom in der Feldwicklung hervorgerufen.

Die Leer- und Erregerverluste ergeben zusammen die Leerlaufverluste der Gleichstrommaschine.

Die Leerlaufverluste erwärmen die Maschine ständig und sind fast unabhängig von der Belastung.

c) Last- oder Stromwärmeverluste
Sie treten auf in den Ankerwicklungen, Wendepolwicklungen und Kompensationswicklungen und Reihenschlußwicklungen.

Ferner treten sie zu einem kleinen Prozentsatz als Übergangsverluste unter den Bürsten auf. Die Stromwärmeverluste sind veränderliche Verluste, die sich nach der Belastung richten.

d) Zusatzverluste
Nicht erfaßbare Verluste werden als Zusatzverluste (0,5% bis 1% der Bezugsleistung) hinzugefügt. Der Wirkungsgrad ergibt sich aus der Formel:

$$\eta = \frac{P_{ab}}{P_{ab} + \text{(Leer-, Erreger-, Last- und Zusatzverluste)}}$$

$$\eta = \frac{P_{ab}}{P_{ab} + P_v}$$

Die Wirtschaftlichkeit einer Maschine ist von den Gesamtverlusten abhängig.

75

1.3.2 Funkentstörung

Bei der Funkentstörung unterscheidet man die verschiedenen Störungsarten nach ihrer Entstehung, z.B.:

a) natürliche Störungen (atmosphärische Störungen),
b) mechanische Störungen (hervorgerufen durch gelockerte Masse- oder Steckverbindungen),
c) elektrische Störungen.

Den Praktiker interessiert hauptsächlich der Punkt c). Durch Unterbrechung von Schaltkontakten, Stromwenderlamellen usw. finden Spannungs- oder Stromunterbrechungen statt, die sich auf Leitungen direkt oder drahtlos als Störschwingungen fortpflanzen und im Tonfunk- oder Fernsehbereich unerwünschte Nebenwirkungen (Prasseln oder Knattern) hervorrufen. Diese Störungen sind mit Hilfe geeigneter Maßnahmen (Funkentstörung) zu vermeiden. Es sind hierbei die Bestimmungen laut VDE 0875 von Geräten, elektrischen Maschinen und Anlagen für Nennfrequenzen von 0 bis 10 kHz gültig. Nach entsprechender Prüfung erhalten die Geräte das Funkschutzzeichen (Bild 1.61). Die Bilder 1.62 und 1.63 verlieren ihre Gültigkeit.

Bild 1.61   Bild 1.62   Bild 1.63

Man unterscheidet zwei Arten von Störspannungen:

a) symmetrische Störspannung,
b) unsymmetrische Störspannung.

Zu a)   Symmetrische Störspannungen treten zwischen zwei stromführenden Leitern auf (Bild 1.64).
Zu b)   Unsymmetrische Störspannungen treten zwischen Netzleiter und Gehäuse bzw. zwischen Netzleiter und Erde auf. Ist das Gehäuse mit einem Schutzleiter verbunden, sind diese Störspannungen besonders groß (Bild 1.65).
Die Reichweite der Störspannungen wird aber mit zunehmender Entfernung sehr stark gedämpft.
Zur Reduzierung von symmetrischen Störspannungen werden zur Störquelle Kondensatoren parallel oder Drosseln in Reihe geschaltet.
Eine gute Entstörung wird erreicht, wenn das Widerstandsverhältnis vom Innenwiderstand Z_i der Störquelle zum Innenwiderstand Z_c des Kondensators groß ist. Somit entsteht nur noch eine geringe Reststörspannung, die sich auf die Außenwiderstände R_a ausbreiten kann (Bild 1.66).

76

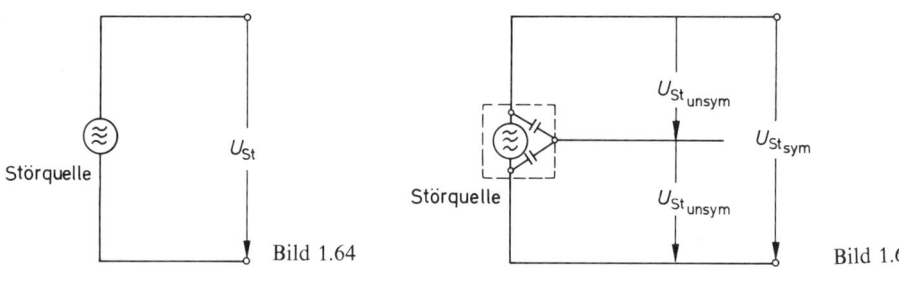

Bild 1.64

Bild 1.65

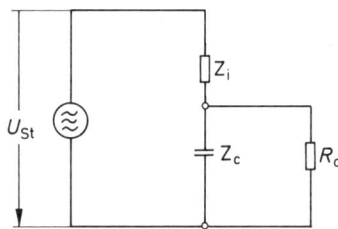

Bild 1.66

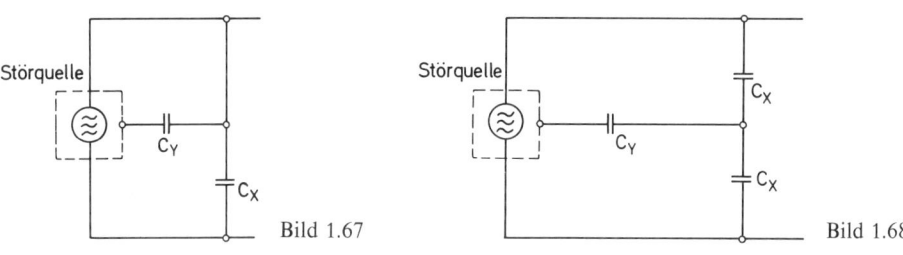

Bild 1.67

Bild 1.68

Entstörkombinationen enthalten kapazitive Querglieder und induktive Längsglieder. Bei Universalmotoren werden deshalb die Feldwicklungen (1 D 1—1 D 2 und 2 D 1—2 D 2) symmetrisch zur Ankerwicklung aufgeteilt; sie wirken somit als Entstördrosseln. Meistens werden Funkentstörungen aus preislichen Gründen mit Kondensatorkombinationen durchgeführt, die induktivitätsarm sind und somit die Störspannungen gut kurzschließen.

Für einfache Entstörungen wird meistens ein Berührungsschutzkondensator mit begrenzter Kapazität (für erhöhte Sicherheit) zwischen Gehäuse und Netzleiter eingebaut, und ferner zwischen den Netzleitern ein weiterer Kondensator (Bild 1.67) oder zwei symmetrische Kondensatoren (Bild 1.68). Die Entstörungskondensatoren werden u.a. nach ihrer Schaltung benannt:

a) X-Kondensatoren,
b) Y-Kondensatoren (früher: Berührungsschutzkondensatoren).

Zu a): X-Kondensatoren verbinden zwei Außenleiter oder einen Außenleiter mit Mittelleiter. Es können Kondensatoren unbegrenzter Kapazität sein mit beliebig hohem Strom. Beim Versagen, z.B. Kurzschluß, muß ein elektrischer Unfall ausgeschlossen sein.

Zu b): Y-Kondensatoren verbinden einen unter Spannung stehenden Leiter mit berührbarem bzw. nicht berührbarem (schutzisoliertem) leitenden Teil der Maschinen. Es sind Kondensatoren mit erhöhter Sicherheit (hoher Isolierfestigkeit) und begrenzter Kapazität. Durch die Kapazitätsbegrenzung soll der durch den Kondensator fließende Wechselstrom und bei Gleichstrom der Energieinhalt des Kondensators auf ein ungefährliches Maß herabgesetzt werden.

1.3.3 Bremsschaltungen von Gleichstrommaschinen

Man verwendet folgende Bremsarten:

a) Die Widerstandsbremsung (Kurzschlußbremsung)

— Nachlaufbremsung,
— Senkbremsung.

b) Die Gegenstrombremsung

Zu a): Im allgemeinen werden bei der Widerstandsbremsung die Maschinen vom Netz getrennt und wandeln dabei mechanische Energie in den Brems- oder Belastungswiderständen in Wärme um.

Für diesen Zweck können Nebenschluß- oder Reihenschlußmaschinen sowie fremderregte Maschinen verwendet werden.

Bei der *Nachlaufbremsung* (elektrische Fahrzeuge) bleibt die Drehrichtung der Maschinen erhalten. Durch den Restmagnetismus erregen sich die Maschinen selbst und treiben einen Strom durch die Ankerwicklung, der der induzierten Spannung entgegengerichtet ist (Lenzsche Regel). Die Motoren arbeiten als Generatoren und werden abgebremst. Die Drehzahl der Nachlaufbremsung liegt unter der Nenndrehzahl. Bei den Nebenschlußmaschinen bleibt die Schaltung bestehen, während die Erregerwicklung der Reihenschlußmaschinen umgepolt werden muß, da sonst die Selbsterregung aufgehoben wird.

Bei der *Senkbremsung* wird die Drehrichtung durch die sinkende Last umgekehrt. Die elektrische Energie wird in Bremswiderständen vernichtet. Reihenschlußmaschinen können bei dieser Ausführung ihre Schaltung beibehalten. Bei den Nebenschlußmaschinen muß diesmal die Erregerwicklung umgepolt werden, damit sie sich selbst erregt.

Bei der Senkbremsung läßt sich noch ein Nutzeffekt erreichen, indem die Energie ins Netz zurückgeschickt wird. Die erzeugte Spannung muß dann größer sein als die Netzspannung. Das kann in der Praxis durch Drehzahlerhöhung oder Feldverstärkung, z.B. mit Fahrzeugen bei Abwärtsfahrten (Talfahrten) oder durch Kranbetrieb, erreicht werden. Es kommen überwiegend Reihenschlußmaschinen zur Anwendung.

Zu b): Bei der *Gegenstrombremsung* wird die Stromrichtung durch Umschaltung der Ankerwicklung geändert. Die zugeführte elektrische Leistung kann ein Mehrfaches der durch die Bremsung verursachten mechanischen Leistung betragen. Die Maschine wird daher thermisch sehr stark beansprucht.

1.3.4   Scheibenläufermotor

Der Scheibenläufermotor arbeitet nach dem Prinzip des Barlowschen Rades (Bild 1.69). Zwischen einem axialen, homogenen Magnetfeld befindet sich eine drehbar gelagerte Kupferscheibe mit radialen Strombahnen. Die rotierende Scheibe taucht z.T. in einen Quecksilberteich ein; hierdurch wird dem Rad Strom zugeführt und über eine Welle wieder abgeführt. Der Ankerstromkreis ist somit in sich geschlossen.

Die Drehbewegung der Scheibe kommt dadurch zustande, daß die elektrischen Ladungsträger (Strom I) im Halbmesser der Scheibe mit dem homogenen, axialen Magnetfeld Φ_D des Dauermagneten eine Kraftwirkung und damit eine Drehbewegung nach der Motorregel hervorrufen (Bild 1.70a und 1.70b).

Der in der Praxis anwendbare Scheibenläufermotor (Bild 1.71, 1.72 und 1.73) gehört zu den fremderregten Gleichstrommotoren. Er unterscheidet sich von den normalen Gleichstrommaschinen dadurch, daß der rotierende Teil kein gewöhnlicher, genuteter Trommelanker nach Hefner-Alteneck (Bild 1.1a) mit darin befindlichen Ankerwicklungen ist, sondern ein eisenloser, scheibenförmiger Anker mit einer dünnen, trägheitsarmen Isolierscheibe.

Bild 1.69
Barlowsches Rad

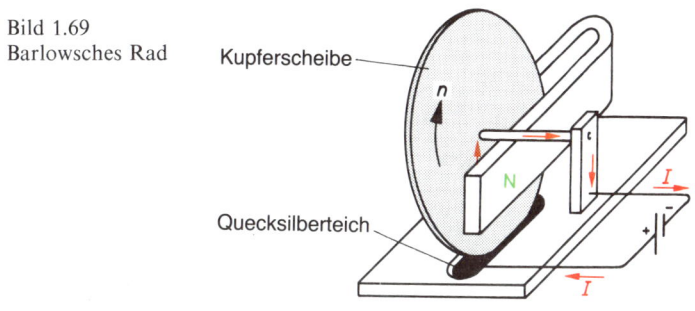

Bild 1.70a
Wirkungsweise
des Barlowschen
Rades

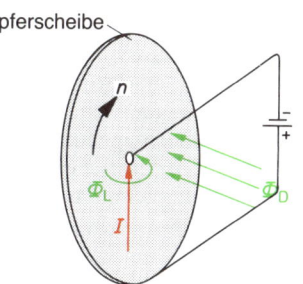

Bild 1.70b
Prinzip des
Barlowschen
Rades

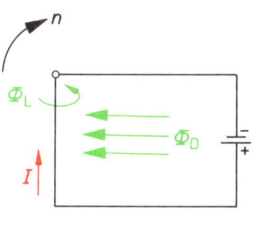

79

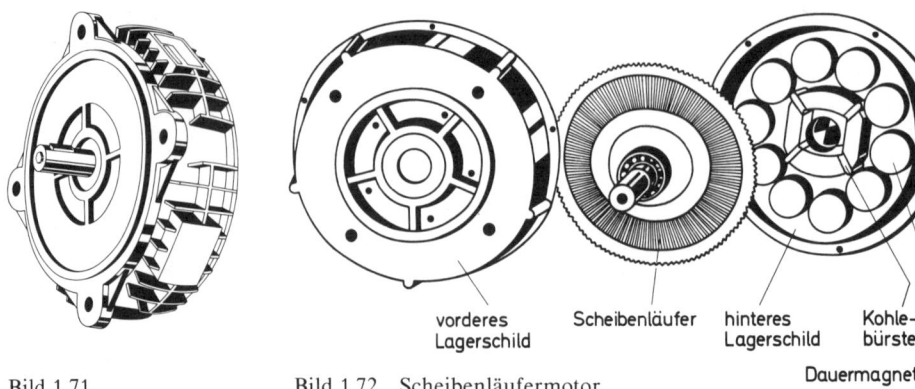

vorderes   Scheibenläufer   hinteres   Kohle-
Lagerschild   Lagerschild   bürsten

Dauermagnete

Bild 1.71   Bild 1.72   Scheibenläufermotor,
Scheibenläufermotor   in seine Einzelteile zerlegt

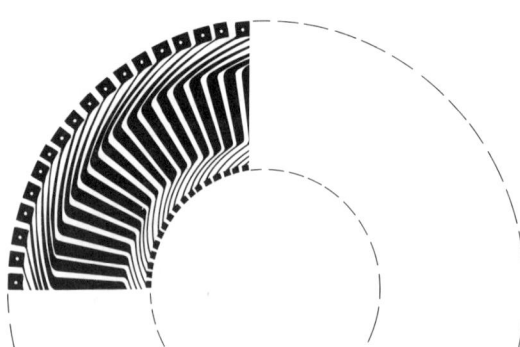

Bild 1.73
Sektor einer Scheibenläuferwicklung

Die Ankerwicklungen (Bild 1.72 und 1.73) werden beidseitig auf der Isolierscheibe durch ein fotochemisches Ätzverfahren (gedruckte Schaltung) oder durch Ausstanzen der Leiterzüge aus Kupferfolien hergestellt. Die Wicklungen sind durch untere und obere Verbindungen in sich geschlossen. Durch die blanken Ankerleiter sind die Kühlungsverhältnisse sehr gut. Außerdem kann der Motor unter hohem Strom festgebremst werden, ohne thermischen Schaden zu nehmen.

Die Stromzuführung der Ankerwicklungen kann durch Trommelstromwender (Bild 1.3a und Bild 1.3b), durch Flächenstromwender oder durch direkte Berührung der Kohlebürsten mit den Ankerleitern erfolgen. Das magnetische, axial verlaufende Erregerfeld wird von kurzen, kreisförmigen Ferrit-Dauermagneten erzeugt, die ein- oder beidseitig des Motorgehäuses angebracht sind und deren Feldlinien sich über dem Gehäuse schließen. Durch das homogene Erregerfeld bleibt das Drehmoment über dem gesamten Bereich einer Umdrehung konstant. Außerdem kann bei Nennlast im Dauerbetrieb eine geringere Drehzahl erreicht werden.

Deshalb wird in vielen Fällen auf eine mechanische Übersetzung verzichtet.

Die Scheibenläufermotoren in Verbindung mit elektronischen Regeleinrichtungen können im Impulsbetrieb angewendet werden. Wegen der geringeren Ankermasse sind sie dem Schrittmotor (Abschnitt 1.7.6) in manchen Anwendungsgebieten überlegen.

Um die Leistungsfähigkeit eines kompletten Antriebssystems zu steigern, bieten verschiedene Firmen mikroprozessorgesteuerte, freiprogrammierte Positionssteuerungen an.

Die Klemmenspannung des Scheibenläufermotors liegt im Bereich von 6 V bis 150 V bei etwa 3000 (4800) min^{-1}. Der Leistungsbereich erstreckt sich von 15 W bis ca. 13 000 W.

Angewendet wird der Scheibenläufermotor für Pumpen-, Wickel-, Ventil-, Schubantriebe usw. In Sonderfällen werden diese Maschinen auch in einem Gehäuse als Doppelscheibenmotor geliefert. Die Systeme sind völlig getrennt aufgebaut, so daß die eine Scheibe als Motor, die andere als Tachogenerator verwendet werden kann.

Der Vorteil eines Scheibenläufermotors gegenüber einem normalen Gleichstrommotor liegt in

a) der Materialersparnis von Ständer und Anker. Das Verhältnis von Leistung und Bauvolumen ist damit sehr gering.
b) dem geringen Eigengewicht der Ankerscheibe. Das bedeutet, daß das Trägheitsmoment und damit auch die mechanische Zeitkonstante sehr niedrig ist.
c) dem gleichmäßigen Lauf bei niedriger Drehzahl und dem gleichmäßigen Drehmoment.
d) der großen Fläche für die Abführung der Verlustwärme. Damit können kurzzeitig hohe Kurzschlußströme beherrscht werden.

Die Stromdichten im Dauerbetrieb betragen ca. 45 A/mm^2, bei kurzem oder intermittierendem Betrieb 100 A/mm^2.

1.4 Transformatoren (Umspanner)

Transformatoren dienen der Aufgabe, elektrische Energie auf weite Strecken wirtschaftlich zu übertragen. Hierfür sind hohe Spannungen erforderlich, damit der Strom nicht zu groß wird und somit die Leitungsquerschnitte in ausführbaren Grenzen gehalten werden können. Transformatoren können für sehr hohe Leistungen gebaut sein (Bild 1.74).

1.4.1 Aufbau mit Schutzeinrichtungen

1.4.1.1 Magnetgestell

Das lamellierte Magnetgestell kann für den Einphasen- bzw. Drehstrombetrieb in Kern-, Ring- oder Mantelform ausgeführt sein. Es besteht aus Fe-Ringen bzw. *Schenkeln (Säulen, Kerne)*, die durch *Joche* verbunden sind.

Beim Einphasen-Kerntransformator sind gewöhnlich beide Schenkel bewickelt (Zweischenkelbewicklung).

Da der Magnetfluß Φ im Eisenkreis unverändert bleibt, haben Schenkel und Joche gleichen Querschnitt (Bild 1.75a).

Beim Einphasen-Manteltransformator wird nur der Mittelschenkel bewickelt (Einschenkelbewicklung). Der magnetische Fluß Φ verteilt sich von hier gleichmäßig über

Bild 1.74   Dreiphasen-Leistungs-Stelltransformator 250 MVA. Werkbild: BBC

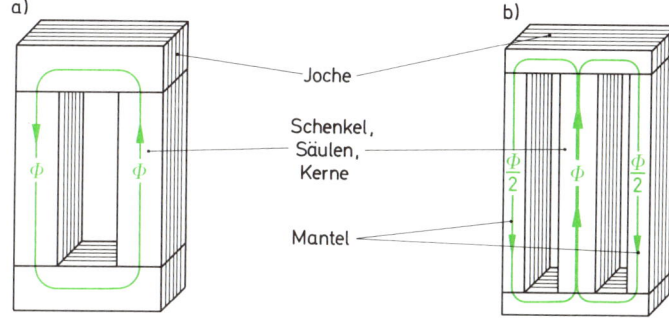

Bild 1.75
Magnetgestelle von Einphasentransformatoren
a) Kernbauform
b) Mantelbauform

Joche

Schenkel,
Säulen,
Kerne

Mantel

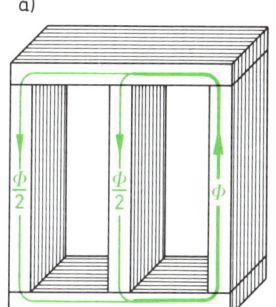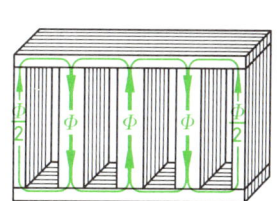

Bild 1.76
Magnetgestelle von Drehstromtransformatoren
a) Dreischenkelkern
   — unsymmetrische Flußverteilung
b) Fünfschenkelkern
   — symmetrische Flußverteilung

Joche und Außenschenkel (Mantel); ihre Querschnitte betragen darum nur die Hälfte des Mittelschenkels (Bild 1.75b).

Beim Drehstrom-Kerntransformator liegen die drei Schenkel in einer Ebene; die Anordnung ist unsymmetrisch (Bild 1.76a). Der Kraftfluß hat in den beiden äußeren Schenkeln einen längeren Weg zurückzulegen als im Mittelschenkel. Deshalb ist auch der Magnetisierungsstrom im Mittelschenkel etwas geringer als die Magnetisierungsströme der Außenschenkel. Für den praktischen Betrieb ist diese Erscheinung jedoch unwesentlich. Bei Transformatoren sehr großer Leistung wird bisweilen die magnetische Unsymmetrie durch Anbau zweier unbewickelter Schenkel mit halbem Querschnitt ausgeglichen (Bild 1.76b). Drehstrom-Manteltransformatoren kommen in der Praxis selten vor.

1.4.1.2 Wicklungen

Die grundlegenden Wicklungsformen sind die *Scheiben-* und die *Zylinderwicklungen*.

Bei der Scheibenwicklung werden Ober- und Unterspannungswicklung abwechselnd axial übereinandergeschichtet angeordnet (Bild 1.77). Für die zylindrische Wicklungsanordnung (Bild 1.78a; allgemeine zylindrische Anordnung) gibt es verschiedene Wickelformen, deren Ausführungsart zu Spezialbenennungen geführt hat. Zu den einfachen Wicklungsausführungen gehören *Röhren-, Lagen-* und *Spulenwicklung*. Die Röhrenwicklung wird ein- oder zweilagig fortlaufend über die gesamte verfügbare Wickel-

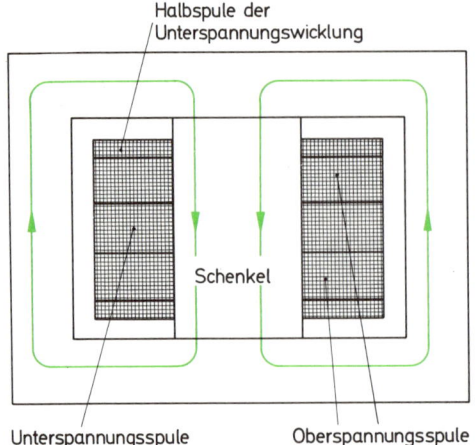

Halbspule der
Unterspannungswicklung

Schenkel

Unterspannungsspule   Oberspannungsspule

Bild 1.77   Schematische Darstellung
der Scheibenwicklung

länge angeordnet. Die Niederspannungswicklungen der normalen Netztransformatoren für 400-V-Dreiphasenspannung werden fast ausschließlich als Röhrenwicklungen hergestellt. Die Lagenwicklung (Bild 1.78b) ist nichts anderes als eine mehrlagige Röhrenwicklung und kommt meist bei kleineren Transformatoren zur Ausführung. Bei der Spulenwicklung wird die gesamte Wickellänge in Einzelspulen unterteilt, axial übereinandergeschichtet und in Serie geschaltet (Bild 1.78c). Sie wird vorwiegend für Oberspannungswicklungen angewendet.

Die *verstürzte Wicklung* und die *Wendelwicklung* sind Zylinder-Sonderwicklungsformen.

Für Hochspannungen können die Isolationen im Bereich der Lötstellen der normalen Spulenwicklungen (Bild 1.78c) vor allem Unstetigkeiten für das elektrische Feld verursachen. Bei der *verstürzten Wicklung* fallen die Lötstellen weg. Die verstürzte Wicklung wird aus fortlaufend profiliertem Draht hergestellt. Die Spulen werden lagenweise gewickelt, jeweils eine Windung pro Lage. Jede zweite Spule wird provisorisch gewickelt und dann — wie aus Bild 1.78d ersichtlich — «gestürzt», d.h. umschichtig angeordnet. Man erhält dann eine *scheinbar* von außen nach innen gewickelte Spule. Wegen der geringen Lagenspannung bietet die verstürzte Wicklung weiterhin — bezüglich der Durchschlagsfestigkeit — größere Sicherheit.

Haben Transformatoren sehr große Leistungen bzw. Ströme, treten erhebliche Verluste durch Stromverdrängungen bzw. magnetische Streuungen auf. Man teilt dann den Leiter zwecks Vergrößerung der Oberfläche in mehrere Einzelleiter auf und führt ihn als *Wendelwicklung* aus (Bild 1.78e). Mit dieser «Wendelung» (Verdrallung, Stromweichen) erreicht jeder Leiter eine bestimmte geometrische Lage, wobei die Störeinflüsse weitgehendst behoben werden.

Für die betrieblichen Belange unterscheidet man neben Ober- und Unterspannungswicklung noch Eingangswicklung (Primärwicklung) und Ausgangswicklung (Sekundärwicklung); die Oberspannungsseite erhält die Buchstabenbezeichnung 1U; 1V; 1W und eventuell 1N, die Unterspannungsseite die Buchstabenbezeichnung 2U; 2V; 2W; 2N. Entsprechend der Einspeisung kann die Ober- wie die Unterspannungsseite Primär- oder Sekundärseite sein.

84

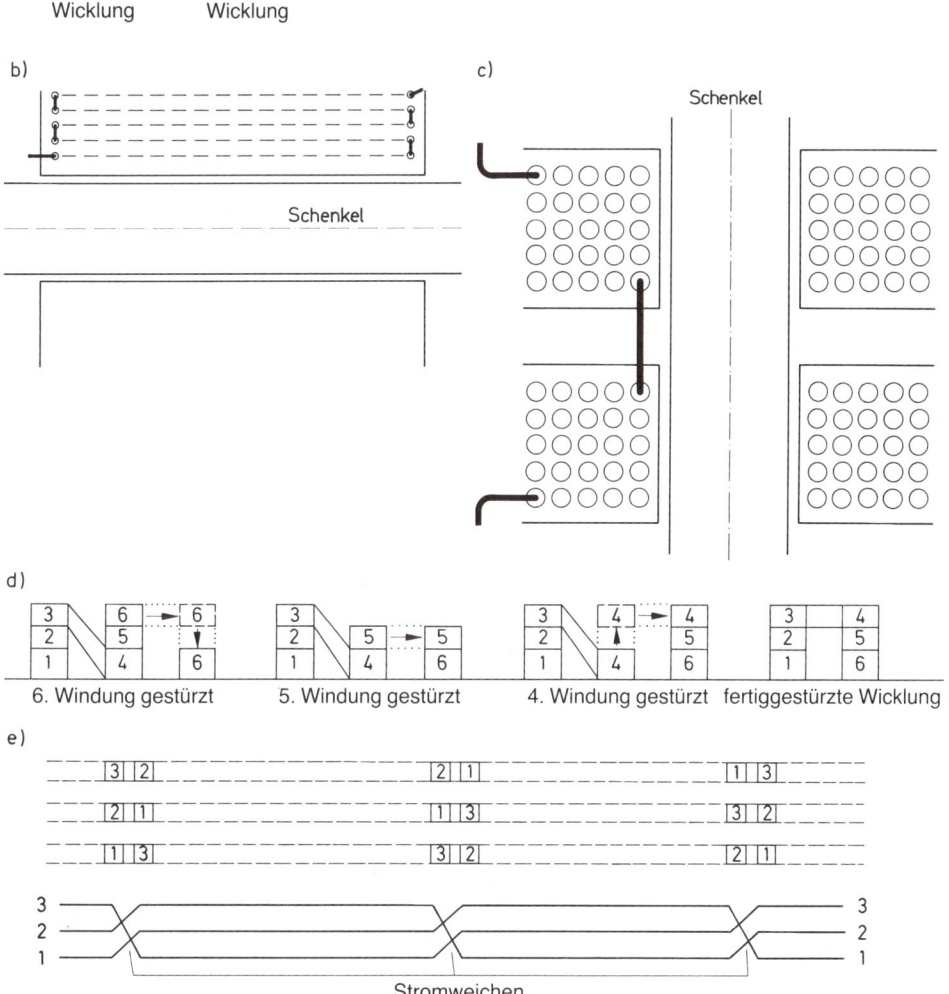

a) Joch

Schenkel

OS-
Wicklung

US-
Wicklung

Bild 1.78 Schematische Darstellungen von
Zylinderwicklungen
a) allgemeine zylindrische Anordnung
b) Lagenwicklung
c) Spulenwicklung
d) verstürzte Wicklung
e) Wendelwicklung

b)

Schenkel

c)

Schenkel

d)

6. Windung gestürzt   5. Windung gestürzt   4. Windung gestürzt   fertiggestürzte Wicklung

e)

Stromweichen

1.4.1.3 Ölkessel und Schutzeinrichtung

Da beim Transformator die natürliche mechanische Bewegung fehlt, stellt seine Kühlung ein spezielles Problem dar. Aus diesem Grunde wird die spezifische Strombelastung (Stromdichte) etwa in der Größenordnung von 1,5 bis 2,5 A · mm^{-2} gehalten. Kleinere Transformatoren haben Luftkühlung und sind wegen des unzureichenden Schutzes gegen Feuchtigkeit gewöhnlich auf trockene Räume beschränkt. Große Transformatoren besitzen zur Verbesserung der Isolation und zur Kühlung Ölfüllung. Für schlagwetter- und explosionsgefährdete Transformatoren wird Silikonöl (synthetisches, nicht brennbares Isolationsmaterial) verwendet. Die Kühlung des erwärmten Öles kann bei möglichst großer Oberfläche des Ölkessels mittels Eigen- oder Fremdkühlung erreicht werden. Für Leistungen von etwa 50 kVA bis 1600 kVA kommen gewöhnlich Wellblechkessel zur Ausführung. Bei Eigenkühlung wird für größere Leistungen weitestgehend der natürliche Ölumlauf ausgenutzt. Transformatoren sehr großer Leistungen müssen fremdgekühlt werden. Der Kühlvorgang kann durch angebaute Ventilatoren bzw. durch Ölumlauf mittels Umwälzpumpe über besondere Kühlsysteme erreicht werden. Vielfach nutzt man heute die Ölwärme zur Wassererwärmung (Bild 1.79).

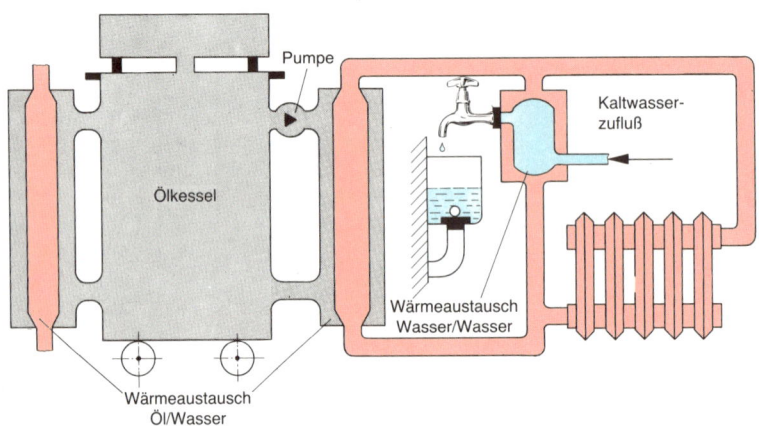

Bild 1.79   Verlustwärmenutzung bei Öltransformatoren

Jeder ölgekühlte Transformator ist einem «Atmungsablauf» unterworfen, d.h., erwärmtes Öl steigt zum Ausdehnungsgefäß empor und drückt über eine Entlüftungsöffnung Luft aus dem Gefäß. Da beim Erkalten wieder Luft eingesaugt wird, muß ein mit geglühtem Kupfersulfat bzw. mit Kobaltsalz gefüllter Luftentfeuchter (Lufttrockner) Feuchtigkeitszutritt verhindern (Bild 1.80). Haben die weißen Kupfersulfatkristalle durch Feuchtigkeitsannahme eine blaue Färbung bzw. das blaue Kobaltsalz eine rosa Färbung angenommen, müssen sie erneuert werden.

Eine ständige Temperaturkontrolle wird mit *Kontakt-* oder *Widerstandsthermometern* durchgeführt. Zur Verwendung kommen auch *Bimetallthermometer,* die bei Erreichung einer bestimmten Grenztemperatur Warnsignale auslösen oder eine Zusatzkühlung einschalten.

86

Bild 1.80
Buchholz-Schutzrelais
und Ölausdehnungsgefäß

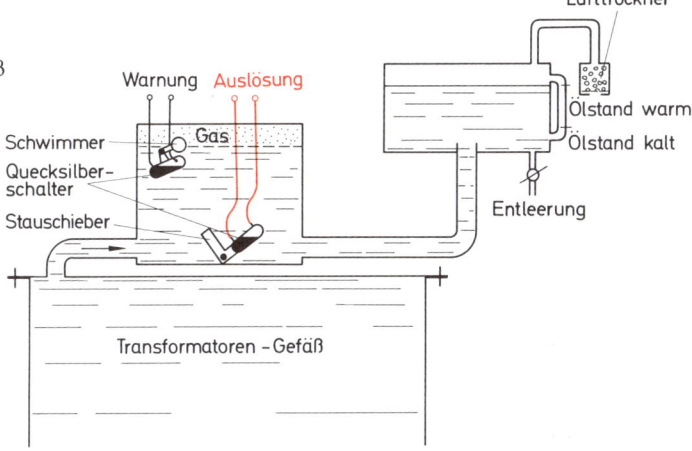

Warnung   Auslösung

Lufttrockner

Gas

Schwimmer
Quecksilber-
schalter
Stauschieber

Ölstand warm
Ölstand kalt

Entleerung

Transformatoren – Gefäß

Bild 1.81
Schnittbild eines
Drehstromtransfor-
mators.
Werkbild:
AEG-Telefunken

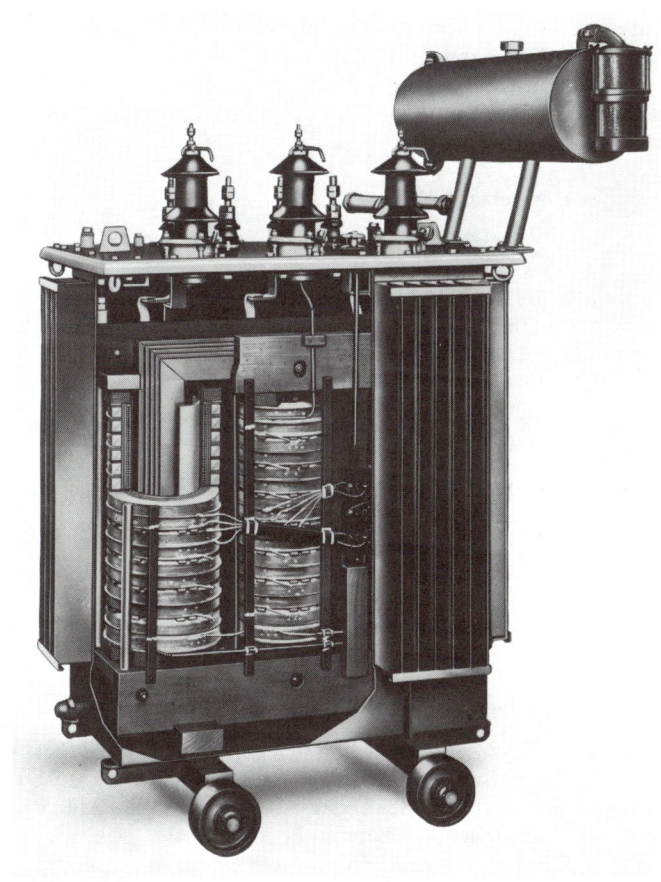

87

Für die Anzeige eines in der Entstehung befindlichen Isolationsschadens wird die Ölgasbildung ausgenutzt. Bei jedem Spannungsdurchschlag – z. B. Windungsschluß – entwickelt sich als Zersetzungsprodukt Gas. Die nach oben steigenden Gasblasen sammeln sich im oberen Teil des zwischen Ölkessel und Ölausdehnungsgefäß angebrachten *Buchholz-Schutzrelais* (Bild 1.80). Durch allmähliches Absinken des Ölspiegels stellt schließlich der mit dem Schwimmer verbundene Quecksilberschalter den Kontakt für eine optische oder akustische Warnanlage her; u. U. kann auch der Transformator abgeschaltet werden. Vergrößert sich die Fehlerstelle infolge eines «satten» Schlusses, steigt eine Gasdruckwelle nach oben. Der vor der Druckwelle hergeschobene Ölschwall drückt gegen den Stauschieber. Die ausgelöste Kontaktverbindung durch den Quecksilberschalter des Stauschiebers setzt den Transformator sofort außer Betrieb. Bild 1.81 zeigt das Schnittbild eines Drehstromtransformators.

1.4.2 Wirkungsweise

1.4.2.1 Spannungserzeugung

Der Transformator formt Wechselspannung in Wechselspannung anderer Größe um. Auf diese Weise war es überhaupt erst möglich, Höchstspannungen zu erzeugen und somit weit voneinander entfernte Kraftzentralen im Verbundsystem arbeiten zu lassen. Wie bei allen elektrischen Maschinen erfolgt die Spannungserzeugung auch hier auf elektromagnetischem Wege. Der Scheitelwert der Leerlaufspannung (Urspannung) beträgt

$$\hat{u}_0 = \omega \cdot \hat{\Phi} \cdot N$$

$$\hat{u}_0 = 2\,\pi \cdot f \cdot \hat{\Phi} \cdot N$$

$\hat{u}_0$ = Leerlaufspannung (Scheitelwert) in V
f = Frequenz   in Hz oder s^{-1}
$\hat{\Phi}$ = magnetischer Fluß (Scheitelwert) in Vs
N = Windungszahl

Für die Praxis ist der Effektivwert U_0, der $1/\sqrt{2} = 0{,}707$fache Wert von $\hat{u}_0$, von Interesse.

Daraus dann die Transformatorenhauptgleichung:

$$U_0 = \frac{2\,\pi}{\sqrt{2}} \cdot f \cdot \hat{\Phi} \cdot N$$

$$\boxed{U_0 = 4{,}44 \cdot f \cdot \hat{\Phi} \cdot N}$$

1.4.2.2 Leerlauf

Die Leerlaufeigenschaften lassen sich aus dem Wirkbild (Bild 1.82a) und dem Diagramm (Bild 1.82b) ablesen. Die Stromaufnahme (Leerlaufstrom I_0) ist gering, da sich die Primärseite bei geöffneter Sekundärseite wie eine Induktivität verhält. Der der Spannung U_1 um 90° nacheilende relativ große Magnetisierungsstrom I_μ ergibt mit der Windungszahl N_1 die Leerlaufdurchflutung (Magnetisierungsdurchflutung) $\Theta_\mu = I_\mu \cdot N_1$ (Bild

88

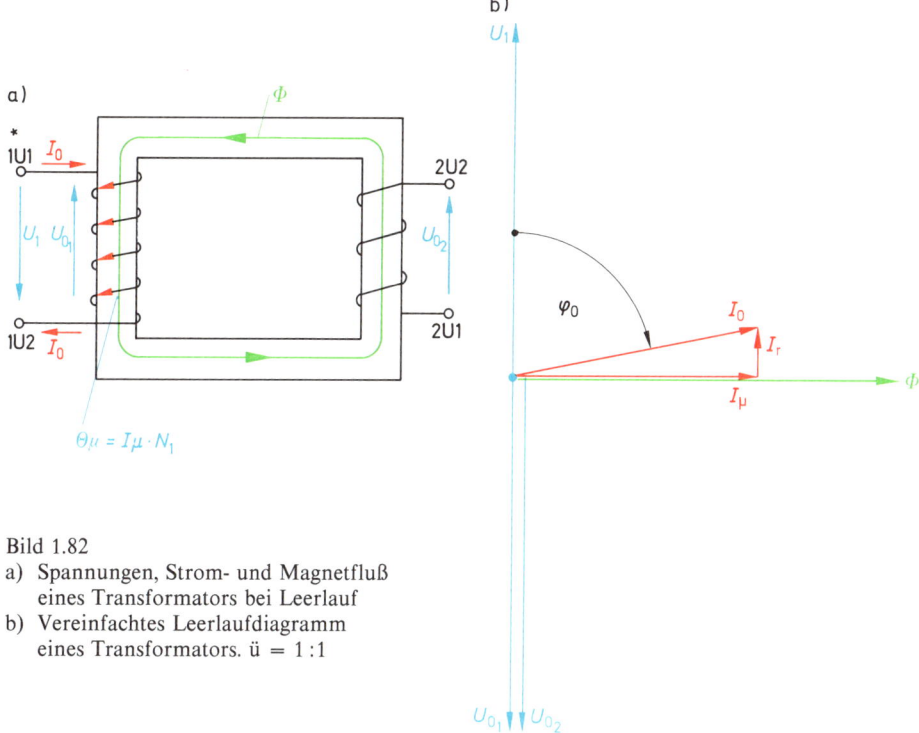

Bild 1.82
a) Spannungen, Strom- und Magnetfluß
   eines Transformators bei Leerlauf
b) Vereinfachtes Leerlaufdiagramm
   eines Transformators. $\ddot{u} = 1:1$

1.84a), die das magnetische Feld Φ aufzubauen hat. Der mit der Spannung U_1 in Phase liegende Wirkstromanteil I_r dient zur Deckung der äußerst minimalen Wärmeverluste in der primären Kupferwicklung und der Wärmeverluste im Eisenkern (Hysteresis- und Wirbelstromverluste). Der wechselnde Fluß Φ erzeugt die Urspannung U_{01} und U_{02}.

Der um 180° zum Spannungszeiger U_1 gedrehte Spannungszeiger U_{01} ist die Urspannung (Gegen-Urspannung) der Primärseite, der ebenfalls um 180° gedrehte Spannungszeiger U_{02} die Urspannung der Sekundärseite. Der große Winkel φ_0 besagt: kleine Wirkleistungsaufnahme, große Blindleistungsaufnahme.

1.4.2.3 Belastung

Dem Bild 1.83 sind die elektrischen und magnetischen Vorgänge im Belastungsfall zu entnehmen.

Durch den von der Spannung U_1 getriebenen Strom I_1 entsteht die primäre Durchflutung (magnetische Urspannung) $\Theta_1 = I_1 \cdot N_1$. Es werden die elektrischen Urspannungen U_{01} und U_{02} induziert. Die Urspannung U_{02} treibt den Strom I_2, der die sekundäre Durchflutung $\Theta_2 = I_2 \cdot N_2$ verursacht. Entsprechend dem Gesetz von Lenz wirkt die

---

* Bei Einphasentransformatoren ist die Kennzeichnung der Leiteranschlüsse durch Buchstaben nicht unbedingt erforderlich. Es reichen die Angaben 1.1; 1.2; 2.1; 2.2 usw. aus.

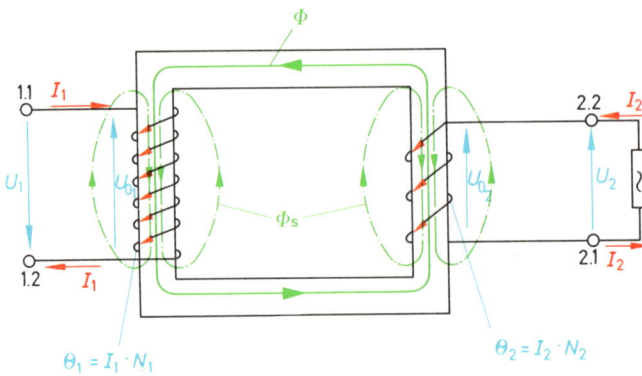

Bild 1.83 Spannungen, Ströme und Magnetflüsse eines Transformators bei Belastung

Bild 1.84
a) Vereinfachtes Diagramm der Durchflutungen (ohmsch-induktive Last)
b) Vereinfachtes Belastungsdiagramm eines Transformators (ohmsch-induktive Last) $\ddot{u} = 1:1$

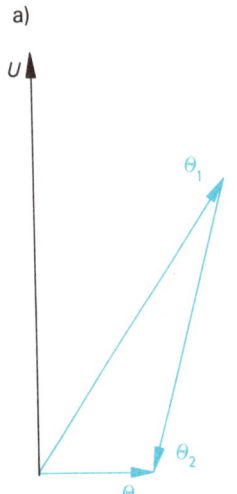

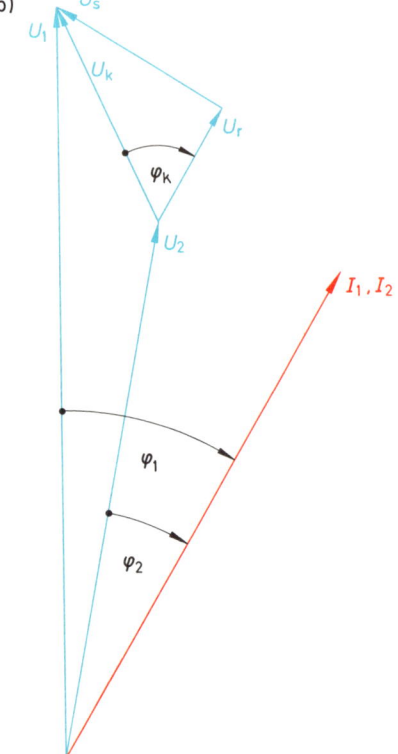

90

Durchflutung Θ_2 der Durchflutung Θ_1 entgegen, so daß die geometrische Summe beider Durchflutungen (Θ_1 und Θ_2) wieder praktisch die Leerlaufdurchflutung Θ_μ ergibt, also

$$\vec{\Theta}_\mu = \vec{\Theta}_1 + \vec{\Theta}_2 \quad \text{(Bild 1.84a).}$$

Die Leerlaufdurchflutung Θ_μ, die sich — infolge Zunahme magnetischer Streufelder Φ_s — bis zur Nennlast nur unwesentlich ändert, treibt den praktisch konstanten Fluß Φ durch den Eisenkern (Bilder 1.82a und 1.83).

Ebenfalls läßt sich der Belastungsfall am vereinfacht dargestellten Zeigerdiagramm erkennen (Bild 1.84b). Man kann sich die Sekundärspannung U_2 und den Strom I_2 um 180° herumgeklappt denken. Wird der sehr geringe Leerlaufstrom I_0 vernachlässigt, fallen die Ströme I_1 und I_2 zusammen. Die Phasenlagen der Spannungen U_1 und U_2 ergeben den gesamten Spannungsfall U_k, der sich aus dem ohmschen Anteil U_r und dem induktiven Anteil (Streuanteil) U_s zusammensetzt.

1.4.3 Leistungsschild

Das Leistungsschild stellt den «Personalausweis» eines Gerätes bzw. einer Maschine dar und ist genormt (Bild 1.85).

1.4.3.1 Leistungs- und Spannungsangabe

Der Transformator kann während des Betriebes an seiner sekundären Seite Belastungen von ohmschem, induktivem bzw. kapazitivem Charakter haben. Entsprechend der Belastungsart sind auch die Phasenlagen zwischen Spannungen und Strömen verschieden, d.h., die Wirk- und Blindleistungen wie auch der Leistungsfaktor $\cos \varphi$ unterliegen laufenden Veränderungen. Aus diesem Grunde wird die abgegebene *Scheinleistung S* (geometrische Summe aus *Wirkleistung P* und *Blindleistung Q*) in VA, kVA, MVA oder

Bild 1.85
Leistungsschild eines Drehstromtransformators

Bemerkung: Anstelle Schutzart P 43 gilt nach neuer Norm IP 54
Anstelle Betriebsart DB gilt nach neuer Norm S1

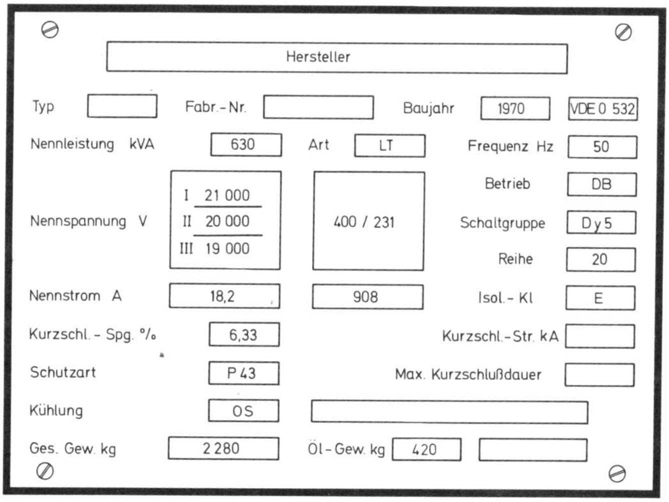

	Hersteller				
Typ		Fabr.-Nr.		Baujahr	1970 · VDE 0 532
Nennleistung kVA	630	Art	LT	Frequenz Hz	50
Nennspannung V	I 21 000	400 / 231		Betrieb	DB
	II 20 000			Schaltgruppe	D y 5
	III 19 000			Reihe	20
Nennstrom A	18,2	908		Isol.-Kl	E
Kurzschl.-Spg. %	6,33			Kurzschl.-Str. kA	
Schutzart	P 43			Max. Kurzschlußdauer	
Kühlung	OS				
Ges. Gew. kg	2 280	Öl-Gew. kg	420		

91

GVA (sprich: Giga-Volt-Ampere) angegeben. Die größten heute bekannten Leistungen liegen bei 1300 MVA = 1,3 GVA.

Die geometrische Summe der Wirk- und Blindleistung darf bei Transformatoren der Hauptreihe (HET) die auf dem Leistungsschild angegebene Scheinleistung nur wenig überschreiten. Transformatoren der Sonderreihe (SET) lassen sich für einige Wochen im Jahr weit über ihre Nennleistung belasten (z.B. während der Dreschperiode in der Landwirtschaft).

Bei Transformatoren, die unter VDE 0532 fallen, wird als sekundäre *Nennspannung* die *Leerlaufspannung* angegeben. Die Ursache der Spannungsangabe ist ebenfalls im Belastungscharakter (Belastungsart) zu suchen. Der vom Verbraucher verursachte vor- bzw. nacheilende Strom gibt den somit hervorgerufenen Spannungsfällen im Transformator entsprechende Phasenlagen, welche auf die Größe der sekundären Klemmenspannung U_2 beachtliche Auswirkungen haben können.

Bei ohmscher Last sinkt die Spannung U_2 nur wenig, bei induktiver Last sinkt sie wesentlich stärker, und bei kapazitiver Last steigt sie sogar an (Bild 1.86).

Genauere Erläuterungen zum Belastungscharakter sind im Abschnitt 1.7.2.2 ausgeführt.

1.4.3.2 Kurzschlußspannung, Kurzschlußstrom

Zur Feststellung des gesamten Spannungsfalls läßt sich aus dem vereinfachten Betriebsdiagramm (Bild 1.84b) ein Verfahren (Bild 1.90) ableiten, das die Kurzschlußspannung U_k liefert. Das rechtwinklige Dreieck (Kappsches Dreieck) zwischen den Spannungen U_1 und U_2 ergibt

$$\boxed{U_k = \sqrt{U_r^2 + U_s^2}}$$

U_k Kurzschlußspannung		in V
U_r ohmscher Spannungsfall		in V
U_s Streuspannungsfall		in V

und wird als Kurzschlußdiagramm bezeichnet (Bild 1.87).

Würde bei voller Primärspannung die Sekundärseite kurzgeschlossen, wäre ein «satter» Kurzschluß die Folge. Legt man aber primärseitig nur so viel Spannung an, daß der angegebene Nennstrom fließt, so wird diese Primärspannung dem Gesamtspannungsfall U_k im Transformator entsprechen (Bild 1.87). Dabei wird der ausschlaggebende Anteil der Kurzschlußspannung vom Streuspannungsanteil (induktiver Anteil) U_s verursacht. Die Streuspannung wird durch die magnetischen Streufelder Φ_s verursacht (Bild 1.83).

Der Streuspannungsanteil läßt sich gut beeinflussen, und zwar durch entsprechende

a) Anordnungen der Spulensysteme,
b) Anordnungen des Eisenkerns.

Werden die Spulen *ineinander*gesetzt (Bild 1.88), beeinflussen sich die Streufelder Φ_{s1} und Φ_{s2} stark. Die Streuspannung U_s und somit auch die Kurzschlußspannung U_k werden klein. Ordnet man die Spulen *nebeneinander* und *verschiebbar* an (Bild 1.89a), beeinflussen sich die Streufelder weniger stark: Die Kurzschlußspannung wird größer. Eine starke Veränderung der Kurzschlußspannung wird durch *magnetische Engpässe* bzw. durch *Streujoche* erreicht (Bild 1.89b).

92

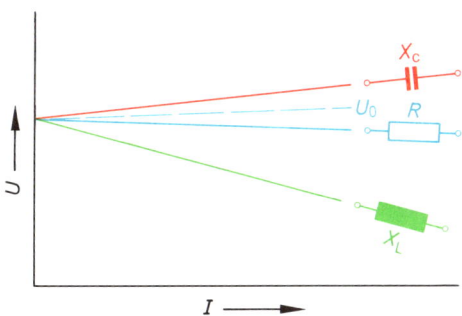

Bild 1.86 Abgabespannungen in Abhängigkeit vom Charakter der Last

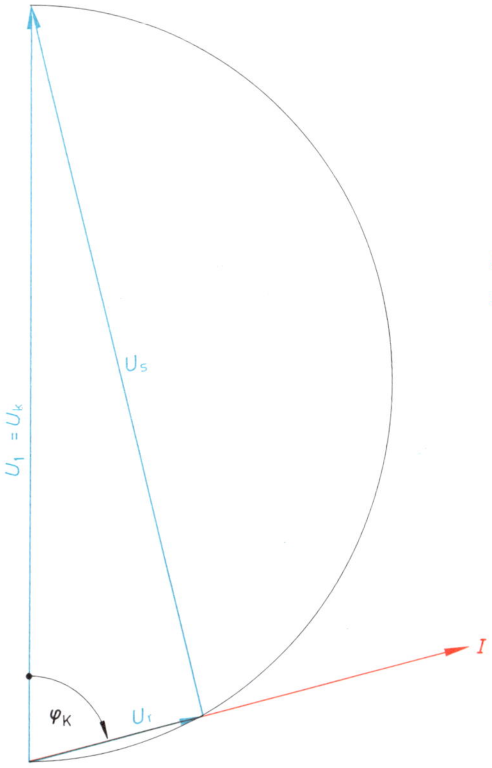

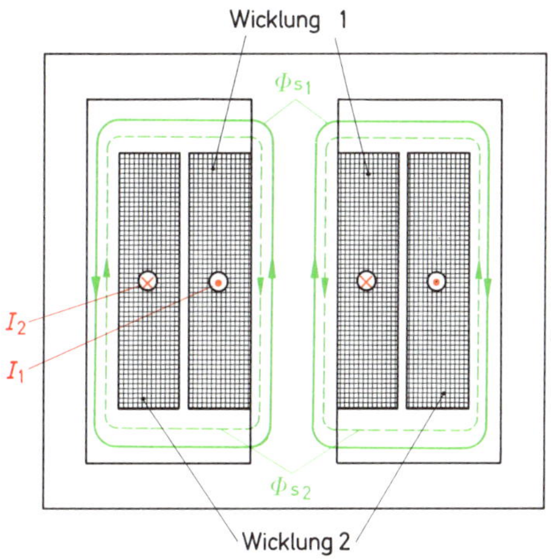

Wicklung 1

ϕ_{s_1}

I_2
I_1

ϕ_{s_2}

Wicklung 2

Bild 1.88 Wicklungsanordnung mit
kleiner Kurzschlußspannung

U_s

$U_1 = U_k$

φ_K U_r I

Bild 1.87 Kurzschlußdiagramm

Die Kurzschlußspannung ist die Spannung, die bei kurzgeschlossener Sekundärwicklung und bei Nennfrequenz an der Primärwicklung liegen muß, um den primären Nennstrom zum Fließen zu bringen.

93

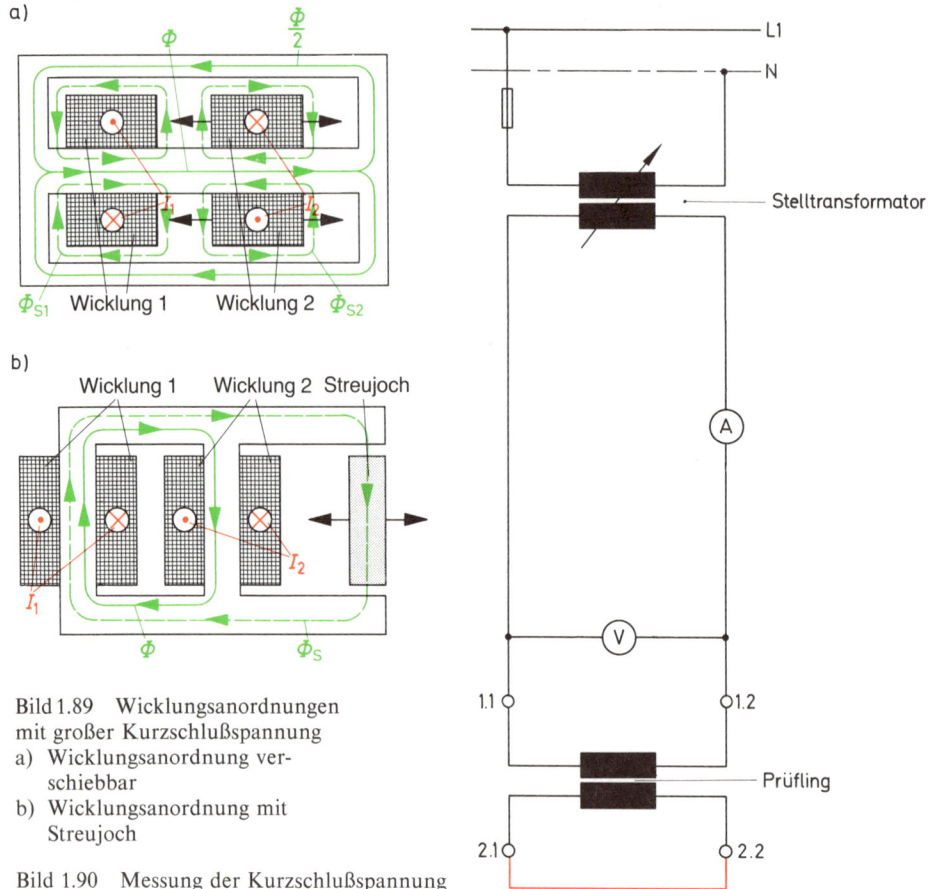

a)

b)

Bild 1.89 Wicklungsanordnungen
mit großer Kurzschlußspannung
a) Wicklungsanordnung ver-
    schiebbar
b) Wicklungsanordnung mit
    Streujoch

Bild 1.90 Messung der Kurzschlußspannung

Zur praktischen Ermittlung der Kurzschlußspannung wird – wegen der oft sehr großen Ströme – gewöhnlich die Unterspannungsseite kurzgeschlossen (Bild 1.90). Die ermittelte Kurzschlußspannung wird in Prozent der primären Nennspannung angegeben (Tabelle 1/4).

$$u_k = \frac{100\% \cdot U_k}{U_N}$$

u_k Kurzschlußspannung in %
U_k Kurzschlußspannung in V
U_N Nennspannung in V

Beispiel

Nennspannung $\quad U_N = 10\,000$ V
Kurzschlußspannung $\quad U_k = \quad 500$ V
Kurzschlußspannung $\quad u_k = ?\,\%$

94

Tabelle 1/4
Kurzschlußspannungen

Transformatorentyp	Kurzschlußspannung u_k in %
Spannungswandler	< 1
Spartransformatoren	1 bis 2
Drehstromnetztransformatoren	
a) bis 200 kVA	3,5 bis 4,5
b) 250 bis 3200 kVA	6
c) 4000 bis 5000 kVA	6 bis 7
d) 6300 bis 10 000 kVA	7 bis 10
Trenntransformatoren	10
Spielzeugtransformatoren	20
Klingeltransformatoren	40
Experimentiertransformatoren	70
Zündtransformatoren, Schweißtransformatoren	100

Lösung

$$u_k = \frac{100\% \cdot U_k}{U_N} = \frac{100\% \cdot 500\ \text{V}}{10\,000\ \text{V}} = \underline{5\%}$$

Wird nun die prozentuale Kurzschlußspannung u_k mit dem Kurzschlußstrom I_k in Beziehung gebracht, ergibt sich

$$\boxed{I_k = \frac{100\% \cdot I_N}{u_k}}$$

I_k Kurzschlußstrom in A
I_N Nennstrom in A
u_k Kurzschlußspannung in %

Beispiel
Nennstrom $I_N = 1$ A
Kurzschlußspannung $u_k = 2\%$
Kurzschlußstrom $I_k = ?$ A

Lösung

$$I_k = \frac{100\% \cdot I_N}{u_k} = \frac{100\% \cdot 1\ \text{A}}{2\%} = \underline{50\ \text{A}}$$

Fließt bei kleiner Kurzschlußspannung ein hoher Kurzschlußstrom, ist der Innenwiderstand des Transformators gering. Bei hoher Kurzschlußspannung liegt der umgekehrte Fall vor.

Beispiel
Nennstrom $I_N = 1$ A
Kurzschlußspannung $u_k = 80\%$
Kurzschlußstrom $I_k = ?$ A

Lösung

$$I_k = \frac{100\% \cdot I_N}{u_k} = \frac{100\% \cdot 1\ A}{80\%} = \underline{1,25\ A}$$

Transformatoren mit kleiner Kurzschlußspannung bezeichnet man als *spannungssteif* bzw. *spannungshart*, Transformatoren mit großer Kurzschlußspannung als *spannungsweich* bzw. *spannungssicher*.

Die Größe der Kurzschlußspannung ist maßgebend für das Betriebsverhalten (Dauerkurzschluß, Parallelschaltbarkeit) eines Transformators.

1.4.3.3 Schaltgruppen

Nach den Bestimmungen VDE 0532 werden Drehstromtransformatoren in vier Schaltgruppen eingeteilt (Tabelle 1/5). Die heute gültige Benennung durch die Kennzahlen (Kennziffern) 0, 5, 6, 11 hat wesentliche Vorteile gegenüber der alten Bezeichnung durch die Buchstaben A, B, C, D.

Aus den Benennungen mit Kennzahlen können die ober- und unterspannungsseitigen Schaltungen sowie die *elektrischen Winkel* (Zeitgrößen) sofort ersehen werden. Wird die jeweilige Kennzahl mit 30° multipliziert, ergibt sich der Phasenverschiebungswinkel zwischen Ober- und Unterspannungssystem.

Beispiel
Herrscht im Oberspannungsstrang 1W1–1W2 der positive Spannungsscheitelwert, herrscht er auch zur gleichen Zeit im Unterspannungsstrang 2W1–2W2. Die Phasenlage ist dann

$$0 \cdot 30° = 0° \qquad \text{(Bild 1.91)}$$

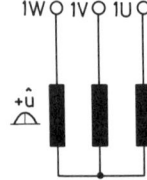 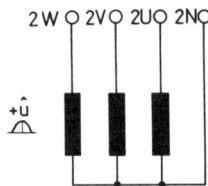

Bild 1.91   Y yn0-Schaltung

Beispiel
Herrscht im Oberspannungsstrang 1W1–1W2 der positive Spannungsscheitelwert, herrscht im Unterspannungsstrang 2W1–2W2 zur gleichen Zeit der negative Scheitelwert. Die Phasenlage ist nun

$$6 \cdot 30° = 180° \qquad \text{(Bild 1.92)}$$

Bild 1.92   Υ Υn6-Schaltung

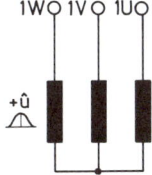

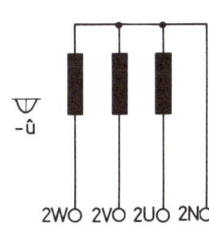

Die Beispiele zeigen, daß eine Parallelschaltung der Unterspannungsseiten nicht vorgenommen werden darf, da die gleiche Phasenlage (Deckungsgleichheit) der Spannungswellen nicht gegeben ist. Die gleichen Bedingungen gelten auch unter den anderen Schaltgruppen.

> Ein Parallelbetrieb von Drehstromtransformatoren ist nur mit Transformatoren der gleichen Schaltgruppe statthaft.

1.4.3.4   Zickzackschaltung (z-Schaltung)

Wird an der Unterspannungsseite die Sternschaltung (y-Schaltung) gewählt, erhält man zwei Spannungen, z.B. 400/230 V. Wird der Mittelpunktsleiter 2 N als Bezugspunkt gegenüber den Außenleitern 2L1; 2L2; 2L3 betrachtet, ist die Sternschaltung als Parallelschaltung anzusehen, sofern die Phasenverschiebung zwischen den drei Strängen

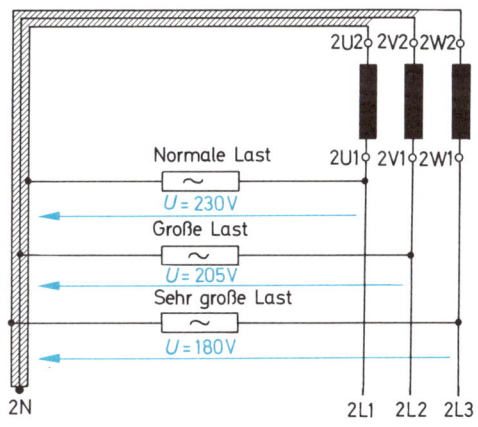

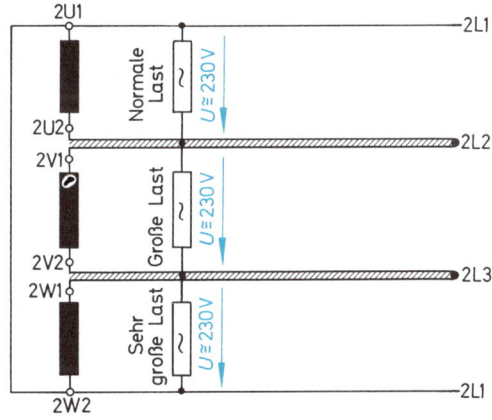

Bild 1.93   Spannungen an der Unterseite für Sternschaltung (y-Schaltung) unter verschiedenen Lastbedingungen

Bild 1.94   Spannungen an der Unterseite für Dreieckschaltung (d-Schaltung) unter verschiedenen Lastbedingungen

97

unberücksichtigt bleibt. Große einseitige (unsymmetrische, schiefe) Last verursacht zwischen den Außenleitern bzw. zwischen den Außenleitern und dem Mittelpunktsleiter ungleiche Spannungen (Bild 1.93), sofern oberseitig ebenfalls Y-Schaltung vorliegt. Aus diesem Grunde soll die Schieflast (unsymmetrische Last) eine gewisse Größe nicht übersteigen.

Wird an der Unterspannungsseite die Dreieckschaltung* (d-Schaltung) gewählt, erhält man nur eine Spannung. Bild 1.94 zeigt, daß das Ende des ersten mit dem Anfang des zweiten Stranges verbunden ist usw. (2U2−2V1; 2V2−2W1; 2W2−2U1).

Die Verschaltung Strangende mit neuem Stranganfang gibt der Dreieckschaltung den Charakter einer Reihenschaltung, wenn wiederum die Phasenverschiebung zwischen den drei Strängen ohne Berücksichtigung bleibt. Die Dreieckschaltung verträgt Schieflast.

Werden Stern- und Dreieckschaltung zu einer neuen gemischten Schaltung kombiniert, lassen sich die Vorteile beider Schaltungen,

a) zwei Spannungen,
b) Verträglichkeit von Schieflast,

vereinen.
Diese neue Schaltung heißt *Zickzackschaltung* (Bild 1.95a).

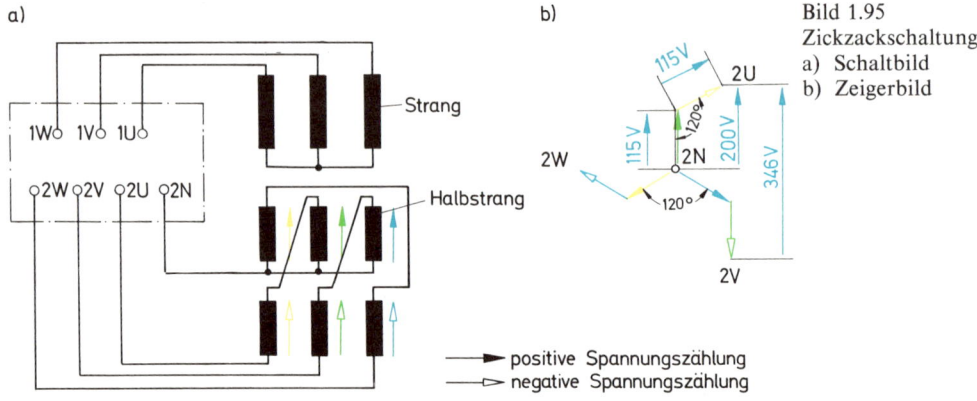

Bild 1.95
Zickzackschaltung
a) Schaltbild
b) Zeigerbild

Die Stern- und Dreieckschaltung sind elektrisch und materialmäßig im wesentlichen gleichwertige Schaltungen. Würde eine Zickzackschaltung mit der gleichen Windungszahl wie eine Sternschaltung hergestellt, ergäben sich kleinere Strang- und Außenleiterspannungen (Bild 1.95b). 115 V an den Halbsträngen ergeben nur Strangspannungen von $115 \text{ V} \cdot \sqrt{3} = 200 \text{ V}$ (nicht $115 \cdot 2 = 230 \text{ V}$!).

---

* Laut VDE 0532 wird in den Schaltgruppen für Drehstromtransformatoren (Tabelle 1/5) die Dreieckschaltung mit «D» bzw. «d» bezeichnet. Die Kurzbezeichnung «D» wird aber auch für den Begriff Drehstrom verwandt, z.B. D-Motor bzw. D-Transformator. Um Irrtümer zu vermeiden, soll in Zukunft für die Maschinen das Zeichen « △ » für die Dreieckschaltung verwandt werden.

98

Tabelle 1/5 Gebräuchliche Schaltgruppen für Drehstromtransformatoren

Anschlußbezeichnungen für Drehstromtransformatoren		1	2	3		4		5	6
			Bezeichnung	Zeigerbild		Schaltungsbild **		Über-setzung	Frühere Bezeich-nung
		Kenn-zahl	Schalt-* gruppe	OS	US	OS	US	$U_1 : U_2$	
Alt	Neu DIN 42402	0	D d 0					$\dfrac{N_1}{N_2}$	A 1
U	1 U		Y y 0					$\dfrac{N_1}{N_2}$	A 2
V	1 V		D z 0					$\dfrac{2\,N_1}{3\,N_2}$	A 3
W	1 W	5	D y 5					$\dfrac{N_1}{\sqrt{3}\cdot N_2}$	C 1
u	2 U1		Y d 5					$\dfrac{\sqrt{3}\cdot N_1}{N_2}$	C 2
v	2 V1		Y z 5					$\dfrac{2\cdot N_1}{\sqrt{3}\cdot N_2}$	C 3
w	2 W1	6	D d 6					$\dfrac{N_1}{N_2}$	B 1
x	2 U2		Y y 6					$\dfrac{N_1}{N_2}$	B 2
y	2 V2		D z 6					$\dfrac{2\cdot N_1}{3\cdot N_2}$	B 3
z	2 W2	11	D y11					$\dfrac{N_1}{\sqrt{3}\cdot N_2}$	D 1
			Y d11					$\dfrac{\sqrt{3}\cdot N_1}{N_2}$	D 2
			Y z11					$\dfrac{2\cdot N_1}{\sqrt{3}\cdot N_2}$	D 3

* Sind an der Ober- und Unterspannungsseite die Mittelpunktsleiter für Stern- bzw. Zickzackschaltung mit herausgeführt, tritt ihre Bezeichnung in der Schaltgruppe mit auf, z.B. YNyn0.
** Herausgeführte Sternpunkte werden in den Schaltbildern bzw. Zeigerbildern mit 1 N bzw. 2 N bezeichnet.

99

Die Ursache liegt in der Anordnung der beiden in Reihe geschalteten auf verschiedenen Eisenschenkeln angeordneten Halbstränge. Damit ergibt sich ein zweiter elektrischer Winkel von 120° (Bild 1.95b). Um die Spannungen auf die genormten Werte von 230 V bzw. 400 V zu bringen, muß die Windungszahl gegenüber Y-Schaltung um

$$\frac{230 \text{ V}}{200 \text{ V}} = 1,15 \triangleq 15\% \text{ gesteigert werden.}$$

Die Zickzackschaltung (z-Schaltung) ermöglicht die Abgabe von zwei Spannungen und verträgt Schieflast, benötigt aber gegenüber der Sternschaltung (y-Schaltung) und Dreieckschaltung (d-Schaltung) 15% mehr Material.

1.4.4 Parallelschaltungen

Reicht die gelieferte Leistung eines Transformators nicht aus, müssen — wie bei Generatoren — Parallelschaltungen von Transformatoren vorgenommen werden. Es müssen hierbei die Nennspannungen sowie die Phasenwinkel zwischen Oberspannungs- und zugehöriger Unterspannungsseite unbedingt gleich sein. Lediglich in der Größe der Kurzschlußspannungen sind geringe Abweichungen zulässig. Laut VDE 0532 darf die Kurzschlußspannung des kleineren Transformators bis zu 10% größer sein als die des größeren Transformators. Zu große Unterschiede der Kurzschlußspannungen haben zu ungünstige Lastverteilungen zur Folge, wie nachstehendes Beispiel zeigt.

Beispiel

Transformator I:	Transformator II:
$S_1 = 1000 \text{ kVA}$	$S_2 = 1000 \text{ kVA}$
$u_{k1} = 5\%$	$u_{k2} = 4\%$

Wie erfolgt bei den Transformatoren die Lastverteilung?

Lösung

Die mittlere prozentuale Kurzschlußspannung u_{km} wird:

$$u_{km} = \frac{S}{\dfrac{S_1}{u_{k1}} + \dfrac{S_2}{u_{k2}}}$$

$$u_{km} = \frac{2000 \text{ kVA}}{\dfrac{1000 \text{ kVA}}{5\%} + \dfrac{1000 \text{ kVA}}{4\%}} = 4,45\%$$

Transformator I übernimmt:

$$S_1' = \frac{u_{km}}{u_{k1}} \cdot S_1 = \frac{4,45\%}{5\%} \cdot 1000 \text{ kVA} = 890 \text{ kVA} \triangleq 89\%$$

Transformator II übernimmt:

$$S_2' = \frac{u_{km}}{u_{k2}} \cdot S_2 = \frac{4,45\%}{4\%} \cdot 1000 \text{ kVA} = \underline{1110 \text{ kVA}} \triangleq \underline{111\%}$$

Praktische Schlußfolgerung

Die Lastverteilung ist zu ungünstig. Ein Ausgleich könnte durch Vorschalten einer Drossel vor den Transformator mit der kleinen Kurzschlußspannung erfolgen. Auch längere Netzleitungen zwischen den Transformatoren tragen wesentlich zum Ausgleich der Kurzschlußspannungen bei.

a) *Einphasentransformatoren* (Schaltgruppe IiO) benötigen zur Parallelschaltung gleiche Nennspannungen sowie möglichst gleiche Kurzschlußspannungen. Die Kontrolle der notwendigen Phasenlage wird mit Hilfe eines Spannungsmessers durchgeführt, wobei das kontrollierende Meßgerät den Wert 0 V anzeigen muß (Bild 1.96). Wird der doppelte Nennspannungswert angezeigt, liegt Reihenschaltung der Unterspannungsseiten vor.

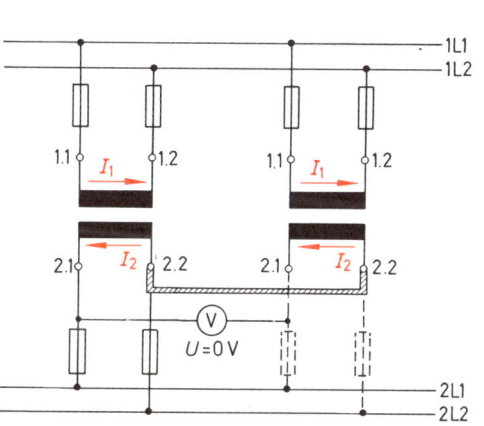

Bild 1.96 Parallelschaltung zweier Einphasentransformatoren mit Spannungsmesser zur Kontrolle der Phasenlage

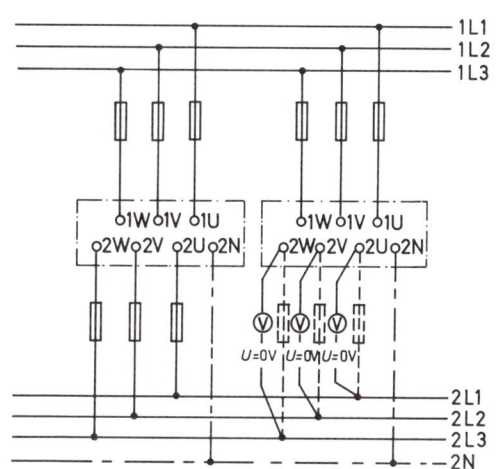

Bild 1.97 Parallelschaltung zweier Drehstromtransformatoren mit Spannungsmessern zur Kontrolle der Phasenlage

b) *Drehstromtransformatoren* benötigen zum Parallelbetrieb von vornherein gleiche Nennspannungen, gleiche Kurzschlußspannungen und gleiche Schaltgruppe (Phasenlage). Auch sollen die Größenverhältnisse der Leistungen nicht mehr als das Dreifache voneinander abweichen. Die Feststellung der Phasenlage wird wiederum mit Kontrollspannungsmessern vorgenommen (Bild 1.97).

101

1.4.5 Stelltransformatoren

Entsprechend der Spannungserzeugungsformel

$$U_0 = 4{,}44 \cdot \hat{\Phi} \cdot f \cdot N$$

muß sich die Größe der sekundären Spannung durch den Kraftfluß Φ, die Frequenz f bzw. die Windungszahl N verändern lassen. Praktisch sind Veränderungen aber nur durch die Windungszahl N und den Kraftfluß Φ möglich.

1.4.5.1 Grundsätzliche Möglichkeiten zur Änderung der Ausgangsspannung

a) Änderung durch Stufentransformator

Beim *Stufentransformator* fällt bzw. steigt entsprechend der Beziehung

$$\frac{U_1}{U_2} = \frac{N_1}{N_2}$$

im gleichen Verhältnis mit der sekundären Windungszahl N_2 auch die sekundäre Spannung U_2. Ändert man dagegen die primäre Windungszahl N_1, so ändert sich die sekundäre Spannung U_2 im umgekehrten Verhältnis.

Beispiel

Gegeben: $U_1 = 1000$ V $\quad N_1 = 500$ Windungen
$ U_2 = 100$ V $\quad N_2 = 50$ Windungen
 Die Windungszahl N_1 soll bei konstanter primärer Spannung U_1 auf 450 vermindert werden.

Gesucht: $U_2 = ?$ V

Lösung

$$U_2 = \frac{U_1 \cdot N_2}{N_1} = \frac{1000 \text{ V} \cdot 50}{450} = \underline{\underline{111 \text{ V}}}$$

b) Änderung durch Streufeldtransformator

Beim Streufeldtransformator können — je nach Anordnung der Spulen bzw. des Eisengestells — große und kleine Streuflüsse Φ_s und somit entsprechende Kurzschlußspannungen U_k auftreten (Abschnitt 1.4.3.2). Eine große Kurzschlußspannung besagt, daß der innere Widerstand des Transformators hoch ist. Der Spannungsfall steigt, wodurch die an der Sekundärseite abgenommene Spannung U_2 kleiner wird. Auf diese Weise läßt sich die sekundäre Spannung in weiten Grenzen verstellen.

1.4.5.2 Lichtbogen-Schweißtransformatoren

Der wichtigste praktische Fall einer Veränderung des magnetischen Flusses wie auch der Windungszahlen liegt beim Lichtbogen-Schweißtransformator vor. Hierfür werden außer dem eigentlichen Transformator als Dämpfungsglieder bei der Lichtbogenzündung, aber auch als Steuereinrichtung zum Einstellen des Schweißstromes Drosseln bzw. Streujoche (Streupakete) benötigt.

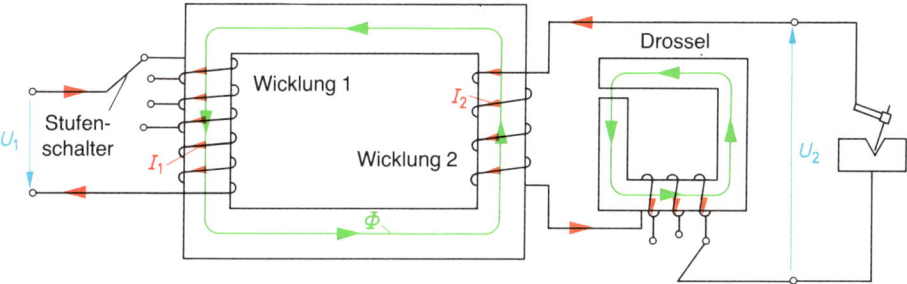

Bild 1.98   Schweißtransformator mit Stufenschalter und Drossel

Bei Transformatoren mit Windungsanzapfungen (Bild 1.98) können primär- wie auch sekundärseitig die Veränderungen vorgenommen werden. Die Verringerung der primären Windungszahl ist bei konstanter Primärspannung begrenzt. Das Zu- und Abschalten von Windungen kann ohne Betriebsunterbrechung erfolgen. Zwecks Beherrschung des Schaltfunkens sind aber dann besondere Lastumschalter erforderlich.

Es ist ferner zu beachten, daß mit der Änderung des Übersetzungsverhältnisses nicht nur der Schweißstrom, sondern auch die Leerlaufspannung verändert wird. Nach VDE 0541 darf die Leerlaufspannung 70 V nicht übersteigen. Bei Arbeiten unter ungünstigen räumlichen und klimatischen Verhältnissen darf sie sogar nur 50 V betragen.

Liegen im Eisenkern größere Hysteresis- und Wirbelstrombildungen vor, kann es zu unangenehmen Verzerrungen der Stromkurve kommen. In diesem Fall versieht man den Eisenkreis der Drossel mit einem kleinen Luftspalt (Bild 1.98). Luftspalte säubern Stromkurven von Verzerrungen.

Beim Streufeldtransformator mit verstellbarem bzw. veränderbarem Streujoch (Streupaket) erfolgt die Steuerung der Ausgangsspannung durch das als magnetischer Nebenschluß eingebaute Joch (Bild 1.99).

Liegt das Streujoch III zum Eisenschenkel II wie im Bild 1.99a dargestellt, läuft ein großer Anteil des Gesamtflusses Φ_1 als magnetischer Streufluß $\Phi_s = \Phi_3$ über diesen Eisenweg. Der Fluß Φ_2 wird in diesem Falle am geringsten und ebenfalls die Spannung an der Spule 2. Durch Herausziehen bzw. -drehen des Streujoches aus dem Eisenkreis steigt die Spannung an der Spule 2 wieder an.

Die Veränderung mittels Handrad erfolgt nur bei kleinen Leistungen. Bei mittleren und größeren Leistungen wird der Streufluß durch einen Steuergleichstrom beeinflußt (Bild 1.99b). Der Steuergleichstrom verursacht durch sein magnetisches Gleichfeld Φ_G im Streujoch eine mehr oder weniger große Vormagnetisierung. Ist der Streukern durch das Gleichfeld restlos ausgesättigt, wird sein magnetischer Widerstand so hoch, daß keine Streufeldlinien mehr über den Streukern fließen können (Bild 1.99b). In diesem Falle durchsetzt der gesamte magnetische Wechselfluß die Spule 2, und der Höchstwert des Schweißstromes fließt.

Die Steuerspulen (Gleichstromwicklungen) müssen entgegengesetzten Wicklungssinn haben, damit die vom Streufluß hervorgerufene Induktionsspannung null wird.

Beim Streufeldtransformator mit verschiebbaren Spulensystemen werden durch Lageveränderung der beweglichen Primärwicklung zur festen Sekundärwicklung (Bild 1.100) die Streufelder Φ_{S1} und Φ_{S2} und damit der innere Widerstand beeinflußt. Auf diese Weise

103

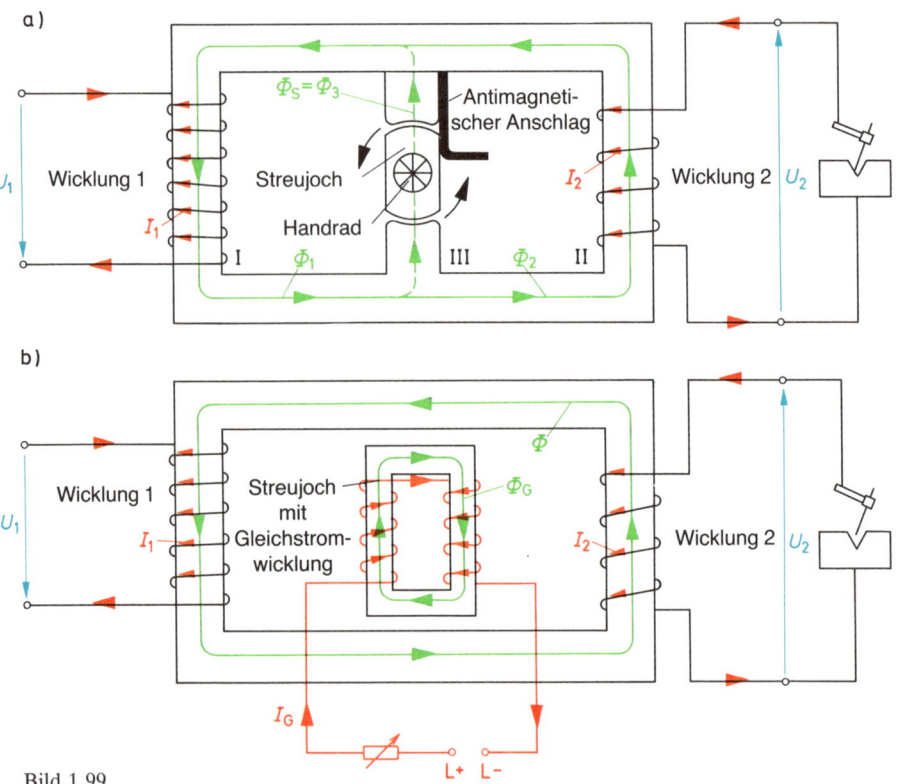

Bild 1.99
a) Streufeldtransformator mit verstellbarem Streujoch
b) Streufeldtransformator mit Beeinflussung durch Steuergleichstrom

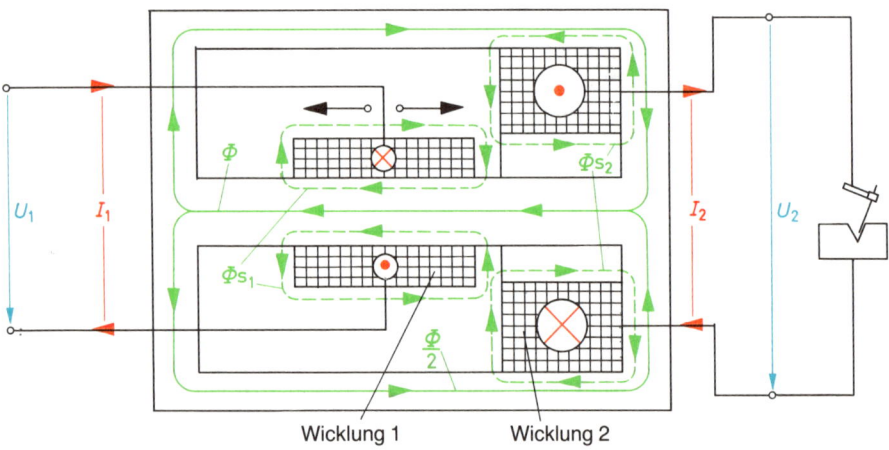

Bild 1.100   Streufeldtransformator mit verschiebbarem Spulensystem

Bild 1.101   *U-I*-Kennlinie des
Schweißtransformators

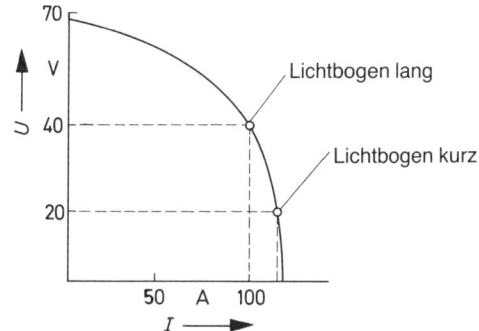

wird die gewünschte Schweißspannung sowie der gewünschte Schweißstrom erreicht. Es
können auch beide Spulensysteme beweglich angeordnet sein. Der Schweißstrom hat
seinen Höchstwert, wenn Primär- und Sekundärwicklung ineinandergeschoben sind.

Als nachteilig bei den Schweißtransformatoren erweist sich (infolge Drossel- bzw.
Streufeldwirkung) der schlechte Leistungsfaktor cos φ. Es wird deshalb von den EVU
eine Kompensation der Blindleistung gefordert.

Eine weitere grundsätzliche Forderung ist möglichst gute Konstanz des Schweißstromes bei Änderung der Lichtbogenlänge. Der Schweißtransformator soll deshalb eine
steile Betriebskennlinie haben (Bild 1.101).

Streufeldtransformatoren (Sondertransformatoren) sowie Transformatoren mit
veränderbarer Drossel sind unempfindlich gegen sekundäre Kurzschlüsse und sind
deshalb als Schweiß- und Zündtransformatoren besonders geeignet.

1.4.6   Kleintransformatoren

1.4.6.1   Grundsätzlicher Aufbau

Eisenkerne von Kleintransformatoren sind nach DIN 41302 genormt. Nach ihrer Form
unterscheidet man:

a) U-I-Schnitt,
b) E-I-Schnitt,
c) M-Schnitt,
d) L-Schnitt.

Diese Blechschnittformen entsprechen im großen und ganzen denen der Großtransformatoren (Tabelle 1/6).

Der Zusammenhalt der Blechlamellen erfolgt durch Schrauben bzw. Niete. Wird von
einem Kern besonders kleine Streuung und Verlustleistung gefordert, wählt man den
Schnittbandkern (Bild 1.103). Er wird aus Fe-Ni-Band gewickelt, mit Kunststoff verklebt,
aufgetrennt, Trennfugen geschliffen, Spulen aufgeschoben und Kernhälften durch
Metallbänder zusammengehalten.

Kleintransformatoren	Großtransformatoren
U-I-Schnitt	Kernbauform E-Transformatoren
E-I-Schnitt	Kernbauform D-Transformatoren
M-Schnitt	Mantelbauform

Tabelle 1/6
Vergleich der Blechschnitte
von Klein- und Großtransformatoren

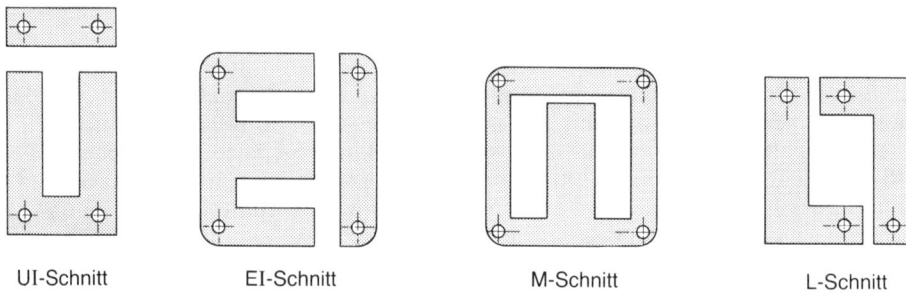

UI-Schnitt   EI-Schnitt   M-Schnitt   L-Schnitt

Bild 1.102   Blechschnitte für Kleintransformatoren

Die Spulenkörper zum Tragen der Wicklung sind ebenfalls nach DIN 41303 genormt. Sie können aus gespritztem thermoplastischen Kunststoff bzw. aus zusammengesetzten Preßspan- oder Hartpapierstücken bestehen. Als Wicklungsunterlage auf dem Spulenkörper dient Ölleinen.

Das Wicklungsmaterial ist gewöhnlich Kupferlackdraht, Lack-Seide-Draht bzw. Lack-Glasseide-Draht. Je nach Güte der Isolation des Drahtes werden Lagenisolationen nach der 1. bis 5. Lage dazwischengelegt. Für die Wicklungsisolation zwischen Ober- und Unterspannungswicklung verwendet man Preßspan oder Ölleinen. Je nach Größe der wärmeabstrahlenden Oberfläche wird die Stromdichte zwischen 1 A mm^{-2} und 6 A mm^{-2} gewählt.

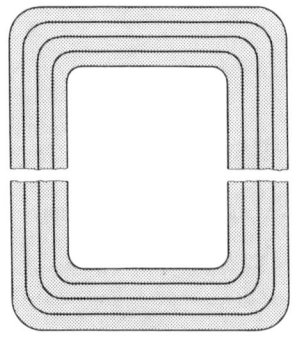

Bild 1.103
Schnittbandkern

106

1.4.6.2 Wirkungsweise

Der energetische Ablauf ist bei den Kleintransformatoren der gleiche wie in Abschnitt 1.4.2 beschrieben.

1.4.6.3 Grundsätzliches zur Einteilung nach VDE

Die Bestimmungen für Kleintransformatoren sind festgelegt in den Vorschriften VDE 0550 und 0551.

Nach VDE 0550 sind grundsätzlich zu unterscheiden Transformatoren mit nichtgeerdeter, aber auch geerdeter Sekundärwicklung und mit elektrisch getrennten, aber auch nicht getrennten Wicklungen. Die wichtigsten Transformatoren nach VDE 0550 sind:
a) Trenntransformatoren
b) Steuertransformatoren
c) Netzanschlußtransformatoren
d) Haushalts-Spartransformatoren
e) Zündtransformatoren.

Transformatoren dieser Gruppe dürfen ferner nach *bisherigen* Angaben folgende Werte nicht überschreiten:
a) Nenn-(Ausgangs-)Leistung 16 kVA
b) Nenn-Eingangsspannung 1000 V
c) Nennfrequenz 500 Hz.

Die Ausgangsspannungen von Netzanschlußtransformatoren können 1000 V und von Zündtransformatoren müssen 1000 V überschreiten. Gegenüber den Großtransformatoren nach VDE 0532 sind bei den Transformatoren nach VDE 0550 stets die Spannungen unter ohmscher Last als Nennspannungen (nicht die Leerlaufspannungen U_0 als Nennspannungen) festgelegt. Eine Ausnahme bildet nur der Zündtransformator.

Die Bestimmungen nach VDE 0550 behalten weiterhin für die unter b) bis e) genannten Kleintransformatoren auf absehbare Zeit ihre Gültigkeit. Für den Trenntransformator ist folgende Änderung vorgesehen:

Trenntransformatoren (Bestimmungen für Trenntransformatoren zum jetzigen Zeitpunkt unter VDE 0550 festgelegt) und Sicherheitstransformatoren (Bestimmungen für Sicherheitstransformatoren zum jetzigen Zeitpunkt unter VDE 0551 festgelegt) sollen unter «Bestimmungen für Sicherheitstransformatoren» unter DIN 57551/VDE 0551 zusammengefaßt werden. Für den Trenntransformator sind folgende Anforderungen vorgesehen:

1. a) Nenn-Eingangsspannungen und Nennfrequenzen bleiben wie bisher (1000 V bzw. 500 Hz).
   b) Leerlauf- und Nenn-Ausgangsspannungen für ortsfeste Ein- und Dreiphasen-Transformatoren bis 1000 V, für ortsveränderliche Einphasen-Transformatoren bis 250 V.
   Diese Werte gelten ausschließlich für Gerätebestimmung nach der vorgesehenen Norm DIN 57551/VDE 0551. Für Errichtungsbestimmungen nach VDE 0100 betragen die Ausgangsspannungen bis 500 V.
2. Die Nenn-Ausgangsleistung bis

a) 25 kVA für einphasige Transformatoren
b) 40 kVA für dreiphasige Transformatoren.

107

Trenntransformatoren werden vorwiegend verwandt zur Versorgung von tragbaren Elektrowerkzeugen, Rasenmähern, Rasierapparaten (20 VA bis 50 VA). **Nach VDE 0551** hat man stets nichtgeerdete Sekundärwicklungen sowie stets elektrisch getrennte Wicklungen (Sicherheitstransformatoren). Als wichtigste Transformatoren sind hier zu nennen:

a) Spielzeugtransformatoren
b) Klingeltransformatoren
c) Handleuchtentransformatoren
d) Auftautransformatoren
e) Lötpistolentransformatoren
f) medizinische Transformatoren
g) Transformatoren für Heizdecken und Heizkissen
h) Transformatoren für Haar- und Hautbehandlungen.

Transformatoren dieser Gruppe dürfen ferner nach bisherigen Angaben nicht überschreiten:

a) Nenn-(Ausgangs-)Leistung 10 kVA
b) Nenn-Eingangsspannung 500 V
c) Nenn-Ausgangsspannung 42 V
d) Nennfrequenz 500 Hz

Wie bei den Transformatoren nach VDE 0550 sind auch hier die Nenn-Ausgangsspannungen als Lastspannungen mit Nenn-Ausgangsströmen beim Leistungsfaktor $\cos \varphi = 1$ festgelegt.

Weitere einschlägige Bestimmungen zu den Kleintransformatoren siehe Band «Elektro-Installationstechnik».

Für die unter VDE 0551 festgelegten Sicherheitstransformatoren sind folgende Anforderungen vorgesehen:

1. a) Nenn-Eingangsspannungen bis 1000 V,
   b) Nenn-Ausgangsschutzspannungen bleiben bis 42 V, Leerlaufspannung bis 50 V,
   c) Nennfrequenz bleibt erhalten.
2. Nenn-Ausgangsleistungen:
   a) 10 kVA für einphasige Transformatoren,
   b) 16 kVA für dreiphasige Transformatoren.

Hier sind im wesentlichen in Neubearbeitung bzw. in Vorbereitung: Spielzeugtransformator, Klingeltransformator, Handlampentransformator, medizinischer Transformator.

1.4.7 Spartransformatoren (Autotransformatoren)

Bei normalen Transformatoren sind die Primärseiten von den Sekundärseiten galvanisch getrennt. Die zugeführte elektrische Energie wird hier in magnetische und diese wiederum in elektrische umgeformt. Während also beim normalen Transformator die Übertragung der Leistung rein *induktiv* erfolgt, ist sie beim Spartransformator teils *induktiv*, teils *direkt*. Beim Einphasen- wie beim Drehstrom-Spartransformator kann die Umformung von der Oberspannungsseite zur Unterspannungsseite bzw. umgekehrt erfolgen.

108

Primär- und Sekundärseite bilden eine Wicklung. Die *Parallelwicklung* ist die Unterspannungsseite und gleichzeitig ein Teil der Oberspannungsseite. Der restliche zur Oberspannungsseite gehörende Wicklungsteil heißt *Reihenwicklung* (Bild 1.104). Der Spartransformator ist also praktisch ein *induktiver Spannungsteiler,* an dem man beliebig große Spannungen abgreifen kann.

Bild 1.104   Elektrische Verhältnisse des Spartransformators im normalen Betrieb. Schaltgruppe IaO

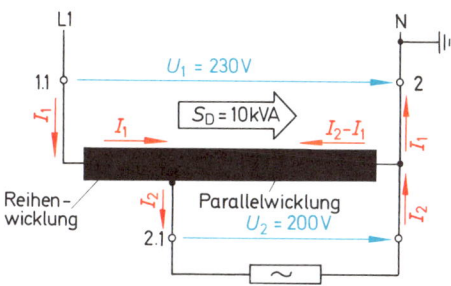

Im Verhältnis zum Transformator mit getrennten Wicklungen benötigt man bei einem Spartransformator mit gleicher Leistungsübertragung stets weniger Materialaufwand. Besonders große Materialersparnis ergibt sich bei möglichst geringem Spannungsunterschied zwischen Oberseite und Unterseite, wie nachfolgendes Beispiel zeigt.

Beispiel
Ein Spartransformator hat eine Durchgangsleistung $S_D = 10$ kVA. Seine Oberspannung beträgt $U_1 = 230$ V, seine Unterspannung $U_2 = 200$ V. Wie groß wird seine Bauleistung S_B? (Bild 1.104).

Lösung
Unter Durchgangsleistung wird die gesamte direkt und induktiv übertragene Leistung verstanden. Die rein induktiv übertragene Leistung heißt Bauleistung, nach welcher der Transformator bemessen ist. Die Bauleistung wird aus folgender Beziehung ermittelt

$$\text{Bauleistung} = \frac{\text{Oberspannung} - \text{Unterspannung}}{\text{Oberspannung}} \cdot \text{Durchgangsleistung}$$

$$S_B = \frac{U_1 - U_2}{U_1} \cdot S_D$$

$$S_B = \frac{230 \text{ V} - 200 \text{ V}}{230 \text{ V}} \cdot 10 \text{ kVA} = \underline{1,3 \text{ kVA}}$$

Praktische Schlußfolgerung
Von der Durchgangsleistung $S_D = 10$ kVA werden nur 1,3 kVA induktiv, also transformatorisch, 8,7 kVA dagegen direkt übertragen. Der Materialaufwand des Spartransformators erstreckt sich nur auf 1,3 kVA.

Nachteile

Trotz seiner Vorteile bezüglich Materialaufwand gegenüber dem Transformator mit getrennten Wicklungen wird der Spartransformator meist als Stell-Zusatztransformator verwandt. Die Ursache ist in der galvanischen Verbindung von Primär- und Sekundärseite zu suchen. Bei der gewünschten Spannungsumformung, z.B. für Spielzeug, könnte zwischen der unteren Spannungsseite und einem mit Erde in Verbindung stehenden Rohr die volle Netzspannung herrschen (Bild 1.105a). Bei Unterbrechung der Parallelwicklung kann an der Unterseite fast die volle Netzspannung auftreten (Bild 1.105b).

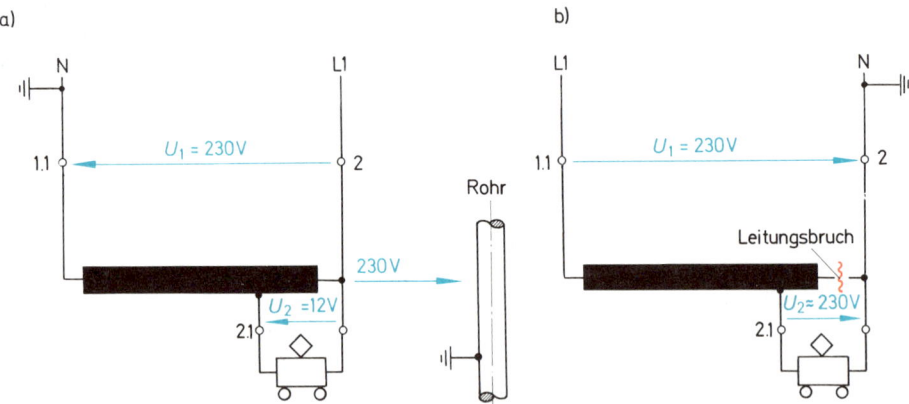

Bild 1.105 Elektrische Verhältnisse an der Unterspannungsseite des Spartransformators bei Fehlschaltungen bzw. Störungen
a) volle Netzspannung gegen Erde, b) volle Netzspannung an «Kleinspannungsseite»

Spannungsteilermaschinen aller Art sind zum Umformen von Netz- in Schutzspannung verboten.

Zu den Spannungsteilermaschinen gehören außer dem Spartransformator der Drehtransformator (Abschnitt 1.5.11) sowie der Einankerumformer (Abschnitt 1.9.3.2).

110

1.5 Asynchronmaschinen für Dreiphasenwechselstrom (Drehstrom)

Es sind für die Praxis die wichtigsten und am häufigsten vorkommenden Maschinen.

1.5.1 Drehfeld (umlaufendes Magnetfeld)

Grundlegende Voraussetzung für die Funktion der Asynchronmaschinen für Drehstrom (Generatoren und Motoren) ist das umlaufende Magnetfeld. Da Asynchronmaschinen stromwenderlos sind, spricht man auch von Drehfeldmaschinen ohne Stromwender. Zur gleichen Maschinengruppe werden die Synchronmaschinen gezählt (Abschnitt 1.7).

Bei dreiphasig verkettetem Wechselstrom hat das entstehende Drehfeld während des Umlaufes unveränderte Größe und wird deshalb als *symmetrisch* oder *kreisförmig* bezeichnet (Bild 1.106). Die Drehzahl des *synchron* umlaufenden Magnetfeldes richtet sich nach der Polpaarzahl der Maschinen und der Frequenz der angelegten Netzspannung

$$n_0 = \frac{60 \cdot f}{p}$$

n_0 Umdrehungen in 1/min bzw. $\min^{-1}$
f Frequenz in 1/s bzw. s^{-1}
p Polpaare

Wie unter Transformatoren Abschnitt 1.4.2.2 beschrieben, wird auch hier das Magnetfeld Φ vom Magnetisierungsstrom I_μ und damit der Leerlaufdurchflutung Θ_μ verursacht (Bild 1.84a).

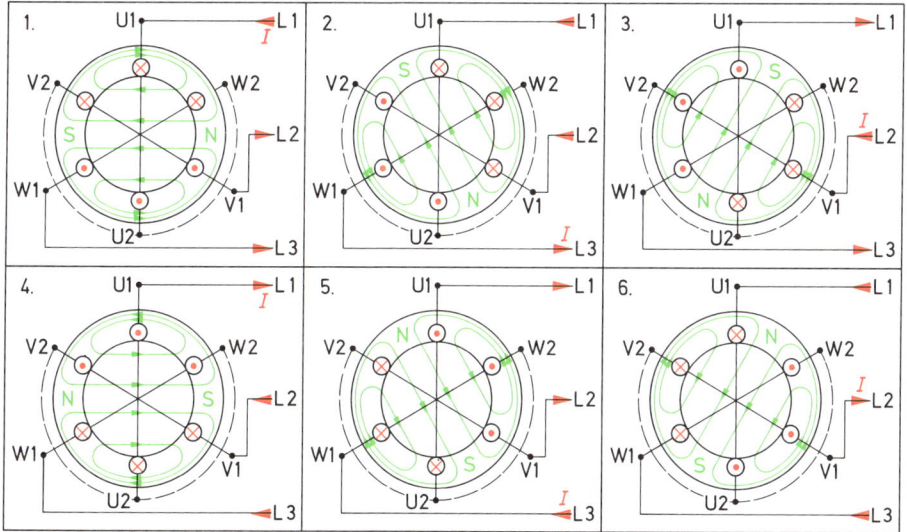

Bild 1.106   Darstellungen zum symmetrischen (kreisförmigen) Drehfeld

111

In den Abschnitten 1.5.2 bis 1.5.10 werden die Asynchronmotoren behandelt. Hierfür gilt:

In einem Asynchronmotor für Drehstrom wird ein symmetrisches Drehfeld erzeugt, wenn seine Dreiphasenwicklung vom Drehstrom durchflossen wird.

Bei einem Asynchronmotor weist der rotierende Teil (Läufer, Rotor) gegenüber dem Drehfeld einen *Schlupf* auf (*asynchron* — nicht im Tritt befindlich). Das Drehfeld schneidet die Läuferleiter und induziert in ihnen Spannungen. Der Asynchronmotor heißt deshalb auch *Induktionsmotor*.

Asynchronmotoren für Drehstrom können mit Schleifring- oder Kurzschlußläufern ausgerüstet sein.

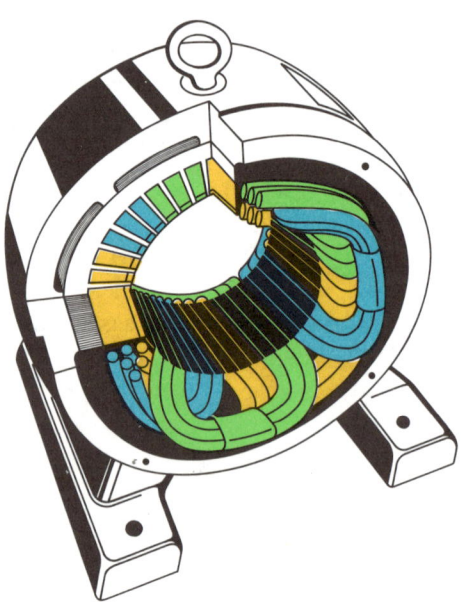

Bild 1.107   Ständer eines Asynchronmotors mit vierpoliger Drehstromwicklung

1.5.2   Schleifringläufermotor

1.5.2.1   Aufbau

Der *Ständer* oder *Stator* ist zur Vermeidung von Wirbelströmen aus genuteten Ständerblechen aufgebaut, in welchen, möglichst gleichmäßig verteilt, die dreiphasige Wicklung untergebracht ist (Bild 1.107). Das Ständerblech besitzt aber keine ausgeprägten Pole wie z.B. die Gleichstrommaschine. Die gewünschte Polzahl wird durch entsprechenden Wickelschritt erreicht. Anfang und Ende jedes Stranges werden gewöhnlich zum Anschlußbrett geführt, weshalb diese Wicklung als *offen* bezeichnet wird.

Die gewünschte Verkettung in Stern- oder Dreieckschaltung (Y- oder Δ-Schaltung) erfolgt am Anschlußbrett.

Der *Läufer* oder *Rotor* besitzt ebenfalls eine in Nuten gebettete Wicklung, die mit ihrer Polzahl auf die Polzahl des Ständers abgestimmt ist. Die Wicklung ist gewöhnlich dreiphasig, meist in Y-Schaltung (Bild 1.108), seltener in Δ-Schaltung ausgeführt. Die

112

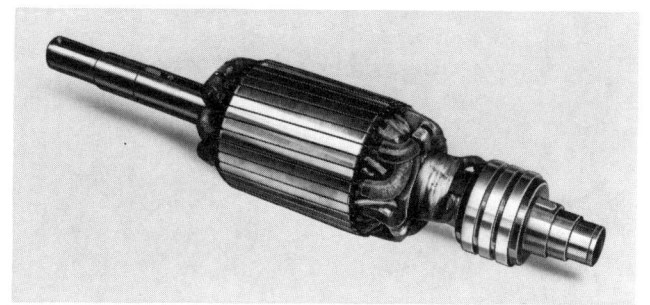

Bild 1.108
Schleifringläufer mit sechs-
poliger Drehstromwicklung.
Werkbild: Garbe-Lahmeyer

Verschaltung erfolgt hier direkt im Läufer, so daß über die Schleifringe nur die Wick-
lungsanfänge K, L, M herausgeführt sind. Die Läuferwicklung kann auch zweiphasig
sein (Abschnitt 1.5.2.3).

Soll der Schleifringläufermotor nach dem Anlauf als Kurzschlußläufermotor weiterarbeiten, werden durch Bürstenabhebevorrichtung (Bild 1.109) die Schleifringe kurzgeschlossen und die Kohlebürsten abgehoben.

1.5.2.2 Wirkungsweise

1.5.2.2.1 Anlauf

In der am Drehstromnetz liegenden Ständerwicklung wird das Drehfeld erzeugt. Dieses
schneidet die Ständerleiter und induziert die primäre Urspannung U_{01}. Deshalb auch die
Bezeichnung *Primäranker* für den Ständer. Ferner durchsetzen die magnetischen Feld-

Bild 1.109
Schematische Darstel-
lung einer Bürstenabhe-
bevorrichtung

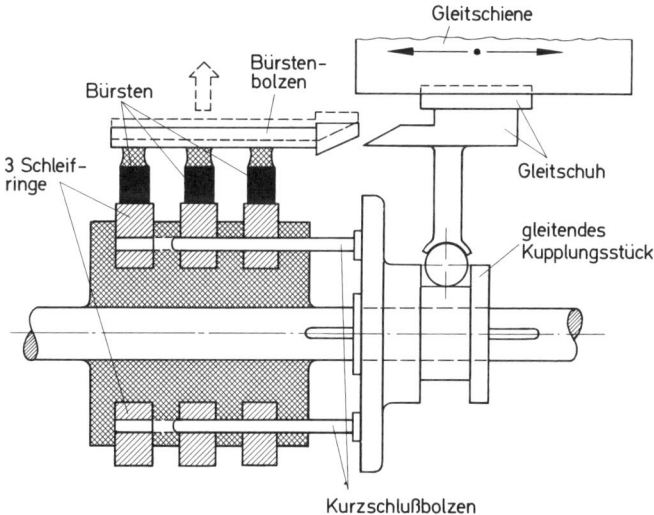

113

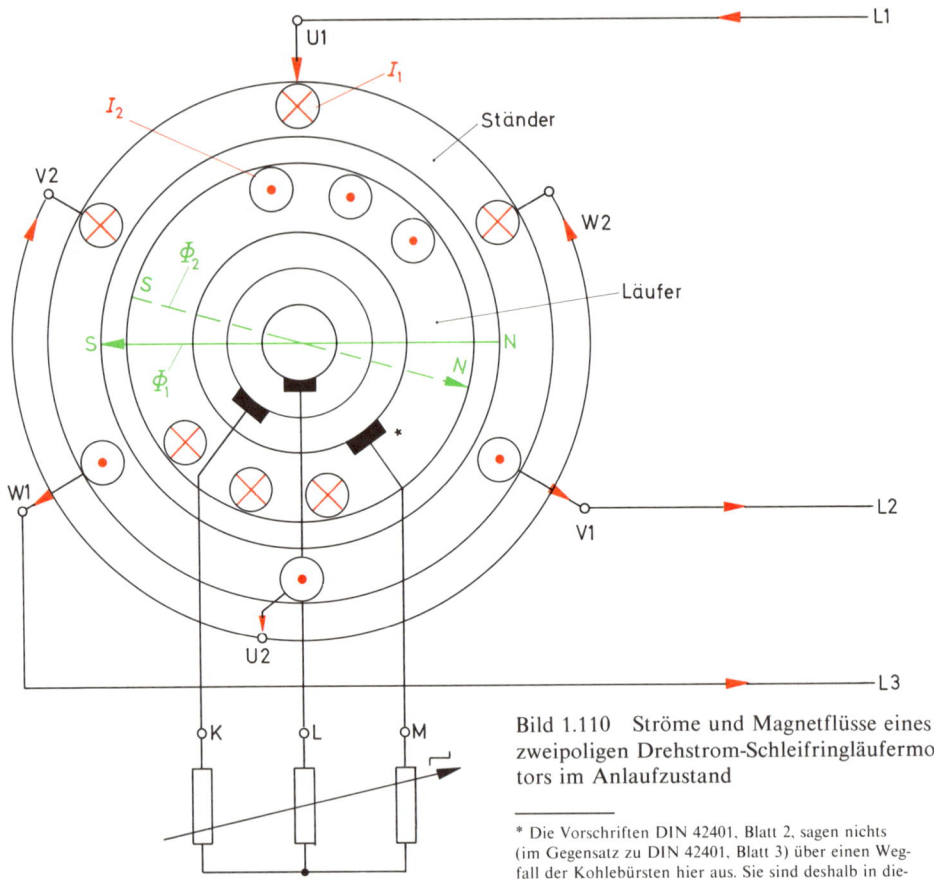

Bild 1.110 Ströme und Magnetflüsse eines zweipoligen Drehstrom-Schleifringläufermotors im Anlaufzustand

---

* Die Vorschriften DIN 42401, Blatt 2, sagen nichts (im Gegensatz zu DIN 42401, Blatt 3) über einen Wegfall der Kohlebürsten hier aus. Sie sind deshalb in diesem Buch für alle Wechselstrommaschinen gezeichnet.

linien den Luftspalt und induzieren im Rotor die sekundäre Urspannung U_{02}. Der Rotor trägt deshalb auch die Bezeichnung *Sekundäranker*.

Da im Einschaltaugenblick der Läufer steht, hat das umlaufende Magnetfeld seine größte Schnittgeschwindigkeit. Der Motor verhält sich in dem Moment wie ein kurzgeschlossener Transformator mit hoher Kurzschlußspannung U_k. Die induzierte Urspannung U_{02} treibt den Läuferstrom I_2. Hätte der Läufer nur ohmschen Widerstand, lägen Urspannung U_{02} und Strom I_2 in Phase. Im Einschaltmoment entspricht die Größe der Läuferfrequenz der Netzfrequenz ($f_1 = f_2$). Der induktive Läuferwiderstand $X_{L2} = 2 \cdot \pi \cdot f_2 \cdot L_2$ hat somit seinen höchsten Wert. Wäre der ohmsche Widerstandsanteil im Läufer Null, würde der Strom I_2 der Urspannung U_{02} um 90° nacheilen: Der Motor würde nicht anlaufen.

Zur Erzielung eines günstigen Anzugsmomentes muß der ohmsche Anteil des Läuferwiderstandes möglichst hoch sein.

Um das zu erreichen, wird ein Läuferanlasser mit der Läuferwicklung in Reihe geschaltet (Bild 1.110).

114

1.5.2.2.2 Betrieb, Betriebsverhalten

Aus dem Stillstand (Schlupf $s = 100\%$) erfolgt der Hochlauf in den belasteten Motorzustand (Schlupf etwa 3 bis 6%). Mit der Abnahme des Schlupfes verringert sich die Schnittgeschwindigkeit des Drehfeldes.

Damit tritt eine Verminderung der Läuferspannung, der Läuferfrequenz und des induktiven Läuferwiderstandes ein.

Die Läuferspannung und die Läuferfrequenz ändern sich linear mit dem Schlupf.

Im Betrieb ist — wegen des geringen induktiven Widerstandes — ohmscher Widerstand im Läuferkreis vorherrschend. Läuferspannung und Läuferstrom liegen fast in Phase.

Ein stromdurchflossener Leiter erhält im Magnetfeld einen Bewegungsantrieb. Somit wird auf die Seiten einer drehbar gelagerten Spule ein *Kräftepaar* ausgeübt, welches ein Drehmoment M bewirkt. Dafür sind zwei Voraussetzungen zu erfüllen:

a) Die Flüsse Φ_1 und Φ_2 müssen Komponenten haben, die in Phase liegen. Denn nur gleichzeitig auftretende Felder können eine Kraftwirkung ausüben (Bild 1.111).

b) Die magnetischen Achsen von Φ_1 und Φ_2 müssen möglichst um 90° räumlich verschoben sein; denn nur eine Kraft, die senkrecht zum Hebelarm steht (Analogie: Kraft-Hebelarm-Gesetz), bewirkt ein Drehmoment (Bild 1.112).

Die Gegenüberstellung des Gleichstrom- und Drehstrommotors in Bild 1.112 soll die Übereinstimmung der elektrischen und magnetischen Abläufe zeigen.

Bild 1.111   Verkettung der Flüsse Φ_1 und Φ_2 zur Drehmomentenbildung

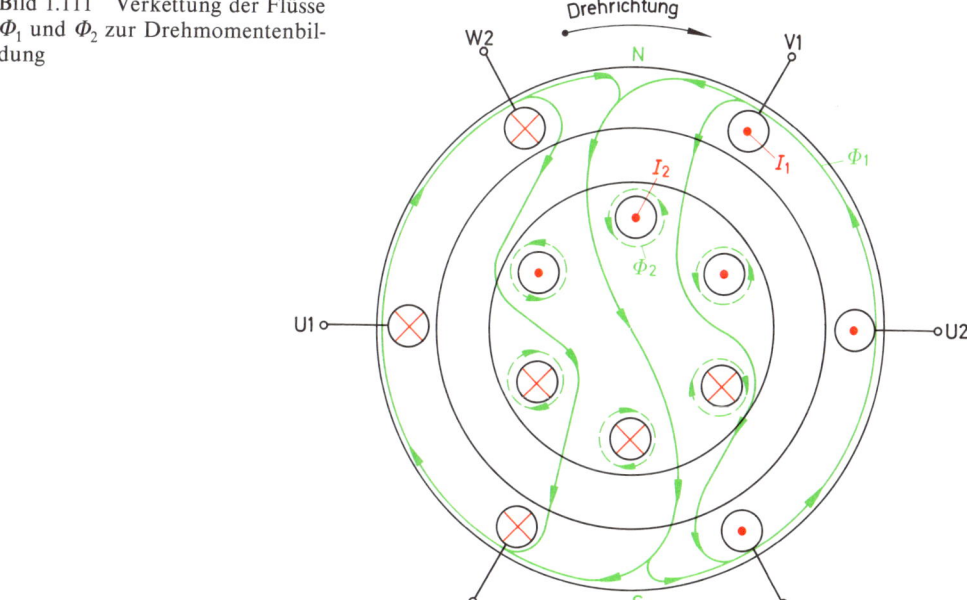

115

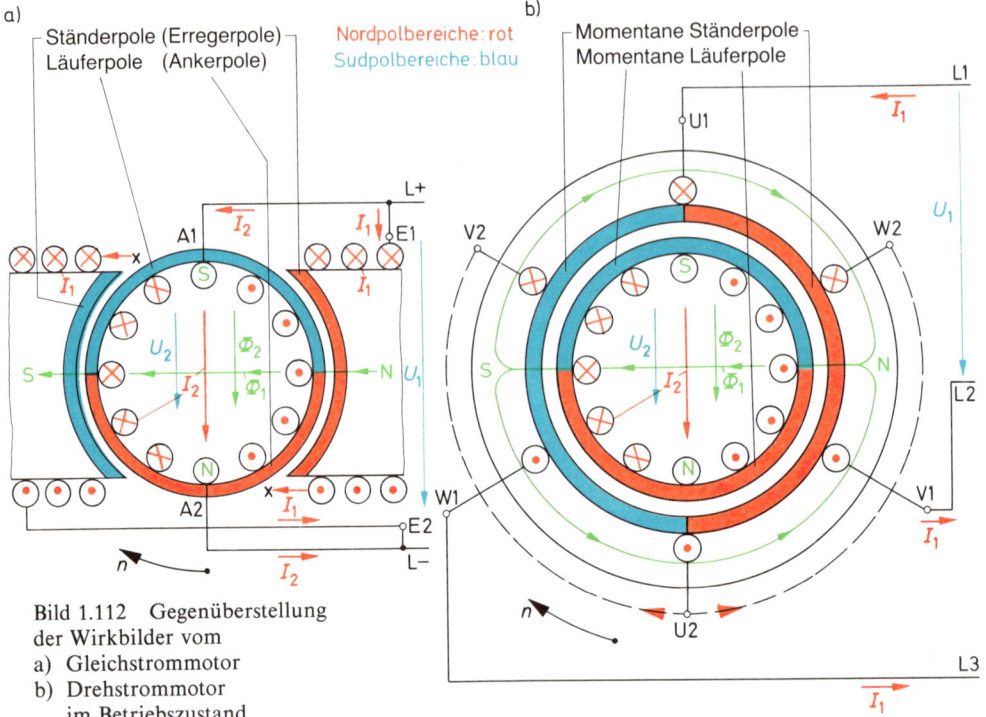

a) Ständerpole (Erregerpole)
Läuferpole (Ankerpole)

Nordpolbereiche: rot
Südpolbereiche: blau

b) Momentane Ständerpole
Momentane Läuferpole

Bild 1.112 Gegenüberstellung
der Wirkbilder vom
a) Gleichstrommotor
b) Drehstrommotor
im Betriebszustand

Bild 1.112 läßt auf einfache Weise den Rechtslauf durch Anwendung der *Motorenregel (Linke-Hand-Regel)* erkennen. Der Drehrichtungsverlauf läßt sich ebenfalls mit Hilfe der Polaritäten im Ständer und Läufer beweisen. Bekanntlich ziehen sich ungleichnamige Pole an, gleichnamige stoßen sich ab.

Nach dem Lenzschen Gesetz müßte der Läufer so lange beschleunigt werden, bis die

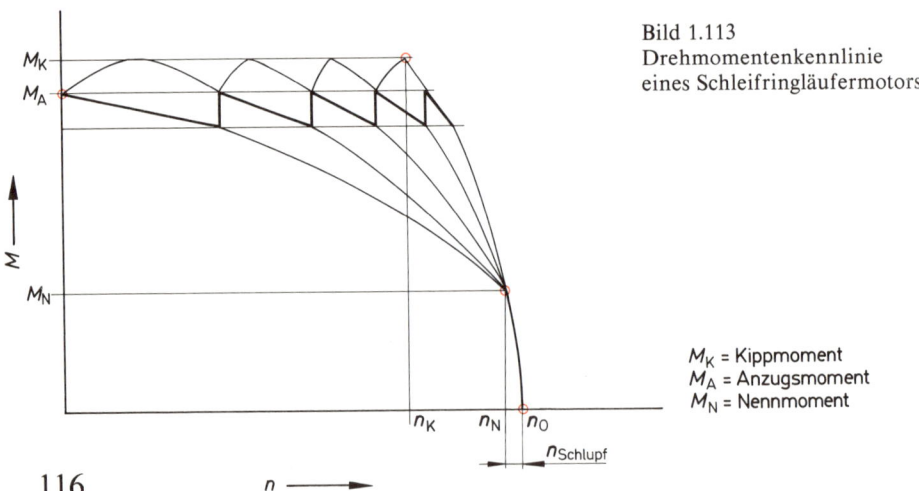

Bild 1.113
Drehmomentenkennlinie
eines Schleifringläufermotors

M_K = Kippmoment
M_A = Anzugsmoment
M_N = Nennmoment

116

Urspannung $U_{02} = 0$ V wird. Dieser Fall würde bei synchronem Lauf eintreten. Die Läuferverlustleistung wäre dann ebenfalls Null, und die Rotorverluste könnten nicht gedeckt werden; also muß der Rotor schlüpfen. Der Schlupf wird *positiv* gezählt, wenn der Läufer dem Drehfeld nacheilt. Da der Asynchronmotor die synchrone Drehzahl nie erreichen kann, ist ein Durchgehen im Leerlauf unmöglich.

Der Asynchronmotor zeigt in seiner Arbeitsweise Nebenschlußverhalten.

1.5.2.2.3 Drehmomente

Die Drehmomentverhältnisse sind nach VDE 0530 genormt (Bild 1.113).

a) Das *Anzugsmoment* M_A ist das im Stillstand hervorgerufene Drehmoment. Beim Schleifringläufermotor liegt es relativ hoch, der Motor zieht gut an.

b) Das *Sattelmoment* M_S ist das kleinste an der Welle eines Motors auftretende Moment zwischen Anzugs- und Kippmoment (Abschnitt 1.5.3.2.2). Es tritt beim Schleifringläufermotor nicht in Erscheinung.

c) Das *Kippmoment* M_K ist das höchste Moment, das der Motor zwischen Sattel- und Nennmoment ausüben kann. Es liegt etwa 1,6 bis 2,5fach über dem Nennmoment.

d) Das *Nennmoment* M_N tritt im normalen Betriebsfalle auf. Mit der auf dem Leistungsschild angegebenen Leistungsabgabe P_N und der Nenndrehzahl n_N, ergibt sich das Nennmoment M_N zu

$$M_N = \frac{P_N \cdot 9550}{n_N}$$

M_N Nennmoment in Nm
P_N Abgabeleistung in kW
n_N Nenndrehzahl in 1/min oder min^{-1}

Bei synchroner Drehzahl n_0 (Schlupf $s = 0\%$) wäre das Drehmoment M gleich Null (Bild 1.113). Der Asynchronmotor muß also stets schlüpfen.

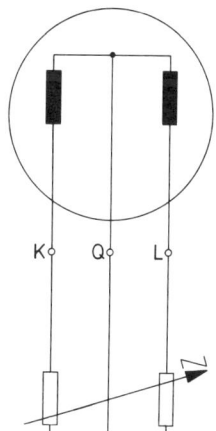

Bild 1.114
Zweiphasige Läuferschaltung
eines Schleifringläufermotors

1.5.2.3 Leistungsschild

Neben den üblichen Ständerangaben der Asynchronmaschinen über Spannungen, Ströme, Leistungen, Frequenz, Leistungsfaktor cos φ sowie Angaben über Drehzahlen, Isolationsklasse und Schutzart findet man beim Schleifringläufermotor weitere Hinweise über Läuferschaltung, Läuferspannung und Läuferstrom (Bild 1.115).

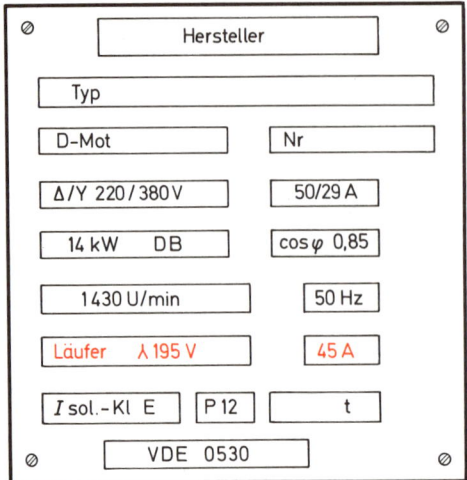

Hersteller	
Typ	
D-Mot	Nr
Δ/Y 220 / 380 V	50/29 A
14 kW DB	cos φ 0,85
1430 U/min	50 Hz
Läufer λ 195 V	45 A
I sol.-Kl E P 12	t
VDE 0530	

Bild 1.115 Leistungsschild eines Schleifringläufermotors
Bemerkung: Anstelle Schutzart P 12 gilt nach neuer Norm IP 14.
Anstelle Betriebsart DB gilt nach neuer Norm S1
Anstelle Drehzahl U/min gilt nach neuer Norm min^{-1}

a) Die *Läuferschaltung* ist gewöhnlich in Stern ausgeführt. Bei Δ-Schaltung — unter gleichen Wicklungsbedingungen wie bei Υ-Schaltung — wird die Läuferspannung geringer, der Läuferstrom höher. Die Zweiphasenschaltung (L-Schaltung) wird dann zur Anwendung kommen, wenn bei geforderter Polzahl eine dreiphasige Wicklung in symmetrischer Anordnung nicht unterzubringen ist (Bild 1.114). Eine unsymmetrische Anordnung (Bruch- oder Teillochwicklung) hat oftmals schlechtes Anlauf- und auch Laufverhalten zur Folge.

b) Die *Läuferspannung* ist laut VDE 0530 die im Stillstand des Läufers zwischen zwei Schleifringen bei geöffnetem Läuferkreis gemessene Spannung für Υ- und Δ-Schaltung. Für die L-Schaltung bezieht sich die Spannungsangabe auf den Strang. Die Spannungswerte im Läufer liegen meist unter denen des Ständers. Gewöhnlich betragen die Läuferspannungen $^1/_4$ bis $^1/_2$ der Ständerspannungen. Sie liegen selbst bei Hochspannungsmotoren sehr selten über 1000 V.

c) Der *Läuferstrom* von Asynchronmaschinen mit dreiphasigem Sekundärkreis ist der an den Schleifringen im Nennbetrieb gemessene Strom. Beim Zweiphasenläufer beziehen sich die Stromangaben auf den Strang.

1.5.3   Kurzschlußläufermotor

1.5.3.1   Aufbau

Der Ständeraufbau ist mit dem des Schleifringläufermotors identisch.

Die Läufernuten erhalten jeweils nur einen Leiter (Stab), wobei alle Leiter an den Stirnseiten des Läuferkörpers über Ringe kurzgeschlossen werden.

Die Läuferwicklung wird deshalb als *Kurzschlußwicklung*, aber auch als *Käfigwicklung* bezeichnet.

Bild 1.116 zeigt einen größeren z.T. im Schnitt dargestellten Kurzschlußläufermotor mit eingebauten Kühlern und eingebauter Abdeckhaube, Bauform D 5, Schutzart IP 44.

118

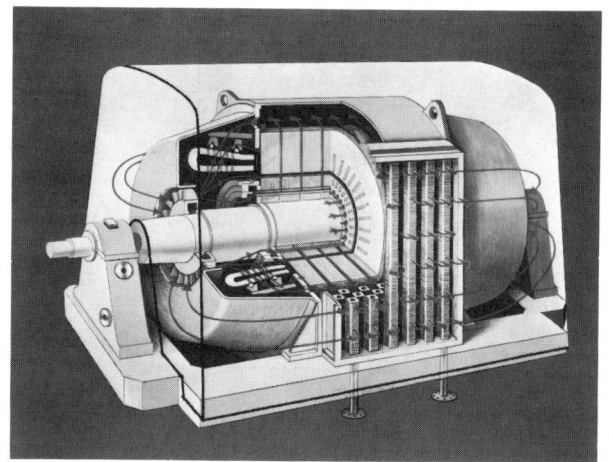

Bild 1.116 Drehstrommotor
mit eingebautem Kühler und
Abdeckhaube.
Werkbild: Siemens

Die Herstellungsweise der Käfigwicklung ist einfach. Die Stäbe werden ohne Isolation in die geschlossenen Nuten eingeschoben und mit den Stirnringen verlötet bzw. verschweißt. Geschlossene Nuten sind in betrieblicher Hinsicht offenen bzw. halboffenen Nuten überlegen. Bei den heute üblichen Bauformen wird die Käfigwicklung oft aus Aluminium im Druckgußverfahren mitsamt Stirnringen und Lüftungsflügeln hergestellt.

Zur Erreichung günstigerer Anlaufbedingungen verschränkt bzw. staffelt man die Läuferstäbe (Bild 1.117). Die Ausbildung des Sattelmomentes (Abschnitt 1.5.3.2.2) wie auch magnetische Wirbelungen, Rüttelkräfte, Geräusche und Bremsungen werden damit sehr vermindert.

Für gute Anlaufbedingungen sind neben *Anordnung* der Käfigwicklung im Läufereisen auch *Anzahl* und *Form* der Läuferstäbe von Wichtigkeit.

a) Beim *Rundstabläufer* liegt die Käfigwicklung wenig tief im Läufereisen (Bild 1.118a). Mit dieser Anordnung werden günstige Betriebsbedingungen, aber kein guter Anlauf erreicht.

b) Beim *Streunutläufer* liegt die Käfigwicklung tiefer im Läufereisen (Bild 1.118b). Der Anlaufstrom verringert sich mit wachsendem Verhältnis $h:d$.

Bild 1.117
Ausführungen von
Kurzschlußläuferwick-
lungen
a) Einfach geschränkte
   Läuferstäbe
b) Doppelt geschränkte
   Läuferstäbe
   (Staffelläufer)

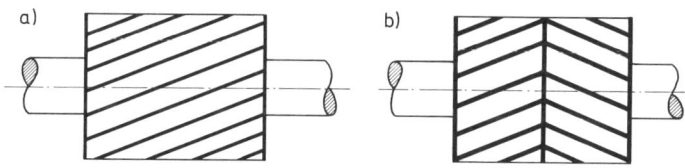

119

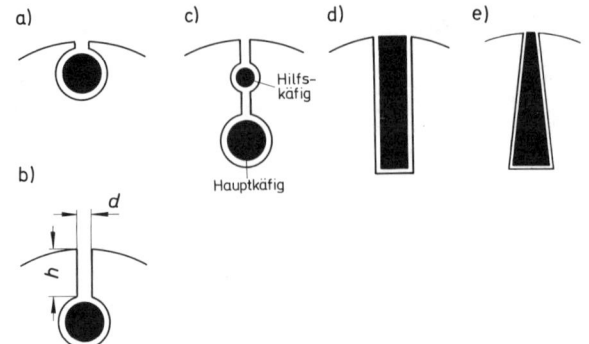

Bild 1.118 Formen bzw. Anordnungen der Kurzschlußläuferstäbe
a) Rundstabläufer
b) Streunutläufer
c) Doppelkäfigläufer
d) Tiefnutläufer
e) Keilstabläufer

c) Der *Doppelkäfigläufer (Doppelstabläufer, Doppelnutläufer)* besitzt einen Anlaufkäfig (Hilfskäfig) und einen Hauptkäfig (Laufkäfig, Betriebskäfig). Der Stabquerschnitt des im Läufereisen liegenden Hauptkäfigs entspricht etwa 3- bis 10mal dem des Anlaufkäfigs (Bild 1.118c).
Der Anlaufkäfig ist vielfach aus Bronze bzw. Widerstandsmaterial hergestellt.

d) Der *Hochstabläufer (Tiefnutläufer)* besitzt hohe und schmale, tief ins Läufereisen gehende Käfigstäbe (Bild 1.118d).

e) Der *Keilstabläufer (Trapezläufer)* ist dem Hochstabläufer ähnlich, besitzt aber am Nutengrund erweiterten Wicklungsquerschnitt. Seine Wirkungsweise kann als Kompromiß zwischen der des Tiefnutläufers (Hochstabläufers) und Doppelkäfigläufers angesehen werden (Bild 1.118e).

Streunutläufer, Doppelkäfigläufer, Hochstabläufer, Keilstabläufer faßt man unter dem gemeinsamen Begriff *Stromverdrängungsläufer* zusammen.
Bei den Stromverdrängungsläufern liegt die Käfigwicklung bzw. ein Teil der Käfigwicklung tief im Läufereisen.

1.5.3.2 Wirkungsweise

1.5.3.2.1 Anlauf

Der Schleifringläufermotor zeigte gute Anlaufeigenschaften. Die Ursache war der hohe ohmsche Widerstand des Läuferkreises (Abschnitt 1.5.2.2.1). Bei einem normalen Rundstabläufer liegen die Verhältnisse wesentlich ungünstiger: Der ohmsche Widerstand des Läuferkreises ist sehr gering und der induktive relativ hoch. Dadurch sind Läuferstrom (Sekundärstrom) I_2 und Läuferfeld (Sekundärfeld) Φ_2 dem Ständerstrom (Primärstrom) I_1 und dem Ständerfeld (Primärfeld, Drehfeld) Φ_1 fast 180° entgegengerichtet. Analog dem kurzgeschlossenen Schleifringläufermotor verhält sich auch der Rundstabläufer beim Einschalten wie ein Transformator mit kurzgeschlossener Sekundärwicklung. Durch die sehr ungünstige Phasenlage des Stromes I_2 zur Urspannung U_{02} (bedingt durch den geringen ohmschen Widerstandsanteil) ist das Anzugsmoment wesentlich kleiner als das Kippmoment und außerdem die Stromaufnahme aus dem Netz wesentlich ungünstiger.
Rundstabläufer nehmen im Anlauf den etwa 8- bis 10fachen Nennstrom auf.

120

Bild 1.119
Anlaufverhältnisse bei
Stromverdrängungs-
läufern
a) Streunutläufer
b) Tiefnutläufer
   (Hochstabläufer)

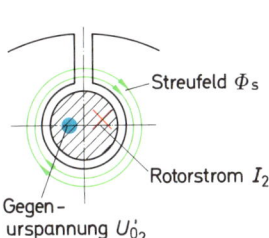

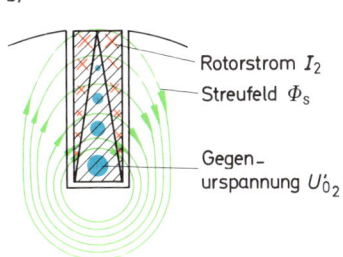

Wird die Rundstabläuferwicklung tief ins Eisen gelegt, kann sich ein kräftiges Streufeld Φ_s bilden (Bild 1.119a). Das schwellende Streufeld verursacht beim Anlauf eine hohe, dem Strom I_2 entgegenwirkende Urspannung U'_{02} (hoher induktiver Widerstand). Die Urspannung U'_{02} verringert *scheinbar* den Leiterquerschnitt, was einer ohmschen Widerstandserhöhung gleichkommt. Der Läuferstrom bleibt in normalen Grenzen. Die Anlaufeigenschaften werden, trotz geringerer Stromaufnahme I_1 aus dem Netz, verbessert.

Gute Anlaufeigenschaften werden mit allen Stromverdrängungsläufern erreicht. Bild 1.119b zeigt die etwaige Stromverteilung in einem Tiefnutläufer beim Anlauf. Die Widerstandserhöhung wächst linear mit der Nuttiefe.

Eine günstige Streufeldausbildung im Läufer ruft erhöhten ohmschen Widerstandsanteil und damit bessere Anlaufeigenschaften hervor.

1.5.3.2.2 Hochlauf

Im Gegensatz zu den Drehmomenten eines Schleifringläufermotors (Abschnitt 1.5.2.2.3) ist beim Rundstabläufermotor wegen des geringen ohmschen Widerstandes der Käfigwicklung das Anzugsmoment wesentlich ungünstiger (Bild 1.120). Bei etwa $^1/_7$ der synchronen Drehzahl zeigt sich häufig eine Einbuchtung der Kennlinie (Sattel), verursacht durch Oberwellen.

Obwohl bei Wechselstrommaschinen für die Feldverteilung die reine Sinuskurve am günstigsten ist, lassen sich Verzerrungen nicht ganz vermeiden. Außer der Grundwelle (reine Sinusform) entstehen noch Oberwellen. Sie werden verursacht durch magnetische Streuungen, bedingt durch Wicklungsverteilungen, Nuten, Zähne. Ebenfalls entstehen aber auch Belastungs- und Drehfeldoberwellen. Sie treten gewöhnlich bei elektrischen Maschinen in ungerader Ordnungszahl (Harmonische) in Erscheinung, können aber auch in gerader und gebrochener Ordnungszahl auftreten. Grundfeld und Oberfelder werden vom gleichen Strom mit der gleichen Frequenz erzeugt. Die Umlaufgeschwindigkeit der Oberfelder muß deshalb kleiner sein als die des Grundfeldes. Bei Drehstrommaschinen bilden

1.7.13.19.   Harmonische ein mitläufiges Drehfeld
3.9.15.   Harmonische kein Drehfeld
5.11.17.   Harmonische ein gegenläufiges Drehfeld.

Liegt z.B. bei einem 4poligen 50-Hz-Kurzschlußläufermotor eine Oberwelle mit der 7. Harmonischen vor, ist deren synchrone Drehzahl ca. $n_0 = 1500\ \text{min}^{-1}:7 =$

121

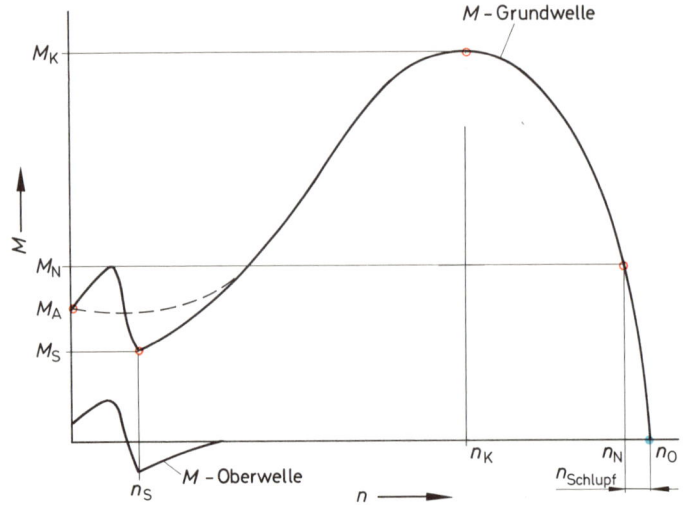

Bild 1.120
Drehmomentenkennlinie eines Kurzschlußläufermotors
(Rundstabläufer)

M_A = Anzugsmoment
M_S = Sattelmoment
M_K = Kippmoment
M_N = Nennmoment

215 min^{-1} (Bild 1.120). Hat dann der anlaufende Motor nicht das erforderliche Hochlaufmoment, kann der Rotor bei dieser Drehzahl festgehalten werden.

Bei älteren Maschinen kommt es nach Umwicklungen vor, daß durch unvorhergesehene Oberwellenbildung der Läufer im Sattel «hängen» bleibt und mit der Satteldrehzahl («Schleichdrehzahl») weiterläuft.

Abhilfemaßnahmen zur Überwindung des Sattelmomentes sind unterschiedliche Nutenzahlen im Ständer und Läufer sowie Schränkung bzw. Staffelung der Nuten (Bild 1.117). Die Drehmomentenkurve des Stromverdrängungsläufers hat nur sehr geringe Einsattelung.

1.5.3.2.3 Betrieb, Betriebsverhalten

Es gelten hier im allgemeinen die gleichen Bedingungen wie beim Schleifringläufermotor (Abschnitt 1.5.2.2.2). Das *Flußschaubild* gibt über die Leistungsverteilung Aufschluß (Bild 1.121).

a) Die benötigte *Blindleistung Q* beträgt im Mittel 30 bis 60% (hängt von der Motorgröße und Drehzahl ab) der Scheinleistung *S*. Die Blindleistung hat einmal das zur Drehmomentenbildung notwendige Magnetfeld zu erstellen. Außerdem hat sie die Streufelder aufzubauen, also jene Magnetfelder, die nicht über den Luftspalt gehen, sich also nicht wie das Nutzfeld zum Drehmoment *M* verketten.

b) Die *Ständerverluste* treten als Verluste in der Kupferwicklung $P_{V\,Cu}$ und als Verluste im Eisen (Wirbelstrom- und Hysteresisverluste) $P_{V\,Fe}$ auf.

c) Die *Rotorverluste* sind dem Schlupf *s* prozentual gleich. Beträgt also der Rotorschlupf 4%, sind 4% der übertragenen Ständerleistung $P_{ab\,Ständer}$ Rotorverluste. In der Praxis wird aber auch oft der prozentuale Anteil der Rotorverluste von der Nennleistung (Wellenleistung, Nutzleistung) des Motors hergeleitet.

d) Die an der Welle abgegebene *Nutzleistung* P_{ab} wird auf dem Leistungsschild angegeben.

122

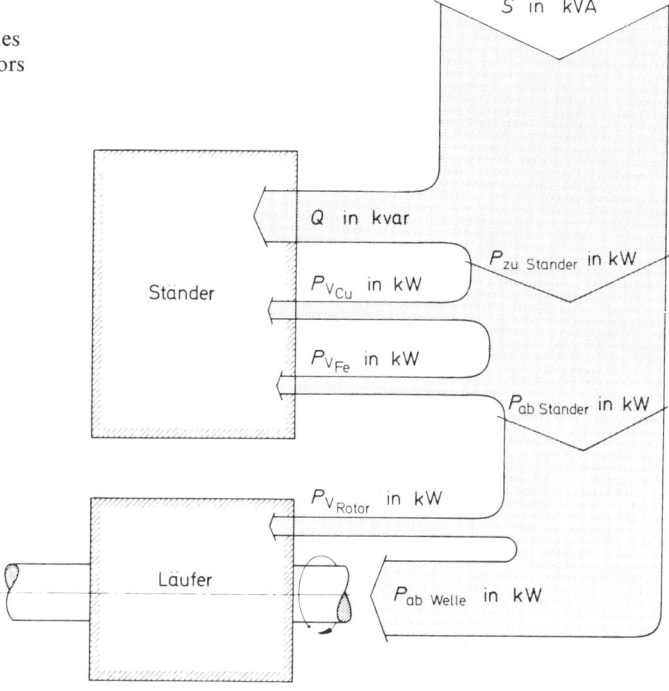

Bild 1.121
Leistungsflußschaubild eines
Drehstrom-Asynchronmotors

Die Änderung des Belastungszustandes zwischen Leerlauf und Vollast wirkt sich in erster Linie nur auf die Wirkleistung aus. Die Blindleistungsänderung ist dagegen geringfügig, d.h., schon im Leerlauf entnehmen Asynchronmotoren dem Netz erhebliche Blindleistung. Die Folge ist ein schlechter Leistungsfaktor $\cos \varphi$ (Bild 1.122).

Beispiel
Ein Kurzschlußläufermotor möge mit 33% Nennlast in $\triangle$-Schaltung arbeiten. Die Spannung sei $U_{Str} = 380$ V, der Leistungsfaktor $\cos \varphi = 0,63$. Wird der Motor in diesem Zustand auf Stern ($\curlyvee$) umgeschaltet, wird $U_{Str} = 220$ V. Damit geht der Strangstrom auf das $1/\sqrt{3}$fache zurück, und die Blindleistung fällt auf

$$\frac{1}{\sqrt{3}} \cdot \frac{1}{\sqrt{3}} = \frac{1}{3} \text{ ihres Ursprungswertes.}$$

Der Wert des Leistungsfaktors $\cos \varphi$ steigt auf 0,92 (Bild 1.122). *Die Blindleistung ändert sich quadratisch mit der Spannung.* Jeder Asynchronmotor benötigt Wirk- und Blindleistung. Die Wirkleistung muß unbedingt vom Kraftwerk bezogen werden, die Blindleistung kann an Ort und Stelle mit Hilfe von Synchronmotoren bzw. Kondensatoren erzeugt werden.

a) Der *Synchronmotor* kann durch Änderung seiner Polraderregung Blindleistung ins Netz schicken bzw. Blindleistung dem Netz entnehmen. Somit kann jeder gewünschte Leistungsfaktor $\cos \varphi$ hergestellt werden (Abschnitt 1.7.4.3).

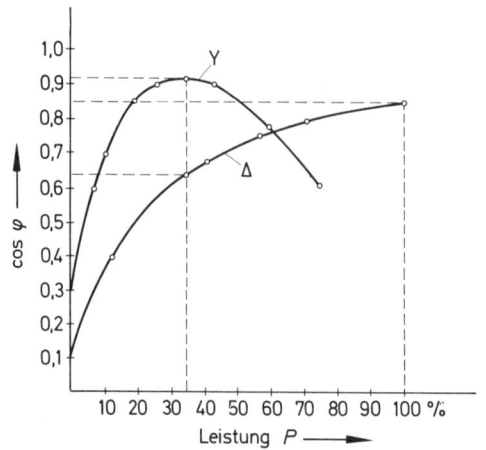

Bild 1.122   Leistungsfaktor für Stern- und Dreieckschaltung bei gleicher Netz- spannung

b) Die Parallelschaltung von Kondensatoren mit der Ständerwicklung ergibt einen Schwingkreis und damit eine *Blindleistungsquelle.*

Einzelkompensationen, bei denen die Kondensatoren unmittelbar mit den Maschi- nenanschlüssen verbunden werden, sind dann wirtschaftlich, wenn nur eine Ma- schine bzw. wenige Maschinen gleichzeitig in Betrieb sind (Bild 1.123).

Gruppen- bzw. Zentralkompensationen sind für den Betrieb mehrerer Maschinen günstiger. Es empfiehlt sich, mit Hilfe automatischer Steuergeräte, Kondensatoren entsprechend der Belastungshöhe zu- bzw. abzuschalten.

Bei Überkompensierungen (zuviel Kapazität) können Schäden, vor allem an Glühlam- pen, durch Überspannungen auftreten. Man kompensiert gewöhnlich nicht über den Leistungsfaktor $\cos \varphi = 0,95$ induktiv. Bei Unterkompensierungen ergeben sich durch mangelhafte Blindleistungsentlastungen erhöhte Leitungsquerschnitte sowie tarifliche Nachteile. Tabelle 1/7 zeigt zur Blindlastdeckung einiger Motoren die zugehörigen Kondensatorleistungen.

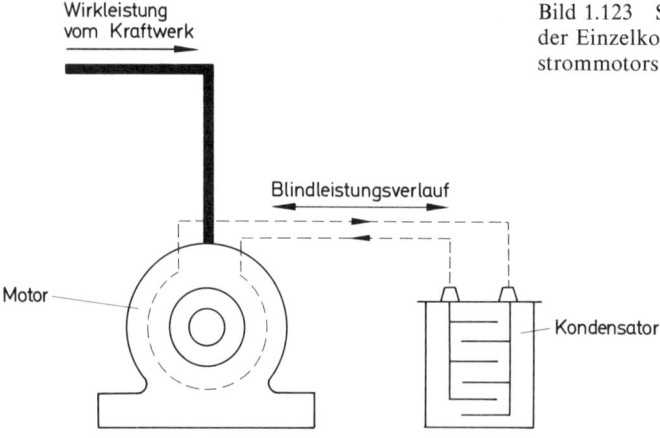

Bild 1.123   Schematische Darstellung der Einzelkompensation eines Dreh- strommotors

124

Tabelle 1/7	Motornennleistung in kW	Kondensatorleistung in kvar
Kondensator- anpassungen zur Blind- leistungsdeckung	4,0 bis 4,9	2
	5,0 bis 5,9	2,5
	6,0 bis 7,9	3
	8,0 bis 10,9	4
	11,0 bis 13,9	5
	14,0 bis 17,9	6
	18,0 bis 21,9	8
	22,0 bis 29,9	10
	ab 30	rd. 35% Motornennleistung

Ein hoher Leistungsfaktor cos φ bedeutet gute Ausnutzung elektrischer Anlagen, Entlastung der Leitungen von Blindleistung, Verringerung der Verluste sowie Einsparung von Material.

1.5.4 Asynchronlinearmotor

Der Linearmotor ist ein neues Antriebselement sowohl für die Mechanisierung und Automatisierung im innerbetrieblichen Transport wie auch für neue Antriebssysteme im Personen- und Güterbeförderungswesen, im Kranbetrieb und in anderen Industriezweigen.

Vergleichbar zu den bekannten rotierenden elektrischen Maschinen, läßt sich der Linearmotor als Synchronlinearmotor und Asynchronlinearmotor herstellen. Von den beiden genannten Arten kommt dem Asynchronlinearmotor die größere Bedeutung zu.

1.5.4.1 Aufbau

Denkt man sich das Ständereisenpaket eines konventionellen Asynchronmotors unter einer Presse zusammengedrückt (Bild 1.124a), erhält man ein flaches doppelseitiges Eisenpaket (Bild 1.124b). Die Einzelbleche der Ständerpakethälften sind wie ein Kamm geschlitzt (Doppel-Induktorkamm). In den Nuten wird die Ständerwicklung (Primärwicklung) untergebracht (Bild 1.124c). Zwischen den Ständerhälften liegt die ebenfalls gestreckte Läuferschiene. Diese sogenannte Reaktionsschiene (Bild 1.124c) ist aus Kupfer- oder Aluminiummaterial hergestellt. Die Ständerpaketausführung kann aber auch einseitig sein (Einfach-Induktorkamm). Allerdings werden dann — gegenüber dem Doppel-Induktorkamm — die elektrischen und mechanischen Bedingungen ungünstiger. Um einen magnetischen Zug zwischen Einfach-Induktorkamm und Reaktionsschiene zu verhindern, steht dem einseitigen Ständerblechpaket ein lamelliertes Eisenpaket gegenüber. Dazwischen wird die Reaktionsschiene geführt.

Der asynchrone Linearmotor stellt also gegenüber dem konventionellen Asynchronmotor ein *offenes* Antriebssystem dar. Bild 1.124d zeigt eine Möglichkeit der praktischen doppelseitigen Ständerausführung (Doppel-Induktorkamm) für Schnellbahnantriebe. Bei Einschienenbahnen übernimmt gewöhnlich der Tragkörper gleichzeitig die Rolle der Reaktionsschiene.

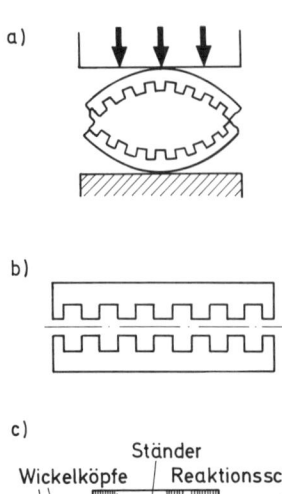

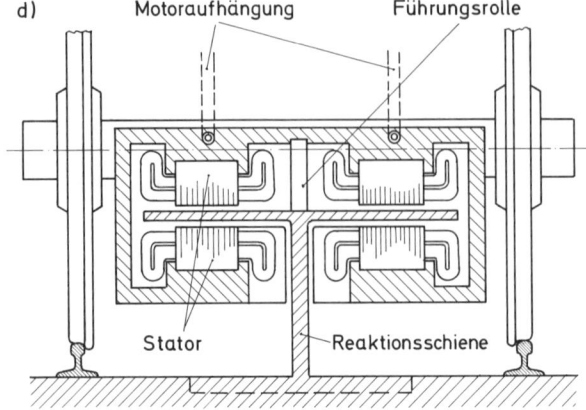

Bild 1.124   Asynchroner Linearmotor
a) Schematische Entstehung des Ständereisens vom Linearmotor aus einem konventionellen Asynchronmotor
b) Doppelständereisen des Linearmotors
c) Doppelständeranordnung mit Reaktionsschiene des
   Linearmotors
d) Praktische Ausführung des Doppelständer-Linearmotors
   für Schnellbahnantriebe

1.5.4.2   Wirkungsweise

Durch die gestreckte Ständerausführung erhält man eine flache Magnetisierungsebene. Das magnetische Drehfeld wird zu einem *Wanderfeld (Schubfeld)*; daher auch die Bezeichnung «Wanderfeldmotor». Wird vom Wanderfeld ein flacher, ebener Leiter (Reaktionsschiene) geschnitten, werden dort Wirbelströme erzeugt. Das Wanderfeld und das Magnetfeld der Wirbelströme stehen nach dem Hebelgesetz senkrecht aufeinander, so daß es zur Kraftbildung (Drehmomentenbildung) kommt.

Denkt man sich bei einem normalen Drehstrom-Asynchronmotor den Läufer feststehend und den Ständer drehend, jedoch die elektrische Energie dem rotierenden Ständer zugeführt, ist die Drehfeldrichtung im Ständer der mechanischen Bewegungsrichtung entgegengesetzt.

Der gleiche praktische Fall liegt beim asynchronen Linearmotor vor: Das Wanderfeld ist der mechanischen Vorwärtsbewegung entgegengerichtet.

1.5.4.3   Vor- und Nachteile des Asynchronlinearmotors gegenüber konventionellen rotierenden Asynchronmotoren

Vorteile

a) Es sind keine Zwischenschaltungen von Getrieben oder sonstigen Mechanismen notwendig, womit sich ein Verlust- und Verschleißfortfall für mechanische Übertragungsglieder ergibt.
b) Die konstruktive Gestaltung des Primär- und Sekundärteiles ist relativ einfach.

126

c) Trotz größerer momentaner lokaler Erwärmung im Sekundärteil tritt rasch wieder Abkühlung ein.

d) Bremsvorgänge sind durch Übersynchronismus, Gegenstrombremsung sowie Gleich-strombremsung (Abschnitt 1.5.6) gut möglich.

e) Bahntriebwagen sind — infolge des mechanisch mit ihnen nicht verbundenen Sekun-därteiles (Reaktionsschiene) — massemäßig wesentlich entlastet.

f) Bei Vorhandensein von Luft- bzw. Magnetkissen (Abschnitt 1.5.4.4) ist die Zugkraft unabhängig von der Haftreibung und der Neigung der Strecke.

Nachteile

a) Durch die Bauweise des offenen Antriebssystems muß der Linearmotor regelrecht seiner Aufgabenstellung angepaßt werden, um bisherige hydraulische oder pneuma-tische linear bewegte Maschinen durch rein elektrischen Antrieb erfolgreich abzu-lösen.

b) Wirkungsgrad, Leistungsfaktor sowie Schubkraft sind hier — wegen des größeren Luftspaltes und wegen des gestreckten Primärteiles — gegenüber konventionellen Motoren schlechter.

c) Anfahrt bzw. sonstige Geschwindigkeitsveränderungen erfordern veränderbare Fre-quenz (Abschnitt 1.5.7.2), veränderbare Spannungsgröße und eventuell auch Polum-schaltung (Abschnitt 1.5.7.3).

d) Die Spurführung von Fahrzeugen muß als Einflußfaktor auf den Luftspalt des Linearmotors zwischen dem Primär- und Sekundärteil durch Führungsrollen ausge-glichen werden.

e) Der gestreckte Sekundärteil verteuert wegen des hohen Materialaufwandes die Anlage wesentlich.

f) Bei Schnellbahnen bilden Weichen und Kreuzungen von Schienen ein besonders schwieriges Problem.

1.5.4.4 Magnetschwebebahn

Etwa 80% der Verkehrsleistung in der Personen- und Güterbeförderung werden heute elektrisch erbracht, der Rest durch Dieselfahrzeuge. Die letzte Dampflok der Bundes-bahn fuhr 1977.

Heute wird für den Bahnbetrieb in zwei Richtungen gearbeitet, und zwar an
der klassischen Rad-Schiene-Technik
und
der berührungsfreien Fahrtechnik.

Der klassischen Rad-Schiene-Technik sind mit zunehmender Geschwindigkeit, in-folge zwangsläufig höheren Verschleißes und Unterhaltungsaufwandes, Grenzen ge-setzt. Also kann zur Bewältigung höherer Geschwindigkeiten als Bindeglied zwischen konventionellem Fahren und Fliegen nur das Schweben («magnetisches Rad») in Frage kommen.

Zur Lösung der technischen Ausführung des «magnetischen Rades» bieten sich zwei Möglichkeiten an, und zwar das elektrodynamische Schweben und das elektromagneti-sche Schweben. Beiden Verfahren liegen einfache physikalische Prinzipien zugrunde (Bild 1.125a und b).

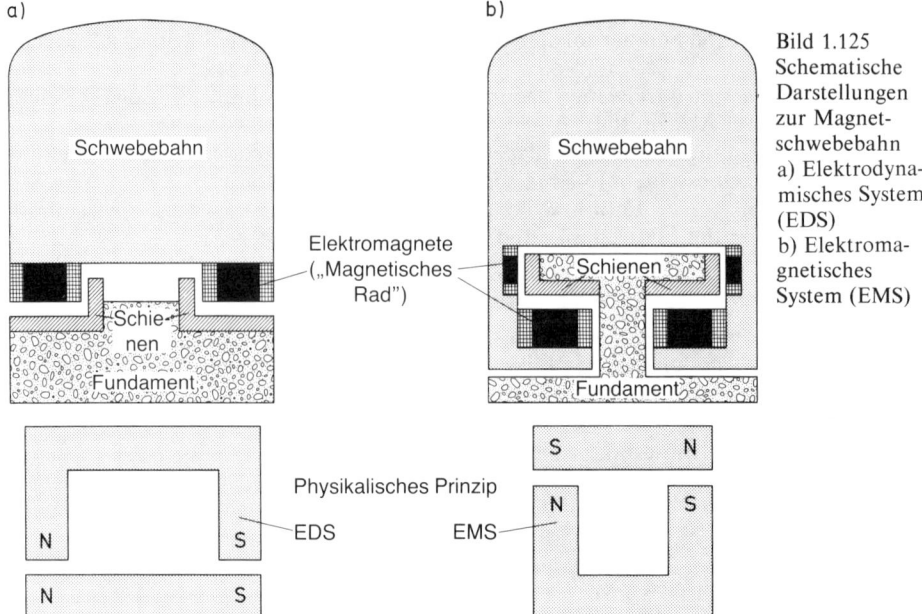

Bild 1.125
Schematische
Darstellungen
zur Magnet-
schwebebahn
a) Elektrodyna-
misches System
(EDS)
b) Elektroma-
gnetisches
System (EMS)

1.5.4.4.1 Elektrodynamisches Schweben (EDS)

Beim EDS-System kommen starke supraleitende Elektromagnete zur Anwendung, die — sobald das Fahrzeug in Bewegung ist — in der Reaktionsschiene große Ströme und somit starke abstoßende Reaktionskräfte an den Schwebestellen bewirken. Auf diese Weise werden die Fahrzeuge getragen und spurgeführt (Bild 1.125a). Die supraleitenden Spulensysteme werden durch flüssiges Helium fast bis zum absoluten Nullpunkt (ca. 4 Kelvin) abgekühlt. Bei diesen Temperaturen hat das bevorzugte Niob-Titan-Material keinen meßbaren ohmschen Widerstand mehr. Eingeleitete elektrische Ströme fließen in dieser stark unterkühlten und dann kurzgeschlossenen Spule ohne weitere Energiezufuhr von außen in voller Höhe sehr lange weiter.

Die nach dem EDS-System arbeitenden Fahrzeuge haben zum Anfahren («Starten») und Stillsetzen («Landen») eigene Laufwerke, da erst bei bestimmter Geschwindigkeit der Schwebeeffekt wirksam wird. Auch dienen die Laufwerke für den Notfall.

1.5.4.4.2 Elektromagnetisches Schweben (EMS)

Beim EDS-System waren *abstoßende* Reaktionskräfte zwischen Schiene und Elektromagnet wirksam, beim EMS-Prinzip hat man es mit *anziehenden* Reaktionskräften zum Tragen der Fahrzeuge zu tun (Bild 1.125b). Steuer- und Regelsysteme sorgen für die richtige magnetische Feldstärke und Wahrung des Schwebeabstandes. Wenn die Bordmagnete eingeschaltet sind, schwebt — im Gegensatz zur EDS-Anlage — sogar das Fahrzeug im Stillstand. Bei abgeschalteten Magneten ruht das Fahrzeug auf gefedertem Gleitsystem. Im Störungsfalle kommt das Fahrzeug ebenfalls durch das Gleitsystem sicher zum Stehen.

1.5.5   Anlaßverfahren der Drehstrom-Asynchronmotoren

Die Inbetriebnahme eines jeden Drehstrom-Asynchronmotors ist mit erhöhter Stromaufnahme verbunden. Um sie auf ein Minimum zu reduzieren, wird im allgemeinen beim Kurzschlußläufermotor die Spannung an den Ständersträngen vermindert und beim Schleifringläufermotor der ohmsche Widerstand im Läuferkreis erhöht. Beim Kurzschlußläufermotor erfolgt also der Anlaßvorgang über den Ständerkreis, beim Schleifringläufermotor vorwiegend über den Läuferkreis.

1.5.5.1   Anlaßverfahren von Kurzschlußläufermotoren

Es steht eine Vielfalt von Möglichkeiten zur Verfügung.

a) Das *direkte Anlassen* kommt wegen des sehr hohen Einschaltstromes nur für kleine Leistungen in öffentlichen Netzen zur Anwendung.
b) Das *Stern-Dreieck-Anlaßverfahren* ist die häufigste Anlaßmethode. Durch die Y-Schaltung beträgt die Strangspannung das 0,58fache ($1/\sqrt{3}$fache) gegenüber der Δ-Schaltung. Theoretisch fällt damit der Strom gegenüber dem direkten Anlassen auf $^1/_3$. Mit dem Strom wird auch das Anlaufmoment M_A herabgesetzt.
   Damit beim Umschalten von Stern auf Dreieck infolge Unterbrechung der Rush*-Strom (Stoßstrom) nicht zu hoch wird, führt man den Stern-Dreieck-Schalter in Sprungschaltbauweise aus. Für kleinere Leistungen kommt der Walzenschalter (Bild 1.126a), für größere Leistungen der Nockenschalter (Bild 1.126b) zur Anwendung.
c) Das *Anlassen mit Ständeranlasser* entspricht der allgemeinen Inbetriebsetzung der Gleichstrommotoren (Abschnitt 1.3.1.2). Die Herabsetzung der Ständerspannung bringt ein quadratisches Abfallen des Drehmomentes mit sich. Die Anlaßwiderstände können vor der Ständerwicklung bzw. bei Sternschaltung im geöffneten Sternpunkt liegen (Bild 1.127)**.
   Ständeranlasser finden dort Anwendung, wo möglichst stoßfreier Anlauf verlangt wird. Es können Fest- oder Flüssigkeitsanlasser verwendet werden.
d) Das *Anlassen mit Kusaschaltung* (Kurzschluß-Sanftanlauf) kommt ebenfalls für besonders stoßfreies, weiches Anlaufen in Frage (Bild 1.128). Durch den Dämpferwiderstand (Kusawiderstand) lassen sich die Anlaufbedingungen weitgehend beeinflussen. An den Anschlüssen herrscht Spannungsunsymmetrie, die mit abnehmender Stromstärke geringer wird. Beim Anlassen kann man sich den Motor durch zwei Motoren auf einer Welle ersetzt denken, von denen der eine ein mitlaufendes, der andere ein inverslaufendes Drehfeld besitzt. Der gegendrehend gedachte Motor wirkt dabei als Bremse.
   Die automatische Kusaschaltung ist unter Abschnitt 2.7.2 mit Bild 2.73 zu finden.
e) Das *Anlassen mit Transformator* ist im Prinzip das gleiche Verfahren wie mit Anlaßwiderständen. Es fallen hier die Erwärmungsverluste weg. Je nach Wahl läßt sich das Anlassen stufig bzw. stufenlos (stetig) durchführen. Die entstehenden Spannungs-, Strom- und Drehmomentbedingungen sind die gleichen wie beim Anlassen mit Stern-Dreieck-Schalter bzw. Ständeranlasser. Anlaßtransformatoren sind meist als Spar-

---

* rush (engl.) = Ansturm, Andrang, Sturz.
** Der besseren Übersicht wegen sind in den allpoligen Schaltbildern 1.127 bis 1.172 die Verbindungen vom Anschlußbrett zu den Strängen weggelassen.

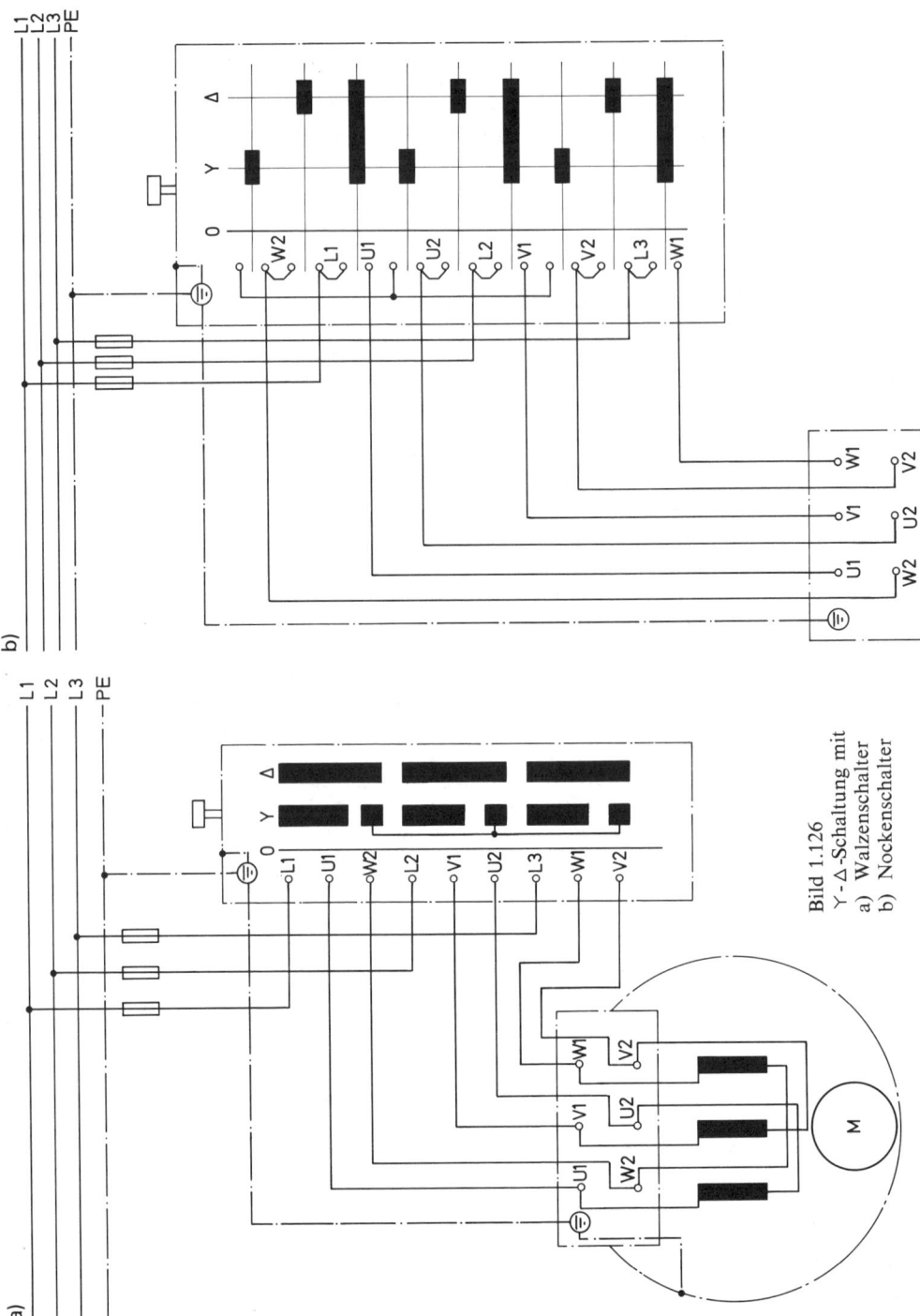

Bild 1.126
Y-Δ-Schaltung mit
a) Walzenschalter
b) Nockenschalter

130

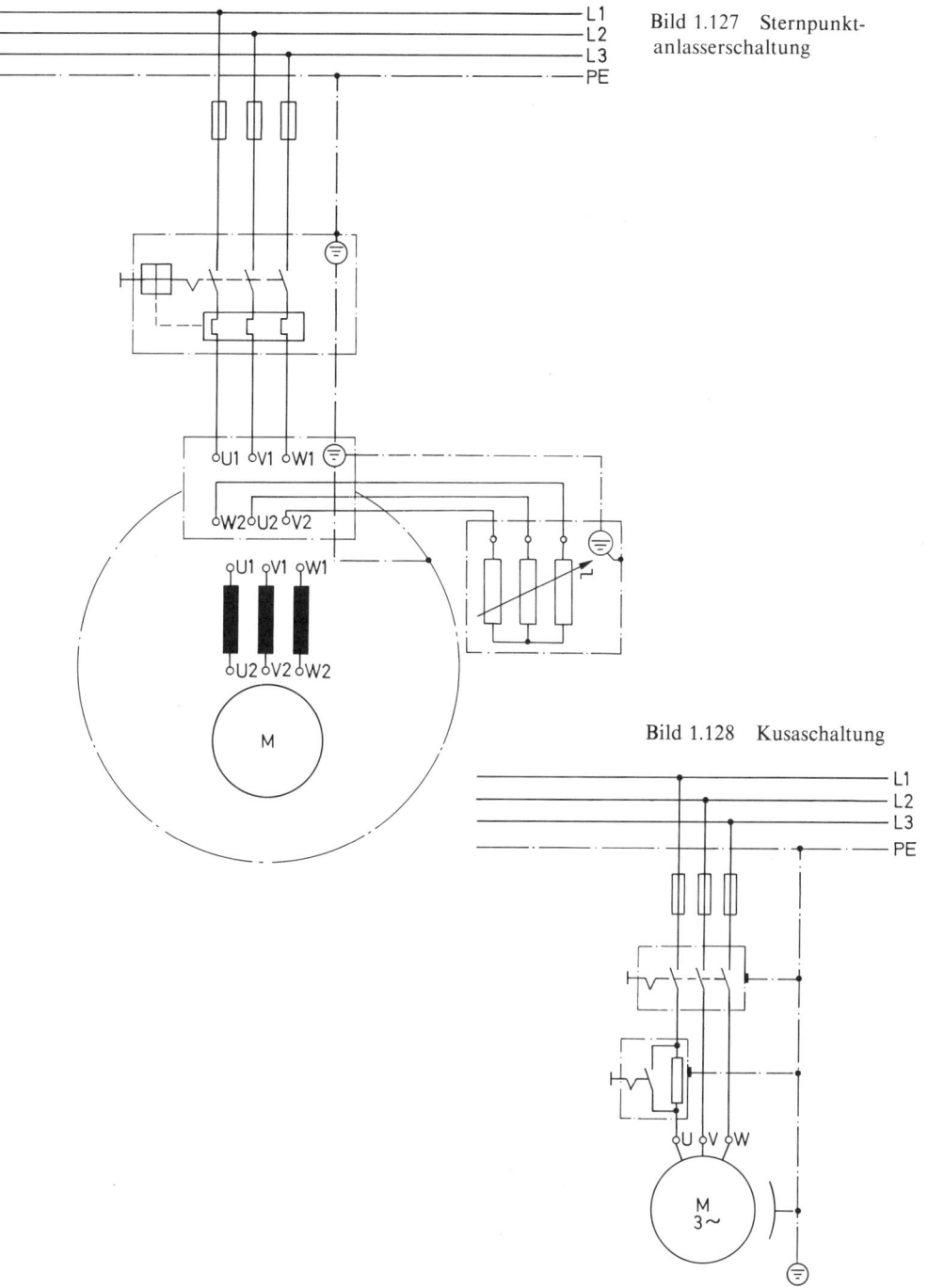

Bild 1.127 Sternpunkt-
anlasserschaltung

Bild 1.128 Kusaschaltung

131

transformatoren (Abschnitt 1.4.7) ausgeführt (Bild 1.129), sie werden aber auch in V-Schaltungsbauweise hergestellt. Wegen der hohen Anschaffungskosten kommt dieses Anlaßverfahren gewöhnlich nur in seltenen Fällen zur Anwendung.

f) Das *Anlassen mit Magnetpulverkupplung* wird bei schwierigen Anlaufverhältnissen angewandt. Bei Direkteinschaltung erfolgt der Kupplungsvorgang nach dem Hochlauf des Motors, bei Stern-Dreieck-Schaltung nach dem Umschalten auf Dreieck. Auf diese Weise können Maschinen mit großer Leistung durch sanftes «magnetisches Kuppeln» stoßfrei in Betrieb gesetzt werden. Die Übertragung des Drehmomentes erfolgt nach dem Anlauf schlupffrei. Wird das höchstzulässige Drehmoment überschritten, setzt ein Schlüpfen der Kupplung ein.

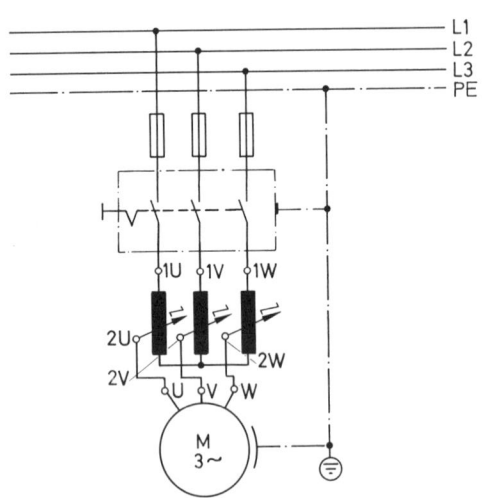

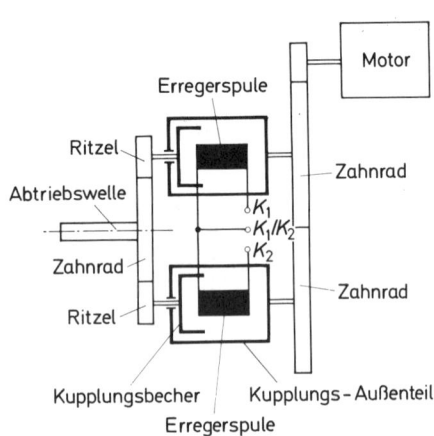

Bild 1.129 Anlaßtransformatorenschaltung (Transformator in Sparschaltung)

Bild 1.130 Schematische Darstellung einer Doppelsteuer-Magnetpulverkupplung Werkbild: AEG-Telefunken

Die Wirkungsweise der Doppelsteuer-Magnetpulverkupplung (Bild 1.130) ist folgende:
Die beiden gegenläufigen Zahnräder sind starr mit ihrem jeweiligen Kupplungsaußenteil verbunden, die Ritzel starr mit ihrem entsprechenden Kupplungsbecher. Wird (angenommen) die Erregerspule K_1 mit Gleichstrom über Schleifringe versorgt, stellt das Spezialeisenpulver zwischen Kupplungsaußenteil und Kupplungsbecher eine «starre» Verbindung (magnetischen Kraftschluß) her. Das obere Ritzel bildet nun mit der Abtriebswelle den mechanischen Kraftschluß. Das untere Kupplungssystem läuft leer mit. Soll die Abtriebswelle umgekehrt laufen, muß Erregerspule K_2 mit Gleichstrom versorgt werden. Die Drehrichtung des Antriebsmotors ändert sich nicht.

132

g) Das *Anlassen mit Anwurfmotor* findet bei sehr großen Leistungen Anwendung. Ein kleiner Schleifringläufermotor oder Gleichstrommotor fährt einen großen Kurzschlußläufermotor leer hoch und wird bei der synchronen Drehzahl des angeworfenen Motors abgeschaltet. Der große Kurzschlußläufermotor wird in diesem Augenblick an das Netz gelegt und fällt in den Asynchronismus zurück. Auf diese Weise tritt kein hoher Einschaltstrom auf.

Spannungsverminderung im Ständerkreis setzt hohe Anlaufströme herab; gewünschte Drehzahlsteuerungen bei festgelegtem Drehmoment sind auf diese Weise nicht für jeden Fall zu erreichen.

1.5.5.2 Anlaßverfahren von Schleifringläufermotoren

Die Anlaufbedingungen der Asynchronmotoren werden wesentlich verbessert, sobald Veränderungen im Läuferkreis mit Hilfe von Läuferanlassern erfolgen. Nach dem Hochlauf werden bei großen Motorenleistungen mittels Bürstenabhebevorrichtung (Bild 1.109) die Schleifringe kurzgeschlossen und die Bürsten abgehoben. Der Schleifringläufermotor läuft dann als Kurzschlußläufermotor weiter.

a) Der *stufenlose Anlaßvorgang* wird mit einem normalen Läuferanlasser (Anlasser mit Querschnittsauslegung für kurzzeitigen Betrieb) vorgenommen (Bild 1.131). Selbsttätiger stufenloser Anlaßvorgang wird mit dem Flüssigkeitsdampfanlasser erreicht. Bei diesem Anlasser bildet die Flüssigkeit (Elektrolyt) den Widerstand. Da der Elektrolyt ein *Heißleiter* ist, vermindert sich dessen Widerstandswert stufenlos bei Erwärmung. Durch einen weiteren Heißleiter oder ein Relais im Steuerkreis kann ein Schaltschütz in Tätigkeit gesetzt werden, wodurch der Läuferkreis automatisch kurzgeschlossen wird (Bild 1.132).

b) Der *stufige Anlaßvorgang* erfolgt über Schützsteuerkreise. In bestimmten Verzögerungsintervallen wird der Läuferanlasser gruppenweise abgeschaltet (Abschnitt 2.7.7 mit Bild 2.78).

Erhöhung des ohmschen Widerstandes im Läuferkreis hat geringe Stromaufnahme aus dem Netz und Anlauf mit hohem Drehmoment zur Folge.

1.5.5.3 Allgemeine Bestimmungen über Anlassen von Asynchronmotoren

In öffentlichen Netzen dürfen keine beliebigen Stromerhöhungen bei Anlaßvorgängen auftreten, da die Spannungsfälle ihre zulässigen Grenzen überschreiten würden. Maßgebend für die anzuschließenden Leistungen sind die örtlichen EVU-Bestimmungen, die sich weitgehend nach den aufgestellten Musterbedingungen richten.

Nach den technischen Anschlußbedingungen für den Anschluß von Motoren an das Niederspannungsnetz hat seit dem 1. Mai 1982 die Vereinigung Deutscher Elektrizitätswerke e.V. (VDEW) folgende allgemeine Bedingungen festgelegt:

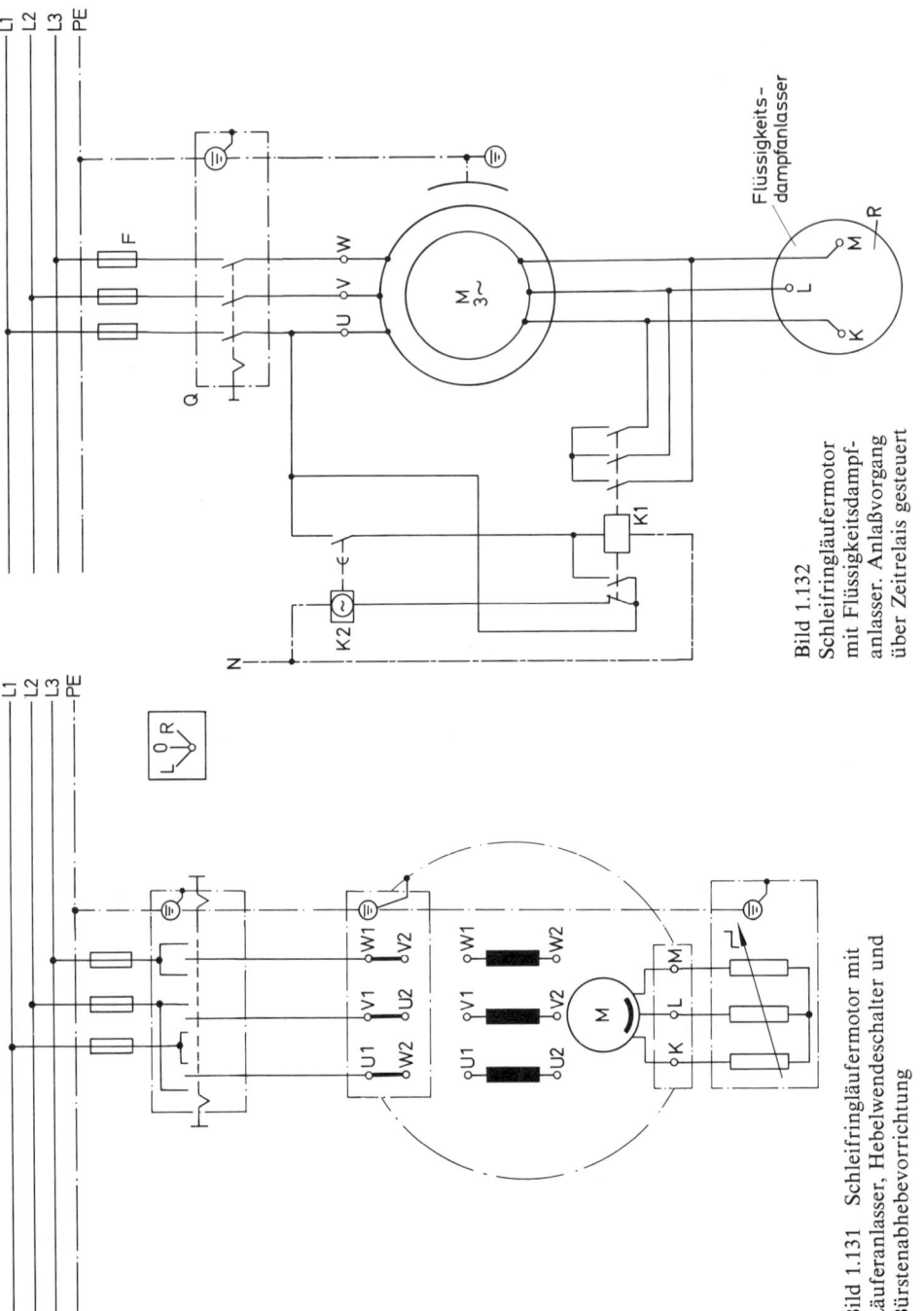

Bild 1.132
Schleifringläufermotor
mit Flüssigkeitsdampf-
anlasser. Anlaßvorgang
über Zeitrelais gesteuert

Bild 1.131 Schleifringläufermotor mit
Läuferanlasser, Hebelwendeschalter und
Bürstenabhebevorrichtung

134

Anschluß von Motoren

a) Durch den Anlauf von Motoren dürfen keine störenden Spannungsabsenkungen im Netz verursacht werden. Diese Bedingung ist im allgemeinen erfüllt, wenn bei Wechselstrommotoren die Nennleistung 1,4 kW oder bei Drehstrommotoren der Anzugstrom 60 A nicht überschritten wird; ist der Anzug nicht bekannt, so ist dafür das Achtfache des Nennstromes anzusetzen.

Die angegebenen Werte gelten für den Betrieb von Einzelmotoren. Werden diese Werte bei gleichzeitigem Anlauf von mehreren Motoren überschritten, so sind die zu treffenden Maßnahmen mit dem EVU zu vereinbaren.

b) Vor der Planung des Anschlusses größerer Motoren und solcher Motoren, die Netzstörungen durch besonders schweren Anlauf, häufiges Einschalten oder schwankende Stromaufnahme (z.B. Sägegatter, Aufzugmotoren) verursachen können, sind die zutreffenden Maßnahmen mit dem örtlichen EVU zu vereinbaren. Größere Werkstätten bzw. Industriebetriebe werden von einer eigenen Transformatorenstation versorgt.

1.5.6 Elektrische Bremsungen von Drehstrom-Asynchronmotoren

Bei der elektrischen Bremsung wird die in den bewegten Massen enthaltene kinetische Energie

$$W_{kin} = \frac{m \cdot v^2}{2} = \frac{J \cdot \omega^2}{2}$$

W_{kin}	Kinetische Energie in Nm
m	Bewegte Masse in kg
v	Geschwindigkeit in $\mathrm{m \cdot s^{-1}}$
J	Trägheitsmoment in $\mathrm{kgm^2}$
ω	Winkelgeschwindigkeit in $\mathrm{s^{-1}}$

in elektrische Energie umgewandelt. Der Motor geht in den Generatorzustand über. Die elektrische Energie wird entweder vom Netz oder von Widerständen aufgenommen. Bei Gleichstrommotoren kann diese Art der Bremsung ohne nennenswerte zusätzliche Aufwendung erfolgen (Abschnitt 1.3.3).

Beim Drehstrom-Asynchronmotor ist die Netzabbremsung anwendbar, wenn der Motor *übersynchron* läuft. Durch die Läufervoreilung zum Drehfeld entsteht ein *negativer* Schlupf: Der Motor wird zum Asynchrongenerator (Abschnitt 1.5.12.2). Ein Stillstand wird natürlich auf diese Weise nicht erreicht und muß in geforderten Fällen durch Trennung vom Netz und mechanisches Bremsen erfolgen. Eine Abbremsung auf ohmsche Widerstände entfällt hier prinzipiell. Die in der Praxis eingebürgerten Bremsmethoden für Drehstrom-Asynchronmotoren sind Gegenstrom- und Gleichstrombremsung.

1.5.6.1 Gegenstrombremsung

Wenn bei auslaufenden Drehstrommotoren zwei Ständeranschlüsse vertauscht werden, kehrt sich die Drehfeldrichtung um. Die Bremswirkung tritt infolge konstanten Bremsmomentes rasch ein. Der Durchlauf bei Drehzahl n gleich Null muß durch einen Bremswächter (Bild 2.79 bzw. Abschnitt 2.7.8) überwacht werden, da sonst der Motor in entgegengesetzter Richtung hochläuft. Bei inverser Drehfeldrichtung tritt eine Erhöhung der Läuferspannung, des Läuferstromes und der Läuferfrequenz ein. Die Wärmeverluste in der Läuferwicklung und im Läufereisen nehmen zu. Bei Schleifringläufermotoren wird außerdem die Läuferwicklungsisolation erhöht beansprucht.

a)

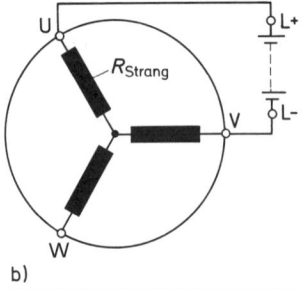

b)

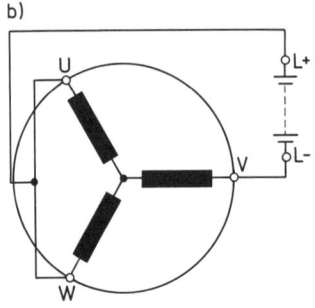

c)

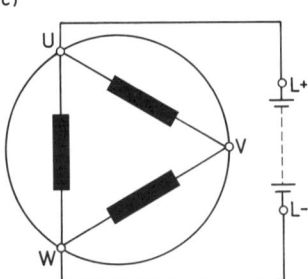

Bild 1.133   Schaltungen für Gleichstrombremsungen
a) $\Sigma R = 2 \cdot R_{\text{Strang}}$ (Offene $\curlyvee$-Schaltung)
b) $\Sigma R = \frac{3}{2} \cdot R_{\text{Strang}}$ (Geschlossene $\curlyvee$-Schaltung)
c) $\Sigma R = \frac{2}{3} \cdot R_{\text{Strang}}$ ($\triangle$-Schaltung)

1.5.6.2   Gleichstrombremsung

Die Ständerwicklung wird vom Drehstromnetz abgeschaltet und an eine Gleichstrom-hilfsquelle gelegt. Die Größe der Gleichspannung für die Auslaufbremsung richtet sich nach der Nennspannung und der Motornennleistung. Bei 380 V Nennspannung beträgt z.B. für einen 50-kW-Motor die Gleichspannung ≈ 10 V, für einen 5-kW-Motor ≈ 40 V und für einen 0,5-kW-Motor schon ≈ 110 V. Der Bremsstrom kommt etwa auf das 2,5fache des Nennstromes. Die Gleichspannung wird gewöhnlich über Trockengleich-richter gewonnen. Es kommen als Schaltmöglichkeiten die offene Stern-, die geschlos-sene Stern- und die Dreieckschaltung zur Anwendung (Bild 1.133).

Sobald der Ständer an der Gleichspannungsquelle liegt, baut sich ein magnetisches Gleichfeld auf. Rotiert der Läufer in diesem Feld, wird nach der Generatorregel eine Spannung induziert, die einen Strom zum Fließen bringt, dessen Magnetfeld mit dem Erregerfeld ein Gegendrehmoment (Bremsmoment) erzeugt. Ein entgegengesetztes Hochlaufen des Motors kann nicht erfolgen. Drehstrommotoren mit hoher Bremsschalt-häufigkeit müssen wegen überhöhter Erwärmung zusätzlich belüftet werden.

1.5.7   Drehzahlsteuerungen von Drehstrom-Asynchronmotoren

Drehzahlsteuerungen von Drehstrom-Asynchronmotoren sind durch Veränderungen im Läuferkreis bzw. im Ständerkreis möglich. Veränderungen im Läuferkreis kommen fast ausschließlich beim Schleifringläufermotor durch Schlupfbeeinflussung vor.

Im Ständerkreis beeinflußt die Frequenz bzw. die Polpaarzahl die Drehzahl nach der Beziehung

$$n_0 = \frac{60 \cdot f}{p}$$

136

1.5.7.1 Drehzahlsteuerung durch Beeinflussung des Schlupfes

Erfolgt die Drehzahlsteuerung unter Last, hat man einen Steuerschleifringläufer vor sich. Wird während des Betriebes Widerstand des Stellanlassers (Anlasser mit Querschnittsauslegung für Dauerbetrieb) zugeschaltet, muß sich bei konstantem Drehmoment die Urspannung U_{02} im Läufer erhöhen. Das kann aber nur durch erhöhte Schnittgeschwindigkeit des Drehfeldes erreicht werden: der Motor muß langsamer laufen.

Die Widerstände im Rotorkreis stehen bei konstantem Drehmoment im gleichen Verhältnis zu den Schlupfdrehzahlen.

Beispiel

Ein vierpoliger Schleifringläufermotor, Frequenz f = 50 Hz, Drehzahl $n_{1\,Betrieb}$ = 1450 min^{-1} hat einen Rotorwiderstand R_{Rotor} = 0,5 Ω. Es werden 2,5 Ω Läuferanlasserwiderstand (R_{Anl}) zugeschaltet. Wie groß wird die neue Betriebsdrehzahl $n_{2\,Betrieb}$?

Lösung

Im normalen Betrieb beträgt die Schlupfdrehzahl

$$n_{1\,Schlupf} = 1500 \text{ min}^{-1} - 1450 \text{ min}^{-1} = \underline{50 \text{ min}^{-1}}$$

Die neue Schlupfdrehzahl wird

$$n_{2\,Schlupf} = \frac{n_{1\,Schlupf} \cdot (R_{Anl} + R_{Rotor})}{R_{Rotor}} = \frac{50 \text{ min}^{-1} \cdot (2,5 \text{ Ω} + 0,5 \text{ Ω})}{0,5 \text{ Ω}} = \underline{300 \text{ min}^{-1}}$$

Die neue Betriebsdrehzahl wird dann

$$n_{2\,Betrieb} = 1500 \text{ min}^{-1} - 300 \text{ min}^{-1} = \underline{1200 \text{ min}^{-1}}$$

Der Drehzahlrückgang bei konstantem Drehmoment M bedeutet Leistungsverminderung und somit Verschlechterung des Wirkungsgrades η. Entsprechend der Größe des zugeschalteten Stellanlasserwiderstandes wird ein Teil der Leistung in Wärme umgesetzt.

Beispiel

Ein vierpoliger Schleifringläufermotor, Frequenz f = 50 Hz, Leistung P_1 = 5 kW, Drehzahl $n_{1\,Betrieb}$ = 1450 min^{-1} arbeitet mit einem Wirkungsgrad η_1 = 0,85. Wie groß werden Leistung P_2 und Wirkungsgrad η_2 bei der Drehzahl $n_{2\,Betrieb}$ = 1200 min^{-1}? Drehmoment M ist konstant.

Lösung

$$P_2 = \frac{n_{2\,Betrieb} \cdot P_1}{n_{1\,Betrieb}} = \frac{1200 \text{ min}^{-1} \cdot 5 \text{ kW}}{1450 \text{ min}^{-1}} = \underline{4,14 \text{ kW}}$$

Das heißt: $P_v = P_1 - P_2 = 5 \text{ kW} - 4,14 \text{ kW} = 0,86 \text{ kW}$ werden in Wärme umgewandelt. Somit wird der prozentuale Verlust

$$\frac{P_v \cdot 100\%}{P_1} = \frac{0,86 \text{ kW} \cdot 100\%}{5 \text{ kW}} = \underline{17,2\%}$$

Damit wird der neue Wirkungsgrad

$$\eta_2 = \frac{P_2 \cdot \eta_1}{P_1} = \frac{4{,}14 \text{ kW} \cdot 0{,}85}{5 \text{ kW}} = \underline{0{,}705}$$

Diese Art der Drehzahländerung ist vergleichbar mit der Drehzahlsteuerung durch Stellanlasser bei Gleichstrommotoren. Die entstehenden Verluste können bei Motoren kleiner Leistungen bzw. bei kurzer Steuerzeit in Kauf genommen werden. Der normale Drehzahlsteuerbereich liegt bei etwa 1,5 : 1.

Die Drehzahlsteuerung mit Läuferanlasser (Stellanlasser) ist wegen der hohen Verluste bei größeren Leistungen unwirtschaftlich.

Günstiger liegen die Verhältnisse dann, wenn die angetriebene Maschine eine angenähert quadratische Drehmoment-Drehzahl-Kennlinie hat (z.B. Lüfter). Die auftretenden Verluste werden hier gering, so daß sich eine Aufstellung teurer Steuermaschinensätze nicht lohnt.

1.5.7.2 Drehzahlsteuerung durch Änderung der Frequenz

An normalen Drehstromnetzen mit der Frequenz $f = 50$ Hz ist eine Steigerung der Drehzahl für Asynchronmotoren über $n = 3000$ min^{-1} nicht möglich. Eine Drehzahlerhöhung über 3000 min^{-1} ist nur durch Frequenzsteigerung zu erreichen. Die Spannung mit der geforderten Frequenz muß in besonderen Maschinen (Frequenzumformer) hergestellt werden (Abschnitt 1.9.2).

Wird ein Motor mit der Netzspannung $U = 380$ V und der Netzfrequenz $f = 50$ Hz an ein Netz mit $f = 100$ Hz gelegt, steigt die Drehzahl auf das Doppelte. Außerdem wächst der induktive Widerstand $X_L = 2 \cdot \pi \cdot f \cdot L$ auf das Doppelte. Steigert man die Spannung U ebenfalls auf das Doppelte ($U = 760$ V), bleibt die Stromstärke I praktisch konstant, denn es gilt die Beziehung

$$\boxed{I = \frac{U}{\sqrt{R^2 + X_L^2}}}$$

U	Spannung	in V
I	Stromstärke	in A
R	ohmscher Widerstand	in Ω
X_L	induktiver Widerstand	in Ω

Der ohmsche Widerstand R ist hierbei vernachlässigbar klein. Theoretisch müßte sich sogar die Leistung verdoppeln. Frequenzsteigerungen bringen aber ein lineares Wachsen der Hysteresisverluste (Ummagnetisierungsverluste) und ein quadratisches Wachsen der Wirbelstromverluste im Ständereisen mit sich. Dadurch entstehen beachtliche Erwärmungen. Aus diesem Grunde sind Frequenzsteigerungen für normale 50-Hz-Motoren begrenzt.

Würde der gleiche Motor an ein Netz mit der Frequenz $f = 16^2/_3$ Hz gelegt, gehen die Drehzahl und der induktive Widerstand auf ein Drittel ihrer Ursprungsgröße zurück. Beließe man die Ursprungsspannung $U = 380$ V, würde der Strom theoretisch auf das Dreifache wachsen. Die Ständerwicklung würde in diesem Fall verbrennen. Soll der Strom in normalen Grenzen bleiben, muß die Spannung ebenfalls auf ein Drittel reduziert werden. Spannungsrückgang bei ursprünglicher Stromstärke bedeutet auch Leistungsrückgang (hier auf ein Drittel).

In der praktischen Anwendung verändert man — um eine zu hohe Eisenerwärmung zu umgehen — die Spannung nicht linear mit der Frequenz. Liegt z.B. die Netzspannung von $U = 380$ V vor und soll der gleiche Motor für 50 Hz und 100 Hz betrieben werden, wickelt man den Motor für 220/380 V und schaltet ihn für 50 Hz in Stern und für 100 Hz in Dreieck.

Wird die Frequenz höher, eignen sich 50-Hz-Motoren nicht mehr. Es müssen für höhere Frequenzen (150 bis 400 Hz) eigens hergestellte Motoren zur Anwendung kommen. Elektrische Werkzeugmaschinen können vorteilhaft mit solchen Sondermotoren bestückt werden, da sie gegenüber gleichwertigen Universalmotoren leichter und wartungsfreier sind.

1.5.7.3 Drehzahlsteuerung durch Änderung der Polpaarzahlen

Diese Drehzahländerungsmöglichkeit ist bei Drehstrom-Asynchronmotoren vorherrschend. Mit polumschaltbaren Motoren sind, entsprechend der Bedingung

$$n_0 = \frac{60 \cdot f}{p},$$

am 50-Hz-Netz nur Drehzahlen unter $n = 3000$ min^{-1} möglich. Die Polzahländerungen können erfolgen durch

a) Umschaltungen zwischen getrennten Ständerwicklungen,
b) Umschaltungen der Spulengruppen einer Ständerwicklung.

Da bei Polumschaltungen der Schleifringläufermotoren die Läuferpolzahlen den Ständerpolzahlen möglichst angepaßt sein müssen, kommen vorwiegend Motoren mit Käfigläufer zur Anwendung.

> Käfigläufer eignen sich für jede Polpaarzahl.

Polumschaltbare Motoren sind am Leistungsschild an der doppelten oder mehrfachen Drehzahlangabe, Leistungsangabe, Stromangabe und «cos-φ»-Angabe zu erkennen. Da man bei der Umschaltung der Spulengruppen einer Ständerwicklung verschiedene Ausführungsmöglichkeiten haben kann, wird noch die Schaltart angegeben. Ein weiteres typisches Merkmal ist die nach DIN 42401 genormte Anschlußbezeichnung. Die vor die Anschlußbuchstaben gestellten Ziffern 1 oder 2 oder 3 usw. richten sich nach Höhe der Drehzahl, wobei Ziffer 1 zur niedrigsten Drehzahl gehört (Bild 1.134, 135, 136).

1.5.7.3.1 Polumschaltungen mit getrennten Ständerwicklungen

Diese Polumschaltungsmöglichkeit erfolgte bisher vorwiegend bei gebrochenen Drehzahlverhältnissen (3 : 4; 2 : 16 usw.). Für die Ständerwicklungen wird Sternschaltung bevorzugt (Bild 1.134a). Wie bei der Stern-Dreieck-Schaltung (Bild 1.126a) verwendet man auch hier für kleinere Leistungen als Umschalter den Walzenschalter (Bild 1.134a), für größere Leistungen den Nockenschalter (Bild 1.134b).

Eine genauere Betrachtung zum Nockenschalter siehe Abschnitt 2.2.3.2 sowie Bild 2.10.

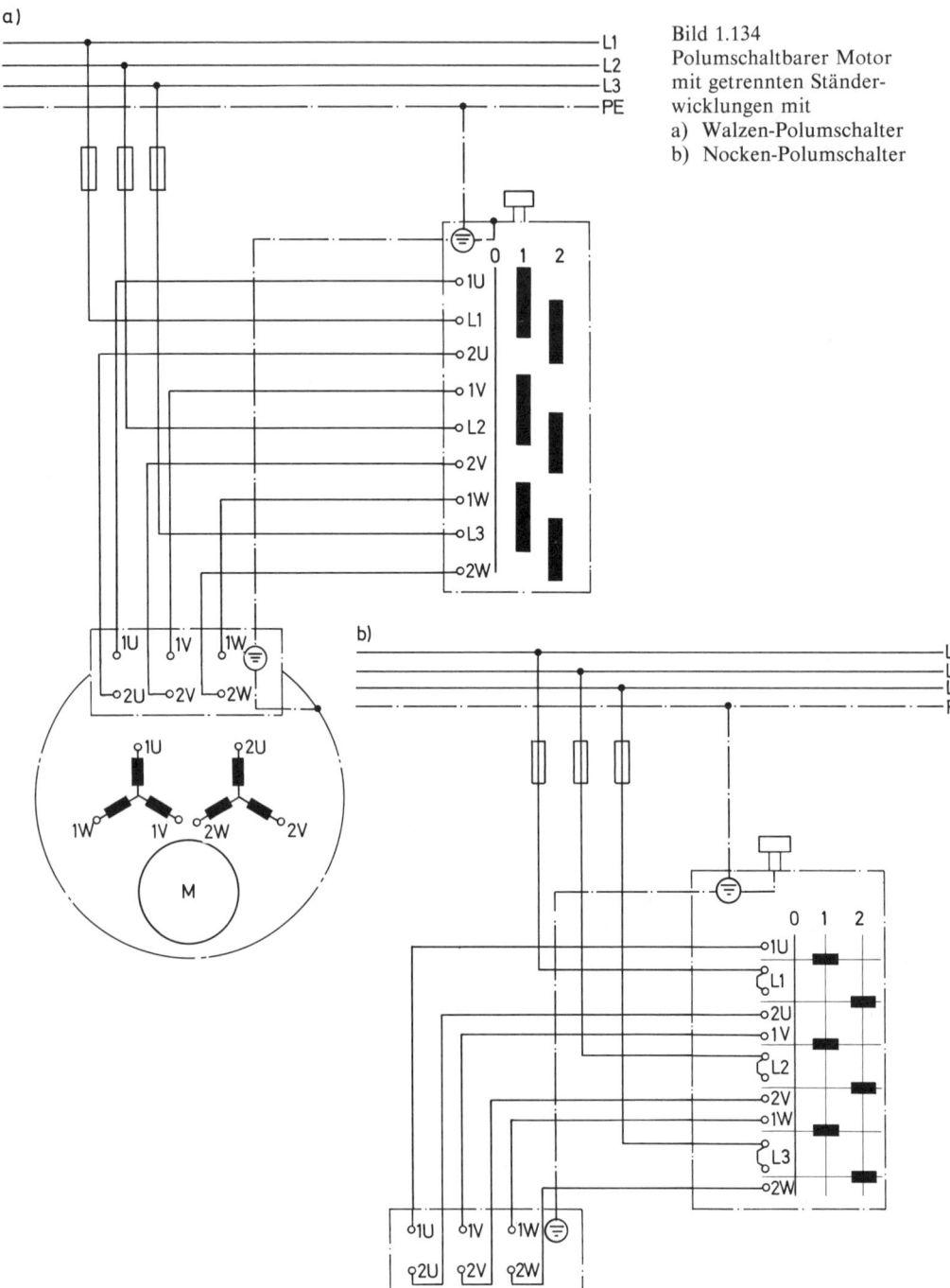

Bild 1.134
Polumschaltbarer Motor
mit getrennten Ständer-
wicklungen mit
a) Walzen-Polumschalter
b) Nocken-Polumschalter

140

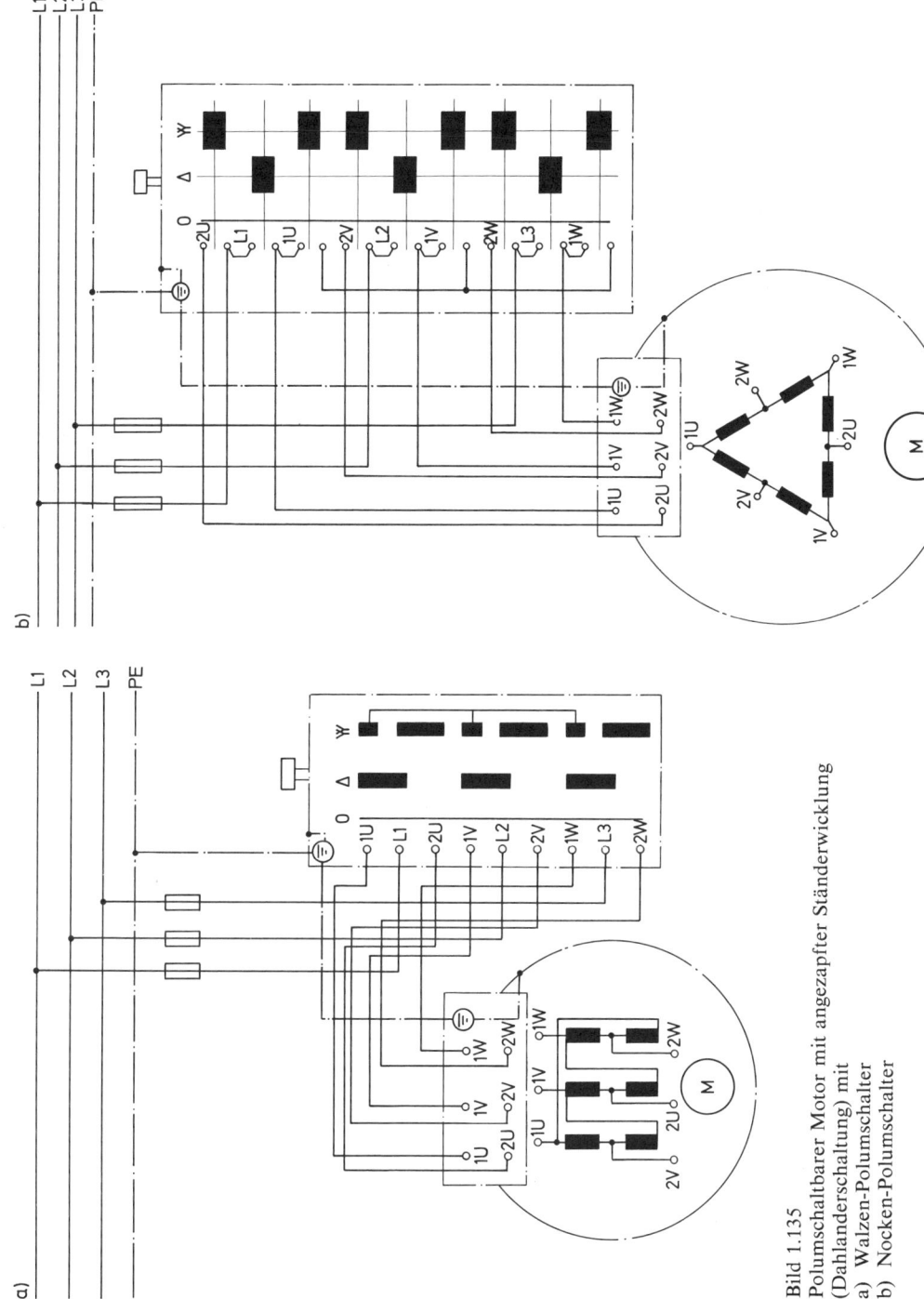

Bild 1.135
Polumschaltbarer Motor mit angezapfter Ständerwicklung
(Dahlanderschaltung) mit
a) Walzen-Polumschalter
b) Nocken-Polumschalter

141

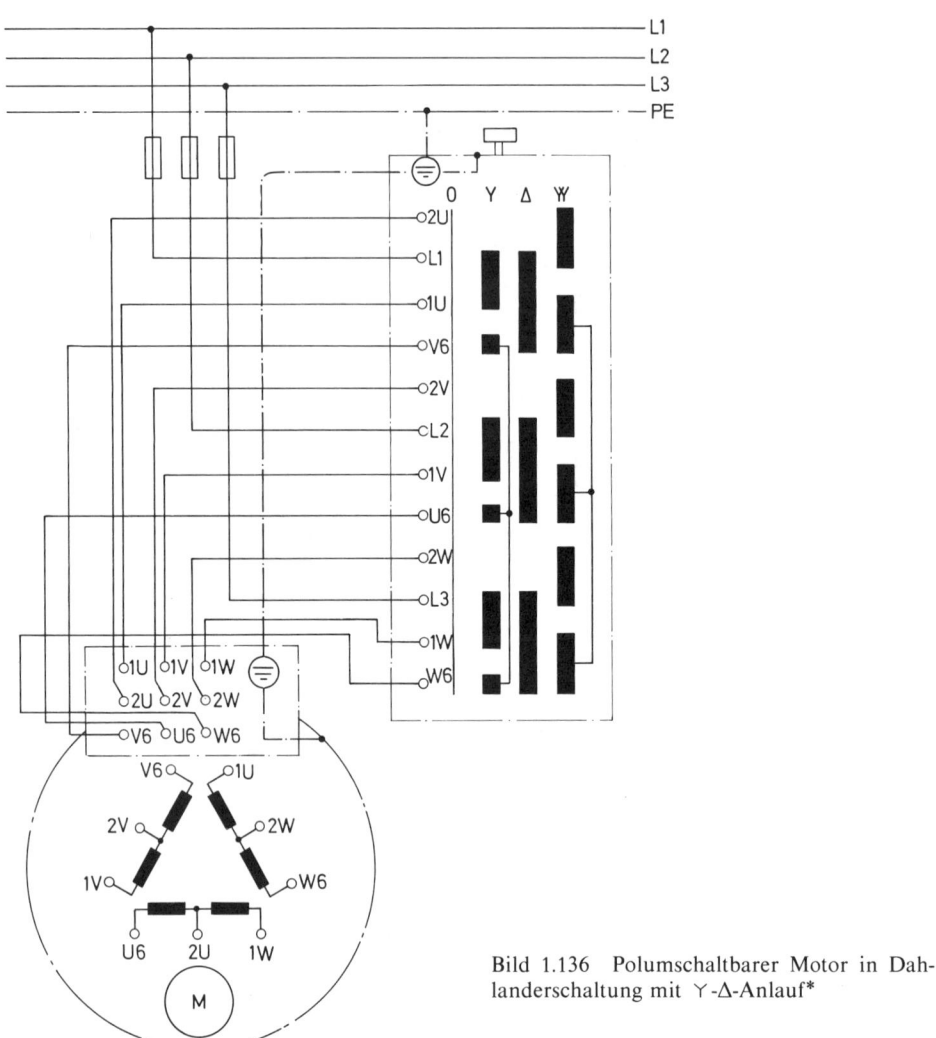

Bild 1.136 Polumschaltbarer Motor in Dahlanderschaltung mit Y-Δ-Anlauf*

---

* Die Anschlußbezeichnungen sind der Norm DIN 42401 Teil 20, Bild 8, entnommen.

1.5.7.3.2 Polumschaltungen mit Spulengruppen einer Ständerwicklung

a) Von den konventionellen Polumschaltungen mit einer Ständerwicklung und dem Drehzahlverhältnis 1:2 wurden bisher in der Praxis verwandt

  — $\triangle$-$\curlyvee\curlyvee$-Schaltung (Dahlanderschaltung)
  Sie ist noch heute die am häufigsten angewandte Polumschaltung. Für die kleine Drehzahl (große Polzahl) hat bei dieser Polumschaltung die Ständerwicklung Dreieckschaltung, für die große Drehzahl (kleine Polzahl) Doppelsternschaltung.
  Die Leistungsverhältnisse betragen 1:1,36, die Drehmomentenverhältnisse 1:0,68.
  Der Polumschalter hat mit dem $\curlyvee$-$\triangle$-Schalter große Ähnlichkeit und wird ebenfalls in Walzen- bzw. Nockenbauform ausgeführt (Bild 1.135). Beim Wicklungsanschluß am Anschlußbrett ist die Buchstabenfolge zu beachten (Bild 1.135). Die richtige Reihenfolge der Anschlüsse vom Polumschalter zum Anschlußbrett muß ebenfalls beachtet werden.
  Die $\curlyvee$-$\triangle$-$\curlyvee\curlyvee$-Schaltung ist eine Kombination aus $\curlyvee$-$\triangle$-Schaltung und $\triangle$-$\curlyvee\curlyvee$-Schaltung. Mit dieser Schaltung wird der hohe Einschaltstrom umgangen. Der Motor läuft weich in $\curlyvee$-Schaltung an und wird auf $\triangle$ umgeschaltet (Bild 1.136). Außerdem kann der Motor bei kleiner Drehzahl und niedriger Last (unter 33% Vollast) zwecks Verbesserung des Leistungsfaktors cos φ in $\curlyvee$-Schaltung betrieben werden (Abschnitt 1.5.3.2.3 bzw. Bild 1.122).
  — $\curlyvee$-$\curlyvee\curlyvee$-Schaltung
  Motoren dieser Polumschaltung werden bevorzugt zum Antrieb von Arbeitsmaschinen mit Schleuderwirkung, z.B. Lüfter, Gebläse, Kreiselpumpen, Rührwerke usw., eingesetzt, da diese Arbeitsmaschinen mit der Änderung der Drehzahl ein kubisches (3. Potenz) Leistungsverhältnis und ein quadratisches (2. Potenz) Drehmomentenverhältnis aufweisen. Drehstrommotoren mit $\curlyvee$-$\curlyvee\curlyvee$-Polumschaltung haben ein Leistungsverhältnis 1:4 und ein Drehmomentenverhältnis 1:2.
  Weniger zur Anwendung kommen die
  — $\curlyvee$-$\curlyvee$-Schaltung mit Umkehrung.
  Hier werden die Leistungsverhältnisse 1:1 sowie die Drehmomentenverhältnisse 1:0,5
  — $\curlyvee$-$\triangle$-Schaltung mit Umkehrung.
  Hier werden die Leistungsverhältnisse 1:3 und die Drehmomentenverhältnisse 1:1,5.

Bei den genannten Polumschaltungen werden durch Reihen — bzw. Gegenreihen — sowie Parallelschaltungen einzelner Spulengruppen die Polzahlen der Ständerwicklungen stets im geraden Verhältnis (1:2) verändert, was noch relativ leicht ausführbar ist. Gebrochene Drehzahlverhältnisse (z.B. 2:3; 3:4; 1:16 usw). waren bisher auf diese Weise nur mit großem Aufwand der Polumschalter und mit vielen Wicklungsanzapfungen zu erreichen. Diese Schwierigkeiten werden beseitigt durch

b) *Polamplitudenmodulationswicklungen (PAM-Wicklungen)*
  Prof. Rawcliffe veröffentlichte vor einiger Zeit Patente über Polamplitudenmodulations-Motoren (PAM-Motoren). Durch neuartige Umgruppierungsschaltungen können zwei gebrochene Drehzahlgrößen im Verhältnis wie z.B. 4:1 oder 4:3 oder 4:5 oder 4:6 usw. — wie bei der bekannten Dahlanderschaltung — mit 6 Anschlußklemmen ausgeführt werden. Die Dahlanderschaltung mit dem geradlinigen Verhältnis 4:2 kann als einfachste PAM-Schaltung angesehen werden.

Mit einer 4polpaarigen Grundwicklung lassen sich also bei $f = 50\ \mathrm{s}^{-1}$ erreichen

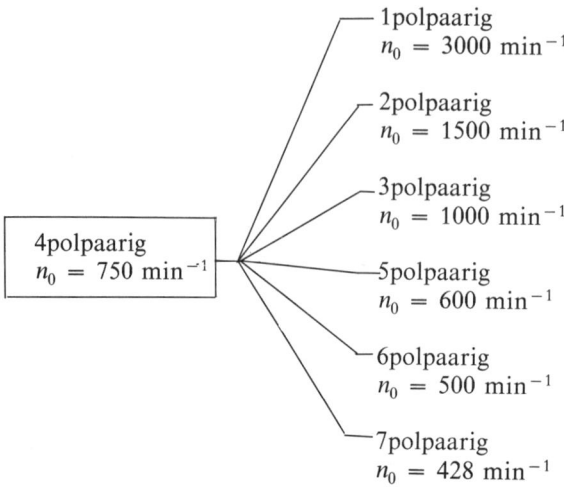

1polpaarig
$n_0 = 3000\ \mathrm{min}^{-1}$

2polpaarig
$n_0 = 1500\ \mathrm{min}^{-1}$

3polpaarig
$n_0 = 1000\ \mathrm{min}^{-1}$

4polpaarig
$n_0 = 750\ \mathrm{min}^{-1}$

5polpaarig
$n_0 = 600\ \mathrm{min}^{-1}$

6polpaarig
$n_0 = 500\ \mathrm{min}^{-1}$

7polpaarig
$n_0 = 428\ \mathrm{min}^{-1}$

Vorteile der PAM-Motoren gegenüber polumschaltbaren Motoren mit getrennten Wicklungen

a) Kleinere Bauweise, weniger Wickelmaterial, preisgünstiger.
b) Wirksamer Cu-Querschnitt in der Nut praktisch doppelt so hoch.
c) Besserer Wirkungsgrad η und Leistungsfaktor $\cos \varphi$ vor allem bei höheren Polzahlen.
d) Häufigere stündliche Drehzahlumschaltungen möglich.
e) Günstigere Stromdichten.
f) Gute Beschleunigungseigenschaften großer Schwungmassen.
g) Wesentliche Verbesserung der Verhältnisse Leistung/Gewicht/Größe.
   Lt. Angabe Jahrbuch 80 für Elektromaschinenbau und Elektronik hat ein 6/4poliger Motor von gleicher Größe und Gewicht
   PAM-Motor $= 5{,}7\ \mathrm{kW}$
   Motor mit getrennten Wicklungen $= 4{,}3\ \mathrm{kW}$

Als *Nachteil* wäre der schlechtere Wicklungsfaktor ξ zu nennen. Mit polumschaltbaren Motoren können nur stufige Drehzahlverhältnisse erreicht werden. Sie werden vor allem zum Antrieb von Hebezeugen und Werkzeugmaschinen benutzt.

Polzahländerungen lassen keine stetigen Drehzahlveränderungen, sondern nur entsprechend der Polpaarzahlen ganzzahlige Drehzahlstufen zu.

144

1.5.8 Spannungsumschaltungen von Drehstrom-Asynchronmotoren

Als spannungsumschaltbare Motoren eignen sich sowohl Kurzschluß- wie auch Schleifringläufermotoren. Bau- bzw. Montagefirmen, Wanderunternehmen, wie Zirkusse und Karussellbetriebe, auch Wanderdreschmaschinen für ländliche Bezirke, die beim Wechseln ihres Standortes auf örtlich verschiedene Anschlußspannungen treffen, sind meist mit spannungsumschaltbaren Motoren ausgerüstet.

a) Motoren mit *zwei Ständerspannungen* überwiegen und kommen in Netzen 220/125 V bzw. 380/220 V zur Anwendung. Man bedient sich einfach der Stern-Dreieck-Umschaltung oder der Umklemmung am Anschlußbrett.

b) Motoren mit *drei Ständerspannungen* werden verschieden ausgeführt. Wie bei der Dahlanderschaltung können die Stränge in Halbstränge unterteilt und für 500 V in Dreieck ($\triangle$), 380 V in Doppelstern ($\curlyvee\curlyvee$) und 220 V in Doppeldreieck ($\triangle\triangle$) an das Netz gelegt werden (Bild 1.137). Für die Doppelsternschaltung kann bis 440-V-Dreiphasenspannung und für die Doppeldreieckschaltung bis 250-V-Dreiphasenspannung angelegt werden. Durch entsprechende Bemessung erfolgt die Ständerwicklungsauslegung so, daß sich — trotz nicht genau passender Spannung — immer noch günstige Betriebseigenschaften ergeben.

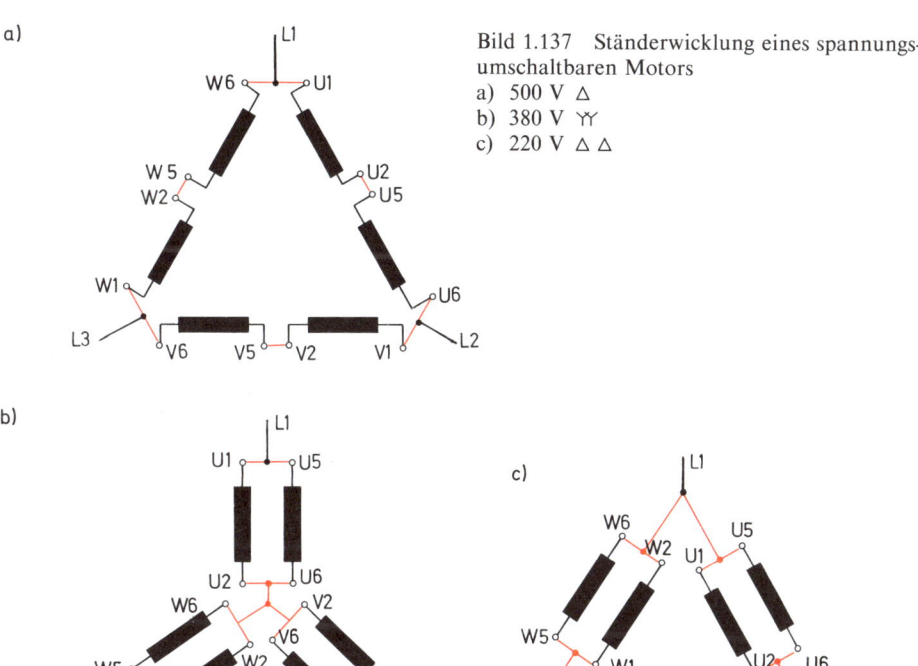

Bild 1.137 Ständerwicklung eines spannungsumschaltbaren Motors
a) 500 V $\triangle$
b) 380 V $\curlyvee\curlyvee$
c) 220 V $\triangle\triangle$

145

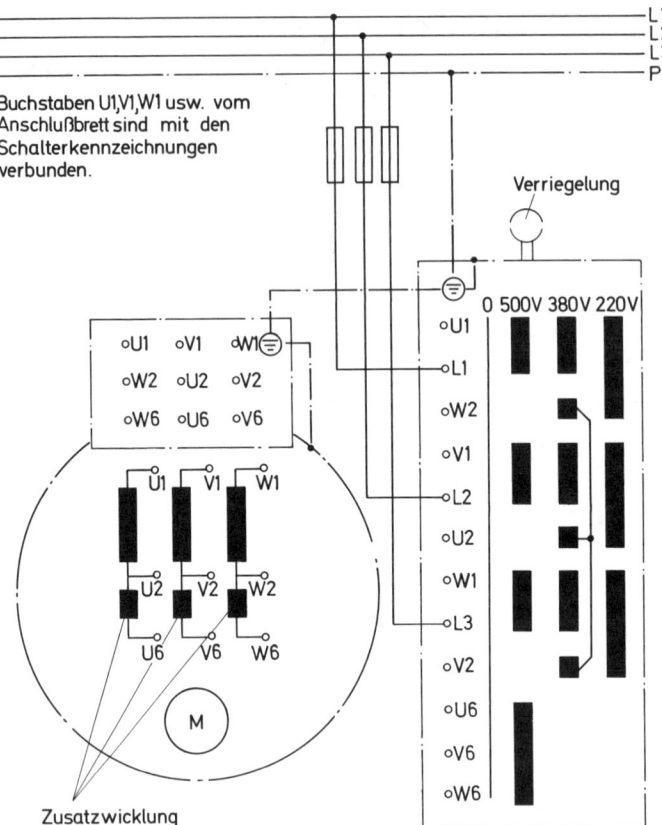

Buchstaben U1,V1,W1 usw. vom Anschlußbrett sind mit den Schalterkennzeichnungen verbunden.

Bild 1.138
Spannungsumschaltbarer Motor mit Zusatzwicklung und verriegelbarem Spannungsumschalter

Verriegelung

Zusatzwicklung

Die Ständerwicklung kann auch neben der normalen Ausführung eine Zusatzwicklung besitzen. Bei 500 V Spannung liegt die Ständer- mit der Zusatzwicklung in Stern, bei 380 V Spannung ohne Zusatzwicklung in Stern und bei 220 V Spannung in Dreieck. Mit einem entsprechenden Schalter können die jeweiligen Umschaltungen erreicht werden (Bild 1.138).

1.5.9 Betriebliche und praktische Gegenüberstellungen von Kurzschlußläufermotoren und Schleifringläufermotoren

1.5.9.1 Vorteile des Kurzschlußläufermotors gegenüber dem Schleifringläufermotor

a) Einfache Bauweise, geringe Herstellungskosten, störungsfrei, einfache Wartung.

b) Im Betrieb liegen der Leistungsfaktor $\cos \varphi$ und der Wirkungsgrad η etwa 1 bis 2% höher. Die Stirnringe der Kurzschlußläuferwicklung liegen eng am Blechpaket des Läufers, wodurch die Wicklungsstreuung gering wird. Deshalb hat der Kurzschlußläufermotor weniger Blindleistungsaufnahme und auch weniger Wärmeverluste als der Schleifringläufermotor.

c) Praktische Verwendung für alle polumschaltbaren Motoren (Abschnitt 1.5.7.3).
d) Verwendung in explosionsgefährdeten Räumen.

1.5.9.2 Vorteile des Schleifringläufermotors gegenüber dem Kurzschlußläufermotor

a) Wesentlich günstigere Anlaufbedingungen (Abschnitt 1.5.5.2) und Verwendung zur Drehzahlsteuerung mittels Schlupfveränderung (Abschnitt 1.5.7.1).
b) Verwendbar als elektrische Welle (Abschnitt 1.5.10).
c) Verwendbar als Drehtransformator (Abschnitt 1.5.11).
d) Verwendbar als asynchroner Frequenzumformer (Abschnitt 1.9.2.1).

1.5.10 Elektrische Welle

Klapp-, Hub-, Verladebrücken, Hebebühnen, Supportantriebe für lange Wellendrehmaschinen müssen gewöhnlich von mehreren Motoren angetrieben bzw. betätigt werden. Dazu ist unbedingt ein *Gleichlauf* der Motoren erforderlich. Um das zu erreichen, kann man ihre Läufer durch eine starre Welle (*mechanische Welle*) bzw. durch Getriebe verbinden.

Ist die Ausführung einer mechanischen Welle schwierig bzw. unmöglich, kann die Verbindung von Läufer zu Läufer elektrisch hergestellt werden (*elektrische Welle*).

Als elektrische Welle kommen vorwiegend Schleifringläufermotoren zur Anwendung.

1.5.10.1 Aufbau bzw. Schaltungsweise

Ständer- wie auch Läuferwicklungen der Schleifringläufermotoren müssen untereinander parallel verbunden sein. Im Läuferkreis sitzt der gemeinsame Anlasser. Man kann sich das System aus zwei getrennten Schleifringläufermotoren aufgebaut denken, deren Anlasser zur Deckung gebracht worden sind (Bild 1.139).

Haben die Schleifringläufermotoren verschiedene Drehzahlkennlinien, treten Pendelungen und Schwebungen auf: ein geordneter Betrieb ist nicht möglich. Sollen weiterhin größere Drehzahlbereiche bestrichen werden, genügt die in Bild 1.139 dargestellte einfache elektrische Welle nicht mehr. Zwecks Erzielung einer größeren Stabilität für größere Steuerbereiche wird jede Wellenmaschine mit einem weiteren Antriebsmotor starr gekuppelt.

1.5.10.2 Wirkungsweise der einfachen Wellenschaltung

Das Drehfeld beider Ständerwicklungen erzeugt in den Läufern Schlupfspannungen, die sich durch Gegenwirkung das Gleichgewicht halten. Erfährt einer der Läufer eine kleine Winkeländerung gegenüber dem anderen Läufer, entstehen Differenzspannungen, wodurch das elektrische Gleichgewicht gestört wird. Es fließt im Läufersystem ein Ausgleichsstrom, welcher bestrebt ist, die Läufer in die symmetrische Stellung zurückzuführen.

Das Gleichlaufprinzip ist nur dann sicher wirksam, wenn in den Läufern hinreichend große Spannungen erzeugt werden, d.h. der Dauerschlupf größere Werte aufweist. Aus diesem Grunde erfolgt der Einbau des unvermeidlichen Anlassers, der stets zu einem gewissen Teil eingeschaltet bleiben muß. Wird von einem Wellenmotor die inverse

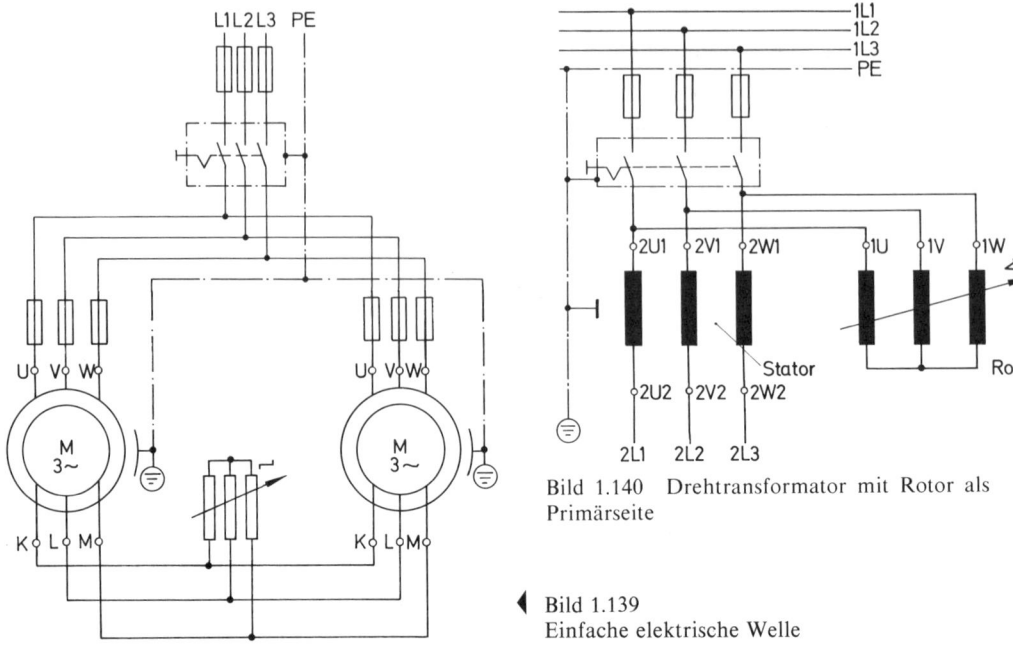

Bild 1.140   Drehtransformator mit Rotor als Primärseite

◀ Bild 1.139
Einfache elektrische Welle

(entgegengesetzte) Drehrichtung gefordert, müssen von diesem Motor läufer- und ständerseitig zwei gleiche Stränge vertauscht werden.

1.5.11   Drehtransformator (Asynchronmotor als Stelltransformator)

Grundsätzlich kann jeder normale Schleifringläufermotor bei geöffnetem Läuferkreis als Transformator arbeiten. Die erzeugte Sekundärspannung (Läuferstillstandsspannung) ist dann konstant. Soll die abgegriffene Spannung jedoch in möglichst weiten Grenzen verstellbar sein, muß der Schleifringläufermotor als Stelltransformator (*Drehtransformator*) hergerichtet werden.

1.5.11.1   Aufbau

Bei Drehtransformatoren wird mittels Schnecken- oder Spindeltrieb der Läufer festgebremst; seine Verstellung kann von Hand oder durch einen Stellmotor erfolgen. Ständer und Läufer liegen an der Netzspannung (Grundspannung) U_1. Als Primärseite wird meist der in Stern oder Dreieck geschaltete Läufer gewählt, da in diesem Falle für den Rotor nur drei Schleifringe benötigt werden. An der geöffneten Ständerwicklung (Sekundärseite) wird die veränderte Spannung abgegriffen (Bild 1.140). Bei der Wahl des Rotors als Sekundärseite werden sechs Schleifringe benötigt.

148

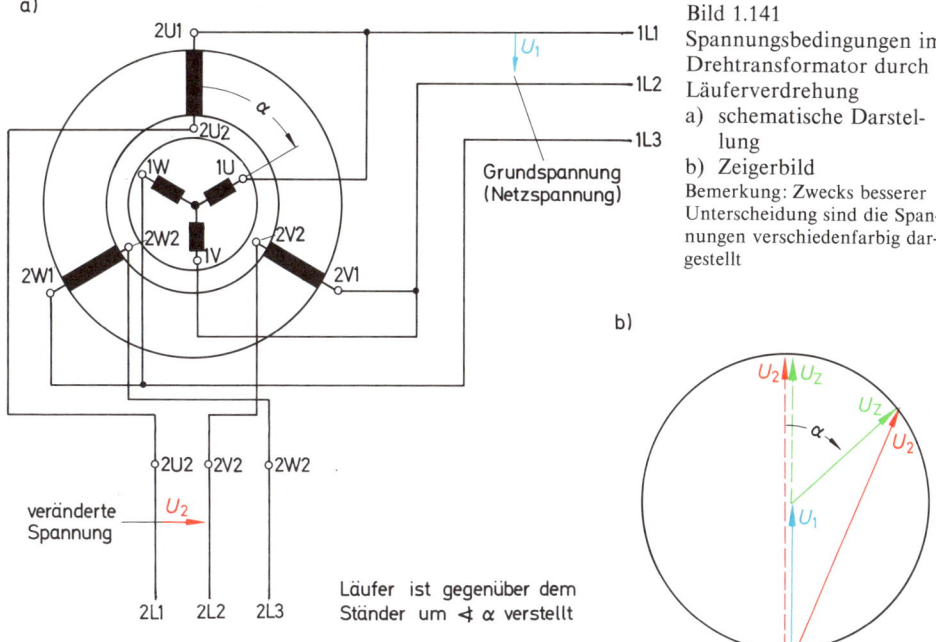

a)

2U1
2U2
1W 1U
2W2 1V
2W1 2V2
2V1

α

U_1

1L1
1L2
1L3

Grundspannung
(Netzspannung)

2U2 2V2 2W2

veränderte
Spannung

U_2

2L1 2L2 2L3

Läufer ist gegenüber dem
Ständer um ∢ α verstellt

Bild 1.141
Spannungsbedingungen im
Drehtransformator durch
Läuferverdrehung
a) schematische Darstel-
   lung
b) Zeigerbild
Bemerkung: Zwecks besserer
Unterscheidung sind die Spannungen verschiedenfarbig dargestellt

b)

U_2 U_Z U_Z U_2 α U_1

1.5.11.2 Wirkungsweise

Wird an die geöffnete Ständerwicklung die Grundspannung U_1 gelegt und wäre kein
Rotoranschluß vorhanden, ergäbe sich am Statorausgang wiederum die Grundspannung
U_1. Die angeschlossene verkettete Rotorwicklung (Primärseite) erzeugt ein Drehfeld,
welches in der Ständerwicklung (Sekundärseite) eine *Zusatzspannung* U_Z induziert.
Besitzen Läufer- und Ständerwicklung die gleichen Windungszahlen, wird die Größe der
Zusatzspannung U_Z gleich der Größe der Grundspannung U_1. Die gesteuerte Ausgangs-
spannung U_2 kann also in den extremsten Fällen

$$U_2 = U_1 + U_Z = 2 \cdot U_1 \text{ bzw.}$$
$$U_2 = U_1 - U_Z = 0 \qquad \text{werden.}$$

Der Spannungswert der induzierten Zusatzspannung U_Z ist in jedem Falle gleich groß.
Durch die Läuferverdrehung wird die *Phasenlage* der Zusatz- zur Grundspannung verändert, was eine Veränderung der Ausgangsspannung U_2 mit sich bringt (Bild 1.141).

Infolge des Luftspaltes ist die Kurzschlußspannung u_k im Drehtransformator hoch
(etwa 25 bis 30% der Zusatzspannung). Im belasteten Zustand wird deshalb die Ausgangsspannung sich stärker verändern als bei einem normalen Transformator.

Wegen der galvanischen Verbindung von Primär- und Sekundärseite ist der Drehtransformator eine Spannungsteilermaschine und darf als Schutzumformer nicht benutzt werden (Abschnitt 1.4.7 bzw. 1.9.3.2).

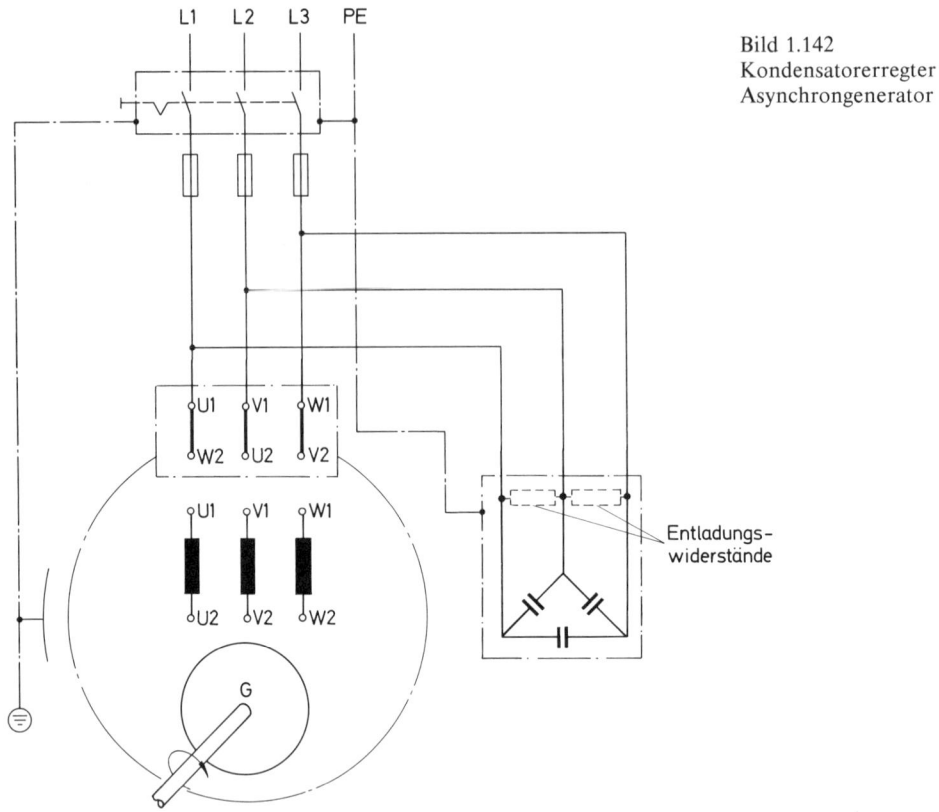

Bild 1.142
Kondensatorerreger
Asynchrongenerator

1.5.12 Asynchrongeneratoren

Von Gleichstrom- und Synchronmaschinen ist bekannt, daß sie als Motoren und Generatoren benutzt werden können. Grundsätzlich ist auch jeder Asynchronmotor in der Lage, generatorisch zu arbeiten, wenn ein mechanischer Antrieb und eine magnetische Erregung vorhanden sind.

1.5.12.1 Schaltung

Drehstrom-Asynchronmaschinen sind nicht in der Lage, sich selbst zu erregen. Es ist den Maschinen deshalb auch nicht allein möglich, auf ein mit ohmschen bzw. induktiven Widerständen belastetes Netz generatorisch zu arbeiten, weil von diesen Widerständen nicht der erforderliche Magnetisierungsstrom (induktiver Strom) bezogen werden kann. Die Erregungen können erfolgen durch

a) Anschluß an ein von Synchrongeneratoren versorgtes Netz (netzerregter oder fremderregter Asynchrongenerator),
b) Parallelschaltung von Kondensatoren zur Ständerwicklung (kondensatorerregter oder selbsterregter Asynchrongenerator — Bild 1.142).

150

1.5.12.2 Wirkungsweise

a) Der *netzerregte Asynchrongenerator* entnimmt zum Magnetfeldaufbau dem Versorgungsnetz die notwendige Blindleistung. Wird der Läufer übersynchron angetrieben (negativer Schlupf), entsteht in ihm die Urspannung $- U_{0_2}$. Der Läuferstrom $- I_2$ ruft das Läuferfeld $- \Phi_2$ hervor, welches bei negativem Schlupf der mechanischen Drehrichtung entgegenläuft. Dieses hat generatorischen Charakter zur Folge. Mit steigender übersynchroner Drehzahl wird die ins Netz gelieferte Wirkleistung erhöht. Die Netzfrequenz wird von den angeschlossenen Synchrongeneratoren bestimmt.

b) Der *kondensatorerregte Asynchrongenerator* arbeitet unabhängig von einer Blindleistungsversorgung aus dem Netz. Die Parallelschaltung von Kondensator und Ständerwicklung bildet einen Schwingkreis, mit dessen Hilfe der Magnetfluß im Ständerkreis aufgebaut wird. Bei richtiger Kondensatorbemessung wird die gewünschte Urspannung erzeugt. Zur Spannungskonstanthaltung muß die Drehzahl zwischen Leerlauf und Vollast um etwa 10 bis 15% veränderlich sein. Die entstehenden Frequenzschwankungen sind dabei praktisch ohne Bedeutung. Für größere Leistungen fallen die Kondensatorkosten stark ins Gewicht.

Asynchrongeneratoren kommen vorwiegend als Zusatz- bzw. Hilfsgeneratoren in Betracht.

1.6   Asynchronmaschinen für Einphasenwechselstrom

Asynchronmaschinen sind robust, billig und einfach in der Wartung. Sie werden deshalb auch für Einphasenwechselstrombetrieb bevorzugt und fast ausschließlich als Motoren verwandt.

Übersynchron angetrieben oder mit Kondensatoren erregt können Asynchronmaschinen für Einphasenwechselstrom (Einphasen-Asynchronmaschinen, Einphasen-Induktionsmaschinen) ebenso wie Asynchronmaschinen für Drehstrom als Generatoren arbeiten.

1.6.1   Aufbau

Einphasen-Asynchronmotoren sind gewöhnlich Kurzschlußläufermotoren, sehr selten Schleifringläufermotoren. Das Ständereisen von Drehstrom-Asynchronmotoren kann verwandt werden. Es gibt aber auch spezielle Ständereisenausführungen mit verschieden großen Nutquerschnitten, dem *Haupt-* und *Hilfsstrang* angepaßt (Bild 1.143). Zum Betrieb reicht der Hauptstrang (Betriebsstrang) U 1—U 2 aus. Der Hauptstrang belegt zwei Drittel der Ständernuten. Würde der Hauptstrang alle Nuten belegen, wäre die elektrische Ausnützung zu ungünstig. Bei 33% Materialmehraufwand ergäbe sich nur ein Spannungsgewinn von etwa 13 bis 14%. Das restliche Drittel der Ständernuten wird vom Hilfsstrang (Anlaufstrang) Z 1—Z 2 belegt. Unter gewissen Bedingungen bleibt der Anlaufstrang während des Betriebes eingeschaltet.

Der Einphasen-Asynchronmotor ist durch Anschlußbezeichnung und meist noch durch Kondensatorangabe (Bild 1.144) leicht vom Drehstrom-Asynchronmotor zu unterscheiden.

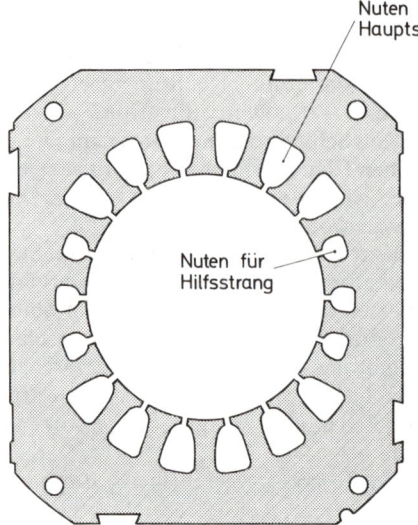

Nuten für
Hauptstrang

Nuten für
Hilfsstrang

Bild 1.143 Ständerblechschnitt eines
Einphasen-Asynchronmotors

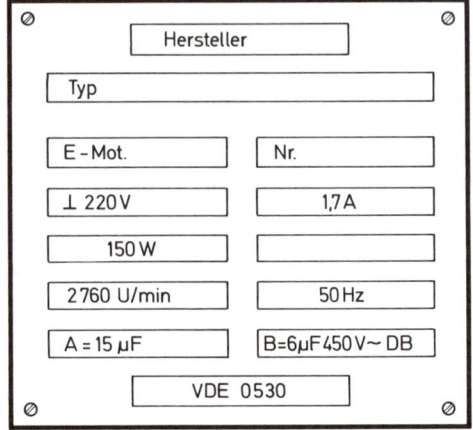

Hersteller	
Typ	
E – Mot.	Nr.
⊥ 220 V	1,7 A
150 W	
2760 U/min	50 Hz
A = 15 μF	B=6μF450V∼ DB
VDE 0530	

Bild 1.144 Leistungsschild eines Einphasen-
Asynchronmotors
Bemerkung: Anstelle Betriebsart DB gilt nach neuer
Norm S1. Anstelle Drehzahl U/min gilt nach neuer
Norm min^{-1}.

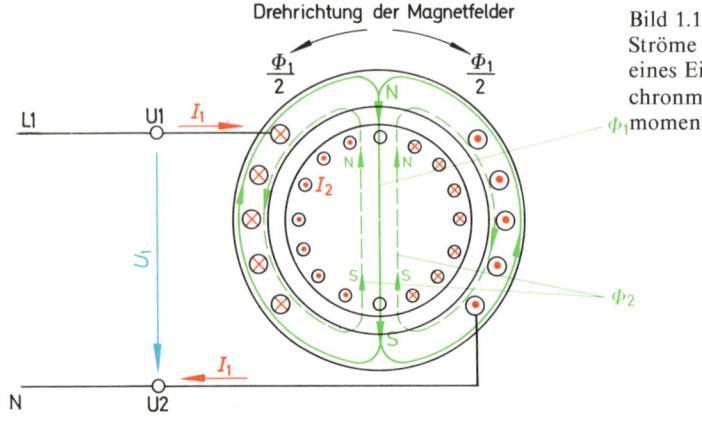

Bild 1.145
Ströme und Magnetflüsse
eines Einphasen-Asyn-
chronmotors im Einschalt-
moment

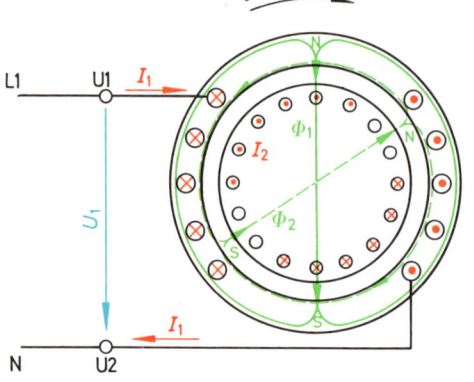

Bild 1.146 Ströme und
Magnetflüsse eines Einphasen-
Asynchronmotors im Betrieb

1.6.2 Wirkungsweise

1.6.2.1 Einschaltmoment

Beim Drehstrom-Asynchronmotor ergaben die drei um 120° elektrisch versetzten Ein-phasen-Wechselströme ein symmetrisches (kreisförmiges) Dreiphasenfeld (Drehfeld — Bild 1.106). Ein kreisförmiges Drehfeld besitzt stets eine eindeutige Drehrichtung.

Ist beim Einphasen-Induktionsmotor nur ein Hauptstrang vorhanden, kann nur ein *Einphasenfeld* entstehen, das am Ständerumfang keine bevorzugte Drehrichtung auf-weist. Man kann es sich als zwei gleiche halbgroße Drehfelder mit entgegengesetzten Drehrichtungen vorstellen (Bild 1.145). Der Läufer verharrt im Stillstand. Der Motor verhält sich wie ein Transformator mit kurzgeschlossener Sekundärseite.

1.6.2.2 Anlauf

Zur Inbetriebnahme der Einphasen-Asynchronmotoren muß die Überführung aus dem *transformatorischen* in den *motorischen* Zustand erfolgen. Hierzu ist eine bevorzugte Drehfeldbildung erforderlich, welche durch Läuferanwurf bzw. Anlaßglieder im Kreis des Hilfsstranges oder durch spezielle Hilfsstränge (Abschnitt 1.6.3) erreicht wird.

a) Der *Anwurfmotor* besitzt nur den Hauptstrang mit den Anschlüssen U 1—U 2. Wird der Motor rechts- oder linksherum angeworfen, verlagern sich die Läuferströme. Die dadurch entstehenden phasenverschobenen Magnetfelder von Ständer und Läufer bilden eine *unsymmetrische (elliptische)* Drehfeldeinheit (Bild 1.146). Eine elliptische Drehfeldeinheit besitzt ungleichförmige Geschwindigkeit und ungleiche Größe.

b) Die *Anlaßdrossel* liegt mit dem Hilfsstrang in Serie. Die Induktivität der Drossel bringt eine starke Stromnacheilung mit sich. Die Verschiebung der Ströme des Hauptstranges zum Hilfsstrang ruft dann das elliptische Drehfeld hervor. Die Drossel verschlechtert durch ihre hohe Blindleistungsaufnahme den Leistungsfaktor cos φ wesentlich. Sie wird deshalb mit dem Hilfsstrang nach Hochlauf des Motors abge-schaltet (Bild 1.147).

c) Der *ohmsche Anlaßwiderstand* hat die gleiche Schaltung wie die Anlaßdrossel. Der Widerstandswert des Anlaßgliedes beträgt etwa das 4- bis 8fache der Wicklung. Er bringt eine wesentliche Verbesserung der Phasenlage des Stromes zur Spannung im Hilfsstrang, hat aber auch eine wesentlich höhere Stromaufnahme zur Folge. Anlaß-widerstand und Hilfsstrang werden nach dem Hochlauf ebenfalls abgeschaltet (Bild 1.148).

Bild 1.147
Anlaßvorgang mit Drossel
a) Schaltbild
b) Zeigerbild

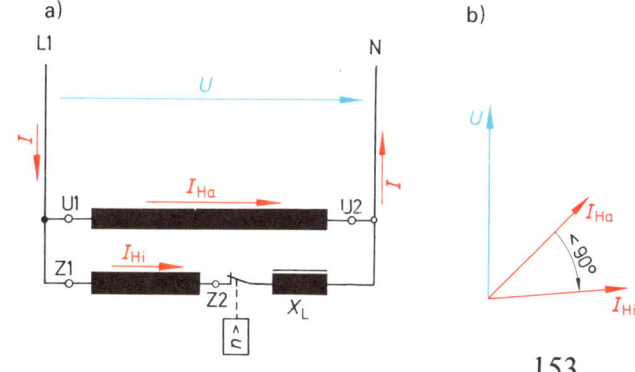

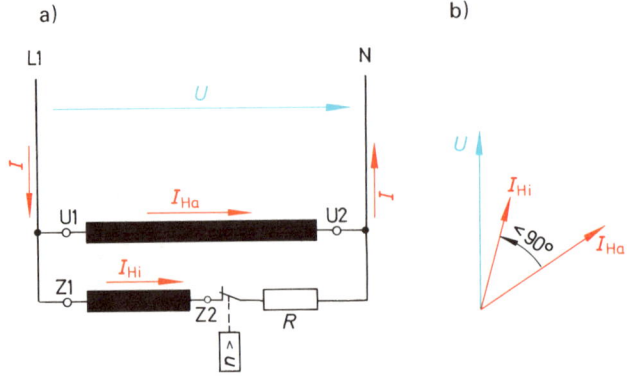

Bild 1.148
Anlaßvorgang mit ohm-
schem Widerstand
a) Schaltbild
b) Zeigerbild

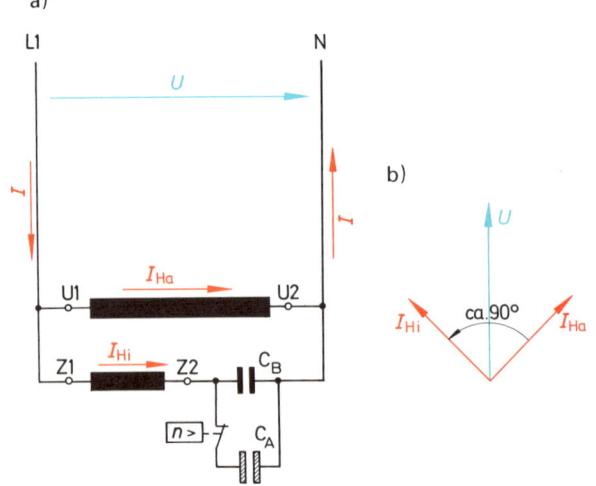

Bild 1.149
Anlaßvorgang mit Konden-
satoren
a) Schaltbild
b) Zeigerbild

d) Der *Anlaßkondensator* verschafft dem Motor die günstigsten Anlaufeigenschaften. Durch die ideale Verschiebung der Ströme I_{Ha} und I_{Hi} von etwa 90° bei Nennbelastung kommt die elliptische Drehfeldbildung der kreisförmigen am nächsten. Wegen zu hoher Stromaufnahme im Hilfsstrang muß auch der Anlaßkondensator C_A nach dem Hochlauf abgeschaltet werden (Bild 1.149).

e) Der *Betriebskondensator,* dessen Kapazität gewöhnlich ein Drittel der des Anlaufkondensators ist, kann mit dem Anlaufkondensator in Parallelschaltung zur Inbetriebnahme benutzt werden. Bei nicht zu hohem Anlaufmoment genügt der Betriebskondensator C_B auch allein zum Anlauf. Nach dem Hochlauf bleibt der Betriebskondensator C_B mit dem Hilfsstrang Z 1 — Z 2 eingeschaltet (Bild 1.149).

Der Einphasen-Induktionsmotor mit Betriebskondensator hat höhere Leistung und besseren Leistungsfaktor cos φ als die anderen Einphasen-Induktionsmotorenschaltungen.

154

Die Bemessung der Kondensatoren beruht weitgehend auf empirischer (erfahrungs-gemäßer) Basis. Die Kondensatorgröße richtet sich nach der Höhe des Anlaufmomentes M_A. Überschlägig kann man festlegen, daß für 736 W Nutzleistung etwa 1 kvar Blindleistung benötigt wird, um dem Motor ein Anzugsmoment von 50 bis 70% des Nennmomentes zu erteilen.

Mit dem Wachsen der Kapazitäten fallen etwa quadratisch die Spannungen an den Kapazitäten. Es gilt die Beziehung

$$\frac{C_1}{C_2} \approx \left(\frac{U_2}{U_1}\right)^2$$

Unter diesen Voraussetzungen müßten bei niedrigen Spannungen relativ große Kondensatoren verwandt werden. Um bei höheren Anlaufmomenten mit kleinerer Kapazität auszukommen, wird zur Spannungserhöhung am Kondensator ein Sparumspanner (Spartransformator) eingeschaltet (Bild 1.150).

Bild 1.150
Einphasen-Asynchronmotor
mit Sparumspanner zur
Erhöhung der Spannung am
Kondensator

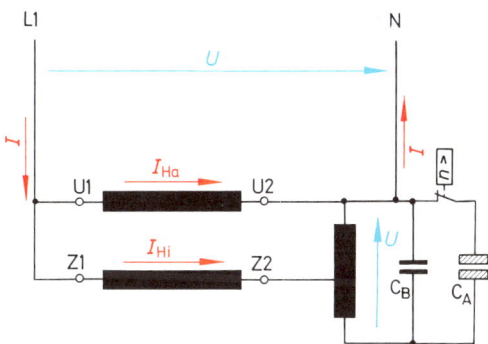

1.6.2.3 Betrieb, Betriebsverhalten

Da ein Einphasenfeld aus zwei gegenlaufenden (inverslaufenden) gleich großen Drehfeldern besteht, entstehen im Stillstand zwei gleich große gegeneinander wirkende Drehmomente (Abschnitt 1.6.2.1).

Dreht sich der Läufer, überwiegt das in Drehrichtung wirkende Drehmoment. Das gegenläufige (inverse) Drehfeld bleibt aber noch zu einem gewissen Teil bestehen. Dadurch ergeben sich folgende Nachteile:

a) Ein Gegendrehmoment (Bremsmoment mit $f \approx 100$ Hz).
b) Erhöhter Magnetisierungsstrom I_μ und damit schlechterer Leistungsfaktor cos φ.
c) Höhere Erwärmung und damit größere Verluste im Läufer, schlechterer Wirkungsgrad und somit geringere Belastbarkeit.
d) Zusätzliche Schwingungen und Geräusche, verursacht durch das Bremsmoment (Pendelmoment).

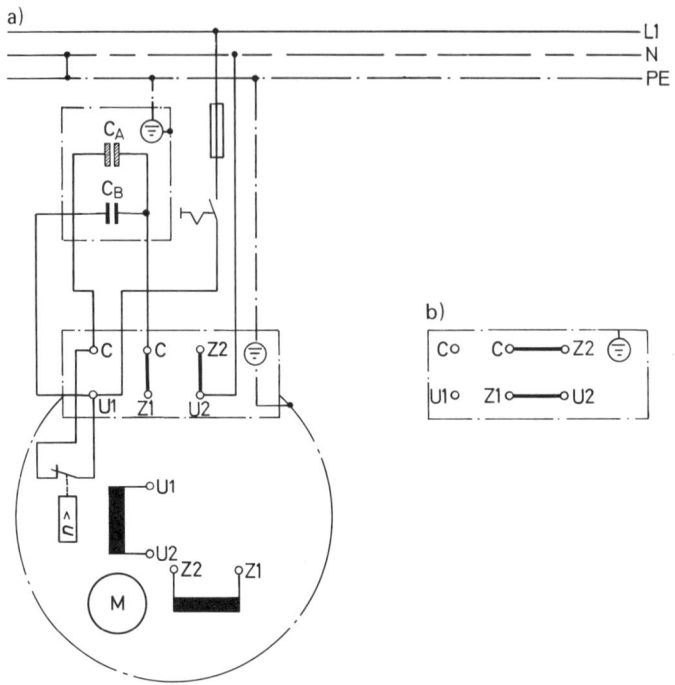

Bild 1.151
Einphasen-Asynchron-
motor mit Anlauf- und
Betriebskondensator
a) Rechtslauf
b) Linkslauf

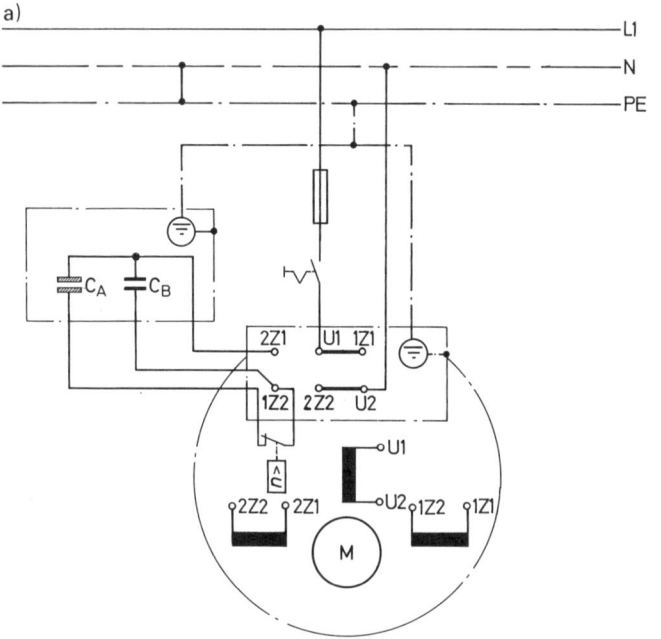

Bild 1.152
Einphasen-Asynchron-
motor mit geteiltem
Hilfsstrang
a) Rechtslauf,
b) Linkslauf

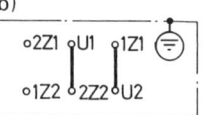

Um die Nachteile weitestgehend zu beheben, bleibt der Hilfsstrang mit passendem Betriebskondensator während des Betriebes eingeschaltet (Bild 1.151, 152). Dadurch sinkt die Blindleistungsaufnahme, und der Leistungsfaktor cos φ steigt (Abschnitt 1.6.2.2e).

Der Betriebskondensator bildet mit dem Hilfsstrang einen Reihenschwingkreis. Der Kondensatorspannungswert liegt über dem Netzspannungswert. Nach praktischen Erfahrungen soll er mindestens 1,25 × Netzspannungswert sein, also bei 220-V-Motoren etwa zwischen 300 bis 400 V und auch höher liegen. Um die Isolation infolge Spannungsüberhöhungen am Hilfsstrang nicht zu gefährden, wird er oftmals geteilt angeordnet (Bild 1.152).

Erfahrungsgemäß lassen die E-Werke am 220-V-Netz Einphasen-Asynchronmotoren mit Leistungen bis etwa 2 kW zu.

1.6.3 Spezieller Hilfsstrang

Beim Vorhandensein eines speziellen Hilfsstranges erübrigt sich ein weiteres Anlaßglied. Er kann in folgender Ausführung vorkommen:

a) verzinnter Eisendraht bzw. Chrom-Nickel-Draht,
b) bifilare Hilfswicklung (Hilfsstrang),
c) kurzgeschlossene Hilfswicklung (Hilfsstrang).

Zu a) Bei der Herstellung des Hilfsstranges aus *verzinntem Eisendraht* bzw. *Chrom-Nickel-Draht* ist zu beachten, daß dessen Wicklungen nicht gegen Kupferwicklungen ausgetauscht werden dürfen. Der Motor könnte u.U. nicht anlaufen.

Bild 1.153 Einphasen-Asynchronmotor mit bifilarem Hilfsstrang, Stromrelais und Bimetallrelais

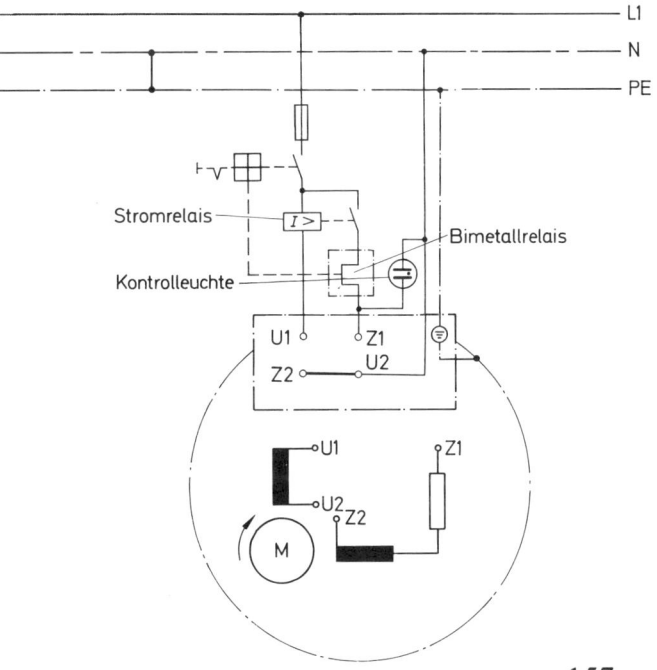

157

Zu b) Beim *bifilaren Hilfsstrang* werden die Spulen zu 67% in Vorwärtsrichtung, zu 33% in Rückwärtsrichtung gewickelt. Ein Teil des Blindwiderstandes und somit ein Teil des Magnetisierungsstromes werden aufgehoben. Der ohmsche Widerstandsanteil bleibt in voller Höhe erhalten. Es gelten etwa die Anlaufbedingungen wie beim ohmschen Anlaßwiderstand (Bild 1.148). Nach dem Hochlauf muß der Hilfsstrang unbedingt abgeschaltet werden, was allgemein durch ein Stromrelais geschieht (Bild 1.153). Sollte infolge Überbelastung das Stromrelais nicht abschalten bzw. während des Betriebes wieder einschalten, hat ein Bimetallrelais den Hilfsstrang vor zu lang andauernder Überlast zu schützen (Bild 1.153).

Die Betriebseigenschaften des Motors mit bifilarem Hilfsstrang liegen ungünstiger als beim Kondensatormotor. Er wird für Leistungen bis etwa 1 kW gebaut.

Zu c) Der *kurzgeschlossene Hilfsstrang* läßt sich als verteilte Wicklung oder als einfacher Kurzschlußring im Ständerblechpaket unterbringen. Der letztere Fall liegt bei dem in der Praxis sehr verbreiteten *Spaltpolmotor* (Abschnitt 1.6.4) vor.

1.6.4 Spaltpolmotor

1.6.4.1 Aufbau

Die Käfigwicklung des Läufers besteht gewöhnlich aus verschränkt angeordneten Rundstäben. Die Ständerform weicht von der konventionellen Bauweise (genutetes Ständerblechpaket) ab. Er besitzt lamellierte, ausgeprägte Pole, die durch die Spaltnut in Haupt- und Spaltpole geteilt sind (Bild 1.154 und 1.155). Zur Erreichung einer günstigen Feldverteilung läßt man die Polschuhspitzen zusammenlaufen bzw. überlappen oder verbindet sie durch Streubleche (Bild 1.154 und 1.155). Die Netzwicklung (Hauptstrang) U 1 − U 2 liegt um die Polschäfte bzw. um das Ständerjoch, die Spaltpolwicklung (kurzgeschlossene Hilfswicklung) um den Spaltpol (Bild 1.155).

1.6.4.2 Wirkungsweise, Betriebsverhältnisse

Der durch den Hauptstrang U 1 − U 2 fließende Strom I_1 baut das Magnetfeld Φ_1 auf. Das Feld Φ_1 durchsetzt Haupt- und Spaltpole und erzeugt nach dem Lenzschen Gesetz in der Spaltpolwicklung eine Spannung, die den nacheilenden Strom I_2 zum Fließen bringt.

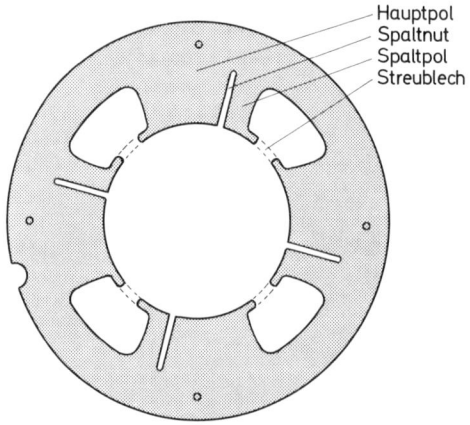

Hauptpol
Spaltnut
Spaltpol
Streublech

Bild 1.154 Ständerblechschnitt eines Spaltpolmotors

158

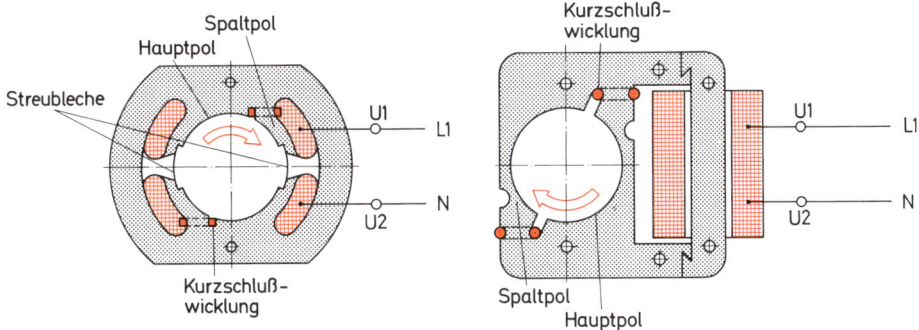

Bild 1.155 Bauausführungen von Spaltpolmotoren

Bild 1.156
Ströme und Magnet-
flüsse eines Spalt-
polmotors

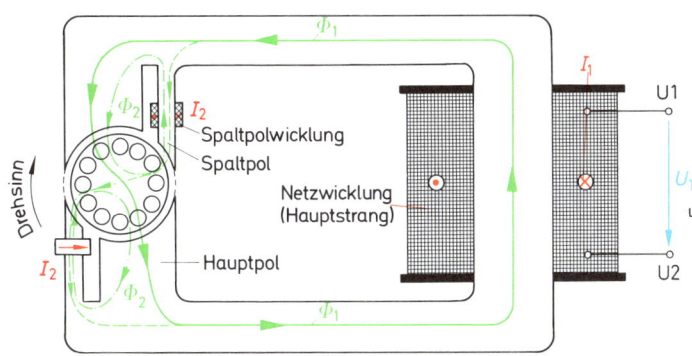

Dieser Strom I_2 entwickelt das nacheilende Magnetfeld Φ_2. Im Hauptpol entsteht eine
«Feldlinienverdichtung», im Spaltpol eine «Feldlinienverdünnung». Auf diese Weise
entsteht ein elliptisches Drehfeld, welches vom Hauptpol zum Spaltpol desselben Poles
wandert (Bild 1.156). *Der Läufer dreht sich stets in Richtung Hauptpol—Spaltpol desselben Poles.*

Vorteile

a) Sehr einfach im Aufbau, billig, robust, keine Wartung.
b) Selbsttätiger Anlauf mit gutem Anlaufmoment M_A (etwa 50% vom Nennmoment
   M_N).
c) Betrieb als Synchronmotor bei teilweiser Läuferausführung mit hartmagnetischem
   Werkstoff. Der Motor läuft normal asynchron an und wird wie der Reluktanzmotor
   (Abschnitt 1.7.5.2) in den Synchronismus hineingezogen.

Nachteile

a) Nur für kleine Leistungen (etwa 1 bis 300 W) verwendbar, da Leistungsfaktor cos φ
   und Wirkungsgrad η schlecht sind.
b) In Normalausführung nicht ohne weiteres drehrichtungsumkehrbar (reversierbar).
   Es muß eine zweite Spaltpolwicklung vorhanden sein, bzw. der Läufer muß durch
   Abnahme der Lagerschilder umgekehrt werden.

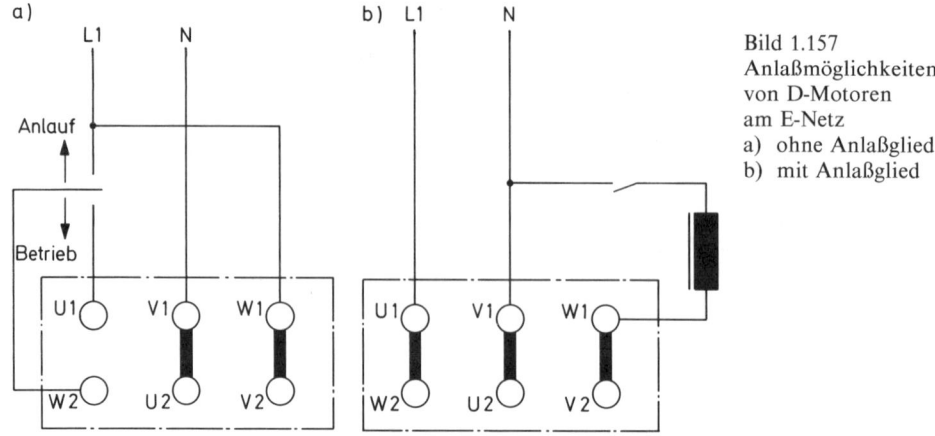

Bild 1.157
Anlaßmöglichkeiten
von D-Motoren
am E-Netz
a) ohne Anlaßglied
b) mit Anlaßglied

Spaltpolmotoren haben neben Universalmotoren große Bedeutung für den Antrieb von Haushaltsgeräten.

1.6.5 Drehstrom-Asynchronmotor am Einphasennetz

Fällt während des normalen Drehstrom-Motorenbetriebes eine Sicherung aus, liegt der Drehstrom-Asynchronmotor am Einphasennetz. Er kann mit 50% seiner ursprünglichen Leistung weiterarbeiten.

Wird der Drehstrommotor an das Einphasennetz gelegt, verhält er sich wie ein Einphasenmotor ohne Hilfsstrang: Er läuft nicht an. Erst ein Anwurf wie beim Einphasen-Anwurfmotor (Abschnitt 1.6.2.2a) setzt ihn (jedoch nicht immer) in Betrieb. Soll der Drehstrommotor selbsttätig anlaufen, müssen Anlaßglieder (Kondensator, Drossel, ohmscher Widerstand) wie beim Einphasenmotor verwandt werden. Ein Universalrezept für den Anlauf gibt es nicht. Es sind viele Anlaßmöglichkeiten entwickelt worden, von denen die *Steinmetzschaltung* in der Praxis am bekanntesten ist.

1.6.5.1 Anlaßmöglichkeiten am Einphasennetz (Bild 1.157)

1.6.5.2 Steinmetzschaltung

Die Steinmetzschaltung kommt für $\curlyvee$- wie auch für Δ-Schaltung in Verbindung mit Kondensatoren zur Anwendung (Bild 1.158). Bei der Spannungsangabe 220/380 V wird der Drehstrommotor am 220-V-Einphasennetz in Dreieck, bei 125/220 V in Stern geschaltet.

In DIN 48501 sind nach praktischer Erfahrung die Größen der Betriebskondensatoren wie folgt festgelegt (Tabelle 1/8):

Mit dem Betriebskondensator wird ein Anzugsmoment M_A von etwa 30% des Nennmoments M_N erreicht. Die Leistung beträgt etwa 70% der normalen Drehstrommotorenleistung. Soll das Anzugsmoment höher liegen (etwa 100%), legt man einen Anlaßkondensator C_A mit etwa doppelter Kapazität parallel zum Betriebskondensator. Nach erfolgtem Hochlauf muß der Anlaufkondensator C_A abgeschaltet werden (Bild 1.158).

160

Tabelle 1/8
Betriebskondensatoren
für Steinmetzschaltung

Leistung des Drehstrommotors	Erforderliche Kondensatorgröße in µF bei		
in W	Netzspannung 110 V	Netzspannung 220 V	Netzspannung 380 V
100	28	7	2
200	52	13	4
300	80	20	7
400	104	26	9
500	132	33	11
600	160	40	13
700	184	46	15
800	212	53	18
900	236	59	20
1000	264	66	22
1100	—	73	24
1200	—	79	26
1300	—	86	29
1400	—	93	31
1500	—	99	33

Durch Umklemmen oder Umschalten des Betriebskondensators lassen sich leicht Drehrichtungsänderungen erreichen (Bild 1.158). Wie der Einphasenmotor läßt sich auch der Steinmetzmotor bis etwa 2 kW Leistung überall am Einphasennetz verwenden.

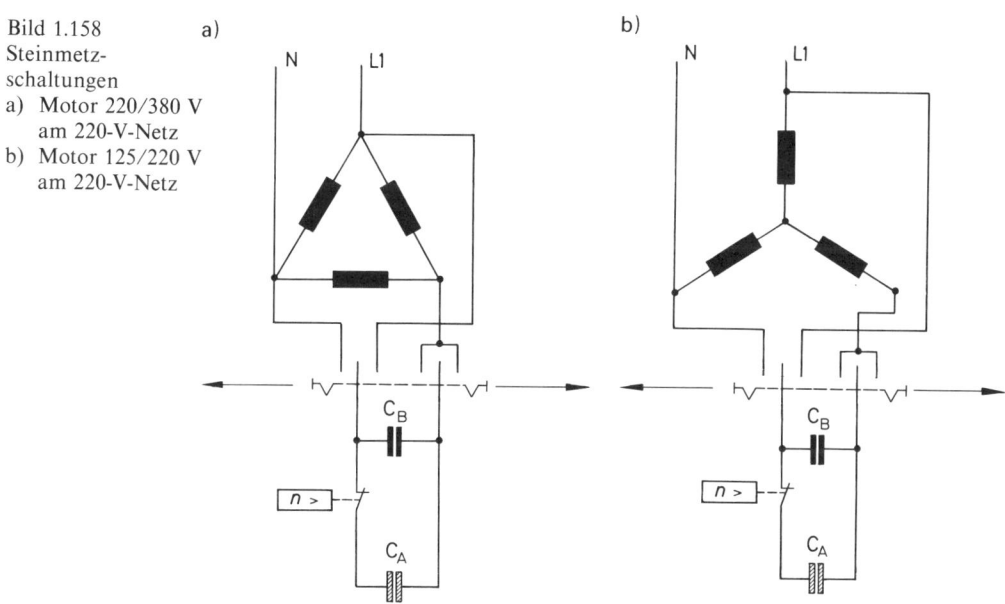

Bild 1.158
Steinmetz-
schaltungen
a) Motor 220/380 V
   am 220-V-Netz
b) Motor 125/220 V
   am 220-V-Netz

161

1.7 Synchronmaschinen

Synchronmaschinen sind Drehfeldmaschinen ohne Stromwender. Sie arbeiten ohne Schlupf ($s = 0\%$), d.h., Drehfelddrehzahl und Läuferdrehzahl stimmen überein.

In Synchronmaschinen wird das Drehfeld durch ein Gleichfeld eines umlaufenden Permanent- bzw. Elektromagneten erzeugt (Generatoren)* oder wenn in eine Drehstromwicklung Drehstrom hineingeschickt wird (Motoren).

Während Asynchronmaschinen vorwiegend zum Motorenbetrieb Verwendung finden, kommen Synchronmaschinen hauptsächlich für Generatorenbetrieb in Frage.

1.7.1 Aufbau

Grundsätzlich werden Außen- und Innenpolmaschinen hergestellt.

1.7.1.1 Außenpolmaschine

Der Ständer der Außenpolmaschine gleicht dem der Gleichstromnebenschlußmaschine ohne Wendepole (Bild 1.1a), der Läufer dem des Schleifringläufers (Bild 1.108). Die Spannungserzeugung erfolgt im Läufer, die elektrische Energie wird über Schleifringe zu- bzw. abgeführt. Bei höheren Spannungen bereitet die Isolation der Schleifringe Schwierigkeiten. Hohe Leistungen erfordern große Ausmaße der Schleifringe und Bürsten. Die Fliehkräfte der rotierenden Maschinenteile können beachtliche Größen erreichen. Aus diesem Grunde werden Synchron-Außenpolmaschinen nur für kleinere Leistungen gebaut. Einankerumformer — von der Wechselstromseite betrachtet — sind Synchron-Außenpolmaschinen (Abschnitt 1.9.3).

1.7.1.2 Innenpolmaschine

Der Ständer der Innenpolmaschine gleicht dem der normalen Asynchronmaschine. Das Magnetfeld wird im Läufer (Polrad) erzeugt. Entsprechend der Art der Antriebsmaschine

      Dampfturbine → Schnelläufer
      Wasserturbine → Langsamläufer

wird das Polrad als

a) Vollpolläufer, auch Walzen- oder Zylinderläufer genannt, für hohe Drehzahlen bzw.

b) Schenkelpolläufer, auch Läufer mit ausgeprägten Polen genannt, für langsamere Drehzahlen ausgeführt.

Innenpolmaschinen werden heute für Leistungen über 2,6 GVA (sprich: Giga-Volt-Ampere) gebaut**.

---

* Die obige festgelegte Drehfeldbildung für Generatoren gilt für die weitaus häufiger in der Praxis vorkommenden Innenpolmaschinen (Abschnitt 1.7.1.2).
** Der Entwicklungstrend neigt — infolge hoher Einsparung an Energie — immer mehr zum Supraleiter-Generator hin. Man ist der Ansicht, daß am Ende dieses Jahrhunderts der größte Teil der Kraftwerke mit derartigen Generatoren ausgerüstet sein wird.

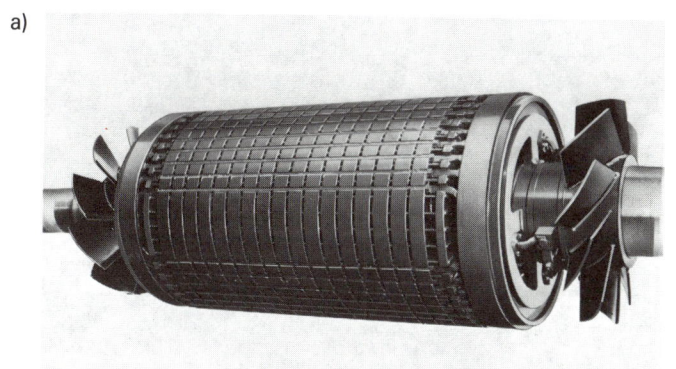

a)

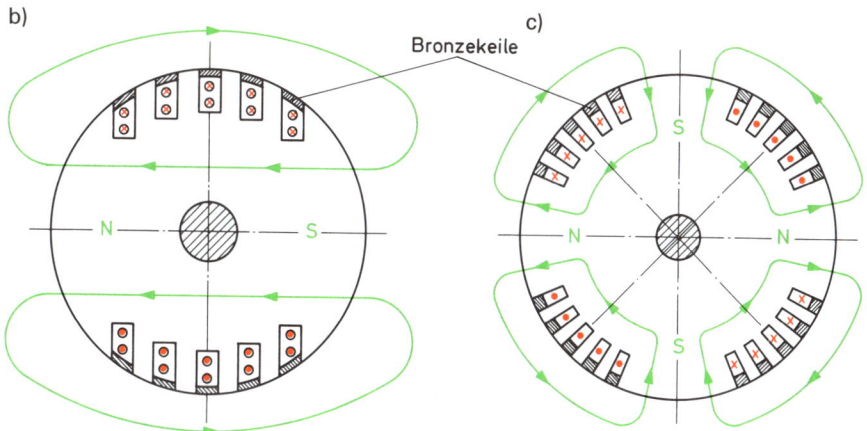

b)   c)

Bronzekeile

Zu a)   Der *Vollpolläufer* besitzt ein z.T. mit Parallel- bzw. Radialnuten hergerichtetes Läufereisen, in dem die Erregerwicklung untergebracht ist (Bild 1.159). Die Nuten werden durch Bronzekeile verschlossen. Vollpolläufer haben gewöhnlich Dampfturbinen als Antriebsmaschinen und werden deshalb vorwiegend zweipolig, seltener vierpolig und sehr selten sechspolig ausgeführt.

Zu b) Der *Schenkelpolläufer* besitzt ausgeprägte Pole, auf deren Polschäften die von Gleichstrom durchflossenen Erregerwicklungen untergebracht sind (Bild 1.160). Schenkelpolläufer werden normalerweise von Wasserturbinen angetrieben.

1.7.1.3   Dämpferwicklung

Die Ausführung der Dämpferwicklung gleicht der Käfigläuferwicklung. Die Dämpferstäbe können in Rund-, Rechteck- oder Flachform ausgeführt sein und sind an den Stirnseiten durch Kurzschlußringe verbunden (Bild 1.160). Die Stäbe werden unisoliert in den Polschuhen untergebracht. Dämpferwicklungen können drei grundlegende Aufgaben erfüllen:

163

Bild 1.160a   Zwölfpoliger Schenkelpolläufer. Werkbild: BBC

Bild 1.160b
Vierpoliger Schenkelpolläufer.
Werkbild: Siemens

Bild 1.160c
Vierpoliger Schenkelpolläufer
mit angebautem Anker der Erregermaschine.
Werkbild: AEG-Telefunken

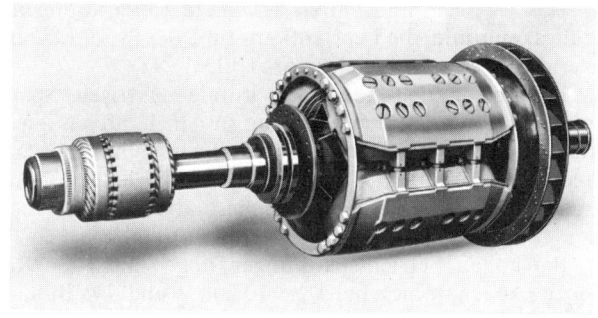

a) Bei Parallelschaltung von Synchrongeneratoren soll die Netzstabilität gewahrt werden.
b) Bei schnell entstehenden Belastungsänderungen sollen Pendelerscheinungen und
somit Oberwellenbildungen (Abschnitt 1.5.3.2.2) verhindert werden, um zusätzlich
Verluste im Generator und Netz zu verhüten. Während der Pendelschwingungen
treten in der Dämpferwicklung Ströme auf, die ein zusätzliches Hilfsmoment hervorrufen, um damit das Polrad schnell wieder «in Tritt» zu bringen.
c) Bei Synchronmotoren können Dämpferwicklungen zum Selbstanlauf dienen (Abschnitt 1.7.4.1).

1.7.1.4   Erregermaschine

Die Erregermaschine ist ein angepaßter Gleichstrom-Nebenschlußgenerator, welcher
gewöhnlich auf der Welle der Synchronmaschine sitzt (Eigenerregung – Bild 1.160c).
Bei Spannungen von 60 V bis etwa 220 V wird dem Polrad die notwendige Erregerlei-
stung zugeführt. In großen Synchronmaschinen können Erregerströme in der Größenordnung von einigen hundert Ampere fließen. Vielfach wird in moderneren Anlagen die
Selbsterregung angewandt. Die «aufgeschaukelte» Erregerenergie wird gleichgerichtet,
geglättet und dem Polrad zugeführt. Die Konstanthaltung der Netzspannung erfolgt
gewöhnlich durch elektronische Regelung.

1.7.2 Wirkungsweise des Synchrongenerators

1.7.2.1 Leerlauf

Wie bei jeder spannungserzeugenden Maschine gilt auch hier das allgemeine Induktionsgesetz

$$U_0 \approx \Phi \cdot n \cdot N$$

Wegen Frequenzeinhaltung muß die Maschine zunächst auf ihre synchrone Drehzahl $n_0 = 60 \cdot f/p$ gebracht werden. Die Angleichung der richtigen Spannungshöhe erfolgt mit dem variablen Magnetfeld Φ.

Das Wachsen und Fallen des Magnetfeldes unterliegt dem Verlauf der Magnetisierungskennlinie; die Leerlaufkennlinie des Synchrongenerators ist deshalb identisch mit der des Gleichstromgenerators (Bild 1.24a).

Bei der Innenpolmaschine wird die elektrische Spannung im Ständer (Anker) induziert. Die Generatorspannungen in den Kraftwerken liegen meist bei 10,5 kV; es gibt aber auch Sonderfälle über 27 kV. Bei noch höheren Spannungen bedeutet der aufkommende Glimmeffekt Gefahr für die Ankerleiterisolation. Mit neuen Supraleiter-Generatoren strebt man durch ein besonderes Wickelverfahren Spannungen bis 500 kV an.

Bei hohen Betriebsspannungen liegen auch die Remanenzspannungen beachtlich hoch. Angenommen bei $U = 10\,500$ V und 4% Remanenz wird

$$U_{\text{Remanenz}} = 0,04 \cdot 10\,500\ \text{V} = \underline{420\ \text{V}!}$$

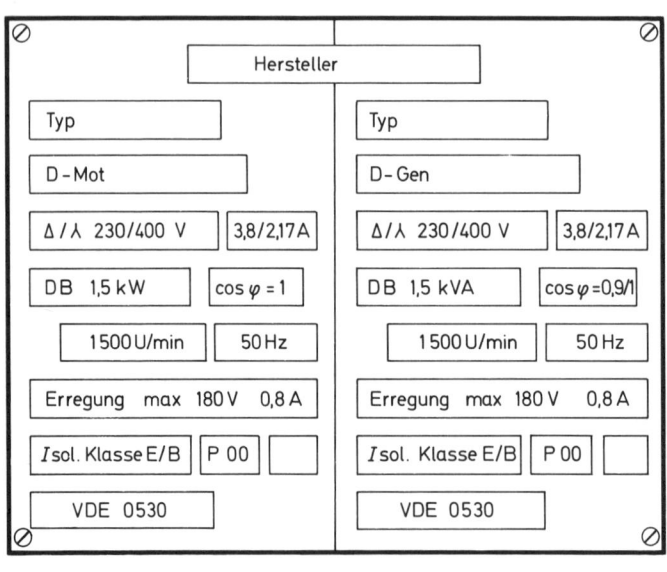

Bild 1.161
Leistungsschild einer
Synchronmaschine
Bemerkung: Anstelle Schutzart P 00 gilt nach neuer Norm IP 00.
Anstelle Betriebsart DB gilt nach neuer Norm S1.
Anstelle Drehzahl U/min gilt nach neuer Norm min^{-1}

166

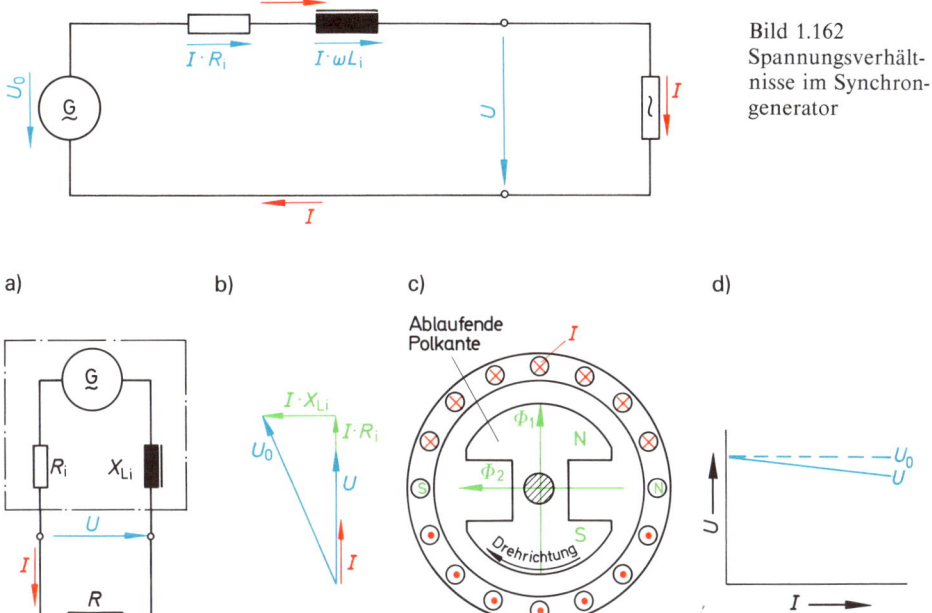

Bild 1.162
Spannungsverhält-
nisse im Synchron-
generator

Bild 1.163 Betriebsverhältnisse des Synchrongenerators bei ohmscher Last
a) Schaltbild, b) Zeigerbild, c) Ströme und Magnetflüsse, d) Kennlinie
Bemerkung: Zwecks besserer Unterscheidung sind die Spannungen im Bild b) verschiedenfarbig dargestellt.

1.7.2.2 Belastung

Die Leistungsangabe des Synchrongenerators in kVA (Bild 1.161) zeigt, daß Parallelen zum Transformator vorhanden sind (Abschnitt 1.4.3.1). Die Höhe der Klemmenspannung wird durch den ohmschen Spannungsfall $(I \cdot R_i)$ und durch den vom Streufeld verursachten induktiven Spannungsfall $(I \cdot \omega L_i)$ in der Maschine beeinflußt (Bild 1.162). Die Spannungshöhe wird aber hauptsächlich — wie beim Transformator — von der Belastungsart (ohmsche, induktive bzw. kapazitive Last) bestimmt.

a) Ohmsche Belastung (Bild 1.163)
Bei ohmscher Netzbelastung (Bild a) haben Spannung U und Strom I den Phasenwinkel $0°$ ($\cos \varphi = 1$) zur Folge (Bild b). Es entsteht wie bei Gleichstromgeneratoren (hier liegt stets ohmsche Belastung vor) ein *Ankerquerfeld* Φ_2 (Bild c), das eine Verschiebung des Polfeldes Φ_1 zur ablaufenden Kante verursacht. Die entstehende Feldverzerrung bringt eine Verminderung der Klemmenspannung U mit sich (Bild d).

b) Induktive Belastung (Bild 1.164)
Bei rein induktiver Netzbelastung (Bild a) eilt der Strom I der Spannung U um $90°$ ($\cos \varphi = 0$) nach (Bild b). Die veränderte Phasenlage des Netzstromes I bringt eine Stromverlagerung im Ständer (Anker) der Maschine mit sich. Das Ankerquerfeld wird zum *Ankergegenfeld* Φ_2 (Bild c). Die neue Phasenlage der Spannungsfälle verursacht noch

167

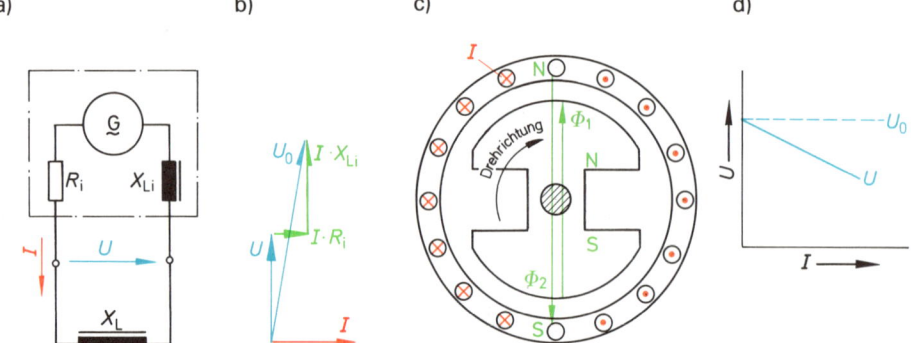

Bild 1.164 Betriebsverhältnisse des Synchrongenerators bei induktiver Last
a) Schaltbild, b) Zeigerbild, c) Ströme und Magnetflüsse, d) Kennlinie
Bemerkung: Zwecks besserer Unterscheidung sind die Spannungen im Bild b) verschiedenfarbig dargestellt.

stärkeren Fall der Klemmenspannung als bei ohmscher Belastung (Bild d). Hauptabnehmer der elektrischen Energie sind die Asynchronmotoren, welche Wirk- und Blindleistung benötigen. Das Polrad des Synchrongenerators muß deshalb stets eine gewisse magnetische Reserve aufweisen, um stärkere Spannungsfälle ausgleichen zu können.

c) Kapazitive Belastung (Bild 1.165)

Bei rein kapazitiver Netzbelastung (Bild a) eilt der Strom I der Spannung U um $90°$ ($\cos \varphi = 0$) vor (Bild b). Die Verlagerung der Ströme im Ständer (Anker) gegenüber der rein induktiven Belastung wird jetzt $180°$ entgegengesetzt. Das Ankerfeld wird zum *Ankermitfeld* Φ_2 (Bild c). Die gegenseitige Unterstützung der Felder Φ_1 und Φ_2 bringt

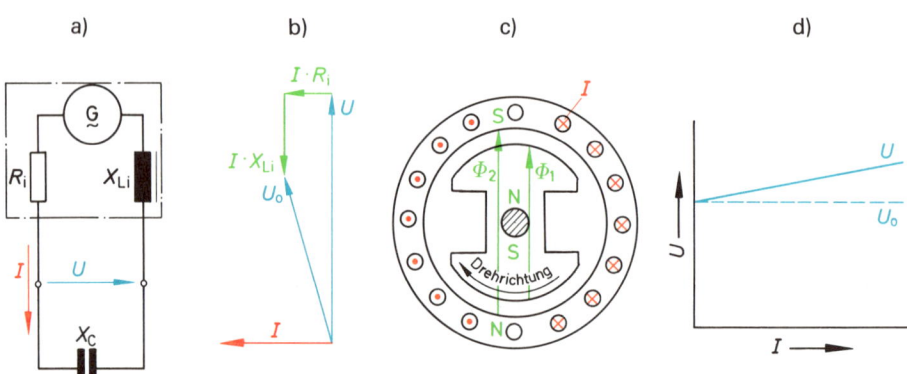

Bild 1.165 Betriebsverhältnisse des Synchrongenerators bei kapazitiver Last
a) Schaltbild, b) Zeigerbild, c) Ströme und Magnetflüsse, d) Kennlinie
Bemerkung: Zwecks besserer Unterscheidung sind die Spannungen im Bild b) verschiedenfarbig dargestellt.

168

eine Spannungserhöhung mit sich (Bild d). Schon ein langes offenes Kabel kann beachtliche kapazitive Belastung darstellen und am Kabelende eine höhere Spannung als am Kabelanfang aufweisen (Ferranti-Effekt).

Die Höhe der Klemmenspannung hängt während des Betriebes neben der Belastungsgröße von der Belastungsart und damit vom Charakter der Ankerrückwirkung ab.

Mit Rücksicht auf angeschlossene Verbraucher muß die Spannung konstant gehalten werden. Das geschieht mit Hilfe von Schnellregeleinrichtungen.

1.7.3 Parallelschaltung

Der Sinn der Parallelschaltung ist auch hier eine Leistungserhöhung, und wie beim Parallelschaltungsvorgang von Gleichstromgeneratoren und Transformatoren sind entsprechende Voraussetzungen zu erfüllen.

1.7.3.1 Synchronisiervorgang

a) *Gleiche Betriebsspannungen* werden mit Spannungsmessern überprüft und durch Feldänderungen mittels Feldsteller angeglichen.

b) *Gleiche Frequenzen* werden durch Drehzahlabgleich erreicht. Die Überprüfung erfolgt durch Frequenzmesser. Unterschiedliche Frequenzzahlen führen zu Schwebungen.

c) *Gleiche Phasenfolge* kann etwa mit der Polarität bei Gleichstrommaschinen verglichen werden. Haben die parallelzuschaltenden Generatoren Rechtslauf, muß der Anschluß in Buchstabenfolge (L 1 − U; L 2 − V; L 3 − W) durchgeführt werden. Die richtige Phasenfolge wird mit dem Drehfeldanzeiger überprüft.

d) *Gleiche Phasenlage* ist bestimmt durch das gleichzeitige Zusammentreffen der Höchst- bzw. Tiefstwerte (Deckungsgleichheit) der Spannungswellen innerhalb der zusammenzuschaltenden Systeme (Bild 1.166).

Synchronismus, d.h. Gleichzeitigkeit, besteht dann, wenn die Forderungen gleiche Frequenz und gleiche Phasenlage erfüllt sind.

Bild 1.166   Gleiche Phasenlage bei
parallelgeschalteten Synchrongeneratoren

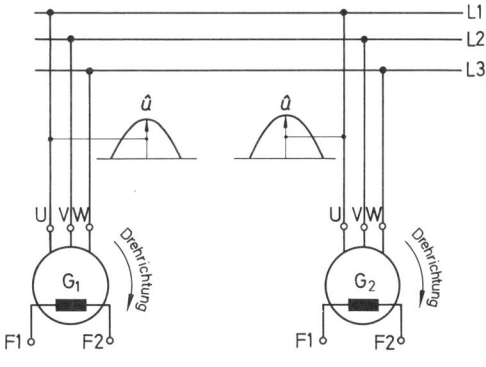

169

1.7.3.2 Prüfung der Phasenlage

Bei Transformatoren ist die notwendige Phasenlage durch die Schaltgruppe festgelegt. Bei Synchrongeneratoren wird die richtige Phasenlage durch Synchronisier-Lampenschaltungen bzw. Synchronoskope überprüft.

1.7.3.2.1 Synchronisier-Lampenschaltungen

a) Die *Dunkelschaltung* kommt häufig zur Anwendung, da Hell-Dunkel-Unterschiede während des Synchronisierens gut erkennbar sind. Beim langsamen An- und Ausgehen der Lampen ist die Nähe des Synchronisierpunktes erreicht. Bleiben die Lampen dunkel, kann parallelgeschaltet werden (Bild 1.167).

b) Die *Hellschaltung* kommt selten zur Anwendung, da der Zeitpunkt des Parallelschaltens weniger gut zu erkennen ist (Bild 1.168).

c) Die *Umlaufschaltung (drehendes Licht, kombinierte Schaltung, Hell-Dunkel-Schaltung)* ist die beste Synchronisier-Lampenschaltung.
Die Drehrichtung des Lichtes läßt erkennen, ob der parallelzuschaltende Generator zu schnell bzw. zu langsam läuft. Kommt das umlaufende Licht im rechten Augenblick zum Stillstand und entsprechen die Lampenanzeigen den geforderten Bedingungen (Lampen in Hellschaltung müssen leuchten, Lampen in Dunkelschaltung müssen aus sein), kann parallelgeschaltet werden (Bild 1.169).

Da während des Synchronisiervorganges die Spannung kurzzeitig wesentlich höher als 220 V sein kann, sind in den Bildern 1.167 bis 1.169 jeweils zwei Lampen in Serie geschaltet.

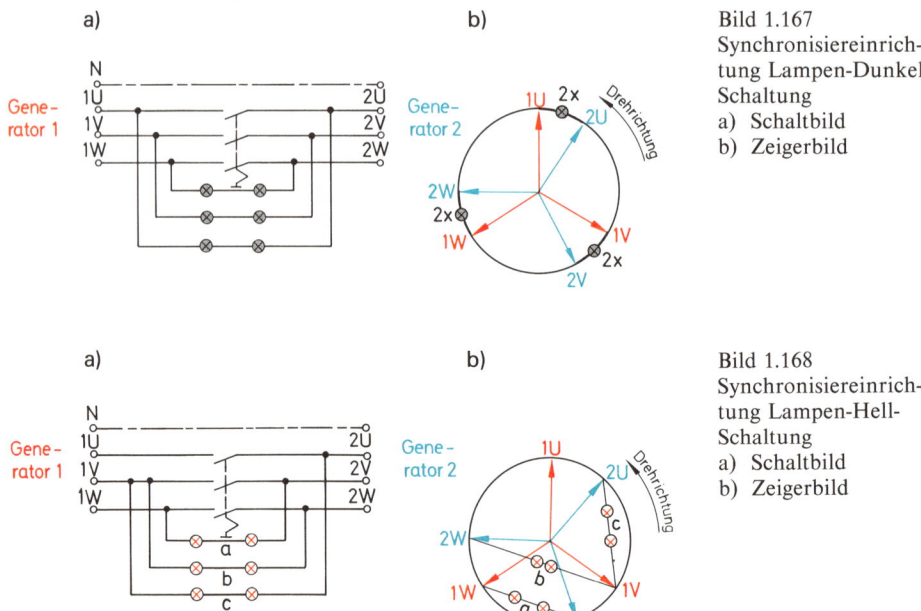

Bild 1.167
Synchronisiereinrichtung Lampen-Dunkel-Schaltung
a) Schaltbild
b) Zeigerbild

Bild 1.168
Synchronisiereinrichtung Lampen-Hell-Schaltung
a) Schaltbild
b) Zeigerbild

170

Bild 1.169
Synchronisiereinrich-
tung Lampen-Umlauf-
Schaltung
a) Schaltbild
b) Zeigerbild

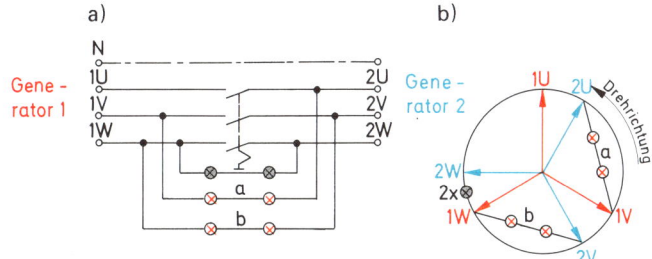

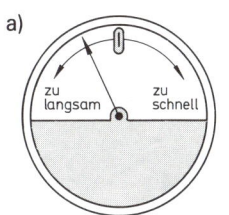

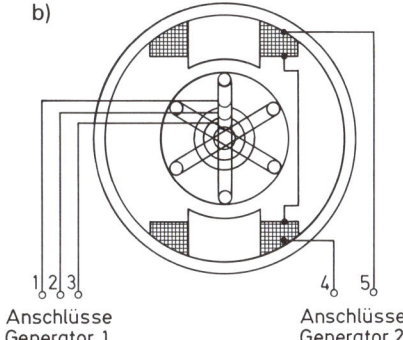

Anschlüsse
Generator 1

Anschlüsse
Generator 2

Bild 1.170 Synchronoskop
a) Skala mit rotierendem Zeiger
b) Schematische Darstellung

Bild 1.171 Synchronisierwandarm mit
a) Synchronoskop
b) Doppelfrequenzmesser
c) Differenzspannungsmesser
Werkbild: AEG-Telefunken

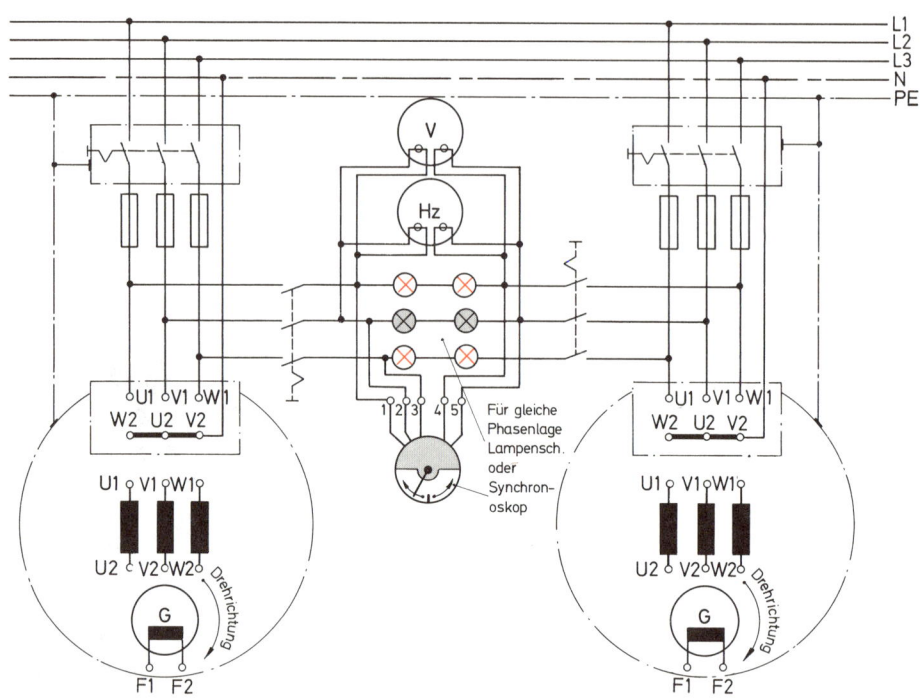

Bild 1.172 Parallelschaltung zweier Synchrongeneratoren mit Synchronisiereinrichtung

1.7.3.2.2 Synchronoskop

Exakter als Synchronisier-Lampenschaltungen arbeiten Synchronoskope. Bezüglich ihres Aufbaues unterscheidet man:

1. Elektrostatisches Synchronoskop,
2. Induktionssynchronoskop,
3. Elektrodynamisches Synchronoskop (Bild 1.170).

Das elektrodynamische Synchronoskop entspricht im Prinzip einem kleinen Schleifringläufermotor, dessen Ständerwicklung mit einer Generatorenseite und dessen Läuferwicklung mit der anderen Generatorenseite (bzw. dem Netz) verbunden ist. Der Rechtsbzw. Linkslauf des Zeigers besagt (wie bei der Umlaufschaltung), ob der zuzuschaltende Generator zu langsam oder zu schnell läuft. Steht der Zeiger auf der markierten Anzeige der Scheibe, ist Phasengleichheit erreicht.

In Kraftwerken ist die Synchronisiereinrichtung als Synchronisierarm mit Doppelspannungsmesser oder Differenzspannungsmesser, Doppelfrequenzmesser und Synchronoskop ausgeführt (Bild 1.171).

Den prinzipiellen Aufbau einer Parallelschaltung von Synchrongeneratoren zeigt Bild 1.172.

1.7.3.3 Lastverteilung

Nach dem Synchronisiervorgang muß die notwendige Wirkleistungsverteilung erfolgen. Dieser Vorgang ist bei Gleichstromgeneratoren relativ einfach: Der Generator, der den höheren Leistungsanteil erbringen soll, wird schneller angetrieben bzw. höher erregt. Eine höhere Erregung hat aber bei Synchrongeneratoren Blindleistungsänderungen zur Folge (Abschnitt 1.7.4.3). Ein schnellerer Lauf verändert die Frequenz. Sobald zwischen den Polrädern ein Lastwinkel (Polradwinkel) ϑ herrscht, wird stets der Generator mit dem voreilenden Polrad die höhere Wirkleistung ins Netz liefern (Bild 1.173). Bei weiterer Vergrößerung des Polradwinkels kann der nacheilende Generator ganz entlastet werden und sogar in den Motorenzustand übergehen.

Das nacheilende Polrad muß mit höherem Drehmoment angetrieben werden. Zu diesem Zweck erhält die Antriebsmaschine (Dampfmaschine, Wasserturbine usw.) erhöhte Energiezufuhr. Sobald der Lastwinkel ϑ Null geworden ist, herrscht gleichmäßige Lastverteilung. Die Dämpferwicklung sorgt dafür, daß Pendelungen und somit Frequenzabweichungen in Grenzen bleiben (Abschnitt 1.7.1.3).

Bei Steigerung der mechanischen Energiezufuhr einer Antriebsmaschine gibt ein mit ihr gekuppelter Synchrongenerator höhere Wirkleistung ab.

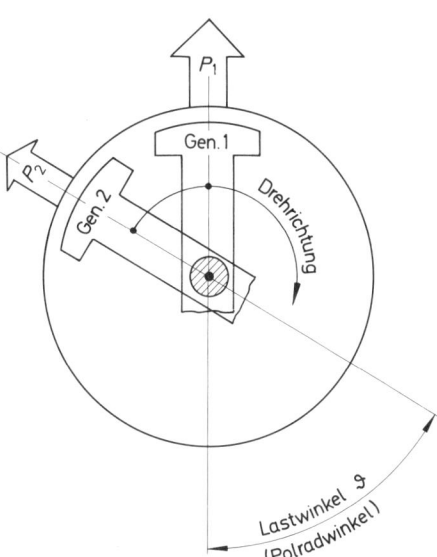

Bild 1.173 Parallel arbeitende Generatoren mit Lastwinkel ϑ

1.7.4 Wirkungsweise des Synchronmotors

1.7.4.1 Anlaufbedingungen

Legt man den Ständer einer Synchron-Innenpolmaschine an das Versorgungsnetz, entsteht ein Drehfeld (Abschnitt 1.5.1); der Anlauf des Polrades ohne Hilfseinrichtungen erfolgt aber nicht.

a) *Große Synchronmotoren* werden (wie große Kurzschlußläufermotoren) mit Hilfe eines Anwurfmotors in Gang gesetzt. Bevor man solche Synchronmotoren an das Drehstromnetz legt, müssen sie wie parallelzuschaltende Generatoren behandelt

173

werden (gleiche Spannung U, gleiche Frequenz f, gleiche Phasenfolge, gleiche Phasenlage). Nach erfolgter Synchronisierung wird der Anwurfmotor abgeschaltet. Mit Hilfe der Erregung wird die günstigste Stromaufnahme aus dem Drehstromnetz eingestellt (Abschnitt 1.7.4.3).

b) *Kleine Synchronmotoren* werden gewöhnlich mit Anlaßwicklung (Dämpferwicklung — Abschnitt 1.7.1.3) in Gang gesetzt. Der Motor hat in diesem Augenblick das Verhalten eines Kurzschlußläufermotors. Der Anlaßvorgang kann direkt bzw. über die üblichen Anlaßglieder (Y-△-Schalter, Ständeranlasser, Anlaßtransformator) erfolgen. Im Anlauf ist die Gleichstromerregung abgeschaltet und die Erregerwicklung F1—F2 des Polrades kurzgeschlossen. Grund des Kurzschlusses: Das Drehfeld würde in den Erregerwicklungen Spannungen von großer Höhe (oft über 1000 V) induzieren. Ist der Anlauf erfolgt, wird die Kurzschlußbrücke von F1—F2 geöffnet und die Gleichstromerregung eingeschaltet. Das erregte Polrad wird in den Synchronismus gezogen, die Dämpferwicklung wird wirkungslos.

Der Anlauf des Synchronmotors erfolgt durch Anwurfmotor bzw. durch asynchronen Anlauf mit Dämpferwicklung (Anlaßwicklung).

1.7.4.2 Betriebsverhalten

Synchronmotoren haben konstante Betriebsdrehzahlen, die sich auch bei normalen Lastschwankungen nicht ändern. Sie arbeiten mit dem Schlupf $s = 0\%$.

1.7.4.2.1 Leerlauf

Das Ständerdrehfeld Φ_1 stellt mit dem Erregerfeld des Polrades Φ_2 einen festen *magnetischen Kraftschluß* dar, wobei sich immer entgegengesetzte Pole gegenüberstehen (Bild 1.174). Die Drehzahl des rotierenden Drehfeldes ist für das Polrad richtungweisend. Wie alle Drehfeldmotoren ohne Stromwender sind auch Synchronmotoren an die Beziehung

$$n_0 = \frac{60 \cdot f}{p} \quad \text{gebunden.}$$

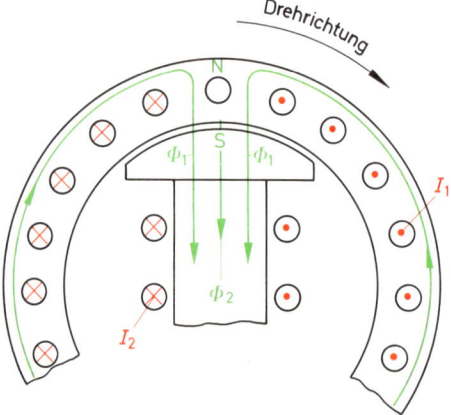

Bild 1.174   Leerlauf des Synchronmotors

174

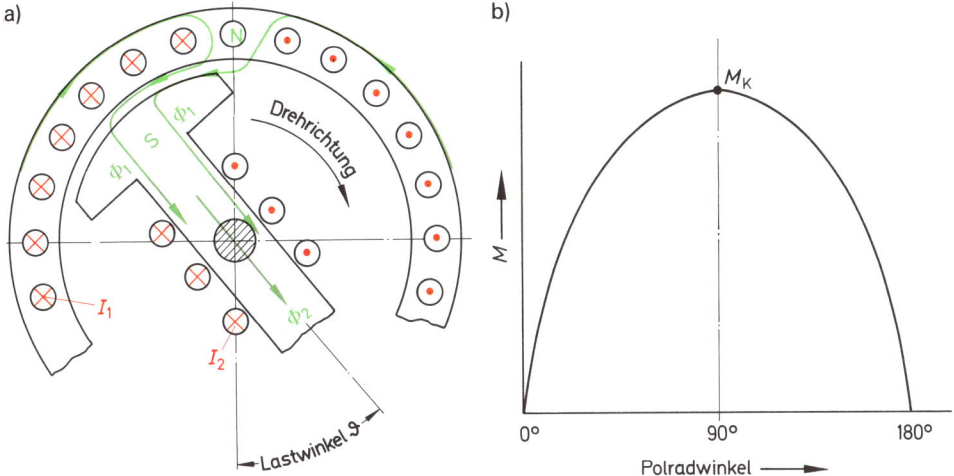

Bild 1.175 Belastung des Synchronmotors, a) Lastwinkel ϑ, b) Drehmomentenkennlinie in bezug auf Polradwinkel

1.7.4.2.2 Belastung

Solange der Synchronmotor normalen Betriebsbedingungen unterworfen ist, läuft er synchron. Wächst die Belastung an der Welle, wird sich ein immer größerer Lastwinkel (Polradwinkel) ϑ einstellen (Bild 1.175). Beim zweipoligen Synchronmotor liegt das Kippmoment bei 90°; der voreilende Ständerpol wirkt auf den Läufer ziehend, der nacheilende schiebend. Reißt infolge zu starker Dehnung das «magnetische Band» zwischen Ständer und Läufer, kommt der Läufer zum Stillstand.

> Synchronmotoren haben bei normalen Lastschwankungen unveränderte Drehzahlen; bei Überlast fallen sie «außer Tritt» und bleiben stehen.

1.7.4.3 Phasenschieber (Blindleistungsmaschine)

Die Höhe der Stromaufnahme eines Synchronmotors richtet sich nach der Belastung an der Welle und der Größe des Erregerstromes in der Polradwicklung. Der Synchronmotor kann nicht (wie der Gleichstrommotor) bei Verstellung der Erregung seine Drehzahl ändern. Eine Änderung des Erregerstromes I_e bringt eine Veränderung der Blindleistung Q und des Leistungsfaktors $\cos \varphi$ mit sich. Die Leistungsangabe kann darum wie beim Synchrongenerator auch in kVA erfolgen.

a) Veränderung des Erregerstromes
Wird der Erregerstrom I_e so eingestellt, daß der Leistungsfaktormesser (Bild 1.176a) den Wert $\cos \varphi = 1$ anzeigt, zeigt der Strommesser a (Bild 1.176a) den geringsten Stromwert an. Der gemessene Strom ist ein reiner Wirkstrom (Bild 1.176b). Der eingeschaltete

175

Blindleistungsmesser (Bild 1.176a) zeigt den Wert Null an. Der Synchronmotor nimmt in diesem Falle weder Blindleistung auf noch gibt er welche ab.

Wird der Erregerstrom I_e vermindert, schlägt der Leistungsfaktormesser nach «induktiv» aus. Der Blindleistungsmesser schlägt ebenfalls aus, und der Stromwert des Strommessers a steigt an (V-Kurve: Bild 1.176b).

Wird der Erregerstrom I_e verstärkt, schlägt der Leistungsfaktormesser nach «kapazitiv» (entgegengesetzt) aus. Der Blindleistungsmesser hat ebenfalls entgegengesetzten Ausschlag. Der Stromwert steigt wiederum an (V-Kurve; Bild 1.176).

Ein untererregter Synchronmotor nimmt Blindleistung aus dem Netz auf; beim übererregten Synchronmotor sind die Betriebsbedingungen umgekehrt.

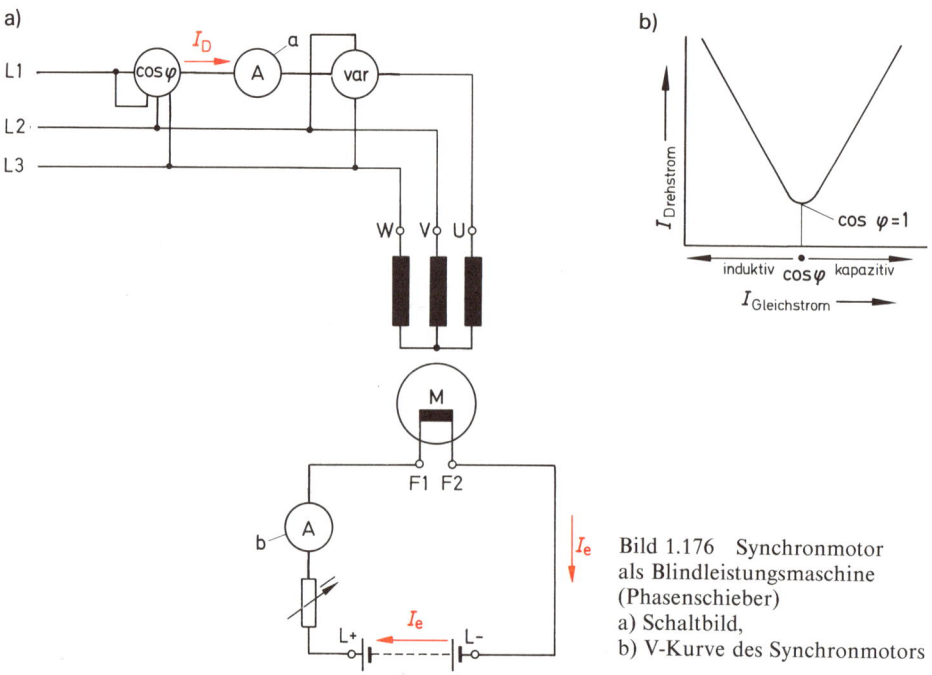

Bild 1.176   Synchronmotor als Blindleistungsmaschine (Phasenschieber)
a) Schaltbild,
b) V-Kurve des Synchronmotors

b) Praktische Ausnutzung der Erregerstromänderungen
Der Synchronmotor läßt sich ausgezeichnet zur Anhebung des Leistungsfaktors cos φ verwenden (Phasenschieber, Blindleistungsgenerator). In größeren Anlagen arbeiten bisweilen anstatt Kondensatoren Synchronmotoren. Durch stetige Veränderung des Erregerstromes I_e läßt sich der Leistungsfaktor cos φ bei jeder Belastungsart im Netz auf den gewünschten Sollwert einstellen. Mit Hilfe eines Blindverbrauchszählers kann die

176

Sollwertregelung über ein automatisches System erfolgen. Liegt keine volle Auslastung als Phasenschieber (Blindleistungsmaschine) vor, kann der Synchronmotor entsprechend dem Gesetz

$$S = \sqrt{Q^2 + P^2} \quad \text{in kVA}$$

noch mechanische Leistung an seiner Welle abgeben.

1.7.5 Synchron-Kleinstmaschinen

Besitzen Synchron-Kleinstmaschinen permanente Magnetpole, lassen sie sich als Generator (Fahrraddynamo) und als Motor verwenden. Besitzen sie dagegen Weicheisenpole, ist nur die Verwendung als Motor möglich.

1.7.5.1 Synchron-Kleinstmotor

1.7.5.1.1 Aufbau

Das Ständereisen läuft gewöhnlich in zwei Polhörnern aus, die an den Innenseiten mit je 8 bis 10 Zähnen versehen sind. Die Netzwicklung (Ständerwicklung) U 1—U 2 ist eine einfache konzentrische Spule. Der Ständer ist aus Dynamoblechen aufgebaut. Der Läufer kann aus weich- oder hartmagnetischem Werkstoff bestehen. Er besitzt — der gewünschten Drehzahl entsprechend — am gesamten Umfang als Pole ausgebildete Zähne (Bild 1.177) bzw. überhöhte magnetische Zonen.

a)

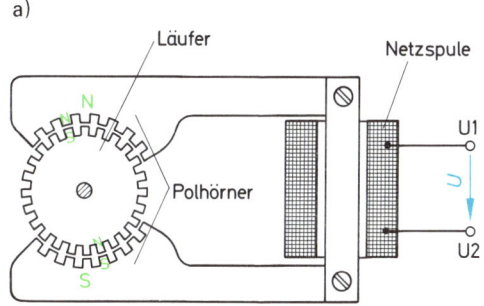

b)

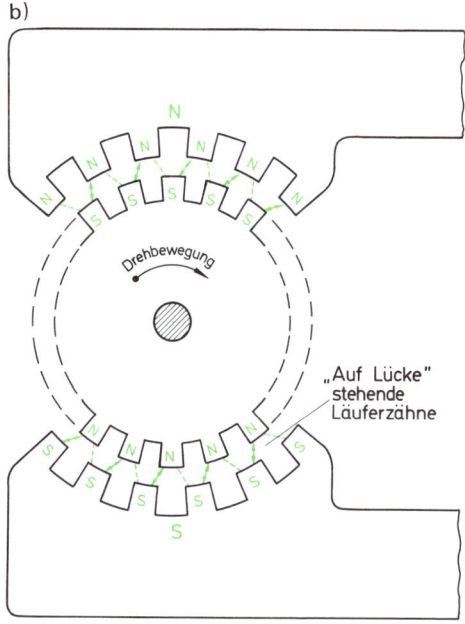

Bild 1.177 Synchron-Kleinstmotor
a) Einschaltmoment
b) Betriebszustand

177

1.7.5.1.2 Wirkungsweise

Synchron-Kleinstmotoren können für Anwurf wie auch für Selbstanlauf gebaut sein. Die eingeschaltete Netzwicklung U 1−U 2 baut ein Wechselfeld auf. Den Polaritäten der Polhörner stehen entgegengesetzte Läuferpolaritäten gegenüber (Bild 1.177a). Besteht der Läufer aus Weicheisen, ist ein Selbstanlauf nicht möglich. Die durch den Anwurf entstehende Schwungenergie bewegt den auf «Lücke stehenden» Läufer weiter (Bild 1.177b). So wird bei jeder Halbperiode des Wechselstromes ein Läuferzahn um eine Zahnteilung am Polhorn weiterrücken.

Die Zähnezahl des Läufers (nicht die Zähnezahl des Polhorns) ist bestimmend für die Drehzahl.

Beispiel

Der Läufer eines Uhrenmotors hat die Zähnezahl $z = 30$. Wie groß wird die Umdrehungszahl n_0 bei $f = 50$ Hz?

Lösung

$$n_0 = \frac{120 \cdot f}{z} = \frac{2 \cdot 60 \text{ s} \cdot \text{min}^{-1} \cdot 50 \text{ s}^{-1}}{30} = \underline{\underline{200 \text{ min}^{-1}}}$$

1.7.5.2 Drehstrom-Reluktanzmotor

Der Reluktanzmotor besitzt einen Kurzschlußläufer mit teilweise ausgebildeter Käfigwicklung (Bild 1.178a). Dadurch entstehen am Läuferumfang — entsprechend der Polzahl des Ständers — Zonen mit höherer und niedrigerer magnetischer Leitfähigkeit. Zonen (Bereiche) mit höherer Permeabilität (magnetische Leitfähigkeit) können als Pole angesehen werden. Das gleiche Ziel kann auch durch Aussparungen bzw. Abflachungen — wiederum entsprechend der Ständerpolzahl — am Läufer erreicht werden (Bild 1.178b). Die Überhöhungen am Läufer können hier ebenfalls als Pole betrachtet werden.

Durch das Bestreben der Feldlinien, den Weg des kleinsten magnetischen Widerstandes zu gehen, wird der Läufer in den Synchronismus gezogen.

Der Reluktanzmotor läuft asynchron an und zieht sich in den Synchronismus hinein. Bei Überlastung fällt er in den Asynchronismus zurück und läuft bei nicht zu großer Überlastung weiter. Die bauliche Veränderung des Läufers verschlechtert die Betriebseigenschaften wesentlich gegenüber einem gleichwertigen normalen Kurzschlußläufermotor. Darum kommt er nur für kleine Leistungen in Frage. Verwandt wird er als Uhrenmotor sowie für Spinnerei- und Aufspulmaschinen.

Vorteile

a) einfacher Aufbau, robust, wartungsfrei, preiswert,
b) benötigt keine besondere Anlaßhilfe,
c) benötigt keine besondere Gleichstromerregung.

Nachteile

a) keine Verwendungsmöglichkeit als Phasenschieber,
b) schlechter Wirkungsgrad η und Leistungsfaktor $\cos \varphi$.

a)

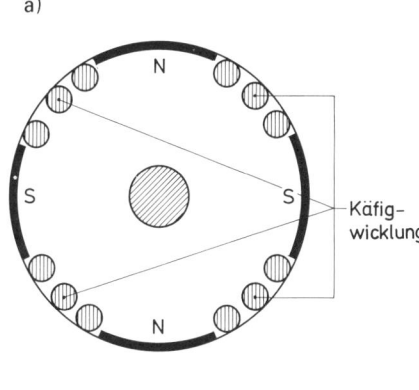

Bild 1.178 Reluktanzläufer
a) Ohne Aussparungen am Läuferumfang
b) Mit Aussparungen am Läuferumfang
Werkbild: AEG-Telefunken

Käfig-
wicklung

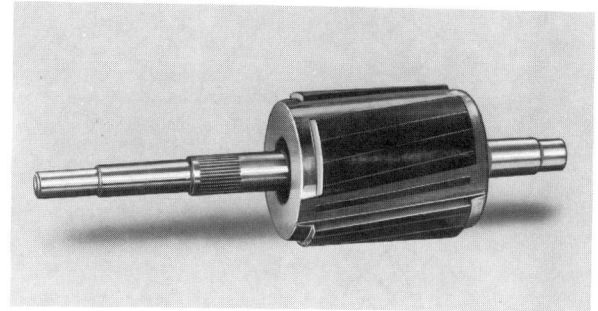

b)

1.7.6 Schrittmotoren

Herkömmliche Drehfeldmotoren (Synchron- und Asynchronmotoren) haben nach dem Gesetz

$$n_0 = \frac{60 \cdot f}{p}$$

fortlaufende Drehbewegungen. Das charakteristische Verhalten der Schrittmotoren ist die *schrittweise* Bewegung der Motorwelle. Der Motorenaufbau bestimmt die genau definierte Anzahl der Winkelschritte, die für eine Umdrehung der Motorenwelle erforderlich sind (Abschnitt 1.7.6.3.3). Ihr Einsatz erfolgt deshalb hauptsächlich für Positionieraufgaben im Bereich der Regelungs- und Steuerungstechnik (Abschnitt 1.7.6.4).

1.7.6.1 Funktionsbegriff

Schrittmotoren werden mit Gleichspannung betrieben. Um einen Schritt auszuführen, muß jeweils ein Spulensystem der Ständerwicklung des Motors umgepolt werden. Die Umpolung erfolgt durch impulsartige Ansteuerung von Transistoren, welche hier die Aufgabe eines elektronischen Schalters haben und einen Stromwender überflüssig machen. Diese Funktionsweise entspricht dem Grundgedanken des Drehfeld-Synchronprinzips. Sie soll anhand des schematischen Bildes 1.179 erläutert werden.

Die beiden Elektromagneten stellen den Ständer, der Dauermagnet den Läufer des Schrittmotors dar. Werden nach vorgegebenen Zeittakten die Spulen N_1 und N_2 von Impulsen durchsetzt, wird sich der Permanentmagnet entsprechend der jeweiligen Ständerpolarität einstellen. Hat also z.B. der Läufer für Rechtslauf die Position 1, und es wird für einen Elektromagneten der Impuls gelöscht, vollführt hier der Permanentmagnet einen Winkelschritt von 45° nach Position 2. Bei abermaliger Eingabe eines Impulses in umgekehrter Richtung stellt er sich nach Position 3 usw. ein. Auf diese Weise lassen sich auch leicht Schrittumkehrungen erreichen. Das Erreichen der Position 2 wird nur durch Ausschalten einer Spule ermöglicht. Diese Steuerart wird als «Halbschritt» bezeichnet (Abschnitt 1.7.6.3.3).

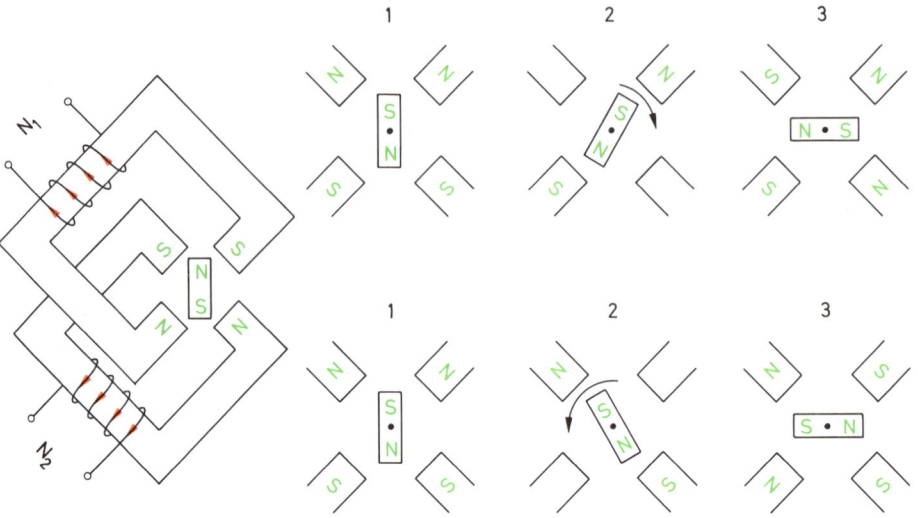

Bild 1.179   Schematische Darstellung zum Funktionsprinzip des Schrittmotors

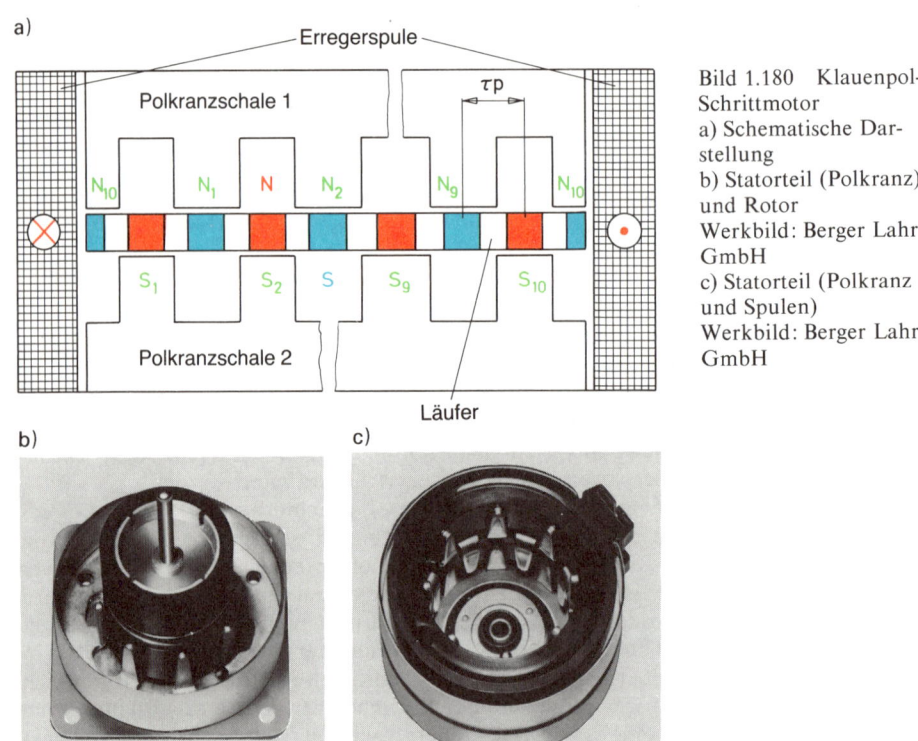

a)

Erregerspule

Polkranzschale 1

τp

N_{10} N_1 N N_2 N_9 N_{10}

S_1 S_2 S S_9 S_{10}

Polkranzschale 2

Läufer

Bild 1.180   Klauenpol-Schrittmotor
a) Schematische Darstellung
b) Statorteil (Polkranz) und Rotor
Werkbild: Berger Lahr GmbH
c) Statorteil (Polkranz und Spulen)
Werkbild: Berger Lahr GmbH

b)   c)

180

1.7.6.2 Aufbau

a) Ständer

Die Ausführung kann sein als

Klauenpol-Schrittmotor (Bild 1.180).

Eine Polkranzschale 1 (einseitiges Ständerblech) mit entsprechender Anzahl Polzähne greift in die Pollücken der gegenüberliegenden Polkranzschale 2 (Bild 1.180a). Beide Polkranzschalen bilden mit der Erregerringspule ein Polkranzsystem (Ständersystem mit 20 Polen). Ein zweites gleich aufgebautes Polkranzsystem ist gegenüber dem ersten in Umfangsrichtung um eine halbe Polteilung τ_p versetzt angeordnet. Damit ergibt sich ein zweiteiliges Polkranzsystem mit 40 Polen. Die Polzahl in Verbindung mit der Anzahl der Läuferzähne bestimmt den Schrittwinkel (Abschnitt 1.7.6.3.3). Die Werkbilder 1.180b, c zeigen einen geöffneten Klauenpol-Schrittmotor.

Gleichpol-Schrittmotor (Bild 1.181)

Das lamellierte Statorblech besitzt ausgeprägte Pole mit Zähnen (im schematischen Bild 1.181a 4 Zähne je Ständerpol). Um jeden Polhals sitzt eine Erregerspule. Die Spulen aller Pole können zur Mehrphasenwicklung verschaltet sein. Werkbild 1.181b zeigt das Schnittbild und Werkbild 1.181c die Gesamtansicht eines 5-Phasen-Schrittmotors.

Bild 1.181 Gleichpol-
Schrittmotor
a) Schematische Darstel-
lung
b) Schnittbild 5-Phasen-
Schrittmotor
Werkbild: Berger Lahr
GmbH
c) Gesamtansicht 5-Phasen-
Schrittmotor
Werkbild: Berger Lahr
GmbH

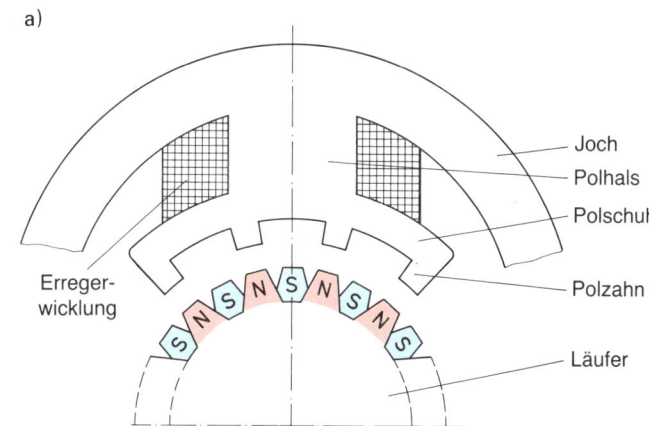

a)

Joch
Polhals
Polschuh
Erreger-
wicklung
Polzahn
Läufer

b)

c)

181

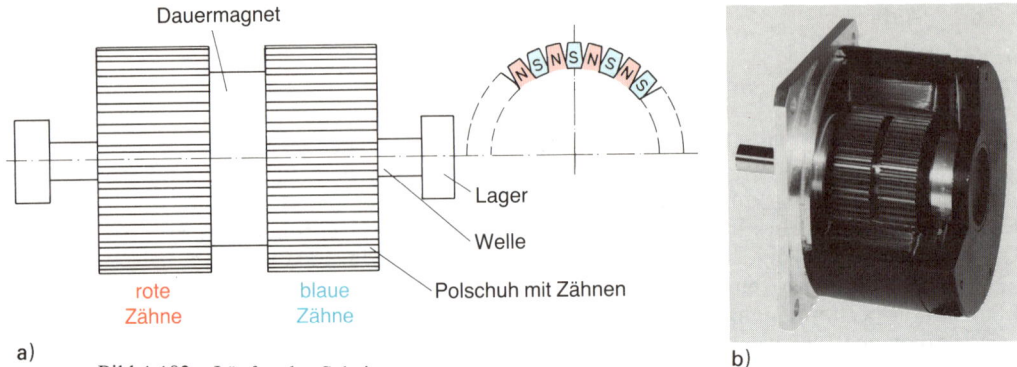

a)

b)

Bild 1.182   Läufer des Schrittmotors
a) Schematische Darstellung
b) Schnittbild
Werkbild: Berger Lahr GmbH

b) Läufer

Der Läufer kann aus aktivem (hartmagnetischem, permanentem) wie auch aus reaktivem (weichmagnetischem, remanentem) Material aufgebaut sein.

Der *aktive Läufer* herrscht in der Praxis vor. Er kann aus einem normalen zylindrischen Dauermagneten bestehen (Bild 1.180b) bzw. aus einem in Längsrichtung magnetisierten Permanentmagneten mit an beiden Stirnseiten aufgeschobenen Polschuhen, welche jeweils bis zu 50 Läuferzähne besitzen können (Bilder 1.181a und 1.182a). Die Zähne von Polschuh 1 (Bild 1.182a rot) sind gegenüber den Zähnen von Polschuh 2 (Bild 1.182a blau) jeweils um Zahnlücke versetzt. Die Zähne des einen Polschuhs bilden die Nordpole, die des anderen Polschuhs die Südpole. Die Werkbilder 1.181b und 1.182b zeigen im wesentlichen die Läufer eines 5-Phasen-Schrittmotors.

Der *reaktive Läufer* ist mit magnetisch überhöhten Zonen wie beim Synchron-Kleinstmotor (Bild 1.177) bzw. Reluktanzmotor (Bild 1.178) aufgebaut. Der Läufer bewegt sich mit reaktivem Moment und nimmt die günstigste Ständerzahn-Läuferzahn-Stellung ein.

1.7.6.3   Betriebseigenschaften

Als Betriebseigenschaften sind von besonderem Interesse die Ansteuerungsarten, die Schrittfrequenz und der Schrittwinkel.

1.7.6.3.1 Ansteuerungsarten

Für die Wicklungserregung hat man in der Praxis gewöhnlich Spannungsquellen zwischen 12 V bis 42 V. Als grundsätzliche Ansteuerungsarten kommen zur Anwendung:

a) Bipolare Ansteuerung (Bild 1.183)

Bei der bipolaren Steuerschaltung besteht jede Motorphase (Erregerwicklung N_1 und N_2) aus einer Wicklung. Es werden je Phase vier Transistoren benötigt, da Anfang und Ende der Phase wechselseitig mit der Spannungsquelle verbunden werden müssen.

182

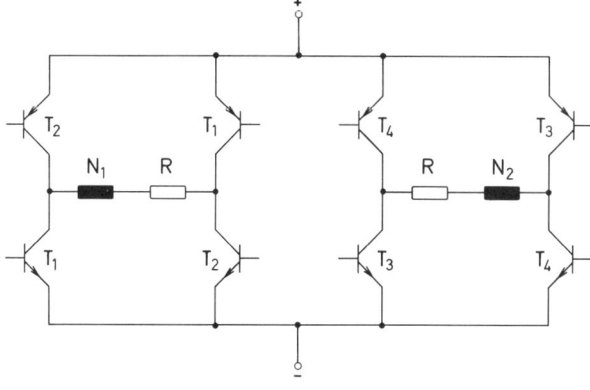

Bild 1.183 Schematische Darstellung der bipolaren Ansteuerung des Schrittmotors

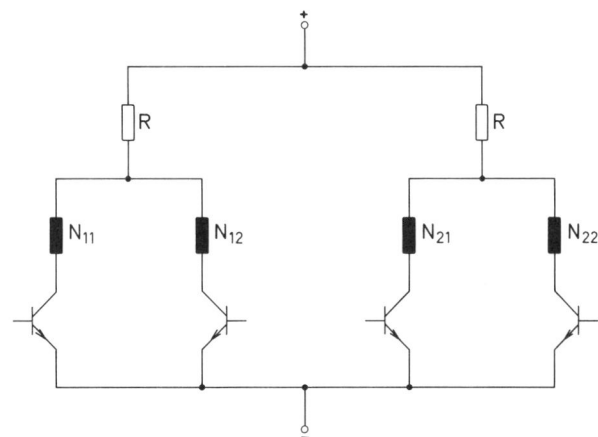

Bild 1.184 Schematische Darstellung der unipolaren Ansteuerung des Schrittmotors

b) Unipolare Ansteuerung (Bild 1.184)
Bei der unipolaren Steuerschaltung besteht jede Phase aus zwei getrennten Wicklungen. Es werden hier je Phase nur zwei Transistoren benötigt. Pro Schrittstellung ist je Phase immer nur eine Wicklung eingeschaltet.

Vorteil der bipolaren Steuerschaltung gegenüber der unipolaren: Höheres Drehmoment bei höherer Schrittfrequenz.

Nachteil der bipolaren Steuerschaltung gegenüber der unipolaren: Aufwand an doppelter Anzahl Transistoren.

Um eine kleinere Zeitkonstante zu erhalten, kann in beiden Steuerschaltungen zur Spuleninduktivität ein ohmscher Widerstand R in Reihe geschaltet werden.

c) Unipolare-bipolare Ansteuerung (Bild 1.185)
Diese Schaltung vereinigt in sich die Vorteile des bipolaren und unipolaren Steuersystems. Der Nachteil ist der Aufwand von zwei zusätzlichen Dämpfungswiderständen. Die Schaltung wird vorwiegend für kleine Leistungen angewandt.

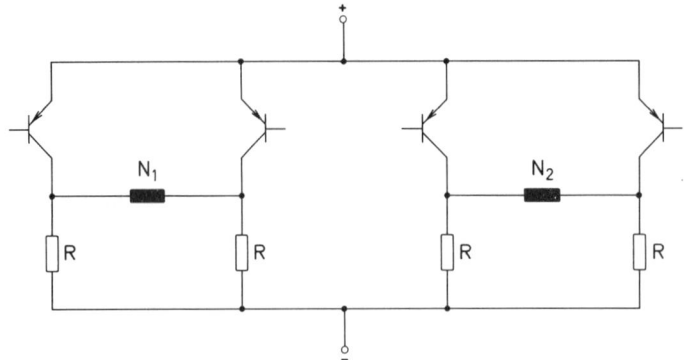

Bild 1.185 Schematische Darstellung der unipolaren-bipolaren Ansteuerung eines Schrittmotors

1.7.6.3.2 Schrittfrequenz

Die Schrittfrequenz bestimmt den in 1 s zurückgelegten Schrittweg. Sie kann etliche 100 Hz betragen. Da mit steigender Schrittfrequenz das Drehmoment des Motors fällt, darf eine bestimmte Grenzfrequenz nicht überschritten werden. Der Motor fällt sonst außer Tritt und bleibt stehen.

1.7.6.3.3 Schrittwinkel

In der Praxis unterscheidet man zwischen

a) Vollschrittwinkel,
b) Halbschrittwinkel.

Unter Vollschrittwinkel wird die Schrittbewegung von einer Pol- bzw. Zahnteilung τ_p verstanden, unter Halbschrittwinkel dementsprechend die Bewegung von halber Pol- bzw. Zahnteilung.

Beispiel
Ein Klauenpol-Schrittmotor besitzt insgesamt 40 Ständerzähne. Die Zähnezahl des Läufers beträgt 80.

a) Wie groß ist sein Vollschrittwinkel α?
b) Welchen Winkel β legt er sekundlich bei einer Schrittfrequenz $f = 500\ \mathrm{s}^{-1}$ zurück?

Lösung
a) Unter jedem Ständerpolzahn befinden sich zwei Läuferzähne; also gilt

$$\alpha = \frac{360°}{z_{\text{Ständer}} \cdot 2} = \frac{360°}{40 \cdot 2} = \underline{4,5°}$$

b) $\beta = \alpha \cdot f = 4,5° \cdot 500\ \mathrm{s}^{-1} = \underline{2250°\ \mathrm{s}^{-1}}$

entspricht $\dfrac{2250°\ \mathrm{s}^{-1}}{360°} = \underline{6,25\ \mathrm{s}^{-1}}$ (Umdrehungen je Sekunde)

Beispiel

Ein Gleichpol-Schrittmotor mit 10 Ständerpolen besitzt 5 Zähne pro Ständerpol. Sein Läufer besitzt 50 Polpaare (Zahnpaare).

a) Wieviel beträgt sein Voll- und sein Halbschritt?
b) Wie viele Halbschritte gehören zu einer Läuferumdrehung?

Lösung

a) 50 Läuferzahnpaare ergeben 100 Läuferzähne.
Ferner befinden sich unter jedem Ständerpol $\frac{100}{10}$ = 10 Läuferzähne.
Demzufolge unter jedem Ständerzahn $\frac{10}{5}$ = 2 Läuferzähne.
Dementsprechend wird der Vollschrittwinkel

$$\text{a1)} \alpha = \frac{360°}{2 \cdot p_{\text{Ständer}} \cdot \dfrac{z_{\text{Rotor}}}{2}} = \frac{360°}{10 \cdot \dfrac{100}{2}}$$

$$\alpha = \underline{0,72°} \; \hat{=} \; \underline{43,2'} \; \text{(Winkelminuten)}$$

$$\text{a2)} \frac{\alpha}{2} = \frac{0,72°}{2} = \underline{0,36°} \; \hat{=} \; \underline{21,6'} \; \text{(Winkelminuten)}$$

$$\text{b)} \frac{\text{Halbschritte}}{\text{Umdrehung}} = \frac{360°}{0,36°} = \underline{1000}$$

Eine Schrittwinkelgenauigkeit ±4% ist aus Gründen der Herstellung wie auch der Werkstofftoleranzen nicht zu unterschreiten.

1.7.6.4 Anwendungen

Der Einsatz der Schrittmotoren erfolgt vorwiegend in der Digitaltechnik für Regelungs- und Steuerungsfragen. Es soll vor allem eine präzise Positionssteuerung bei gutem Anlauf- und Laufmoment unter Kleinhaltung von Schwingungsproblemen sowie eine gute Selbsthemmung (Haltemoment) bewirkt werden, wie es z.B. erforderlich ist im Werkzeugmaschinenbau, Büromaschinenbetrieb, Zeigerantrieb von Uhren, Ruderverstellungen im Schiffswesen, Datenspeicherbetrieb usw.

1.8 Stromwendermaschinen für Einphasenwechselstrom
Stromwendermaschinen für Dreiphasenwechselstrom (Drehstrom)

1.8.1 Frequenzfragen

Drehfeldmaschinen ohne Stromwender (Synchron- und Asynchronmaschinen) lassen sich ohne hohe Verluste nur mit entsprechendem Aufwand an Zusatzeinrichtungen in größeren Bereichen drehzahlverstellen. Die Bindung an die Beziehung

$$n_0 = \frac{f}{p}$$

f in s^{-1}

n_0 in s^{-1}

ergibt bei Polpaaränderungen immer nur stufige (sprunghafte) Drehzahlsteuerungen. Bei Drehzahlverstellungen durch Frequenzwandlungen ist man auf Frequenzumformer angewiesen (Abschnitt 1.9.2).

Stromwendermaschinen (Kollektormaschinen) erlauben stufenlose Drehzahlsteuerungen in weiten Grenzen. Drehzahlsteuerungen (Drehzahländerungen) erfolgen hier ebenfalls durch Frequenzwandlungen, die vom Stromwender (Kollektor) in Verbindung mit den Bürsten erreicht werden. Im Anker jeder Gleichstrommaschine fließt Wechselstrom (Abschnitt 1.1.1c). Wenn also ein Gleichstromgenerator vierpolig und seine Drehzahl $n = 1200$ min^{-1} ist, herrscht im Anker die Frequenz $f = 40$ Hz. Die Frequenz wird zwischen dem rotierenden Stromwender und den stehenden Bürsten auf $f = 0$ Hz gebracht. Dieser Vorgang entspricht einer Gleichrichtung bzw. Frequenzumformung. Der umgekehrte Fall vollzieht sich beim Gleichstrommotor. Das gleiche gilt auch bei der Zuführung eines Wechselstromes.

Beispiel

Ein zweipoliger Universalmotor macht am Gleichspannungsnetz die Drehzahl $n = 9000$ min^{-1}. Wieviel beträgt die Frequenz im Ankerinnern?

Lösung

$$f = \frac{p \cdot n_0}{60} = \frac{1 \cdot 9000 \text{ min}^{-1}}{60 \text{ s} \cdot \text{min}^{-1}} = 150 \text{ s}^{-1} \text{ (Hz)}$$

Bei allen Stromwendermaschinen stellt der rotierende Stromwender gegen die stillstehenden Bürsten einen Frequenzwandler dar.

1.8.2 Stromwendermaschinen für Einphasenwechselstrom (Motoren)

Grundsätzlich läßt sich jeder Gleichstrommotor mit Wechselspannung betreiben. Bei einem Gleichstrom-Nebenschlußmotor wird jedoch infolge der hohen Induktivität der Feldwicklung die Phasenverschiebung zwischen Feld- und Ankerstrom sehr ungünstig und somit das Drehmoment und die Leistungsabgabe zu unbedeutend. Bei einem

Gleichstrom-Reihenschlußmotor herrscht kein Phasenunterschied in bezug auf Erregerstrom und Ankerstrom. Dieser Vorteil wird praktisch bei den Universalmotoren ausgenutzt. Die abgegebene Leistung ist im Wechselstromfall allerdings 10 bis 20% geringer als im Gleichstromfall (Abschnitt 1.3.1.5).

Für den Anschluß von Gleichstrommotoren an das Einphasenwechselstromnetz kommen nur Motoren mit Reihenschlußcharakter zur Anwendung.

Aus der Vielzahl der entwickelten Stromwendermotoren für Einphasenwechselstrom haben sich

a) der Repulsionsmotor mit einfachem Bürstensatz,
b) der Repulsionsmotor mit doppeltem Bürstensatz (Deri-Motor)

in der Praxis durchgesetzt.

1.8.3 Repulsionsmotoren

1.8.3.1 Aufbau

Das genutete Blechpaket des Ständers (Primäranker) gleicht dem des Einphasen-Asynchronmotors. Die Arbeitswicklung (Netzwicklung) U—V* belegt zwei Drittel der Nuten, das restliche Drittel wird nur teils bewickelt bzw. bleibt frei (Abschnitt 1.6.1). Der Rotor (Sekundäranker) gleicht dem Gleichstromanker. Wegen der höheren Schwierigkeiten in der Stromwendung gegenüber Gleichstrom, wird hier die Lamellenspannung (Spannung zwischen zwei benachbarten Lamellen) geringer gewählt. Somit steigt die Lamellenzahl, die Stromwenderausmaße nehmen zu.

Beim Repulsionsmotor mit einfachem Bürstensatz befinden sich auf dem Stromwender — entsprechend der Polzahl des Motors — die um 180° (zweipoliger Motor) oder 90° (vierpoliger Motor) auf der verstellbaren Bürstenbrücke versetzten Bürsten (Bild 1.186). Zur Drehzahlsteuerung kann der Bürstensatz theoretisch um 90° (zweipoliger Motor) bzw. 45° (vierpoliger Motor) von der neutralen Zone (Anlaufstellung) nach der einen bzw. anderen Seite entsprechend der gewünschten Drehrichtung verschoben werden.

Beim Deri-Motor sitzen zwei kurzgeschlossene Bürstensätze auf dem Stromwender. Jeweils ist eine unbewegliche mit einer beweglichen Bürste verbunden. Die unbeweglichen Bürsten stehen in Richtung Erregerachse. Mit den beweglichen Bürsten erreicht man die gleichen Betriebsbedingungen (Drehzahlverstellungen und Drehrichtungsänderungen) wie beim einfachen Repulsionsmotor. Der theoretische Verschiebewinkel ist jeweils doppelt so groß (Bild 1.187), wodurch die Drehzahleinstellung feinstufiger wird.

Ständer und Läufer stehen bei Repulsionsmotoren nicht in galvanischer Verbindung.

---

* In Abschnitt 1.8 (Einphasen- und Drehstrom-Stromwendermaschinen) gelten weiterhin die bisherigen Anschlußbezeichnungen. Vom Normenausschuß sind in naher Zukunft auch keine Änderungen geplant.

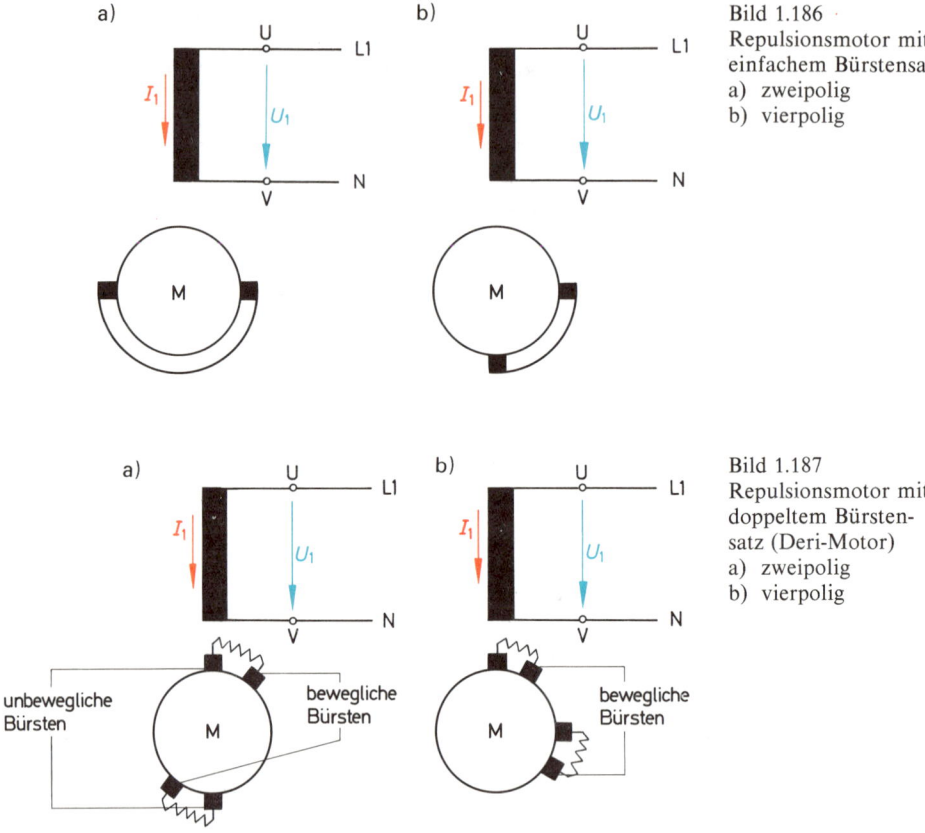

Bild 1.186
Repulsionsmotor mit
einfachem Bürstensatz
a) zweipolig
b) vierpolig

Bild 1.187
Repulsionsmotor mit
doppeltem Bürsten-
satz (Deri-Motor)
a) zweipolig
b) vierpolig

1.8.3.2   Wirkungsweise

Repulsionsmotoren stimmen in bezug auf ihre induktive Kopplung zwischen Ständer und Läufer mit den Asynchronmotoren (Induktionsmotoren) prinzipiell überein.

Die induktive (transformatorische) Kopplung zeigt, daß Repulsionsmotoren nur an Wechselspannung angeschlossen werden dürfen.

1.8.3.2.1 Anlaufstellung

Steht die kurzgeschlossene Bürstenbrücke des einfachen Repulsionsmotors in der neutralen Zone und wird die Ständerwicklung ans Netz gelegt, läuft der Repulsionsmotor (wie der Einphasen-Asynchronanwurfmotor) nicht an. Das magnetische Feld durchsetzt zwar die Rotorwicklung, aber die Läuferspannungen heben sich auf. Der Läuferstrom ist somit ebenfalls Null (Bild 1.188a). Die Ständerwicklung entnimmt dem Netz nur einen geringen Leerlaufstrom.

Bei der Anlaufstellung des Deri-Motors stehen die unbeweglichen mit ihren beweglich verbundenen Bürsten (A und A_1 bzw. B und B_1) nebeneinander (Bild 1.188b).

188

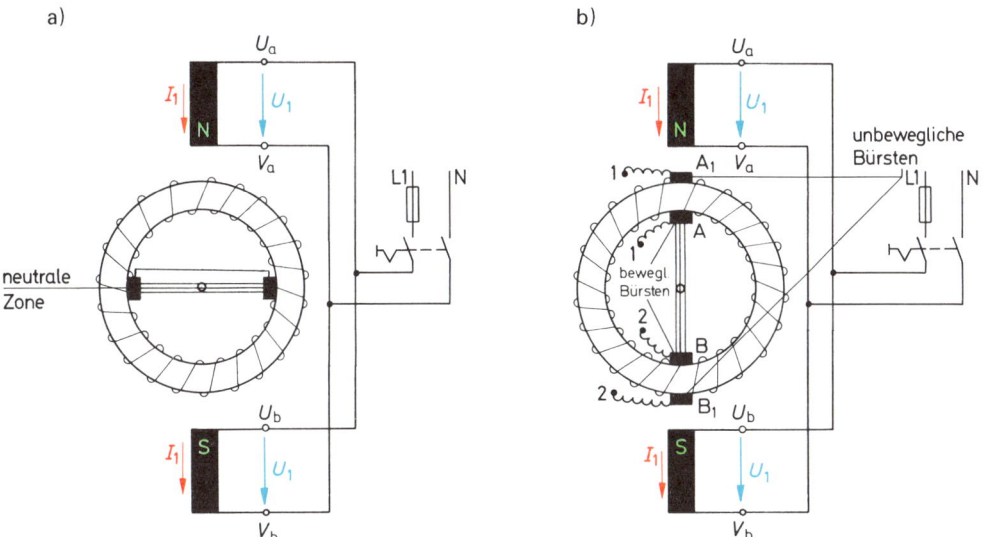

Bild 1.188   Anlaufstellungen der Repulsionsmotoren a) Repulsionsmotor mit einfachem Bürstensatz, b) Repulsionsmotor mit doppeltem Bürstensatz (Deri-Motor)

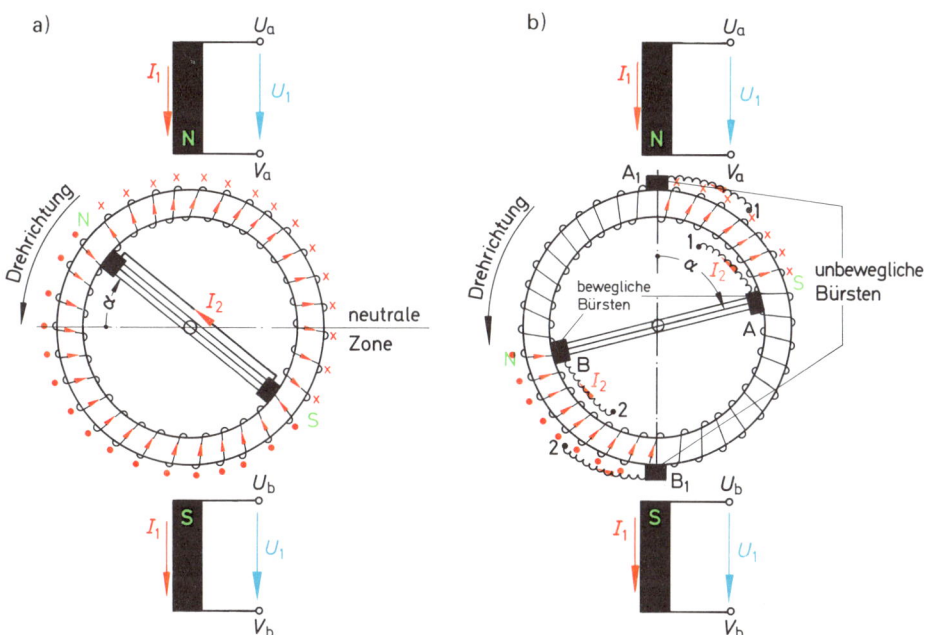

Bild 1.189   Betriebsstellungen der Repulsionsmotoren a) Repulsionsmotor mit einfachem Bürstensatz, b) Repulsionsmotor mit doppeltem Bürstensatz (Deri-Motor)

1.8.3.2.2 Betriebsstellung

Um Einphasen-Asynchronmotoren in Betrieb zu bringen, wird der Anwurf bzw. der Hilfsstrang mit oder ohne Anlaßglieder benötigt. Beim einfachen Repulsionsmotor wird die Bürstenbrücke verschoben. Die normalen induzierten Läuferspannungen liegen bei 10 bis 15 V, im Höchstfall etwa bei 60 V. Die Verlagerung der Läuferströme erfolgt nach der *Motorenregel* so, daß eine Verschiebung der Bürstenbrücke nach rechts eine Linksdrehung des Läufers mit sich bringt. Der Drehsinn läßt sich auch aus den Ständer- und Läuferpolaritäten ableiten (Bild 1.189a). Bei Drehrichtungsänderungen muß die Bürstenbrücke entgegengesetzt gedreht werden. Die magnetische Achse des Läufers steht bei der Drehung — im Gegensatz zum Asynchronmotor — im Raume still. Sie kann nur durch Verstellen der Bürsten verändert werden.

Beim Deri-Motor werden durch Verstellen der beweglichen Bürsten die gleichen Vorgänge erreicht (Bild 1.189b).

Denkt man sich die Läuferwicklung an der Bürstenbrücke zu einer Spule zusammengefaßt und aus der horizontalen Lage allmählich in die vertikale Lage gedreht, wird der durchsetzende Fluß immer geringer (Bild 1.190). Bei Gleichstrommotoren bedeutet eine Flußverminderung (Feldschwächung) Drehzahlerhöhung; so ist es auch bei Repulsionsmotoren.

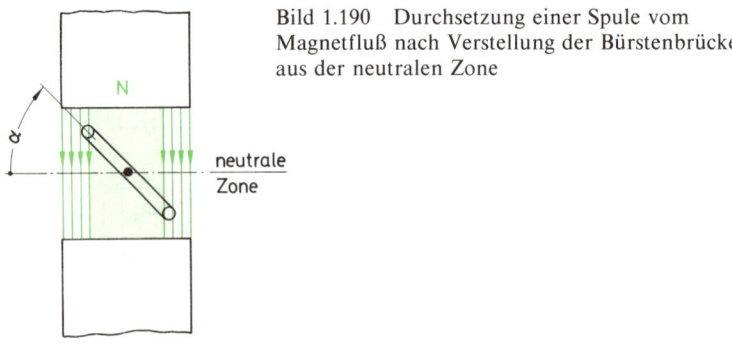

Bild 1.190   Durchsetzung einer Spule vom Magnetfluß nach Verstellung der Bürstenbrücke aus der neutralen Zone

---

Alle Stromwendermotoren für Einphasenwechselstrom arbeiten mit Reihenschlußcharakter. Sie besitzen ein kräftiges Anzugsmoment, neigen aber im Leerlauf zum Durchgehen.

1.8.3.2.3 Kurzschlußstellung

Wird die Bürstenbrücke von der Anlaufstellung um 90° (zweipoliger Motor mit einfachem Bürstensatz) bzw. 180° (zweipoliger Motor mit doppeltem Bürstensatz) verschoben, ist die Kurzschlußzone erreicht. Der Motor verhält sich wie ein kurzgeschlossener Transformator (Bild 1.191). Die Motorwirkung hört auf, der Läufer bleibt stehen. Da infolge der sehr hohen Läuferströme längere Betriebsdauer in dieser Zone Beschädigungen nach sich zieht, verhindert ein mechanischer Anschlag das Erreichen der Kurzschlußstellung.

190

Bild 1.191
Kurzschlußstellungen der
Repulsionsmotoren
a) Repulsionsmotor mit
    einfachem Bürsten-
    satz
b) Repulsionsmotor mit
    doppeltem Bürsten-
    satz (Deri-Motor)

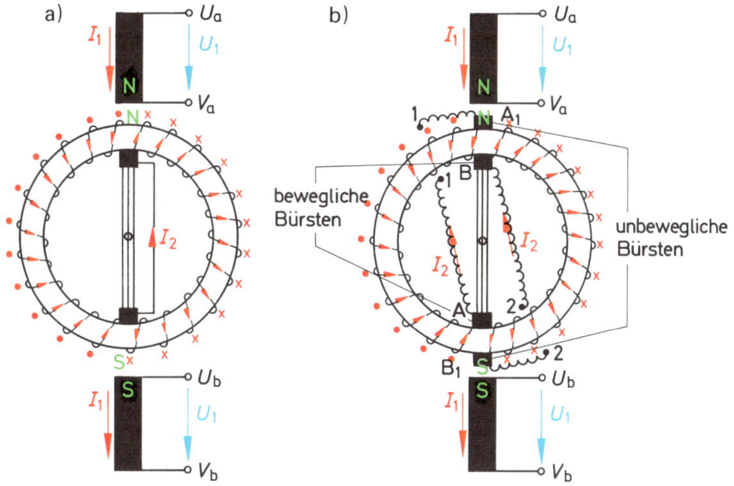

1.8.3.2.4 Anwendung

Repulsionsmotoren kommen überall dort zur Anwendung, wo ein kräftiger aber stoßfreier Anlauf gefordert wird (Spinnerei- und Druckereimaschinen usw.). Wo feinstufige
Drehzahländerungen gefordert werden, ist der Deri-Motor mit seinem größeren Ver-
stellbereich im Vorteil.

1.8.4   Stromwendermaschinen für Drehstrom (Motoren)

Stromwendermaschinen für Einphasenwechselstrom arbeiten nur mit Reihenschlußcharakter. Stromwendermaschinen für Drehstrom können für Reihen- oder für Nebenschlußverhalten hergerichtet sein.

1.8.4.1   Drehstrom-Reihenschluß-Stromwendermotor

1.8.4.1.1 Aufbau

Der Ständer gleicht dem eines normalen Drehstrom-Asynchronmotors, der Läufer
einem Gleichstromanker. Die Enden der Ständerwicklungen führen zu den (wenigstens)
drei um 120° versetzten Bürsten am Stromwender (Bild 1.192). Die Bürstenanordnung
gibt der Läuferwicklung den Charakter einer Dreieckschaltung (Bild 1.193). Der Stelltransformator setzt die Läuferspannung auf ein erträgliches Maß herab, um das Bürstenfeuer zu reduzieren. Soll die Ständerwicklung an Hochspannung liegen, wird der
Stelltransformator zwischen Ständer und Läufer angeordnet.

1.8.4.1.2 Wirkungsweise

Im Betrieb entstehen ein Ständerdrehfeld Φ_1 und ein Läuferdrehfeld Φ_2. Bei räumlicher
Deckung beider Felder entsteht kein Drehmoment: Der Motor befindet sich in der
Anlaufstellung (Bild 1.194a). Werden die Bürsten gegen die Drehfeldrichtungen ver-

191

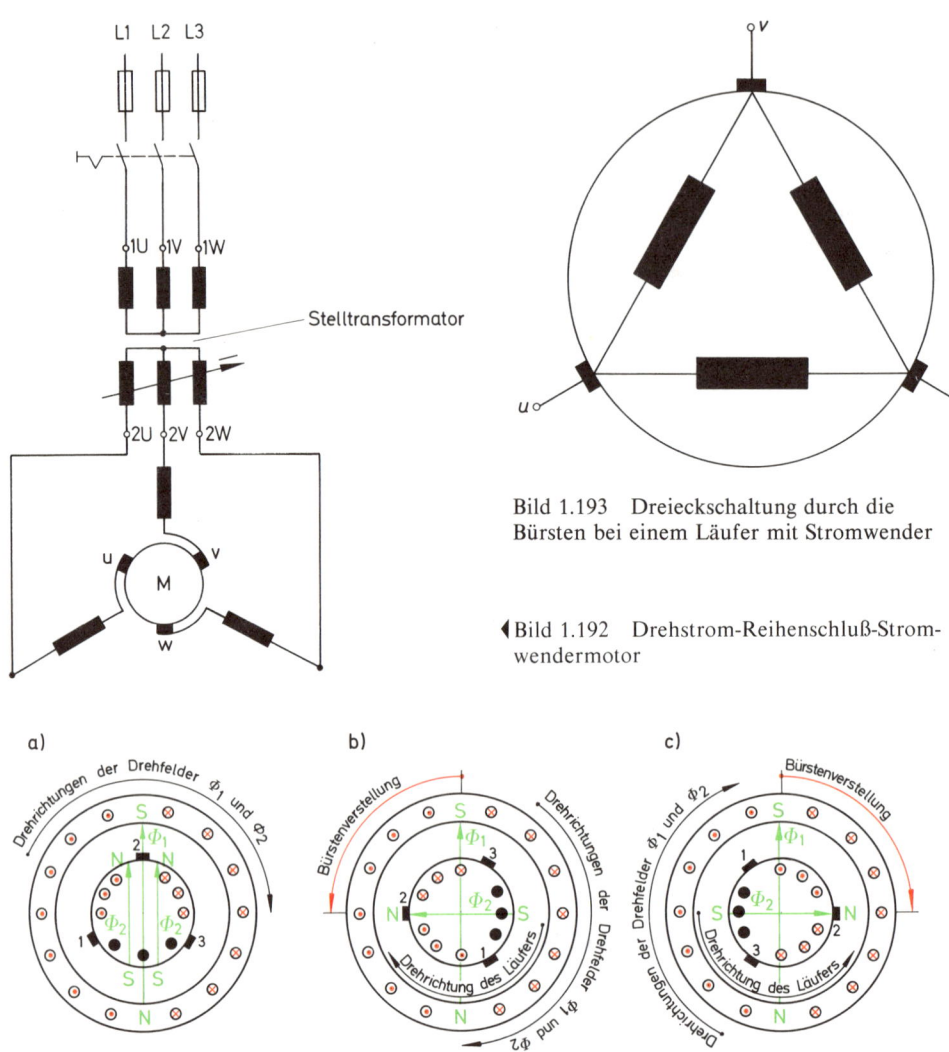

Bild 1.193   Dreieckschaltung durch die
Bürsten bei einem Läufer mit Stromwender

◀ Bild 1.192   Drehstrom-Reihenschluß-Stromwendermotor

Bild 1.194   Betriebsvorgänge beim Drehstrom-Reihenschluß-Stromwendermotor
a) Anlaufstellung, b) günstige Betriebsstellung, c) ungünstige Betriebsstellung

schoben, läuft er (wie der Repulsionsmotor) der Bürstenverstellung entgegen (Bild
1.194b). Die Funkenbildung ist unbedeutend, da infolge der geringen Schnittgeschwindigkeit die Spannungserzeugung in den Läuferwindungen gering ist. Werden die Bürsten
in Drehrichtung der Drehfelder verstellt, läuft der Motor entgegengesetzt (Bild 1.194c).
Induzierte Spannung und Funkenbildung sind dann groß. Bei der Drehrichtungsumkehr
werden aus diesem Grunde gleichzeitig zwei Netzanschlüsse vertauscht.

192

Der Betriebszustand ist funkenfrei, wenn die Drehfelder entgegengesetzt der Bürstenverstellung laufen.

Drehzahlsteuerungen können durch Bürstenverstellungen, aber auch durch Spannungsveränderungen am Stelltransformator erreicht werden. Durch seine Reihenschlußcharakteristik besitzt der Motor ein kräftiges Anzugsmoment, neigt aber im Leerlauf zum Durchgehen.

1.8.4.2 Ständergespeister Drehstrom-Nebenschluß-Stromwendermotor

Die Netzeinspeisung erfolgt im Ständer. Der Ständer ist somit Primärseite.

Bild 1.195
Ständergespeister Drehstrom-Nebenschluß-Stromwendermotor mit Stelltransformator in
△-∗-Schaltung

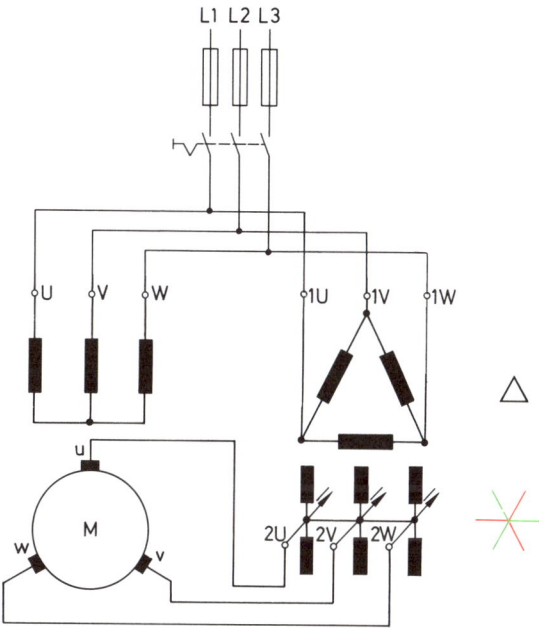

1.8.4.2.1 Aufbau

Ständeraufbau und Ständerwicklungen stimmen mit den Ausführungen des normalen Drehstrom-Asynchronmotors überein. Die gewünschte *Steuerspannung* wird dem Rotor über den Stelltransformator zugeführt, welcher im Dreieck-Sechsphasensystem verkettet in ⋎-Schaltung* ausgeführt sein kann (Bild 1.195). Zur Verbesserung des Leistungsfaktors cos φ werden die Bürsten auf dem Stromwender verschiebbar angeordnet. Ständergespeiste Drehstrom-Nebenschluß-Stromwendermotoren werden für größere Leistungen gebaut.

---

* Nach VDE 0555: Schaltung F_1.

1.8.4.2.2 Wirkungsweise

Der ständergespeiste Drehstrom-Nebenschluß-Stromwendermotor gestattet nicht nur eine verlustlose Steuerung der Drehzahl, sondern auch eine Verbesserung des Leistungsfaktors cos φ. Steht der Schleifer auf dem Sternpunkt des Stelltransformators (Bild 1.195), arbeitet der Motor wie ein normaler Asynchronmotor mit Schlupf. Wenn (angenommen) der Schleifer des Stelltransformators nach unten bewegt wird, möge der Motor langsamer (untersynchron) laufen. In diesem Fall werden — zwecks Verbesserung des Leistungsfaktors cos φ — die Bürsten entgegen dem Drehsinn des Drehfeldes verschoben. Bei Verschiebung des Schleifers nach oben würde der Motor dann schneller (übersynchron) laufen. Zur Leistungsfaktorverbesserung müssen die Bürsten diesmal im Drehfeldsinn verschoben werden.

Anschließende Erläuterung soll in allgemeiner Weise den Wirkungsablauf klarlegen:

Für einen zweipoligen Motor beträgt am 50-Hz-Netz die Drehfelddrehzahl $n_0 = 3000$ min^{-1}. Bei der Rotordrehzahl $n_N = 2700$ min^{-1} wird dann die Schlupfdrehzahl

$$n_{\text{Schlupf}} = 3000 \text{ min}^{-1} - 2700 \text{ min}^{-1} = \underline{300 \text{ min}^{-1}}$$

Die Schlupfspannung (Induktionsspannung) im Rotor möge 20 V betragen, die Schlupffrequenz beim Schlupf $s = 10\%$ ($s = 0,1$) ist dann

$$f_{\text{Schlupf}} = s \cdot f = 0,1 \cdot 50 \text{ Hz} = \underline{5 \text{ Hz}}$$

Am Stelltransformator möge eine Steuerspannung, z.B. 15 V, mit der Frequenz $f = 50$ Hz abgegriffen und dem Läufer zugeführt werden. Bei der im Rotor herrschenden Schlupffrequenz von 5 Hz muß nun die Frequenz der Steuerspannung ebenfalls auf 5 Hz gebracht werden. Diese Aufgabe obliegt dem rotierenden Stromwender (Frequenzwandler).

Bei einer Subtraktion von Schlupf- und Steuerspannung wird die Leistung größer, als es den momentanen Belastungsbedingungen entspricht.

Die Formel $\boxed{P = \dfrac{M \cdot n}{9550}}$
P = Leistung in kW
M = Drehmoment in Nm
n = Drehzahl in min^{-1}

läßt erkennen, daß bei steigender Leistung P und konstantem Drehmoment M die Drehzahl n wachsen muß. Die Drehzahl läßt sich auf diese Weise über den Synchronismus (negativer Schlupf) steigern. Drehzahlverminderung läßt sich auf umgekehrtem Wege erreichen. Die vom Stelltransformator gelieferte Steuerspannung muß die entgegengesetzte Phasenlage haben, damit sich Steuer- und Induktionsspannung (Schlupfspannung) addieren. Um den erforderlichen Belastungsbedingungen gerecht zu werden, muß der Rotor langsamer laufen.

Die Zufuhr von Steuerspannungen zur Schlupfspannung bringt bei konstantem Drehmoment für Drehstrom-Nebenschluß-Stromwendermotoren Veränderungen der Drehzahlen mit sich. In der Praxis liegen die Stellbereiche gewöhnlich 50% untersynchron bis 50% übersynchron.

1.8.4.3 Läufergespeister Drehstrom-Nebenschluß-Stromwendermotor

Die Netzeinspeisung erfolgt im Läufer. Er ist also Primärseite.

1.8.4.3.1 Aufbau

Der Läufer besitzt zwei getrennte Wicklungen. Die Drehstromnetzwicklung (Primärseite) wird über Schleifringe versorgt. Ihre Funktion entspricht der der Ständerwicklung beim ständergespeisten Drehstrom-Nebenschluß-Stromwendermotor. Die zweite Läuferwicklung (Stromwenderwicklung, Gleichstromzusatzwicklung) ist mit den Stromwenderlamellen verbunden. Ihre Funktion entspricht der des Stelltransformators beim

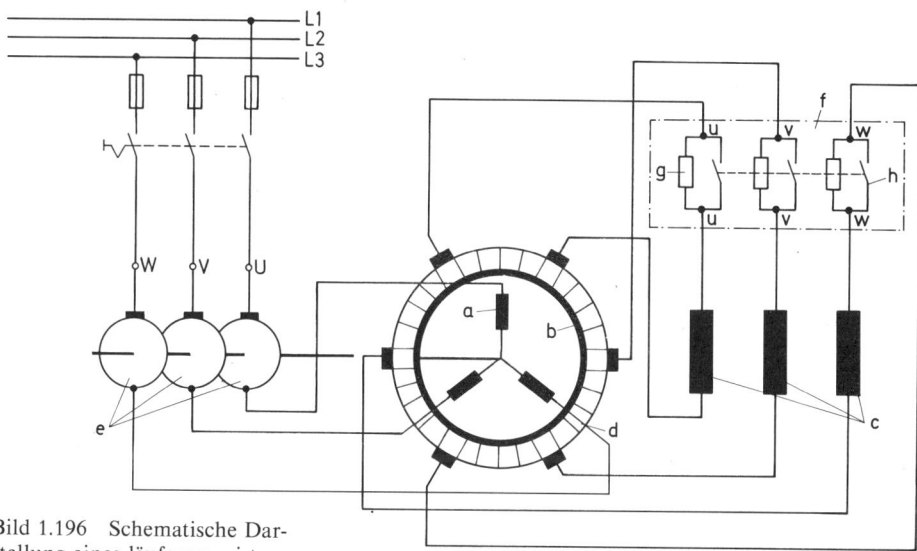

Bild 1.196   Schematische Darstellung eines läufergespeisten Drehstrom-Nebenschluß-Stromwendermotors
a) Netzanschlußwicklung,
b) Stromwenderwicklung,
c) Ständerwicklung, d) Stromwender, e) Schleifringe, f) Anschlüsse, g) Anlaßwiderstände,
h) Überbrückungsschalter

Bild 1.197
Läufergespeister Drehstrom-Nebenschluß-Stromwendermotor für Fernsteuerung.
Leistung P = 12,3 bis 37 kW.
Werkbild: Elektra-Faurndau

195

ständergespeisten Motor. Auf dem Stromwender schleifen wenigstens 3 × 2 gegenläufige Bürsten bzw. Bürstensätze, deren Anschlüsse mit den Anfängen bzw. Enden der Ständerwicklungen (Sekundärwicklungen) verbunden sind (Bild 1.196). Wegen der hohen Läufermasse kommen läufergespeiste Drehstrom-Nebenschluß-Stromwendermotoren nur für kleine bis mittlere Leistungen zur Ausführung (Bild 1.197).

1.8.4.3.2 Wirkungsweise

Der Netzstrom wird der Läuferdrehstromwicklung (Primärseite) über Schleifringe zugeführt.

Das im Läufer entstehende Drehfeld Φ_l läuft der mechanischen Drehrichtung entgegen.
Die Feldlinien des Drehfeldes schneiden die Ständerwicklung und rufen in ihr die Induktionsspannung hervor. Gleichzeitig wird die Gleichstromzusatzwicklung geschnitten und in ihr eine Steuerspannung meist bis etwa 60 V erzeugt.

Stehen im Betrieb jeweils zwei zusammengehörige Bürsten bzw. Bürstensätze nebeneinander, erhält die Ständerwicklung keine Steuerspannung: Der Motor läuft asynchron. Beim Auseinanderziehen der Bürstensätze erhält die Ständerwicklung eine entsprechende frequenzgewandelte Steuerspannung, welche sich wie beim ständergespeisten Motor zur induzierten Spannung addiert oder subtrahiert. Der so gewonnene Drehzahlstellbereich bewegt sich ebenfalls meist zwischen 50% untersynchron und 50% übersynchron.

Um beim Anlauf unter stärkerer Belastung die Stromaufnahme zu reduzieren, werden Widerstände zwischen Ständer- und Läuferzusatzwicklung geschaltet, welche nach dem Hochlauf überbrückt werden (Bild 1.196).

Der ständergespeiste wie auch der läufergespeiste Drehstrom-Nebenschluß-Stromwendermotor kommt zur Anwendung, wenn Steuerbarkeit der Drehzahl sowie lastunabhängige Drehzahl verlangt werden, z.B. Antrieb in der Druckereitechnik, Antrieb von Papiermaschinen, Antrieb von Spinnmaschinen usw.

1.9   Umformer

Umformer sind umlaufende Maschinen oder Maschinensätze zur Umwandlung elektrischer Leistungen in elektrische Leistungen anderer Art. Übliche Umformungen sind:

Gleichspannung   in Gleichspannung anderer Größe,
Wechselspannung in Wechselspannung anderer Größe
Wechselspannung in Gleichspannung
Gleichspannung   in Wechselspannung
Wechselspannung in Wechselspannung anderer Frequenz
Phasenzahl   in Phasenzahl anderer Größe

1.9.1   Motorgeneratoren

Motorgeneratoren (Maschinensätze) lassen sich für sämtliche Umformmöglichkeiten verwenden, haben jedoch den umfangreichsten Materialaufwand und erfordern die meiste Wartung.

196

1.9.1.1 Aufbau

Motor und Generator sind miteinander gekuppelt. Ein *Eingehäuseumformer* liegt vor, wenn beide Maschinen im gemeinsamen Gehäuse untergebracht sind. Sitzen Motor und Generator auf gemeinsamer Welle, spricht man vom *Einwellenumformer*.

1.9.1.2 Wirkungsweise

Motor und Generator müssen zwecks ihres betrieblichen Verhaltens spezifiziert betrachtet werden. Der gesamte Wirkungsgrad ist das Produkt aus Motorwirkungsgrad und Generatorwirkungsgrad

$$\eta_{ges} = \eta_{Mot} \cdot \eta_{Gen}$$

und ist stets geringer als der ungünstigste Wirkungsgrad einer einzelnen Maschine.

1.9.2 Frequenzumformer

Frequenzumformer können Maschinensätze wie auch Einzelmaschinen sein. Übliche Frequenzumformer sind

a) der synchrone Frequenzumformer (Motor mit Synchrongenerator gekuppelt),
b) der asynchrone Frequenzumformer (Abschnitt 1.9.2.1),
c) der Frequenzumformer mit Stromwender (dient meist zur Erzeugung sehr niederfrequenter Wechselspannungen).

1.9.2.1 Asynchroner Frequenzumformer

1.9.2.1.1 Aufbau

Eine beliebige Antriebsmaschine wird mit einem entsprechend hergerichteten Schleifringläufer gekuppelt (Bild 1.198). Die Ständerwicklung des Schleifringläufermotors ist mit dem 50-Hz-Netz verbunden. Je nach Drehzahl und Drehrichtung wird dem Läufer die neue Spannung mit der gewünschten Frequenz entnommen. Es kann aber auch die Läuferwicklung mit dem 50-Hz-Netz verbunden sein und die neue Spannung mit der gewünschten Frequenz der Ständerwicklung entnommen werden.

1.9.2.1.2 Wirkungsweise

Entsteht durch den Ständerstrom ein Drehfeld und ist der Läuferkreis offen, erhält man die auf dem Leistungsschild angegebene Läuferstillstandsspannung (Transformatorenwirkung mit Schlupf $s = 100\%$ und $f = 50$ Hz). Dreht sich der Läufer in Richtung Drehfeld, tritt eine Verminderung der Schnittgeschwindigkeit ein. Läuferspannung und Läuferfrequenz nehmen proportional mit dem Schlupf ab (Abschnitt 1.5.2.2.2).

Eine Erhöhung der Schnittgeschwindigkeit und damit der Frequenz und Spannung ist nur erreichbar durch

a) erheblich schnelleren Läuferantrieb in Drehfeldrichtung (negativer Schlupf) oder
b) Läuferantrieb in Gegendrehfeldrichtung (inverse Richtung bzw. inverser Schlupf $s > 100\%$). In der Praxis herrscht die inverse Drehrichtung vor.

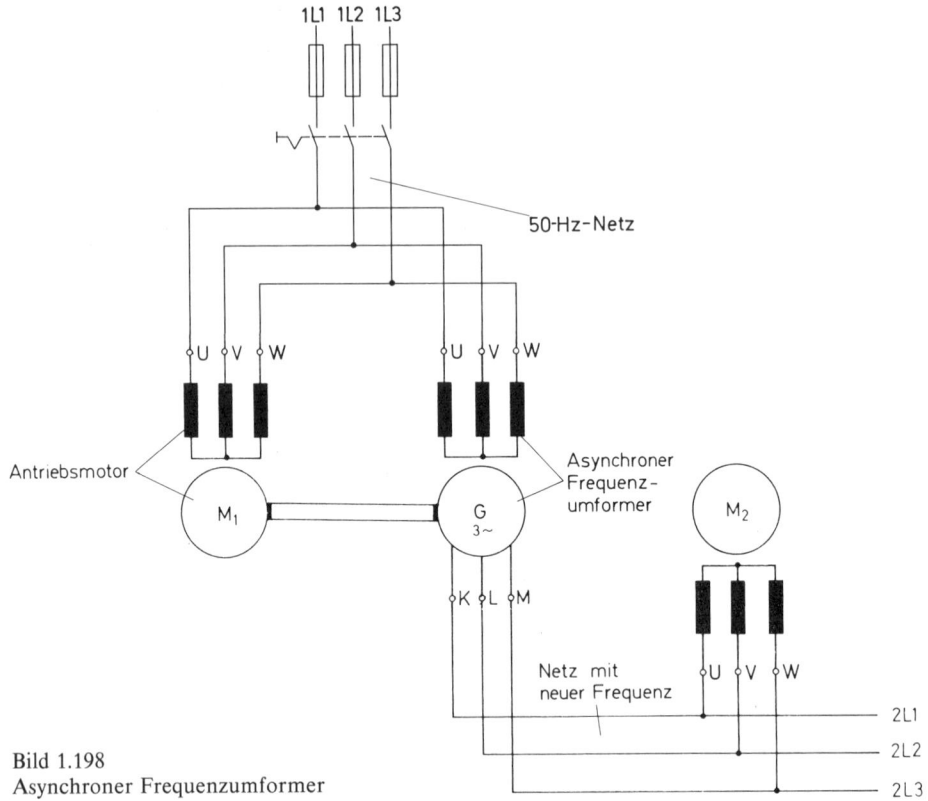

1L1 1L2 1L3

50-Hz-Netz

U V W   U V W

Antriebsmotor

Asynchroner
Frequenz-
umformer

M_1 G
        $3\sim$
               M_2

K L M

Netz mit
neuer Frequenz

U V W

2L1

2L2

2L3

Bild 1.198
Asynchroner Frequenzumformer

Beispiel

Ein sechspoliger Schleifringläufer hat die Läuferstillstandsspannung $U_{1\,\text{Läufer}} = 180\ \text{V}$ und liegt am 50-Hz-Netz. Er soll als asynchroner Frequenzumformer Verwendung finden und eine Läuferspannung $U_{2\,\text{Läufer}}$ mit der Frequenz $f = 60\ \text{Hz}$ erzeugen.

a) Welche Drehzahl ist hierfür notwendig?
b) Auf welche Weise läßt sich die Drehzahl erreichen?
c) Wie groß wird die neue Läuferspannung $U_{2\,\text{Läufer}}$?
d) Wie groß wird der Schlupf?

Lösung

a) $n_0 = \dfrac{60 \cdot f}{p} = \dfrac{60\ \text{s} \cdot \text{min}^{-1} \cdot 60\ \text{s}^{-1}}{3} = \underline{\underline{1200\ \text{min}^{-1}}}$

b) Synchrone Drehzahl $n_0 = 1000\ \text{min}^{-1}$ bei $f = 50\ \text{Hz}$

    Entweder mit $n = 200\ \text{min}^{-1}$ invers antreiben, denn

198

$$1000 \ \text{min}^{-1} - (-200 \ \text{min}^{-1}) = \underline{1200 \ \text{min}^{-1}}$$

oder Läufer mit $n = 2200 \ \text{min}^{-1}$ in Drehfeldrichtung antreiben, denn

$$2200 \ \text{min}^{-1} - 1000 \ \text{min}^{-1} = \underline{1200 \ \text{min}^{-1}}.$$

c) $U_{2\,\text{Läufer}} = \dfrac{U_{1\,\text{Läufer}} \cdot f_2}{f_1} = \dfrac{180 \ \text{V} \cdot 60 \ \text{Hz}}{50 \ \text{Hz}} = \underline{216 \ \text{V}}$

d) Für $U_{1\,\text{Läufer}}$ beträgt $s_1 = 100\%$
Für $U_{2\,\text{Läufer}}$ beträgt

$$s_2 = \frac{s_1 \cdot U_{2\,\text{Läufer}}}{U_{1\,\text{Läufer}}} = \frac{100\% \cdot 216 \ \text{V}}{180 \ \text{V}} = \underline{120\%}$$

1.9.3 Einankerumformer (EU)

Grundsätzlich werden unterschieden

a) Einankerumformer mit getrennten Läuferwicklungen,
b) Einankerumformer mit angezapften Läuferwicklungen.

Bei Einankerumformern findet die Umwandlung im Läufer (Anker) statt.

1.9.3.1 Einankerumformer mit getrennten Läuferwicklungen

Sie kommen vorwiegend zur Umformung Gleichstrom in Gleichstrom und Wechselstrom in Gleichstrom bzw. umgekehrt in Betracht.

1.9.3.1.1 Aufbau

Einankerumformer sind Außenpolmaschinen. Auf den Polschäften der ausgeprägten Pole sitzen die Nebenschlußwicklungen (E 1 — E 2) bzw. die fremderregten Wicklungen (F 1 — F 2). Zusätzlich können die Magnetgestelle mit Hauptschlußwicklungen, Wendepolen und Dämpferwicklungen (Abschnitt 1.7.1.3) versehen sein (Bild 1.199).

Die getrennten Läuferwicklungen (Motor- und Generatorwicklungen) haben ein gemeinsames Erregerfeld. Liegt ein Drehstrom-Gleichstrom-Umformer vor, ergibt die Betrachtung von der Stromwenderseite eine Gleichstrommaschine, von der Schleifringseite eine Synchron-Außenpolmaschine. Motor- und Generatorseite besitzen getrennte Anschlußbretter.

1.9.3.1.2 Wirkungsweise

Die getrennten Läuferwicklungen gestatten generatorseitig Spannungsübersetzungen in weiten Grenzen. Treten beim Gleichstrom-Gleichstrom-Umformer an der Generatorseite Spannungsfälle auf, wird an der Motorseite die Ankerspannung erhöht. Unter Konstanthaltung des Erregerfeldes läuft der Umformer schneller, wodurch die Fälle ausgeglichen werden. Mit dieser einfachen Methode lassen sich Spannungsfälle beim Gleichstrom-Drehstrom-Umformer jedoch nicht ausgleichen (Abschnitt 1.9.3.2.2). We-

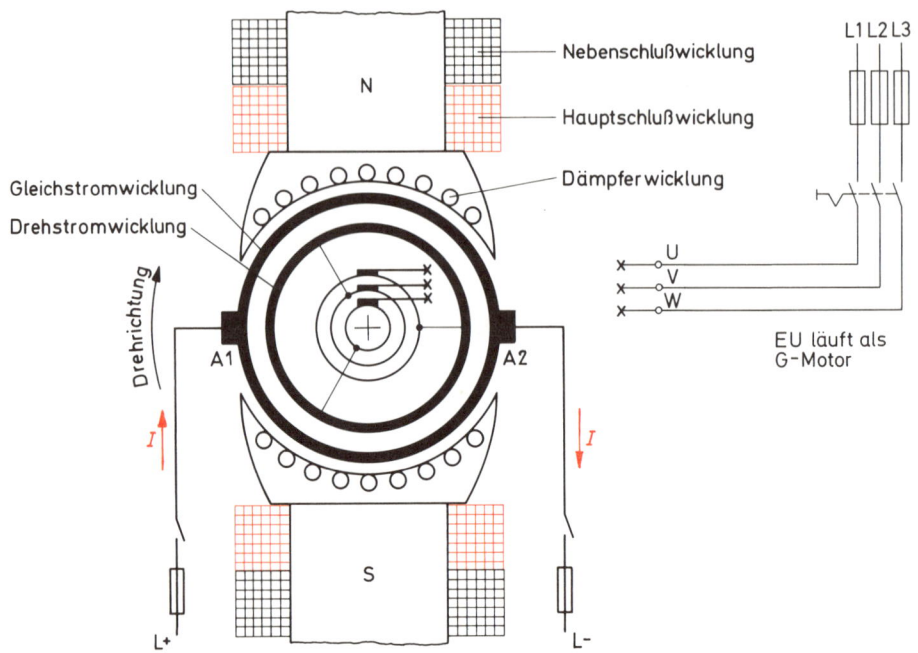

Bild 1.199   Einankerumformer mit getrennten Ankerwicklungen (Läuferwicklungen)

Bild 1.200   Einankerumformer für größere Leistungen. Werkbild: AEG-Telefunken

gen seiner getrennten Ankerwicklung läßt er sich als Schutzumformer verwenden. Der Wirkungsgrad ist wesentlich besser als beim Motorgenerator.

1.9.3.2 Einankerumformer mit angezapften Läuferwicklungen

Sie kommen vorwiegend zur Umformung von Gleich- in Wechselstrom bzw. umgekehrt vor.

1.9.3.2.1 Aufbau

Der Ständer gleicht dem des Einankerumformers mit getrennten Läuferwicklungen (Abschnitt 1.9.3.1.1). Die Läuferwicklung ist als Gleichstromwicklung ausgeführt und — entsprechend der Phasenzahl der Wechselspannung — angezapft. Die in den Kollektorlamellenfahnen eingelöteten Anzapfungen werden zu Schleifringen geführt. Motor- und Generatorseite werden (wie beim Einankerumformer mit getrennten Wicklungen) nur von einer Erregerwicklung versorgt; darum liegt auch die Kombination Gleichstrommaschine und Synchron-Außenpolmaschine vor (Bild 1.200). Der Einbau eines Stelltransformators ist unvermeidlich, um gleich- wie auch wechselspannungsseitig genormte Spannungsgrößen zu erhalten (Bild 1.201). Ohne Stelltransformator erreicht man mit einer im Anker untergebrachten Zusatzwicklung die gewünschte Spannungsumformung (seltene Ausführung).

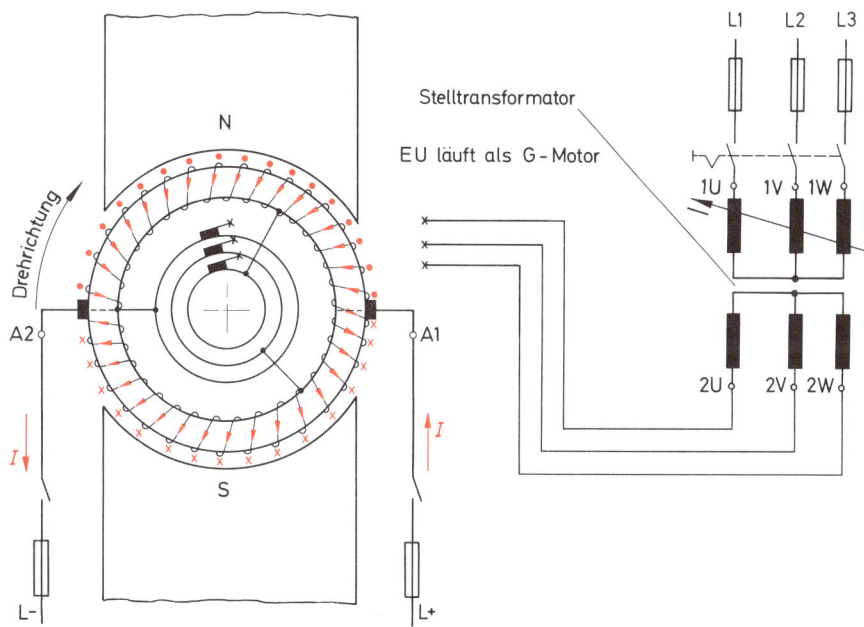

Bild 1.201   Einankerumformer mit angezapften Ankerwicklungen (Läuferwicklungen)

1.9.3.2.2 Wirkungsweise

Die Anzapfungen geben dem Umformer ein *starres* Spannungsverhältnis. Beträgt die angelegte Gleichspannung $U- = 220\text{ V}$, so werden

a) die Einphasenspannung $\quad U\sim^1 = 220\text{ V} \cdot 0{,}71 = 155\text{ V}$,
b) die Dreiphasenspannung $\quad U\sim^3 = 220\text{ V} \cdot 0{,}61 = 134\text{ V}$,
c) Die Sechsphasenspannung $\quad U\sim^6 = 220\text{ V} \cdot 0{,}35 = 77\text{ V}$.

Erhält der Umformer gleichstromseitigen Antrieb, gelten die üblichen Betriebsbedingungen der Gleichstrommotoren (Abschnitt 1.3). Zwecks Einhaltung der Frequenz für die Wechselstromseite ist die Drehzahl synchron zu halten. Die an den Schleifringen vorhandene Einphasen- bzw. Dreiphasenspannung wird durch den Stelltransformator bzw. durch die Zusatzwicklung auf ihren Normwert gebracht. Soll der Einankerumformer parallel auf ein Drehstromnetz arbeiten, muß synchronisiert werden (Abschnitt 1.7.3.1). Auftretende Spannungsfälle werden durch den Stelltransformator ausgeglichen. Würde der Spannungsfall innerhalb des Umformers ausgeglichen, wäre bei gleichstromseitigem Antrieb Drehzahlveränderung die Folge.

Die Umformung Wechsel- in Gleichspannung ist der üblichere Betriebsfall. Die Antriebsseite unterliegt im Anlauf den Bedingungen des Synchronmotors: Er muß mit Anwurfmaschine bzw. Dämpferwicklung hochgefahren werden (Abschnitt 1.7.4.1). Das Drehfeld läuft (wie beim läufergespeisten Drehstrom-Nebenschluß-Stromwendermotor) der mechanischen Drehrichtung entgegen. Das starre Spannungsverhältnis bleibt auch hier erhalten. Auftretende Spannungsfälle werden ebenfalls vom Stelltransformator ausgeglichen. Eine Veränderung der Felderregung würde eine Veränderung des Leistungsfaktors $\cos \varphi$ mit sich bringen (Abschnitt 1.7.4.3a).

Wegen der angezapften Wicklungen gehört dieser Einankerumformer wie der Spartransformator (Abschnitt 1.4.7) und der Drehtransformator (Abschnitt 1.5.11) zur Gruppe der Spannungteilermaschinen und darf als Schutzumformer nicht verwandt werden. Die große Wicklungsersparnis im Läufer hält die Läuferverluste sehr gering. Sein Wirkungsgrad liegt über 0,9.

202

1.10 Gliederung der Einphasen-, Dreiphasen- (Drehstrom-) und Gleichstrommaschinen

1.10.1 Energieumformung

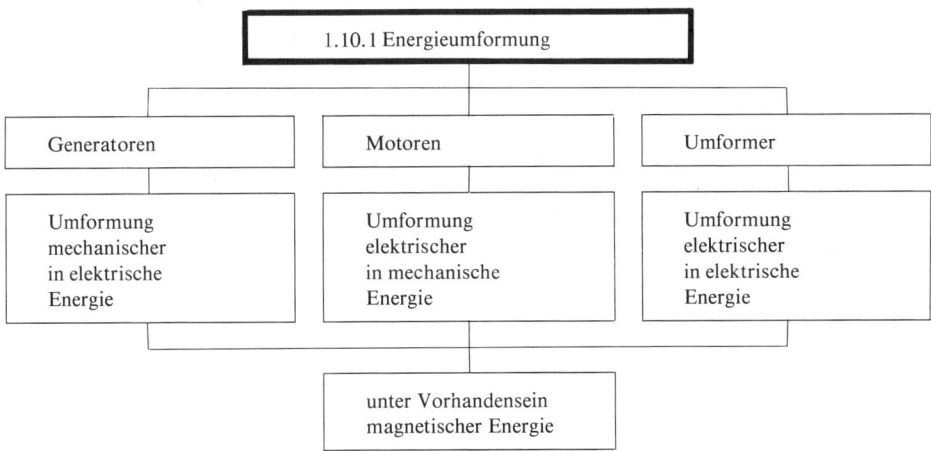

1.10.2 Drehfeldmaschinen mit kreisförmigem und elliptischem Drehfeld

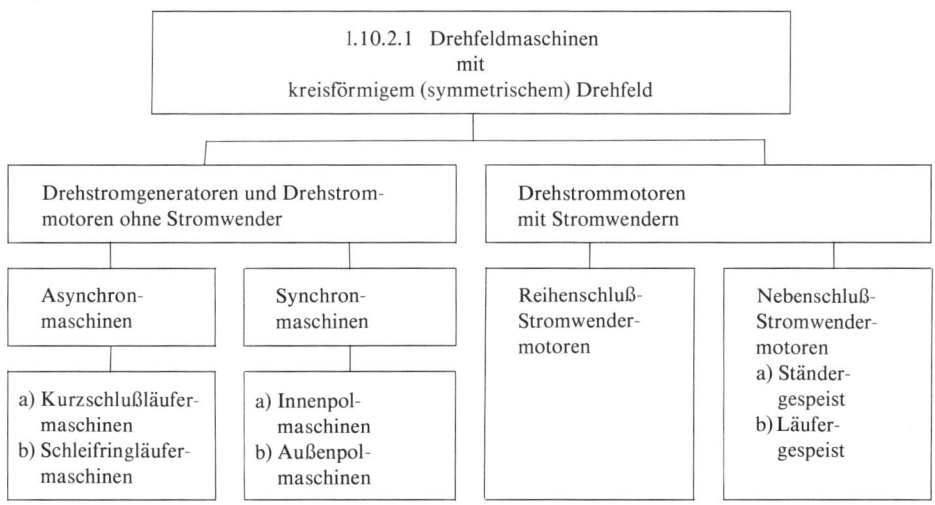

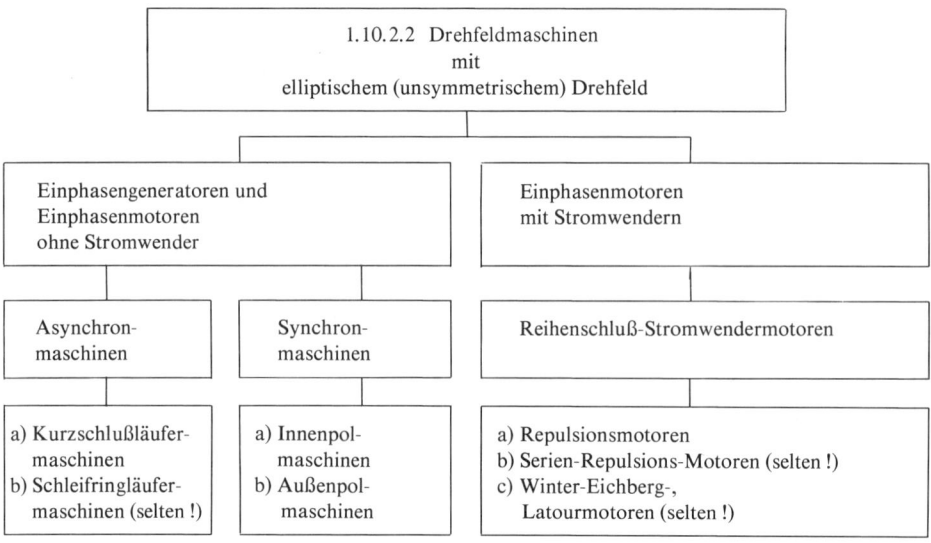

1.10.2.2 Drehfeldmaschinen mit elliptischem (unsymmetrischem) Drehfeld		
Einphasengeneratoren und Einphasenmotoren ohne Stromwender		Einphasenmotoren mit Stromwendern
Asynchron- maschinen	Synchron- maschinen	Reihenschluß-Stromwendermotoren
a) Kurzschlußläufer- maschinen b) Schleifringläufer- maschinen (selten!)	a) Innenpol- maschinen b) Außenpol- maschinen	a) Repulsionsmotoren b) Serien-Repulsions-Motoren (selten!) c) Winter-Eichberg-, Latourmotoren (selten!)

1.10.3 Schlupf

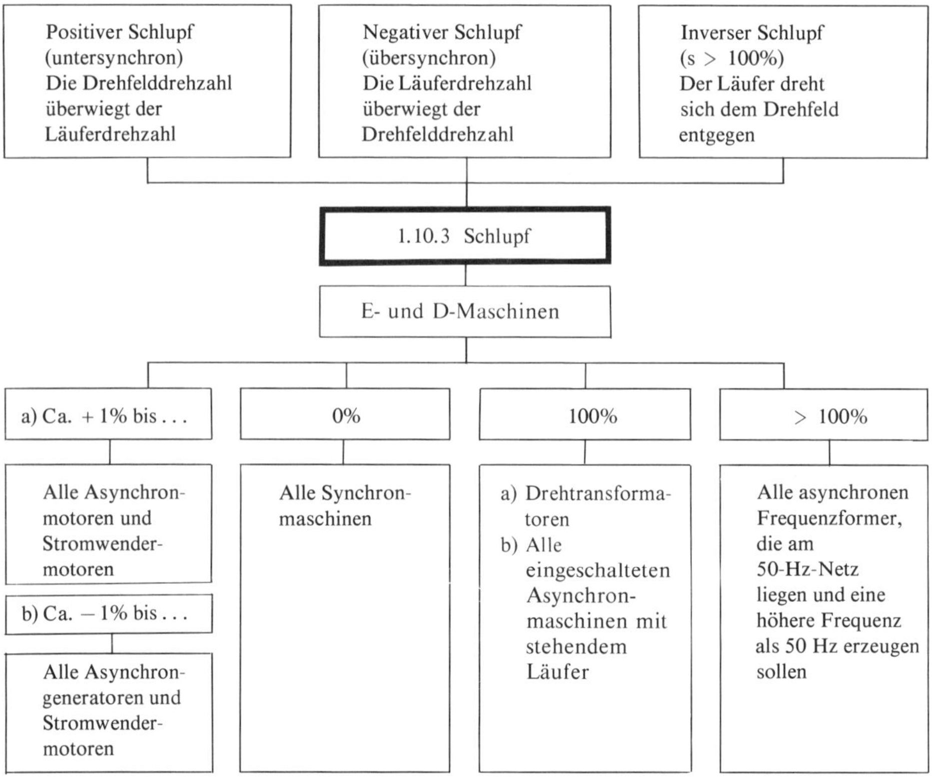

Positiver Schlupf (untersynchron) Die Drehfelddrehzahl überwiegt der Läuferdrehzahl	Negativer Schlupf (übersynchron) Die Läuferdrehzahl überwiegt der Drehfelddrehzahl	Inverser Schlupf (s > 100%) Der Läufer dreht sich dem Drehfeld entgegen

1.10.3 Schlupf

E- und D-Maschinen

a) Ca. + 1% bis...	0%	100%	> 100%
Alle Asynchron- motoren und Stromwender- motoren b) Ca. − 1% bis... Alle Asynchron- generatoren und Stromwender- motoren	Alle Synchron- maschinen	a) Drehtransforma- toren b) Alle eingeschalteten Asynchron- maschinen mit stehendem Läufer	Alle asynchronen Frequenzformer, die am 50-Hz-Netz liegen und eine höhere Frequenz als 50 Hz erzeugen sollen

1.10.4 Maschinen mit Neben- und Reihenschlußcharakter

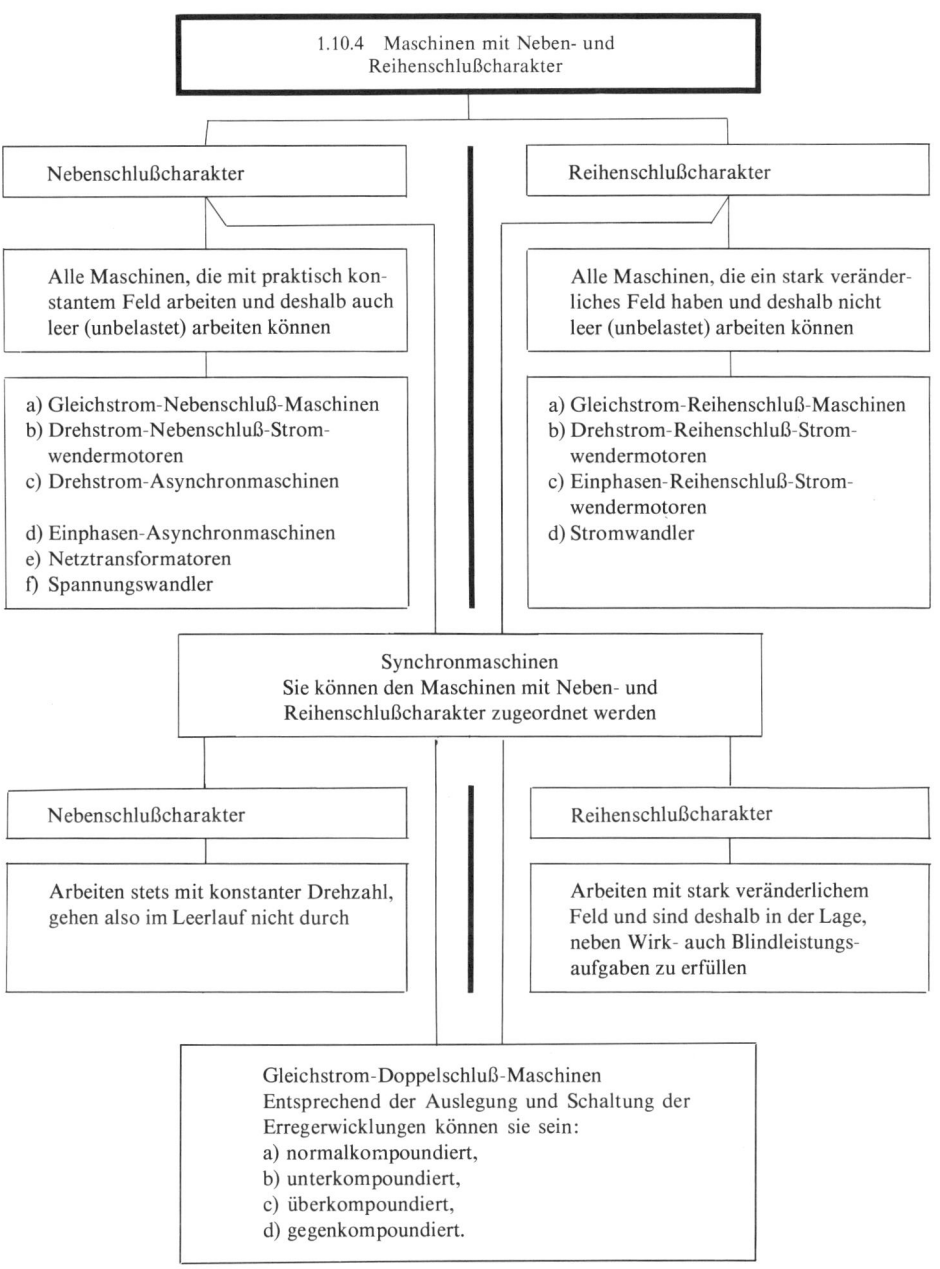

205

1.11 Störungen an elektrischen Maschinen

1.11.1 Störungen an Gleichstrommaschinen

Störungsart	Ursache	Abhilfe
1. Motor läuft nicht an	a) Sicherungen sind durchgebrannt	a) defekte Sicherungen ersetzen
	b) Fehler im Anlasser	b) auf Durchgang prüfen, Anlasserstufe erneuern
	c) Bürsten liegen nicht auf	c) Bürsten ersetzen Bürsten neu einschleifen Bürstendruck nachstellen
	d) Anker- oder Feldwicklung unterbrochen	d) durchprüfen, defekte Wicklungen ersetzen
	e) Lager festgefressen	e) Lager auswechseln
2. Motor läuft schwer an	a) Körperschluß der Wicklung	a) mit Meßinstrument (Kurbelinduktor) oder hoher Prüfspannung messen, Wicklung erneuern
	b) Windungsschluß	b) schadhafte Anker- oder Erregerwicklung ersetzen
	c) Spannungsfall auf der Zuleitung zu groß	c) Querschnitt vergrößern
3. Unruhiger Lauf	a) defekte Kugellager	a) Kugellager ersetzen
	b) Riemenscheibe rutscht auf der Welle	b) Riemenscheibe festspannen oder neu ausrichten
	c) verspannte Lagerschilder	c) Befestigungsschrauben gleichmäßig nachziehen
4. Motor läuft zu schnell	a) Feldschwächung der Erregerwicklung durch Windungsschluß	a) Wicklung erneuern
	b) Bürstenbrücke aus der neutralen Zone verschoben	b) neutrale Zone neu einmessen bzw. Bürstenbrücke auf Markierung einstellen
	c) Klemmenspannung zu hoch	c) Stellanlaßwiderstand oder Konstanthalteeinrichtung einschalten
5. Motor hat zu starkes Bürstenfeuer	a) Motor ist überlastet	a) Stromaufnahme überprüfen, Belastung vermindern
	b) Stromwender verschmiert bzw. zeigt Lamellenschluß	b) Stromwender reinigen bzw. überdrehen und Glimmerzwischenlagen ausfräsen
	c) Wendepole sind falsch geschaltet oder haben Windungsschluß	c) Wendepole richtig anschließen bzw. Neuwicklung
	d) Bürstenbrücke hat sich verschoben	d) Bürstenbrücke neu einstellen
6. Mechanisch intakter Gleichstromgenerator erregt sich nicht selbst	a) keine Remanenz	a) Erregerwicklung kurzzeitig an eine Gleichspannungsquelle einschalten
	b) falsche Drehrichtung	b) Drehrichtung der Antriebsmaschine umkehren
	c) Feldwicklung falsch angeschlossen	c) Feldwicklung umpolen

206

1.11.2 Störungen an Einphasen- und Dreiphasenmotoren

A) Störungen an Asynchronmotoren (Induktionsmotoren)

Störungsart	Ursache	Abhilfe
1. Motor läuft nicht an	a) Zuleitungen sind infolge satten Schlusses unterbrochen	a) Feststellung und Beseitigung des vorliegenden Kurz-, Körper- oder Windungsschlusses
	b) beim Schleifringläufermotor Verbrauch bzw. keine richtige Auflage der Bürsten oder Unterbrechung im Läuferanlasser	b) Bürsten neu einschleifen bzw. durch besseres Bürstenmaterial ersetzen. Anlasserdefekt beheben.
	c) falsche Ständerschaltung für Anlauf unter großer Last	c) Anlassen mit △- statt Y-Schaltung
	d) Lager stark beschädigt oder festgebrannt	d) Kugellagerung erneuern. Bei Gleitlagern Welle neu einpassen
2. Motor hat stoßartigen Anlauf	a) Anlasser ist zu klein	a) Auswechseln gegen einen Anlasser mit höherem Widerstand bzw. höherer Stufenzahl
	b) verbrannte Anlasserkontakte bzw. verbrannter Schleifer	b) Kontakte und Schleifer säubern. Druck des Schleifers auf Kontakte überprüfen und neu einstellen
	c) Anlasser hat an einer Stelle Unterbrechung	c) Anlasser auswechseln oder defekte Stelle überbrücken, wenn Unterbrechung in einer der letzten Anlasserstufen ist
3. Motor läuft, von Hand angeworfen, in beiden Drehrichtungen an	a) Sicherung unterbrochen	a) neue Sicherung einsetzen bzw. Automat eindrücken
	b) Ständerzuleitungsstrang unterbrochen	b) Unterbrechungsstelle aufsuchen, Verbindung herstellen bzw. Zuleitungsstrang erneuern
4. Motor wird im Leerlauf zu warm	a) falsche Ständerschaltung bei zu hoher Betriebsspannung	a) Ständer von △- auf Y-Schaltung umschalten
	b) Windungsschluß	b) Messung des Leerlaufstromes bzw. Messung der Strangwiderstände. Defekten Strang bzw. defekte Stränge erneuern
5. Motor wird im Dauerbetrieb zu warm	a) Belastung an der Welle ist zu hoch	a) Verringerung der Belastung der mit dem Motor gekuppelten Arbeitsmaschine
	b) Schalthäufigkeit ist zu groß	b) die auf dem Leistungsschild angegebene Schaltart beachten
	c) zeigt sich die Erwärmung nur zu bestimmten Tageszeiten, so ist die Betriebsspannung zu hoch oder zu niedrig	c) handelt es sich um eine oft eintretende Erscheinung, dann Spannungsbzw. Stromkonstanthalteeinrichtung einbauen
	d) erforderliche Belüftung fehlt	d) Motor abstellen bis Fehler behoben
6. Schleifringe werden zu heiß	a) Reibung zwischen Bürsten und Ringen ist zu groß	a) Druck der Bürstenfedern etwas vermindern bzw. Ringen einen dünnen Vaselineüberzug geben. Eventuell zweckmäßigere Bürstensorte wählen
	b) Bürsten und Ringe sind überlastet	b) Stromstärke feststellen. Mechanische Last an der Welle vermindern

Störungsart	Ursache	Abhilfe
7. Ständerwicklung des Motors wird beim Betrieb stellenweise zu warm. Der Läufer hat verminderte Zugkraft. Der Motor brummt stark und hat — obwohl die drei Zuleitungen in Ordnung sind — ungleiche Stromaufnahmen	Kurzschluß in einer oder zwischen mehreren Windungen bzw. Teilspulensystemen	Beseitigung, wenn möglich, durch Austrocknen. Ansonsten neue Spulen einziehen
8. Ungleiche Stromaufnahme in den drei Zuleitungen, obwohl kein Schaltfehler am Anschlußbrett bzw. kein Schluß in der Motorwicklung vorliegt	a) Unterbrechung eines Wicklungsstranges im Motor bei $\triangle$-Schaltung	a) Brücken lösen und jeden einzelnen Strang auf Durchgang prüfen. Unterbrechung im fehlerhaften Strang beseitigen
	b) Vertauschung einer Zuleitungsphase mit dem Mittelpunktsleiter	b) Spannungskontrolle zwischen den einzelnen Zuleitungssystemen bis der N herausgesondert ist. Gegen die 3. Zuleitungsphase austauschen

B) Störungen an Einphasen- bzw. Drehstrom-Stromwendermotoren

Störungsart	Ursache	Abhilfe
1. Bürstenfeuer am Stromwender bzw. starke Erwärmung der Wicklung	Störungen können die gleichen sein wie im Abschnitt 1.11.1 (Gleichstrommaschinen) unter 5a) und 5b) beschrieben	entsprechend wie im Abschnitt 1.11.1 (Gleichstrommaschinen) unter 5a) und 5b) beschrieben
2. Drehstrom-Reihenschluß-Stromwendermotor brummt und feuert stark, obwohl er keinen mechanischen bzw. elektrischen Fehler (Schluß) hat	Drehfeld läuft mechanischer Drehrichtung entgegen	Zwischen Ständer- und Kollektorwicklung zwei Zuleitungen vertauschen
3. Drehstrom-Reihenschluß-Stromwendermotor läuft zu schnell	Belastung zu gering	Bürstenbrücke in Drehrichtung verschieben, bis normale Drehzahl erreicht ist
4. Ein ansonsten intakter Drehstrom-Stromwendermotor erreicht nicht die auf dem Leistungsschild angebebene volle Drehzahl	a) feste Bürsten des Doppelbürstensatzes stehen beim läufergespeisten Stromwendermotor nicht in der neutralen Zone b) zu geringe Betriebsspannung c) zu große Belastung	a) Bürstenbrücke auf angegebene Markierung verschieben

2   Schalt- und Steuertechnik

Aus dem Gebiet der Niederspannungs-Schalt- und Steuertechnik sollen wichtige Schalt-geräte in Aufbau und Funktion behandelt werden. Weiterhin sind die Grundlagen aufgeführt, die erforderlich sind, um Schaltpläne sinngemäß richtig lesen zu können, und die es ermöglichen, einfache Steuerungen logisch aufzubauen.

2.1   Bedeutung der Schaltzeichen

Elektrische Schaltungen können nach einheitlichen Richtlinien des Deutschen Instituts für Normung (DIN) in Form von genormten Schaltplänen aufgezeichnet werden. Eine wichtige Voraussetzung für die schnelle und richtige Beurteilung eines Schaltgerätes oder einer elektrischen Anlage nach einem Schaltbild bzw. nach einem Schaltplan ist die genaue Kenntnis der Bedeutung von Schaltzeichen. Alle Elemente einer elektrischen Schaltung, wie z.B. Schaltkontakt, Antriebe, Leitungen, Klemmenverbindungen, mecha-nische nichtleitende Verbindungen von Gerätebauteilen usw., lassen sich eindeutig durch genormte Sinnbilder, sogenannte Schaltzeichen und Schaltkurzzeichen, darstel-len.

Einige gebräuchliche, nach DIN 40708 bis 40715 genormte Schaltzeichen sind aus-zugsweise in Tabelle 2/1 zusammengefaßt und erklärt. Durch das Zusammenfügen der Schaltzeichen erhält man Schaltbilder oder Schaltpläne von Geräten oder elektrischen Einrichtungen. Schaltgeräte bestehen im Aufbau allgemein aus drei Grundeinheiten:

1. Antriebsglieder
Dazu gehören handbetätigte Antriebe, wie z.B. bei Dreh-, Kipp- oder Hebelschaltern, und fremdbetätigte Antriebe, wie z.B. bei druck-, temperatur- und feuchtigkeitsabhän-gigen oder elektromagnetisch betätigten Schaltgeräten.

2. Mechanische Zwischenglieder
Darunter versteht man elektrisch nichtleitende, mechanische Verbindungen, die zur Kraftübertragung zwischen Antriebs- und Schaltgliedern dienen.

3. Schaltglieder
Als Schaltglieder bezeichnet man Arbeits- und Hilfskontakte, z.B. Schließer, Öffner, Wechsler. Zur zeichnerischen Darstellung von Schaltgeräten werden die entsprechenden Schaltzeichen dieser drei Grundeinheiten sinnvoll aneinandergesetzt, so wie es aus Tabelle 2/2 ersichtlich ist.

> *Schaltgeräte werden in der Ruhestellung, also im unerregten Zustand, gezeichnet.*

Tabelle 2/1 Schaltzeichen nach DIN 40703 bis 40715

1. Leitungssymbole

Nr.	Symbol	Bedeutung
1	—	Gleichstrom, allgemein
2	∿	Wechselstrom, allgemein
3	∿ 50 Hz	Frequenzangabe
4	3/N	3 Außenleiter und 1 Mittelpunktleiter
5	⏚	Erdung
6	⏚ (im Kreis)	Schutzleiteranschluß
7	┼	Kreuzung v. Leitungen ohne Verbindung
8	┿	leitende Verbindung, allgemein lösbare Verbindung, z.B. Klemme
9	—— — — — —·—	Außenleiter Mittelpunktleiter Schutzleiter
10	⊨	Zusammengefaßte Leitungen
11	1 2 3 4	Reihen-Trennklemme

2. Schaltglieder

Nr.	alt	neu	neu	Bedeutung
12				Öffner
13				Schließer
14				Wechsler mit Unterbrechung
15				Wechsler ohne Unterbrechung
16				Spätöffner
17				Frühschließer
18				Öffner mit Wischkontakt

3. Mechanische Zwischenglieder

Nr.	alt	neu	Bedeutung
19		- - - -	Wirkverbindung (nicht-elektr. Verbindung) mit selbsttätigem Rückgang
20		-∿-	Wirkverbindung ohne selbsttätigen Rückgang
21		-⟨- -	Verzögerung bei Bewegung nach rechts
		-⟩- -	bei Bewegung nach links
22			Mech. Kupplung
23	0 1 2	0 1 2	Schaltstellung 0, 1 u. 2

4. Antriebsglieder

Nr.	Symbol	Bedeutung
24	├- - - -	Handbetätigung allgemein
	E- - - -	Druckbetätigung
	]- - - -	Zugbetätigung
	F- - - -	Drehbetätigung
	┬- - - -	Kippbetätigung
	()- - - -	Schlüsselbetätigung
25	/ - - -	manuelle Betätigung außer Handbetätigung z.B. Fußantrieb
26	○- - - -	Nockenantrieb
27	□├- -	Kraftantrieb allgemein
	□(ϑ)├- -	Kraftantrieb mit Bezeichnung der Antriebsgröße: F Kraft, p Druck, Q Menge, ϑ Temperatur, n Drehzahl
	⊟├- -	Druckluftantrieb
	⊠- -	Dauermagnetantrieb
28	⊞├-	Schaltschloß mit Freiauslösung und Wiedereinschaltsperre

210

Fortsetzung Antriebsglieder

29	▭	elektromechanisches Triebsystem z. B. Schützantrieb
30	▱	elektromagn. Antrieb mit einer wirksamen Wicklung
	⊠	mit zwei gegenläufigen Wicklungen
31	⊙	Zeitrelaisantrieb Synchronmotorantrieb
	◣	elektrothermischer Antrieb
	■	elektromech. Antrieb (abfallverzögert)
	⊠	(anzugsverzögert)
32	⊏	Überstromauslöser (elekrothermisch, Bimetall)
	$I >$	(elektromagnetisch)
33	$U <$	Unterspannungsauslöser (elektromagnetisch)
34	⊐	Stromstoßrelais

5. Schutzeinrichtungen

35	▯ ▨	Schmelzsicherung 1 polig 3 polig
36		Leitungsschutz- schalter
37		Motorschutzschalter
38		Bimetallrelais mit Rückgang- sperre

6. Meldegeräte

39	⊗	Leuchtmelder
40		Klingel , Gong
41		Summer
42		Hupe
43		Sirene
44	⊖	Schauzeichen

7. Maschinen , Transformatoren

45	G	Generator
46	M 3∿	M Motor, G Generator 3 ∿ Drehstrom — Gleichstrom
47		Transformator

8. Widerstände und sonstiges

48		Widerstand nicht linear
49		Kondensator
50		Diode

Tabelle 2/2 Gerätedarstellung durch Zusammensetzen von Schaltzeichen

Antriebsglied	Zwischenglied	Schaltglied	Schaltbild	Kurzzeichen	Gerätebezeichnung
Handbetätigung	Einrastung / Wirkverbindung				handbetätigter Ausschalter 3 polig
Nockenbetätigung	Selbsttätiger Rückgang / nach erfolgter Betätigung	Öffner Schließer		—	Endtaster mit Öffner und Schließer
E-Magnetantrieb anzugsverzögert	5S verzögert nach rechts bewegt nach 5 Sek.	Wechsler	5S	—	elektromagnetisches Zeitrelais mit Wechsler einschaltverzögert

Abweichungen von dieser Regel müssen durch Pfeilzeichen (Bild 2.53b) kenntlich gemacht werden. Für umfangreiche Aufzeichnungen, die der Übersicht dienen, wie z.B. in Übersichtsschaltplänen und Installationsplänen, kommen anstatt der aufwendigen Schaltbilder vereinfachte Darstellungen, sogenannte Schaltkurzzeichen, zur Anwendung.

Schaltbilder bzw. Schaltkurzzeichen von weiteren gebräuchlichen Geräten werden im nachfolgenden Abschnitt Schaltgeräte mit aufgezeigt. Auf die normgerechte Darstellung der Schaltpläne wird im Abschnitt 2.4 gesondert eingegangen.

2.2 Schaltgeräte

Geräte, in denen Strompfade verbunden, unterbrochen bzw. getrennt werden, lassen sich unter dem Sammelbegriff «Schaltgeräte» zusammenfassen. Zu den Schaltgeräten gehören außer den Schaltern auch Anlasser, Steckvorrichtungen und Sicherungen. Zur Verhütung von Schäden und Unfällen müssen alle Schaltgeräte, die sowohl für die Funktion als auch für die Sicherheit einer elektrischen Anlage von größter Bedeutung sind, den Anforderungen nach *VDE 0660* genügen.

Danach müssen Schaltgeräte den betriebsmäßig auftretenden Strömen und mechanischen Beanspruchungen gewachsen sein, ohne Schaden zu nehmen und ohne die Sicherheit zu gefährden.

2.2.1 Schaltkontakte

Zu den störanfälligsten Bauteilen der Schaltgeräte zählen die Kontakte. Die gebräuchlichsten Kontaktarten sind Druckkontakte nach Bild 2.1, wie sie z.B. bei Drucktastern und Mikroschaltern verwendet werden. Auch reibende Kontakte, wie z.B. Walzenschaltkontakte und Messerkontakte, sind gebräuchlich. Eine besondere Art des Kontaktes ist der Quecksilberschaltkontakt nach Bild 2.2.

Die festen und beweglichen Kontaktstücke unterliegen während des Schaltvorganges mehr oder weniger starken Funken- oder Lichtbogenbeanspruchungen, die Veränderungen auf der Kontaktoberfläche zur Folge haben. Auch bei geschlossenen Kontakten kann bereits durch den Betriebsstrom infolge einer hohen Stromdichte in der Übergangsstelle

212

Bild 2.1
Schaltkontakt
(Druckkontakt)

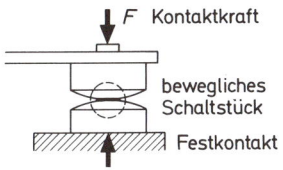

F Kontaktkraft

bewegliches
Schaltstück

Festkontakt

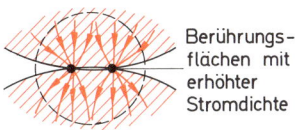

Berührungs-
flächen mit
erhöhter
Stromdichte

Bild 2.2
Quecksilberschaltkontakt

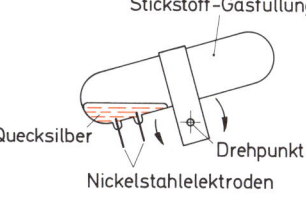

Stickstoff-Gasfüllung

Quecksilber

Drehpunkt

Nickelstahlelektroden

eine merkliche Erwärmung auftreten. Bei dem Druckkontakt in Bild 2.1 ist ersichtlich, daß die Berührungsflächen nicht plan aufeinanderliegen. Der Stromübergang erfolgt, bedingt durch die Oberflächenrauheit und Unebenheit der Kontakte, nur an wenigen Stellen.

Die Erwärmung ist abhängig von der Größe des Übergangswiderstandes, und sie nimmt quadratisch mit ansteigendem Strom zu. Es ist also ein kleiner Übergangswiderstand anzustreben.

Der *Übergangswiderstand* wird aus dem Engewiderstand und dem Fremdwiderstand gebildet.

Der *Engewiderstand* entsteht an der Stelle der Querschnittseinengung infolge kleiner Berührungsflächen zwischen den Kontakten. Durch glatte Kontaktoberflächen, vorgeschriebenen Kontaktdruck, entsprechende Härte und gute Leitfähigkeit des Kontaktwerkstoffes läßt sich der Engewiderstand positiv beeinflussen.

Der *Fremdwiderstand* wird durch Fremdstoffe oder Verunreinigungen und durch Oxidschichten mit schlechter Leitfähigkeit an der Kontaktoberfläche gebildet. Durch das Ölen von Kontakten wird der Fremdwiderstand vergrößert. Den größten Schutz gegen Verunreinigungen bieten Schutzrohrkontakte, die in einem Glasrohr gasdicht eingeschmolzen sind (Reedrelais- und Quecksilberschaltkontakte).

Außer einem guten Übergangswiderstand im kalten wie auch warmen Betriebszustand werden an Schaltkontakte weitere Anforderungen gestellt, wie z.B.:
gute Wärmeleitfähigkeit zwecks besserer Kühlung,
geringe Neigung zum Verschweißen sowie zur Werkstoffwanderung,
hohe mechanische Verschleißfestigkeit und
chemische Beständigkeit.
Diese Eigenschaften erhält man vor allem durch entsprechende Kontaktwerkstoffe.

Kontaktwerkstoffe
Für Steuerstromkreise kommen hauptsächlich Kontakte mit Überzügen aus *Feinsilber* (Ag, lat. Argentum) oder Silberbronzen in Frage, da Silber und Silberoxide elektrisch und thermisch rel. gut leiten.
Silber-Kadmium-Legierungen verringern die Neigung zum «Kleben» der Kontakte, werden aber aus Gründen der Umweltverträglichkeit immer weniger verwendet. Statt dessen finden **Silber-Nickel-** und **Silber-Zinn-**Legierungen zunehmend Verwendung.

Silber-Palladium erhöht die chemische Beständigkeit.

Die Wolfram-Kontakte sind sehr abbrandfest, und sie werden bei großen Schalthäufigkeiten z.B. an Reglern eingesetzt.

Kupferkontakte finden in der Starkstromtechnik Verwendung. Auf der Kontaktoberfläche bilden sich Kupferoxide. Da sich diese schlecht leitenden Oxidschichten bei kleinen Kontaktdrücken besonders nachteilig bemerkbar machen, ist die Anwendung von Kupferkontakten auf Schaltgeräte größerer Leistung begrenzt, z.B. bei Walzenschaltern.

Goldlegierungen (Au-Legierungen) mit Ag, Cu, Ni, Co, Pt oder Pd finden bei kleinsten Spannungen und geringsten Kontaktdrücken Verwendung.

Für Starkstromkontakte höherer Belastbarkeit ($> 200A$) wird außer den vorgenannten Werkstofflegierungen zunehmend mit **Silber-Kohlenstoff-**Verbindungen gearbeitet.

Quecksilber-Schaltkontakt

Die Prinzipdarstellung dieses Kontaktes ist in Bild 2.2 aufgeführt. Im Gegensatz zum herkömmlichen Schaltkontakt benötigt der Quecksilber-Schaltkontakt keine zusätzliche Kontaktkraft. Die in eine Glasröhre eingeschmolzenen Elektroden werden in der Einschaltlage durch das flüssige Quecksilber gebrückt. Bei Verwendung von Schutzgas kann ein Verzundern und eine Oxidation stark herabgemindert werden, so daß eine Lebensdauer von mehreren Millionen Schaltspielen ohne Wartung erreicht wird.

Funken und Lichtbogenentstehung

Das Öffnen und Schließen eines unter Spannung stehenden Stromkreises kann einen Abreiß- bzw. Schließfunken zur Folge haben. Je nach Größe des Stromes, der Spannung und der Induktivität des zu schaltenden Stromkreises ist die Funkenbildung weniger oder stärker ausgeprägt. Die stärkste Form der Funkenbildung ist der Lichtbogen, der aufgrund seiner hohen Temperatur Kontaktmaterial zum Verdampfen bringen kann. Die Entstehung des Lichtbogens beginnt damit, daß mit geringer werdender Kontaktkraft der Engewiderstand und damit die Stromdichte bis unmittelbar vor der Kontaktöffnung ansteigt.

Der Spannungsabfall am Kontakt nimmt ebenfalls mit steigendem Übergangswiderstand zu. Die im Stromkreis vorhandene Selbstinduktion ist bestrebt, den Stromfluß aufrechtzuerhalten. Während der Kontaktöffnung steigt die Stromdichte an der Kontaktstelle derart an, daß eine starke Materialerwärmung eintritt. Austretende Elektronen ionisieren die kurze Luftstrecke zwischen den Schaltstücken, die damit elektrisch leitend wird. Es kann ein Funke überschlagen. Bei ausreichender Energiezufuhr wird der Stromfluß über die ionisierte Luftstrecke aufrechterhalten. Dadurch weitet sich der Funke zum Lichtbogen aus.

Bei Gleichstrom ist die Funken- oder Lichtbogenbildung stärker ausgeprägt als bei Wechselstrom, da der Gleichstrom nicht periodisch durch Null geht. Im Nulldurchgang ist die Lichtbogenstrecke entionisiert, also nichtleitend. Um die Lichtbogenwirkung zeitlich zu begrenzen, sind Schaltkontakte möglichst kurzzeitig, also sprunghaft mit hoher Geschwindigkeit, zu öffnen oder zu schließen.

Beim Schließvorgang treten häufig Prellerscheinungen auf. Das heißt, nach dem Schließen federn die beweglichen Schaltstücke mehrfach zurück, so daß wiederum Lichtbögen entstehen können. Durch federnd nachgebende Konstruktionen und gleichmäßige Kräfteverteilungen werden Prellungen gedämpft, bzw. es wird die Prelldauer verkürzt (Bild 2.31c).

Bei verschiedenen handbetätigten Schaltgeräten mit schleichenden Schaltbewegungen, wie z.B. beim älteren Walzenschalter ohne ausgeprägte Einrastung der Schaltstellung, ist es ratsam, zügig durchzuschalten, um schleichende Kontaktgebungen zu verhindern. In messenden Schaltgeräten mit schleichenden Schaltbewegungen, wie z.B. in Wächtern, Begrenzern, Reglern usw., werden vielfach Momentschalter verwendet, deren Kontakte sprunghaft umschalten (Abschnitt 2.2.3.2).

Funkenlöschung

Das Schalten von Gleichstrom bewirkt im verstärkten Maße Abreißfunken und damit einen größeren Kontaktabbrand gegenüber Wechselstrom.

Bei Schaltgeräten in Gleichstromkreisen mit kleiner Leistung läßt sich die Funkenbildung am Schaltkontakt und damit auch die Funkstörung dadurch vermindern, daß man eine Reihenschaltung aus einem Kondensator C und einem Widerstand R parallel zum Schaltkontakt legt (Bild 2.3).

Im geschlossenen Zustand des Schaltkontaktes ist der Kondensator und der Widerstand kurzgeschlossen und entladen. Mit dem Öffnen der Kontaktstelle beginnt die Kondensatoraufladung.

Der Ladestrom, der zum Kondensator fließt, klingt ab, und die Spannung am Kondensator und am Schaltkontakt nimmt zu. Bevor die Spannung den Überschlagsspannungswert überschreitet, ist der Schaltkontakt so weit geöffnet, daß ein Funke nicht mehr entstehen kann.

Im geöffneten Zustand des Schaltkontaktes ist der Kondensator bis zum anstehenden Spannungswert aufgeladen. Beim Schließvorgang begrenzt der Widerstand R den Entladestrom und vermindert somit einen Schließfunken.

Lichtbogenlöschung

Schaltgeräte mit größerem Schaltvermögen sind so konstruiert, daß entstehende Lichtbögen schnell zum Erlöschen gebracht werden. Die Löschung erfolgt in sogenannten *Entionisierungskammern,* die zur Kühlung und zur Teilung der Lichtbögen Kühlbleche enthalten (Bild 2.4). Diese *Lichtbogenkammern* verhindern außerdem Querschlüsse, d.h. Überschläge in die Nachbarschaltzone.

Um die Lichtbogenstrecke zu vergrößern und um sie damit schneller zum Abreißen zu bringen, können auch sogenannte *Blasmagneten* verwendet werden. Der Lichtbogen besteht aus ionisiertem Gas, das auch als Plasma bezeichnet wird. Es ist stromleitend und hat somit ein eigenes Magnetfeld. Der Lichtbogen wird durch das Zusammenwirken der Magnetfelder abgedrängt. Man spricht dann von magnetischer Beblasung (Bild 2.5). Das

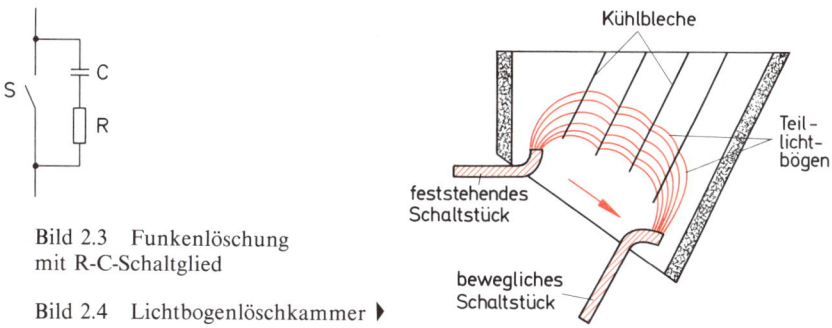

Bild 2.3   Funkenlöschung
mit R-C-Schaltglied

Bild 2.4   Lichtbogenlöschkammer ▶

215

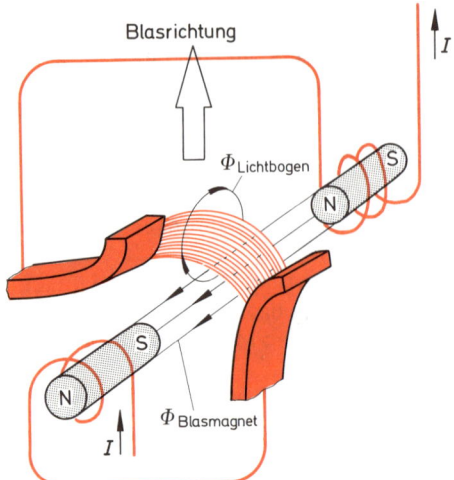

Blasrichtung

$\Phi_{\text{Lichtbogen}}$

$\Phi_{\text{Blasmagnet}}$

I

Bild 2.5   Prinzipdarstellung eines Blasmagneten

Verbrennen der Schaltkontaktflächen wird dadurch vermindert, daß der Lichtbogen zu den hörnerförmigen Kontaktverlängerungen abwandert. Die Lichtbogenlöschung mit Hilfe von Blasmagneten wird oft in Verbindung mit Lichtbogenlöschkammern angewendet. Der Lichtbogen wird dann in die Löschkammer hineingedrückt. Bei den hier nicht aufgeführten Hochspannungsschaltgeräten sind andere, aufwendige Konstruktionen zur Lichtbogenlöschung notwendig.

Grundsätzlich unterscheidet man bei Schaltgeräten über 1000 V Lichtbogenlöschungen durch Gasströmungen (Hartgasschalter, Druckgasschalter) und Flüssigkeitsströmungen (Ölströmungsschalter, Expansionsschalter). Erklärungen siehe Band «Elektro-Installationstechnik», Mittelspannungs-Schaltgeräte.

2.2.2   Nenndaten von Schaltgeräten

Die Schaltgeräte werden den der Praxis entsprechenden Erfordernissen angepaßt. Falsch angewendete, zu schwach ausgelegte oder zu stark überdimensionierte Schaltgeräte sind unzweckmäßig und haben damit höhere Kosten zur Folge. Für die verschiedenartigsten Anwendungsfälle stehen entsprechende Schaltgeräte zur Auswahl bereit.

Die spezielle Auswahl von Schaltgeräten geschieht nach folgenden wichtigen Gesichtspunkten und Größen:

Nennstrom: Der Nennstrom ist der Strom, der unter Betriebsbedingungen ständig fließen darf.

Nennspannung: Die Nennspannung ist die Spannung, an der das Schaltgerät betrieben werden darf und für die die Isolation bemessen ist.

Schaltvermögen: Kennzeichnende Größen eines Schaltgerätes sind das *Nenn-Einschaltvermögen* und das *Nenn-Ausschaltvermögen*.

Das Nenn-Einschalt- oder -Ausschaltvermögen gibt an, welchen größten Strom das Schaltgerät bei einer bestimmten Spannung und einem bestimmten Leistungsfaktor cos φ ohne Schaden zu nehmen beherrscht. Ist der Schalter strombegrenzend, so übersteigt das angegebene Schaltvermögen den tatsächlich geschalteten Strom um ein

216

Vielfaches. Das Schaltvermögen wird entweder direkt in Ampere (A) oder in Kiloampere (kA) angegeben.

Eventuell wird die Größe der Vorsicherung genannt, die einen unzulässig hohen Kurzschlußstrom auf den zulässigen Wert begrenzt. Auch bei geschlossenen Schaltkontakten kann eine Überbeanspruchung des Schaltgerätes auftreten, wie z.B. im Kurzschlußfall, wenn eine zu groß ausgewählte Vorsicherung einen Abschaltstrom zuläßt, der für das Schaltgerät zu groß ist.

Überschreitet ein auftretender Kurzschluß bzw. Abschaltstrom das Schaltvermögen des Schaltgerätes, so können die Schaltkontakte verbrennen bzw. verschweißen. Der Lichtbogen und die auftretenden Stromkräfte können das Schaltgerät im Extremfall zerstören.

Werden Schaltgeräte ausgewechselt oder nachträglich eingebaut, so ist im Zweifelsfall festzustellen, wie hoch der zu erwartende Kurzschlußstrom an der Einbaustelle werden kann. Liegen mehrere Schaltgeräte an einer gemeinsamen Sicherung (Gruppensicherung), so darf der zulässige Höchstwert der Vorsicherung das Schaltvermögen des kleinsten Schalters nicht überschreiten. Je nach Sicherungsart läßt sich aus einer zugehörigen Kennlinie der Abschaltstrom ermitteln (Abschnitt 2.2.9). Bei Gleichstrom ist das Schaltvermögen, bezogen auf Wechselstrom, wesentlich geringer.

Lebensdauer: Die Lebensdauer wird bei Schaltgeräten in Schaltspielen angegeben. Ein Schaltspiel ist das einmalige Ein- und Ausschalten. Außerdem kann die Lebensdauer in Klassen angegeben werden (Tabelle 2/3).

Schalthäufigkeit: Hierunter versteht man die zugelassenen Schaltspiele je Stunde. Sie werden angegeben in S/h.

Schaltbedingungen: Als Schaltbedingungen gelten die Bedingungen, unter denen das Schaltgerät angewendet wird. Die Schaltbedingungen haben einen wesentlichen Einfluß

Tabelle 2/3
Geräteklassen

Geräteklasse	Lebensdauer in Schaltspielen	Geräte-Beispiel
A_1	$1 \cdot 10^3$	Trenner, große Motor- und große Leistungsschalter
A_3	$3 \cdot 10^3$	
B_1	$1 \cdot 10^4$	kleine Motor- und kleine Leistungsschalter
B_3	$3 \cdot 10^4$	
C_1	$1 \cdot 10^5$	große Schütze, Steuerschalter
C_3	$3 \cdot 10^5$	
D_1	$1 \cdot 10^6$	Luftschütze, Steuerschalter für aussetzenden Betrieb
D_3	$3 \cdot 10^6$	
E_1	$1 \cdot 10^7$	Luftschütze für aussetzenden Betrieb

217

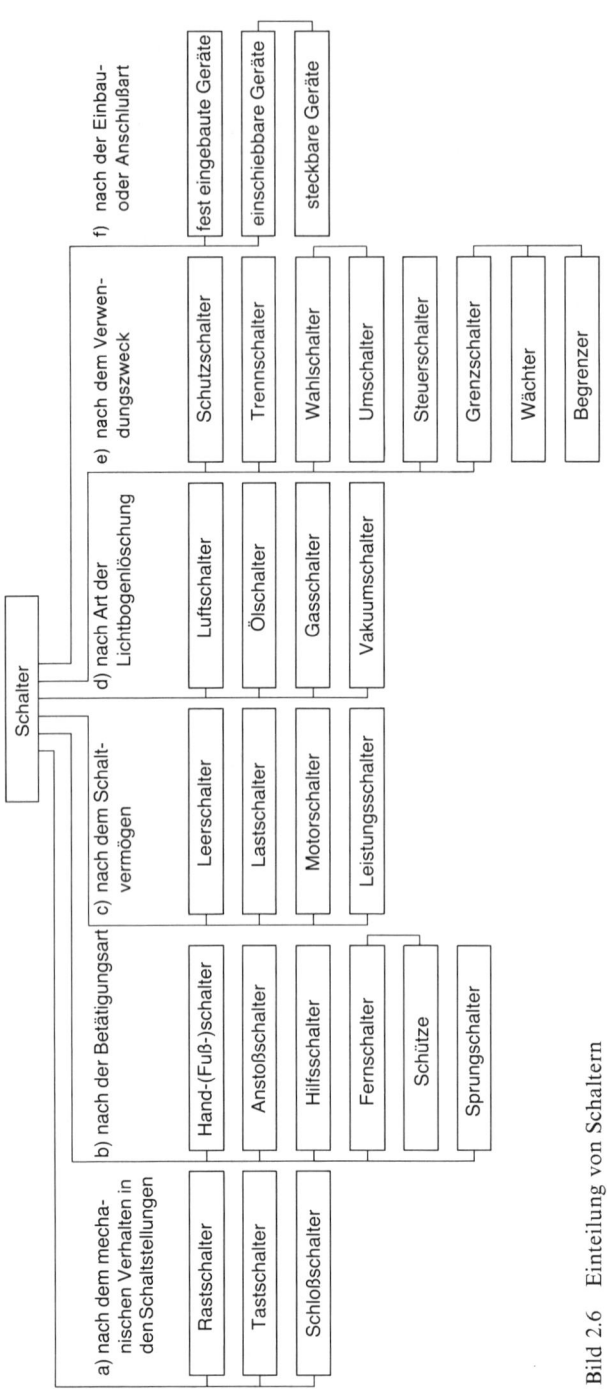

Schalter

a) nach dem mechanischen Verhalten in den Schaltstellungen
- Rastschalter
- Tastschalter
- Schloßschalter

b) nach der Betätigungsart
- Hand-(Fuß-)schalter
- Anstoßschalter
- Hilfsschalter
- Fernschalter
- Schütze
- Sprungschalter

c) nach dem Schaltvermögen
- Leerschalter
- Lastschalter
- Motorschalter
- Leistungsschalter

d) nach Art der Lichtbogenlöschung
- Luftschalter
- Ölschalter
- Gasschalter
- Vakuumschalter

e) nach dem Verwendungszweck
- Schutzschalter
- Trennschalter
- Wahlschalter
- Umschalter
- Steuerschalter
- Grenzschalter
- Wächter
- Begrenzer

f) nach der Einbau- oder Anschlußart
- fest eingebaute Geräte
- einschiebbare Geräte
- steckbare Geräte

Bild 2.6   Einteilung von Schaltern

218

auf die Lebensdauer des Schaltgerätes. Man unterscheidet bei Wechselstrom (AC) nachstehende Gebrauchskategorien:

a) *Leichte Schaltbedingungen*
z.B. das Ein- und Ausschalten von Wärmegeräten, kompensierten Leuchtstofflampen und Hilfsstromkreisen. *Gebrauchskategorie AC 1*
Hilfsschütze entsprechen der Gebrauchskategorie AC 11
b) *Normale Schaltbedingungen*
z.B. das Schalten von Induktionsmotoren mit Anlaßvorrichtungen. *Gebrauchskategorie AC 2*
c) *Schwere Schaltbedingungen*
z.B. das Ein- und Ausschalten von Kurzschlußläufer-Motoren mit Tippen und Gegenstrombremsen. Unter Tippen versteht man fortlaufendes, impulsartig wiederholendes Eintasten, wie es z.B. beim Einrichten von Arbeitsmaschinen vorkommt. *Gebrauchskategorie AC 3*
d) *Extreme Schaltbedingungen*
z.B. ausschließlich Tippbetrieb und Gegenstrombremsen. Aus- und Einschaltungen mit Ruhezeiten entfallen. *Gebrauchskategorie AC 4*

Schutzarten nach DIN 40050: Gemeint ist hier der Schutz gegen das Eindringen von Fremdkörpern und Feuchtigkeit. Dieses Thema wird in Abschnitt 1.1.8 behandelt.
Einschaltdauer: Es gilt sinngemäß Abschnitt 1.1.6.

2.2.3   Schalter und deren Einteilung

Aus Bild 2.6 ist die Einteilung von Schaltern nach VDE 0660 zu ersehen. Wegen der technischen Bedeutung soll nachstehend vorrangig die Unterscheidung nach dem Schaltvermögen behandelt werden. Im Anschluß werden dann Schalter in unbestimmter Reihenfolge in der Einteilung nach dem Verwendungszweck als Auswahl für den Elektromeister behandelt.

2.2.3.1   Schalter in der Einteilung nach dem Schaltvermögen

Leerschalter
Leerschalter sind zum Schalten von Spannungen bzw. zum annähernd *stromlosen Schalten* von Strompfaden geeignet.
Anwendung z.B. als Sicherungs-Leertrenner (siehe Bild 2.7), die vor z.B. Lastschaltern angeordnet werden. Sie sind konstruktiv als Hebelschalter mit Doppel-Messerkontakten ausgelegt, haben eine hohe thermische und dynamische Kurzschlußfestigkeit und sind zum Fortleiten großer Nennströme verwendbar. Zum Schalten von Nennströmen sind Leerschalter nicht zu benutzen. Kurzschaltzeichen siehe Bild 2.9a und b.

Lastschalter
Die meisten gebräuchlichen Schaltgeräte der Hausinstallation, wie Licht- und Geräteschalter, haben das Schaltvermögen von Lastschaltern. Mit Lastschaltern können Ströme bis ca. zum *doppelten Nennstrom* geschaltet werden.
Anwendung z.B. als FI- oder FU-Schutzschalter in Verteilungen oder als Hebelschalter für Steuerungszwecke (Kurzschaltzeichen siehe Bild 2.9a und b.

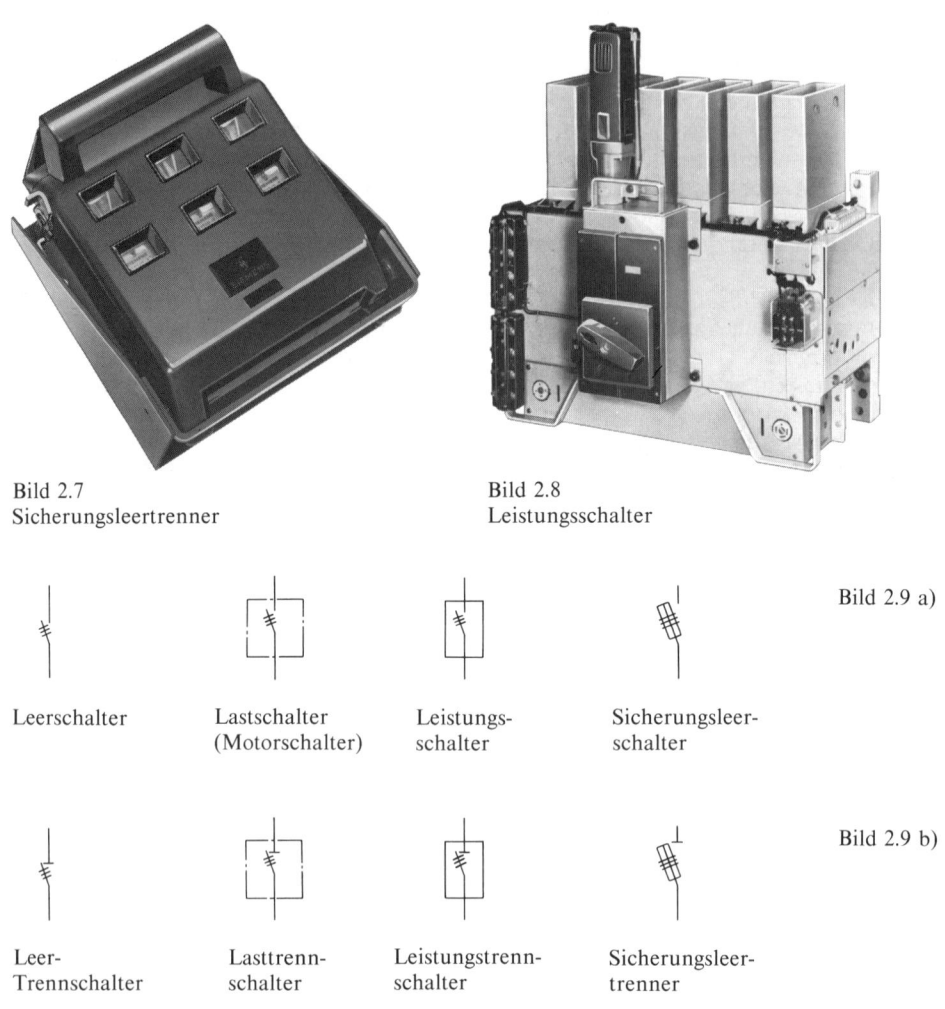

Bild 2.7
Sicherungsleertrenner

Bild 2.8
Leistungsschalter

Bild 2.9 a)

| Leerschalter | Lastschalter (Motorschalter) | Leistungsschalter | Sicherungsleerschalter |

Bild 2.9 b)

| Leer-Trennschalter | Lasttrennschalter | Leistungstrennschalter | Sicherungsleertrenner |

Motorschalter

Dort wo erhöhte Anlaufströme zu erwarten sind, z.B. bei Stromkreisen mit Synchronmaschinen, werden Motorschalter verwendet.

Motorschalter sind in der Lage, Anlaufströme vom *3- bis 8fachen Motornennstrom* bei einem cos φ von rd. 0,4 zu schalten.

Anwendbar als YΔ-Schalter, Wendeschalter oder allgemein als Steuerschalter (Bild 2.10). Kurzschaltzeichen eines Motorschalters siehe Bild 2.9a.

Leistungsschalter

Leistungsschalter können *Kurzschlußströme* ein- und ausschalten. Anwendung z.B. als Motorschutzleistungsschalter, zum Schalten großer Kurzschlußläufermotoren und Kon-

220

densatoren (Bild 2.8). Leistungsschalter können auch aus Schützen mit thermischen und magnetischen Auslösern zusammengestellt werden. Kurzschaltzeichen siehe Bild 2.9a und b.

Schaltbilder
Bild 2.9a zeigt die Kurzschaltzeichen. Für Motorschalter gibt es nach DIN kein eigenes Schaltzeichen. Es wird das Zeichen des Lastschalters verwendet. Schalter, die als Trennschalter zugelassen sind, d.h., wenn sie sichtbare Kontaktstrecken oder eine Schaltstellungsanzeige haben, erhalten im Symbol zusätzlich einen Querstrich (Bild 2.9b).

2.2.3.2 Schalter in der Einteilung nach dem Verwendungszweck

Steuerschalter
Steuerschalter dienen hauptsächlich dem direkten handbetätigten Schalten von Haupt- und Hilfsstromkreisen. Das Schaltvermögen entspricht dem der Motorschalter. Steuerschalter kommen in der Praxis vielfach als Nocken- und Walzenschalter vor. Sie werden überwiegend als Rastschalter ausgeführt.
Rastschalter sind Schaltgeräte, die nach dem Betätigen in der neuen Schaltstellung verbleiben. Sie gehen nicht selbsttätig durch Schwerkraft oder Federkraft in die Ausgangsstellung zurück. Jeder Schaltvorgang bedingt eine erneute Betätigung. In Bild 2.10 ist ein Steuerschalter dargestellt. Das dazugehörige Schaltbild ist aus Bild 2.11 ersichtlich.

Nockenschalter
Bei einem Nockenschalter werden die Schaltkontakte durch eine Schaltwalze mit aus Isolierstoff bestehenden Nocken betätigt (siehe Bild 2.10). Die beweglichen Schaltstücke werden in der Einschaltstellung durch eine Federkraft verstärkt auf die festen Schaltstücke gedrückt. Durch Betätigen des Antriebs wird die Nockenscheibe bis zur nächsten Einrastung gedreht. Damit werden die beweglichen Schaltstücke abgehoben, und die Stromwege sind unterbrochen. Es kommen hauptsächlich Druckkontakte zur Anwen-

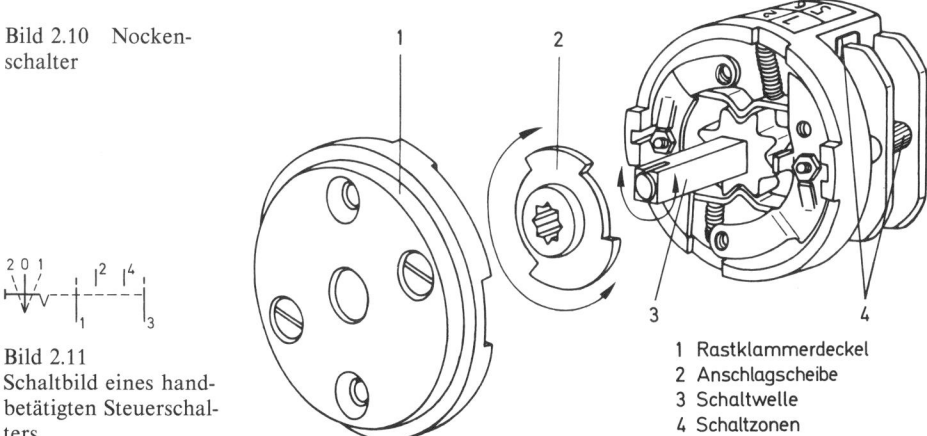

Bild 2.10 Nockenschalter

Bild 2.11
Schaltbild eines handbetätigten Steuerschalters

1 Rastklammerdeckel
2 Anschlagscheibe
3 Schaltwelle
4 Schaltzonen

221

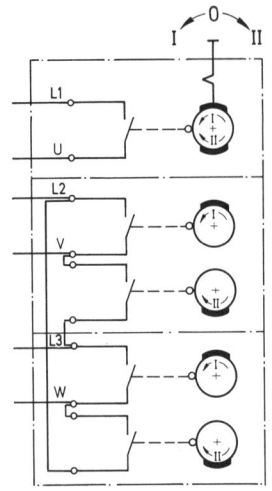

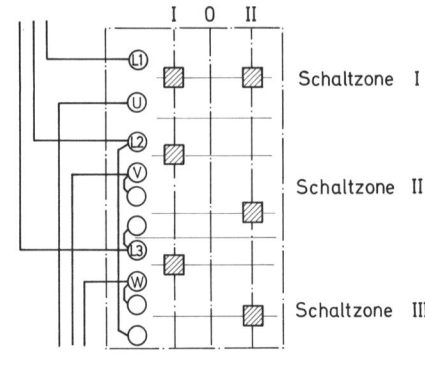

Bild 2.12a
Nockenwendeschalter, Prinzipdarstellung

Bild 2.12b
Nockenwendeschalter, Schaltbild

dung, die einem relativ geringen Verschleiß unterliegen. Da sie mit Silberüberzügen versehen sind, lassen sich mit ihnen hohe Schalthäufigkeiten erzielen.

Mit dem Aneinanderreihen mehrerer Nockenschaltereinheiten in verschiedenen Schaltzonen erhält man verschiedenste Schaltprogramme bei relativ kleiner Baugröße (Bild 2.12a). Die Schaltzonen werden durch Zwischenwände getrennt, um Lichtbogenüberschläge zu vermeiden. Für die zeichnerische Darstellung eines Nockenschalters werden die Anschlußkontakte jeder Schaltzone so neben- oder untereinander angeordnet, daß nur die zu brückenden Anschlußkontakte unmittelbar nebeneinanderliegen (siehe Bild 2.12b). Wird also in einer Einschaltung innerhalb einer Schaltzone die Verbindung zwischen einem Kontaktpaar hergestellt, so ist dieses durch ein nebenstehendes Nockensymbol zu kennzeichnen. Schaltverbindungen zwischen verschiedenen Schaltzonen werden durch Schaltbrücken hergestellt, die an den äußeren Anschlußkontakten anzulegen sind. Leitende Verbindungen innerhalb der Schaltwalze sind nicht möglich.

Meisterschalter
Der Meisterschalter ist ein Steuerschalter mit vielseitigem Schaltprogramm. Er findet Verwendung für Steuerungen z.B. in Kran- und Förderanlagen, in Hütten- und Walzwerken.

Das Äußere eines Meisterschalters ist aus Bild 2.13 ersichtlich. Der Aufbau entspricht im Prinzip dem Aufbau des Nockenschalters. Meisterschalter sind sehr leichtgängig und meistens von Hand über ein Handrad, einen Hebel oder über eine Seilscheibe mit Rückstellfeder zu bedienen. Mit dem Schalthebel können durch Schwenken und Drehen in verschiedenen Richtungen unterschiedliche Schaltvorgänge von Hilfs- und Hauptstromkreisen vorgenommen werden.

Walzenschalter
Bei dem Walzenschalter werden die Verbindungen durch leitende Schaltstücke auf der Walze hergestellt. In der Ausschaltstellung können die Federkontakte an den Isolierstoffteilen der Schaltwalze anliegen. Durch Drehung der Welle bis zur Einrastung in der

222

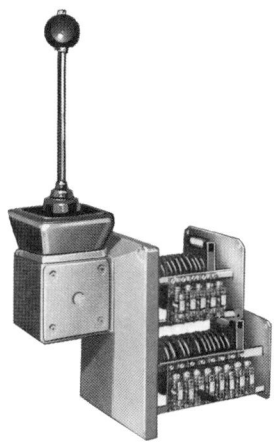

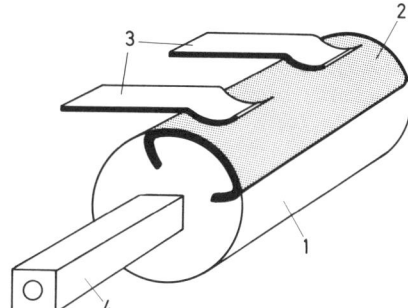

1 Schaltwalze
2 Walzenschaltstück
3 Federkontakt
4 Schaltwelle

Bild 2.13   Meisterschalter

Bild 2.14   Walzenschalterzone

Einschaltstellung nach Bild 2.14 werden die auf der Walze angeordneten Schaltstücke unter die Federkontakte gebracht. Damit ist eine leitende Verbindung hergestellt. Die Schaltstellungen werden durch gesonderte Einrastvorrichtungen arretiert.

Aufgrund der Kontaktreibung und der daraus resultierenden Kontaktabnutzung ist die Schalthäufigkeit geringer als bei Nockenschaltern.

Für die zeichnerische Darstellung von Schaltungsfunktionen bei Walzenschaltern werden die auf der Walze befindlichen Schaltsegmente als Abwicklung neben den symbolisch durch Buchstaben gekennzeichneten Federkontakten aufgeführt (Bild 2.15).

Aus dem Bild 2.15 erkennt man, daß in der Schaltstellung 1 die Anschlüsse L 1, L 2, L 3 über die Schaltsegmente sinngemäß mit U, V, W verbunden werden. In der Schaltstellung 2 wird Anschluß L 2 über eine Schaltbrücke in der Walze mit dem Anschluß W verbunden und entsprechend L 3 mit V.

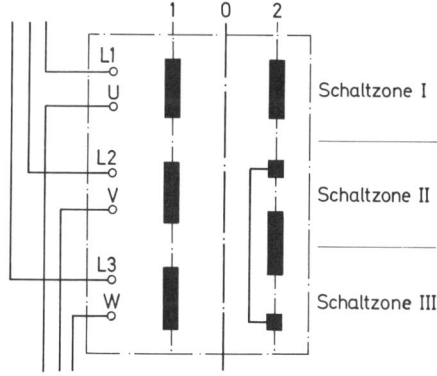

Bild 2.15   Walzenwendeschalter

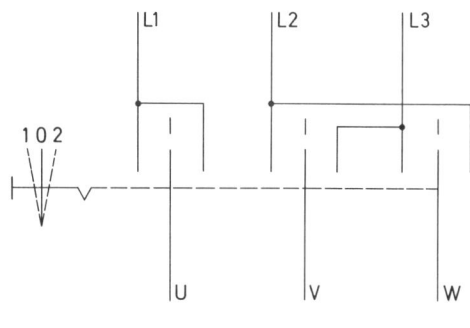

Bild 2.16   Schaltbild des Wendeschalters

223

Unabhängig von der Konstruktion der Nocken- oder Walzenschalter lassen sich die Schaltfunktionen durch Schaltbilder darstellen. Dabei sind alle Schaltverbindungen durch die Schaltglieder, wie Schließer und Öffner, aufzuzeichnen, wie es aus Bild 2.16 ersichtlich ist. Diese Darstellung entspricht auch der eines Schalters mit Messerkontakten.

Momentschalter (Mikroschalter)
Momentschalter besitzen schnellschaltende Sprungkontakte. Aufgrund kurzer Schaltzeiten werden trotz kleiner Abmaße relativ große Schaltleistungen erzielt. Kleine Momentschalter oder Mikroschalter zeichnen sich außerdem durch relativ kleine Schalthübe aus, und die erforderlichen Antriebskräfte sind gering. Eine Prinzipdarstellung des Sprungkontaktes und das zugehörende Schaltzeichen sind in den Bildern 2.17a und b aufgeführt.

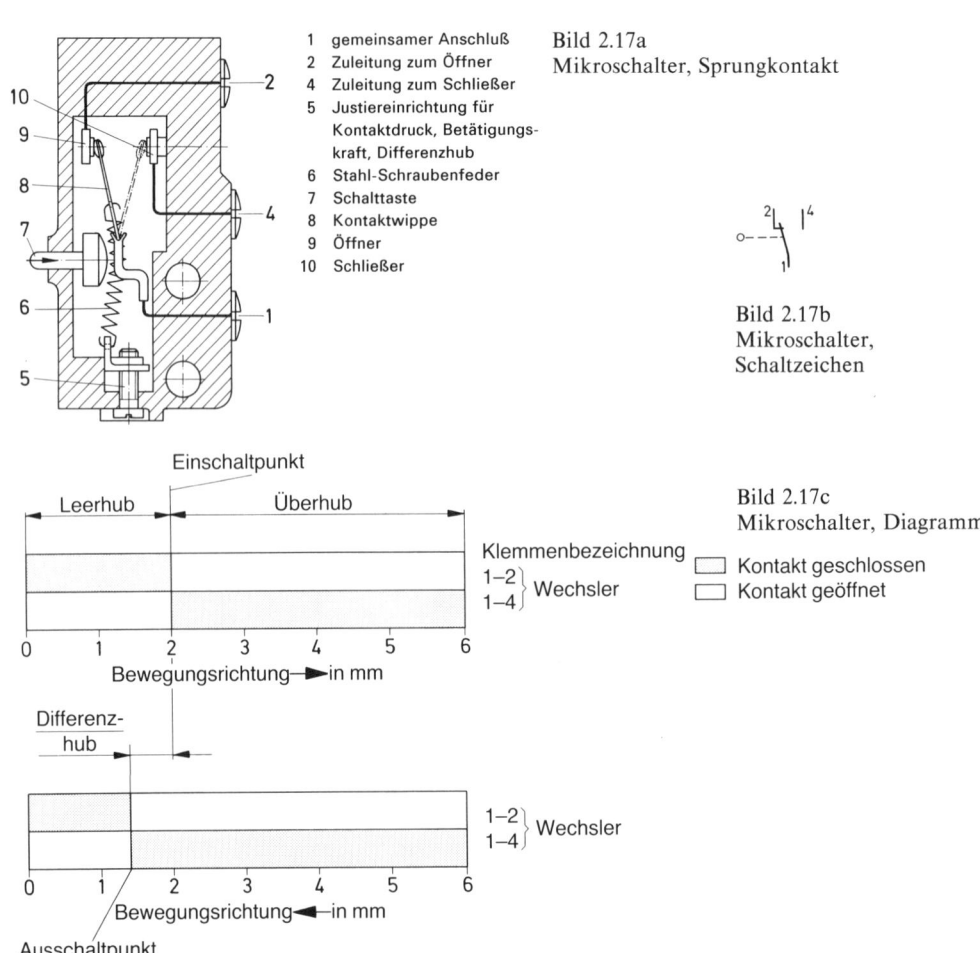

1 gemeinsamer Anschluß
2 Zuleitung zum Öffner
4 Zuleitung zum Schließer
5 Justiereinrichtung für Kontaktdruck, Betätigungskraft, Differenzhub
6 Stahl-Schraubenfeder
7 Schalttaste
8 Kontaktwippe
9 Öffner
10 Schließer

Bild 2.17a
Mikroschalter, Sprungkontakt

Bild 2.17b
Mikroschalter, Schaltzeichen

Einschaltpunkt
Leerhub   Überhub

Klemmenbezeichnung
1–2 } Wechsler
1–4

Bewegungsrichtung ➤ in mm

Differenz-hub

1–2 } Wechsler
1–4

Bewegungsrichtung ◄ in mm
Ausschaltpunkt

Bild 2.17c
Mikroschalter, Diagramm

☐ Kontakt geschlossen
☐ Kontakt geöffnet

224

Der Schaltweg des Sprungkontaktes sowie die Schließungs- und Öffnungszeiten sind weitestgehend von außen unbeeinflußbar, und sie können nicht, wie zum Beispiel bei einem Druckknopftaster, verlangsamt oder beschleunigt werden.

Die Schaltwege für eine Ein- und für eine Rückschaltung sind in Bild 2.17c wiedergegeben.

Aus dem Schaltwegdiagramm erkennt man, daß der Einschaltpunkt und der Ausschaltpunkt an zwei verschiedenen Stellen liegen. Zwischen beiden Schaltpunkten liegt der sogenannte Differenzhub. Mit einer relativ kleinen Antriebskraft F wird die Feder mit dem Stößel so weit durchgedrückt, daß die Kontaktbrücke über den Totpunkt hinaus in die neue Schaltstellung hineinspringt.

Beim Zurückgehen des Stößels erfolgt ein Umschalten der Kontaktbrücke erst dann, wenn die Feder den zweiten Totpunkt überschritten hat. Mikroschaltkontakte lassen sich in Verbindung mit entsprechenden Konstruktionsteilen als Tastschalter oder als Rastschalter verwenden. Anwendungsmöglichkeiten ergeben sich als Weg-, Druck- und Temperaturbegrenzer sowie als Programmschalter usw.

Die bei schleichenden, unsicheren Schaltbewegungen entstehenden Lichtbögen und Kontaktverzunderungen lassen sich durch Sprungkontakte sehr vorteilhaft vermindern. Dieses gilt besonders für das Schalten von Gleichstrompfaden.

Bild 2.18a
Druckknopftaster

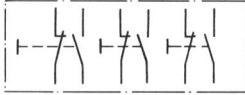

Bild 2.18b
Druckknopftaster,
Schaltzeichen

Durch das sprunghaft schnelle Öffnen der Schaltstücke wird eine Wiederzündung in der Lichtbogenstrecke erschwert und somit der Kontaktabbrand vermindert.

Tastschalter

Unter Tastschalter versteht man Schaltgeräte mit Rückzugskräften. Nach erfolgter Betätigung geht der Schalter automatisch durch eine Rückstellfeder in die Ausgangslage zurück. Weitere typische Beispiele für Befehlsschalter sind außer dem Drucktaster der Schwenktaster, der Grenz- oder Endtaster sowie noch die Wächterarten, z.B. Druck-, Temperatur-, Drehzahlwächter usw. Einige Beispiele mit den entsprechenden Schaltzeichen sind aus den Bildern 2.18a bis 2.20b ersichtlich.

Druckknopftaster

Als Schaltglieder werden überwiegend Druckkontakte mit Überzügen aus verschleißfesten Silberlegierungen verwendet, wodurch eine große Lebensdauer erzielt wird. Eine

225

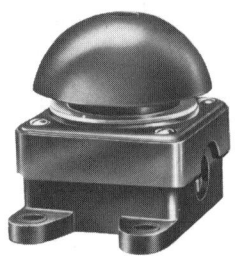

Bild 2.19a
Fußtaster

Bild 2.19b
Fußtaster-Schaltzeichen

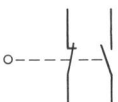

Bild 2.20b
Endtaster, Schaltzeichen

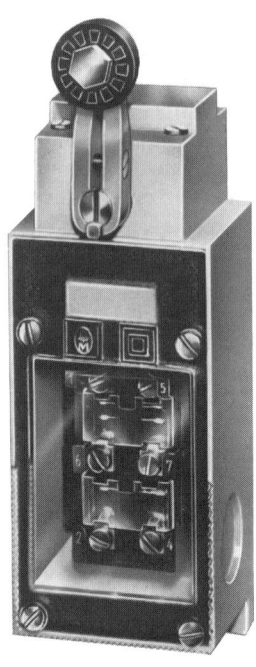

Bild 2.20a
Endtaster

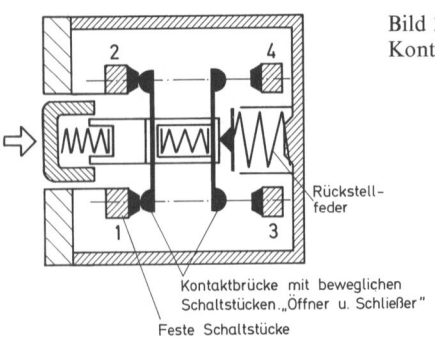

Bild 2.21
Kontaktelement eines Drucktasters

Rückstell-
feder

Kontaktbrücke mit beweglichen
Schaltstücken „Öffner u. Schließer"
Feste Schaltstücke

Prinzipdarstellung des Drucktasters ist aus Bild 2.21 zu ersehen. Damit Eintaster bei ungewollten, großflächigen Berührungen nicht betätigt werden, sind die Druckknöpfe mit der Gehäuseoberfläche ebenbündig ausgeführt.

Schaltfolge
Um ein zufälliges Schalten bei leichtem Berühren des Tastknopfes zu vermeiden, wird beim Hineintasten die erste Feder vorgespannt, ohne daß die Kontaktbrücken betätigt werden. Nach diesem Vorhub wird der Öffner mit den Klemmenbezeichnungen 1 und 2 angehoben, aber der Schließer bleibt noch geöffnet. Durch weiteres Hineindrücken des Tasters wird die Rückstellfeder weiter gespannt. Nach dem Schließen des Schließers mit

226

den Klemmenbezeichnungen 3 und 4 wird der Tastkopf bis zum Anschlag hineingedrückt. Damit entsteht ein Überhub, womit die Federkraft verstärkt und der erforderliche Kontaktdruck erzielt wird. Beim Loslassen des Tastknopfes wird zunächst der
Schließer wieder geöffnet, und dann wird der Öffner geschlossen.

Tasteranordnung und Farben für Druckknöpfe
Durch das Unterbringen mehrerer Kontaktelemente in einem gemeinsamen Gehäuse
ergeben sich Tastertafeln für verschiedenste Anwendungsfälle. Einige Beispiele sind in
den Bildern 2.22a bis c aufgeführt. Zum leichten Auffinden der Taster, vor allem des
Austasters im Störungs- oder Notfall, ist die Kennzeichnung von Aus- und Eintastern
nach DIN-VDE 57113 auszuführen.

Bild 2.22a bis c   Tasterkennzeichnung und
Anordnung

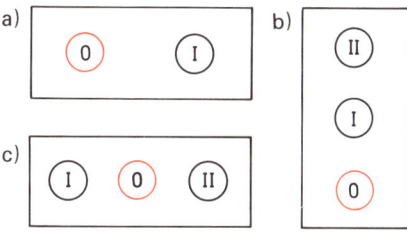

Der Aus-Druckknopf soll rot und mit 0 gekennzeichnet sein. Die Anordnung ist nor-
malerweise auf der linken Seite, wie in Bild 2.22a, oder unten, wie in Bild 2.22b, darge-
stellt. Bei Wendeschaltungen wird der Aus-Druckknopf in der Mitte zwischen den beiden
Ein-Druckknöpfen angeordnet, wie es Bild 2.22c zeigt.
*Einschaltknöpfe müssen die Farbe Grün oder Schwarz und gegebenenfalls Symbole, z.B.
I oder II, aufweisen.*

Not-Aus-Taster
Als Not-Aus-Taster werden *rote Pilztaster* ohne Aufdruck und ohne Leuchtmelder vor
einem gelben Kontrastuntergrund vorgeschrieben. Die Handhabe muß vom Standplatz
des Bedienenden aus schnell und ohne Schwierigkeiten möglich sein. Anstelle der
Bezeichnung «Not-Aus-Taster» wird immer mehr die Bezeichnung **«Gefahrenschalter»**
verwendet, weil mit diesem Schalter nicht immer ausgeschaltet wird, sondern oft auch
z. B. eine Gegenbewegungsrichtung eingeschaltet wird.

Grenztaster oder Endtaster
Grenztaster sind wegeabhängige Befehlsschalter mit Rückzugskraft. Sie werden hauptsächlich als Begrenzer in Hilfsstromkreisen, gelegentlich auch in Hauptstrompfaden,
eingesetzt.
Begrenzer haben die Aufgabe, Strompfade ein- oder auszuschalten, sobald der Grenz-
wert der zu überwachenden Größe erreicht ist. Als Beispiel sei die Schützsteuerung für
ein Garagentor genannt. Sobald das Garagentor seine Grenzposition erreicht hat, wird
durch den Grenztaster der Steuerstrom des jeweiligen Hauptschützes für «Schließen»
oder «Öffnen» unterbrochen, so daß der Antriebsmotor durch das Schütz abgeschaltet
wird.

Weitere Anwendungen der Grenztaster sind möglich bei Verriegelungen zur Sicherung gegen Wiedereinschaltungen oder zur Einleitung von weiteren Schaltvorgängen, wie zum Beispiel Übergang von Langsam- auf Schnellvorschub oder Einschaltung anderer Arbeitsgänge an Drehmaschinen und Automaten. Neben einfachen Wegbegrenzungen kann man Grenztaster benutzen, um mehrere Schaltvorgänge während eines Bewegungsablaufes durchzuführen, und zwar nicht nur in Längsrichtung, sondern auch bei Drehbewegungen. Wegabhängige Endtaster sind in den Bildern 2.23a und b aufgeführt. Das zugehörige Schaltzeichen ist aus Bild 2.23c ersichtlich. Grenztaster sind so anzuordnen, daß sie beim Überfahren nicht beschädigt werden und daß sie gegen unbeabsichtigtes Betätigen geschützt sind. Je nach gegebenem Anwendungsfall können verschiedene Arten von Grenztastern eingesetzt werden, z.B. mit oder ohne Rollenhebel (Bild 2.23a und b) oder berührungslose Grenztaster mit magnetischer Beeinflussung eines Mikroschaltkontaktes.

Um allen praktischen Anwendungsfällen gerecht zu werden, sind die Kontaktsätze im Normalfall als Schließer und Öffner vorhanden, und für den Spezialfall gibt es verschiedenste Kontaktzusammenstellungen. Die Schließ- und Öffnungszustände der Kontakte sind zum besseren Überblick im Schaltwegdiagramm aufgeführt.

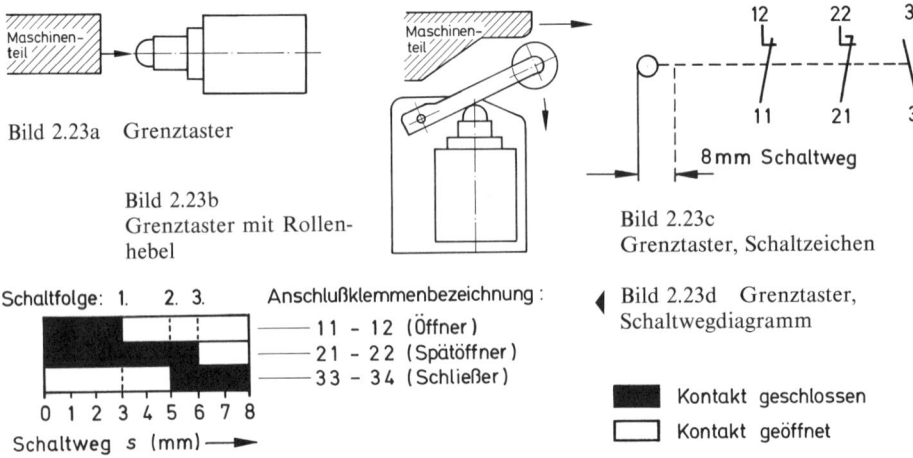

Bild 2.23a   Grenztaster

Bild 2.23b
Grenztaster mit Rollen-
hebel

Bild 2.23c
Grenztaster, Schaltzeichen

Bild 2.23d   Grenztaster,
Schaltwegdiagramm

Schaltwegdiagramm
Aus dem Diagramm Bild 2.23d ist sofort zu ersehen, daß sich der Spätöffner und der Schließer in der Einschaltung überschneiden. In der Ruhestellung bei $s = 0$ sind der Öffner sowie der Spätöffner geschlossen, und der Schließer ist geöffnet.

Wird der Stößel bis zum Anschlag bei $s = 8$ mm eingetastet, so wird laut Diagramm folgende Kontaktbewegung durchgeführt:

1. Kontakt $11-12$ öffnet bei $s = 3$ mm
2. Kontakt $33-34$ schließt bei $s = 5$ mm und
3. Kontakt $21-22$ öffnet bei $s = 6$ mm.

Bei der Zurückführung wird die umgekehrte Schaltfolge durchlaufen.

228

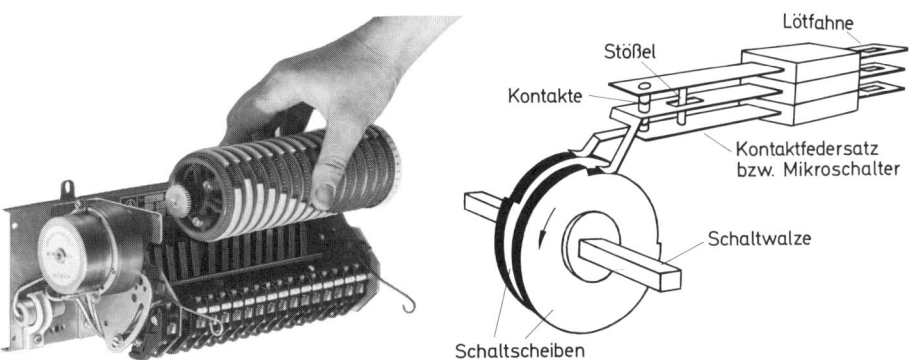

Bild 2.24a   Programmgeber, Abbildung   Bild 2.24b   Programmgeber, Prinzipdarstellung

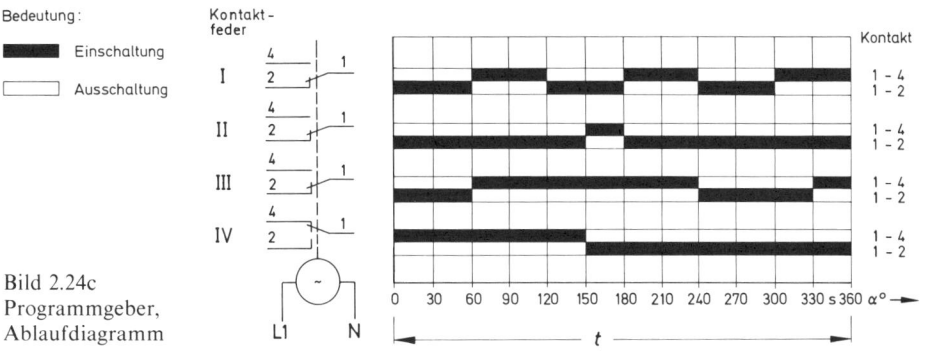

Bild 2.24c
Programmgeber,
Ablaufdiagramm

Programmgeber

Programmgeber sind im allgemeinen motorangetriebene Schalter (Bild 2.24a), mit denen parallele oder nacheinanderfolgende Funktionsabläufe in kontinuierlicher Weise durchgeführt werden können.

Programmgeber werden in der nachstehend beschriebenen Ausführung überwiegend im Werkzeugmaschinensektor, in Waschautomaten, bei Lichtreklamen usw. eingesetzt. In spezieller Ausführung werden Programmgeber als Schaltuhren zum Freigeben von Nieder- und Hochtarifen an Elektrizitätszählern verwandt.

Als Motorantrieb dient ein Synchronmotor, damit der Zeitablauf infolge unerwünschter Spannungsschwankungen unbeeinflußt bleibt. Die Schaltwalze wird über ein Getriebe mit starker Untersetzung betätigt. Die Umlaufzeit ist über das Vorgelege variierbar und kann bis zu einigen Stunden andauern. Durch die auf der Schaltwalze angeordneten verdrehbaren Schaltscheiben mit Nocken aus verschleißfestem Kunststoff werden die Kontakte betätigt (Bild 2.24b).

Es werden häufig offenliegende Sprungkontakte oder Mikroschalter verwendet, um schleichende Kontaktgaben und Schaltpunktwanderungen zu vermeiden.

Zur Darstellung des Schaltprogramms wird ein Ablaufdiagramm nach Bild 2.24c gezeichnet.

229

Programmsteuerungen lassen sich je nach Art und Umfang außer durch motorangetriebene Geber auch mit magnetisch angetriebenen Schaltwerken, sogenannten Schrittschaltwerken, durchführen.

2.2.4 Meldeleuchten

Außer der farblichen Kennzeichnung von Tastern gibt es eine Festlegung der Leuchtmelderfarben zur Anzeige bestimmter Betriebszustände nach DIN-VDE 57113:

Betriebszustand	Lichtfarbe	Aufforderung
Anormaler Betriebszustand bzw. Störung	rot	Gefahr beseitigen bzw. Ausschalten
Maschine startbereit	grün	Einschalten
Grenzwertnäherung bzw. kritisch	gelb	Beachtung
Normaler Betriebszustand	weiß/ farblos	
Sonderfunktionen	blau	

Zweckmäßigerweise verwendet man Lampen mit Steck- oder Bajonettfassungen, um Ausfälle durch Selbstlockern zu vermeiden.

2.2.5 Relais

2.2.5.1 Zeitrelais

Zeitrelais sind Schaltgeräte, mit denen zeitverzögerte Ein- und Ausschaltvorgänge überwiegend in Hilfsstromkreisen von Relais- und Schützsteuerungen durchgeführt werden. Unter «Relais» versteht man allgemein ein Schaltgerät, welches ein Eingangssignal umsetzt in ein oder mehrere Ausgangssignale. Beim Zeitrelais wird das Ausgangssignal zeitverzögert erteilt.

Zur Erweiterung von handbetätigten Schützsteuerungen lassen sich z.B. mit Hilfe von Zeitrelais automatische Anlaßschaltungen für Drehstrommotoren erstellen. Als Beispiele seien die automatische Sterndreieckschaltung, die Anlaßschaltung für einen Drehstrom-Schleifringläufermotor und die Kusa-Schaltung genannt (siehe Bild 2.74, 75 und 73).

Die Ansicht eines mit einem Synchronmotor angetriebenen Zeitrelais zeigt Bild 2.25a, und das zugehörige Schaltbild gibt Bild 2.25b wieder. Außer den motorischen Antriebssystemen sind elektromagnetische und elektrothermische Antriebe gebräuchlich. In der Praxis haben sich elektronische Zeitrelais durchgesetzt.

Wirkungsweise des elektromechanischen Zeitrelais
Auf der Einstellskala des Zeitrelais wird der Verzögerungsmechanismus, bestehend aus Uhrwerk, Pneumatik oder Thermik, auf die Verzögerungszeit in Sekunden, Minuten oder Stunden eingestellt. Die Verzögerungszeit wird gemessen vom Ein- oder Ausschal-

230

Bild 2.25a Zeitrelais, Abbildung

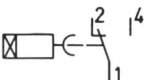

Bild 2.25b Zeitrelais, Schaltbild
(einschaltverzögert)

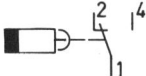

Bild 2.25c Zeitrelais, Schaltbild
(ausschaltverzögert)

ten des Antriebs bis zum Betätigen der Schaltkontakte. Je nach Bedarf kommen ein- oder ausschaltverzögerte Relais zur Anwendung.

Elektronische Zeitrelais
Beim elektronischen Zeitrelais ergibt sich die Verzögerungszeit durch Aufladen eines Elektrolytkondensators über einen einstellbaren Widerstand mit nachfolgender elektronischer Schaltung (z.B. Unijunktion-Kreis), die das Ausgangsrelais schaltet.

Einschaltverzögerung (anzugsverzögerte Relais)
Mit dem Einschalten des Antriebs wird der Verzögerungsmechanismus in Betrieb gesetzt. Nach dem Ablauf der Verzögerungszeit werden die Schaltkontakte betätigt und so lange in der Einschaltstellung gehalten, bis sie durch Ausschalten des Antriebs wieder in Ruhestellung zurückgehen.

Ausschaltverzögerung (abfallverzögerte Relais)
Durch das Einschalten des Antriebs werden die Schaltkontakte betätigt, und gleichzeitig kann ein Federkraftspeicher aufgezogen werden. Wird der Antrieb ausgeschaltet, so bewirkt die Federkraft den Verzögerungsvorgang. Die Schaltkontakte gehen automatisch nach dem Ablauf der Verzögerungszeit in die Ruhestellung zurück.

Für bestimmte Anwendungsfälle gibt es Zeitrelais, die neben den verzögert schaltenden Kontakten einen Sofortschaltkontakt oder Selbsthaltekontakt besitzen. Derartige Zeitrelais stellen im Prinzip eine Kombination aus Hilfsschütz und dem Zeitrelais dar. **Einschaltdauer** siehe Abschnitt 1.1.6.

2.2.5.2 Stromstoßschalter (Stromstoßrelais)

Stromstoßschalter sind mechanisch verklinkte, elektromagnetisch betätigte Schalter, die nach einem impulsartigen Einschaltbefehl oder Ausschaltbefehl in der neuen Schaltstellung verbleiben. Man verwendet sie häufig als Fernschalter für Beleuchtungen in der Hausinstallation. Schaltgerät und Schaltbild sind durch Bild 2.26a und b dargestellt. Zum Schalten größerer Leistungen werden baulich größere Relais mit Quecksilberschaltröhren verwendet. Bei diesen Geräten ist auf eine den Herstellerangaben entsprechen-

231

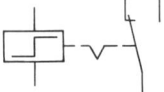

Bild 2.26b Stromstoßschalter-
Schaltzeichen

den Einbaulage zu achten. Die kleinen Stromstoßschalter, auch Installationsfernschalter genannt, haben Metallkontakte. Sie werden als Aus-, Wechsel-, Serien- und Gruppen-schalter angeboten. Die Steuerspannungen betragen 6 V, 8 V, 24 V und 220 V.
Strombelastung je Kontakt bei 220 V$_\sim$ etwa 10 A.

2.2.5.3 Stromrelais

Stromrelais sind nicht mit Stromstoßrelais oder Stromstoßschaltern zu verwechseln. Stromrelais haben keine Verklinkung, sie schalten nach einer Befehlsgabe, z. B. durch einen kurzzeitig fließenden Strom, sofort wieder in die Ruhestellung zurück. Derartige Relais kommen als Lastabwurfschalter für Speicherheizgeräte, Durchlauferhitzer, Motoren usw. zur Anwendung (Bild 2.27).

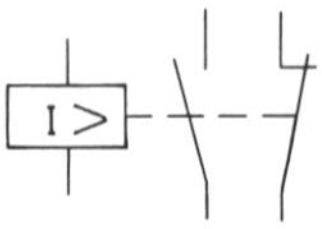

Bild 2.27 Stromrelais

Zur Überwachung von Strömen werden *Stromüberwachungsrelais* angeboten mit einstellbaren Ansprechwerten.
Oft können Verriegelungsaufgaben innerhalb von Schützsteuerungen mit Hilfe von Stromrelais vereinfacht gelöst werden.

2.2.6 Wächter und Begrenzer

Wächter sind Grenzwertschalter mit einem oberen und einem unteren Schaltpunkt. Bei dem Überschreiten des oberen Grenzwertes oder bei dem Unterschreiten des unteren Grenzwertes kann ein Hauptstromkreis oder ein Hilfsstrompfad geöffnet oder geschlossen werden. Als Schaltkontakt werden meistens Momentschalter eingesetzt. Wächter

232

sind durch das Vorhandensein von zwei Schaltpunkten in der Lage, z.B. Drücke, Temperaturen, Drehzahlen oder andere Größen innerhalb des begrenzten Bereiches zu überwachen.

Begrenzer sind Grenzwertschalter mit nur einem Schaltpunkt. Sie dienen nicht zum betriebsmäßigen Schalten und Steuern von Stromkreisen, sondern sie werden vorwiegend als Schutzeinrichtung dort eingesetzt, wo eine Überschreitung eines maximal zulässigen Wertes verhindert werden muß. Die Wiedereinschaltung nach einer Auslösung kann gegebenenfalls von Hand erfolgen.

2.2.6.1 Druckwächter

Druckwächter sind druckabhängige Befehlsschalter. Das Konstruktionsprinzip eines derartigen Schalters ist in Bild 2.28a dargestellt. Das Schaltzeichen ist aus Bild 2.28b ersichtlich.

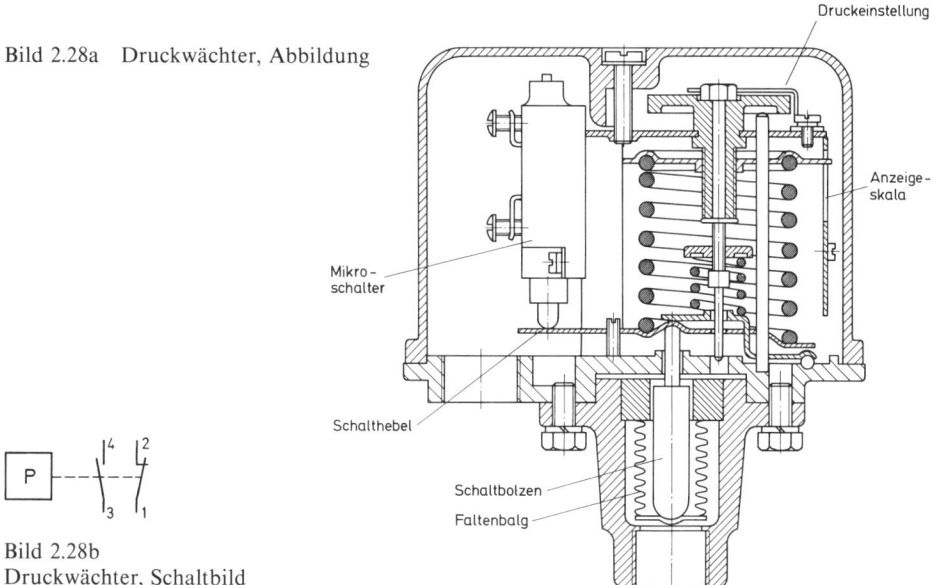

Bild 2.28a Druckwächter, Abbildung

Bild 2.28b
Druckwächter, Schaltbild

Der Schaltkontakt kommt mit dem zu überwachenden Medium, wie z.B. Luft, Wasser, Öl usw., nicht direkt in Berührung. Durch Druckänderung wird eine Membrane oder ein Faltenbalg zur Auslenkung gebracht, wodurch der Druck auf den Schaltstößel übertragen wird. Da relativ kleine Hübe auftreten, werden die Schaltglieder als Moment- oder Sprungkontakte ausgeführt. Je nach dem Schaltvermögen können Wächter sowohl zum Schalten von Hilfsstromkreisen wie auch zum Schalten von Hauptstromkreisen Verwendung finden. Die Schaltpunkte des oberen und unteren Grenzwertes lassen sich in vorgegebenen Grenzen durch Verstellen des Federdruckes variieren.

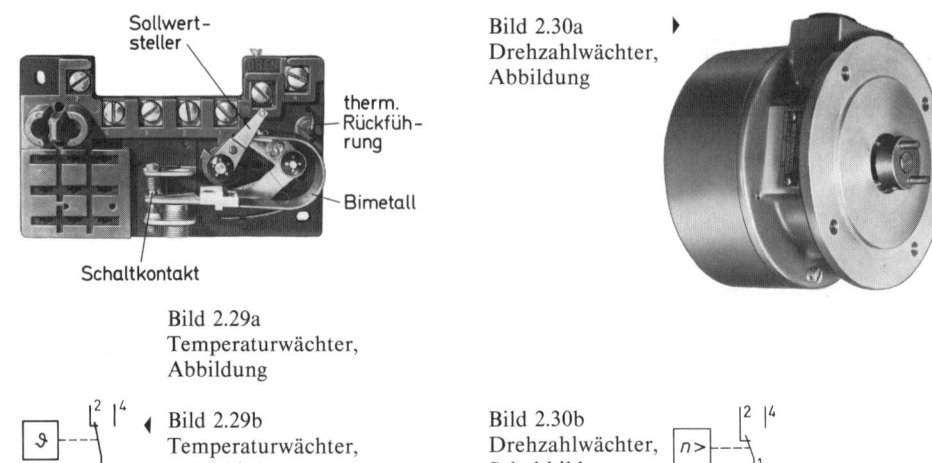

Sollwert-
steller

therm.
Rückfüh-
rung

Bimetall

Schaltkontakt

Bild 2.29a
Temperaturwächter,
Abbildung

Bild 2.30a
Drehzahlwächter,
Abbildung

Bild 2.29b
Temperaturwächter,
Schaltbild

Bild 2.30b
Drehzahlwächter,
Schaltbild

2.2.6.2 Temperaturwächter

Die Erfassung von Temperaturschwankungen der Luft erfolgt in der gebräuchlichsten Weise durch Thermo-Bimetallstreifen (Bild 2.29a). Zwei Metalle (Bimetall) mit unterschiedlichen Ausdehnungskoeffizienten sind fest aufeinandergebracht. Die bei Temperaturschwankungen auftretenden unterschiedlichen Längenänderungen der Metalle bewirken eine Auslenkung und Kraftwirkung in Querrichtung, womit ein Schaltkontakt innerhalb eines Temperaturbereiches betätigt werden kann. In anderen Medien werden Temperaturunterschiede durch Längenausdehnung von Rohren gegenüber einem nicht dehnbaren Stab (Invarstab) erfaßt oder durch Ausdehnung von Flüssigkeitssäulen (Kontaktthermometer) gemessen und in Schaltbefehle umgewandelt. Da die von der Ausdehnung eines Gases oder einer Flüssigkeit herrührende Druckänderung der Temperatur angenähert proportional ist, können Temperaturwächter auch nach dem gleichen Prinzip wie Druckwächter arbeiten (Schaltzeichen siehe Bild 2.29b).

2.2.6.3 Drehzahlwächter

Drehzahlwächter sind Befehlsschalter, die bei Erreichung eines Drehzahlgrenzwertes einen Schaltbefehl durchführen. Drehzahlwächter finden als Befehlsgeber zum Beispiel bei der Gegenstrombremsung von Motoren Verwendung. Mit Hilfe von Schützschaltungen kann man nach der Erteilung des Ausschaltbefehls den Motor automatisch gegenerregen und somit eine Gegenstrombremsung durchführen. Kurz vor dem Nulldurchgang der Drehzahl muß eine Abschaltung des Bremsschützes erfolgen, damit ein Hochlaufen des Motors in die Gegendrehrichtung verhindert wird. Drehzahl- oder Bremswächter werden von den Rotoren, deren Drehzahl zu überwachen ist, entweder direkt mechanisch oder elektrisch beeinflußt. Ansicht und Schaltzeichen siehe Bilder 2.30a und b. Im Ruhezustand, also bei Stillstand des Rotors, befinden sich die Schaltkontakte in dem gezeichneten Zustand.

Die Schaltung eines Bremswächters ist aus Bild 2.79 zu ersehen.

Drehzahlwächter bzw. Überwachungsrelais werden häufig zur Sollwertüberwachung eingesetzt. Die zu überwachende Drehzahl wird innerhalb eines Bereiches eingestellt.

2.2.7 Schütze

Schütze sind unverklinkte, fremdbetätigte Schalter mit elektromagnetischem Antrieb. Man unterscheidet zwischen Haupt- und Hilfsschützen.
Hauptschütze werden zum betriebsmäßigen Schalten von Hauptstromkreisen für Gleich- und Wechselstromverbraucher sowie zum Steuern von Motoren, Kondensatoren, Heiz- und Lichtstromkreisen verwendet.
Hilfsschütze dienen zum Schalten von Hilfsstromkreisen. Dazu gehören z.B. Steuerstrompfade für Hauptschütze oder Meldegeräte. Das Schaltvermögen der Hilfsschütze ist begrenzt, sie sind daher nicht zum Schalten von stärker belasteten Hauptstromkreisen geeignet.

2.2.7.1 Aufbau und Wirkungsweise

Außer der im Bild 2.31a dargestellten, üblichen Kernmagnetausführung gibt es Klappanker- und Kniehebelausführungen.

Bei Wechselstromschützen besteht der Magnetkern und der Anker aus lamellierten Blechpaketen. Hierdurch werden die Wirbelstromverluste verringert.

Wechselstromschütze benötigen im Luftspalt des Blechpaketes sogenannte Spaltpolwindungen zur Vermeidung von Brumm- und Klappergeräuschen.

Durch jede Spaltpolwindung wird ein phasenverschobener Magnetfluß erzeugt, so daß das resultierende Magnetfeld keinen Nulldurchgang aufweist. Aus diesem Grunde kann die Zugkraft des Ankers nicht zu «Null» werden. Da der Anker also ständig angezogen bleibt und sich nicht bei jedem Nulldurchgang löst, treten Klappergeräusche nicht in Erscheinung. Außerdem dienen die Spaltpolwindungen dem Abbau des Restmagnetismusses nach dem Abschalten.

Die beweglichen Schaltstücke des Schützes befinden sich auf einem isolierten Schaltstückträger, der vom Anker des Elektromagneten bewegt wird. Sind alle beweglichen

Bild 2.31a
Luftschütz

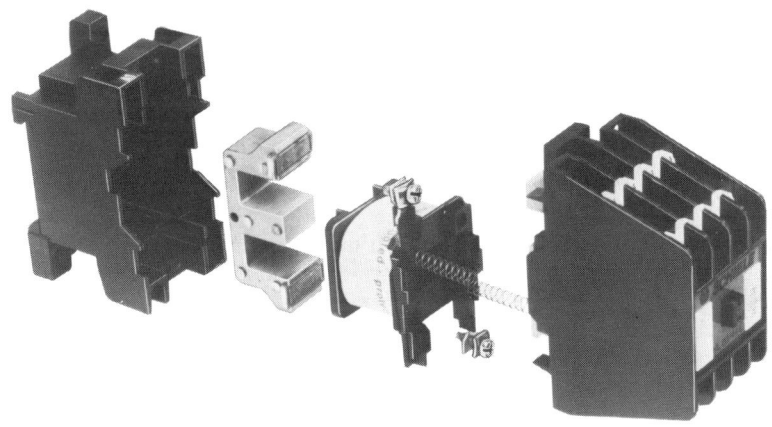

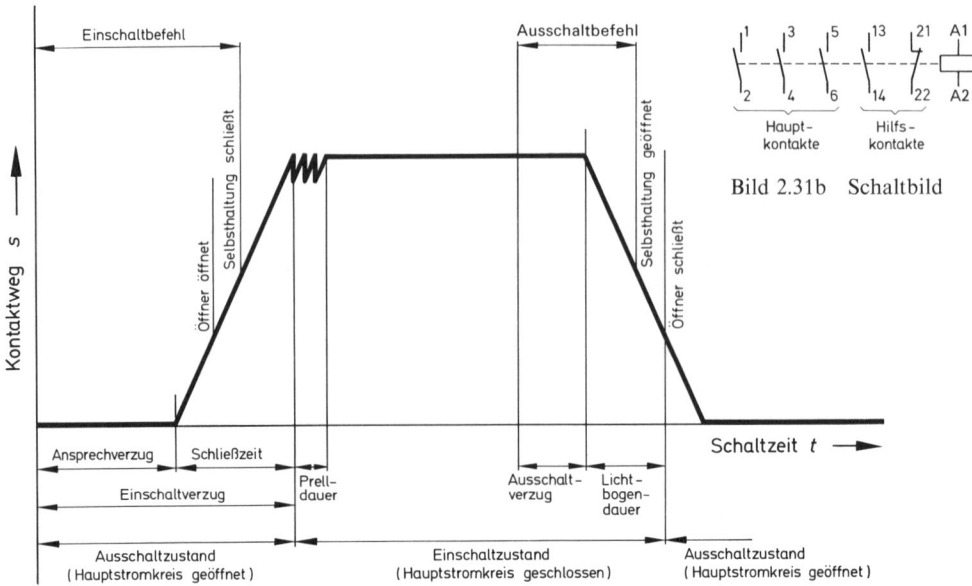

Bild 2.31b   Schaltbild

Bild 2.31c   Schaltvorgang

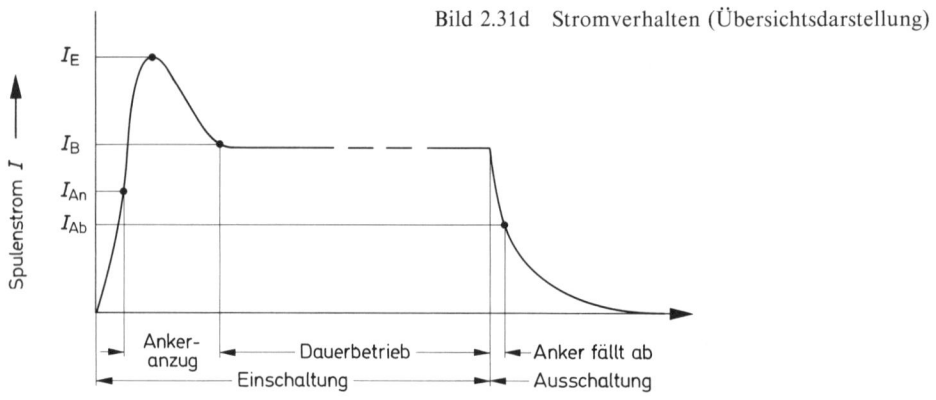

Bild 2.31d   Stromverhalten (Übersichtsdarstellung)

I_E Einschaltstrom, I_B Betriebsstrom, I_{An} Anzugsstrom, I_{Ab} Abfallstrom

Bauteile und Schaltkontakte von Luft umgeben und nicht von einer isolierenden Flüssigkeit, so spricht man von Luftschützen. Das vollständige Schaltbild eines Schützes mit Hauptkontakten, Schließern und Öffnern, der Schützspule und entsprechenden Klemmbezeichnungen ist durch Bild 2.31b wiedergegeben. Zur Erregung der Schützspule ist ein Steuerstromkreis zu schließen. Dieses kann durch handbetätigte Befehlsschalter oder automatisch durch Programmgeber, Wächter usw. erfolgen. Mit dem Anziehen des Ankers werden die Hauptkontakte betätigt, so daß ein Hauptstromkreis geschlossen

236

werden kann. Die gemeinsam betätigten Schließer und Öffner dienen zum Schalten von Hilfsströmen, z.B. zur Schützselbsthaltung, für Meldeeinrichtungen oder für Verriegelungszwecke. So können mit relativ kleinen Steuerleistungen einerseits große Schaltleistungen der Verbraucher geschaltet werden, andererseits ist es möglich, mit geringem Leitungsaufwand Fernschaltungen vorzunehmen.

Sobald die Schützspule beim Ausschalten des Steuerkreises wieder stromlos wird, gehen Anker und Schaltglieder durch Federkraft bzw. durch eigene Schwerkraft in die Ausgangs- oder Ruhestellung zurück. Der Ein- und Ausschaltvorgang eines Schützes mit Angabe der Verzugszeiten ist in Bild 2.31c grafisch dargestellt.

Bei der Erregung der Schützspule zieht der Anker mit dem Erreichen des Anzugsstromes I_{An} (Bild 2.31d) schlagartig an.

Mit der hierdurch bedingten Verringerung des magnetischen Widerstandes ergibt sich eine Vergrößerung des induktiven Widerstandes der Schützspule. Damit wird der Einschaltstrom I_E auf den Wert des Betriebsstromes I_B verringert. Entsprechend verhalten sich die Leistungen.

> Die Einschaltleistung des Schützes ist größer als die Halteleistung.

Die verschiedenen Leistungsdaten werden auf dem Leistungsschild des Schützes in VA angegeben.

Mit dem Ausschalten der Schützspule bricht das Magnetfeld zusammen, so daß der Anker mit dem Erreichen des Abfallstromwertes in die Ausgangslage zurückfällt. Der Abfallstromwert liegt unterhalb des Anzugsstromwertes.

2.2.7.2 Lebensdauer

Die Lebensdauer eines Luftschützes (bzw. die der Schaltstücke) wird gemessen nach der Gesamtzahl der Schaltspiele (Abschnitt 2.2.2) bei bestimmter, der Gebrauchskategorie (Abschnitt 2.2.2) entsprechender Belastung. Je nach den Schaltbedingungen wird die Schaltstücklebensdauer in der Größenordnung von mehreren Millionen Schaltspielen garantiert.

Zehn Millionen Schaltspiele entsprechen etwa einer Lebensdauer von 10 Jahren, wenn bei täglich 8stündigem Betrieb eine durchschnittliche *Schalthäufigkeit* (Abschnitt 2.2.2) von 400 *Schaltungen je Stunde* vorliegt.

Für Luftschütze werden bei leichten Schaltbedingungen Schalthäufigkeiten von 3000 S/h angegeben. Dabei wird die Nennlebensdauer von über 10 Millionen Schaltspielen garantiert. Genaue Angaben über die Lebensdauer erhält man aus Tabellen der Schaltgerätehersteller, worin die Lebensdauer der Schaltstücke in Abhängigkeit vom Laststrom aufgetragen ist.

2.2.7.3 Ölschütze

In Betrieben der chemischen Industrie, an Orten mit aggressiven Atmosphären, in feuchten Räumen mit älteren elektrischen Anlagen, findet man Ölschütze. Schaltstücke, Schützspule und beweglicher Schaltteil sind vom Öl umgeben. Die Gefahr der Korrosion und Verschmutzung durch äußere Einflüsse ist daher sehr gering.

Anstelle von Ölschützen werden heute bevorzugt Luftschütze verwendet. Durch geeignete Kapselungen lassen sich Luftschütze universell sowohl in feuchten, staubigen als auch in anderen Raumarten einsetzen.

2.2.7.4 Remanenzschütze

Remanenzschütze werden mit Gleichstrom betrieben und als Haupt- und Hilfsschütze hergestellt. Ihre Funktion entspricht der Arbeitsweise von Haftrelais. Nach erfolgter Einschaltung verbleibt der Anker auch bei Spannungsausfall auf unbegrenzte Zeit in der Arbeitsstellung am Kern haften. Der Remanenzmagnetismus hält den Anker so lange fest, bis ein Gegenstromimpuls die Remanenz aufhebt und somit eine Rückstellung erfolgen kann.

Der Einsatz solcher Schütze ist dort vorteilhaft, wo nach einer Spannungsrückkehr in einer aus verschiedenen Arbeitsgängen bestehenden Steuerschaltung keine Unterbrechung oder Rückstellung des Funktionsablaufes erfolgen darf und wo der Ablauf selbsttätig weitergeführt werden soll.

2.2.7.5 Elektronik-Schütz

Das Elektronik-Schütz ist ein Schaltgerät für Drehstromleistungen bis etwa 15 kW, das sich wie ein übliches elektromechanisches Schütz anschließen und erregen läßt und den Lastkreis kontaktlos über Triac steuert.

Die Triac sowie die erforderlichen Ansteuerungsbauelemente, wie z.B. Dioden, Transistoren, Kondensatoren, Widerstände und Transformator, sind zu einem Kompaktgerät zusammengestellt. Gegenüber mechanischen Schützen ergeben sich folgende Vorteile: keine Kontaktabnutzung, konstante und sehr kurze Schaltzeit und kleine Steuerleistung (siehe auch Abschnitt 2.9).

2.2.8 Steckvorrichtungen

Steckvorrichtungen haben die Aufgabe, Leitungsverbindungen zwischen ortsveränderlichen Betriebsmitteln untereinander und stationären Anlagen sicher herzustellen.

Die dafür erforderlichen Betriebsmittel sind: Stecker, Steckdose, Kupplung und Gerätestecker.

Steckdosen in Verbindung mit Lampenfassungen und Mehrfachsteckdosen mit starr angebautem Stecker sind unzulässig. Zur Befestigungsfläche hin offene Steckdosen müssen bei Anbringung auf brennbaren Bau- und Werkstoffen ausreichend feuersicher getrennt sein.

Steckdosen-, Kupplungs- und Gerätesteckerkontakte müssen gegen direkte Berührung im Sinne von VDE 0100 gesichert sein. Nicht oder unvollständig eingesteckte Steckerstifte dürfen keine Spannung führen. Die Schutzarten sind zu beachten. Daher ist es wichtig, nur genormte Steckvorrichtungen einzusetzen und beim Anschluß solcher Betriebsmittel entsprechend den VDE-Bestimmungen zu verfahren.

Bei der Auswahl von Steckvorrichtungen müssen folgende Besonderheiten hauptsächlich beachtet werden:

Stromart: Gleich- oder Wechselstrom
Nennstromgröße: 10 A, 16 A, 25 A, 32 A, 63 A, 125 A
Polzahl: ein-, mehr- oder vielpolig

238

Nennspannung: Kleinspannungen bzw. genormte Netzspannungen
Schutzarten nach
VDE 0620 bzw.
DIN 40050: wasserdicht, staubgeschützt usw.

Arten

Für verschiedene Anwendungsfälle stehen unterschiedliche Steckvorrichtungssysteme zur Verfügung. Die in Deutschland gebräuchlichsten Steckvorrichtungen sind nachstehend aufgeführt.

Außer Sondersteckvorrichtungen unterscheidet man 3 Arten:

a) Schuko-Steckvorrichtung   DIN 49440 bis 443
b) Perilex-Steckvorrichtung   DIN 49445 bis 448
c) Industrie-Steckvorrichtung   DIN 49462 bis 463
   (CEE-Steckvorrichtung)

2.2.8.1   Schutzkontakt-(Schuko-)Steckvorrichtung

Dieses seit Jahren bewährte System wird allgemein angewendet für Einphasen-Wechselstrom im Haushalt, Gewerbe und in der Industrie (Bild 2.33).

Nennspannung: $U_N = 220$ V
Nennstrom: $I_N = 16$ A $\sim$ bzw. 10 A$-$

Die betriebsstromführenden Leiter L 1 und N sind gegeneinander polwechselbar. Die betriebsstromfreie Schutzleiterverbindung PE ist polunverwechselbar.

Beim Einstecken des Steckers in die Gegensteckvorrichtung wird zuerst die Schutzleiterverbindung hergestellt, bevor die betriebsstromführenden Steckverbindungen den Stromkreis schließen, und beim Abziehen des Steckers wird die Schutzleiterverbindung als letzte aufgehoben.

Für schutzisolierte Verbraucher findet heute im allgemeinen der Eurostecker (Bild 2.32) Verwendung. Er hat keinen Schutzkontakt, paßt aber in jede Schutzkontaktsteckdose.

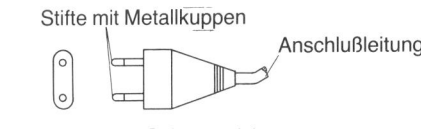

Vorderansicht   Seitenansicht
Bild 2.32   Eurostecker

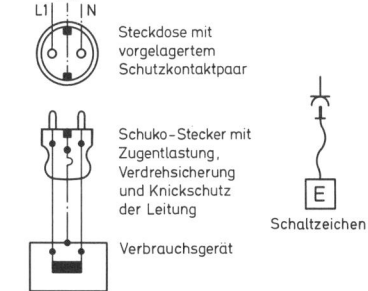

Bild 2.33   Schuko-Steckvorrichtung

239

PE- Kontakt für I_N = 16 A: waagerechte Lage
PE- Kontakt für I_N = 25 A: senkrechte Lage

2.2.8.2   Perilex-Steckvorrichtung

Anwendbar für Drehstromanlagen in Wohnungen, Büros, Geschäftshäusern, Laboratorien usw. (Bild 2.34), d.h. in Anlagen geringer mechanischer Beanspruchung.

Nennspannung: U_N = 380 V
Nennstrom: I_N = 16 A, 25 A

Dieses polunverwechselbare Stecksystem hat sich in der Praxis bewährt, und es soll das alte ovale Steckvorrichtungssystem mit ablösen.

Die ovalen, dreipoligen Steckvorrichtungen dürfen nicht mehr verwendet werden. Vier- bzw. fünfpolige ovale Kragensteckvorrichtungen sollten bis zum Jahr 1980 abgeschafft worden sein.

Anlaß zu diesen Maßnahmen gaben die sich häufenden Gefahrenzustände mit derartigen Steckvorrichtungen, deren Schutzkontakte und Polunverwechselbarkeitseinrichtungen Mängel aufwiesen.

2.2.8.3   Industrie-Steckvorrichtung nach VDE 0623 (CEE-Steckvorrichtung)

Dieses System ist allgemein anwendbar für verschiedene Spannungen in Industrie, Gewerbe, Landwirtschaft, Baustellen usw. (ist für Neuanlagen seit dem 1. 1. 1975 vorgeschrieben, Bild 2.35a).

Nennspannung: U_N = 25 bis 750 V
Nennstrom: I_N = 16, 32, 63, 125 und 200 A

Da dieses System einheitlich für Spannungen bis 750 V ausgelegt ist, sind die Gehäuseabmaße im Verhältnis zu anderen Steckvorrichtungen kleinerer Spannung beachtlich groß. Das System ist polunverwechselbar durch die Paßnut und durch verschiedene Kontaktdurchmesser. Zwischen Steckvorrichtungen gleicher Größe aber unterschiedlichen Spannungen besteht ebenfalls die Möglichkeit der Unverwechselbarkeit. Dieses wird erreicht durch Verdrehen des Einsatzes im Uhrzeigersinn (Bild 2.35b). Die äußere Unterscheidung ist durch verschiedene Farbgebungen möglich. Durch Angabe der Uhrzeigerstellungen wird die Lage der Schutzkontaktbuchse bezogen auf die Unverwechselbarkeitsnut dargestellt. Die Blickrichtung ist auf die Steckdose bezogen.

240

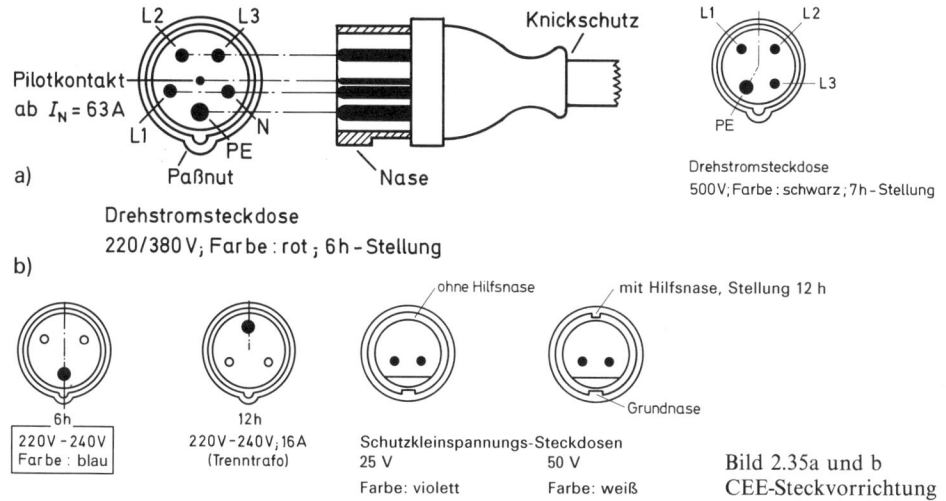

a) Drehstromsteckdose
220/380 V; Farbe: rot; 6 h - Stellung

Drehstromsteckdose
500 V; Farbe: schwarz; 7 h - Stellung

b)

| 6h
220V-240V
Farbe: blau | 12h
220V-240V; 16A
(Trenntrafo) | Schutzkleinspannungs-Steckdosen
25 V
Farbe: violett | 50 V
Farbe: weiß |

Bild 2.35a und b
CEE-Steckvorrichtung

Bild 2.35c Industrie-Steckvorrichtung mit Pilotkontakt

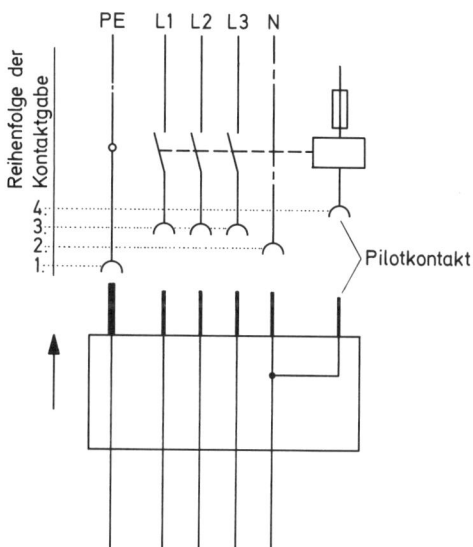

Schalten mit Steckvorrichtungen

Das Schalten von Strömen mit Steckvorrichtungen für Spannungen bis 250 V$\sim$ bzw. 380 V 3/N ist in Hausinstallationen bis 25 A zulässig. Für Industriesteckvorrichtungen bis 750 V liegt die Begrenzung, lt. VDE 0623, bei maximal 32 A. Bei größeren Nennstromstärken dürfen sie nur dann zum Schalten benutzt werden, wenn sie die nötige Schaltleistung haben und mit einem Sternsymbol gekennzeichnet sind, oder es müssen besondere Abschaltmöglichkeiten vorhanden sein, wie z.B. durch einen Pilotkontakt.

241

Der Pilotkontakt kann für Steuerungszwecke benutzt werden. Er ist kürzer als die übrigen Kontakte und somit nacheilend. Es besteht hierdurch die Möglichkeit, ein Schütz, das innerhalb der Steckdose eingebaut ist, anzusteuern, um den Laststromkreis zu betätigen.

Nachdem beim Zusammenstecken der Vorrichtung alle Hauptsteckkontakte geschlossen sind oder bevor beim Ziehen des Steckers diese Kontakte wieder öffnen, wird der Laststrom durch das Schütz (Bild 2.35c) und nicht durch Steckkontakte geschaltet.

Verlängerungsleitungen müssen bis 32 A einschließlich für Drehstromverbraucher 5polig hergestellt werden.

Sonderausführungen

Für besondere Anforderungen werden Steckvorrichtungen verschiedener Ausführungen angeboten, die hier nicht näher beschrieben werden sollen. Das Angebot geht von einpoligen bis zu vielpoligen Steckvorrichtungen unterschiedlicher Leistungsgrößen und Bauarten, vorwiegend für Kleinspannungs- und Hochfrequenztechnik. Für den Netzanschluß ortsveränderlicher elektrische Betriebsmittel sollen nur genormte Steckvorrichtungen Verwendung finden.

2.2.9   Schutzeinrichtungen

Unter Schutzeinrichtungen sind in diesem Zusammenhang Niederspannungs-Schaltgeräte zu verstehen, die in der Lage sind, Betriebsmittel einer Schaltanlage, wie z.B. Geräte, elektrische Maschinen und Leitungen, gegen Kurzschlußauswirkungen bzw. gegen thermische Dauerüberlastungen und mögliche Brandfolgen zu schützen. Die dafür gebräuchlichsten Geräte sind Schmelzsicherungen und Schutzschalter mit thermischen und magnetischen Auslösern.

Übersicht

Schmelzsicherungen (VDE 0636):

        D-System (Diazed-Sicherungen)
        DO-System (Neozed-Sicherungen)
        Geräteschutz-Sicherungssystem (VDE 0820)
        NH-System (Niederspannungs-Hochleistungssicherungen)

Schutzschalter (VDE 0641 bis 0660)
        LS-Schalter (Leitungsschutzschalter)
        MS-Schalter (Motorschutzschalter)
        Leistungsschalter
        Bimetallrelais
        Motorvollschutz

Fehlerstrom- und Fehlerspannungsschutzschalter sollen das Bestehenbleiben zu hoher Berührungsspannungen verhindern und sind daher im Thema Schutzmaßnahmen beschrieben (siehe Band «Elektro-Installationstechnik»).

2.2.9.1   D- und DO-System

Diese beiden Schmelzsicherungssysteme sind im Aufbau und in der Funktion gleichartig. Die Unterscheidung liegt in der Baugröße und im zulässigen Nennspannungsbereich. Das Schaltvermögen liegt bei 50 kA.

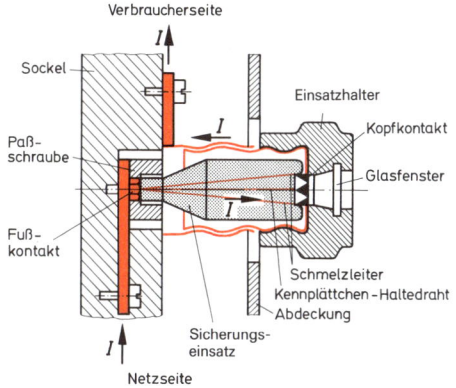

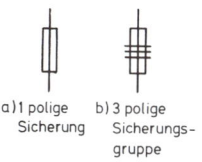

a) 1 polige
Sicherung

b) 3 polige
Sicherungs-
gruppe

Bild 2.36b Schaltzeichen der Schmelzsicherung

Bild 2.36a Schmelzsicherung

Diazed-System (diametral gestuftes, zweiteiliges Sicherungssystem mit Edisongewinde)

> Nennspannung: 500 V; Nennstrom bis 100 A
> in besonderen Fällen
> Nennspannung: 660 V~, 600 V_ ; Nennstrom bis 63 A

Neozed-System (neo ist gleichbedeutend mit neu)

> Nennspannung: bis 380 V~, 250 V_
> Nennstrom: bis 100 A

Aufbau und Wirkungsweise

Der Aufbau der Schmelzsicherung ist aus Bild 2.36a ersichtlich. Der Schmelzeinsatz ist als zylindrischer Porzellanhohlkörper gefertigt, der mit feinem Quarzsand zur Lichtbogenlöschung und zum Temperaturausgleich gefüllt ist. Ein oder mehrere Schmelzleiter aus Silber, Kupfer oder deren Legierungen verbinden Kopf- und Fußkontakt miteinander. Parallel zum Schmelzleiter ist ein Haltedraht gespannt, der über eine Feder ein farbiges Kennplättchen festhält. Das Kennplättchen dient zur Unterbrechungsmeldung und zur Kontrolle der Sicherungsgröße. Mit dem Durchschmelzen von Schmelzleiter und Haltedraht wird das Kennplättchen abgestoßen und fängt sich am Schutzglas der Schraubkappe. Wird der Schmelzeinsatz zerlegt, so kann man bei einem vollkommen abgebrannten Schmelzleiter auf eine Kurzschlußabschaltung schließen, bei einer Überlastabschaltung wird der Schmelzleiter nur unterbrochen.

Sicherungseinsätze

Für den Überlastschutz von Kabeln und Leitungen durch LS-Sicherungen ist jedem Leiterquerschnitt eine maximale Sicherungsgröße zugeordnet (vgl. Tabelle 1 aus VDE 0100, Teil 430, 6/81).

Die Sicherungsgrößen sind nach Nennströmen gestuft und nach VDE 0636 genormt (Tabelle 2/4).

Um zu verhindern, daß irrtümlich oder fahrlässig Schmelzeinsätze zu großer Nennströme verwendet werden, sind die Fußkontakte der Patronen und die Paßschrauben entsprechend der Nennströme mit unterschiedlichen Durchmessern versehen. Die ent-

243

sprechenden Paßschrauben verhindern das Einsetzen von zu großen Sicherungspatronen.

Paßeinsätze dürfen nicht willkürlich durch solche höherer Nennstrombereiche ersetzt werden.

	Sicherungssockel		
Größe	Nennstrom in A	Gewindegröße	Anschlußquerschnitt in mm^2
D-System: D II D III D IVH	25 63 100	E 27 E 33 R 1^1/$_4''$	1,5 bis 10 2,5 bis 25 10 bis 50
DO-System: DO1 DO2 DO3	16 63 100	E 14 E 18 M 30 × 2	1,5 bis 4 1,5 bis 25 10 bis 50

Der Größenunterschied beider Systeme bzw. die Platzeinsparung bei der Verwendung von Neozed-Systemen ergibt sich anschaulich aus dem Bild 2.37a und b, in dem Leitungsschutzschalter als Bezugsgröße aufgeführt sind.

Abschaltverhalten
Selbsttätige Abschaltungen der Sicherungen können einerseits durch kurzzeitige, hohe Ströme, wie z.B. bei Kurzschlüssen, und andererseits durch thermische Dauerüberlastungen hervorgerufen werden.

Aus der Strom-Zeit-Darstellung nach Bild 2.38, in der eine Kurzschlußabschaltung aufgezeigt ist, ersieht man, daß der steil ansteigende Kurzschlußstrom innerhalb kurzer Zeit abgeschaltet werden kann und seinen Höchstwert bei weitem nicht erreicht.

Eine Abschaltung erfolgt nicht bei einer Belastung in der Größe des Sicherungsnennstromes, sondern bei einem höheren Strom. Dieser wird als Abschaltstrom I_A bezeichnet.

Aus den Strom-Zeit-Kennlinien nach Bild 2.39 sind die Abschaltströme in Abhängigkeit von der Abschaltzeit zu ersehen.

Der Grenzstrom der Sicherung, d.h. der Strom, der die Sicherung bei sehr langer Belastungsdauer gerade noch zum Auslösen bringt, kann nur mit erheblicher Toleranz angegeben werden.

Für die Überprüfung von Schmelzzeiten wird die Sicherung mit einem kleinen und großen Prüfstrom belastet. Mit dem kleinen Prüfstrom darf innerhalb einer nach VDE festgelegten Zeit keine Abschaltung erfolgen. Und mit dem großen Prüfstrom muß es innerhalb der Prüfzeit zur Abschaltung kommen. Das Durchschmelzen ist bei einem zeitlich andauernden 1,2fachen Nennstrom nicht gewährleistet. Insofern sind Schmelzsicherungen nicht geeignet, elektrische Maschinen und andere gegen Überlastung empfindliche Bauteile gegen eine thermische Überbeanspruchung zu schützen. Dafür kom-

244

Tabelle 2/4
Sicherungsgrößen

Sockel	Sicherungspatrone und Paßeinsatz	
Nennstrom in A	Nennstrom in A	Kennfarbe
	2	rosa
	4	braun
	6	grün
25	10	rot
	16	grau
	20	blau
	25	gelb
	35	schwarz
63	50	weiß
	63	Kupfer
100	80	Silber
	100	rot

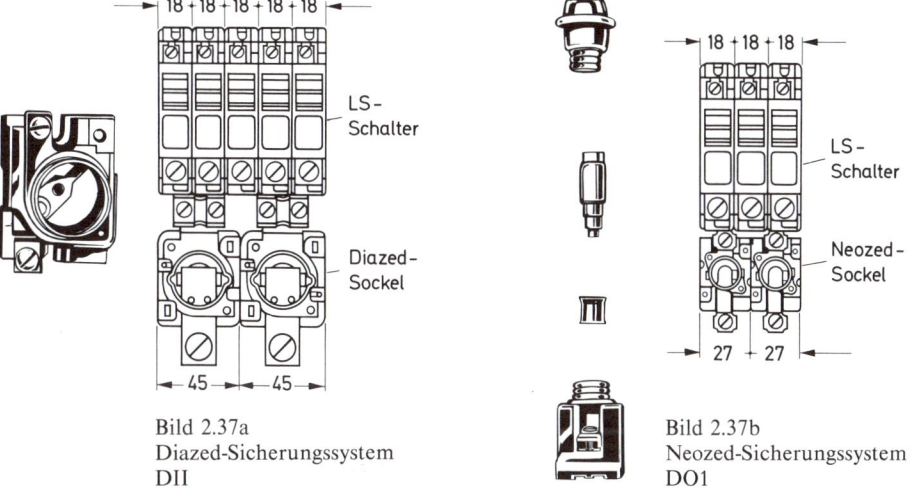

Bild 2.37a
Diazed-Sicherungssystem
DII

Bild 2.37b
Neozed-Sicherungssystem
DO1

Bild 2.38   Schematische Darstellung
einer strombegrenzten Wechsel-
stromausschaltung
t_a Auslösezeit
t_s Schmelzzeit
t_L Lichtbogendauer

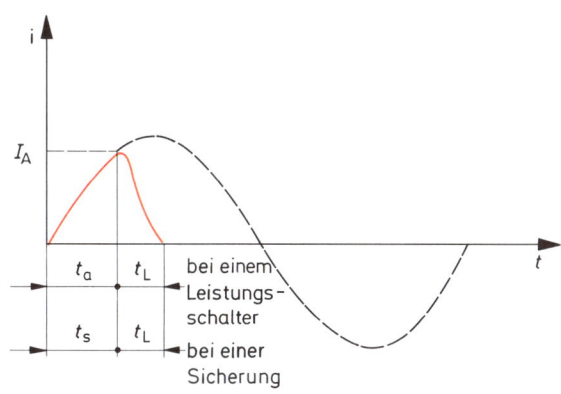

245

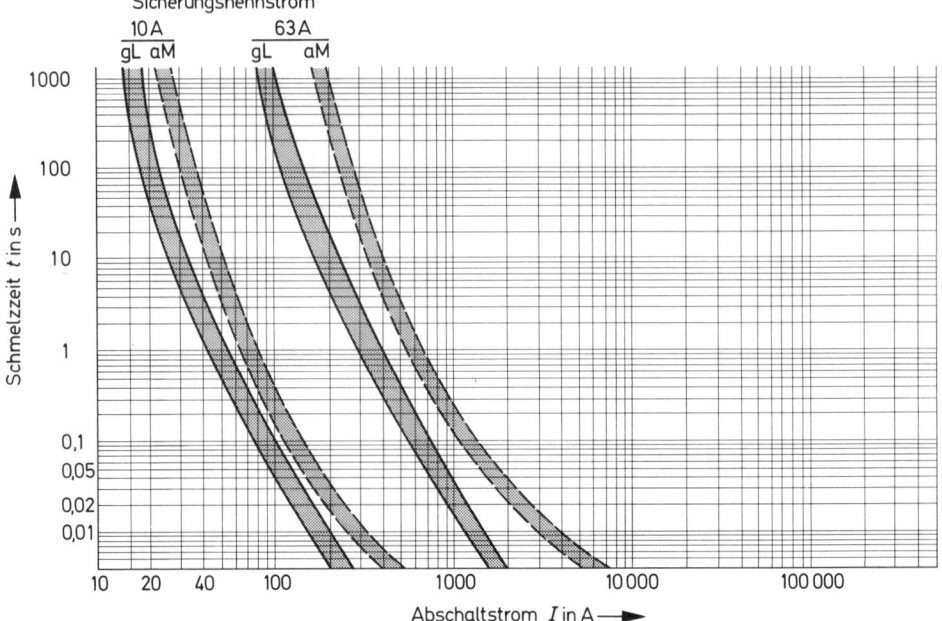

Bild 2.39a Strom-Zeit-Kennlinien von Schmelzsicherungen
gL = Ganzbereichs-Kabel- und Leitungsschutz
aM = Teilbereichs-Schaltgeräteschutz

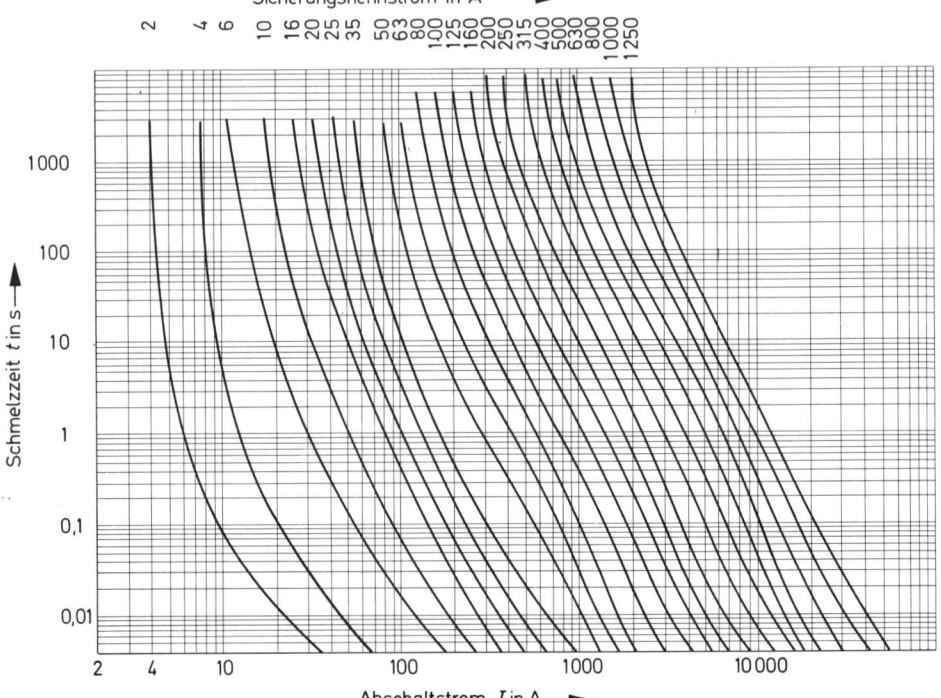

Bild 2.39b Kennlinienfeld aus einer Herstellerliste für gL-Sicherungen

men stromabhängige, thermische Relais oder Bimetallrelais zur Anwendung, die auf den Nennstrom des Verbrauchers einstellbar sind.

Das Strom-Zeit-Verhalten von Sicherungen läßt sich durch Auswahl und Konstruktion des Schmelzleitermaterials variieren.

Somit lassen sich z.b. durch Schmelzlotaufträge bei Sicherungen relativ hohe Anlaufströme von Kurzschlußläufermotoren überbrücken, ohne daß die Sicherung während des Anlaufs anspricht.

Für den Bergbau kommen Schmelzeinsätze zur Anwendung, die bei Anzugströmen von Motoren bis zum 4fachen Nennstrom ein träges Verhalten haben, die aber kleine Kurzschlußströme über $4 \cdot I_N$ überflink abschalten. Diese Einsätze tragen die Aufschrift «Bergbau» bzw. «gB» und einen roten Ring, um Verwechslungen zu vermeiden.

Zum Schutz von Silizium- und Germaniumgleichrichtern sind Silized-Schmelzeinsätze geeignet. Sie sind den Gleichrichterkennlinien angepaßt und zeigen einen überflinken Verlauf der Strom-Zeit-Kennlinie. Als Unterscheidungsmerkmal tragen diese Einsätze die Aufschrift «Silized» bzw. «aR» und einen gelben Ring.

Gruppierung nach Funktionsmerkmalen und Anwendungsbereichen
Unter Funktionsmerkmalen wird das Strom-Zeit-Verhalten der Sicherungen verstanden, das den Sicherungskennlinien zu entnehmen ist.

Es gibt Sicherungen, die Ströme vom kleinsten Prüfstrom bis zum Nennausschaltvermögen abschalten können.

Beispiel
Eine 10-A-D-Sicherung muß zwischen 15 A und 50 kA sicher abschalten. Diese Sicherungen gehören zur *Funktionsklasse g*. Andere Sicherungen schalten erst ab einem bestimmten Vielfachen des Nennstromes sicher ab. Diese Sicherungen gehören zur *Funktionsklasse a*. Beim Wievielfachen des Nennstromes die Abschaltung erfolgt, ist abhängig von der Art der Sicherung. Eine weitere Unterscheidung erfolgt nach der Art der zu schützenden Objekte. Folgende Schutzobjekte sind festgelegt:

L Kabel- und Leitungsschutz
M Schaltgeräteschutz
R Halbleiterschutz
B Bergbauanlagenschutz

Aus der Kombination der Funktionsklassen und der Schutzobjekte ergeben sich dann Sicherungsbezeichnungen mit 2 Buchstaben, die als Betriebsklassen bezeichnet werden.

Folgende Kombinationen sind möglich:

gL Ganzbereichs-Kabel- und Leitungsschutz
     Kennzeichnung: schwarz
aM Teilbereichs-Schaltgeräteschutz
     Kennzeichnung: grün
aR Teilbereichs-Halbleiterschutz
     Kennzeichnung: gelb
gR Ganzbereichs-Halbleiterschutz
gB Ganzbereichs-Bergbauanlagenschutz

Zur Absicherung von Leitungen und Kabeln werden also gL-Sicherungen verwendet.

Sicherungsselektivität

Unter Selektivität versteht man allgemein die Staffelung von Sicherungen. In Reihe liegende Sicherungen sind so abzustufen, daß im Kurzschluß- oder Überlastungsfall das Schutzorgan abschaltet, das dem Fehlerort am nächsten liegt.

Dieses erreicht man durch die Abstufung der Sicherungen um eine oder mehrere Nennstromgrößen.

2.2.9.2 Geräteschutz-Sicherungssystem (VDE 0820)

Gerätesicherungen oder Feinsicherungen bestehen aus einem zylindrischen Schmelzeinsatz (meistens aus Glas). Der Nennstrombereich geht ab 1 mA gestuft bis 10 A. Man verwendet sie zum direkten Einbau und zum Schutz gegen Kurzschluß und Überlastung von Geräten.

Die Abmaße betragen: Durchmesser rd. 5 mm, Länge je nach Nennstrombereich bis rd. 30 mm mit Kopf- und Fußkontakt. Die Sicherung wird von einem Sicherungshalter und der Verschraubung gehalten. Aufgrund der kleinen Abmaße ist das Schaltvermögen begrenzt. Man unterscheidet nach dem Schaltvermögen fünf Gruppen, die in der Tabelle 2/5 aufgeführt sind.

Gruppe	Ausschaltvermögen in A
B	50
C	80
D	300
E	1 000
G	1 500

Tabelle 2/5 Feinsicherungsgruppen

Die zulässige Nennspannung beträgt $U\sim\, = 250$ V.

Es gibt superflinke FF, flinke F, mittelträge M, träge T und superträge TT Gerätesicherungen. Der 1,5fache Nennstrom kann die Sicherung nach etwa einer Stunde zum Abschalten bringen. Bei einer Kurzschlußabschaltung variieren die Abschaltzeiten von FF < 30 ms bis TT > 300 ms.

Die Bezeichnung der Schmelzeinsätze F 2,5/250 D bedeutet also: flinke G-Sicherung, Nennstrom 2,5 A, Nennspannung bis 250 V mit einem Schaltvermögen von rd. 300 A.

2.2.9.3 Niederspannungs-Hochleistungssicherungen (NH-Sicherungen) nach VDE 0636

Das Schaltvermögen der NH-Sicherungen liegt mit ca. 100 kA weit über dem geforderten Mindestwert von 50 kA. Man verwendet sie für Nennströme in der Größenordnung von 6 A bis 1250 A und für Nennspannungen bis $U_N = 500$ V$\sim$ bzw. ungenormt bis 1000 V$\sim$. Die nach sieben verschiedenen Nennstrombereichen unterteilten Sicherungsgrößen sind in Tabelle 2/6 aufgeführt.

248

Tabelle 2/6   NH-Sicherungsgrößen Typ gL

Größe	Nennstrombereich in A	Gesamtlänge in mm	Anschlußquerschnitt in mm²
00	von 6 gestuft bis 100	78	16 bis 50
0	von 6 gestuft bis 160	125	35 bis 95
1	von 80 gestuft bis 250	135	70 bis 150
2	von 125 gestuft bis 400	150	150 bis 300
3	von 315 gestuft bis 630	150	$2 \times (40 \times 5)$
4	von 500 gestuft bis 1250	200	$2 \times (60 \times 5)$
4a	von 500 gestuft bis 1250	200	$2 \times (80 \times 5)$

Aufbau und Besonderheiten

Auf dem Sicherungshalter oder dem Unterteil mit den Leitungsanschlüssen (Bild 2.40c) sitzt, durch Steckverbindungen gehalten, der auswechselbare Schmelzeinsatz. Dieser Einsatz wird nur in Verbindung mit einem geschlossenen Steatit- oder Gießharzkörper verwendet (Bild 2.40a). Ein serienmäßig eingebauter Unterbrechungsmelder kann zum Überwachen des Betriebszustandes zusätzlich mit einem Schaltzustandsgeber kombiniert werden. Als Schmelzleiter dienen gitterartig ausgestanzte Kupferbänder mit Zinn- oder Silberbrücken zur Beeinflussung der Abschaltcharakteristik. Als Löschmittel wird Quarzsand verwendet.

Das Auswechseln einzelner im Unterteil (Bild 2.40c) steckenden Patronen kann mit Isoliergriffen (Bild 2.40b) im unbelasteten Zustand auch unter Spannung erfolgen. Bei der Ausführung als Sicherungstrenner werden meistens drei Patronen, die gemeinsam in einem Griffeinsatz angeordnet sind, geschaltet. Bei Sicherungstrennern ist das Heraus-

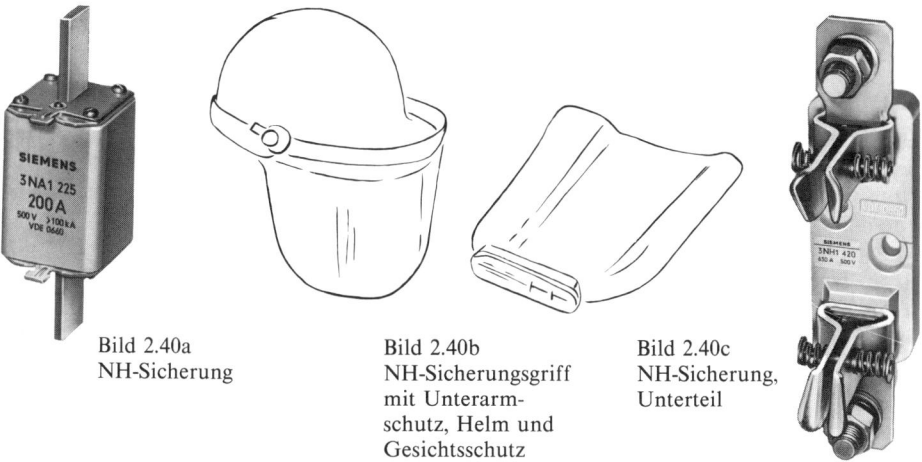

Bild 2.40a
NH-Sicherung

Bild 2.40b
NH-Sicherungsgriff
mit Unterarm-
schutz, Helm und
Gesichtsschutz

Bild 2.40c
NH-Sicherung,
Unterteil

249

schalten der Patronen so vorzunehmen, daß der obere Kontakt zuerst geöffnet wird. Hierdurch soll verhindert werden, daß ein evtl. vorhandener Lichtbogen in den Trenner «hineinläuft» und diesen überbrückt. Beim Ziehen von NH-Sicherungen mit Sicherungsgriff werden beide Messerkontakte gleichzeitig und zügig herausgezogen, damit möglichst schnell ein großer Kontaktabstand entsteht. Griffsicherungen dürfen nur von Fachleuten mit Helm und Gesichtsschutz (Bild 2.40b) ausgewechselt werden.

Die üblichen Schmelzeinsätze haben eine gL-Charakteristik.

Bei Verwendung von NH-Sicherungspatronen alter Norm eines einheitlichen Fabrikates erhält man in Maschen- und Strahlennetzen ein gutes Selektivverhalten bei üblichen Sicherungsabstufungen um 2 Nennstromgrößen. Das heißt, es wird die dem Kurzschluß am nächsten liegende schwächere Sicherung zeitlich vor der nächst größeren ansprechen. Bei Verwendung von Schmelzsicherungen neuer Norm genügt die Abstufung um mindestens 1 Größe. Die Strom-Zeit-Kennlinien von NH-Sicherungen sind die gleichen wie bei Diazed- und Neozedsicherungen (Abschnitt 2.2.9.1).

Für das Abschaltverhalten und für die Gruppierung nach Funktionsmerkmalen sowie Anwendungsbereichen gilt gleiches wie bei den D- und DO-Sicherungen (Abschnitt 2.2.9.1).

2.2.9.4 Leitungsschutzschalter nach VDE 0641

Leitungsschutzschalter sind sogenannte Sicherungsautomaten mit elektromagnetischen und elektrothermischen Auslösern. Sie dienen als Schutzeinrichtungen für Leitungen und Geräte bei Überlast und Kurzschluß. Man verwendet sie anstelle von Schmelzsicherungen mit dem Vorteil einer größeren Betriebssicherheit.

Nach VDE dürfen Leitungsschutzschalter auch als betriebsmäßige Schalter verwendet werden.

Eine unzulässige Ergänzung (Flicken) von Schmelzleitern ist hier nicht möglich. Leitungen können im Überlastgebiet besser ausgenutzt werden als mit Schmelzsicherungen.

Leitungsschutzschalter werden als einpolige Schraubautomaten und als Sockelautomaten in ein- und mehrpoliger Ausführung bis zu Nennstromgrößen von 63 A angeboten. Die Schraubautomaten haben wie die Diazed-Sicherungen unterschiedliche Fußkontaktdurchmesser. Automaten mit unzulässig hohen Nennstromangaben können damit nicht bis zur Kontaktgabe eingeschraubt werden.

Schaltvermögen

Das Schaltvermögen, das auf dem Leistungsschild der Automaten angegeben wird, betrug bisher mindestens 1500 A, und es ist erweitert worden auf 3000 A bis 15 000 A. Um sicher zu stellen, daß das Schaltvermögen der Automaten nicht überschritten wird und daß keine Zerstörung, sondern eine einwandfreie Abschaltung erfolgt, müssen entsprechend dem Schaltvermögen Sicherungen vorgeschaltet werden, die den Kurzschlußstrom begrenzen. Schutzschalter dürfen mit Schmelzsicherungen bis zu einem Nennstrom von 100 A vorgesichert werden. Bei neueren Typen wird das Schaltvermögen durch einen Zahlenaufdruck angegeben, z.B. 6000 für 6000 A (Bild 2.44b).

250

Strombegrenzungsklassen

LS-Schalter werden in die Strombegrenzungsklassen 1, 2 und 3 eingeteilt. Die Unterschiede bestehen in der Abschaltgeschwindigkeit. Beim LS-Schalter der Klasse 3 ist die Abschaltzeit kürzer als beim LS-Schalter der Klasse 2. Da die Wärmeentwicklung von $I^2 \cdot t$ abhängig ist, muß der Schalter bei längerer Abschaltzeit kontaktmäßig stärker ausgeführt sein.

In Deutschland ist die Strombegrenzungsklasse 3 vorgeschrieben.

Freiauslösung

Aus Sicherheitsgründen wird nach VDE 0660 bei Schutzschaltern ein Schaltschloß mit Freiauslösung gefordert.

Durch die Freiauslösung wird ein Auslösevorgang ermöglicht, auch wenn der Schalterantrieb z.B. von Hand in der Einschaltstellung festgehalten wird.

Schraub- und Sockelautomaten sind in den Bildern 2.41 und 2.42 dargestellt.

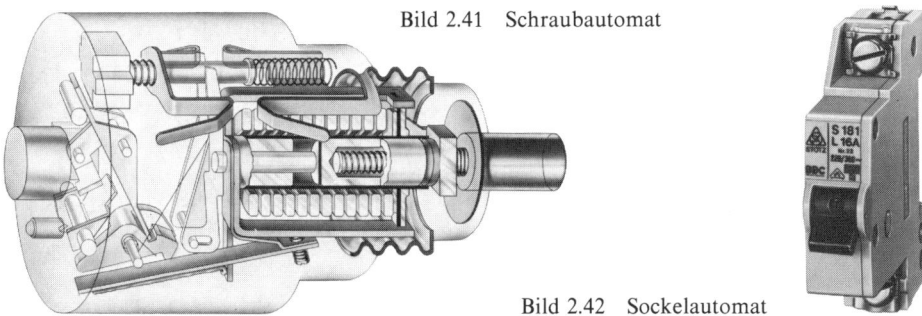

Bild 2.41   Schraubautomat

Bild 2.42   Sockelautomat

Wirkungsweise

Mit dem Einschalten des Schutzschalters wird eine Speicherfeder gespannt, die bei einer Handauslösung oder im Fehlerfall automatisch ein schnelles Öffnen der Schaltstücke und damit des Stromkreises bewirkt. Die automatische Auslösung erfolgt bei einer thermischen Überlastung durch Bimetalle und im Kurzschlußfall durch magnetische Auslöser. Bimetallauslöser und Magnetauslöser können im Fehlerfall unabhängig voneinander die Verklinkung im Schaltschloß aufheben. Durch diese sogenannte Freiauslösung ist auch ein Schließen des Stromkreises unmöglich, solange die Auslöser erregt sind und die Verklinkung aufheben.

Das Kurzzeichen des Leitungsschutzschalters ist in Bild 2.43 aufgeführt. Entsprechend dem Verwendungszweck unterscheidet man Automaten in der Ausführung *H (Haushalt), L (Leitungen)* und *G (Geräte),* die sich durch verschiedene Auslösecharakteristik unterscheiden. Die entsprechende Auslösezeit ist fest eingestellt und läßt sich nicht verändern. Aus den Strom-Zeit-Kennlinien nach Bild 2.44a sind die Unterschiede deutlich zu erkennen.

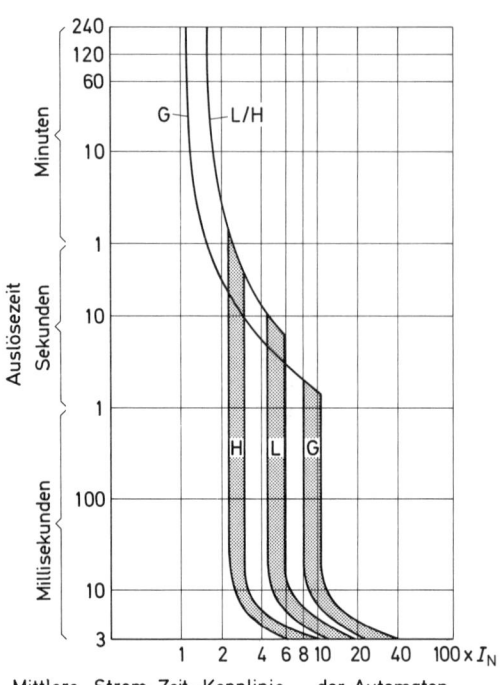

Mittlere Strom-Zeit-Kennlinie der Automaten
Schnellauslösung bei Wechselstrom

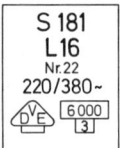

Bild 2.43   Schaltkurzzeichen

◀ Bild 2.44a   Strom-Zeit-Kennlinie
des LS-Schalters

Bild 2.44b   Leistungsschild des
LS-Schalters

Strom-Zeit-Verhalten

Das Auslöseverhalten der Schutzschalter ist im Bild 2.44a gegenübergestellt. Die Kennlinien setzen sich aus der thermischen Auslösung (Überstromauslösung durch das Bimetall) und der Kurzschlußauslösung (magnetische Auslösung) zusammen.

Die Überstromauslösung im oberen Kennlinienfeld arbeitet stromabhängig verzögert, d.h., mit steigender Stromstärke wird die Abschaltzeit verkürzt.

LS-Schalter (Leitungsschutzschalter)

Leitungsschutzschalter mit L-Charakteristik schützen Leitungen bei Überlast und Kurzschluß. Der Abschaltstrom des Magnetauslösers liegt bei 4 bis 6 · I_N.

HLS-Schalter (Haushalts-Leitungsschutzschalter)

Diese Automaten wurden vorzugsweise für den Leitungsschutz in Hausinstallationen eingesetzt. Die Kurzschlußschnellauslösung führt zu ungewollten Abschaltungen beim Anlassen von Asynchronmaschinen. Diese Automaten werden nicht mehr hergestellt, und sie sind ersetzbar durch LS-Schalter der Strombegrenzungsklasse 3.

GLS-Schalter (Geräte-Schutzschalter)

Leitungsschutzschalter mit G-Charakteristik sind zur Absicherung von Stromkreisen und Geräten mit erhöhten Einschaltströmen geeignet. Der Ansprechstrom des Magnetauslösers beträgt 8 bis 12 · I_N. Durch thermische Dauerüberlastungen werden kürzere Abschaltzeiten erzielt als bei L- und H-Automaten.

252

2.2.9.5 Motorschutzschalter

Motorschutzschalter werden sowohl als Schutzgerät wie auch als Schaltgerät für Motorenstromkreise verwendet. Der einfache Motorschutzschalter ist ein dreipoliger, handbetätigter Motorschalter mit thermisch verzögerten Auslösern. Gegebenenfalls sind zusätzlich magnetische Schnellauslöser und in Sonderfällen auch Hilfskontakte mit eingebaut. Motorschutzschalter werden in unterschiedlichen Größen für Nennströme gestuft bis rd. 100 A (200 A) hergestellt und je nach Bedarf für leichte Anlaufbedingungen (Trägheitsgrad T I) und für schwere Anlaufbedingungen (Trägheitsgrad T II) ausgerüstet. Die Schalthäufigkeit ist begrenzt, sie liegt für das Schalten von Motoren etwa bei 25 bis 50 Schaltungen je Stunde.

Das Konstruktionsprinzip und das Schaltbild eines Motorschutzschalters mit thermischen und magnetischen Auslösern ist in Bild 2.45a und b dargestellt. Die thermisch verzögerten Auslöser sind Bimetalle, die den Motor vor Überlastung, also vor einer zu großen Erwärmung, schützen. Durch Hubverstellung am Auslöser läßt sich an einer Skala der Nennstromwert des Motors genau einstellen.

Die magnetischen Auslöser übernehmen den Kurzschlußschutz.

Das Schaltschloß hat eine Freiauslösung sowie eine Schaltstellungsanzeige für den Ein- und Ausschaltzustand wie der vorher beschriebene Leitungsschutzschalter.

Die magnetischen Auslöser sind überwiegend fest auf den 8- bis 16fachen Nennstrom einjustiert. Durch die thermische Verzögerung der Bimetalle und durch die relativ hohe magnetische Auslösereinstellung bewirken Einschaltströme von Motoren keine Abschaltung des Schutzschalters.

Die Strom-Zeit-Kennlinie eines Motorschutzschalters ist in Bild 2.45c dargestellt.

Beim Motorschutzschalter spricht die thermische Auslösung aus dem betriebswarmen Zustand heraus beim 1,2fachen Nennstrom innerhalb von 2 Stunden an.

Mit dem 1,5fachen Nennstrom erfolgt vom betriebswarmen Zustand aus eine Abschaltung innerhalb von 1 bis 2 Minuten.

Den 1,5fachen Nennstrom erhält man etwa bei Nennlast eines Drehstrommotors an zwei Außenleitern (Zweiphasenbetrieb).

Die *Überprüfung der Wirksamkeit eines Motorschutzschalters* im Betrieb, in dem der Störungsfall durch Herausdrehen einer Sicherung nachgebildet wird, erweist sich als unzulänglich. Abweichung vom Nennspannungswert und von der Nennbelastung können die Verhältnisse verfälschen. Die Ermittlung der Stromaufnahme durch Messung und der anschließende Vergleich mit der Abschaltkurve ist unerläßlich.

Schaltvermögen

Das Schaltvermögen der Motorschutzschalter ist begrenzt, vor allem bei solchen mit fehlender magnetischer Schnellauslösung. Motorschutzschalter benötigen daher unbedingt Vorsicherungen, deren Werte die Angaben der Gerätehersteller nicht übersteigen. Übersteigt der Kurzschlußstrom an der Einbaustelle eines Motorschutzschalters infolge einer zu großen Vorsicherung das Nennausschaltvermögen des Schalters, so wird ein vorhandener magnetischer Schnellauslöser zwar ansprechen, aber ein Lichtbogen zwischen den Schaltstücken könnte einen Schaden hervorrufen.

Bei Motorschutzschaltern mit kleineren Überstrom-Auslösebereichen (teilweise bis 25 A) *sind keine Vorsicherungen erforderlich*. Der Kurzschlußstrom wird durch den relativ hohen Innenwiderstand begrenzt und kann somit direkt abgeschaltet werden.

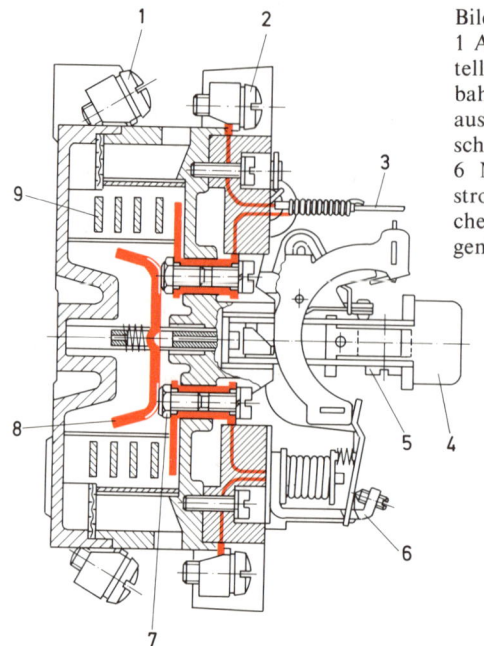

Bild 2.45a   Motorschutzschalter

1 Anschlußklemmen für Hilfsschalter und Mittelleiter 2 Anschlußklemmen für Hauptstrombahnen 3 Thermisch verzögerter Überstromauslöser 4 Betätigungsdruckknöpfe 5 Einstellschraube für thermisch verzögerte Auslösung 6 Nichtverzögerter elektromagnetischer Überstromauslöser 7 Festes Schaltstück 8 Bewegliche Schaltbrücke 9 Löschbleche in der Lichtbogenkammer

Schalt-
kurzzeichen

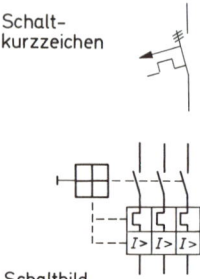

Schaltbild

Bild 2.45b
Schaltzeichen und Schaltkurzzeichen

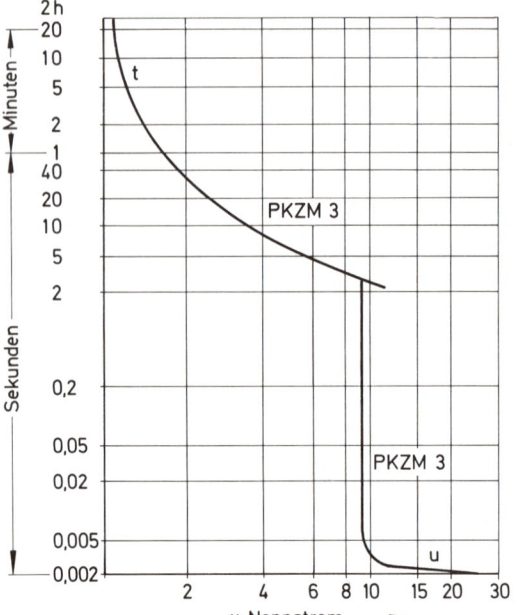

Bild 2.45c   Strom-Zeit-Kennlinie

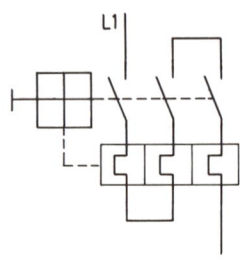

Bild 2.45d   Schaltbild, einpolig

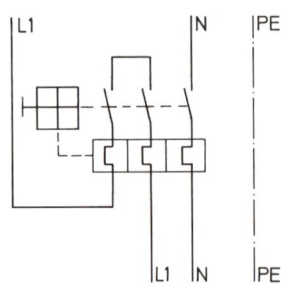

Bild 2.45e   Schaltbild, zweipolig

254

Absicherung von Drehstrommotoren

Der alleinige Schutz von Motoren durch Schmelzsicherungen ist nicht möglich. Die Sicherungen müßten so groß gewählt werden, daß sie den hohen Anlaufstrom aushalten. Damit ist aber die Möglichkeit einer Dauerüberlastung der Motoren gegeben, weil Sicherungen den 1,5fachen Nennstromwert 1 bis 2 Stunden lang aushalten. Hierdurch kann es zur Zerstörung der Motorwicklung kommen.

Es ist zweckmäßig und häufig vorgeschrieben, zusätzlich zu den Schmelzsicherungen entsprechende Überstrom- oder Temperaturschutzorgane einzusetzen (siehe Abschnitt 2.2.9.7 und 2.2.9.8). Der allgemeine Kurzschlußschutz kann bei fehlendem Kurzschlußstromauslöser durch Leitungsschutzsicherungen erfolgen.

Kriterien zur Bemessung der Sicherungen

a) Durch die Sicherungen müssen alle Objekte (Leitungen, Schalter usw.) ausreichend gegen Kurzschlußauswirkungen geschützt sein.

b) Die erhöhten Anlaufströme der elektrischen Maschinen dürfen die Sicherungen nicht abschalten. Zu berücksichtigen sind Anlaufströme in der Größenordnung vom Achtfachen der Motorennennströme.

Die Auswahl der Sicherungen kann überschlägig nach dem Vielfachen des Motor-Nennstromes bestimmt werden. Für Kurzschlußläufermotoren gelten folgende Richtwerte:

Bei Leeranlauf und Stern-Dreieck-Anlauf	Sicherungsnennstrom = 1 Stufe höher als nach Motornennstrom erforderlich
Bei Nennlastanlauf	Sicherungsnennstrom = 2 Stufen höher als nach Motornennstrom erforderlich

2.2.9.6 Leistungsschalter

Unter Leistungsschalter versteht man Schaltgeräte mit großem Schaltvermögen. Zu erwartende Kurzschlußströme werden einwandfrei beherrscht bzw. abgeschaltet. Leistungsschalter vereinigen in einem Gerät mehrere Aufgaben, z.B.

Kurzschlußschutz,
Überlastschutz,
Betriebsschalter und
Trenn- bzw. Hauptschalter (Bild 2.46a und b).

Ein Leistungsschalter ist so auszuwählen, daß die am Einbauort zu erwartenden Einschalt- und Kurzschlußströme das Schaltvermögen des Schalters nicht übersteigen. Eine besondere Vorsicherung ist dann nicht erforderlich.

Für Niederspannungsanlagen werden Leistungsschalter innerhalb der Nennstromreihe von 16 A bis 4000 A hergestellt.

Man verwendet sie zum Schalten größerer Ströme in Schaltanlagen, als Hauptschalter vor Schützsteuerungen, in sicherungslosen Verteilungen zum Schutz und zum Schalten von leistungsstarken Motoren und von Kondensatoren. Die Betätigung erfolgt unmittelbar durch Handantrieb oder bei Fernbedienung durch Magnet-, Motor- oder Druckluftantriebe.

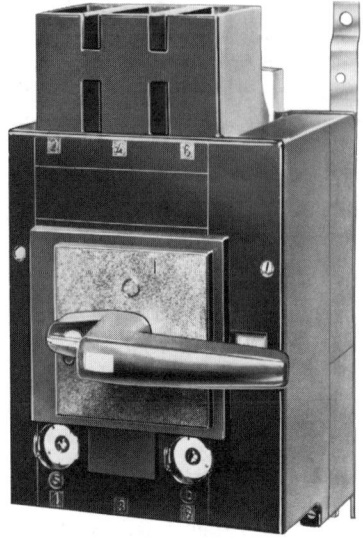

Bild 2.46a   Leistungsschalter

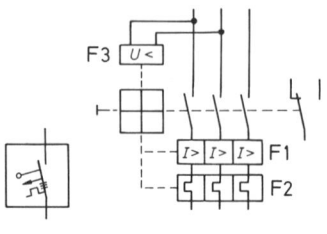

Schaltkurzzeichen und Schaltbild eines
Leistungsschalters mit
magn. Auslöser F1,
therm. Auslöser F2,
Unterspannungsauslöser F3.

Bild 2.46b   Schaltbild

Die bei der Abschaltung des Stromkreises entstehenden Lichtbögen werden in sogenannten Lichtbogenkammern oder Entionisierungskammern gelöscht (Bild 2.4). Die
Lichtbogenkammern dürfen betriebsmäßig nicht entfernt werden. Es besteht sonst die
Gefahr, daß die vorgeschriebenen Abschaltzeiten nicht eingehalten werden. Außerdem
kann es zu Lichtbogenüberschlägen zwischen den Schaltzonen kommen. Die Leistungs-
selbstschalter sind je nach Bedarf mit magnetischen und thermischen Auslösern wie
auch mit Unterspannungsauslösern (Spannungsrückgangsauslösern) ausgerüstet. Unterspannungsauslöser lassen den Schalter bei Ausfall oder Absenkung der Netzspannung
um 30% bis 65% auslösen und verhindern eine ungewollte Wiedereinschaltung. Unfälle
können dadurch vermieden werden. Im spannungslosen Zustand verhindert der Auslöser eine Einschaltung des Schalters. Sollen sehr kurzzeitige Netzspannungsschwankungen oder Unterbrechungen nicht zu einer Abschaltung führen, so werden Unterspannungsauslöser mit Abfallverzögerung verwendet. Außer den vorher erwähnten strom-
begrenzenden Leistungsschaltern gibt es solche, die in ihrer Ausschaltzeit im ms-Bereich
staffelbar sind, so daß hintereinandergeschaltete Leistungsschalter selektiv abschalten.

2.2.9.7   Thermisches Überstromrelais-Bimetallrelais

Bimetallrelais (Bild 2.47a) werden überwiegend in Verbindung mit Schützsteuerungen
zum Motorschutz eingesetzt. Eine Kombination aus Schütz und Bimetallrelais kann die
Schutzfunktion eines einfachen Motorschutzschalters ersetzen.

Handelsübliche Bimetallrelais werden dreipolig gebaut und in Nennstrombereiche bis
zu 630 A gestuft. Die Bimetallstreifen können durch den hindurchfließenden Strom
direkt erwärmt werden, oder die Erwärmung erfolgt indirekt über Heizwiderstände (Bild
2.47b). Schaltbild siehe Bild 2.47c.

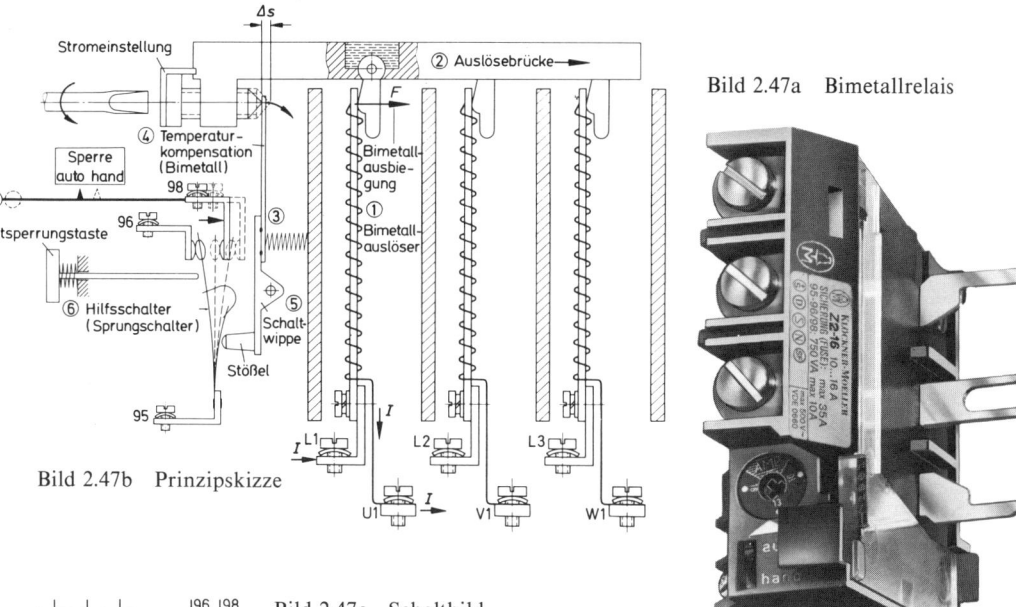

Bild 2.47a   Bimetallrelais

Bild 2.47b   Prinzipskizze

Bild 2.47c   Schaltbild

Die Anordnung des Bimetallrelais im Haupt- und Hilfsstromkreis ist aus Bild 2.57 zu entnehmen.

Bei Motorströmen in der Größenordnung von hundert Ampere sind meistens Stromwandler erforderlich.

Wirkungsweise

Im Falle erhöhter Stromaufnahme, z.B. durch Überlastung eines Motors, wird das auf Motornennstrom eingestellte Bimetall intensiver erwärmt als bei Nennbetrieb. Die durchbiegenden Bimetallstreifen wirken über die Schaltachse auf den Momentschalter. Der als Öffner oder Wechsler vorliegende Momentschalter unterbricht nur im Steuerstromkreis den Strom zur Schützspule.

Der überlastete Hauptstromkreis wird durch das Schütz abgeschaltet. Die Abschaltverzögerungszeit läßt sich an der Einstellskala des Bimetallrelais durch Verstellen des Leerhubes in Grenzen variieren. Normalerweise erfolgt die Einstellung auf die Höhe des Motornennstromes.

Motoren, die unter Verwendung der automatischen Stern-Dreieck-Schaltung angelassen werden, können zweckmäßigerweise durch Bimetallrelais überwacht werden, die auf den 0,58fachen Wert des Motor-Nennstromes eingestellt werden.

Im Hauptstromkreis liegt in diesem Fall das Bimetall unmittelbar mit der Motorwicklung in Reihe (Bild 2.74).

Jedes Bimetall überwacht somit direkt den Strom jedes Wicklungsstranges sowohl beim Sternanlauf als auch während des Dreieck-Betriebszustandes.

257

Der Einstellwert des Bi-Relais stimmt mit dem zulässigen Strom des Wicklungsstranges überein.

Raumtemperaturunterschiede brauchen bei einer Stromeinstellung dann nicht berücksichtigt zu werden, wenn im Relais auf mechanischem Wege durch ein zweites Bimetall eine Temperaturkompensation durchgeführt wird. Mit der Abkühlung der Bimetallstreifen nach einer Erwärmung und Auslösung kann der Sprungkontakt des Momentschalters wieder zurückschalten, soweit keine Rückschaltsperre eingerichtet ist. Die *Rückschalt- oder Wiedereinschaltsperre* ist eine mechanische Verklinkung, die sich mittels eines Hebels oder einer Schraube am Relais ein- oder ausstellen läßt. In Verbindung mit Drucktastersteuerungen von Schützen ist eine Wiedereinschaltsperre nicht unbedingt erforderlich, weil eine automatische Wiedereinschaltung der Steuerung nach einer Öffnung der Schützselbsthaltung nicht erfolgen kann.

Für Schützsteuerungen ohne Selbsthaltung läßt sich eine selbsttätige, ungewollte Wiedereinschaltung des Schützes verhindern, indem man am Bimetallrelais die Wiedereinschaltsperre einrichtet (Bild 2.47b).

Ohne Wiedereinschaltsperre könnte sich der überlastete Hauptstromkreis selbsttätig so lange ein- und ausschalten (pumpen), bis ein ernsthafter Schaden angerichtet ist. Schaltungsbeispiel siehe Bild 2.61b. Nach einer selbsttätigen Abschaltung durch Überlastung, anschließender Fehlersuche und Fehlerbeseitigung, wird das Bimetallrelais von Hand wieder eingeschaltet.

2.2.9.8 Motorvollschutz

Unter Verwendung von Bimetallrelais oder Motorschutzschaltern erhält man Schutz gegen unzulässige Temperaturerhöhungen indirekt durch die Stromüberwachung.

Sofern Temperaturen direkt mit Temperaturfühlern überwacht werden, um im Gefahrenfall Meldungen oder Abschaltungen zu vollziehen, spricht man von einem Motorvollschutz.

Die Temperaturerfassung erfolgt z.B. mit in Reihe geschalteten Thermistoren (Kaltleiter-Temperaturfühler) oder durch Protektoren (Thermokontakte), die an Stellen kritischer Temperaturbereiche, z.B. Wickelköpfe und Lager, vorgesehen werden.

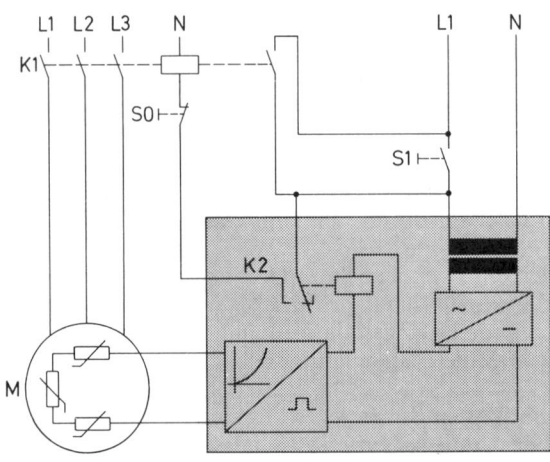

Bild 2.48
Motorvollschutz
(Prinzipbild)

258

Die in dem Bild 2.48 aufgeführte Thermistorsteuerung beinhaltet ein außerhalb des Motors installiertes Überwachungsgerät, das bis zur Motoreinschaltung über Kontakt S 1 erregt werden muß. Danach erfolgt eine Selbsthaltung über K 1.

Mit dem Überschreiten der Grenztemperatur steigt der Widerstand des Thermistors sehr intensiv an, so daß das Überwachungsrelais K 2 abschaltet und den Motor-Steuerstromkreis unterbricht.

2.3 Stromkreise

Einfache Geräte-, Lampen- oder Motorschaltungen bestehen oft aus nur einem Stromkreis.

Der Stromkreis wird gebildet aus der Sicherung, der Hinleitung zum Verbraucher und aus der Rückleitung einschließlich aller dazugehörender Einrichtungen. Es lassen sich in Grenzen mehrere Verbrauchsgeräte, die unabhängig voneinander betrieben werden, zu einem Stromkreis zusammenfassen, wie es z.B. bei Lampenschaltungen üblich ist. *Schützschaltungen lassen sich aufgliedern in Haupt- und Hilfsstromkreise.*

2.3.1 Hauptstromkreis

Der Hauptstromkreis ist mit dem Laststrom des Verbrauchers beaufschlagt, und er wird gebildet aus den Hauptleitungen und den Hauptgeräten. Folgende Hauptgeräte werden vom Hauptstrom der Reihenfolge nach durchflossen:

Sicherungsgruppe, Hauptschalter, Hauptschütz, Bimetallrelais und Motorwicklung (Darstellung des Hauptstromkreises Bild 2.57a).

Auslegung der Absicherungen und der Leitungen für Drehstrommotoren
a) Entsprechend Abschnitt 2.2.9.5 bzw. nach technischen Tabellen wird der Nennstrom der Sicherungen nach Leistung, Spannung und Einschaltart des Motors, unter Berücksichtigung der Anlaufzeit, festgelegt.
b) Aus dem Nennstrom der Sicherung wird der Leitungsquerschnitt bestimmt (siehe Tabelle 1 der VDE 0100, Teil 430).
c) Nach dem Motornennstrom wird der thermische Überstromauslöser ausgewählt.
d) Der unter a) festgelegte Nennstrom der Sicherung darf in keinem Fall den vom Gerätehersteller angegebenen maximalen Nennstrom der Vorsicherung für die im Leitungszug liegenden Geräte überschreiten.
e) Bei langen Leitungsstrecken wird der Spannungsfall nachgerechnet. Falls der Spannungsfall zu hoch ist, müssen stärkere Leitungen genommen werden. Die Wahl der Sicherungen wird nicht beeinflußt.

Leitungsverlegungsvorschriften
Leiter verschiedener Stromkreise dürfen in einer Mehraderleitung, einem Kabel oder einem Kanal zusammengefaßt werden, auch wenn unterschiedliche Spannungen und Frequenzen vorliegen. Die Isolationen müssen für die höchste Spannung ausgelegt sein, andernfalls sind die Stromkreise getrennt voneinander zu verlegen.

Einzelne Leiter eines Stromkreises dürfen nicht auf verschiedene Rohre, Leitungen oder Kabel verteilt werden, sofern sie andere Stromkreisleiter enthalten. Für die farbige Unterscheidung der Leiter sollen folgende Farben verwendet werden (VDE 0113):

Hauptstromkreise für Gleich- und Wechselstrom: schwarz
Mittelleiter ohne Schutzfunktion: hellblau
Steuerleiter für Wechselstrom: rot
Steuerleiter für Gleichstrom: blau
Schutzleiterfarbe: grün/gelb

Für mehrere zusammengehörende Stromkreise in einer Leitung darf ein gemeinsamer Schutzleiter mit einem Querschnitt, der dem des stärksten Außenleiters entspricht, verwendet werden.

2.3.2 Hilfsstromkreis

Der *Hilfsstromkreis* besteht im wesentlichen aus den Hilfsleitungen und den Hilfsgeräten, wie z.b. Steuersicherung, Befehlsschalter, Hilfskontakte vom Schütz und vom thermisch verzögerten Relais, Magnetspule des Schützes und Meldegeräte (Darstellung des Hilfsstromkreises Bild 2.57b).

Absicherung des Hilfsstromkreises
Hilfsstromkreise müssen gegen Kurzschlußströme geschützt werden. Überlastungen sind in Hilfsstromkreisen kaum möglich, da die Stromaufnahmen der Antriebsspulen und Meldelampen in ihrer Höhe festliegen und nicht beliebig erhöht werden.
Die Sicherungsgröße im Steuerstromkreis richtet sich nach dem Leitungsquerschnitt, nach den Schaltgeräten und ihren vom Gerätehersteller angegebenen Vorsicherungsgrößen und nach der Höhe des im Kurzschlußfall möglichen Stromes.
Der Abschaltstrom der Sicherung muß im Fehlerfall mindestens zum Fließen kommen, damit die Sicherung schnell genug anspricht. Der Kurzschlußschutz kann sekundärseitig entfallen, wenn der Primärschutz den Sekundärschutz mit übernimmt. Es können Sicherungen oder Schutzschalter Verwendung finden (Bild 2.49a und b). In geerdeten Steuerstromkreisen darf der geerdete Steuerleiter nicht abgesichert werden.
Kurzschlüsse können dann, wenn sie nicht schnell genug abgeschaltet werden, Betriebsmittel zerstören und Brandgefahren bewirken.
Erdschlüsse können in *geerdeten Steuerstromkreisen* kurzschlußgleiche Erscheinungen hervorrufen. Der Schluß zwischen Leiter und Erde wird beim geerdeten Steuerstromkreis durch Ansprechen der Sicherung eine Abschaltung der Steuerung bewirken, sofern die Sicherung im ungeerdeten Leiter angeordnet ist. In *nichtgeerdeten Steuerstromkreisen* bleibt der einfache Erdschluß ohne Folgen. Dieser Fehler wird nur erkannt, wenn eine Isolationsüberwachung vorhanden ist. Sie ist vorgeschrieben, denn bei Doppelerdschlüssen besteht die Möglichkeit, daß Einschaltungen ungewollt entstehen und daß ein Stillsetzen verhindert wird (Bild 2.50, Fehler Nr. 2).
Körperschlüsse können unter anderem erhöhte Berührungsspannungen hervorrufen und somit das Bedienungspersonal gefährden.

Fehlerauswirkungen in Stromkreisen
Zur Übersicht sind folgende
Fehler im Bild eingetragen:

Kurzschluß ① Erdschluß ② Körperschluß ③ Leiterschluß ④

Leiterschlüsse ergeben wie bei Doppelerdschlüssen unbeabsichtigte Schaltzustände.

260

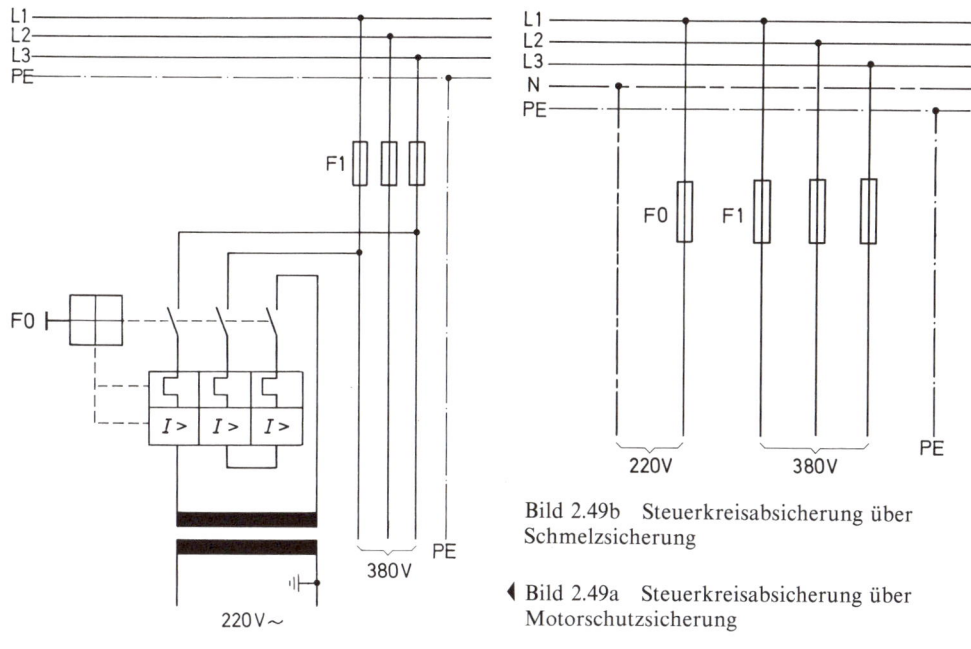

Bild 2.49b   Steuerkreisabsicherung über Schmelzsicherung

◀ Bild 2.49a   Steuerkreisabsicherung über Motorschutzsicherung

Bild 2.50   Fehlerarten

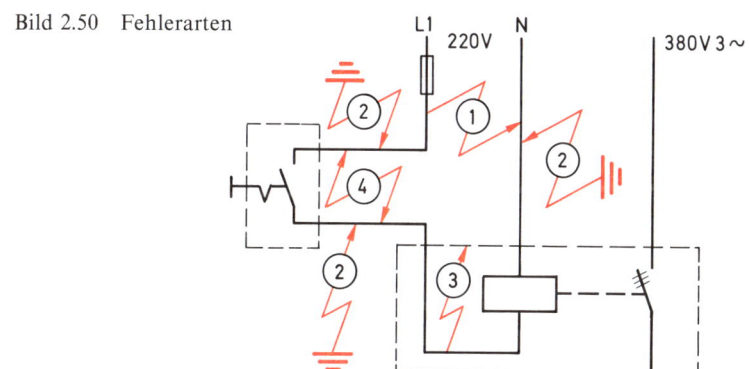

Leitungsverlegungsvorschriften — VDE 0100

Mehrere Hilfsstromkreise können in einer Mehraderleitung, in einem Rohr oder Kanal zusammengefaßt werden.

Bei Steuerspannungen bis 50 V darf der Steuerrückleiter entfallen, sofern er durch Konstruktionsteile mit ausreichender elektrischer Leitfähigkeit ersetzt wird. Das Erdreich darf nicht als alleiniger Rückleiter benutzt werden.

Steuerstromkreise können geerdet oder ungeerdet betrieben werden. In geerdeten Steuerstromkreisen mit einem Steuertransformator muß die Verbindung zur Betriebserde gut zugänglich und in Steuertransformatornähe auftrennbar sein, um z.B. problem-

261

los Isolationswiderstandsmessungen durchführen zu können. Für ungeerdete Hilfsstromkreise ist gemäß VDE 0100 § 60 eine Isolationsüberwachung erforderlich, sofern Gefährdungen durch unbeabsichtigte Schaltzustände, z.B. durch Isolationsfehler, möglich sind.

Der Mindestquerschnitt für fest verlegbare Leitungen beträgt bei 220 V Steuerspannung A $\geq$ 1,5 mm^2 Kupfer. *Schutzmaßnahmen nach VDE 0100 sind erforderlich.*

2.3.3 Steuerspannung

Die bevorzugte Steuerspannung ist U_N = 220 V$\sim$. Abgesehen von Schwachstromschaltungen mit entsprechenden Schaltgeräten, sollten kleinere Spannungen nur in unbedingt notwendigen Fällen angewendet werden, weil sonst durch große Übergangswiderstände an den Hilfskontakten die Schaltungssicherheit stark verringert wird. Höhere Spannungen, z.B. 380 V$\sim$ bzw. 500 V$\sim$ sind aus Sicherheitsgründen nicht erlaubt. Ausnahmen bestehen dann, wenn die Steuerleitungen nicht verzweigt werden.

Anschluß des Steuernetzes möglichst zwischen einem Außenleiter und dem Mittelpunktsleiter (Bild 2.49b) oder zwischen 2 Außenleitern, wenn ein Steuertransformator verwendet wird (Bild 2.49a).

2.3.4 Steuertransformator

Bei umfangreichen, verzweigten Steuerstromkreisen, bei Steuerungen mit mehr als 5 Betätigungsspulen oder bei außerhalb des Steuerschrankes montierten Bedienungselementen, bei Betriebsmitteln mit geringeren Kriech- und Luftstrecken als Isolationsgruppe C und bei Kleinspannungen wird aus Sicherheitsgründen ein Steuertransformator vorgeschrieben (VDE 0113).

Die Sekundärspannung darf nicht über 5% vom Nennspannungswert absinken, wenn Nennbetrieb herrscht. Damit die Steuerspannung den jeweiligen Netzverhältnissen angepaßt werden kann, enthält die Primärseite mehrere Spannungsanschlüsse (Bild 2.51).

Schaltbild eines Steuertransformators mit 2 getrennten Sekundärwicklungen:

Der Steuertransformator soll primär zwischen 2 Außenleitern angeschlossen werden, weil bei Schieflast die Spannung zwischen L 1 und N stärker abweicht als zwischen L 1, L 2 und L 3. Spartransformatoren sind für Steuerungszwecke nicht zulässig.

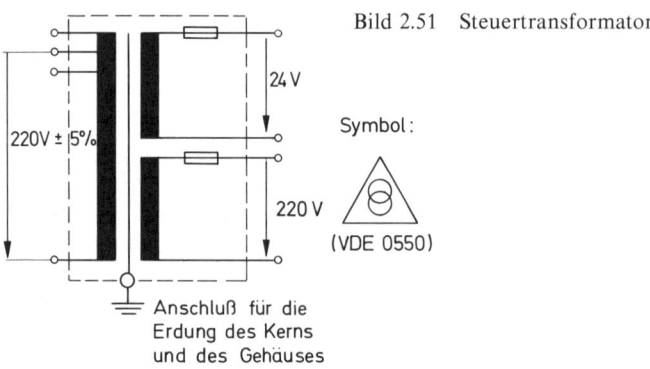

220V ± 5%

24 V

220 V

Anschluß für die
Erdung des Kerns
und des Gehäuses

Bild 2.51 Steuertransformator

Symbol:

(VDE 0550)

Vorteile des Steuertransformators:
a) Auswahlmöglichkeit der Steuerspannung unabhängig vom Primärnetz.
b) Geringere Lastabhängigkeit der Steuerspannung, z.B. bei Schieflast.
c) Begrenzung des Überstromes im Kurz- oder Erdschlußfall.
d) Erhöhter Schutz bei indirektem Berühren (siehe Band «Elektro-Installationstechnik», Kapitel 4).

Transformatorleistung
Die Größe des Steuertransformators ist von der zur gleichen Zeit auftretenden Einschalt- und Halteleistungen der Schaltgeräte und Meldegeräte abhängig. Zur Berechnung der nötigen Transformatorleistung gilt nachstehende Näherungsformel.

$$S_{Tr} \approx 0,8 \cdot (\Sigma\, S_H + S_{A\,max} + \Sigma\, P_L)$$

S_{Tr} Transformatorleistung in VA
$\Sigma\, S_H$ Summe der Halteleistung der Antriebe von Schützen usw. (ohne Berücksichtigung des größten Schützes) in VA
$S_{A\,max}$ Einschaltleistung des größten Schützes in VA
$\Sigma\, P_L$ Summe aller Leistungen der Kontrollampen und -einrichtungen in W
0,8   Gleichzeitigkeitsfaktor

Beispiel
In einer Steuerschaltung befinden sich 2 Schütze mit einer Halte- und Einschaltleistung von 20/250 VA und 6 Hilfsschütze von 8/50 VA sowie 6 Signallampen mit je 7 W. Die gleichzeitige Einschaltung liegt bei 80%.
    Welche Leistung muß der Steuertransformator mindestens haben?
    Lösung: $S_{Tr} \approx 0,8 \cdot (2 \cdot 20 + 6 \cdot 8 + 250 + 6 \cdot 7) = \underline{304\ \text{VA}}$
    Es wird ein Steuertransformator mit der nächst größeren Leistung nach einer Angebotsliste ausgewählt.

2.3.5   Bestimmungen nach VDE 0113

Diese VDE-Bestimmung gilt nur für Be- und Verarbeitungsmaschinen. Für dieses Buch wurden nur die wichtigsten Abschnitte ausgewählt.

2.3.5.1   Schutz bei Spannungsausfall

Nach einem Spannungsausfall darf eine Maschine nicht automatisch wieder anlaufen, wenn dadurch Personen, die Maschinen selbst oder Produktionsgut gefährdet werden. Zu treffende Maßnahmen können elektrisch oder mechanisch ausgeführt sein. Eine einfache Lösung bieten Unterspannungsauslöser in Verbindung mit Motorschutzschaltern oder Leistungsschaltern.

2.3.5.2 Schutz bei Überlast und Kurzschluß

Motoren über 1 kW müssen gegen Überlast geschützt sein. Werden Motoren über 2 kW zum häufigen Anlaufen oder Bremsen verwendet, sind Motoren mit eingebauten Temperaturfühlern einzusetzen. Bei Gefahr durch selbsttätigen Wiederanlauf ist dieser zu verhindern. Als Überlastschutzorgane eignen sich Motorschutzschalter oder Bimetallüberlastrelais.

Jeder Stromkreis muß — wie auch in VDE 0100 gefordert — gegen Kurzschluß geschützt werden (siehe Band «Elektro-Instalationstechnik», Kapitel 4).

2.3.5.3 Not-Aus-Einrichtung (Gefahrenschalter)

Im Gefahrenfall muß die ganze Maschine stillgesetzt werden. Diese Aussage bedeutet nicht, daß einfach die Spannung abgeschaltet werden darf. Eine Blechstanze muß z.B. im Gefahrenfall hochgefahren werden können.

Die Handhabe der Not-Aus-Einrichtung muß auffällig rot gekennzeichnet sein, und die Fläche unter dem Not-Ausschalter muß mit der Kontrastfarbe Gelb so gekennzeichnet sein, daß sich seine Handhabe deutlich abhebt. Die Handhabe muß vom Standplatz des Bedienenden leicht erreichbar sein. Sind mehrere Arbeitsplätze oder Bedienungsstände vorhanden, so muß an jedem ein Not-Aus-Befehlsgerät vorhanden sein.

Das Befehlsgerät muß bei unmittelbarer Handbetätigung einen Pilzdruckknopf haben.

2.3.5.4 Hauptschalter

Die gesamte elektrische Ausrüstung einer Maschine muß vom Netz getrennt werden können. Hierfür sind Hauptschalter vorgeschrieben. Sie müssen als Lasttrennschalter nach VDE 0660 (Abschnitt 2.2.3.1) ausgeführt sein. Der Schalter muß von Hand betätigt werden können und eine sichtbare Trennstelle oder Stellungsanzeige haben. Die Handhabe muß eine mit 1 und 0 gekennzeichnete Ein- und Aus-Stellung haben und in der Aus-Stellung verschließbar sein.

Hauptschalter müssen alle nicht geerdeten Leiter gleichzeitig trennen. Bei Fernbedienung muß der Hauptschalter als Leistungsschalter ausgeführt werden. Ist der Hauptschalter für den Bedienenden leicht zugänglich, darf er als Not-Aus-Einrichtung verwendet werden.

2.4 Schaltungsunterlagen (DIN 40719)

Schaltungsunterlagen dienen zur Erläuterung der Funktion von Schaltungen oder von Leitungsverbindungen. Sie vermitteln Angaben für das Fertigen, Errichten und das Erhalten von elektrischen Einrichtungen. Schaltungsunterlagen werden in zwei Gruppen eingeteilt (Bild 2.52)

a) nach dem Zweck,
b) nach der Art der Darstellung.

Bei der Erstellung des Schaltplans wird die Form nach dem Zweck festgelegt, und die Art der Darstellung wird nach der Zweckmäßigkeit gewählt.

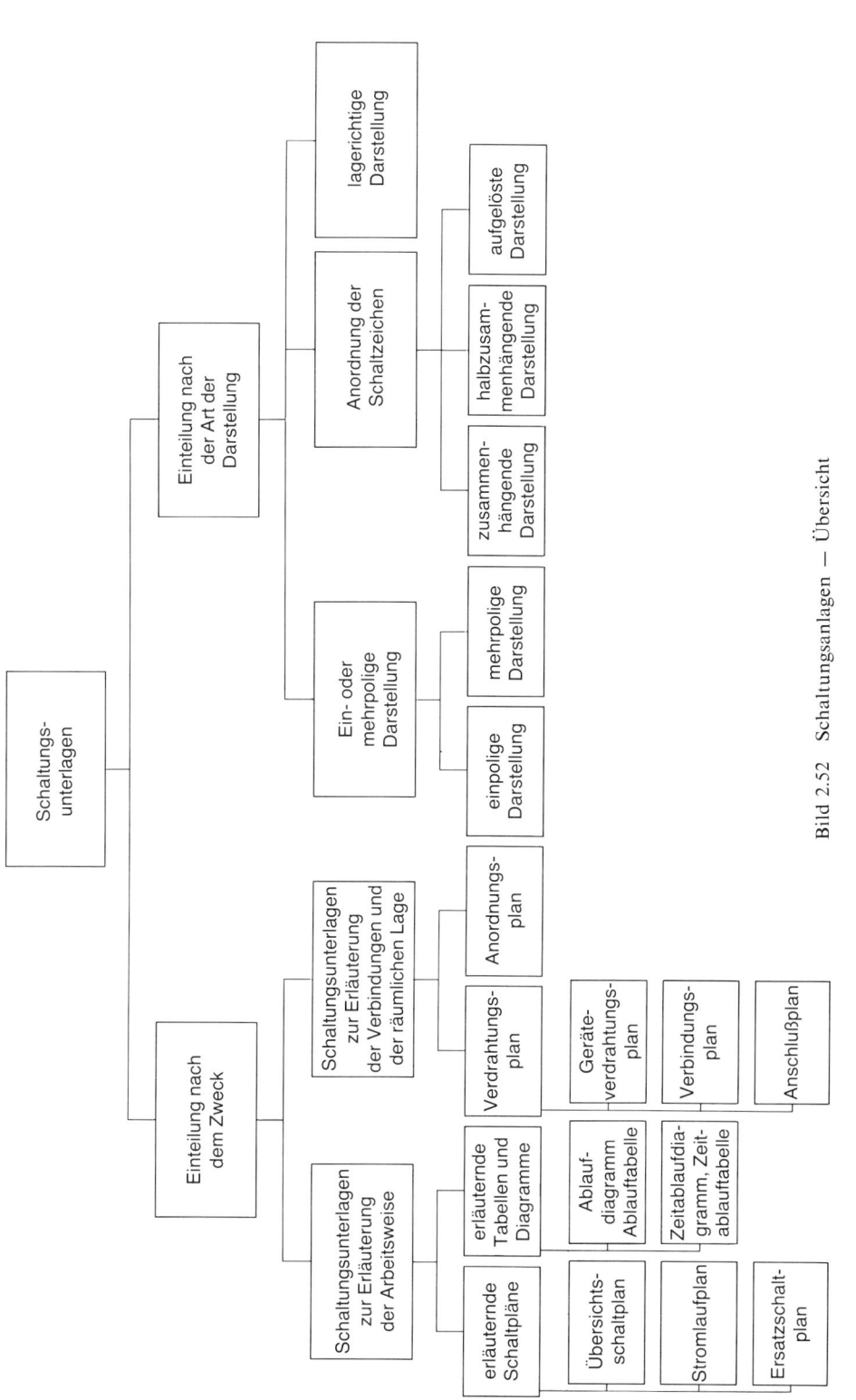

Bild 2.52   Schaltungsanlagen — Übersicht

Beispiel

Um sich eine Übersicht über die vorhandenen Hauptstromkreise einer Schaltanlage zu verschaffen, wird man einen Übersichtsschaltplan wählen. Der Übersichtsschaltplan würde an Übersichtlichkeit verlieren, wenn er mehrpolig gezeichnet wird, deshalb erfolgt eine einpolige Darstellung (Bild 2.54).

Im Nachfolgenden ist es nicht möglich, die Vielzahl der Schaltungsunterlagen zu besprechen, deshalb wurden die vom Elektromeister am häufigsten verwendeten Schaltplanarten ausgewählt.

Installationspläne gehören nicht zu diesem Thema, sie werden im Band «Elektro-Installationstechnik» behandelt.

2.4.1 Zeichenregeln

Für die Darstellung von Schaltplänen sollten diese allgemeinen Regeln befolgt werden:

a) Aufbau des Schaltplanes in Leserichtung von oben nach unten und von links nach rechts. Das Netz oder die Stromführung wird obenliegend und der Verbraucher untenliegend dargestellt (Bild 2.53a). Dabei sind die Leitungslinien senkrecht oder waagerecht zu führen und nicht etwa schräg.

b) Die Schaltsymbole sind möglichst einheitlich in senkrechten Strompfaden anzuordnen.

c) Alle Schaltglieder zeichnet man in der Grundstellung, d.h. Schließer in der Ausschaltstellung und Öffner in Einschaltstellung. Abweichungen von dieser Regel sind in einem Schaltplan besonders zu vermerken.

d) Die Arbeitsrichtung der Schaltglieder ist von links nach rechts, d.h., Schließer schließen von links nach rechts und Öffner öffnen von links nach rechts (Bild 2.53).

e) Jedes Gerät oder Schaltglied erhält eine Buchstabenkennzeichnung nach DIN 40719. Diese Kennbuchstaben sind in Tabelle 2/7 aufgeführt. Die Kennbuchstaben kennzeichnen die Geräteart und den Verwendungszweck. Zur Unterscheidung gleichartiger Geräte erhalten die Kennbuchstaben zusätzlich Ordnungszahlen, wie es aus dem Übersichtsschaltplan Bild 2.54a hervorgeht. Die Vorzahlen können entfallen, sofern die Übersicht erhalten bleibt.

2.4.2 Übersichtsschaltplan

Der Übersichtsschaltplan ist eine stark vereinfachte, meistens einpolig gezeichnete Darstellung einer Schaltung ohne Hilfsleitungen und Hilfseinrichtungen. Wie aus Bild 2.54a zu ersehen ist, werden nur die wirksamen Teile des Hauptstromkreises mit entsprechenden Bezeichnungen aufgeführt.

Aus der Übersicht erkennt man die Reihenfolge und die Art oder die Größe der Hauptschaltgeräte und die Anzahl der Hauptstromkreise. Funktionelle Zusammenhänge der Steuerung lassen sich mit dem Übersichtsschaltplan nicht darstellen. Dafür findet der Stromlaufplan Verwendung.

Eine besondere Art des Übersichtsschaltplanes ist das Blockschaltbild bzw. der Blockschaltplan (Bild 2.54b), in dem Baugruppen und ihre Zusammenhänge aufgeführt werden. In dem Bild wird eine Alarmanlage dargestellt, bei der eine Hupe über ein Relais zur Einschaltung gebracht wird, sobald die Brückenschaltung durch die Melder verstimmt wird. Die Einspeisung erfolgt über Netzgleichrichter und Batterie.

Bild 2.53a
Darstellung einer
Schützschaltung
durch Haupt- und
Hilfsstromkreis

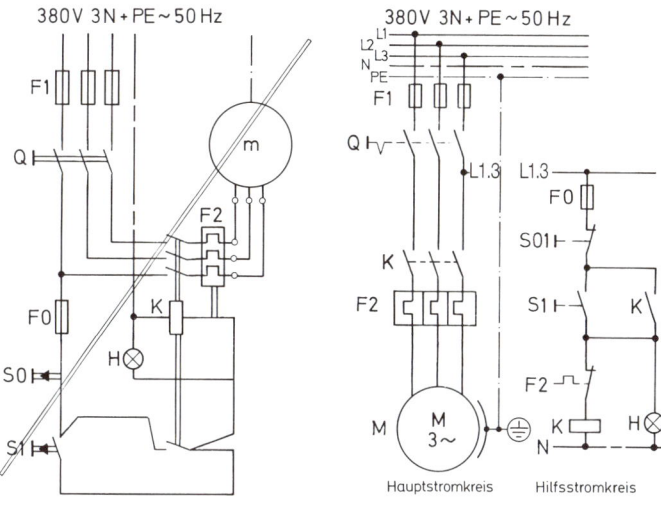

unrichtige, unübersichtliche Darstellung

richtige Darstellung einer Schützschaltung als Stromlaufplan in
aufgelöster Darstellung

Bild 2.53b
Schaltrichtung

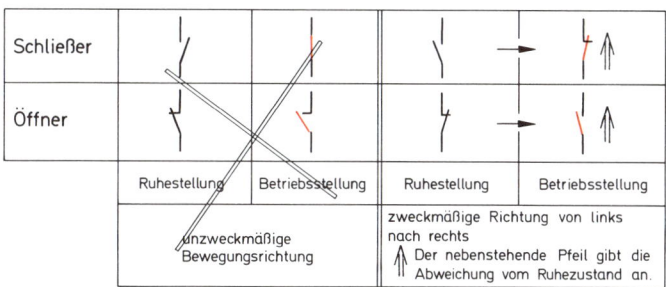

Bild 2.54a
Übersichtsschaltplan

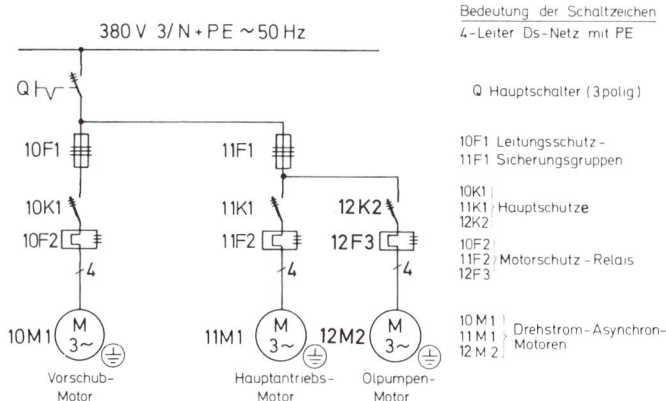

267

Tabelle 2/7 Kennbuchstaben

Kenn-buchstaben alt neu		Betriebsmittel	Beispiele
u	A	Baugruppen	Verstärker, Gerätekombinationen
f	B	Umsetzer von nichtelektrischen auf elektrische Größen und umgekehrt	Meßumformer, Drehfeldgeber, Winkelgeber
k	C	Kondensatoren	Kompensations-, Entstör-, Anlaufkondensatoren
–	D	Verzögerungs- und Speichereinrichtungen, binäre Elemente	Verzögerungsleitungen, bi- und monostabile Elemente, Kernspeicher, Register
–	E	Verschiedenes	Beleuchtung, Heizung sowie Einrichtungen, die nicht in der Tabelle erfaßt sind
e	F	Schutzeinrichtungen	Sicherungen, Auslöser, Sperren
m	G	Generatoren, Stromversorgung	Batterie, Netzgerät, Oszillatoren
h	H	Meldeeinrichtungen	Leuchtmelder, akustische Melder
c, d	K	Relais, Schütze	Zeitrelais, Haupt- und Hilfsschütze
k	L	Induktivitäten	Drosselspulen, Zündspulen
m	M	Motoren	Wechsel-, Drehstrom-, Gleichstrommotoren
g, u	P	Meßgeräte, Prüfeinrichtungen	Anzeigende, schreibende, zählende Meßeinrichtungen
a	Q	Starkstromschaltgeräte	Trenner, Leistungsschalter, Hauptschalter
r	R	Widerstände	Einstellbare und feste Widerstände, Shunts, Heißleiter usw.
b	S	Hilfsschalter, Wähler	Drucktaster, Steuerschalter, Drehwähler
m	T	Transformatoren	Strom- und Spannungswandler, Steuer-, Netz- und Schutztransformatoren
f	U	Modulatoren, Umsetzer elektrische Größen	Frequenzwandler, Umformer, Demodulator, Kodierungseinrichtungen
n, p	V	Röhren, Halbleiter	Elektronenröhren, Dioden, Gasentladungsröhren
–	W	Übertragungswege	Wellenleiter, Sammelschiene, Kabel
L	X	Klemmen, Steckvorrichtungen	Klemm- und Lötleisten, Stecker, Steckdosen
s	Y	elektrisch betätigte mechanische Einrichtungen	Bremsen, Kupplungen, pneumatische Ventile
–	Z	Abschluß, Filter, Begrenzer	Kabelnachbildungen, Dynamikregler

268

Bild 2.54b Blockschaltbild

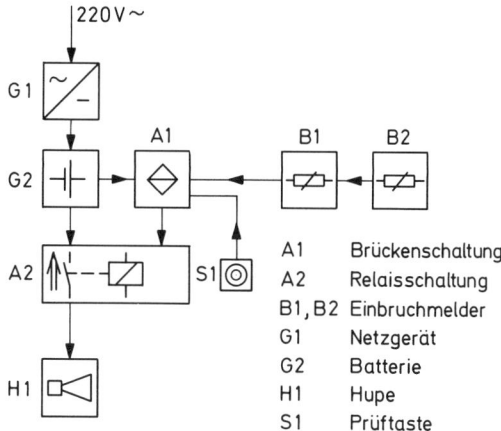

A1	Brückenschaltung
A2	Relaisschaltung
B1, B2	Einbruchmelder
G1	Netzgerät
G2	Batterie
H1	Hupe
S1	Prüftaste

2.4.3 Stromlaufpläne

Bei der Erstellung von Stromlaufplänen unterscheidet man zwischen Stromlaufplänen in:

zusammenhängender Darstellung,
halbzusammenhängender Darstellung und
aufgelöster Darstellung.

Im folgenden sollen jedoch nur Stromlaufpläne in zusammenhängender und in aufgelöster Darstellung behandelt werden, zumal bei der Darstellung in der halbzusammenhängenden Darstellungsart zusätzlich zur aufgelösten Darstellungsart nur die mechanischen Zwischenglieder in Form von Verbindungslinien dargestellt werden.

2.4.3.1 Stromlaufplan in zusammenhängender Darstellung (der frühere Wirkschaltplan)

Der Stromlaufplan in zusammenhängender Darstellung ist die vollständige Darstellung einer Schaltung, in dem alle Haupt- und Hilfsleitungen eingetragen sind. Insbesondere wird auf die Erkennbarkeit des Zusammenhangs der Geräte Wert gelegt. Die Schalt- und Antriebsglieder liegen zeichnerisch auf einer Wirkungslinie, so daß man die Wirkung der Schaltgeräte erkennt. Schaltungsfunktionen sind bei umfangreicheren Schaltungen durch unvermeidbare Leitungskreuzungen und Verzweigungen nur mit Mühe zu erfassen. Die Anwendung dieses Stromlaufplanes ist daher auf kleinere Schaltungen beschränkt. Aus dem Schaltplan Bild 2.55 kann man im wesentlichen die Anordnung der Gerätebauteile, die Leitungsverbindungen, die Lage der Klemmenanschlüsse und die Aderzahl der Verbindungsleitungen erkennen. Größere Schaltungen lassen sich übersichtlicher als Stromlaufplan in aufgelöster Darstellung aufzeichnen.

269

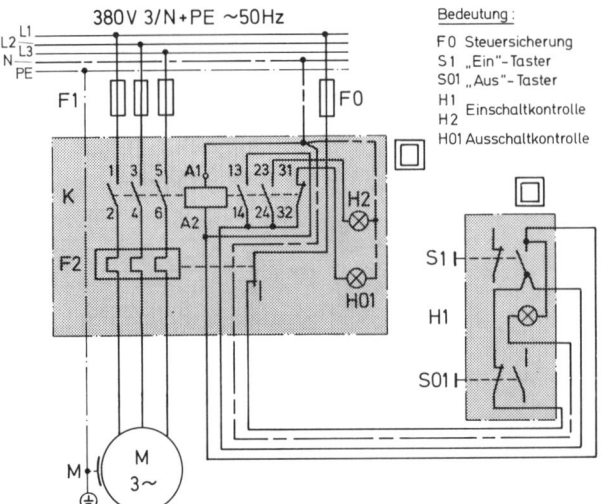

2.4.3.2 Stromlaufplan in aufgelöster Darstellung (der frühere Stromlaufplan)

Allgemeines

Der Stromlaufplan in aufgelöster Darstellung ist die Funktionsdarstellung einer Schaltung. Die verzweigten Leitungsführungen werden in einer geordneten Form, in einzelne sogenannte Strompfade aufgegliedert. Um kreuzungsfreie Strompfade zu erhalten, dürfen die Schaltglieder und Antriebe, die zu einem Gerät gehören, an unterschiedlichen Stellen im Stromlaufplan angeordnet werden. Der Zusammenhang wird dadurch kenntlich gemacht, daß die zusammengehörenden Bauteile mit gleichen Kennbuchstaben nach DIN und mit gleichen Kennzahlen zu benennen sind. Durch fehlende oder unvollständige Kennbezeichnung wird die Funktion der Schaltung unklar dargestellt, wie aus Bild 2.56a ersichtlich ist.

Nach Bild 2.56b ist anhand der Kennbuchstaben eindeutig feststellbar, daß die Leuchtmelder H 1 und H 2 vom Relais K betätigt werden.

Mit dem Einschalten des Schalters S wird ein Signal gegeben. Durch den jetzt fließenden Strom wird das Signal über die Steuerleitung zur Relaisspule weitergeleitet. Durch das Anziehen des Ankers wird das Signal umgewandelt in einen weiteren Schaltbefehl für die Lampen H 1 und H 2. Die Lampe H 1 erlischt, und die Lampe H 2 leuchtet auf. Wird der Schalter S nur impulsartig ein- und ausgeschaltet, so werden die Lampen ebenfalls impulsartig ansprechen. Alle Steuerschaltungen beruhen auf dem Vorgang der Signalerzeugung, Weiterleitung und Umwandlung.

Außer den einfachen Ein- und Ausschaltfunktionen gibt es natürlich die Möglichkeit, durch verschiedene Kombinationen mit Öffnern, Schließern und Wechslern unterschiedliche Schaltfunktionen zu erhalten. Genannt seien an dieser Stelle nur die «Und»-, «Oder»-, «Nand»- sowie «Nor»-Schaltungen (Abschnitt 2.8).

270

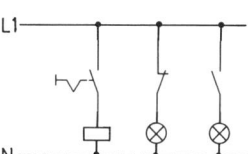

Bild 2.56a
Stromlaufplan
ohne Kennbuchstaben

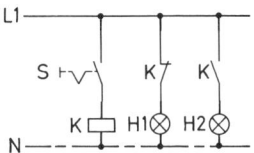

Bild 2.56b
Stromlaufplan
mit Kennbuchstaben

Darstellungsgrundsätze

Für eine übersichtliche Aufzeichnung von Stromlaufplänen in aufgelöster Darstellung sollten folgende Maßnahmen berücksichtigt werden:

1. Bildung von senkrechten und kreuzungsfreien Strompfaden an dem waagerecht zu zeichnenden Netz. Schrägführende Leitungen sind zu vermeiden. Die Gerätebauteile werden somit in Stromflußrichtung senkrecht untereinander angeordnet. Als Beispiel soll die Schützsteuerung für einen Drehstrommmotor betrachtet werden, der von einer Befehlsstelle aus betätigt wird (Bild 2.57a und b). Die gleiche Schaltung ist als Stromlaufplan in zusammenhängender Darstellung in Bild 2.55 aufgeführt.

2. Zusammengehörende Bauteile, wie z.B. die Magnetspule, die Hauptkontakte, die Schließer und Öffner eines Schützes, sind unbedingt mit gleichen Bezeichnungen zu versehen. Mehrere gleiche Schaltglieder eines Gerätes können durch Klemmenbezeichnungen unterschieden werden (Bild 2.57b).

3. Die elektrischen Antriebe, Meldegeräte usw. liegen einheitlich direkt am N oder bei Verwendung eines Steuertransformators an einem Leiter. Zwischen Relaisspule und N bzw. PEN dürfen aus Sicherheitsgründen keine Schaltkontakte angeordnet werden.

4. Um das Auffinden von z.B. Schaltkontakten in umfangreichen Schaltungsunterlagen zu erleichtern, wird jede Unterlage numeriert und in Koordinaten eingeteilt (Bild

Bild 2.57a
Stromlaufplan des
Hauptstromkreises

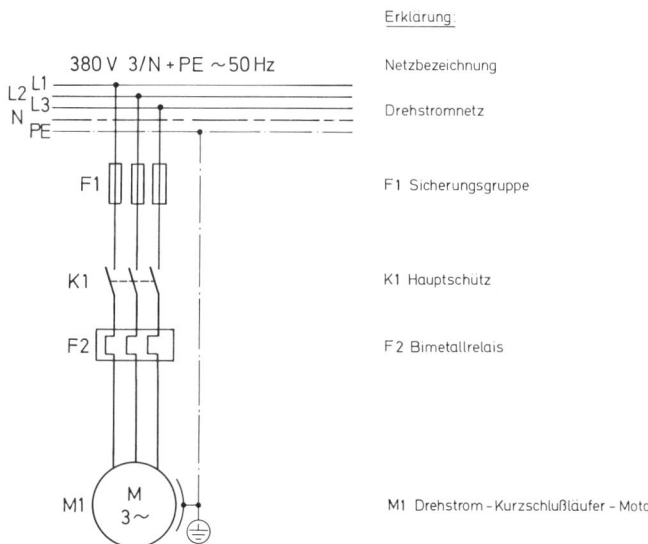

271

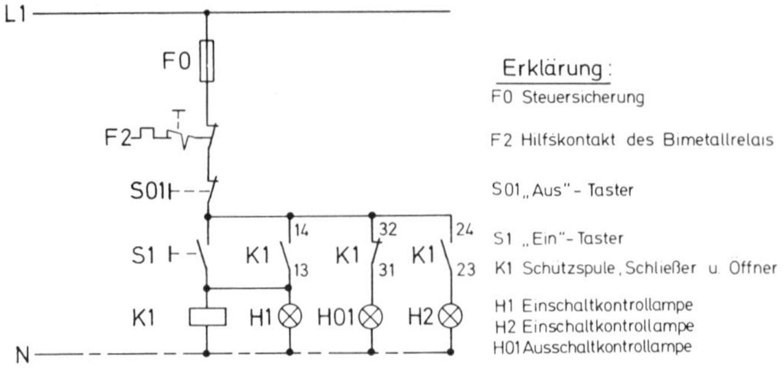
L1
F0
F2
S01
S1
K1
14
13
32
31
24
23
H1
H01
H2
N
Erklärung:
F0 Steuersicherung
F2 Hilfskontakt des Bimetallrelais
S01 „Aus"- Taster
S1 „Ein"- Taster
K1 Schützspule, Schließer u. Öffner
H1 Einschaltkontrollampe
H2 Einschaltkontrollampe
H01 Ausschaltkontrollampe

Bild 2.57b Stromlaufplan des Hilfsstromkreises

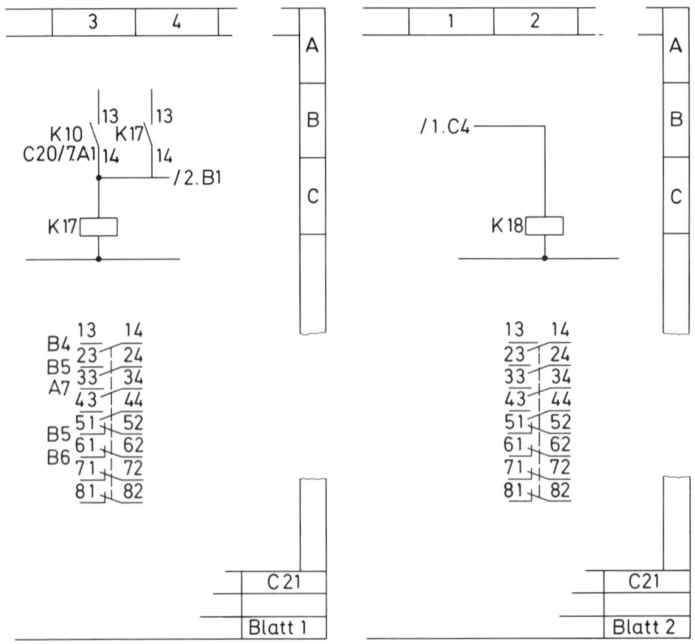
3
4
A
B
C
K10
C20/7.A1
K17
/2.B1
B4
B5
A7
B5
B6
C21
Blatt 1
1
2
/1.C4
K18
C21
Blatt 2

a) b)

Bild 2.58 Schaltungsausschnitte mit Koordinatensystem mit Kontaktschaltbildern

2.58a und b). Die Unterlage des Bildes 2.58a heißt C 21 Blatt 1. Die Kurzschreibweise lautet C 21/1 und von Bild 2.58b entsprechend C 21/2. Zum Auffinden der Schaltglieder wird dann angegeben, unter welchen Koordinaten sie zu finden sind. Der Kontakt K 10 in Bild 2.58a befindet sich in B 3. Das zugehörige Schütz ist in Unterlage C 20, Blatt 7 in den Koordinaten A 1 zu finden. Der Abgriff nach K 17 im gleichen Bild führt in gleicher Unterlage zu Blatt 2, B 1. Weil sich der Gegenpunkt in gleicher Unterlage befindet, wurde die Unterlagenbenennung C 21 weggelassen.

Unter den Schützen wird das Kontaktbild dargestellt. An die einzelnen Kontakte wird der Ort geschrieben, an dem der Kontakt wiederzufinden ist. In Bild 2.58a zeigt das Kontaktbild, daß der Kontakt 13—14 unter B 4 wiederzufinden ist.

Bei Schaltungen von geringem Umfang kann auf die Darstellung mit Koordinaten und auf die Kontaktbilder verzichtet werden. Wegen des nicht unerheblichen Aufwandes bei der Darstellung wird in diesem Buch auf die Koordinaten und die Kontaktbilder verzichtet.

Wirkungsweise der Schaltung

Es handelt sich um die Steuerung eines Antriebsmotors, der von einer Befehlsschaltstelle aus zu betätigen ist. Der Einschaltzustand wird an der Befehlsstelle und am Schütz und der Ausschaltzustand nur am Schütz durch Kontrollampen angezeigt. Wird der Motor überlastet, so erfolgt eine Abschaltung durch ein thermisch verzögertes Relais (Bimetallrelais). Diese Störung wird dadurch optisch kenntlich gemacht, indem keine der Kontrollampen aufleuchtet. Eine Wiedereinschaltung ist nur über das Bimetallrelais von Hand möglich.

2.4.4   Geräteverdrahtungsplan

Geräteverdrahtungspläne stellen alle Verbindungen innerhalb eines Gerätes oder einer Gerätekombination dar. Alle Schaltgeräte oder deren Teile, wie Schließer, Öffner, Antriebe usw., werden lagerichtig dargestellt. Bild 2.59 zeigt eine Gerätekombination aus drei Teilen, bei der die Geräteverdrahtungspläne grau unterlegt sind.

2.4.5   Anschlußplan

Ein Anschlußplan zeigt die Anschlußpunkte einer elektrischen Einrichtung und die daran angeschlossenen inneren und äußeren Verbindungen. In Bild 2.59 sind die Anschlußpläne rot unterlegt.

2.4.6   Verbindungsplan

Ein Verbindungsplan stellt die Verbindung zwischen den verschiedenen Geräten oder Gerätekombinationen einer Anlage dar (in Bild 2.59 weißes Feld).

Um Verwechslungen beim Anklemmen von Leitungsadern zu umgehen, werden Anfang und Ende jeder Leitungsader mit der Angabe des Zieles versehen. Zum schnellen Auffinden der Ziele sind die Klemmenleisten mit den Bezeichnungen X 1, X 2, X 3 usw. beschriftet. Die Klemmen auf einer Leiste werden fortlaufend durchnumeriert. So ergibt sich z.B. für Klemme 1 auf der Leiste X 1, die Bezeichnung X 1.1 und auf der Leiste X 2 entsprechend X 2.1. Am Betätigungsgerät befindet sich auf der Leiste X 4 die Anschlußklemme 2 entsprechend der Bezeichnung X 4.2. Die an diese Klemme anzuschließende Leitungsader ist bezeichnet mit der Zielbezeichnung X 2.2, d.h., das Ziel dieser Ader liegt auf Leiste 2 an Klemme 2. Auf dieser Seite der Leitungsader ist sinngemäß das Leitungsziel mit X 4.2 angegeben.

Nach diesem Zielbezeichnungssystem sind keine Kenntnisse über die Funktion der inneren Schaltung erforderlich, um eine Verdrahtung oder einen funktionsgerechten Anschluß erstellen zu können.

Dieses gilt auch für Anschlußpläne, in denen nur Zielbezeichnungen tabellarisch für Eingänge und Ausgänge der zu verbindenden Leitungen, z.B. an Klemmleisten, aufgeführt werden.

In Verdrahtungs- bzw. Verbindungsplänen werden die Leitungsverbindungen direkt eingezeichnet, so daß dann auf eine Zielbezeichnung verzichtet werden kann.

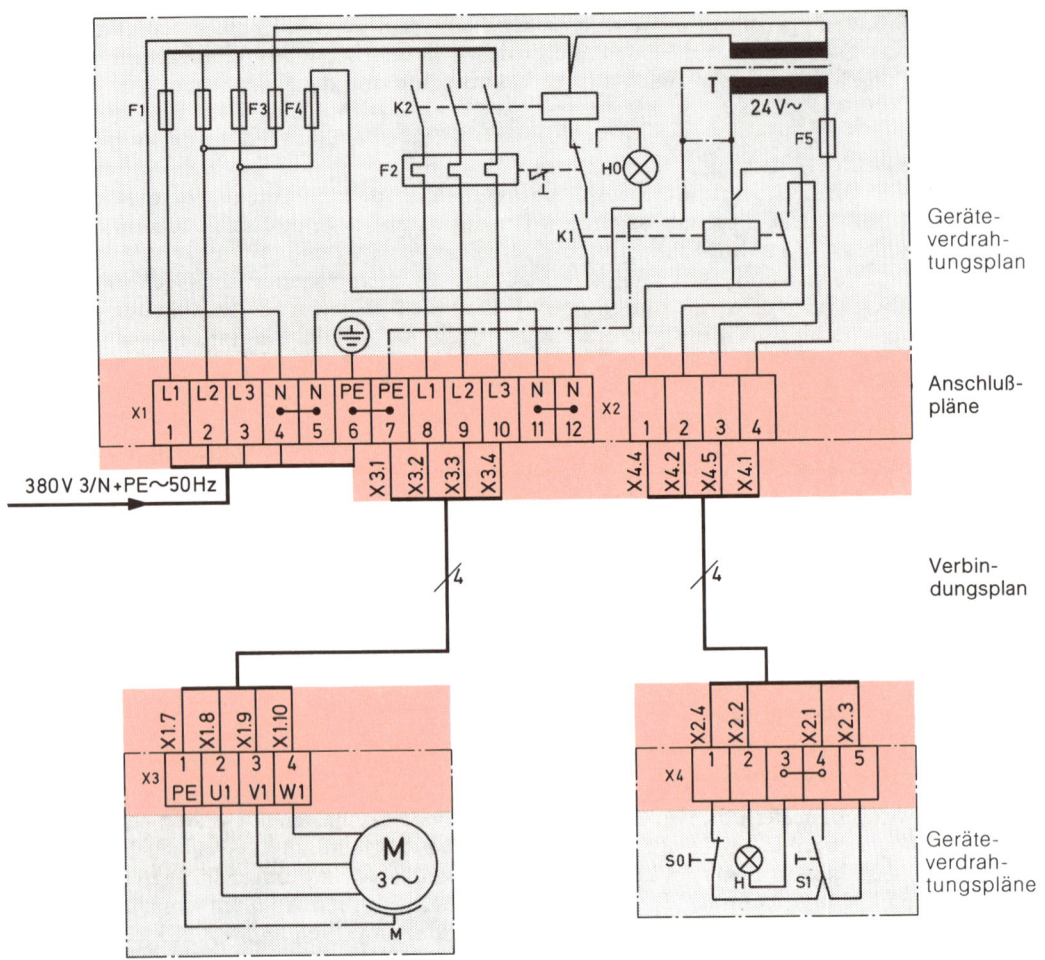

Bild 2.59   Geräteverdrahtungsplan mit Verbindungsplan und Anschlußplan

2.4.7   Anordnungsplan

Der Anordnungsplan kann für die Planung einer Steuerungs- und Installationsanlage verwendet werden. Im besonderen bei der für Prüfungszwecke üblichen Installation an einer Montagewand kommt der Anordnungsplan bevorzugt zur Anwendung (Bild 2.60a).

Für den Entwurf des Anordnungsplans ist zunächst die Lage der benötigten Geräte so festzulegen, wie es den Anforderungen der Praxis entspricht.

Unzweckmäßige Leitungsführungen und Leitungskreuzungen außerhalb der Geräte-gehäuse sind zu vermeiden. Schellenabstände und Gehäuseabmaße können von vorn-herein in die Planung mit einbezogen werden, so daß sich ein relativ genaues Abbild der

274

Bild 2.60a
Anordnungsplan

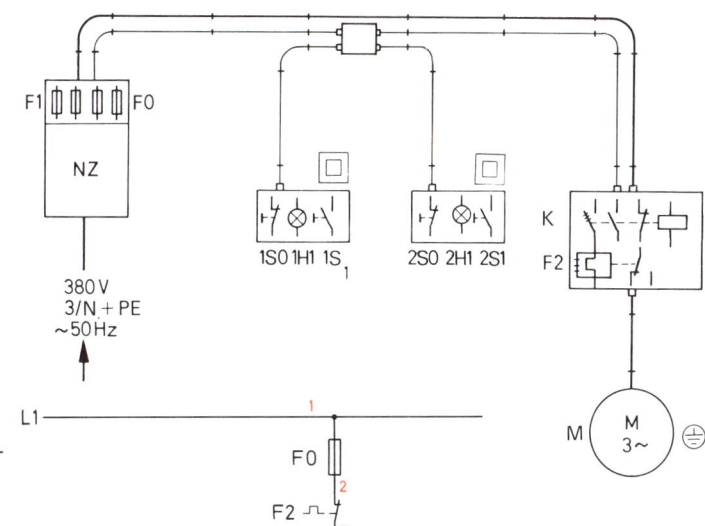

Bild 2.60b
Stromlaufplan in aufge-
löster Darstellung mit
Potentialzahlen

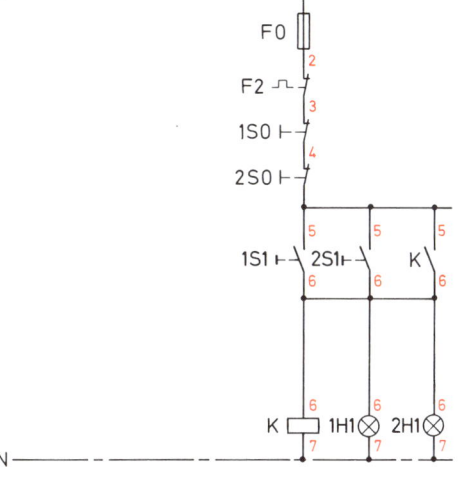

Bild 2.60c
Anordnungsplan mit
Potentialzahlen und
Aderzahlangaben

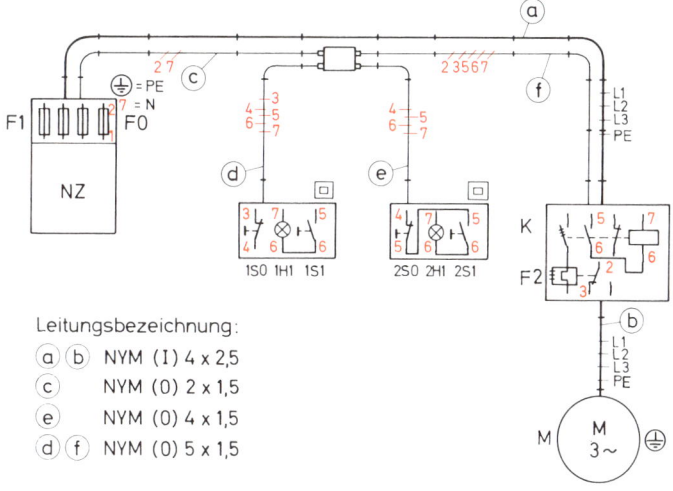

Leitungsbezeichnung:
(a)(b) NYM (I) 4 x 2,5
(c) NYM (0) 2 x 1,5
(e) NYM (0) 4 x 1,5
(d)(f) NYM (0) 5 x 1,5

275

Schaltanlage ergibt. Die einschlägigen VDE-Bestimmungen und Normen sind zu berücksichtigen. Im Anordnungsplan werden alle benötigten Anschlußklemmen der Geräte lagerichtig eingetragen. Hauptkontakte und Hauptleitungsführungen können vereinfacht, einpolig dargestellt werden. In Bild 2.60a ist die Anordnung einer Schützsteuerung für einen Drehstrommotor, der von zwei Befehlsstellen aus gesteuert werden kann, dargestellt. Die Funktion der Schaltung wird als Stromlaufplan nach Bild 2.60b wiedergegeben. Auf die gesonderte Abbildung des Lastkreises soll bei dieser einfachen Schaltung verzichtet werden.

2.4.8   Aderzahlermittlung mit Hilfe von Potentialzahlen

Nach der Geräteplanung sind die Aderzahlen der Verbindungsleitungen zu ermitteln. Dafür ist von besonderer Wichtigkeit, daß die Kennbuchstaben und Zahlen im Anordnungsplan und im Stromlaufplan übereinstimmen, um Verwechslungen zu vermeiden. Als nächstes werden alle Leitungsabschnitte im Stromlaufplan durchnumeriert. Nach Bild 2.60b verbindet der Leitungsabschnitt Nr. 1 den Netzaußenleiter L 1 mit dem Fußkontakt der Steuersicherung F 0. Zwischen der Steuersicherung und dem Bimetallrelais-Öffner befindet sich Leitungsabschnitt Nr. 2, und Leitungsabschnitt Nr. 5 z.B. verbindet 2 S 0, 1 S 1, 2 S 1 und Schließer K miteinander. Da Anfänge und Enden der jeweiligen Leitungsabschnitte auf einheitlichem Spannungspotential liegen, werden längs der Leitung oder direkt an den Anschlüssen gleiche Zahlen, sogenannte *Potentialzahlen,* angetragen. Etwaige Spannungsabfälle an Leitungsabzweigungen oder längs der Leitung sind für diese Betrachtungsweise ohne Bedeutung. Dort, wo betriebsmäßig Potentialunterschiede auftreten, z.B. an Ein- und Ausgängen von Sicherungen, Öffnern, Schließern, Schützspulen und Meldegeräten, sind demnach unterschiedliche Zahlen anzutragen. Diese Zahlen haben natürlich nichts mit den Klemmenbezeichnungen zu tun, und man hat dafür Sorge zu tragen, daß keine Verwechslungen auftreten. Bei kleineren Schaltungen kann man auf die Klemmenbezeichnungen eventuell ganz verzichten.

Die Potentialzahlen, die an jeder Klemme der Steuergeräte im Stromlaufplan stehen, werden jetzt systematisch in den Anlagenplan übertragen.

Das Auffinden der Gerätebauteile ist mit Hilfe der eingetragenen Kennbuchstaben sehr einfach und überschaubar geworden. Sind alle Potentialzahlen übertragen worden, kann die Bestimmung der Aderzahlen in den Verbindungsleitungen zwischen den Geräten erfolgen. Dieses geschieht nach dem Prinzip, daß alle Klemmen mit gleichen Zahlenangaben durch Verbindungsadern zusammenzuschließen sind.

Für jedes gleiche Potential an verschiedenen Geräten ist jeweils eine Verbindungsader vorzusehen. *Die Anzahl der verschiedenen, zu verbindenden Potentiale zwischen den Geräten entspricht der Aderzahl.* Gleiche Potentialzahlen an verschiedenen Klemmen innerhalb eines Gerätes erfordern nur hier Drahtverbindungen und nicht in der Gerätezuleitung. Dieses Potential tritt außerhalb des Gerätes nicht in Erscheinung. Werden alle Leitungsverbindungen eingezeichnet, so erhält man einen Verbindungsplan.

Im Anordnungsplan nach Bild 2.60c werden zur besseren Übersicht an den Verbindungsleitungen für jedes Potential je ein Querstrich mit Potentialzahlangaben vermerkt. Jeder Querstrich bedeutet dann eine Ader.

Für die Verdrahtung der Anlage ist es zweckmäßig, alle Leitungsadern des Hilfsstromkreises laut Anordnungsplan mit entsprechenden Potentialzahlen zu versehen. Dafür stehen Klebe- oder Aufsteckzahlen zur Verfügung. Das Verbinden der Adern mit den Anschlußkontakten wird entsprechend der Zahlenangaben im Anordnungsplan vorge-

276

nommen. In den Abzweigdosen sind nur Adern mit gleichen Zahlenangaben zusammenzuschließen. Die Anzahl der verschiedenen Potentiale entspricht der Anzahl der Abzweigklemmen. Bei einer systematischen Durchführung dieser Methode ist ein Versehen beim Anklemmen kaum noch möglich. Aufgrund der angetragenen Potentialzahlen an den Leitungsadern ist im Fall einer Funktionsstörung die Fehlersuche sehr rasch möglich.

Zusammenfassend soll der Planungsgang noch einmal im wesentlichen aufgeführt werden. Nachdem die Aufgabenstellung eindeutig bekannt ist, sind folgende Schritte zu erfüllen:

1. Hauptstromkreis darstellen,
2. Steuerstromkreis als Stromlaufplan in aufgelöste Darstellung aufzeichnen,
3. Kennbuchstaben und Potentialzahlen eintragen,
4. Anordnung der Geräte endgültig festlegen und vollständig aufzeichnen,
5. Alle Anschlußklemmen, Kennbuchstaben und Potentialzahlen in den Anordnungsplan eintragen,
6. Aderzahlermittlung durchführen und Leitungsbezeichnungen festlegen.

2.5 Funktionsbeschreibung

Die Funktionsbeschreibung soll über den Arbeitsablauf der bestehenden oder zu entwerfenden Schaltung Aufschluß geben. Je nach den gestellten Anforderungen kann die Funktionsbeschreibung einfach oder ausführlich sein.

Als Erklärung zum fertigen Schaltplan genügt eine kurze Information mit Worten oder Symbolen. Werden Schaltzustände in Abhängigkeit von der Zeit grafisch dargestellt, so erhält man bei Relaisschaltungen ein Relaisdiagramm, aus dem der Funktionsablauf ersichtlich ist.

Eine Funktionsbeschreibung sollte mit den Angaben über Signaleingänge beginnen, da durch sie Steuerungsabläufe eingeleitet werden, und anschließend mit der Beschreibung von Signalausgängen und deren Verhalten fortgesetzt werden. Funktionsbeschreibung zum Bild 2.57b:

Einschaltung
Mit der Betätigung des Tasters S 1 wird Schütz K 1 nach Bild 2.57b an Spannung gelegt. Damit sind Schützspule K 1 und Leuchtmelder H 1 erregt. Das Schütz zieht an und schließt damit seine Hauptkontakte und den Selbsthaltekontakt. Der Öffner öffnet, und die Auskontrollampe H 01 erlischt. Kontrollampe H 2 wird eingeschaltet. Hauptstromkreis und Steuerstromkreis sind zur Selbsthaltung gekommen. Damit kann der Taster S 1 wieder geöffnet werden, ohne daß das Schütz abfällt. Der Motor ist eingeschaltet.

Ausschaltung
Wird Taster S 01 betätigt, so ist der Steuerstromkreis unterbrochen. Schützspule K 1 und Leuchtmelder H 1 und H 2 sind damit stromlos. Der Selbsthaltekontakt K 1, die Hauptkontakte sowie der Öffner gehen in die Ruhestellung zurück. Der Motor ist abgeschaltet, und die Auskontrollampe leuchtet wieder auf, sobald der Taster S 01 seine Ausgangsstellung erreicht hat.

Derartige Funktionsbeschreibungen sind zeitraubend, aber notwendig, um Funktionsabläufe verstehen zu lernen. Eine Vereinfachung in der Funktionsbeschreibung erhält man durch symbolische Darstellungen der Schaltzustände. Der Erregungszustand wird durch einen aufrechtstehenden Pfeil kenntlich gemacht, wie es in Bild 2.53 dargestellt ist. Der Ruhezustand wird durch einen entgegengesetzten Pfeil angezeigt.

Unter Berücksichtigung dieser Schaltzustandsangaben läßt sich der Funktionsablauf der vorher beschriebenen Schützsteuerung anhand der Kennbuchstaben schrittweise in der richtigen Reihenfolge aufzeichnen. Dabei wird jede Änderung in dem Schaltungsablauf vermerkt. Gleichzeitige Änderungen stehen in gleicher Zeile.

Einschaltung:

0. $H\,01 \uparrow$
1. $S\,1 \uparrow$
2. $K\,1_{Sp}$ $H\,1 \uparrow$
3. $K\,1_S$ $K\,1_H$ $K\,1_{\ddot{O}} \uparrow$
4. $H\,01 \downarrow$ $H\,2 \uparrow$
5. $S\,1 \downarrow$

Ausschaltung:

6. $S\,01 \uparrow$
7. $K\,1_{Sp}$ $H\,1$ $H\,2 \downarrow$
8. $K\,1_S$ $K\,1_H$ $K\,1_{\ddot{O}} \downarrow$
9. $S\,01 \downarrow$
10. $H\,01 \downarrow$

Bedeutung der Indexbezeichnungen:

Sp Schützspule
S Schließer
H Hauptkontakte
Ö Öffner

Für den Schaltungsentwurf sind außer detaillierten Funktionsangaben über Signal-Eingänge und -Ausgänge weitere Informationen notwendig, z.B. über Art und Umfang der zu planenden Steuerung. Genaue Erklärungen über die Signalverarbeitung, also über Schaltungsverknüpfungen mit Schaltgliedern und Antriebsgliedern, liegen nicht vor und müssen erarbeitet werden.

Für einen Schaltungsentwurf ist es zweckmäßig, daß man sich aus der Schaltungsbeschreibung zunächst die Laststromkreiszusammenhänge ermittelt und als Übersichtsschaltbild darstellt. Auch die Blockschaltbilddarstellung ist zweckmäßig. Anschließend beginnt der Entwurf der Schaltungsverknüpfungen.

Für umfangreiche, komplizierte Steuerungszusammenhänge läßt sich die Schaltungsalgebra vorteilhaft anwenden. Die Grundlagen hierfür sind im Abschnitt 2.8 aufgeführt. Kleinere Steuerungen lassen sich aus bekannten Grundschaltungen zusammenstellen (Abschnitt 2.6).

2.6 Steuerungsentwurf mit Grundschaltungen

2.6.1 Allgemein

Umfangreichere Steuerschaltungen lassen sich auf einfachere Grundschaltungen zurückführen. Die hier aufgezeichneten Grundschaltungen sind eigenständig und können wahlweise zu kombinierten Schaltungen zusammengesetzt werden.

Zum Lesen und Zeichnen von umfangreichen Schaltplänen ist es zweckmäßig und vorteilhaft, wenn man sich nach derartigen Grundschaltungen orientiert. Funktionen und Einsatzmöglichkeiten der nachstehend beschriebenen Grundschaltungen müssen eindeutig bekannt sein, bevor damit Kombinationen und Abwandlungen durchgeführt werden. Zur Vereinfachung sind in diesem Abschnitt keine Hauptstromkreise, sondern nur Hilfsstromkreise als Stromlaufplan aufgezeichnet.

Nach der Wirkungsweise unterscheidet man grundsätzlich 2 Steuerungsarten voneinander:

a) Stellschaltungen,
b) Impulsschaltungen.

a) Stellschaltungen
Stellschaltungen werden überwiegend mit handbetätigten Dreh-, Kipp- oder Hebelschaltern sowie mit selbsttätig schaltenden Begrenzern oder Wächtern durchgeführt, also mit Rastschaltern, die nach einer Betätigung in der neuen Schaltstellung verbleiben. Eine Selbsthaltung wie bei Impulssteuerungen entfällt. Es kommen hauptsächlich Ein- oder Ausschaltungen nach Bild 2.61a und Gruppenschaltungen nach Bild 2.61b zur Anwendung.

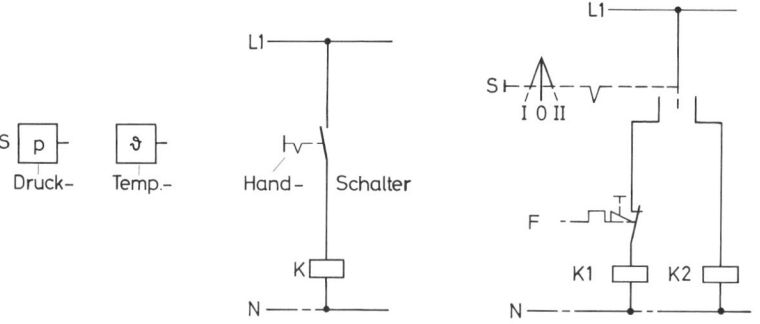

Bild 2.61a Ausschaltung   Bild 2.61b Gruppenschaltung

Durch Kombinationen aus Schließern und Öffnern lassen sich weitere Schaltungsvarianten erzielen (siehe Abschnitt 2.8). Die Anwendung der Stellschaltungen beschränkt sich auf solche Fälle, wo bei Ausfall mit anschließender Wiederkehr der Netzspannung ein Schütz oder ein Verbraucher sofort wieder erregt werden darf, ohne daß die Sicherheit dadurch gefährdet wird. Als Beispiel seien Kompressor- und Pumpensteuerungen genannt. Motorschutzrelais sind in diesem Fall nur mit eingestellter Wiedereinschaltsperre einzusetzen.

279

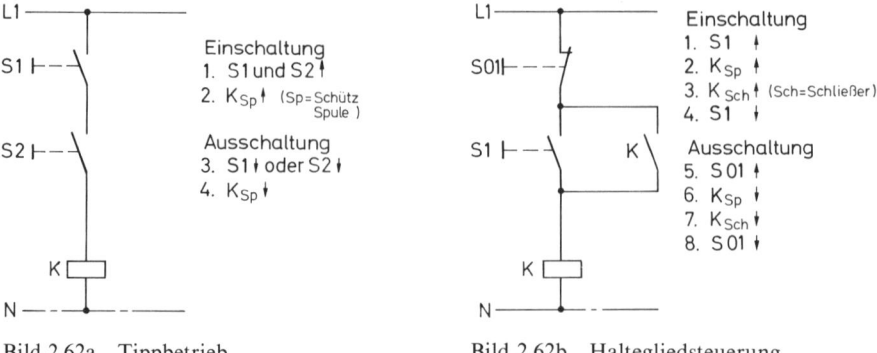

Bild 2.62a Tippbetrieb   Bild 2.62b Haltegliedsteuerung

Zu den Stellschaltungen gehören auch alle direkt betätigten Hauptstromkreise von Geräte-, Motoren- und Lampenschaltungen. Als Beispiel seien Aus-, Wende-, Wechsel-, Serien- und Gruppenschaltungen genannt.

b) Impulsschaltungen
Impulsschaltungen erhält man mit sogenannten Tastschaltern, wie z.B. Druckknopftaster, Wächter, Regler, Schütze usw. Auch elektronische Bausteine dienen häufig der impulsartigen Signalgabe. Man unterscheidet zwischen Schaltungen ohne Selbsthaltung (Tippbetrieb) nach Bild 2.62a und Schaltungen mit Selbsthaltung (Selbsthaltebetrieb) nach Bild 2.62b.
Durch Kombinationen verschiedener Grundschaltungen mit und ohne Selbsthaltung ergeben sich verschiedenste Steuerungsmöglichkeiten, auf die im Abschnitt 2.7 eingegangen wird.

2.6.2   Grundschaltungen

2.6.2.1   Tippbetrieb

Unter Tippbetrieb versteht man eine *Impulsschaltung ohne Selbsthaltung*. Ein häufiges Anwendungsbeispiel ist die Tastersteuerung für das Einrichten einer Bearbeitungsmaschine. Die im Bild 2.62a aufgeführte Steuerung kann als Zweihand-Sicherheitsschaltung aufgefaßt werden. Die Einschaltung kann nur erfolgen, wenn sich beide Hände der Bedienungsperson außerhalb des Gefahrenbereiches an den Tastern befinden.

2.6.2.2   Haltegliedsteuerung

Haltegliedsteuerungen oder Selbsthalteschaltungen kommen zur Anwendung für Dauereinschaltungen nach kurzzeitiger Einschaltimpulsgabe oder für Abschaltungen nach einem Ausschaltimpuls. Als Anwendungsbeispiel können Taster- und Relaissteuerungen genannt werden.
Sollen Befehle von verschiedenen Stellen aus erteilt werden, so sind die Einschaltbefehlsgeber (Schließer) parallel und die Ausschaltbefehlsgeber (Öffner) in Reihe zu schalten. Siehe Schaltalgebra, Abschnitt 2.8 Oder-Verküpfung.

280

Einschaltglied und Halteglied müssen parallel zueinander angeordnet werden (Bild 2.62b).

Durch Netzspannungsausfall öffnet sich mit abfallendem Schützanker die Selbsthaltung, und eine wiederkehrende Netzspannung kann keine selbsttätige Wiedereinschaltung verursachen. Diese Schaltung hat daher eine sogenannte Unterspannungsauslösung. Zur Wiedereinschaltung ist ein erneuter Einschaltimpuls vom Befehlsschalter nötig.

Aus Sicherheitsgründen soll das Schütz (K) bei einer gemeinsamen Betätigung beider Taster (S 0 und S 1) nicht anziehen. Diese Forderung wird durch die Reihenschaltung von S 0 und S 1 erfüllt.

2.6.2.3 Folgeschaltung

Unter Folgeschaltung versteht man allgemein eine Nacheinanderschaltung oder Zuschaltung von Schützen oder von Verbrauchern. In Bild 2.63a ist eine einfache Nacheinanderschaltung von 2 Schützen aufgeführt.

Nach dieser Schaltung kann Schütz K 2 nicht allein, sondern nur in Verbindung mit Schütz K 1 eingeschaltet sein. Werden mehrere Schütze in der gleichen Art oder zusätzlich erweitert mit Selbsthalteschaltungen aneinandergereiht, so erhält man eine Kaskadenschaltung. Die Kaskadenschaltung trifft man häufig bei Förderbandanlagen an (Bild 2.77).

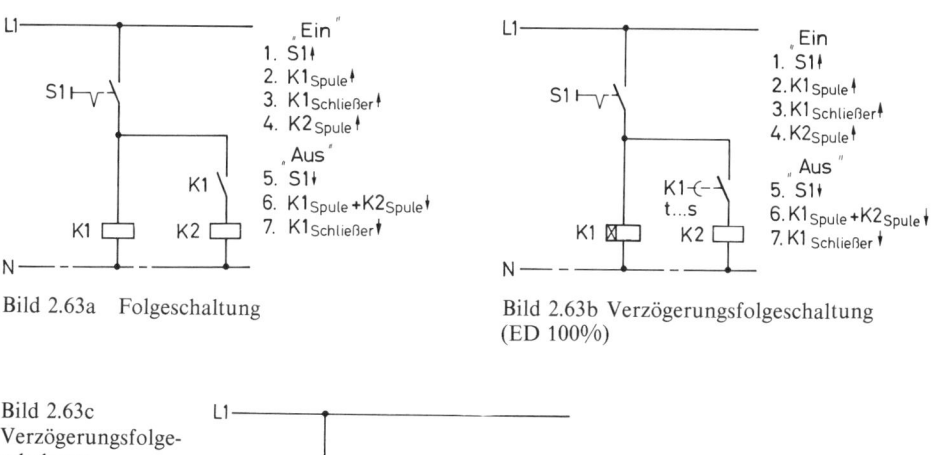

Bild 2.63a Folgeschaltung

Bild 2.63b Verzögerungsfolgeschaltung (ED 100%)

Bild 2.63c
Verzögerungsfolge-
schaltung

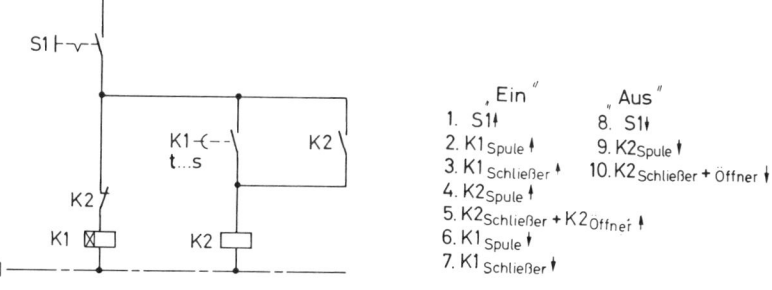

281

Folgeschaltungen kommen allgemein dann zur Anwendung, wenn die Forderung besteht, daß ein Gerät oder ein Verbraucher nur dann einschaltbar ist, wenn ein anderer wichtiger Verbraucher bereits betrieben wird. Als Beispiel sei die Schaltung eines Ölpumpen- und Antriebsmotors einer Werkzeugmaschine genannt. Der Hauptantrieb darf nur in Verbindung mit der Schmierölversorgung betrieben werden. Bei Ausfall der Schmierölversorgung muß der Hauptantrieb mit abgeschaltet werden.

Beim Ausschaltvorgang werden nach Bild 2.63a beide Schütze zur gleichen Zeit abgeschaltet. Eine Rückschaltfolge (Folgeschaltungsumkehrung, z.B. erst K 1 und dann K 2 ausschalten) ergibt sich durch Anschließen des Kontaktes K 1 direkt an L 1.

2.6.2.4 Verzögerungsfolgeschaltungen

Durch den Einsatz von Zeitrelais ist es möglich, verzögerte Schaltvorgänge zu erhalten, wie sie häufig bei automatischen Anlaßschaltungen erforderlich sind. Bei der automatischen Υ-Δ-Schaltung, Kusa-Schaltung, Drehstromschleifringläufer-Anlaßschaltung usw. kommen verzögerte Folgeschaltungen zur Anwendung. Auch lassen sich Einschaltströme mehrerer Verbraucher durch Folgeschaltungen zeitlich zueinander versetzen, um das Netz zu entlasten.

Nach der in Bild 2.63b dargestellten Schaltung wird das Schütz K 2 verzögert durch das Zeitrelais K 1 eingeschaltet. Das Schütz bleibt so lange eingeschaltet, bis das Zeitrelais durch den Dauerkontaktgeber S abgeschaltet wird. Das Schütz kann nach dieser Grundschaltung nur gemeinsam mit dem Zeitrelais eingeschaltet sein.

Meistens werden Zeitrelais nach erfolgtem Verzögerungsvorgang wieder abgeschaltet. Die Abschaltung wird nicht durch das Zeitrelais selbst durchgeführt, sondern durch ein nachgeschaltetes Schütz. Nach der Abschaltung des Zeitrelais durch den Öffner vom Schütz K geht auch der Schließer des Zeitrelais in die Ausgangsstellung zurück. Aus diesem Grund ist eine Selbsthaltung für das Schütz erforderlich, so wie es aus Bild 2.63c ersichtlich ist.

Zur verzögerten Abschaltung von Schützen, Relais bzw. Geräten werden abfallverzögerte Zeitrelais eingesetzt (Abschnitt 2.2.5.1). Anwendungsmöglichkeiten sind z.B. Umschaltverzögerungen bei Wendeschützschaltungen, Intervallschaltungen sowie Lichtschaltungen mit einem sogenannten Treppenhausautomaten.

2.6.2.5 Verriegelungsschaltungen

Durch Verriegelungsschaltungen lassen sich Zu- oder Abschaltungen von Strompfaden verhindern oder erzwingen.

Häufig soll durch eine Verriegelung verhindert werden, daß zwei Hauptschütze zur gleichen Zeit einschalten oder sich während des Umschaltens zeitlich überschneiden. Verriegelungen kommen praktisch bei Wendeschaltungen, Υ-Δ-Schaltungen, Polumschaltungen usw. vor. Bei fehlender bzw. unzureichender Verriegelung kann es zu Funktionsstörungen durch Außenleiterschlüsse mit ihren Folgeerscheinungen kommen.

In Verbindung mit elektrischen Verriegelungen kommen auch rein mechanische Verriegelungen für eine zusätzliche Sicherheit zur Anwendung. Diese Verriegelungen lassen sich an baulich zusammenhängenden Schaltgeräten durch Hebelwirkungen erzielen.

Elektrische Verriegelungen erhält man durch das Schalten von Öffnern der Schütze und der Befehlstaster in den Hilfsstrompfaden.

282

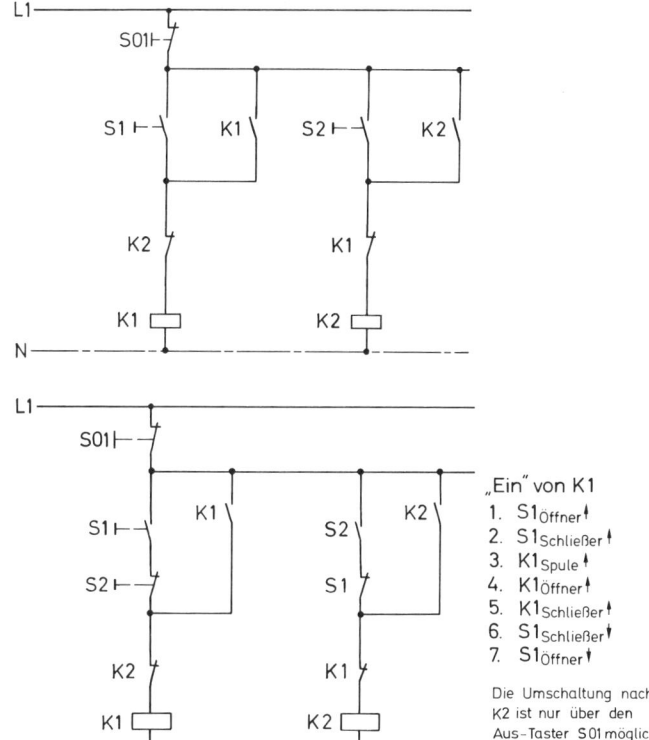

Bild 2.64a
Verriegelung über die
Öffner der Schütze

Bild 2.64b
Verriegelung über die
Öffner der Schütze und
der Taster (Wende-
schützschaltung)

„Ein" von K1
1. $S1_{Öffner}$↓
2. $S1_{Schließer}$↑
3. $K1_{Spule}$↑
4. $K1_{Öffner}$↓
5. $K1_{Schließer}$↑
6. $S1_{Schließer}$↓
7. $S1_{Öffner}$↑

Die Umschaltung nach
K2 ist nur über den
Aus-Taster S01 möglich

In der nach Bild 2.64a gezeigten Überkreuzverriegelung mit den Öffnern der Schütze (ohne Tasteröffner) besteht die Möglichkeit einer Überschneidung. Die Gefahr von Kurzschlüssen bei Wendeschaltungen dieser Art zur Drehrichtungsumkehr ist sehr groß. Sind die Taster S 1 und S 2 gleichzeitig geschlossen, so werden beide Schütze gleichzeitig erregt. Die Schützanker ziehen gemeinsam an, so daß alle Hauptkontakte kurzzeitig zum Schließen kommen. Das schneller schaltende Schütz schaltet dann mit seinem Öffner das langsamere Schütz wieder ab.

Durch eine zusätzliche Verriegelung mit den Öffnern der Taster nach Bild 2.64b ist bei gleichzeitiger Betätigung der Taster überhaupt keine Erregung der Schütze möglich. Mit der Betätigung der Taster werden zunächst die Öffner geöffnet, bevor die Schließer schließen. Damit ist eine Überschneidung ausgeschlossen.

Bei Wendeschützschaltungen, wo eine Direktumkehr von Linkslauf nach Rechtslauf verhindert werden soll, darf die Umschaltung von K 1 nach K 2 nur über die Betätigung des Austasters S 0 möglich sein. Dieses wird dadurch erfaßt, daß man den Selbsthalte-kontakt des jeweiligen Schützes parallel zum Verriegelungskontakt des Tasters schal-tet.

Für eine Direktumschaltung der Schütze (Reversieren) von K 1 nach K 2 mit dem Taster S 2 ist der Selbsthaltekontakt K 1 direkt parallel zum Schließer S 1 zu legen. Dieses Prinzip gilt auch für die Direktumkehr von K 2 nach K 1.

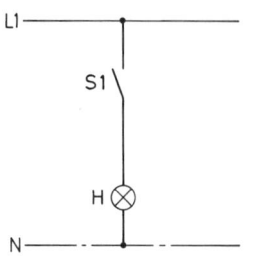

Bild 2.65a
Einschaltkontrolle

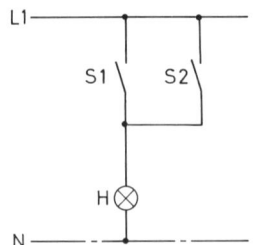

Bild 2.65b
Einschaltkontrolle (Oder)

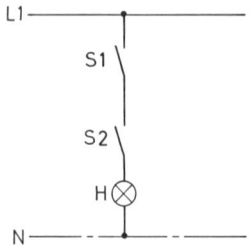

Bild 2.65c
Einschaltkontrolle (Und)

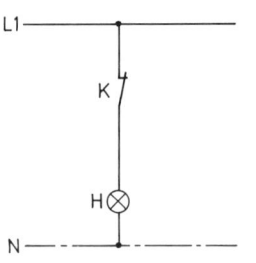

Bild 2.66
Ausschaltkontrolle mit Öffner

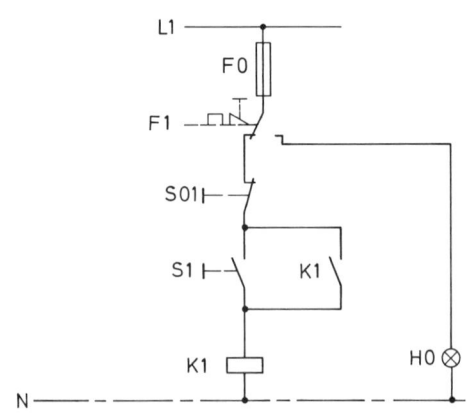

Bild 2.67   Störkontrolle

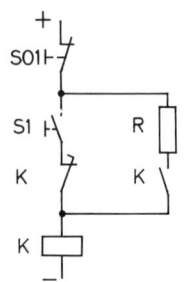

Bild 2.68   Wechselstrom-
schütz an Gleichspannung

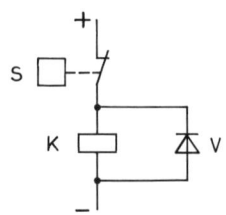

Bild 2.69
Funkentstörung

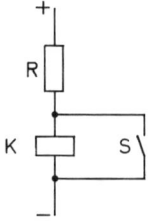

Bild 2.70
Relais mit Parallelkontakt

284

2.6.2.6 Kontrollschaltungen

Zur Anzeige des Einschalt-, Ausschalt- und Störzustandes einer Schaltanlage bedient man sich hauptsächlich optischer und akustischer Meldegeräte, deren Schaltsymbole in Tabelle 2/1 abgebildet sind. Drei verschiedene Möglichkeiten der *Einschaltkontrolle* mit optischen Meldern sind in den Bildern 2.65a bis c aufgeführt. Durch Parallel- und Reihenschaltungen von Schließern ergeben sich mehrere Kombinationsmöglichkeiten für Einschaltkontrollen. Weitere Möglichkeiten sind in den Bildern 2.64a und 2.66 aufgeführt.

Ausschaltkontrollen erfolgen sinngemäß mit den Öffnern der Schütze (Bild 2.66).

Die *Anzeige des Störungszustandes* einer Schaltung, wie z.B. bei einer Zwangsabschaltung durch Überlastung, kann durch den Hilfskontakt eines Bimetallrelais bewirkt werden (Bild 2.67).

Es ist darauf zu achten, daß der Wechsler des Bimetallrelais oberhalb der Schützselbsthaltung angebracht wird. Unterhalb des Selbsthaltekontaktes steht nach einer Abschaltung des Schützes keine Spannung für die Auskontrollampe zur Verfügung.

2.6.2.7 Sonderschaltungen für Gleichstrombetrieb

Wechselstromschütze an Gleichspannungen erhalten zur Strombegrenzung (Einstellung des Haltestromes) einen vorgeschalteten Widerstand. Gleichstrombetätigte Schütze haben den Vorteil des geräuschlosen Betriebes während der Einschaltstellung (Bild 2.68).

Die bei der Stromkreisunterbrechung in der Antriebsspule auftretende Induktionsspannung kann über die Diode V kurzgeschlossen werden, somit entstehen an anderen Betriebsmitteln keine Störungen, wie z.B. Abreißfunken am Schaltkontakt (Bild 2.69).

Bei Schwachstromsteuerungen mit Relais besteht die Möglichkeit, durch ein parallel zum Antrieb geschaltetes Schaltglied Relais zu schalten (Bild 2.70).

Durch die Reihenschaltung von veränderlichen Widerständen mit Relaisspulen lassen sich Steuerungen zur Überwachung von Temperaturen, Lichtverhältnissen, Zeiten usw. aufbauen (Bild 2.71). Für hohe Ansprechgenauigkeiten werden elektronische Schaltungen eingesetzt. Für diese Zwecke wird insbesondere der Schmitt-Trigger meistens in Verbindung mit einem Verstärker verwendet. Es handelt sich um einen elektronischen Schwellwertschalter, der bei langsamen Veränderungen und beim Erreichen des Sollwerts schlagartig bzw. spontan anspricht.

Bild 2.71
Relais mit veränderlichem Widerstand

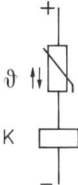

285

2.7 Steuerungsbeispiele

Es sollen einige Beispiele der Planung von schützgesteuerten Anlagen aufgezeichnet werden. Die Steuerschaltungen werden textlich oder sinnbildlich erklärt. Hauptstromkreise werden als Übersichtsschaltplan oder als Stromlaufplan aufgeführt. Auf die Zeichnung eines Stromlaufplanes in zusammenhängender Darstellung kann verzichtet werden, da die Anordnungen und Aderzahlen sowie Leitungsverbindungen genauer aus dem Anordnungsplan zu entnehmen sind.

In der Meisterprüfung erhält der Anwärter häufig eine Textaufgabe, nach der er selbsttätig eine den VDE-Bestimmungen entsprechende, funktionsgerechte Installationsanlage als Meisterstück zu planen und zu errichten hat. Oftmals werden für Prüfungszwecke Installationsanlagen in verkleinertem Maßstab an einer Montagewand angebracht. Zur Vereinfachung der Darstellung und im Hinblick auf die Meisterprüfung sind die nachfolgend aufgeführten Anlagenentwürfe auf eine Installationsanlage an einer Montagewand (Brettmontage) ausgerichtet. In den textlichen Erläuterungen der Aufgabenbeispiele sind bezüglich der Steuerfunktion Hinweise auf die entsprechenden Grundschaltungen aufgeführt.

2.7.1 Kühlanlage

Es ist die Schützschaltung für eine Kühlanlage mit einem Kompressormotor und mit einem Lüftermotor zu entwerfen.

Hauptstromkreise und Steuerstromkreis sind gesondert abzusichern. Die Darstellung der Hauptstromkreise ist im Übersichtsschaltplan nach Bild 2.72 aufgeführt. Der Steuerstromkreis (Bild 2.72b) wird nachstehend entwickelt. Die erforderlichen Grundschaltungen werden vergleichsweise mit angegeben.

Die Anlage soll über einen handbetätigten Gruppenschalter mit den Schaltstellungen Hand-0-Automat wahlweise direkt oder automatisch über einen Kühlhausthermostaten gesteuert werden (Gruppenschaltung nach Bild 2.61b). Der Gruppenschalter dient zur Einstellung von drei Betriebsstellungen:

a) Ausschaltstellung 0:
   Lüfter- und Kompressormotor sind ausgeschaltet.
b) Handbetrieb H:
   Hauptschütz K 1 und Kompressorschütz K 2 werden unabhängig vom Temperaturwächter S 2 erregt.
c) Automatbetrieb A:
   Mit ansteigender Raumtemperatur schließt der Temperaturwächter S 2 seinen Schaltkontakt, so daß die Anlage in Betrieb geht. Bei ausreichender Kühltemperatur wird die Anlage über S 2 ausgeschaltet, um mit ansteigender Raumtemperatur das Arbeitsspiel fortzusetzen.

Beide Motoren sind so zu schalten, daß bei Ausfall des Lüftermotors M 1 der Kompressormotor M 2 selbsttätig außer Betrieb geht (Folgeschaltung nach Bild 2.63a).

Ein Druckbegrenzer S 3 oder ein thermisches Überstromrelais F 4 schaltet den Kompressormotor ab.

Der Lüftermotor wird durch ein thermisches Überstromrelais bei einer Überlastung zur Abschaltung gebracht. Diese Störung soll mit einer im Sichtbereich liegenden Stör-Kontrollampe angezeigt werden (Kontrollschaltung wie etwa bei Bild 2.67).

286

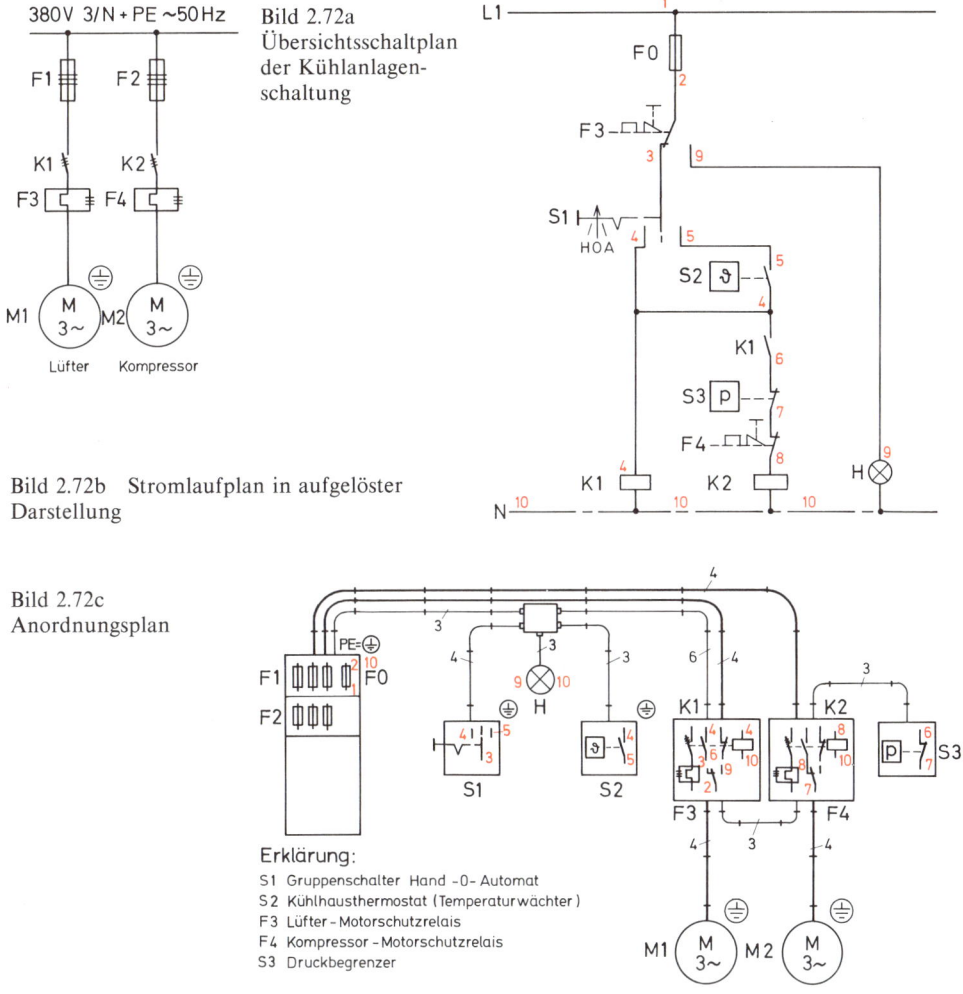

Bild 2.72a
Übersichtsschaltplan
der Kühlanlagen-
schaltung

Bild 2.72b   Stromlaufplan in aufgelöster
Darstellung

Bild 2.72c
Anordnungsplan

Erklärung:
S1 Gruppenschalter Hand -0- Automat
S2 Kühlhausthermostat (Temperaturwächter)
F3 Lüfter - Motorschutzrelais
F4 Kompressor - Motorschutzrelais
S3 Druckbegrenzer

Durch sinnvolles Zusammensetzen der genannten Grundschaltungen erhält man den in Bild 2.72b aufgeführten Steuerstromkreis. Die Anlagenplanung soll als Feuchtraum-installation durchgeführt werden. Als Schutzmaßnahme werden Schmelzsicherungen im TN-Netz mit gesondert geführtem Schutzleiter gefordert. Aufbau und Zusammen-hang der Anlage sind aus dem Anordnungsplan nach Bild 2.72c ersichtlich.

2.7.2   KuSa-Schaltung (Kurzschlußläufermotor-Sanftanlauf)

Es ist eine automatische Anlaßschaltung für den sanften Anlauf des Drehstrommotors einer Textilmaschine zu planen. Der Drehstrommotor soll mittels Doppeldrucktastern von zwei verschiedenen Orten aus bedienbar sein (Impulssteuerung nach Bild 2.62b als

287

Oder-Schaltung). An jeder Taststelle ist eine Einschaltkontrollampe (weiß) vorzusehen, die mit der Einschaltung sofort aufleuchtet.

Der Anlaßwiderstand R, der vor der Motorwicklung in einem Außenleiter liegt, soll durch ein Schütz nach einer Anlaßzeit von $t = 5$ s überbrückt werden. Für den Verzögerungsvorgang soll ein Zeitrelais mit motorischem Antrieb Verwendung finden (Verzögerungsfolgeschaltung nach Bild 2.63c). Bei dem Ausfall des Netzschützes soll das Überbrückungsschütz unverzögert mit abfallen (Folgeschaltung).

Die Zusammensetzung der genannten Grundschaltungen ergibt den Stromlaufplan dieser Steuerung nach Bild 2.73b.

Die gleiche Steuerungsart kann bei der Anlaßschaltung mit der Anlaßdrossel, bei einem Schleifringläufer-Selbstanlasser und ähnlichen Schaltungen verwendet werden (Bild 2.78).

Die Anlagenplanung ist als Feuchtrauminstallation zu erstellen. Als Schutzmaßnahme werden Schutzorgane im TN-Netz mit getrennt geführtem Schutzleiter gewählt. Der Hauptstromkreis ist als Stromlaufplan in aufgelöster Darstellung nach Bild 2.73a aufgeführt. Ein Zusammenhang der gesamten Anlage ist aus dem Anordnungsplan nach Bild 2.73c zu ersehen.

2.7.3   Automatische Y△-Anlaßschaltung

Ein Drehstrommotor mit einer Leistung von 10 kW soll am Drehstromnetz 380 V betrieben werden. Direkteinschaltung des Motors darf wegen des hohen Anlaufstromes lt. TAB nicht erfolgen. Die Betätigung des Motors soll von einem Doppeldrucktaster mit Leuchtmelder ermöglicht werden. Der Leuchtmelder zeigt den Einschaltzustand sofort an. Für den Verzögerungsvorgang soll ein anzugsverzögertes Zeitrelais Verwendung finden. Haupt- und Hilfsstromkreis sind in einer Verteilung gesondert abzusichern. Der Überlastungsschutz des Motors wird durch ein Bimetallrelais, das sich am Netzschütz befindet, gewährleistet. Es kommen schutzisolierte Geräte zur Anwendung. Der Hauptstromkreis wird am zweckmäßigsten als Stromlaufplan nach Bild 2.74a aufgezeichnet. Der Stromlaufplan der Steuerung läßt sich aus folgenden Grundschaltungen erstellen:

1. Impulssteuerung mit Selbsthaltung.
2. Folgeschaltung zwischen Y-Schütz und Netzschütz. Nach dieser Folgeschaltung halten sich das Y-Schütz und das Netzschütz gemeinsam durch die Netzschützselbsthaltung.
3. Verzögerungsschaltung.
   Bei dieser Verzögerungsschaltung wird keine Zuschaltung mit dem Zeitrelais durchgeführt, sondern es wird das Y-Schütz zur Abschaltung gebracht, bevor das △-Schütz durch den Öffner des Y-Schützes zur Einschaltung kommt.
4. Einfache Verriegelungsschaltung zwischen Y-Schütz und △-Schütz mit den Öffnern dieser Schütze.

Der Stromlaufplan der Steuerung ist aus Bild 2.74b ersichtlich und die Anordnung aus Bild 2.74c.

288

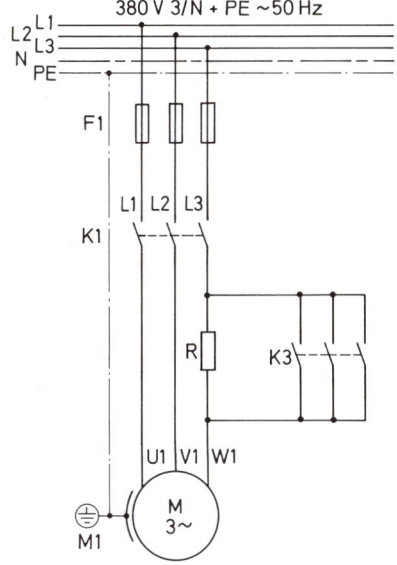

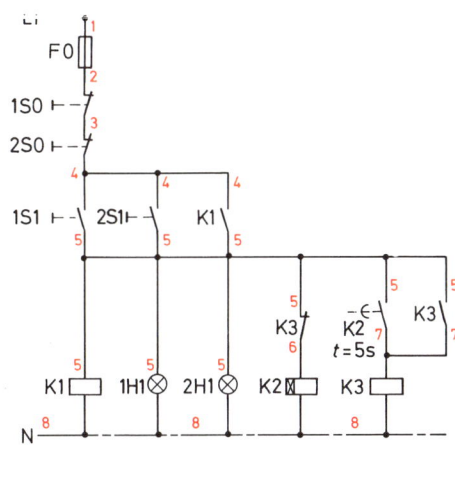

Bild 2.73a und b KuSa-Schaltung

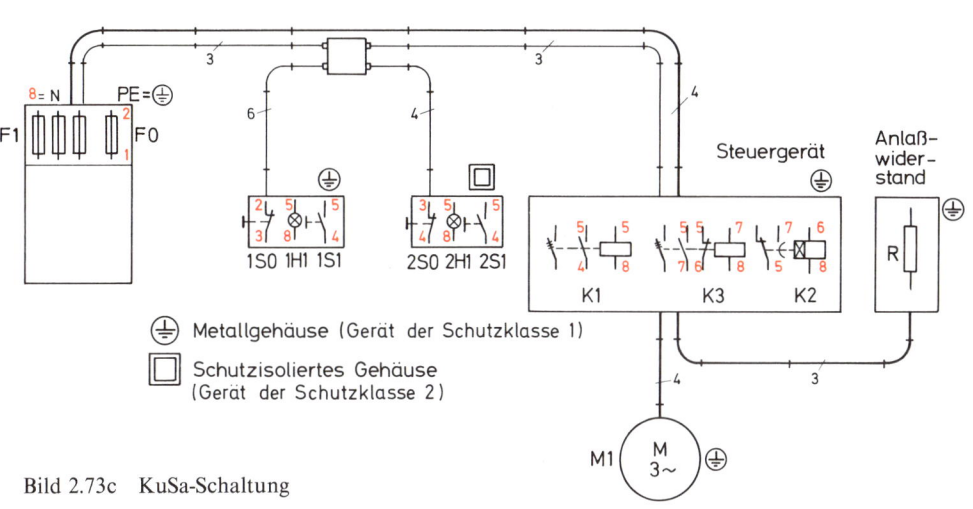

Bild 2.73c   KuSa-Schaltung

289

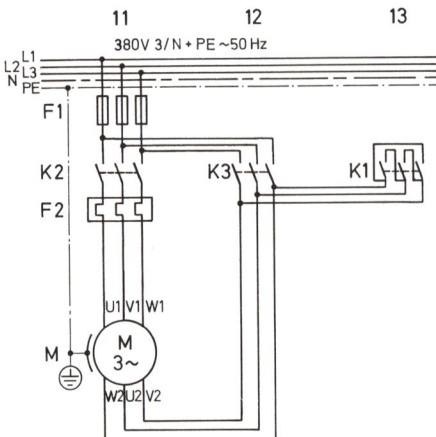

Bild 2.74a
Y-Δ-Schützschaltung

380V 3/N + PE ~50 Hz

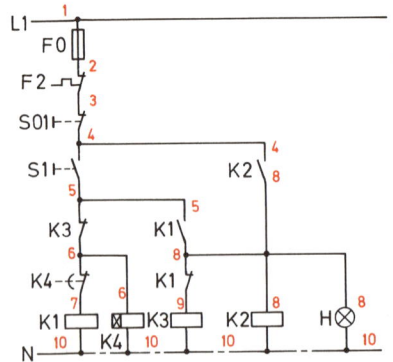

Funktionsablauf für den
Einschaltvorgang

1. $S1\downarrow$
2. $K1_{Spule} + K4\uparrow$
3. $K1_{Öffner}\uparrow$
4. $K1_{Schließer}\uparrow$
5. $K2_{Spule} + H\uparrow$
6. $K2_{Schließer}\uparrow$
7. $S1\downarrow$
8. $K_{Öffner}\uparrow$
9. $K1_{Spule,Schließer,Öffner} + K4_{Spule,Öffner}\downarrow$
10. $K3_{Spule}\uparrow$
11. $K3_{Öffner}\uparrow$

Bild 2.74b, c
Y-Δ-Schützschaltung

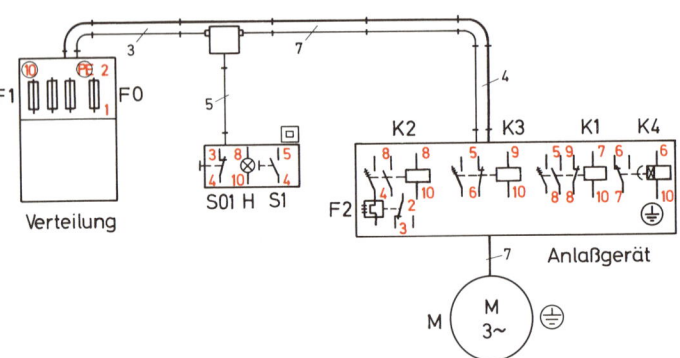

Verteilung

S01 H S1

F2

K2 K3 K1 K4

Anlaßgerät

290

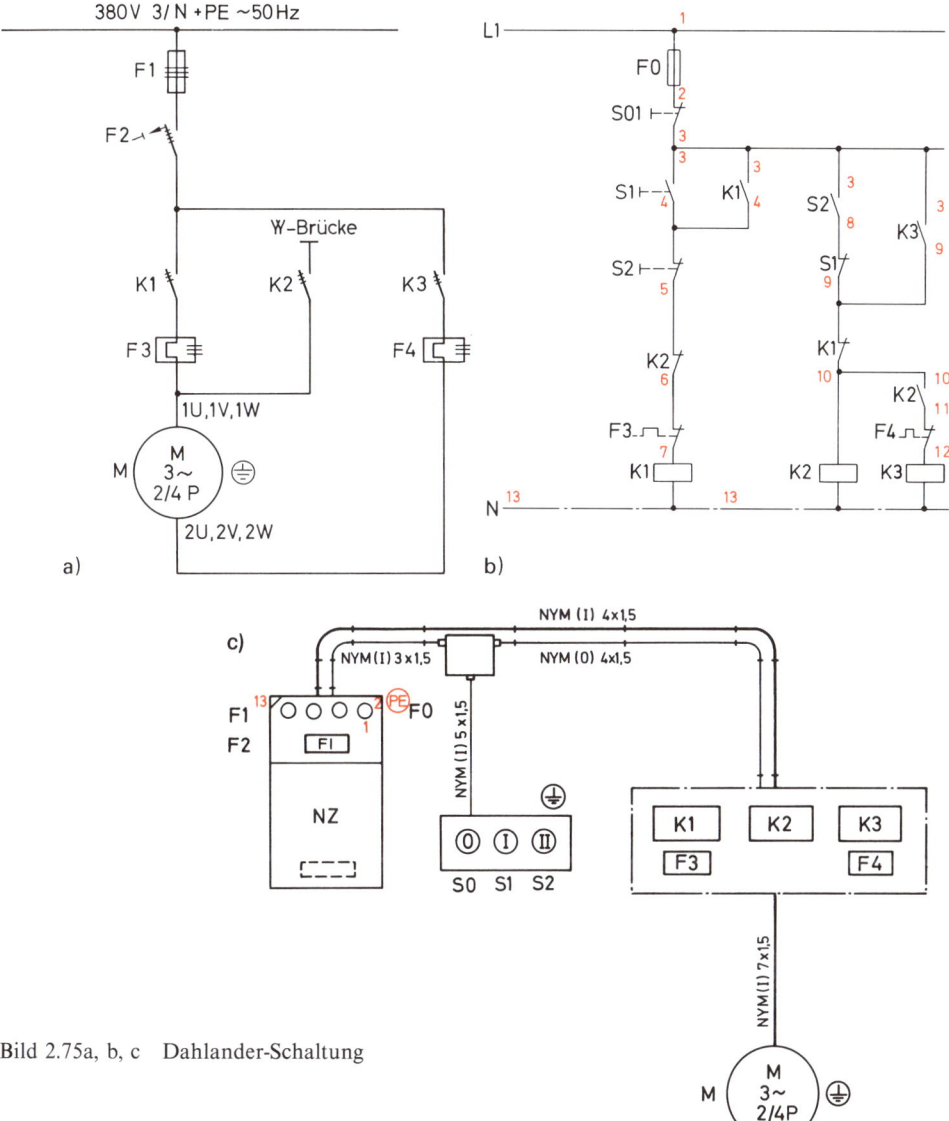

Bild 2.75a, b, c   Dahlander-Schaltung

2.7.4   Dahlander-Schützschaltung

Ein polumschaltbarer Drehstrommotor für zwei Drehzahlen mit einer Dahlanderwicklung, △YY, soll mittels einer Schützschaltung von einer Befehlsschaltstelle aus bedient werden (Bild 2.75a, b, c). Es ist gefordert, daß die niedrige oder die hohe Drehzahl wahlweise aus dem Stillstand heraus direkt einschaltbar sein soll. Die Möglichkeit einer direkten Umschaltung von der hohen auf die niedrige Drehzahl ist in diesem Fall zu verhindern. Die Drehzahländerung darf nur über zwischenzeitliches Betätigen des Aus-tasters durchzuführen sein (Verriegelungsschaltung nach Bild 2.64b).

Damit das Netzschütz K 3 für die Einschaltung der hohen Drehzahl erst dann erregt wird, wenn die YY-Brücke durch das Schütz K 2 wirksam ist, kommt eine Folgeschaltung zwischen K 2 und K 3 mit Selbsthaltung durch K 3 zur Anwendung. Laststromkreis und Steuerstromkreis sind gesondert abzusichern. Überlastungsschutz der Motorwicklung wird jeweils durch ein Bimetallrelais für die niedrige und für die hohe Drehzahlstufe gewährleistet.

2.7.5   Begrenzungssteuerung (Wendeschützschaltung)

Der Antriebsmotor für eine Bewegungseinrichtung mit Vorschub und Rücklauf soll von einer Taststelle aus mit den Schaltstellungen Linkslauf, Aus, Rechtslauf gesteuert wer-den. Der Einschaltzustand ist in Nähe der Taststelle durch nur eine Kontrollampe für Links- und Rechtslauf anzuzeigen. Zwei Endtaster sollen eine wegabhängige Begrenzung durchführen, d.h., wenn die jeweilige Endstellung beim Vor- oder Rücklauf erreicht ist, erfolgt eine automatische Abschaltung des Antriebsmotors. Durch Tasterbetätigung kann der Motor in seiner Gegendrehrichtung wieder in Betrieb genommen werden. Anwendungsmöglichkeiten dieser Steuerungsart bieten sich an Arbeitsmaschinen, Auf-zugseinrichtungen, Garagentorsteuerungen usw. Die zur Unfallverhütung erforderli-chen Sicherheitsvorkehrungen, wie Sicherheitsschalter oder Lichtschranken, sind nicht mit eingezeichnet (Bild 2.76 a, b, c).

2.7.6   Kaskadenschaltung

Die Kaskadenschaltung ist eine mehrfach aneinandergereihte Folgeschaltung. Verwen-dung finden derartige Steuerungsarten bei Anlaßschaltungen, Stufenschaltungen, För-derbandschaltungen usw., also immer dort, wo ein nachfolgend einzuschaltendes Gerät nur dann zur Einschaltung kommen darf, wenn ein vorhergehendes bereits betrieben wird.

Drei Förderbänder nach Bild 2.77a sind so zu schalten, daß bei dem Ausfall oder dem Einschalten eines Förderbandes keine Stauungen des Fördergutes eintreten. Danach darf Band Nr. I alleine betrieben werden, Band Nr. II darf in Verbindung mit Band Nr. I laufen, und Band Nr. III darf nur in Verbindung mit den anderen beiden Bändern laufen. Die Einschaltung erfolgt daher zwangsläufig, entgegen der Förderrichtung, von Band I nach Band III.

Zur Vereinfachung kann die Schaltung so abgestimmt werden, daß bei dem Ausfall von Band II die gesamte Anlage stillgesetzt wird. Kraft- und Steuerkreis sind aus den Bildern 2.77b und c zu entnehmen. Der Anordnungsplan ist in Bild 2.77d aufgeführt. Als Schutzmaßnahme wurde hier ein FI-Schutzschalter im TT-Netz gewählt.

292

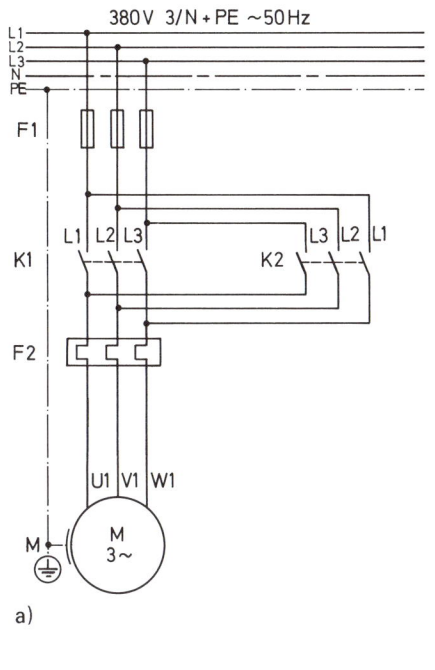

380V 3/N+PE ~50Hz

a)

b)

Funktionsablauf für
die Einschaltung von

1. $S1_Ö$
2. $S1_S$
3. $K1_{Sp}$ + H
4. $K1_Ö$
5. $K1_S$
6. $S1_S$
7. $S1_Ö$

Ausschaltmöglichkeit
durch S3, S4 oder S01
bzw. F2.

Bild 2.76a, b, c   Begrenzungssteuerung

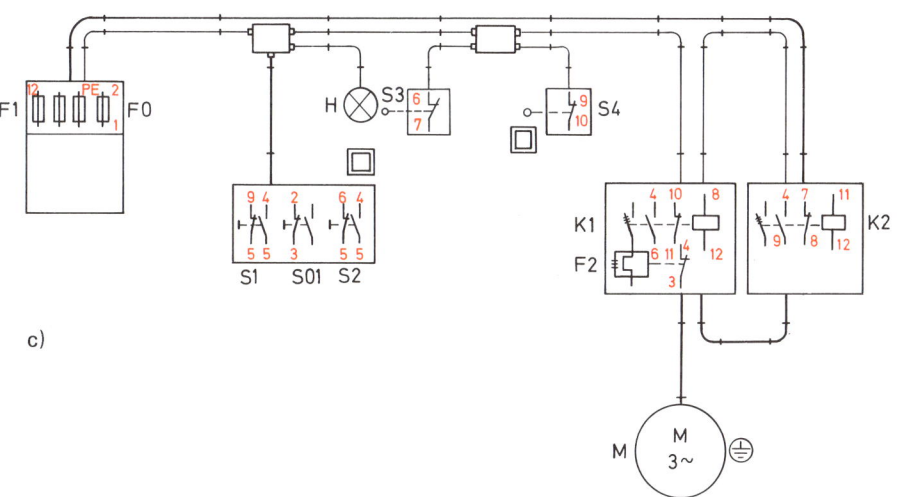

c)

293

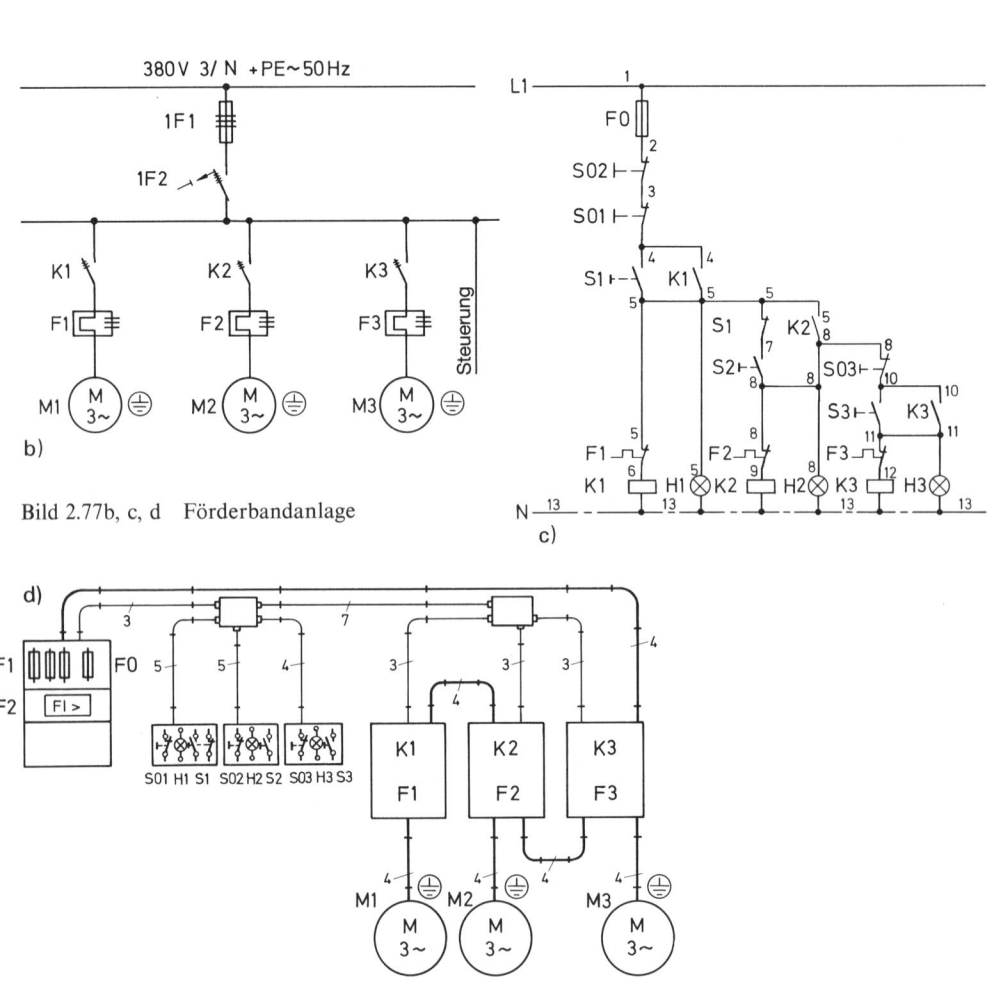

Bild 2.77a
Förderbandanlage

Bild 2.77b, c, d   Förderbandanlage

294

2.7.7 Schleifringläufer-Selbstanlasserschaltung

Der im Abschnitt 1.5.2 beschriebene Schleifringläufermotor kann über 3polige Schiebewiderstände, mit Flüssigkeitsanlasser, aber auch mit Hilfe einer Schützschaltung angelassen werden. Hierzu müssen zwei oder mehr Widerstandsgruppen beim Anlauf der Maschine nacheinander kurzgeschlossen werden. Bei richtiger Dimensionierung der Widerstandswerte kann der Anlaufstrom auf den 2fachen Nennstrom begrenzt werden, wie es oft von dem EVU gefordert wird.

Für die Darstellung als Stromlaufplan in aufgelöster Form sollen folgende Bedingungen gelten:

Der Schleifringläufermotor soll mit Hilfe von drei Widerstandsgruppen in Schützschaltung angelassen werden. Nach dem Eintasten sollen die Widerstandsgruppen nacheinander kurzgeschlossen werden. Die drei Schaltzeiten werden von einem Zeitrelais erzeugt, das auf verschiedene Zeiten programmierbar ist. Nachdem das letzte Schütz gezogen hat, sollen alle nicht benötigten Schaltgeräte freigeschaltet werden. Die Lösung ist Bild 2.78 zu entnehmen.

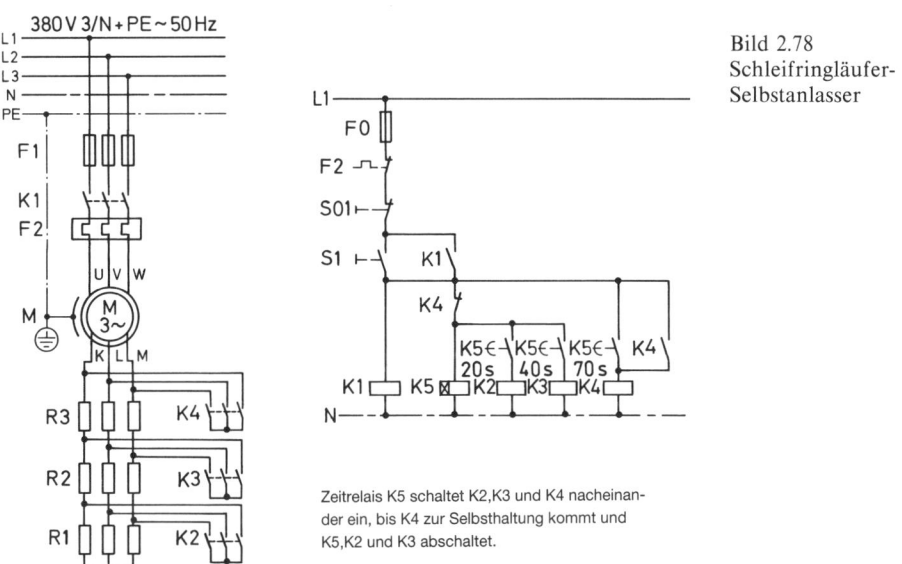

Bild 2.78
Schleifringläufer-
Selbstanlasser

Zeitrelais K5 schaltet K2,K3 und K4 nacheinander ein, bis K4 zur Selbsthaltung kommt und K5,K2 und K3 abschaltet.

2.7.8 Bremswächterschaltung

Ein Drehstromkäfigläufermotor in Spezialausführung soll in Wendeschützenschaltung betrieben werden. Eine direkte Umschaltung in eine andere Drehrichtung ist nicht möglich. Wird der Austaster betätigt, soll über einen Kontakt eines Drehzahlwächters das Schütz für die andere Drehrichtung zum Ziehen gebracht werden, so daß mit Gegenstrom gebremst wird. Ist Drehzahl 0 erreicht, erfolgt das Abschalten des Gegenstroms. Der Drehzahlwächter hat zwei Wechsler, die je nach Drehrichtung unabhängig voneinander arbeiten.

Den Stromlaufplan in aufgelöster Darstellung zeigt Bild 2.79.

295

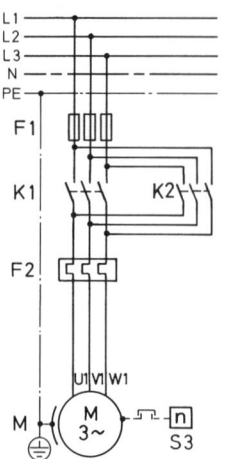

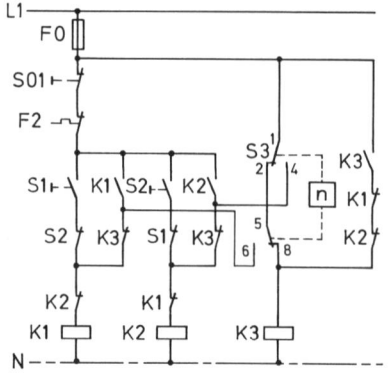

Bild 2.79
Bremswächterschaltung

2.7.9 Selbsttätige Netzumschaltung

Eine Anlage wird über ein Hauptnetz und über ein Hilfsnetz eingespeist. Das Umschalten soll automatisch erfolgen, wenn die Spannung des Hauptnetzes einen über einen Spannungsteiler einstellbaren Wert unterschreitet und innerhalb 5 s nicht zurückkehrt. Ist die Netzspannung wieder vorhanden, fällt das Hilfsnetz sofort heraus, und das Hauptnetz wird nach ebenfalls 5 s wieder zugeschaltet.

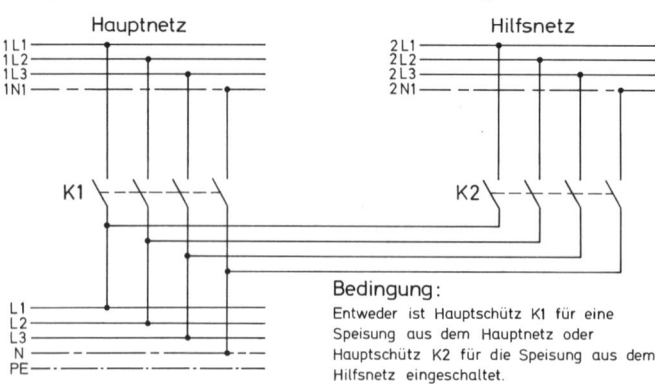

Bild 2.80
Selbsttätige Netzumschaltung

Bedingung:
Entweder ist Hauptschütz K1 für eine Speisung aus dem Hauptnetz oder Hauptschütz K2 für die Speisung aus dem Hilfsnetz eingeschaltet.

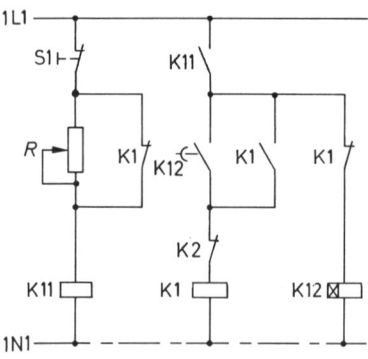

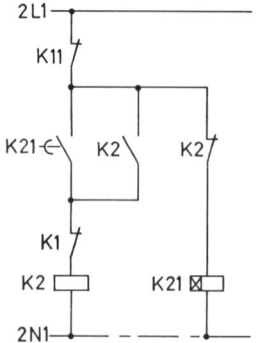

296

2.7.10   Feuerungsanlage

Allgemein

Zur Steuerung der Raumtemperatur, z.B. bei einer Zentralheizung, ist eine vom Brenner unabhängige Temperatursteuerung vorhanden (rote Linienführung im Bild 2.81).

Die Beeinflussung der Raumtemperatur erfolgt durch den Raumthermostaten, über den die Umwälzpumpe geschaltet wird.

Der Mischer kann von Hand oder mit einem Stellmotor automatisch betätigt werden, um in Abhängigkeit von der Außentemperatur die Wärmeabgabe an den Raum zu beeinflussen. Für eine Nachtabsenkung der Raumtemperatur kann eine Zeitsteuerung Verwendung finden (siehe auch elektrische Speicherheizung, Band «Hausgeräte-, Beleuchtungs- und Klimatechnik»).

Die Kesseltemperatur wird mit dem eingebauten Temperaturregler S 2 möglichst konstant auf den für die Jahreszeit notwendigen Temperaturwert gehalten. Größere Temperaturschwankungen im Kessel sind sehr nachteilig und erhöhen die Korrosionsgefahr.

Der Temperaturbegrenzer S 3 dient der Sicherheit, damit die obere zulässige Temperaturgrenze beim Versagen des Temperaturreglers nicht überschritten wird.

Zum automatischen Betrieb des Brenners und zur Flammüberwachung ist ein Steuergerät erforderlich. Steuergeräte (Feuerungsautomaten) werden in vielfältiger Ausführung angeboten.

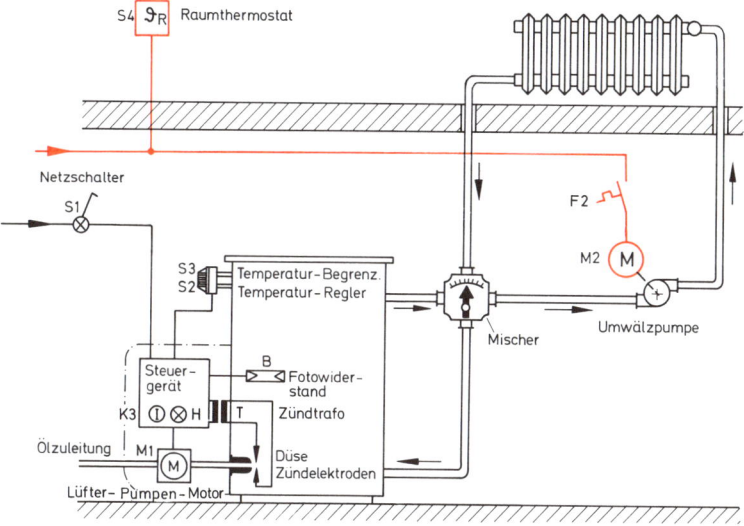

Bild 2.81
Prinzipdarstellung
einer Ölheizungs-
anlage

Das Prinzip der Schaltung und des Programmablaufes soll mit Hilfe einer vereinfachten Schaltung nach Bild 2.82 erklärt werden.

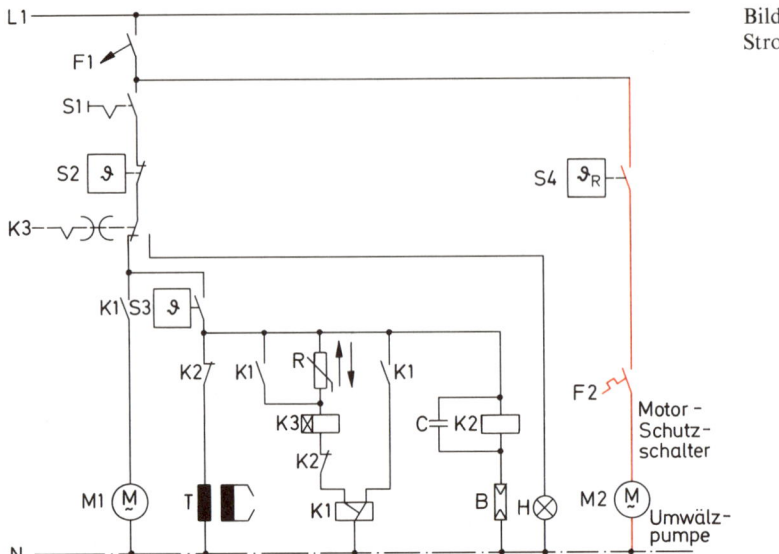

Bild 2.82
Stromlaufplan

Brennersteuerung

Anlauf mit Flammüberwachung und Betrieb

Mit dem Einschalten des Temperaturreglers S 3 wird der Zündtransformator T in Betrieb gesetzt. (Bei größeren Anlagen ist eine Vorbelüftung oder Luftspülung des Brennraumes erforderlich.) Nach einer Vorzündzeit von mehreren Sekunden wird der Ölpumpenmotor M 1 eingeschaltet. Diese Verzögerung wird durch den temperaturabhängigen Widerstand R erreicht, der dem Relais vorgeschaltet ist. Die Brennstoffzufuhr ist eingeleitet. Mit der über einen Lüfter zugeführten Luftmenge ergibt sich ein brennbares Gemisch, das sich durch den Zündfunken entflammen läßt.

Die Helligkeit der Flamme verringert den Betrag des Fotowiderstandes B, so daß Flammwächterrelais K 2 anspricht und die Zündung ausschaltet, nachdem die Nachzündzeit beendet ist. Der Brenner bleibt so lange in Betrieb, bis er die Kesseltemperatur aufgeheizt hat und durch den Regler S 3 wieder abgeschaltet wird.

Anlauf ohne Flammbildung und Störausschaltung

Die Anlage soll sich selbsttätig abschalten, wenn es innerhalb einer eingestellten Sicherheitszeit zu keiner Flammbildung kommt. Mit dem Einsetzen der Zündung beginnt die Sicherheitszeit, die durch eine Gesamtabschaltung der Steuerung beendet wird, wenn keine Flamme auftritt. Die Abschaltung erfolgt durch das Zeitrelais K 3. Der Wechsler von diesem Relais hat eine mechanische Rückgangsperre und bringt die Störkontrolllampe H zum Aufleuchten. Eine Wiedereinschaltung ist nur von Hand am Automaten möglich, nachdem sich das Bimetallrelais K 3 wieder abgekühlt hat.

Flammstörung während des Betriebes

Reißt die Flamme während des Betriebes ab, wird ein sofortiger Wiederzündversuch eingeleitet. Das Flammwächterrelais K 2 fällt ab, weil der Fotowiderstand B sich ver-

298

größert. Die Öffner von K 2 schalten den Sicherheitskreis, der aus K 1, K 3, K 2 und K 1 gebildet wird, sowie den Zündtransformator T sofort wieder ein. Kommt es innerhalb der beginnenden Sicherheitszeit zu einer neuen Flammbildung, so bleibt die Anlage in Betrieb. Wenn keine Flamme entsteht, wird es bei Überschreitung der Sicherheitszeit eine Störausschaltung geben.

2.8 Darstellung von Steuerungen mit Schaltzeichen für binäre Schaltungen

2.8.1 Binäre Steuerungen

Beim überwiegenden Teil der physikalischen Größen erfolgen die Änderungen stetig. Deshalb ergibt ihr Abbild eine analoge, d.h. stufenlose Darstellung. Es gibt aber viele Größen, die nur zwei unterschiedliche Werte annehmen können. Diese binären Größen treten häufig in Steuerungsanlagen auf. Beispiele dafür sind:

a) Endschalter betätigt — nicht betätigt,
b) Schütz angezogen — nicht angezogen,
c) Motor eingeschaltet — ausgeschaltet.

In Steuerungsanlagen werden abhängig von diesen binären Signalen Schaltvorgänge ausgelöst. Logische Zusammenhänge zwischen binären Signalen können durch einfache Schaltzeichen dargestellt werden. Diese Schaltzeichen sind festgelegt in DIN 40700 Teil 14.

2.8.1.1 Signalpegel

Um eine Aussage über den jeweiligen Schaltzustand einer binären Schaltung machen zu können, sind gut unterscheidbare und eindeutige Bezeichnungen der Schaltzustände der am Funktionsgang beteiligten Schaltelemente notwendig. Die beiden möglichen Zustände der Schaltelemente werden durch die Ziffern 0 und 1 gekennzeichnet. Allgemein wird der erregte Zustand eines Schaltgerätes durch den Wert 1 bezeichnet. Dem nicht erregten Zustand wird der Wert 0 zugeordnet.

> 1: Schalter betätigt
>   Schütz angezogen
>   Endtaster angefahren
>   Ausgang gesetzt (Motor eingeschaltet)
> 0: Schalter nicht betätigt
>   Schütz abgefallen
>   Endtaster nicht angefahren
>   Ausgang nicht gesetzt (Motor ausgeschaltet)

Diese übliche Darstellung (positive Logik) muß nicht in jedem Falle eingehalten werden. Es bleibt dem Anwender überlassen, in besonderen Fällen die Signalpegel umgekehrt zu verwenden (negative Logik). Dieses ist aber dann konsequent für die gesamte Schaltung beizubehalten und an geeigneter Stelle in den Schaltungsunterlagen zu vermerken.

2.8.1.2 Wahrheitstabelle

In binären Verknüpfungsschaltungen werden mehrere Eingangssignale logisch miteinander verknüpft. Diese Verknüpfungsglieder haben ein oder mehrere Ausgangssignale zur Folge (Bild 2.83).

Der Zusammenhang zwischen den Eingangssignalen und den davon abhängigen Ausgangssignalen läßt sich in Form einer Tabelle darstellen. Diese Wahrheitstabelle muß für alle möglichen Kombinationen der Eingangssignale den Zustand der Ausgänge darstellen.

E 1	E 2	E 3	A 1	A 2
0	0	0	0	0
0	0	1	0	1
0	1	0	0	0
0	1	1	0	1
1	0	0	0	0
1	0	1	0	1
1	1	0	1	1
1	1	1	1	1

Bild 2.83 Binäre Verknüpfungsschaltung mit drei Eingängen und zwei Ausgängen

Bild 2.84 Wahrheitstabelle für eine binäre Verknüpfungsschaltung

In Bild 2.84 ist eine Wahrheitstabelle für die Verknüpfung von drei Eingangssignalen E 1 bis E 3 dargestellt. Abhängig von den Signalen an den Eingängen werden zwei Ausgänge A 1 und A 2 beeinflußt.

Aus dieser Tabelle kann der Signalzustand an den Ausgängen der Schaltung für jede Eingangssignalkombination abgelesen werden, ohne auf die innere Funktion der Schaltung einzugehen.

2.8.1.3 Grundform des Schaltzeichens für Binärschaltungen

Die Grundform des Schaltzeichens ist ein Quadrat oder ein Rechteck mit beliebigem Seitenverhältnis. An dieses Rechteck sind die Eingänge und die Ausgänge vorzugsweise an gegenüberliegenden Seiten anzubringen (Bild 2.85). Ein Schaltzeichen kann eine beliebige Anzahl von Ausgängen und Eingängen aufweisen, vorausgesetzt, die Funktion des Schaltgliedes läßt dieses zu.

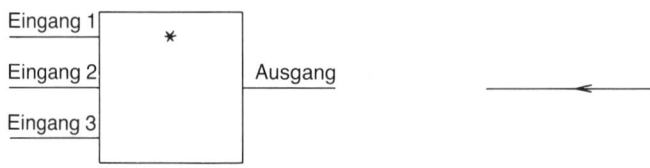

Bild 2.85 Grundform eines Schaltzeichens mit 3 Eingängen und 1 Ausgang
* Funktionskennzeichen

Bild 2.86 Signalrichtungsangabe an einer Wirkungslinie

300

Dabei ist darauf zu achten, daß alle Eingänge grundsätzlich links oder oben, alle Ausgänge rechts oder unten angebracht werden. Die Signalflußrichtung ist also in jedem Falle von links nach rechts und/oder von oben nach unten. Wenn sich dieses aus bestimmten zeichnerischen Gründen nicht durchführen läßt und die Signalflußrichtung nicht eindeutig zu erkennen ist, muß dies durch einen Pfeil an den Verbindungslinien (Bild 2.86) gekennzeichnet werden. Dieser darf nicht direkt an das Schaltzeichen anschließen.

Die Vorschrift für die Verknüpfung der Eingangsvariablen wird durch das Funktionskennzeichen angegeben. Dieses befindet sich entweder oben in der Mitte oder in der Mitte des Schaltzeichens (Bild 2.85).

2.8.1.4 Negierung von Signalen

Soll der Wert einer Variablen vor oder nach einer Verknüpfung negiert werden, so ist dieses durch einen Kreis am Eingang (Bild 2.87a) oder am Ausgang (Bild 2.87b) des Schaltzeichens darzustellen.

Bild 2.87a und b Negierung eines Signals am Eingang bzw. Ausgang einer Schaltung

Die Negierung am Eingang bewirkt, daß ein 1-Signal umgekehrt, d.h. zum 0-Signal wird, bevor es entsprechend der Verknüpfungsvorschrift weiterverarbeitet wird. Eine Negierung am Ausgang einer Funktion kehrt das Verknüpfungsergebnis um, d.h., die Umkehrung des Signals erfolgt erst, nachdem die Verknüpfung ausgeführt ist.

2.8.1.5 Binäre Verknüpfungsglieder — Schaltzeichen und Funktion

Und-Verknüpfung
Die Und-Verknüpfung verbindet zwei oder mehr Eingangsbedingungen derart miteinander, daß am Ausgang der Verknüpfung nur dann der Wert 1 entsteht, wenn an allen Eingängen gleichzeitig ein 1-Signal anliegt.

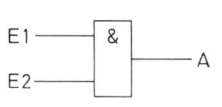

E 1	E 2	A
0	0	0
0	1	0
1	0	0
1	1	1

Bild 2.88 Und-Verknüpfung
Schaltzeichen und Wahrheitstabelle

Aus der Wahrheitstabelle (Bild 2.88) ist ersichtlich, daß der Ausgang nur dann das Signal 1 führt, wenn beide Eingänge E 1 und E 2 1-Signal führen. Für alle übrigen Signalkombinationen an den Eingängen führt der Ausgang den Wert 0.

Funktionsbeispiel

Eine Beleuchtungsanlage wird über einen Dämmerungsschalter und eine Schaltuhr automatisch gesteuert. Die Leuchte soll während der Nachtzeit (20 Uhr bis 6 Uhr) eingeschaltet sein unter der Voraussetzung, daß es dunkel ist.

Die Leuchte ist nur dann eingeschaltet, wenn die Schaltuhr (Nacht) und gleichzeitig der Dämmerungsschalter (dunkel) betätigt sind. Eine der beiden Bedingungen reicht für das Einschalten der Beleuchtung nicht aus (Bild 2.89).

Oder-Verknüpfung

Bei der Oder-Verknüpfung entsteht am Ausgang der Verknüpfungsschaltung immer dann ein 1-Signal, wenn von mehreren Eingangsvariablen mindestens eine den Wert 1 hat. Dabei spielt es keine Rolle, ob auch andere Eingänge 1-Signal führen. Die Oder-Verknüpfung wird durch das Funktionssymbol ≥ 1 im Schaltzeichen dargestellt. Das Symbol ≥ 1 sagt aus, daß die Ausgangsvariable der Schaltung nur dann den Wert 1 hat, wenn die Summe der 1-Signale an den Eingängen größer oder wenigstens gleich 1 ist. In der Wahrheitstabelle (Bild 2.90) ist dieses Verhalten verdeutlicht.

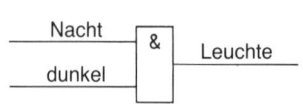

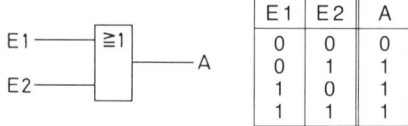

E1	E2	A
0	0	0
0	1	1
1	0	1
1	1	1

Bild 2.89   Und-Verknüpfung von zwei Signalen

Bild 2.90   Oder-Verknüpfung Schaltzeichen und Wahrheitstabelle

Der Wert des Ausgangs A ist immer dann 1, wenn einer der Eingänge E 1 oder E 2 das Signal 1 führt. Nur für den Fall, daß alle Eingänge den Wert 0 haben, führt auch der Ausgang den Wert 0.

Funktionsbeispiel

Ein Elektromotor wird über eine Schützschaltung ein- und ausgeschaltet. Der Motorschutz erfolgt durch ein Bimetallrelais. Außerdem ist eine Sicherungsüberwachung eingebaut. Beim Auftreten einer Störung soll diese durch eine Meldeleuchte angezeigt werden.

Es wird immer dann die Störmeldeleuchte eingeschaltet, wenn entweder das Bimetallrelais ausgelöst hat oder wenn die Sicherungsüberwachung angesprochen hat. Jeder Fehler für sich, aber auch ein gleichzeitiges Auftreten beider Fehler führt zu einer Störmeldung (Bild 2.91).

Nicht-Funktion

Bei der Nicht-Funktion verhält sich die Ausgangsvariable der Schaltung immer entgegengesetzt zur Eingangsvariablen. Führt der Eingang der Schaltung 0-Signal, dann nimmt der Ausgang den Wert 1 an. Hat aber der Eingang 1-Signal, dann stellt sich am Ausgang der Wert 0 ein.

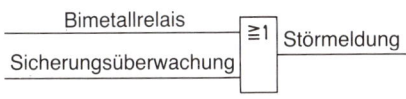

E	A
0	1
1	0

Bild 2.91 Oder-Verknüpfung von zwei Signalen

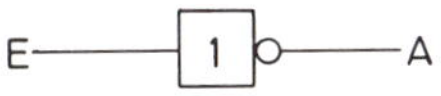

Bild 2.92 Nicht-Glied
Schaltzeichen und Wahrheitstabelle

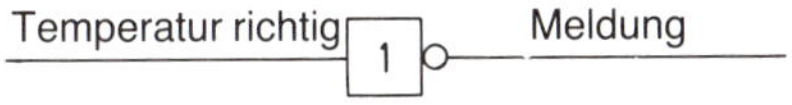

Bild 2.93 Negierung eines Signals durch ein Nicht-Glied

Funktionsbeispiel

Die Temperatur eines Raumes wird durch einen Raumthermostaten überwacht. Bei Unterschreitung eines eingestellten Wertes wird dieses durch einen Leuchtmelder angezeigt.

Immer dann, wenn die Raumtemperatur den am Thermostaten eingestellten Wert überschritten hat, erscheint am Eingang der Schaltung ein 1-Signal. Die Nicht-Schaltung kehrt dieses Signal in ein 0-Signal um. Der Leuchtmelder ist ausgeschaltet. Fällt die Raumtemperatur unter den eingestellten Wert (0-Signal am Eingang), wird dieser Wert in ein 1-Signal umgewandelt. Der Leuchtmelder ist eingeschaltet und zeigt die Untertemperatur an (Bild 2.93).

Nand-Funktion

Durch eine Kombination einer Und-Schaltung mit einer nachfolgenden Nicht-Schaltung ergibt sich eine Nand-Schaltung (Bild 2.94).

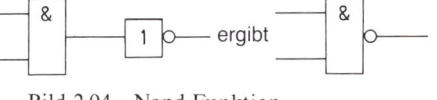

Bild 2.94 Nand-Funktion

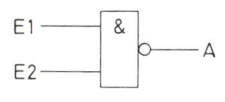

E 1	E 2	A
0	0	1
0	1	1
1	0	1
1	1	0

Bild 2.95 Nand-Verknüpfung
Schaltzeichen und Wahrheitstabelle

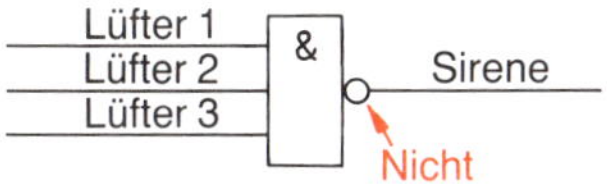

Bild 2.96 Nand-Verknüpfung von drei Signalen

Der Ausgang der Und-Schaltung führt nur dann 1-Signal, wenn beide Eingangsvariablen den Wert 1 haben. Dieses 1-Signal wird durch die nachfolgende Nicht-Schaltung negiert. Daraus ergibt sich für die Nand-Schaltung:

Die Variable am Ausgang der Schaltung nimmt immer dann den Wert 0 an, wenn alle Eingangsvariablen den Wert 1 haben. Führt nur einer der Eingänge O-Signal, dann ist die Verknüpfungsbedingung «Und» nicht mehr erfüllt. Der Ausgang der Nand-Verknüpfung führt jetzt 1-Signal.

303

Funktionsbeispiel

Eine Entlüftungsanlage besteht aus drei Lüftern. Jeder Ventilator enthält einen Strömungswächter zur Betriebsüberwachung. Bei Ausfall eines Lüfters soll dieses durch eine Sirene gemeldet werden.

Wenn alle drei Lüfter eingeschaltet und richtig in Betrieb sind, ist die Und-Bedingung erfüllt. Die nachfolgende Negierung kehrt dieses Signal in ein 0-Signal um und verhindert dadurch die Einschaltung der Sirene. Bei Ausfall eines Lüfters ergibt sich als Ergebnis der Nand-Verknüpfung (Bild 2.96) der Wert 1. Die Sirene ist eingeschaltet.

Nor-Funktion

Die Nor-Funktion ergibt sich aus einer Kombination einer Oder-Schaltung mit einer nachfolgenden Nicht-Schaltung. Die beiden Eingangssignale der Schaltung werden «Oder» verknüpft. Das Verknüpfungsergebnis wird anschließend negiert (Bild 2.97).

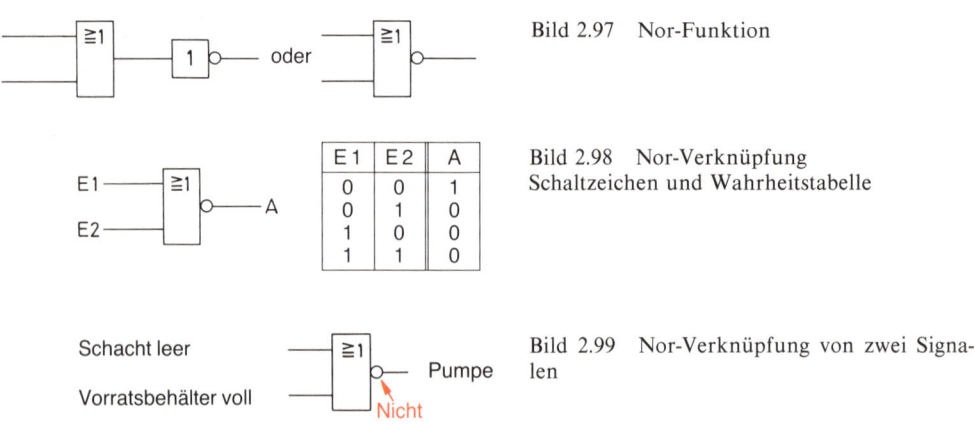

Bild 2.97   Nor-Funktion

E 1	E 2	A
0	0	1
0	1	0
1	0	0
1	1	0

Bild 2.98   Nor-Verknüpfung
Schaltzeichen und Wahrheitstabelle

Bild 2.99   Nor-Verknüpfung von zwei Signalen

Die Oder-Schaltung führt am Ausgang immer dann 1-Signal, wenn an wenigstens einem der Eingänge ein 1-Signal anliegt. Die nachfolgende Nicht-Schaltung kehrt dieses Signal vom Wert 1 in den Wert 0 um.

Für die Nor-Schaltung gilt die folgende Verknüpfungsvorschrift:

Die Variable am Ausgang einer Nor-Schaltung nimmt immer dann den Wert 0 an, wenn an mindestens einem der Eingänge der Wert 1 anliegt. Nur für den Fall, daß alle Eingangsvariablen den Wert 0 führen, nimmt die Ausgangsvariable den Wert 1 an.

Funktionsbeispiel

Eine Wasserpumpe fördert Brauchwasser aus einem Schacht in einen Vorratsbehälter. Sowohl der Schacht als auch der Vorratsbehälter enthalten je einen Schwimmerschalter, die einen Trockenlauf der Pumpe bzw. ein Überlaufen des Vorratsbehälters verhindern sollen.

Um eine Störung in der Anlage zu vermeiden, darf für den Fall, daß eine der beiden Eingangsbedingungen erfüllt ist, die Wasserpumpe nicht eingeschaltet sein (Bild 2.99).

304

Wenn entweder der Schacht leergepumpt oder aber der Vorratsbehälter gefüllt ist, ist ein Betrieb der Pumpe nicht zulässig.

Speicherglieder

In Steuerungen stellt sich häufig die Aufgabe, durch Signale von kurzer Dauer (Impulse) eine Schaltung in einen bestimmten Schaltzustand zu versetzen, der nach dem Ende des Impulses erhalten bleiben soll. Zu diesem Zweck sind Schaltglieder mit Speicherverhalten nötig. Ein solches Verhalten zeigt das bistabile Kippglied. Es wird dargestellt durch ein Rechteck, dessen Eingänge durch die Buchstaben S (setzen) und R (rücksetzen) gekennzeichnet sind (Bild 2.100). Wird an den mit S gekennzeichneten Eingang ein 1-Signal angelegt, dann erhält auch der Ausgang den Wert 1. Dieser Signalzustand am Ausgang bleibt auch dann erhalten, wenn das Signal am S-Eingang wieder zu 0 wird. Wird an den mit R gekennzeichneten Eingang ein 1-Signal angelegt, dann erscheint am Ausgang der Wert 0. Dieser Ausgangszustand bleibt nach Wegnahme des 1-Signals an R erhalten. Ein eventuell vorhandener negierter Ausgang zeigt den entgegengesetzten Signalzustand, den der Ausgang führt.

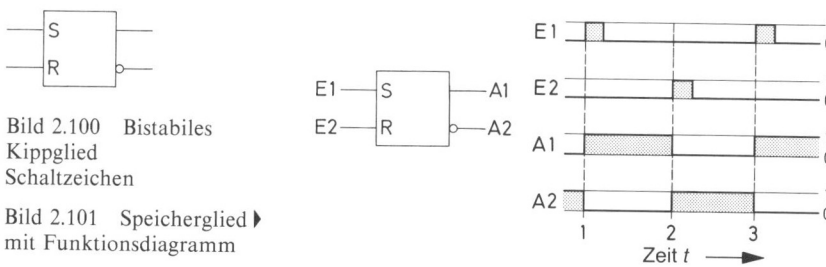

Bild 2.100 Bistabiles Kippglied Schaltzeichen

Bild 2.101 Speicherglied ▶ mit Funktionsdiagramm

Ein kurzes 1-Signal am Eingang E 1 (Zeitpunkt 1 und 3 im Diagramm in Bild 2.101) hat zur Folge, daß die Ausgangsvariable A 1 den Wert 1 annimmt. Sie behält diesen Wert so lange bei, bis durch ein kurzes 1-Signal am Eingang E 2 (Zeitpunkt 2 in Bild 2.101) der Zustand des Kippgliedes sich umkehrt. Der Ausgang A 2 nimmt 1-Signal an, die Ausgangsvariable A 1 dagegen den Wert 0. Für den Sonderfall, daß an beiden Eingängen E 1 und E 2 gleichzeitig ein 1-Signal anliegt, ist in dieser Darstellung keine Aussage enthalten. Soll auch dieser Fall eindeutig dargestellt werden, ist im Schaltzeichen anzugeben, welcher Eingang von den Ausgängen vorrangig berücksichtigt wird. Dazu wird der Eingang hinter seinem Funktionskennzeichen mit einer Ziffer versehen. Der Ausgang, der diesen Eingang vorrangig berücksichtigt, wird durch die gleiche Ziffer gekennzeichnet. Bei der in Bild 2.102 dargestellten Speicherschaltung wird bei einem 1-Signal an beiden Eingängen das Rücksetzsignal von beiden Ausgängen vorrangig berücksichtigt. Der Ausgang führt 0-Signal, der negierte Ausgang führt 1-Signal.

Von großer Bedeutung für den Einsatz von Speichergliedern in Steuerungen ist deren Verhalten bei einer Abschaltung der Gesamtanlage bzw. nach einer Wiedereinschaltung. Unter diesem Gesichtspunkt müssen drei Speicherarten unterschieden werden.

Beim Einschalten der Anlage nimmt der in Bild 2.103 dargestellte Speicher einen undefinierten Zustand ein. Es läßt sich nicht vorhersagen, welcher der beiden Ausgänge 0-Signal bzw. 1-Signal führt. Für den Einsatz in Steuerungen ist dieser Speicher von untergeordneter Bedeutung.

305

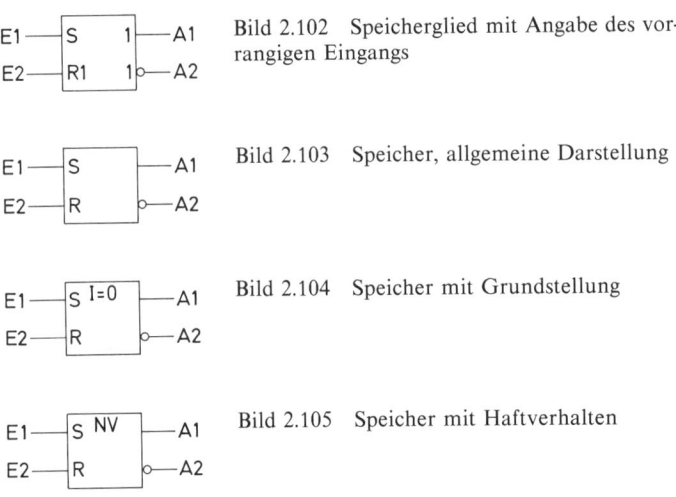

Bild 2.102 Speicherglied mit Angabe des vorrangigen Eingangs

Bild 2.103 Speicher, allgemeine Darstellung

Bild 2.104 Speicher mit Grundstellung

Bild 2.105 Speicher mit Haftverhalten

Bei Speichergliedern, die beim Einschalten der Versorgungsspannung einen definierten Ausgangszustand annehmen, wird dieser Zustand oben im Schaltsymbol durch den Hinweis I = 0 oder I = 1 angegeben. Bei der in Bild 2.104 gezeigten Schaltung nimmt der Ausgang A1 den Wert 0, der Ausgang A2 den Wert 1 an. Diese Speicherart ist diejenige, die in Steuerungen am häufigsten zur Anwendung kommt. Sie bewirkt, daß der Steuerungsablauf mit bestimmten definierten Zuständen beginnt.

Bei einem Speicherglied mit Haftverhalten (Bild 2.105) ist der Schaltzustand nach dem Einschalten einer Anlage eindeutig festgelegt. Das Speicherglied stellt sich auf den Wert ein, der vor der Abschaltung zuletzt eingestellt war. Dieser Speicher merkt sich seinen Schaltzustand über eine Unterbrechung der Stromversorgung hinaus. Er wird in solchen Anlagen eingesetzt, in denen nach einer Unterbrechung des Steuerungsablaufs und einer nachfolgenden Wiedereinschaltung eine Fortsetzung des Steuerungsprogramms an der unterbrochenen Stelle erforderlich ist. Dieses Verhalten wird durch die Buchstaben NV im Kopf des Schaltsymbols angegeben.

Funktionsbeispiel

Eine Pumpe wird durch einen Elektromotor angetrieben. Die Schaltung des Motors erfolgt über eine Tasterkombination (Ein–Aus). Bei gleichzeitiger Betätigung beider Taster hat der Austaster Vorrang gegenüber dem Eintaster.

Bei Betätigung des Eintasters wird das Speicherglied gesetzt. Der Motor der Pumpe ist eingeschaltet. Dieser Zustand wird solange beibehalten, bis der Austaster betätigt wird. Der Austaster setzt den Speicher zurück. Er schaltet den Motor ab. Bei gleichzeitiger Betätigung beider Taster ist die Vorrangigkeit des Austasters im Schaltzeichen angegeben. Bei der Einschaltung der Anlage bleibt das Speicherglied in der ausgeschalteten Schaltstellung (Bild 2.106).

Verzögerungsglied

Zur Realisierung von Zeitverzögerungen in Steuerungsanlagen, z.B. in der automatischen Stern-Dreieck-Schaltung, sind zeitabhängige Schaltglieder notwendig. Ein Verzögerungsglied ist ein solches zeitabhängiges Schaltungsteil, das einen Schaltbefehl verzögert weitergibt. Zur Darstellung des Verzögerungsgliedes wird das Grundschaltzeichen mit einem Eingang und einem Ausgang verwendet, in das die Verzögerungszeiten eingetragen werden (Bild 2.107).

Der Übergang vom Wert 0 zum Wert 1 der Variablen am Ausgang erfolgt nach einer Verzögerungszeit t_1 in bezug auf denselben Übergang am Eingang. Der Übergang vom Wert 1 zum Wert 0 der Variablen am Ausgang erfolgt nach einer Verzögerungszeit t_2 in bezug auf denselben Übergang am Eingang. An Stelle von t_1 und t_2 werden die tatsächlichen Verzögerungszeiten eingesetzt. Für t_1 oder t_2 können auch die Werte 0 eingetragen werden, wenn bei einem Signalwechsel entweder von 1 nach 0 oder von 0 nach 1 keine Verzögerung erforderlich ist.

Wird in ein Schaltzeichen die Zeit $t_2 = 0$ eingetragen (Bild 2.108), dann erfolgt der Signalwechsel vom 1-Signal zum 0-Signal am Ausgang gleichzeitig mit dem entsprechenden Signalwechsel am Eingang. Eine Verzögerung tritt nur beim Signalwechsel vom 0-Signal zum 1-Signal auf.

Beim Anlegen eines 1-Signals an den Eingang der Schaltung folgt unverzögert der Wert 1 am Ausgang des Verzögerungsgliedes, wenn die Zeit $t_1 = 0$ eingetragen ist (Bild 2.109). Die Verzögerung erfolgt beim Signalwechsel am Eingang vom Wert 1 zum Wert 0. Dieser Signalwechsel wird vom Ausgang der Schaltung um 10 s verzögert ausgeführt.

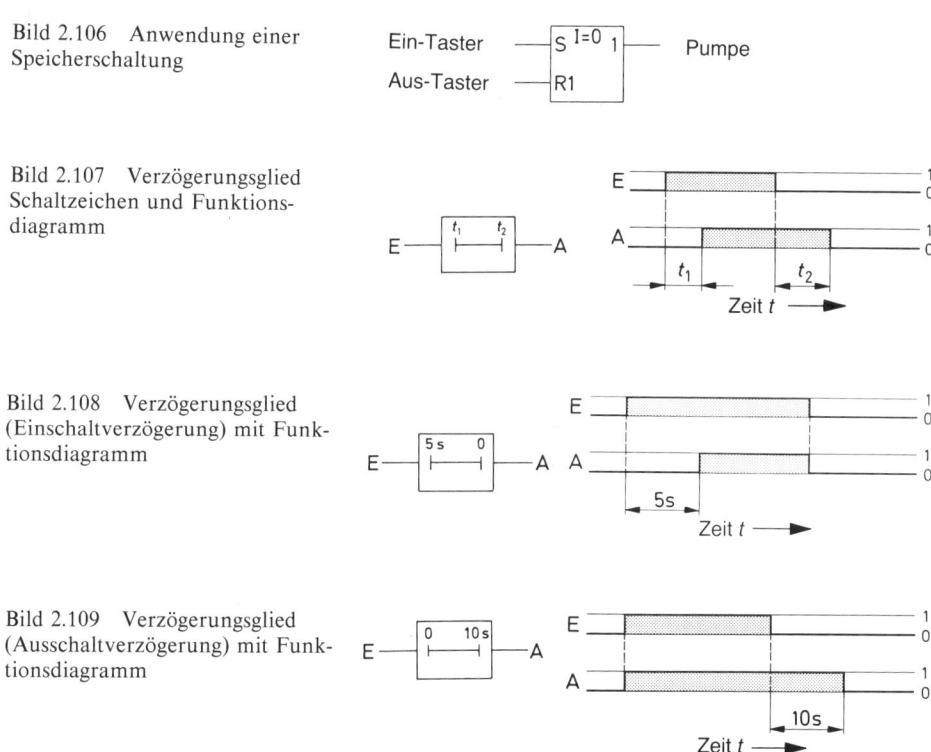

Bild 2.106 Anwendung einer Speicherschaltung

Bild 2.107 Verzögerungsglied Schaltzeichen und Funktionsdiagramm

Bild 2.108 Verzögerungsglied (Einschaltverzögerung) mit Funktionsdiagramm

Bild 2.109 Verzögerungsglied (Ausschaltverzögerung) mit Funktionsdiagramm

307

Funktionsbeispiel

Eine automatische Lötstation ist mit einer Absauganlage versehen. Beim Einschalten der Station muß die Absaugung sofort mit in Betrieb gehen. Nach dem Abschalten läuft sie aber noch 10 Minuten nach, um noch vorhandene Lötdämpfe aus dem Raum zu leiten.

Der Einschaltbefehl für die Lötstation wird ohne Verzögerung an die Entlüftungsanlage weitergeleitet. Erst beim Ausschalten der Station tritt eine Verzögerung ein, die diesen Befehl nach einer Nachlaufzeit von 10 Minuten an die Absaugung weiterleitet und diese abschaltet.

Lötstation ein — Absaugung ein

Bild 2.110   Verzögerungsschaltung

Bild 2.111   Und-Schaltung mit verlängerter Eingangsseite

2.8.2   Steuerungsdarstellung durch Funktionspläne

Funktionspläne (DIN 40719 Teil 6) sind anlagenorientierte Darstellungen von Steuerungsaufgaben, unabhängig von deren Realisierung. Sie lassen offen, welche Arten von Betriebsmitteln verwendet werden. Sie ergänzen bzw. ersetzen die verbale Beschreibung. Ein Funktionsplan dient als Verständigungshilfsmittel zwischen dem Hersteller und dem Anwender. Er erleichtert das Zusammenarbeiten verschiedener Fachdisziplinen, z.B. Maschinenbau, Elektrotechnik, Hydraulik, Pneumatik. Durch einen Funktionsplan kann eine Steuerung in ihren wesentlichen Eigenschaften, d.h. in ihrer Grobstruktur oder mit den für die jeweilige Anwendung notwendigen Einzelheiten in ihrer Feinstruktur eindeutig dargestellt werden. Zur Beschreibung logischer Zusammenhänge innerhalb eines Funktionsplanes dienen die Schaltzeichen für Binär- und Digitalschaltungen nach DIN 40900 Teil 12. Zum Anordnen mehrerer Eingänge am grafischen Schaltsymbol ist es im Funktionsplan erlaubt, die Eingangsseite über eine oder beide Seiten hinaus zu verlängern (Bild 2.111).

2.8.2.1   Darstellung von Verknüpfungssteuerungen

Verknüpfungssteuerungen sind dadurch gekennzeichnet, daß zu jedem Zeitpunkt jeder beliebigen Kombination von Eingangssignalen eine ganz bestimmte Kombination von Ausgangssignalen zugeordnet ist. Diese Zuordnung erfolgt im Sinne logischer Verknüpfungen, die sich überwiegend aus den elementaren «Und»-, «Oder»- und «Nicht»-Funktionen zusammensetzen. Außer diesen Grundverknüpfungen können zeitabhängige oder speichernde Schaltungsteile vorhanden sein (Bild 2.112). Ein weiteres Kennzeichen für die Verknüpfungssteuerung ist die gleichzeitige Abfrage und Verarbeitung aller beteiligten Signale.

Beispiel (Wendeschützschaltung)

Durch eine kurzzeitige Tasterbetätigung soll ein Motor für die Drehrichtung Rechtslauf oder Linkslauf eingeschaltet werden. Die Ausschaltung erfolgt durch Betätigen eines Austasters. Ein Umschalten in die entgegengesetzte Drehrichtung darf nur nach Betä-

308

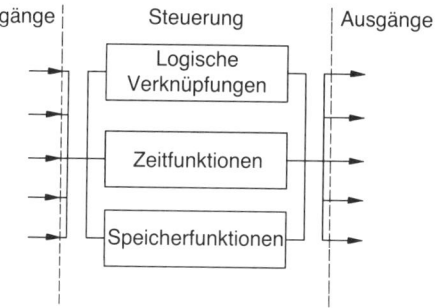

Bild 2.112 Aufbau einer Verknüpfungssteuerung mit ihren Grundfunktionen

Eingänge | Steuerung | Ausgänge

Logische Verknüpfungen

Zeitfunktionen

Speicherfunktionen

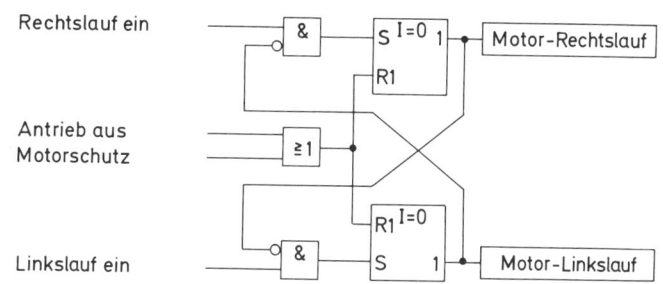

Bild 2.113 Funktionsplan einer Wendeschaltung

Rechtslauf ein

Antrieb aus
Motorschutz

Linkslauf ein

Motor-Rechtslauf

Motor-Linkslauf

tigung des Austasters möglich sein. Beim Ansprechen des Motorschutzes muß der Motor abschalten. Ein Wiedereinschalten ist zu verhindern.

Die Erstellung des Funktionsplanes beginnt mit dem grundlegenden Teil der Steuerung. Da die Ein- und Ausschaltung über Taster erfolgt, müssen diese Impulse gespeichert werden. Für jede Drehrichtung wird daher ein Speicherglied benötigt. Die Ausgänge dieser Speicher liefern den Befehl «Motor Linkslauf» bzw. «Motor Rechtslauf». Um zu verhindern, daß beim Einschalten der Anlage der Motor gleich in einer Drehrichtung anläuft, werden Speicherglieder eingesetzt, deren Grundstellung der rückgesetzte Zustand ist. Damit die gleichzeitige Einschaltung beider Drehrichtungen ausgeschlossen ist, wird der Setzimpuls für die Speicher durch den Ausgang der jeweils entgegengesetzten Drehrichtung verhindert. Ein Rücksetzen beider Speicher, d.h. ein Ausschalten des Motors, erfolgt entweder durch die Betätigung des Austasters oder durch das Ansprechen des Motorschutzes. Der Rücksetzeingang hat bei beiden Speichergliedern Vorrang vor dem Setzeingang. Dadurch ist sichergestellt, daß im Fehlerfall oder bei Betätigung des Austasters der Antrieb nicht eingeschaltet werden kann.

2.8.2.2 Darstellung von Ablaufsteuerungen

In vielen Fällen läßt sich eine Steuerungsfunktion in einzelne, zeitlich aufeinanderfolgende Schritte aufteilen. Eine Steuerung mit einem solchen schrittweisen Ablauf wird als Ablaufsteuerung bezeichnet. Bei der Darstellung solcher Ablaufsteuerungen wird jeder einzelne Ablaufschritt durch ein Symbol (Bild 2.114) gekennzeichnet.

309

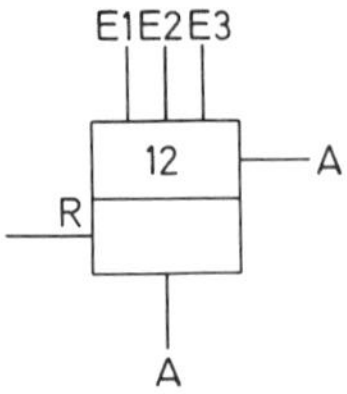

Bild 2.114 Schaltzeichen eines Ablaufschrittes

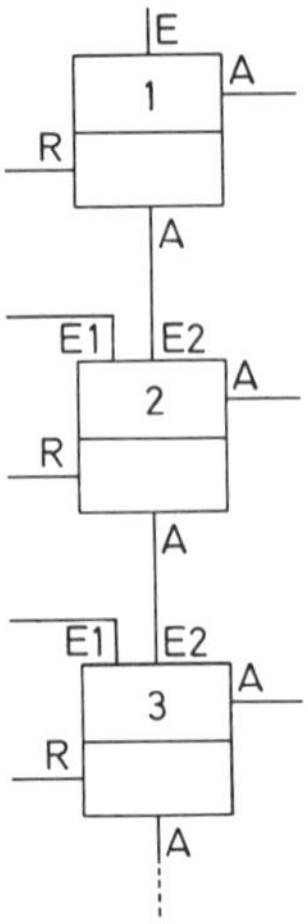

Bild 2.115 Ablaufsteuerung mit drei Ablaufschritten

Bild 2.116
Befehlsdarstellung

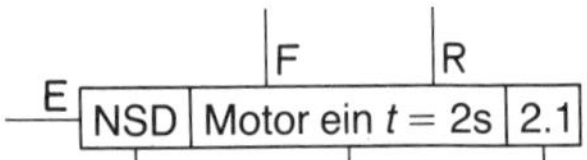

Art des Befehles

D verzögert
Durch ein 1-Signal am Eingang E wird eine Verzögerungszeit gestartet. Nach Ablauf der Zeit wird der Befehl ausgeführt.

S gespeichert
Der Befehl wird durch ein 1-Signal am Eingang E ausgeführt. Er bleibt solange bestehen, bis er entweder durch einen anderen Befehl oder durch ein 1-Signal am R-Eingang gelöscht wird.

SD gespeichert und verzögert
Der Befehl wird gespeichert. Die Ausführung beginnt aber erst nach Ablauf einer Verzögerungszeit.

NS nicht gespeichert
Der Befehl wird ausgeführt, solange am Eingang E ein 1-Signal anliegt.

NSD nicht gespeichert und verzögert
Der Befehl wird um eine angegebene Zeit verzögert ausgeführt, wenn am Eingang E ein 1-Signal anliegt.

T zeitlich begrenzt
Der Befehl wird für eine begrenzte Zeit ausgeführt, wenn am Eingang E ein 1-Signal anliegt.

ST gespeichert und zeitlich begrenzt
Der Befehl wird für eine begrenzte Zeit ausgeführt, sobald am Eingang E ein 1-Signal anliegt. Die Zeit kann über das 1-Signal am Eingang E hinausgehen.

Wirkung des Befehls
Hier wird im Klartext eingetragen, welche Wirkung der Befehl hat. Außerdem erfolgt in diesem Feld die Angabe von Zeiten bei verzögerten oder zeitlich begrenzten Befehlen.

Abbruchstelle
Die Kennzeichnung der Abbruchstelle setzt sich zusammen aus der Schrittnummer und der laufenden Nummer des Befehls. (Die Schrittnummer kann an dieser Stelle entfallen, wenn sie im Schrittsymbol angegeben ist.)

Das grafische Symbol eines Ablaufschrittes besteht aus einem Rechteck mit waagerechter Trennungslinie. Im oberen Feld des Symbols steht die Schrittnummer. Im unteren Feld kann ein beliebiger Text stehen. Ein Schritt wird dann speichernd gesetzt, wenn die Variablen an allen Eingängen (siehe Bild 2.114, E 1 bis E 3) den Wert 1 haben. Ist ein Schritt gesetzt, hat die Variable am Ausgang den Wert 1.

In Sonderfällen kann ein Schritt über einen mit «R» gekennzeichneten Löscheingang gelöscht werden.

Durch eine Aneinanderreihung mehrerer einzelner Ablaufschritte entsteht die Ablaufsteuerung (Bild 2.115). Die Ausgangsvariable eines Schrittes gilt jeweils als Eingangssignal für den folgenden Schritt.

Ein Schritt kann also nur dann gesetzt werden, wenn der vorherige Schritt gesetzt war. Zusätzlich müssen die übrigen Eingangsvariablen den Wert 1 haben. Ist ein Schritt gesetzt, wird dadurch der vorherige Schritt gelöscht. Daher ist in einer Ablaufsteuerung immer nur ein Schritt gesetzt. Auf diese Weise wird, wie z.B. bei einer Waschmaschinensteuerung, ein Programmteil (Vorwäsche — Hauptwäsche — Spülen — Schleudern) nach dem anderen durchlaufen. Jeder Programmteil entspricht einem Ablaufschritt.

In einer Ablaufsteuerung hat jeder Schritt eine Anzahl von Befehlen zur Folge. Diese werden mit Hilfe von festgelegten grafischen Symbolen an dem noch freien Ausgang «A» des jeweiligen Schrittes (Bild 2.117) dargestellt.

Bild 2.117   Beispiel einer
Ablaufsteuerung

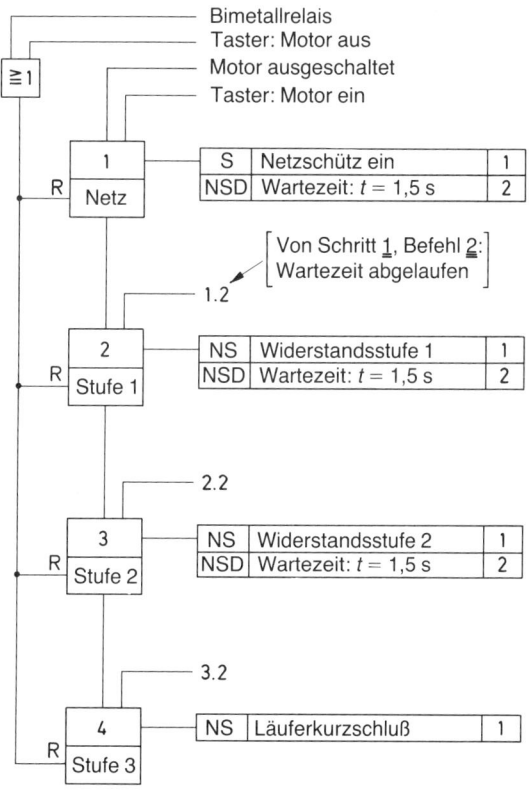

Darstellung von Befehlen

Im grafischen Symbol für die Befehlsdarstellung wird beschrieben, welche Wirkung das Ausgangssignal einer Schaltung in einem Steuerungsablauf ausübt. In diesem Symbol wird in verbaler Form die Auswirkung des Befehls angegeben. Zusätzlich wird in verkürzter Form angegeben, wie der Befehl ausgeführt werden soll (sofort, verzögert, kurzzeitig usw.). Neben diesen beiden Angaben ist es noch möglich, ein Signal anzugeben, das die Ausführung des Befehls (wenn er z.B. verzögert ausgeführt wird) anzeigt. Die Kennzeichnung dieses Signals mit einer Nummer am Ende des Befehlssymbols wird als Abbruchstelle bezeichnet. Dieses Signal kann an anderer Stelle der Steuerung mit Hilfe seiner Nummer wieder eingefügt werden (siehe Bild 2.117 Schritt 2). Eine Beschreibung des Befehlssymbols mit den möglichen Angaben ist in Bild 2.116 aufgezeichnet. Zusätzlich zum Signaleingang «E» können Freigabeeingänge «F» oder bei gespeicherten Befehlen Löscheingänge «R» vorhanden sein.

Beispiel (Einschalten eines Schleifringläufermotors)

Ein Schleifringläufermotor mit drei Widerstandsstufen wird über Taster ein- und ausgeschaltet. Der Schutz des Motors vor Überlast erfolgt durch ein Bimetallrelais.

Der Schritt 1 wird gesetzt, wenn bei ausgeschaltetem Motor der Eintaster betätigt wird. Daraufhin erfolgt die Einschaltung des Netzschützes. Gleichzeitig beginnt eine Wartezeit von 1,5 s. Der Ablauf dieser Verzögerungszeit ist die Weiterschaltbedingung für den Schritt 2, das Überbrücken der ersten Widerstandsstufe. Nach Ablauf der folgenden Wartezeit wird der Schritt 3 mit dem Überbrücken der zweiten Widerstandsstufe und danach der Schritt 4, der das Kurzschließen der Läuferwicklung zur Folge hat, ausgeführt. Mit diesem Schritt ist der Einschaltvorgang des Motors beendet.

Die Ausschaltung des Motors erfolgt über den Austaster oder über das Bimetallrelais. Diese wirken auf die Löscheingänge der einzelnen Ablaufschritte. Außerdem müssen sie das Netzschütz ausschalten, da dieser Befehl als gespeicherter Befehl ausgeführt ist und deshalb durch das Löschen der Schritte nicht beeinflußt wird.

Diese Darstellung gibt nicht den präzisen Aufbau der Schaltung in allen Einzelheiten wieder. Die einzelnen Schaltsymbole sind nur vereinfachte Darstellungen umfangreicher logischer Verknüpfungen. Jedes Symbol für einen Ablaufschritt steht stellvertretend für eine Speicherschaltung mit Setzeingängen, Rücksetzeingängen und logischen Verknüpfungsgliedern vor diesen Eingängen. Ebenso bestehen einzelne Befehle nicht nur aus einem Verknüpfungsglied, sondern aus mehreren Funktionen.

Durch diese vereinfachte Darstellung ergibt sich aber ein Funktionsplan, der den Einschaltvorgang eindeutig und übersichtlich beschreibt. Er läßt sich leicht in eine Schützschaltung, eine elektronische Schaltung oder in ein Programm für eine speicherprogrammierbare Steuerung umsetzen.

2.9   Speicherprogrammierbare Steuerungen

2.9.1   Allgemein

In der Steuerungstechnik werden zwei Arten von Steuerungen unterschieden:
Verbindungsprogrammierte und speicherprogrammierte Steuerungen. Eine Relais-
oder Schützsteuerung ist verbindungsprogrammiert (Bild 2.118a), ebenso verdrahtete
elektronische Steuerungen. Bei einer verbindungsprogrammierten Steuerung liegt das
«Programm» der Steuerung in den Verbindungen zwischen den einzelnen Schaltgliedern. Durch Reihen- oder Parallelschaltungen von Kontakten werden logische Verknüpfungen, z.B. Und-, Oder- und Speicherschaltungen, aufgebaut. Eine Änderung der Funktion der Steuerung hat eine andere Verdrahtung zur Folge.

Bild 2.118
Steuerungsarten

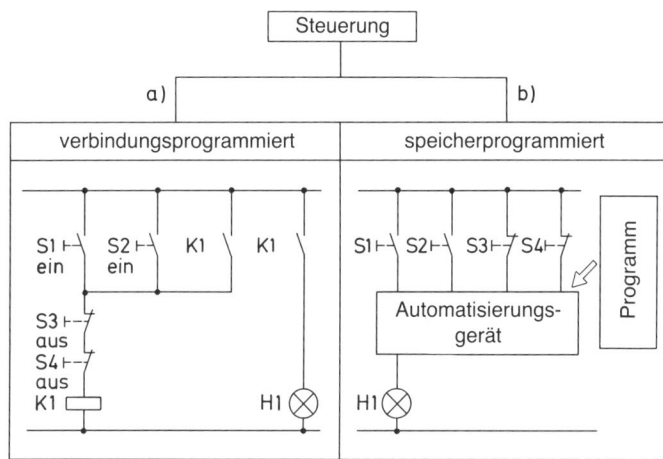

Bei speicherprogrammierten Steuerungen (Bild 2.118b) ist die Verdrahtung und der
Aufbau des Automatisierungsgerätes unabhängig von der gewünschten Steuerungsfunktion. Die in der Anlage angeordneten Geber und Stellgeräte werden an die Eingänge und
Ausgänge des Automatisierungsgerätes angeschlossen. Die Vorschriften für die Verknüpfungen der Eingänge und der Ausgänge sind in der Verdrahtung nicht enthalten.
Sie müssen dem Automatisierungsgerät in Form eines Programms eingegeben werden.
Dieses Programm legt fest, in welcher Reihenfolge Eingänge abgefragt, Verknüpfungen
ausgeführt und Ausgänge bearbeitet werden. Eine Änderung der Verknüpfungsvorschrift erfordert keine Verdrahtungsänderung, sondern in diesem Fall muß dem Automatisierungsgerät ein neues Programm eingegeben werden, das die geänderten Vorschriften enthält.

313

2.9.2 Funktion speicherprogrammierbarer Steuerungen

Die speicherprogrammierbare Steuerung ist ein Gerät, das Verknüpfungsaufgaben nach einem Programm, d. h. nach einer Liste von Anweisungen ausführt. Diese Anweisungen werden einzeln der Reihe nach bearbeitet. Im Gegensatz zu verdrahtungsprogrammierten Steuerungen, die mehrere Verknüpfungen gleichzeitig verarbeiten können, lassen sich die einzelnen Anweisungen bei einem Automatisierungsgerät nur seriell, d. h. zeitlich aufeinanderfolgend, ausführen. Dabei sind für eine Verknüpfung stets mehrere Anweisungen notwendig.

Beispiel

Die Signale an den beiden Eingängen E 1 und E 2 sollen nach einer «Und-Funktion» verknüpft werden. Das Ergebnis der Verknüpfung soll am Ausgang A 1 ausgegeben werden (Bild 2.119).

Für die Bearbeitung durch das Automatisierungsgerät muß diese Verknüpfung in drei einzelne Schritte unterteilt werden.

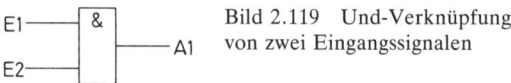

Bild 2.119   Und-Verknüpfung von zwei Eingangssignalen

Schritt 1

Der Signalpegel am Eingang E 1 wird über die entsprechende Eingabebaugruppe (Abschnitt 2.9.3) abgefragt und danach in der Zentraleinheit (Abschnitt 2.9.3) des Automatisierungsgerätes gespeichert.

Schritt 2

Der Signalpegel am Eingang E 2 wird über die Eingabebaugruppe abgefragt. Das Ergebnis der Abfrage (1, wenn am Eingang Spannung anliegt; 0, wenn am Eingang keine Spannung anliegt) wird mit dem in der Zentraleinheit gespeicherten Wert Und-verküpft. Danach wird der zuvor gespeicherte Wert gelöscht und durch das Verknüpfungsergebnis ersetzt.

Schritt 3

Das gespeicherte Verknüpfungsergebnis wird über die Ausgabebaugruppe (Abschnitt 2.9.3), die den Ausgang A 1 enthält, ausgegeben.

Nach der Beendigung des dritten Schrittes ist die Bearbeitung dieser Und-Verknüpfung abgeschlossen. In gleicher Weise wird danach das weitere Programm bearbeitet. Am Ende des Programms sind alle für den Steuerungsvorgang benötigten Anweisungen ausgeführt. Da sich aber in einer Anlage die Schaltzustände an den Gebern (Tastern, Endschaltern usw.) ständig ändern, ist eine andauernde Abfrage der zugehörigen Signale notwendig. Um dieses zu gewährleisten, wird der Programmablauf nach jedem Durchlauf automatisch wieder neu gestartet. Die Zeit, die das Automatisierungsgerät für einen Programmdurchlauf benötigt, wird als Zykluszeit bezeichnet. Diese Zykluszeit hängt ab von der Anzahl der Anweisungen im Programm und von der Zeit, die das Automatisierungsgerät für eine Anweisung benötigt. Sie beträgt je nach Fabrikat und Programmlänge ca. 0,5 ms bis zu etwa 20 ms. Das bedeutet, daß in einer Sekunde zwischen 50- und 2000mal alle Eingänge und alle Ausgänge bearbeitet werden. Auf-

314

grund dieser hohen Zahl von Programmdurchläufen erscheint es nach außen, als würden alle Verknüpfungen und Abfragen gleichzeitig ausgeführt.

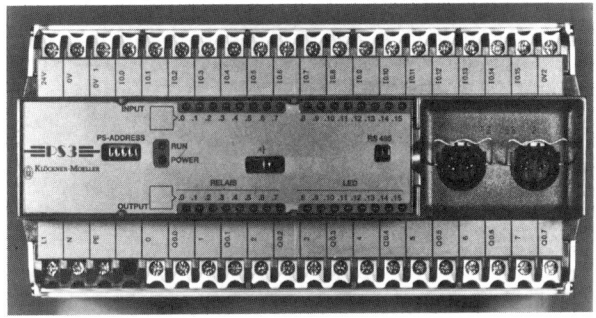

Bild 2.120a   SPS-Kompaktgerät PS 3 (Werkbild: Klöckner-Moeller)

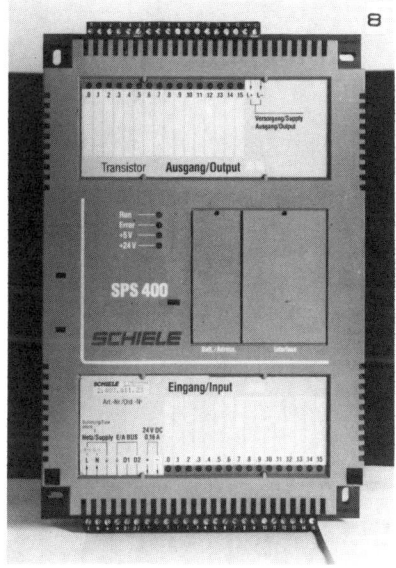

Bild 2.120b   SPS-Kompaktgerät SPS 400 (Werkbild: Schiele)

2.9.3   Aufbau einer speicherprogrammierbaren Steuerung

Eine speicherprogrammierbare Steuerung besteht aus den Signalgebern (Endschalter, Taster, Näherungsschalter), dem Automatisierungsgerät und den Stellgeräten (Hauptschütze, Magnetventile) sowie den Anzeigegeräten (Meldeleuchten, Ziffernanzeigen) (Bild 2.122).

Das Automatisierungsgerät kann als Kompaktgerät oder als modulares Gerät ausgeführt sein. Kompaktgeräte (Bild 2.120a und b) sind kleine Automatisierungsgeräte mit

315

einer festgelegten Anzahl an Eingängen und Ausgängen, bei denen alle Funktionseinheiten in einem Gerät fest vorhanden sind. Sie sind besonders vorgesehen für den Aufbau kleiner preiswerter Steuerungsanlagen. Modulare Geräte (Bild 2.121a bis c) bestehen aus einzelnen Funktionseinheiten (Modulen), die vom Errichter der Steuerungsanlage nach den jeweiligen Erfordernissen zusammengestellt werden können. Dadurch lassen sich Automatisierungsgeräte mit z. T. mehr als 1000 Ein- und Ausgängen zum Steuern sehr großer Anlagen aufbauen. Daneben gibt es Geräte, die von ihrer Größenordnung her in den Bereich der Kompaktgeräte gehören, die aber aus einzelnen Modulen aufgebaut sind (Bild 2.129).

Die wichtigsten Teile eines SPS-Gerätes sind die Stromversorgung, die Zentralbaugruppe und die Ein- und Ausgabebaugruppen. Daneben gibt es noch spezielle Baugruppen, die für besondere Anwendungsfälle entwickelt worden sind.

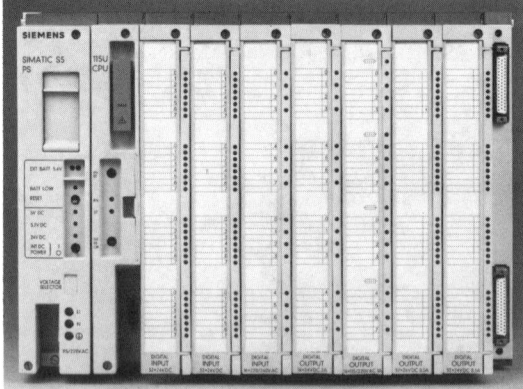

Bild 2.121a Modulares SPS-Gerät in Blockbauweise (Werkbild: Siemens)

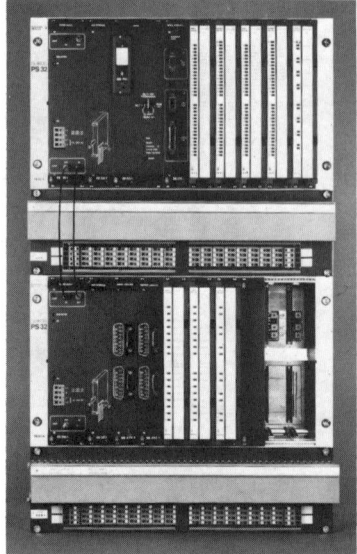

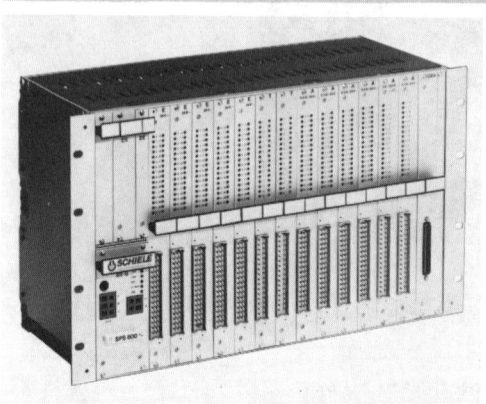

Bild 2.121b Modulares SPS-Gerät im Baugruppenträger (Werkbild: Schiele)

Bild 2.121c Modulares SPS-Gerät mit Erweiterungsbaugruppenträger zur Erhöhung der Zahl der Anschlüsse (Werkbild: Klöckner-Moeller)

2.9.3.1 Stromversorgung

Die Stromversorgungseinheit versorgt die elektronischen Baugruppen des Automatisierungsgerätes mit den Spannungen, die für den Betrieb benötigt werden. Dieses sind in der Regel stabilisierte Gleichspannungen von 5 Volt und 24 Volt. Diese Gleichspannungen werden entweder aus 220 V Wechselspannung oder aber in einigen Fällen aus 24 Volt Gleichspannung erzeugt. Die Spannungsversorgung für die extern angeschlossenen Geräte (Stellgeräte und Signalgeber) erfolgt nicht durch die Stromversorgungseinheit des Automatisierungsgerätes. Diese Steuerspannung (üblich ist 24 Volt Gleichspannung) muß außerhalb des Gerätes durch ein separates Netzteil erzeugt werden. Ausnahmen hiervon bilden einige Kompaktgeräte. Deren eingebaute Netzteile sind so ausgelegt, daß sie in der Lage sind, den Strom für mechanische Signalgeber (Taster, Schalter, Endschalter), die keinen eigenen Leistungsbedarf haben, zu liefern.

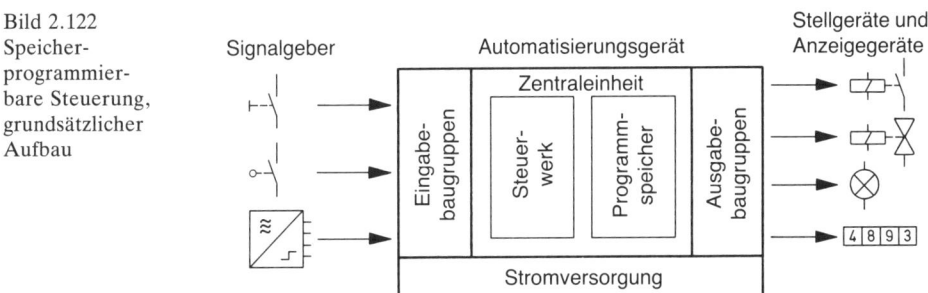

Bild 2.122
Speicher-
programmier-
bare Steuerung,
grundsätzlicher
Aufbau

2.9.3.2 Digitale Eingabebaugruppen

Digitale Eingabebaugruppen haben die Aufgabe, die externe Signalspannung auf den internen Signalpegel des Automatisierungsgerätes umzusetzen. Die ankommenden Signale werden durch Verzögerungsschaltungen von Störsignalen befreit und danach für die Zentraleinheit zur Verfügung gestellt. Häufig ist jedem Eingang eine Leuchtdiode zur Anzeige des Signalzustandes zugeordnet. Zur Ansteuerung der einzelnen Eingänge werden herkömmliche Schaltgeräte eingesetzt, die auch bei Schützsteuerungen zum Einsatz kommen. Dabei sind vorzugsweise Schalter mit Sprungkontakten, Momentschalter (Abschnitt 2.2.3.2) zu verwenden, da diese bei den geringen Eingangsströmen eine größere Kontaktsicherheit gewährleisten.

Man unterscheidet potentialgebundene, potentialfreie und potentialgetrennte Eingabebaugruppen.

Potentialgebundene Eingabebaugruppen haben keine galvanische Trennung zwischen den internen Signalen und der externen Signalspannung. Beide Spannungen besitzen ein gemeinsames Bezugspotential (Bild 2.123).

Potentialgetrennte Eingabebaugruppen verfügen über eine galvanische Trennung zwischen der externen Signalspannung und den internen Signalen. Die Potentialtrennung wird in der Regel durch optoelektronische Koppelelemente erreicht. Die Schaltung entspricht der potentialfreier Eingabebaugruppen (Bild 2.124). Jedoch besitzen alle Eingänge ein gemeinsames Bezugspotential.

317

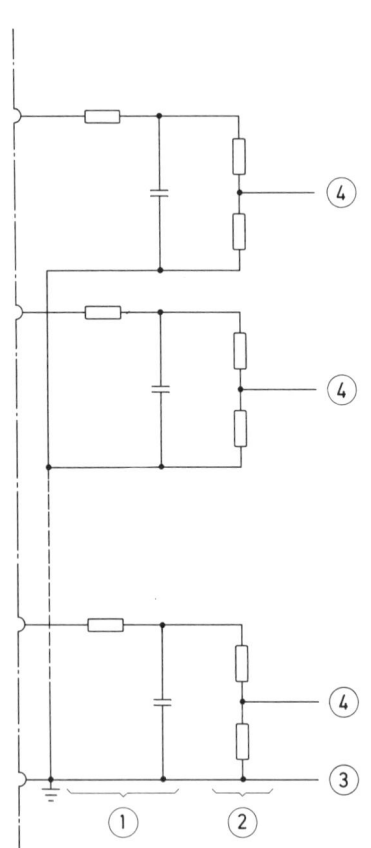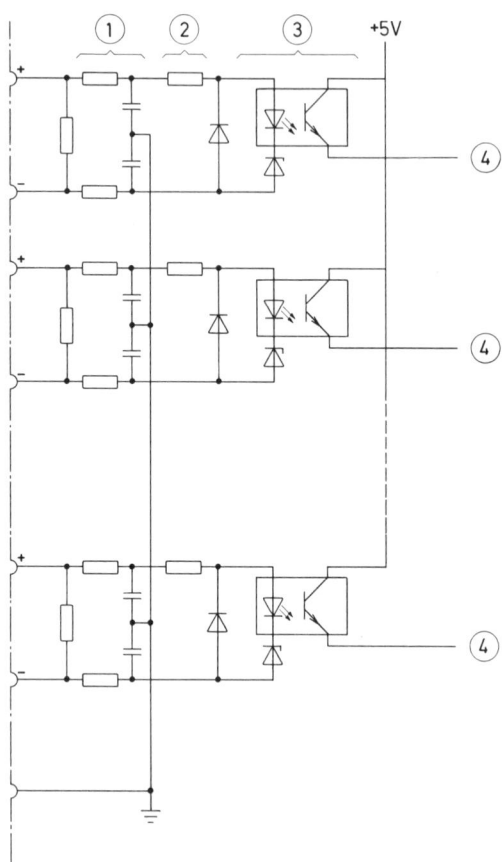

Bild 2.123 Eingangsschaltung,
potentialgebunden
1 Verzögerungsschaltung
2 Spannungsanpassung
3 gemeinsames Bezugspotential
4 interne Signalspannung

Bild 2.124 Eingangsschaltung, potentialfrei
1 Verzögerungsschaltung
2 Spannungsanpassung
3 galvanische Trennung
4 interne Signalspannung

Potentialfreie Eingabebaugruppen besitzen außer der galvanischen Trennung vom internen Signalpegel auch eine galvanische Trennung der einzelnen Eingänge untereinander. Dadurch können Signale von mehreren voneinander unabhängigen Signalgebern, die mit unterschiedlichen Potentialen behaftet sind, verarbeitet werden.

318

2.9.3.3 Digitale Ausgabebaugruppen

Über die digitalen Ausgabebaugruppen gelangen die Signale vom Automatisierungsgerät an die Anlage zur Ansteuerung von Schützen, Stellgliedern, Magnetventilen und dergleichen. Diese Signale werden in ihren Spannungen und Strömen den Erfordernissen der zu steuernden Anlage angepaßt. Der Signalzustand an den einzelnen Ausgängen wird in vielen Fällen durch Leuchtdioden zur besseren Übersicht über den Schaltzustand der Anlage und zur Erleichterung der Fehlersuche im Störungsfalle angezeigt.

Neben der Unterteilung in potentialgebundene, potentialgetrennte und potentialfreie Ausgabebaugruppen erfolgt noch eine Unterscheidung nach dem Kurzschlußverhalten.

Kurzschlußfeste Baugruppen haben Ausgangsschaltungen, die auch bei zeitlich unbegrenzt anstehenden Kurzschlüssen den Ausgang vor Zerstörung schützen. Nach dem Beheben des Kurzschlusses schaltet der Ausgang wieder wie vor dem Fehler. Der Schutz erfolgt durch eine elektronische Schaltung, die im Fehlerfalle den Ausgang sperrt.

Bedingt kurzschlußfeste Baugruppen besitzen durch Schmelzsicherungen geschützte Ausgangsschaltungen.

Nicht kurzschlußfeste Baugruppen sind im Kurzschlußfalle nicht vor Zerstörung geschützt.

Das Schalten des Laststroms in den Ausgabebaugruppen erfolgt durch unterschiedliche, in den meisten Fällen elektronische Schaltglieder. Zum Schalten von Gleichspannung werden in der Regel Transistoren verwendet. Die Ansteuerung der Transistoren erfolgt entweder durch die interne Signalspannung direkt (Bild 2.125) oder aber durch einen Optokoppler von dieser getrennt (Bild 2.126). Außerdem enthalten die Ausgabebaugruppen in fast allen Fällen Bauelemente zum Schutz der Leistungsschaltglieder, um diese vor Zerstörungen durch Überspannungen, besonders beim Schalten induktiver Lasten zu bewahren (Bild 2.125 und 2.126: Freilaufdioden).

Zum Schalten von Wechselspannung werden neben Schaltrelais Triacs oder Thyristoren eingesetzt. Diese ermöglichen ein direktes Schalten von Verbrauchsmitteln, die mit 220 V Wechselspannung betrieben werden. Die Ausgänge dieser Baugruppen sind in fast allen Fällen potentialfrei. Manchmal ist ein Anschluß der Kontakte für mehrere Ausgänge zusammengefaßt.

Bei der Auswahl der Ausgabebaugruppen ist neben der Art der Ausgänge auch deren Belastbarkeit zu berücksichtigen. Sollen Verbrauchsmittel mit größeren Strömen oder mit anderen Spannungen geschaltet werden, als die Baugruppe zuläßt, sind zusätzliche Leistungsschaltglieder nötig, die über die Ausgabebaugruppen angesteuert werden. Zur Anwendung kommen dafür kontaktbehaftete Schaltgeräte, z. B. Hauptschütze und Leistungsschalter, oder in zunehmendem Maße konktaktlose Schaltelemente. Diese schalten den Hauptstrom über elektronische Leistungsschaltglieder, wie Thyristoren und Triacs. Der Vorteil dieser elektronischen Schalter besteht darin, daß sie keinem Kontaktverschleiß unterworfen sind und ein geräuschloses Schalten ermöglichen.

2.9.3.4 Zentralbaugruppe

Die Zentralbaugruppe setzt sich aus mehreren Funktionsgruppen zusammen.

Der *Programmspeicher* enthält in verschlüsselter Form die einzelnen Anweisungen.

Das *Steuerwerk* liest diese Anweisungen und führt sie in der Reihenfolge aus, in der sie im Programmspeicher hinterlegt sind. Für interne Zwischenergebnisse stehen der Zen-

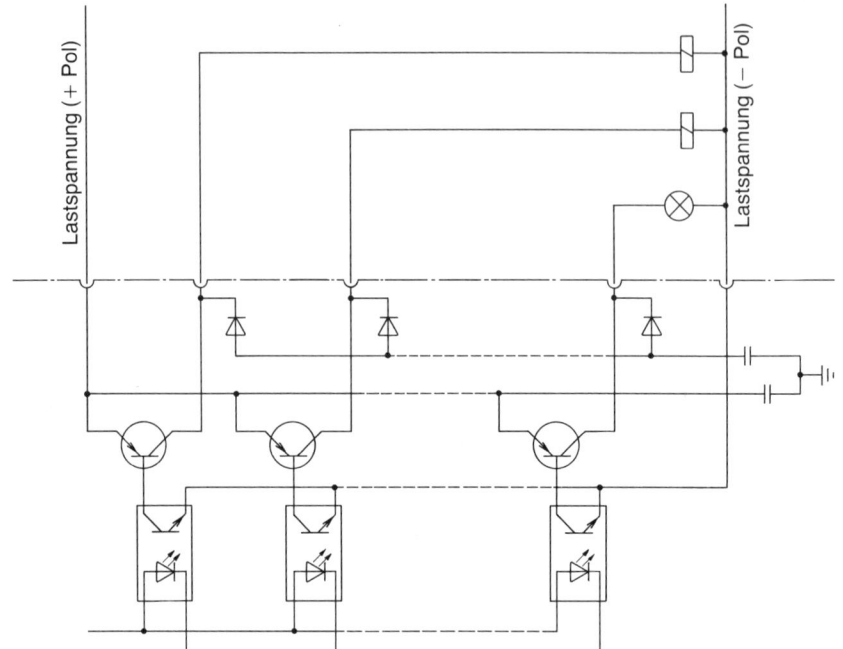

Bild 2.126 Ausgangsschaltung mit Transistoren, potentialgetrennt

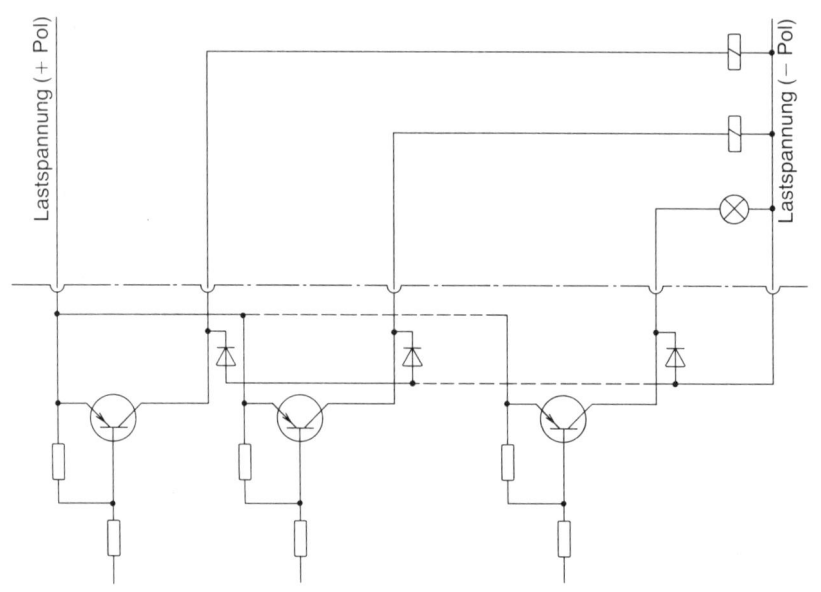

Bild 2.125 Ausgangsschaltung mit Transistoren, potentialgebunden (ohne Schutzeinrichtungen)

320

traleinheit *Merker* zur Verfügung. Sie dienen hauptsächlich zur Zwischenspeicherung von Verknüpfungs- oder Rechenergebnissen, die für eine spätere weitere Verarbeitung benötigt werden. Außerdem ist jedem Eingang und jedem Ausgang ein Signalspeicher zugeordnet, der immer den gleichen Signalzustand hat wie der zugehörige Anschluß. Dieses *Prozeßabbild* dient als Zwischenspeicher bei der Abfrage der Eingänge und bei der Zuweisung der Ausgänge.

2.9.3.5 Zeitbaugruppen

Zur Realisierung von Zeitverzögerungen bestehen in SPS-Geräten zwei verschiedene Möglichkeiten.

Programmierbare Zeitglieder sind in der Zentralbaugruppe integriert. Die Realisierung dieser Zeitglieder geschieht meistens durch den Prozessor, der neben den Steuerungsfunktionen diese Aufgabe zusätzlich ausführt. Dazu ist je Zeitglied ein Zähler vorhanden, der über spezielle Befehle auf einen vorgewählten Wert (Verzögerungszeit) eingestellt werden kann. In festgelegten Zeitabständen (Zeiteinheit) wird der Zählerinhalt durch den Prozessor um 1 erniedrigt. Sobald der Zählerstand den Wert 0 erreicht hat, ist die Verzögerungszeit abgelaufen. Zur Erhöhung der Verarbeitungsgeschwindigkeit der Zentralbaugruppe ist diese Funktion bei einigen Geräten durch eine getrennte Baugruppe ausgeführt.

Analog einstellbare Zeitbaugruppen enthalten Zeitglieder, deren Verzögerungszeiten von außen über Potentiometer einstellbar sind. Diese Zeitglieder werden von der SPS wie Zeitrelais behandelt, die über Ausgabebefehle angesteuert werden und deren Signalzustände über Eingabebefehle abgefragt werden. Im Gegensatz zu programmierbaren Zeitgliedern lassen sich bei analogen Zeitbaugruppen die Verzögerungszeiten nachträglich während des Betriebes beliebig ohne Eingriff in das Steuerungsprogramm verändern.

2.9.3.6 Bus-System

Das Bus-System (Bild 2.127) besteht aus einer Anzahl paralleler Leitungen, an die alle Baugruppen angeschlossen sind. Über das Bus-System findet der gesamte Datenaustausch der einzelnen Baugruppen untereinander statt.

Über die Busleitungen werden Eingangssignale von den Eingabebaugruppen zur Zentraleinheit geleitet. Nach der Verarbeitung werden die Ausgangssignale von der Zentraleinheit zu den Ausgabebaugruppen geschaltet. Dabei enthält ein Teil der Leitungen jeweils verschlüsselt die Anschlußnummer des gerade benötigten Ein- oder Ausgangs. Ein anderer Teil enthält die Signale, und ein dritter Teil wird für die interne Steuerung des Automatisierungsgerätes benötigt. Außerdem erfolgt die Spannungsversorgung aller Baugruppen über dieses Bussystem.

2.9.3.7 Speicherbaugruppen

Der Programmspeicher (Bild 2.128) ist von seiner Funktion her betrachtet ein Teil der Zentralbaugruppe. Er enthält die einzelnen Anweisungen, nach denen das Steuerwerk die Verknüpfungen der Signale vornimmt. Diese Anweisungen sind in aufsteigender Folge, mit 0 beginnend, durchnumeriert. Die Nummer des jeweiligen Speicherplatzes wird als *Adresse* bezeichnet. Jede Adresse kann einzeln vom Steuerwerk angewählt

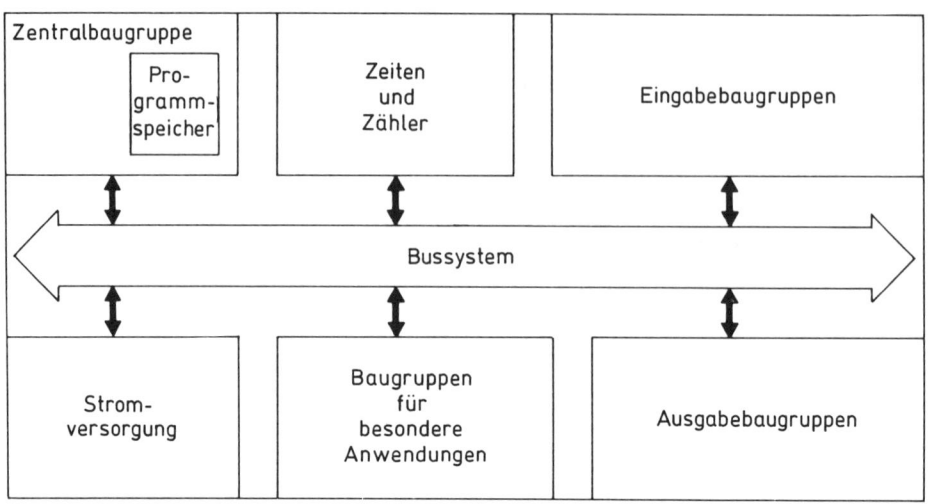

Bild 2.127 Aufbau eines Automatisierungsgerätes

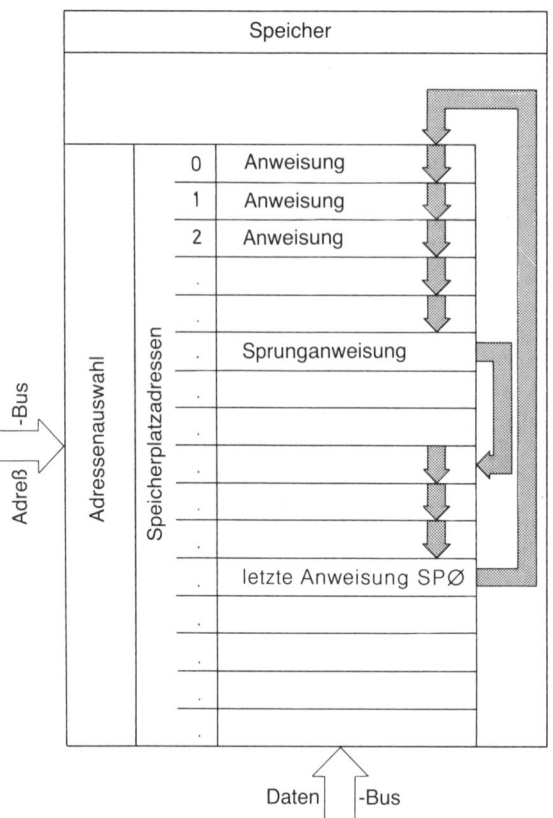

Bild 2.128 Prinzipieller Aufbau eines Programmspeichers

werden. Sobald ein bestimmter Speicherplatz vom Steuerwerk über den Adreßbus angewählt ist, stellt der Speicherbaustein die Anweisung, die unter dieser Adresse abgelegt ist, der Zentraleinheit zur Verfügung.

Arten von Halbleiterspeichern
In SPS-Geräten werden unterschiedliche Arten von Speicherbaugruppen verwendet. Diese unterscheiden sich nicht in ihrer grundlegenden Funktion, sondern in der Art der verwendeten Speicherbausteine.

RAM-Speicher (RAM = Random Access Memory: Speicher mit wahlfreiem Zugriff) sind Speicherbausteine, in die durch elektrische Impulse Informationen (Befehle) hineingebracht werden können, die anschließend jederzeit wieder zur Verfügung stehen. Diese Informationen können später beliebig korrigiert oder geändert werden. Es können einzelne Befehle gelöscht oder hinzugefügt werden. Diese Bausteine verlieren aber ihre Information, wenn ihre Versorgungsspannung ausfällt. Daher müssen beim Einsatz in SPS-Geräten Batterien oder Akkus vorhanden sein, die sie bei Netzausfall oder bei Unterbrechung der Betriebsspannung vor Informationsverlust schützen.

EPROM-Speicher (EPROM = Erasable Programmable Read Only Memory: löschbarer programmierbarer Nur-Lese-Speicher) können nur mit speziellen Programmiergeräten programmiert werden. Die eingespeicherten Informationen bleiben aber auch dann erhalten, wenn die Versorgungsspannung für diese Bausteine unterbrochen wird. Wenn diese Speicherbausteine in ein SPS-Gerät eingesetzt sind, ist das Programm unverlierbar vorhanden. Wenn nachträglich Korrekturen oder Änderungen des Programmes notwendig werden, muß dieser Speicher durch intensive Bestrahlung mit ultraviolettem Licht gelöscht werden. Danach läßt sich das geänderte Programm neu einspeichern. Diese Speicherbaugruppen werden häufig anstelle der RAM-Baugruppen in eine SPS eingesetzt, wenn die Inbetriebnahme einer Anlage abgeschlossen ist und keine Programmänderungen mehr zu erwarten sind.

EEPROM-Speicher (EEPROM = Elektrically Erasable Programmable Read Only Memory: elektrisch löschbarer programmierbarer Nur-Lese-Speicher) unterscheiden sich von Eprom-Speichern nur dadurch, daß das Löschen der gespeicherten Informationen nicht durch UV-Bestrahlung, sondern mittels elektrischer Impulse durch das Programmiergerät erfolgt. Dadurch reduziert sich die Zeit, die zum Löschen benötigt wird, von ca. 30 Minuten auf wenige Sekunden. Es lassen sich aber auch bei diesem Speicher nicht einzelne Befehle löschen, sondern nur der gesamte Speicherinhalt.

Zusätzlich zu den hier aufgeführten gibt es noch weitere Speicherarten, die aber als Programmspeicher für SPS-Steuerungen von untergeordneter Bedeutung sind oder nur von wenigen SPS-Herstellern verwendet werden.

2.9.3.8 Baugruppen für besondere Anwendungen

Analoge Eingabebaugruppen dienen zum Erfassen analoger elektrischer Signale. Die meisten Baugruppen sind in der Lage, Gleichspannungen im Bereich von 0 Volt bis 10 Volt zu erfassen. Über Analog-Digital-Wandler, die sich auf der Baugruppe befinden, werden die Spannungswerte der Zentralbaugruppe als digitale Zahlen zur Verfügung gestellt und können dort entsprechend dem Programm verarbeitet werden. Die Ansteuerung analoger Eingabebaugruppen erfolgt in den meisten Fällen durch Meßwandler, mit deren Hilfe Temperaturen, Füllstände, Motordrehzahlen und viele andere Größen erfaßt werden können.

Analoge Ausgabebaugruppen wandeln über Digital-Analog-Umsetzer Zahlenwerte, die die SPS ermittelt hat, in analoge Signale um. Häufig werden auch hier Ausgangsspannungen zwischen 0 Volt und 10 Volt verwendet. Durch diese Ausgangsspannungen können andere Geräte (z. B. Anzeigeninstrumente, Schaltungen der Regelungstechnik) angesteuert werden.

Schnelle Zählbaugruppen sind in der Lage, Impulse zu zählen, die auf Grund ihrer hohen Frequenz für eine SPS sonst nicht erfaßbar sind. Dadurch können z. B. Drehimpulsgeber von Motoren direkt ausgewertet werden. Aus diesen Impulsen läßt sich ermitteln, ob ein Antrieb eingeschaltet ist oder wieviel Umdrehungen er ausgeführt hat.

Positionierbaugruppen dienen zum präzisen Positionieren von drehzahlgeregelten Antrieben bei Werkzeugmaschinen, Transporteinrichtungen, Zuführautomaten usw. Während die Zentraleinheit übergeordnete Steuerungsaufgaben wahrnimmt, steuern Positionierbaugruppen einen Antrieb selbständig, wenn sie von der Zentralbaugruppe dazu beauftragt werden. Sie melden die Ausführung einer Bewegung der Zentralbaugruppe zurück.

Ansteuerungsbaugruppen für Drucker, Bildschirme oder ähnliche Geräte werden benötigt, wenn das Bedienungspersonal einer Anlage mit umfangreichen Informationen versorgt werden muß oder wenn in einer Anlage automatisch von der SPS Schaltprotokolle erstellt werden sollen.

Baugruppen zum Anschluß an andere speicherprogrammierbare Steuerungen oder an Computersysteme ermöglichen einen Betrieb im Verbund mit anderen Maschinen oder Anlagenteilen.

2.9.4 Programmierung speicherprogrammierbarer Steuerungen

Für den Einsatz speicherprogrammierbarer Steuerungen wird eine Steuerungsaufgabe in einzelne *Steuerungsanweisungen* unterteilt. Diese Anweisungen werden nacheinander im Programmspeicher unter je einer Adresse abgelegt.

Jedes Automatisierungsgerät (z. B. Bild 2.129) besitzt nur einen begrenzten Vorrat an Anweisungen, die es ausführen kann. In den folgenden Absätzen werden die wichtigsten von ihnen erläutert.

Bild 2.129   SPS-Kleinsteuerung in modularer Bauweise (Werkbild: Siemens)

324

2.9.4.1 Aufbau einer Anweisung

Eine Anweisung ist der kleinste Teil eines Steuerungsprogrammes. Sie bildet eine Vorschrift für das Steuerwerk. Die Anweisung setzt sich aus zwei Teilen zusammen: dem Operationsteil und dem Operandenteil. Dieser wiederum besteht aus dem Kennzeichen und dem Parameter (Bild 2.130).

Der *Operationsteil* gibt die auszuführende Funktion an. Er gibt an, was das Steuerwerk tun soll.

Der *Operandenteil* enthält die Angaben, die für die Ausführung der Funktion notwendig sind. Er gibt an, womit das Steuerwerk die Funktion ausführen soll. Der erste Teil des Operanden ist das Kennzeichen. Das Kennzeichen stellt eine Aussage dar über die Art der Variablen, mit der etwas geschehen soll, ob ein Eingang, ein Ausgang oder ein Merker beeinflußt werden soll (siehe Kennzeichen von Operanden, Abschnitt 2.9.4.2). Der Parameter gibt die Nummer der Variablen an, z.B. die Nummer des abzufragenden Eingangs.

Bild 2.130　Aufbau einer Anweisung

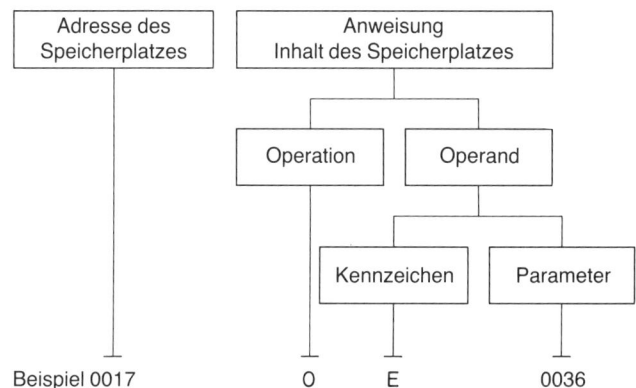

2.9.4.2 Operationsvorrat speicherprogrammierbarer Steuerungen

Die für speicherprogrammierbare Steuerungen zur Verfügung stehenden Operationen setzen sich zusammen aus logischen Verknüpfungsbefehlen, Zeitbefehlen, Ausgabebefehlen und Sprungbefehlen. Neben diese Operationen sind bei komplexen Geräten zusätzlich Zählfunktionen, Vergleichsfunktionen und arithmetische Operationen möglich. In Tabelle 2/8 ist eine Zusammenstellung der wichtigsten binären Operationen aufgeführt mit ihrem Kurzzeichen, der mnemotechnischen Benennung und einer kurzen Erläuterung der jeweiligen Anweisung. Außer dem Kurzzeichen und der Benennung ist wegen der häufigen Verwendung in Klammern die englische Ausführung angegeben.

In dieser Tabelle sind nicht alle möglichen binären Operationen speicherprogrammierbarer Steuerungen erfaßt. Komplexe Geräte überschreiten den hier dargestellten Operationsumfang erheblich. Einfache Automatisierungsgeräte beherrschen nur einen Teil dieser Operationen. In diesen Fällen müssen die darüber hinausgehenden Funktionen durch die vorhandenen Funktionen nachgebildet werden.

Tabelle 2/8 Binäre Operationen speicherprogrammierbarer Steuerungen

Kurz-zeichen	Operation	Erläuterung
L (L)	Laden (load)	Dient der Bereitstellung des ersten Operanden für die nachfolgenden Operationen und kennzeichnet den Beginn einer Anweisungsfolge. Das Abfrageergebnis ist der Signalzustand des bei dieser Operation stehenden Operanden. Anstelle der Operation L wird hierfür häufig die Operation U oder O verwendet.
LN (LN)	Laden nicht (load not)	Dient der Bereitstellung des ersten Operanden für die nachfolgenden Operationen und kennzeichnet den Beginn einer Anweisungsfolge. Das Abfrageergebnis ist der negierte Signalzustand des bei dieser Operation stehenden Operanden. Anstelle der Operation LN wird hierfür häufig die Operation UN oder ON verwendet.
U (A)	Und (and)	Das Abfrageergebnis ist der Signalzustand des bei dieser Operation stehenden Operanden. Dieses Abfrageergebnis wird mit dem in der Zentraleinheit gespeicherten Ergebnis nach einer Und-Funktion verknüpft.
UN (AN)	Und nicht (and not)	Das Abfrageergebnis ist der negierte Signalzustand des bei dieser Operation stehenden Operanden. Dieses Ergebnis wird mit dem in der Zentraleinheit gespeicherten Ergebnis nach einer Und-Funktion verknüpft.
O (O)	Oder (or)	Das Abfrageergebnis ist der Signalzustand des bei dieser Operation stehenden Operanden. Dieses Abfrageergebnis wird mit dem in der Zentraleinheit gespeicherten Ergebnis nach einer Oder-Funktion verknüpft.
ON (ON)	Oder nicht (or not)	Das Abfrageergebnis ist der negierte Signalzustand des bei dieser Operation stehenden Operanden. Dieses Ergebnis wird mit dem in der Zentraleinheit gespeicherten Ergebnis nach einer Oder-Funktion verknüpft.
= (=)	Zuweisung (assignment)	Der bei dieser Operation stehende Operand erhält den Signalzustand, den das in der Zentraleinheit gespeicherte Ergebnis hat.
=N (=N)	Zuweisung (assignment)	Der bei dieser Operation stehende Operand erhält den negierten Signalzustand, den das in der Zentraleinheit gespeicherte Ergebnis hat.
S (S)	Setzen (set)	Der bei dieser Operation stehende Operand erhält den Signalzustand 1, wenn das in der Zentraleinheit gespeicherte Ergebnis 1 ist. Der Operand wird nicht beeinflußt, wenn das in der Zentraleinheit gespeicherte Ergebnis 0 ist.
R (R)	Rücksetzen (reset)	Der bei dieser Operation stehende Operand erhält den Signalzustand 0, wenn das in der Zentraleinheit gespeicherte Ergebnis 1 ist. Der Operand wird nicht beeinflußt, wenn das in der Zentraleinheit gespeicherte Ergebnis 0 ist.

326

Kurz-zeichen	Operation	Erläuterung
SP (JP)	Sprung (jump)	Die lineare Bearbeitung des Programms wird unterbrochen. Das Programm wird mit der Operation fortgesetzt, die unter der Adresse im Programmspeicher steht, die der Operand angibt.
SPB (JPC)	Sprung bedingt (jump conditionally)	Die lineare Bearbeitung des Programms wird unterbrochen, wenn das in der Zentraleinheit gespeicherte Ergebnis den Wert 1 hat. Dann wird das Programm mit der Operation fortgesetzt, die unter der Adresse im Programmspeicher steht, die der Operand angibt.
ZV (CU)	Zählen vorwärts (count up)	Beim Wechsel des Verknüpfungsergebnisses von 0 nach 1 wird der im Operanden angegebene Zähler um 1 erhöht.
ZR (CD)	Zählen rückwärts (count down)	Beim Wechsel des Verknüpfungsergebnisses von 0 nach 1 wird der im Operanden angegebene Zähler um 1 erniedrigt.
NOP (NOP)	Nulloperation (no operation)	Diese Anweisung wird von der Zentraleinheit nicht bearbeitet. Sie ruft keine Wirkung hervor. Sie dient zum Freihalten von Speicherplätzen für eventuell zu erwartende Erweiterungen und Einfügungen einzelner Anweisungen.

Tabelle 2/9   Kennzeichen von binären Operanden

Kurz-zeichen	Operand	Erläuterung
E (I)	Eingang (input)	Ein Eingang führt Signalzustand 1, wenn an ihm die Steuerspannung anliegt. Er führt Signalzustand 0, wenn an ihm keine Spannung anliegt. (Dieses ist zu beachten, wenn im Signalgeber am Eingang Öffner verwendet werden.)
A (Q)	Ausgang (output)	Bei Signalzustand 1 am Ausgang wird der angeschlossene Verbraucher an Spannung gelegt. Bei Signalzustand 0 ist der Ausgang gesperrt.
M (M)	Merker (memory)	Merker sind interne Signalspeicher. Sie lassen sich ansteuern wie Ausgänge. Der Signalzustand der Merker kann an beliebiger Stelle im Programm wieder verwendet werden.
T (T)	Zeitglied (timer)	Zeitglieder lassen sich als einschaltverzögerte Zeitglieder ausschaltverzögerte Zeitglieder oder als Impulsglieder programmieren. Bei vielen Steuerungen ist nur die Programmierung von Einschaltverzögerungen möglich.
	Zähler (counter)	Zähler können vorwärts oder rückwärts gezählt werden. Der Ausgang eines Zählers führt Signalzustand 1, solange der Wert des Zählers nicht null ist. Ist der Wert des Zählers null, dann ist auch der Signalzustand seines Ausgangs 0.

2.9.4.3 Programmierung der Grundverknüpfungen als Anweisungsliste

Voraussetzung für die Erstellung eines Steuerungsprogrammes ist eine eindeutige Beschreibung der Steuerungsfunktion. Hierfür besonders geeignet ist der Funktionsplan (Abschnitt 2.8), denn er setzt sich aus den Grundverknüpfungsgliedern zusammen, die im Operationsvorrat speicherprogrammierbarer Steuerungen enthalten sind. Neben dem Funktionsplan ist eine Beschreibung durch einen vorhandenen Stromlaufplan möglich. Dieser kann aber nur in Ausnahmefällen direkt in eine Anweisungsliste umgesetzt werden, da für die Programmierung gewisse Regeln eingehalten werden müssen. Das Programm einer speicherprogrammierbaren Steuerung setzt sich aus einer Reihe von Grundbausteinen zusammen. Ein Grundbaustein stellt jeweils eine abgeschlossene Verknüpfung dar, entsprechend einem Strompfad in einem Stromlaufplan. Jeder Grundbaustein beginnt mit einer Erstabfrage zur Ermittlung des ersten Operanden. Danach folgen eine oder mehrere Verknüpfungen. Das Ende eines Grundbausteins bildet eine Anweisung zur Beeinflussung eines Operanden (Ausgang, Merker, Zeit, Zähler).

Und-Verknüpfung
Stromlaufplan (Bild 2.131)
Die Und-Funktion wird durch die beiden in Reihe geschalteten Kontakte E 1 und E 2 verwirklicht. Nur wenn beide Kontakte gleichzeitig geschlossen sind, ist die Meldeleuchte eingeschaltet.

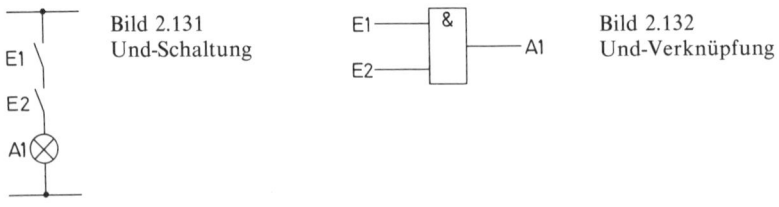

Bild 2.131
Und-Schaltung

Bild 2.132
Und-Verknüpfung

Funktionsplan (Bild 2.132)
Die Und-Bedingung ist erfüllt, wenn an beiden Eingängen gleichzeitig Spannung anliegt. In diesem Fall ist der Ausgang A 1 mit der angeschlossenen Meldeleuchte eingeschaltet.

Anweisungsliste

L	E 1	Lade Eingang 1
U	E 2	Und Eingang 2
=	A 1	Verknüpfungsergebnis nach Ausgang 1

Durch die erste Anweisung (L E 1) wird der Signalzustand am Eingang 1 abgefragt und in der Zentraleinheit gespeichert. Danach wird durch die zweite Anweisung (U E 2) der Signalzustand am Eingang 2 abgefragt und die Und-Verknüpfung der beiden Signale gebildet. Anschließend erfolgt die Zuweisung (= A 1) des Verknüpfungsergebnisses an den Ausgang 1. Der Ausgang erhält dann ein 1-Signal, wenn das Verknüpfungsergebnis 1 war. War die Und-Bedingung aber nicht erfüllt, erhält der Ausgang 0-Signal, d.h., eine angeschlossene Meldeleuchte ist ausgeschaltet.

328

Oder-Verknüpfung
Stromlaufplan (Bild 2.133)
Die Oder-Funktion wird durch die Parallelschaltung der beiden Kontakte E 1 und E 2 realisiert. Immer wenn einer der beiden Kontakte geschlossen ist, ist die angeschlossene Meldeleuchte eingeschaltet.

Funktionsplan (Bild 2.134)
Die Oder-Bedingung ist erfüllt, wenn an einem der beiden Eingänge Spannung anliegt. In diesem Fall ist die Meldeleuchte am Ausgang A 1 eingeschaltet.

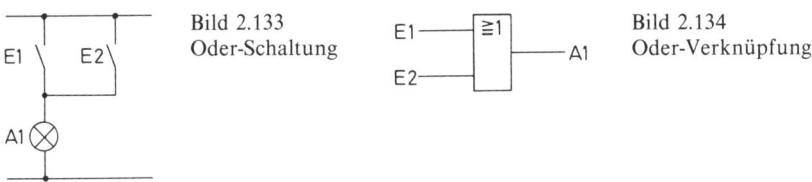

Bild 2.133
Oder-Schaltung

Bild 2.134
Oder-Verknüpfung

Anweisungsliste

L E 1	Lade Eingang 1
O E 2	Oder Eingang 2
= A 1	Ergebnis nach Ausgang 1

Nach dem Laden des Signalzustandes am Eingang E 1 wird dieser anschließend mit dem Signalzustand des Einganges E 2 nach der Oder-Bedingung verknüpft. Das Verknüpfungsergebnis erscheint danach am Ausgang A 1.

Nicht-Verknüpfung
Stromlaufplan (Bild 2.135)
Beim Schließen des Kontakts E 1 wird die Spule des Relais an Spannung gelegt. Dadurch wird über einen Öffner dieses Relais die Meldeleuchte ausgeschaltet.

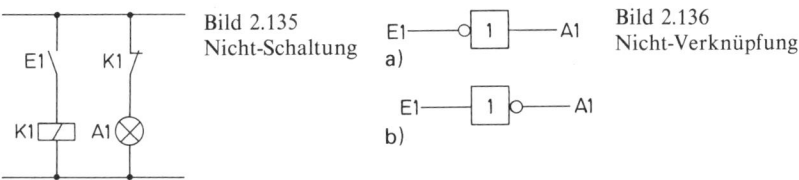

Bild 2.135
Nicht-Schaltung

Bild 2.136
Nicht-Verknüpfung

Funktionsplan (Bild 2.136a und b)
Der Ausgang A 1 führt immer dann 1-Signal, wenn der Eingang E 1 ein 0-Signal hat. Hat der Eingang E 1 aber 1-Signal, führt der Ausgang A 1 ein 0-Signal. Da das Schaltsymbol nur einen Eingang hat, ergibt sich die gleiche Funktion unabhängig davon, ob die Negierung vor dem Funktionssymbol oder danach stattfindet.

329

Anweisungsliste

a)
L	E 1	Lade Eingang 1
=N	A 1	negiertes Ergebnis nach Ausgang 1

b)
LN	E 1	Lade den negierten Zustand des Eingangs 1
=	A 1	Ergebnis nach Ausgang 1

Die Nicht-Verknüpfung läßt sich entsprechend der Darstellung im Funktionsplan (Bild 2.136a und b) auf zwei Arten programmieren. Im ersten Fall (Bild 2.136a) wird als nächstes der Signalzustand des Eingangs E 1 direkt in die Zentraleinheit geladen. Das Ergebnis wird anschließend negiert an den Ausgang A 1 weitergeleitet. Diese Programmierung ist aber in vielen Fällen nicht möglich, da die Geräte vieler Hersteller die Negierung im Zusammenhang mit der Zuweisung nicht beherrschen. In diesen Fällen muß die Programmierung entsprechend dem Funktionsplan in Bild 2.136b gewählt werden. Der negierte Signalzustand des Eingangs E 1 wird in die Zentraleinheit geladen. Anschließend erfolgt die Ausgabe des gespeicherten Ergebnisses über den Ausgang A 1.

Nand-Verknüpfung
Stromlaufplan (Bild 2.137)
Wenn beide Kontakte E 1 und E 2 gleichzeitig betätigt sind, ist das Relais angezogen. Dadurch wird die Meldeleuchte A 1 ausgeschaltet.

Funktionsplan (Bild 2.138)
Der Ausgang A 1 führt immer dann 0-Signal, wenn die beiden Eingänge E 1 und E 2 gleichzeitig 1-Signal haben.

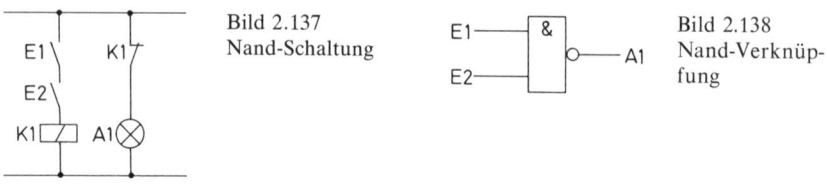

Bild 2.137
Nand-Schaltung

Bild 2.138
Nand-Verknüp-
fung

Anweisungsliste

a)
L	E 1	Lade Eingang 1
U	E 2	Und Eingang 2
=N	A 1	negiertes Ergebnis nach Ausgang 1

b)
L	E 1	Lade Eingang 1
U	E 2	Und Eingang 2
=	M 1	Ergebnis nach Merker 1
LN	M 1	Lade den negierten Zustand von Merker 1
=	A 1	Ergebnis nach Ausgang 1

330

Die Nand-Verknüpfung wird zu Anfang so programmiert, wie es bei der Und-Verknüpfung (Bild 2.132) dargestellt ist. Nach der Ausführung der Und-Verknüpfung darf aber in diesem Fall das Ergebnis nicht direkt ausgegeben werden. Vor dem Weiterleiten des Verknüpfungsergebnisses an den Ausgang A 1 muß eine Negierung erfolgen. Dieses geschieht in der Anweisungsliste a durch die Anweisung «=N A 1». Wenn aber die Anweisung «=N» im Operationsvorrat nicht enthalten ist, muß bei dieser Verknüpfung ein Hilfsmerker verwendet werden. Durch die Anweisung «= M 1» in der Anweisungsliste b erhält der Merker 1 das Ergebnis der Und-Verknüpfung. Durch die beiden folgenden Anweisungen «LN M 1» und «= A 1» wird dieses Ergebnis negiert und an den Ausgang A 1 ausgegeben.

Nor-Verknüpfung
Stromlaufplan (Bild 2.139)
Bei Betätigung eines der beiden Kontakte E 1 oder E 2 ist das Relais angezogen. Dadurch wird über einen Öffner die Meldeleuchte ausgeschaltet.

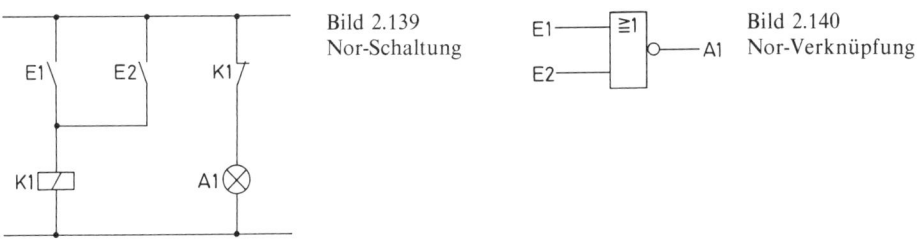

Bild 2.139
Nor-Schaltung

Bild 2.140
Nor-Verknüpfung

Funktionsplan (Bild 2.140)
Der Ausgang A 1 führt 0-Signal, d. h., die angeschlossene Leuchte ist immer dann ausgeschaltet, wenn einer der beiden Eingänge E 1 oder E 2 ein 1-Signal führt.

Anweisungsliste

    a)
    L   E 1   Lade Eingang 1
    O   E 2   Oder Eingang 2
    =N A 1   negiertes Ergebnis nach Ausgang 1

    b)
    L   E 1   Lade Eingang 1
    O   E 2   Oder Eingang 2
    =   M 1   Ergebnis nach Merker 1
    LN M 1   Lade den negierten Zustand von Merker 1
    =   A 1   Ergebnis nach Ausgang 1

Die Nor-Verknüpfung wird zu Anfang wie die Oder-Verknüpfung programmiert. Nach der Ausführung der Oder-Verknüpfung muß vor der Weitergabe des Verknüpfungsergebnisses an den Ausgang A 1 eine Negierung erfolgen, entweder durch die Anweisung «=N A 1» oder unter Verwendung eines Hilfsmerkers.

Speicherglieder
Stromlaufplan (Bild 2.141a und b)
Die in Schützsteuerungen übliche Schaltung für Speicherfunktionen ist die Selbsthalteschaltung von Schützen. Hierbei wird parallel zum Taster, der die Einschaltung bewirkt,
ein Schließerkontakt des Schützes geschaltet. Der Taster für die Ausschaltung unterbricht den Strompfad und läßt damit die Speicherschaltung abfallen. Hierbei sind zwei
unterschiedliche Schaltungen möglich. In der in Bild 2.141a dargestellten Schaltung wird
der Austaster vorrangig vor dem Eintaster berücksichtigt. In der Schaltung in Bild 2.141b
hat die Einschaltstellung des Schützes Vorrang vor der Ausschaltung.

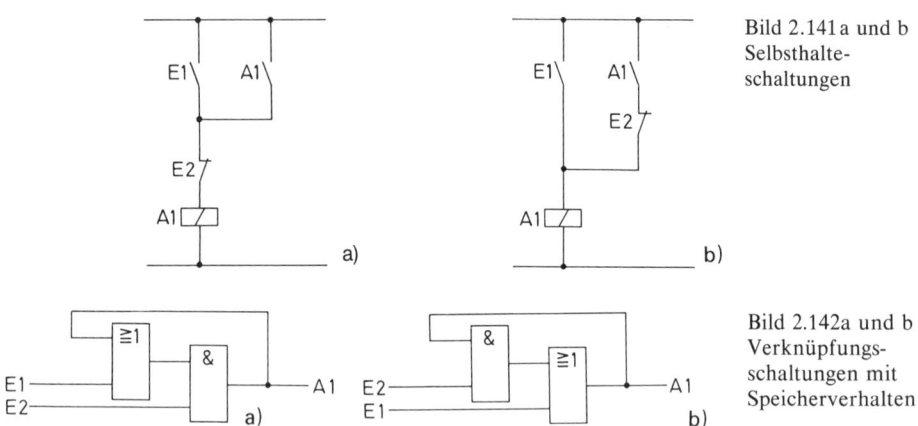

Bild 2.141a und b
Selbsthalte-
schaltungen

Bild 2.142a und b
Verknüpfungs-
schaltungen mit
Speicherverhalten

Funktionsplan (Bild 2.142a und b)
Durch ein 1-Signal am Eingang E 1 erhält der Ausgang A 1 ebenfalls ein 1-Signal unter
der Voraussetzung, daß der Austaster (Öffner), der sich am Eingang E 2 befindet, nicht
betätigt ist. Das 1-Signal des Ausgangs A 1 wird wieder auf den Eingang der Schaltung
zurückgeführt, entweder auf die Oder-Verknüpfung (Bild 2.142a) oder auf die Und-
Verknüpfung (Bild 2.142b). Durch den Wegfall des 1-Signals am Eingang E 2, d.h. durch
die Betätigung des Austasters, wird die Speicherschaltung in den Ausschaltzustand
zurückgesetzt.

Anweisungsliste

a)
L E 1   Lade Eingang 1
O A 1   Oder Ausgang 1
U E 2   Und Eingang 2
= A 1   Ergebnis nach Ausgang 1

b)
L E 2   Lade Eingang 2
U A 1   Und Ausgang 1
O E 1   Oder Eingang 1
= A 1   Ergebnis nach Ausgang 1

332

Zur Programmierung der Selbsthaltung läßt sich der Funktionsplan direkt in eine Anweisungsliste umsetzen. Beim Funktionsplan nach Bild 2.142a wird zuerst die Oder-Verknüpfung programmiert (L E 1 und O A 1). Das Verknüpfungsergebnis kann in der folgenden Anweisung direkt weiterverarbeitet werden. Es wird mit dem Signal des Einganges E 2 Und-verknüpft. Die Ausgabe des Verknüpfungsergebnisses erfolgt am Ausgang A 1.

Anstatt eines Ausgangs läßt sich für die Programmierung einer Selbsthaltung auch ein Merker verwenden, wenn das gespeicherte Signal nicht direkt für eine Schalthandlung verwendet wird.

Bistabile Kippglieder
Neben der in Schützschaltungen gebräuchlichen Selbsthalteschaltung werden in der Elektronik eigens entwickelte Speicherglieder mit einem Setz- und einem Rücksetzeingang verwendet. Diese Speicherglieder lassen sich in vielen speicherprogrammierbaren Steuerungen mit Hilfe von Merkern oder Ausgängen einfach programmieren.

Funktionsplan (Bild 2.143)
Durch ein 1-Signal am Eingang E 1 erhält der Ausgang A 1 ebenfalls ein 1-Signal. Rückgesetzt wird der Speicher durch ein kurzes 1-Signal am Eingang E 2.

Bild 2.143
Bistabiles Kippglied

Anweisungsliste

L	E 1	Lade Eingang 1
S	A 1	Setze Ausgang 1
L	E 2	Lade Eingang 2
R	A 1	Rücksetze Ausgang 1

Durch die erste Anweisung «L E 1» wird der Signalzustand des Eingangs E 1 in die Zentraleinheit geladen. Hat der Eingang ein 1-Signal, dann hat dieses ein Einschalten des Ausgangs A 1 zur Folge. Ein 0-Signal am Eingang E 1 beeinflußt den Ausgang nicht. Ein Rücksetzen des Ausgangs erfolgt durch ein 1-Signal am Eingang E 2. Ein 0-Signal an diesem Eingang beeinflußt den Ausgang nicht. Das Verhalten bei gleichzeitiger Betätigung von E 1 und E 2 läßt sich nicht generell beschreiben. Dieses unterscheidet sich bei den verschiedenen Fabrikaten. Bei einigen Geräten muß durch die Programmierung ausgeschlossen werden, daß beide Signale an das Speicherglied gelangen. Zum Teil hängt es auch von der Reihenfolge der Anweisungen (S–R; R–S) ab, welcher der beiden Eingänge vor dem anderen Vorrang hat.

Zeitglieder
Stromlaufplan (Einschaltverzögerung)
In Schütz- und Relaisschaltungen werden Zeitverzögerungen durch Zeitrelais realisiert (Bild 2.144). Die Eingangsspannung wird auf das Antriebssystem eines Zeitrelais geführt. Über den Kontakt des Zeitrelais erfolgt daraufhin verzögert eine Schalthandlung.

Funktionsplan (Einschaltverzögerung)

Das Signal am Ausgang A 1 folgt dem Signal am Eingang E 1 um die angegebene Zeit verzögert. Die Zeitverzögerung erfolgt entweder bei der ansteigenden Flanke (Einschaltverzögerung: Bild 2.145) oder bei der abfallenden Flanke (Ausschaltverzögerung) des Signals.

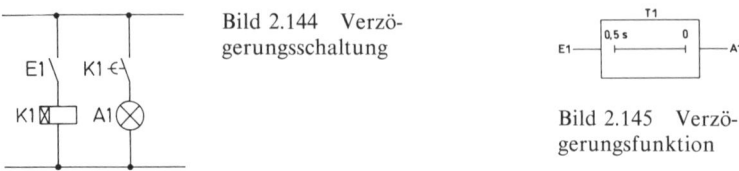

Bild 2.144 Verzögerungsschaltung

Bild 2.145 Verzögerungsfunktion

Anweisungsliste

L E 1   Lade Eingang 1
= T 1   Verknüpfungsergebnis an die Zeit T 1
L T 1   Lade die Rückmeldung der Zeit T 1
= A 1   Verknüpfungsergebnis an Ausgang 1

Die Behandlung von Zeitgliedern wird bei den einzelnen Gerätefabrikaten unterschiedlich gehandhabt. Im hier aufgeführten Beispiel (Bild 2.144 und 2.145) ist eine Einschaltverzögerung dargestellt. Durch ein 1-Signal am Eingang E 1 wird das Zeitglied angestoßen. Nach dem Ablauf der Zeit erfolgt eine Rückmeldung vom Zeitglied, die durch die Anweisung «L T 1» abgefragt wird. Abhängig von dieser Rückmeldung wird der Ausgang A 1 ein- bzw. ausgeschaltet. Die Angabe des Zeitwertes erfolgt bei den meisten Geräten durch eine spezielle Anweisung. In anderen Fällen kann der Zeitwert über externe Zahleneinsteller eingestellt werden.

2.9.4.4 Programmeingabe in speicherprogrammierbare Steuerungen

Das Eingeben des Steuerungsprogramms in speicherprogrammierbare Steuerungen erfolgt mit Hilfe von Programmiergeräten (Bild 2.146). Diese besitzen ein Tastenfeld für die Eingabe der einzelnen Anweisungen in der Reihenfolge der Anweisungsliste in einen RAM-Speicher. Dieser Speicher kann sich entweder im Programmiergerät selbst oder aber im Automatisierungsgerät befinden. Im letzteren Fall ist für das Eingeben des Programms immer zusätzlich zum Programmiergerät auch das Automatisierungsgerät erforderlich. Neben der Tastatur besitzt jedes Programmiergerät eine Anzeigeneinheit, mit deren Hilfe die eingegebenen Anweisungen überprüft werden können. Mit der Eingabe des Programms in den Programmspeicher ist aber die Aufgabe des Programmiergerätes noch nicht erfüllt. Es wird weiterhin benötigt für die Inbetriebnahme von Anlagen und Geräten und für die Fehlersuche in gestörten Anlagen. Zur Überprüfung externer Geber und Stellgeräte lassen sich Eingänge einzeln abfragen und Ausgänge einzeln setzen oder rücksetzen. Ebenso lassen sich innerhalb des Programms Signale verfolgen und Verknüpfungsergebnisse darstellen. Außerdem können während des Betriebes der Steuerung Anweisungen eingefügt, ausgefügt oder geändert werden. Dieses ist aber nur möglich, solange das Programm noch nicht in einen EPROM-Speicher übertragen worden ist, denn nur der RAM-Speicher ist beliebig beschreibbar.

334

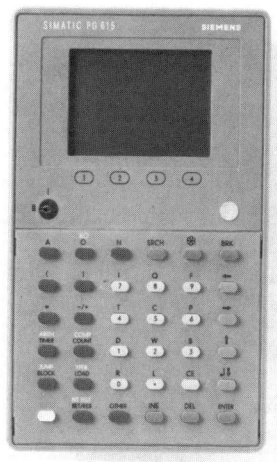

Bild 2.146a (oben) Handprogrammier-
gerät (Werkbild: Siemens)

Bild 2.146b (oben rechts) Bildschirm-
programmiergerät (Werkbild: Siemens)

Bild 2.146c Portabler Personal- ▷
Computer als Programmiergerät
(Werkbild: Schiele)

Neben diesen Aufgaben übernimmt das Programmiergerät auch die Übertragung des Programms aus dem RAM-Speicher in einen EPROM-Speicher, wenn die Inbetriebnahme abgeschlossen ist. Zu diesem Zeitpunkt kann auch die zum Programm gehörige aktuelle Dokumentation erstellt werden. Dieses übernimmt in der Regel ebenfalls das Programmiergerät mit Hilfe eines zusätzlich anzuschließenden Druckers.

Nicht alle dargestellten Funktionen werden von jedem Programmiergerät erfüllt. Einfachste Handprogrammiergeräte besitzen nur eine begrenzte Tastatur mit den für die Programmeingabe notwendigen Funktionen und eine einzeilige, aus wenigen Stellen bestehende Anzeigeneinheit. Bei komfortablen Bildschirmprogrammiergeräten (Bild 2.146) erfolgt die Bedienung über eine Schreibmaschinentastatur und die Anzeigen bzw. Rückmeldungen und Fehlermeldungen auf einem Bildschirm. Mit diesen Geräten ist neben der Darstellung von Programmen als Anweisungsliste auch die Darstellung als Funktionsplan oder als Kontaktplan, einer stromlaufplanähnlichen Darstellung, möglich. Für den Einsatz als Programmiergerät können in vielen Fällen auch Personal-Computer (PC) verwendet werden. Wenn SPS-Hersteller für einen PC ein Betriebsprogramm liefern, das ihm die Funktion eines Programmiergerätes verleiht, wird er dadurch zu einem komfortablen Bildschirmprogrammierplatz.

Steuerungsbeispiel

Der Wasserstand in einem Vorratsbehälter soll durch eine Pumpe mit einer Leistung von 1,1 kW und eine zweite Pumpe mit einer Leistung von 2,2 kW geregelt werden. Die Ein- und Ausschaltung der beiden Pumpen erfolgt über 4 Schwimmerschalter, die bei 4 unterschiedlichen Wasserständen betätigt werden (Bild 2.147). Abhängig von den Wasserständen erfolgt das Einschalten der kleinen Pumpe (Stufe 1), der großen Pumpe (Stufe 2) oder beider Pumpen gemeinsam (Stufe 3).

Stufe 1 wird eingeschaltet durch den Schwimmerschalter S 3 und ausgeschaltet durch S 4. Stufe 2 wird eingeschaltet durch S 2 und ausgeschaltet durch S 3. Stufe 3 wird eingeschaltet durch S 1 und ausgeschaltet durch S 2. Beide Motoren sind durch ein Bimetallrelais thermisch geschützt. Im Störungsfall werden beide Pumpen abgeschaltet. Die Störmeldung erfolgt durch eine Kontrolleuchte.

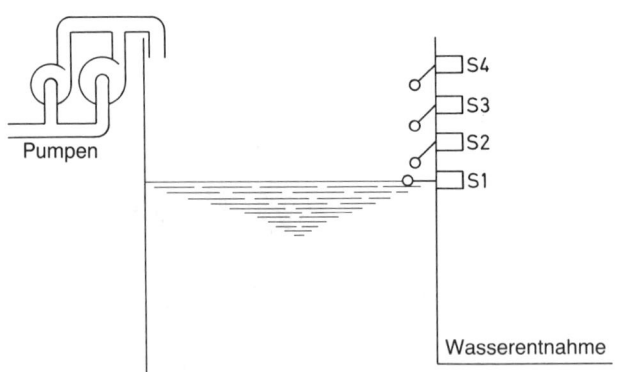

Bild 2.147   Wasserbehälter

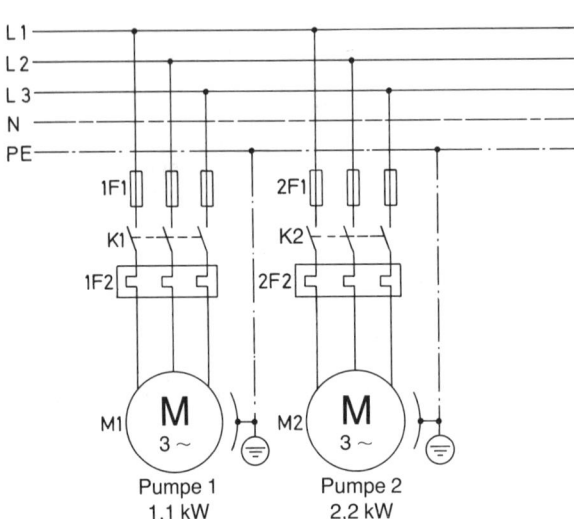

Bild 2.148a
Hauptstromlaufplan

336

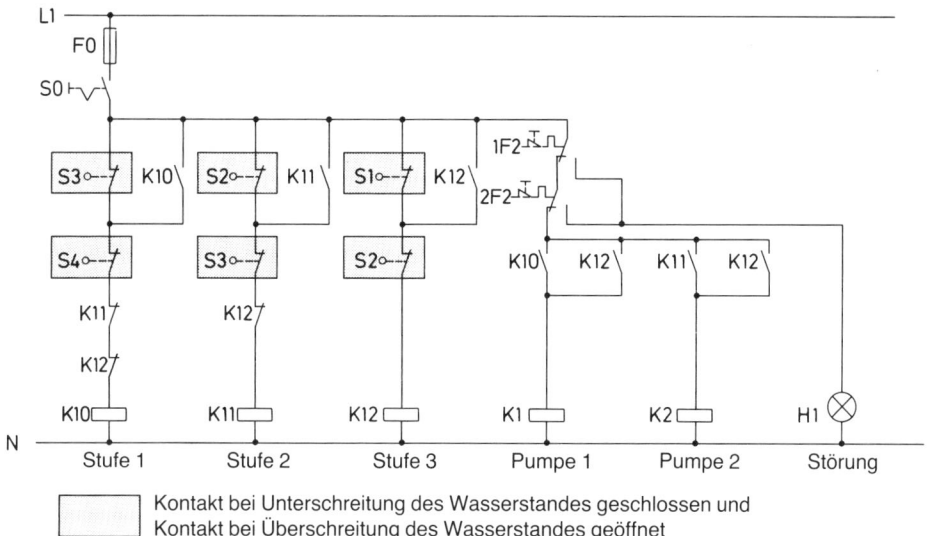

Kontakt bei Unterschreitung des Wasserstandes geschlossen und
Kontakt bei Überschreitung des Wasserstandes geöffnet

Bild 2.148b   Hilfsstromlaufplan

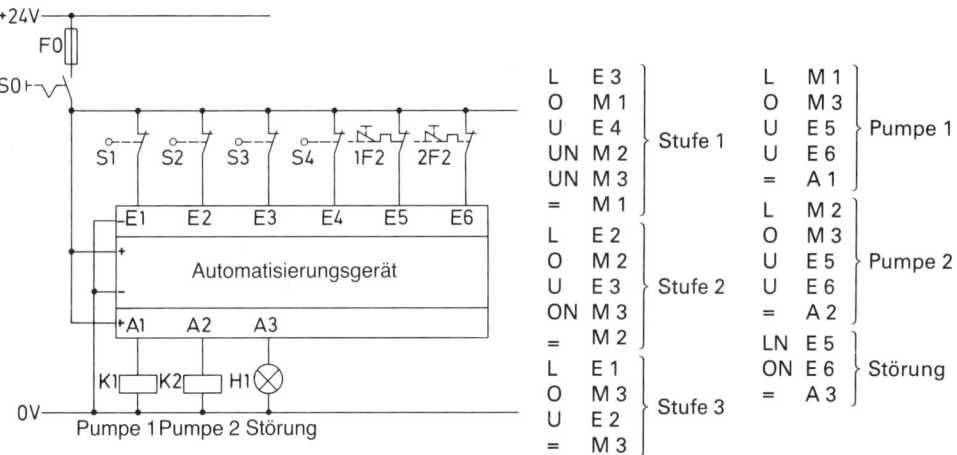

L	E 3		L	M 1	
O	M 1		O	M 3	
U	E 4	Stufe 1	U	E 5	Pumpe 1
UN	M 2		U	E 6	
UN	M 3		=	A 1	
=	M 1				
L	E 2		L	M 2	
O	M 2		O	M 3	
U	E 3	Stufe 2	U	E 5	Pumpe 2
ON	M 3		U	E 6	
=	M 2		=	A 2	
L	E 1		LN	E 5	
O	M 3		ON	E 6	Störung
U	E 2	Stufe 3	=	A 3	
=	M 3				

Bild 2.148c   Stromlaufplan mit speicherprogrammierbarer Steuerung und Steuerungsprogramm als Anweisungsliste

337

In den Bildern 2.148a und b ist die Steuerung als Schützschaltung dargestellt. Zur Realisierung der drei Pumpenstufen 1 bis 3 ist je ein Hilfsschütz eingesetzt. Abhängig von dem jeweils eingeschalteten Hilfsschütz erfolgt die Einschaltung der beiden Pumpen.

Im Bild 2.148c ist die Steuerung nicht durch Schütze, sondern mit Hilfe einer speicherprogrammierbaren Steuerung realisiert. Der Hauptstrom ändert sich nicht gegenüber der bisherigen Darstellung, da das Schalten der Last ebenfalls über Hauptschütze erfolgt. Das Programm wurde so ausgeführt, daß es dem in Bild 2.148b dargestellten Stromlaufplan entspricht. Anstelle der drei Hilfsschütze K 10 bis K 12 wurden die Merker M 1 bis M 3 verwendet. An den Ausgängen A 1 und A 2 sind die Hauptschütze K 1 und K 2 angeschlossen.

3 Drehzahlverstellung elektrischer Antriebe

In der Antriebstechnik hat der Thyristorstromrichter als Speisegerät für elektrische Maschinen die früher verwendeten Transduktoren (Magnetverstärker) und Quecksilberdampfgleichrichter abgelöst. Neben dem großen Gebiet der geregelten Gleichstromantriebe werden Thyristorstromrichter auch zur Speisung von Drehstrommotoren eingesetzt. Als Stromrichter bezeichnet man elektrische Einrichtungen, die elektrische Energie unter Verwendung von Dioden, Thyristoren und Transistoren umformen oder steuern.

3.1 Grundbegriffe der Stromrichtertechnik

Gleichrichten
Die Energierichtung verläuft vom Wechselstromsystem in das Gleichstromsystem (Bild 3.1).

Wechselrichten
Die Energierichtung verläuft vom Gleichstrom zum Wechselstromsystem (Bild 3.2).

Wechselstromumrichten
Hierbei wird ein Wechselstromsystem mit vorgegebener Spannung, Frequenz und Phasenzahl in ein Wechselstromsystem mit anderer (variabler) Spannung, Frequenz und Phasenzahl umgewandelt. Der Energiefluß kann in beiden Richtungen erfolgen (Bild 3.3).

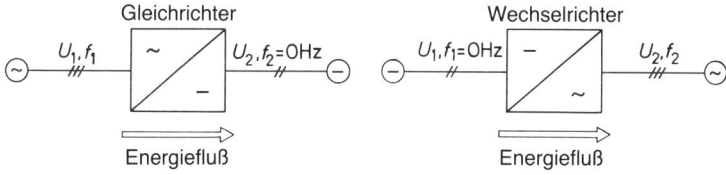

Bild 3.1 Blockschaltbild Gleichrichter

Bild 3.2 Blockschaltbild Wechselrichter

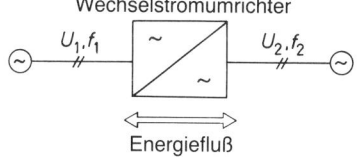

Bild 3.3 Blockschaltbild Wechselstromumrichter

Gleichstromumrichten

Hierbei wird aus einem Gleichstromsystem mit vorgegebener Spannung in ein Gleichstromsystem anderer Spannung und eventuell anderer Polarität umgeformt. Der Energiefluß erfolgt in zwei Richtungen (Bild 3.4).

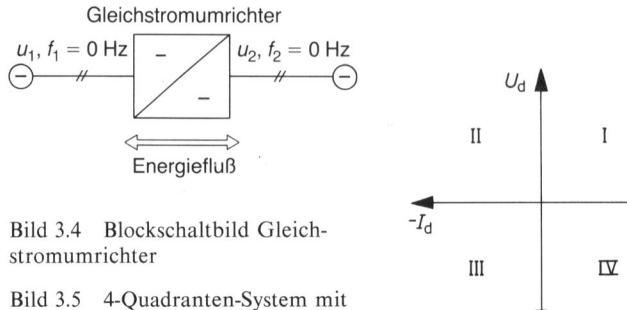

Bild 3.4   Blockschaltbild Gleichstromumrichter

Bild 3.5   4-Quadranten-System mit Gleichspannung U_d und Gleichstrom

3.1.1   Steuern der Energieflußrichtung

Stromrichter können ungesteuert und gesteuert ausgeführt werden. Bei ungesteuerten Stromrichtern (z.B. Gleichrichtern) ist das Verhältnis von Eingangsspannung zur Ausgangsspannung fest vorgegeben, während bei gesteuerten Stromrichtern die Ausgangsspannung einstellbar ist.

Unter bestimmten Voraussetzungen kann die Energierichtung bei einem Stromrichter umgekehrt werden, d.h., es ist bei einem Stromrichter möglich, die Energie vom Wechselstromnetz in das Gleichstromnetz und umgekehrt zu liefern. Zur Verdeutlichung kann dieses auch in einem 4-Quadranten-System (Bild 3.5) mit den entsprechenden Vorzeichen für die Gleichspannung U_d und den Gleichstrom I_d eingetragen werden.

Das 4-Quadranten-System hat seinen Namen aus dem Koordinatenkreuz erhalten. Im I. und III. Quadranten haben die Ausgangsspannung und der Strom gleiches Vorzeichen, d.h., die Energie wird ins Gleichstromsystem eingespeist. Im II. und IV. Quadranten besitzen Spannung und Strom ungleiche Vorzeichen, d.h., die Energie wird aus dem Gleichstromnetz entnommen.

Arbeitet ein Stromrichter nur in einem Quadranten, so ist auch nur eine Energierichtung möglich. 2-Quadranten-Stromrichter arbeiten in zwei benachbarten Quadranten (I und II oder I und IV). 4-Quadranten-Stromrichter erlauben sowohl eine Umkehr der Spannung als auch des Stromes. Diese Möglichkeit setzt jedoch bereits eine Gerätekombination voraus.

3.1.2   Einteilung der Stromrichter nach der Art der Kommutierung

Die Kommutierung in einem Stromrichter ist der Übergang des Stromes von einem Zweig der Stromrichterschaltung auf den Folgezweig. Kurzzeitig führen beide Zweige Strom. Die Kommutierung beginnt mit dem Zünden des Folgeventils und endet mit dem Nullwerden des Stromes im ablösenden Ventil. Die Dauer dieses Übergangs wird Überlappungszeit oder Überlappungswinkel genannt und mit *u* bezeichnet. Bei der *natürlichen (netzgeführten) Kommutierung* wird der Beginn der Kommutierung von der Netzspannung bestimmt. Bei der *selbstgeführten (erzwungenen) Kommutierung* wird mittels eines aufgeladenen Kondensators das Löschen eines Thyristors, zu einem beliebigen Zeitpunkt, erzwungen. Bei Leistungstransistoren ist diese aufwendige Art der Löschung nicht erforderlich, da ohne Basisstrom kein Kollektorstrom fließt. Zu den Stromrichtern mit natürlicher Kommutierung zählen:

> Netz- und lastgeführte
> Gleichrichter
> Wechselrichter
> Direktumrichter

Zu den Stromrichtern mit erzwungener Kommutierung zählen:

> Gleichstromschalter und Steller
> Wechselrichter
> Umrichter mit Zwischenkreis

Zu den Stromrichtern ohne Kommutierung zählen:

> Wechsel- und Drehstromschalter
> und Steller

Bei ihnen findet keine Kommutierung statt. Ein neues Ventil wird erst nach dem Löschen des vorherigen Ventils gezündet.

3.1.3   Schutz von Stromrichtern

Auf die Funktion sowie die Kenn- und Grenzdaten von Thyristoren, Triacs und Leistungstransistoren soll in diesem Rahmen nicht mehr eingegangen werden, es sei jedoch auf den erforderlichen Schutz dieser Bauelemente besonders hingewiesen.

Die Halbleiterbauelemente müssen vor folgenden Überbeanspruchungen geschützt werden:

> zu hohen Spannungen, zu schnellen Spannungsänderungen
> zu großen Strömen, zu schnellen Stromänderungen

Schutz gegen Überspannungen

Die *Überspannungen* können, im Stromrichter selbst, durch den Trägerstaueffekt (TSE) entstehen (Rückstromabriß in Verbindung mit der Lastinduktivität), oder aber sie können von außen, d.h. vom Netz her, in den Stromrichter gelangen.

Zum Schutz gegen die durch den TSE-Effekt verursachten Spannungen werden die einzelnen Halbleiterventile mit einer RC-Beschaltung (TSE-Beschaltung) versehen (Bild 3.6).

Zum Schutz gegen Überspannungen des Netzes, sowohl der Außenleiter gegeneinander wie gegen Null, wird meist eine Hilfsbrücke mit Kondensatoren eingesetzt. Diese ist preiswerter als alle Außenleiter untereinander und gegen Null mit einer RC-Beschaltung zu schützen.

Die Last selbst kann ebenfalls noch mit einer Schutzbeschaltung versehen werden. Die Bauelemente selbst sollten jedoch spannungsmäßig mit einem Sicherheitsfaktor von $K \approx 2$ gegenüber der auftretenden Sperrspannung ausgelegt werden.

$$U_{RRM} \approx K \cdot \sqrt{2} \cdot U_{Netz}$$

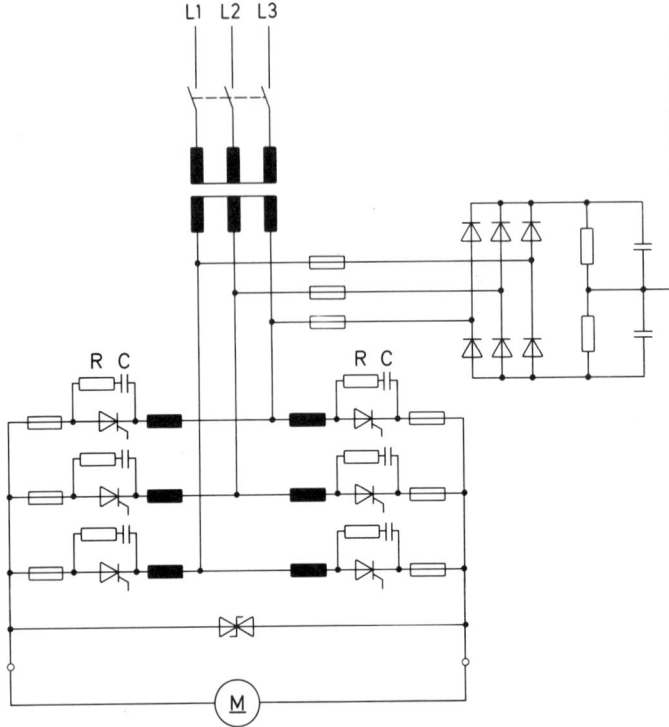

Bild 3.6 Stromrichter mit netzseitiger Schutzbeschaltung und Schutzbeschaltung der Thyristoren und der Last (symmetrische Avalanche-Dioden)

Diodentyp	V	Hersteller	maximal zulässige Sicherung
D 6, D 8	250	English Electric	GSB 15
	380	English Electric	GSB 15
		English Electric	GSG 1000/16
	500	English Electric	GSB 10
D 22	250	Ferraz	600 CP URE 22 Q 50
	380	Ferraz	600 CP URE 22 Q 40
		English Electric	849 GSG 1000/45
	500	English Electric	849 GSG 1000/40
		Ferraz	600 CP URE 22 Q 32
D 33	250	English Electric	849 GSG 1000/55
		Ferraz	600 CP URE 22 Q 50
	380	English Electric	849 GSG 1000/45
		Ferraz	600 URE 22 Q 40
	500	English Electric	849 GSG 1000/45
		Ferraz	600 CP URE 22 Q 32
D 60	250	English Electric	850 GSG 1000/110
		Ferraz	600 CP URF 22 Q 80
	380	English Electric	850 GSG 1000/75
		Ferraz	600 CP URE 22 Q 63
	500	English Electric	850 GSG 1000/75
		Ferraz	600 CP URE 22 Q 63

Bild 3.7 Zulässige Sicherungen für die Dioden D6—D60 der Fa. AEG-Telefunken. Die angegebenen Sicherungstypen sind Firmenbezeichnungen

342

Schutz gegen zu große Ströme

Zu große Ströme können durch Kurzschlüsse im Stromrichter oder an der Last bzw. durch Versagen der Strombegrenzung oder durch Ausfall des Stromreglers entstehen.

Hier sind superflinke Sicherungen erforderlich, da die Wärmekapazität eines Thyristors innerhalb von 10 ms erreicht werden kann.

Die Wärmemenge, die zum Schmelzen und Auslösen der Sicherung führt, muß daher kleiner sein als die Wärmemenge, die der Thyristor vertragen kann, ohne Schaden zu nehmen. Diese Wärmemenge des Thyristors wird in den Datenblättern als das Grenzlastintegral $\int i^2\, dt$ bezeichnet. Die Hersteller der Bauelemente geben jedoch vielfach in ihren Listen geeignete Sicherungen für die einzelnen Bauelemente an (Bild 3.7).

Bild 3.8 zeigt einen Leistungsblock mit Scheibenthyristor, TSE-Beschaltung, Sicherung usw.

Bild 3.8 Servicefreundlicher
Leistungsblock, bestehend aus:
Scheibenthyristor mit Kühlkörpern ①
Impulstransformator ②
TSE-Beschaltung ③
Sicherung mit Meldeeinrichtung
④ (Werkbild: AEG-Telefunken)

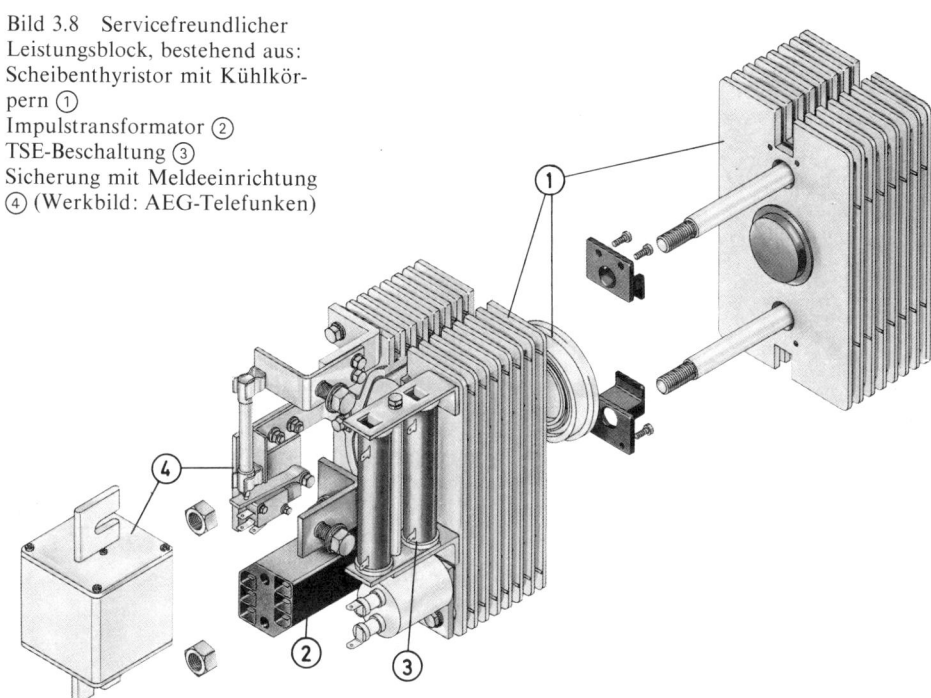

3.1.4   Ungesteuerte Stromrichter (Gleichrichter)

Die gleichrichtende Wirkung der Diode findet Anwendung in der Gleichrichtung von technischem Wechselstrom aus dem Versorgungsnetz in Stromversorgungsanlagen mit Gleichstromverbrauchern.

Für Leistunsgleichrichter werden hohe Durchlaßströme bei hoher Sperrspannung gefordert. Hier besitzt die Siliziumdiode entscheidende Vorteile.

Der Anwendungsfall, d.h. die Art der Belastung und die Forderung an Spannung, Strom und Stromwelligkeit, entscheidet über die Art der Gleichrichterschaltung. Da die erzeugte Gleichspannung und der Strom nicht gleichförmig, sondern pulsierend sind, muß bei den Bauelementen zwischen dem arithmetischen Mittelwert und dem Effektivwert unterschieden werden (siehe Grundlagenband). Für die Ausgangsgrößen werden nur der arithmetische Mittelwert für Spannung (U_d) und Strom (I_d) angegeben, da nur die Wirkleistung am Motor von Interesse ist. Durch induktive Last wird der Strom geglättet, so daß der Ventilstrom von der Wellenform in die Rechteckform übergeht.

3.1.4.1 Einpulsschaltung (Einwegschaltung) M 1

Anwendung: Die Einwegschaltung wird zur Gleichrichtung kleinster Leistungen bei sehr geringen Anforderungen an die Welligkeit von Strom und Spannung eingesetzt (Leistungshalbierung).

Vorteil: Die Schaltung ist sehr einfach aufgebaut, es wird nur eine Diode benötigt. Die Schaltung kann ohne Transformator direkt an das Netz angeschlossen werden.

Nachteil: Da nur eine Halbwelle der Sinusspannung ausgenutzt wird, ist die Welligkeit von Strom und Spannung sehr groß. Hieraus resultiert auch die große Bauleistung des Transformators. Die Sperrspannungsbeanspruchung der Diode ist ebenfalls sehr hoch (Bilder 3.9a, b).

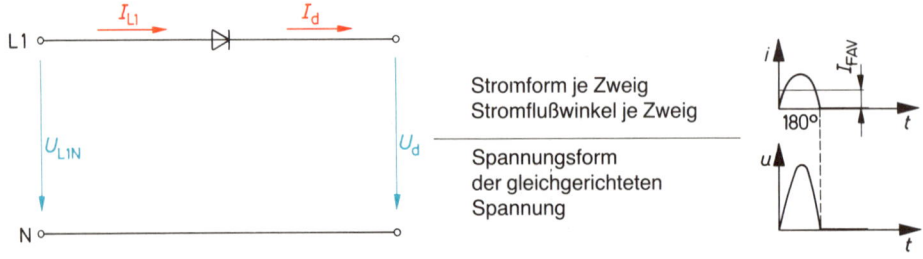

Bild 3.9a   Einpulsschaltung M 1
Bild 3.9b   Strom- und Spannungsform der Einpulsschaltung, Widerstandslast

3.1.4.2 Zweipuls-Mittelpunktschaltung M 2

Anwendung: Die Mittelpunktschaltung wird hauptsächlich bei kleinen Spannungen und kleinen Leistungen eingesetzt. Durch die preiswerten Halbleiter und einen relativ teuren Transformator mit vollbelastbarem Mittelabgriff hat die Schaltung keine große Bedeutung mehr.

Vorteil: Die zwei erforderlichen Dioden können ohne Isolierung auf einen gemeinsamen Kühlkörper gesetzt werden.

Nachteil: Die Sperrspannungsbeanspruchung ist sehr groß. Der Transformator muß eine Mittelanzapfung besitzen (Bilder 3.10a und 3.10b).

344

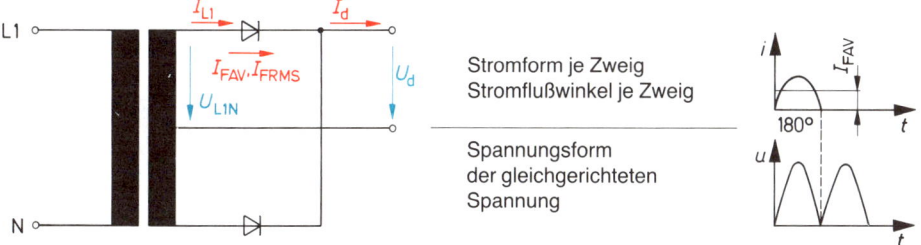

Bild 3.10a   Zweipuls-Mittelschaltung M 2
Bild 3.10b   Strom- und Spannungsform der Zweipuls-Mittelpunktschaltung, Widerstandslast

3.1.4.3   Zweipuls-Brückenschaltung B 2

Anwendung: Hauptsächlich bei kleinen Leistungen bis ca. 10 kW, bei Einphasennetzen, z.B. Bundesbahn bzw. Straßenbahn, bis zu einigen hundert kW.

Vorteile: Die Sperrspannungsbeanspruchung der Dioden ist geringer als bei der Mittelpunktschaltung. Die Transformatorausnutzung ist die günstigste unter den Einphasenschaltungen. Die Bauleistung des Transformators ist nur gering größer als die Gleichstromleistung. Die Schaltung kann ohne Transformator direkt ans Netz angeschlossen werden.

Nachteile: Die Ausgangsspannung ist um den Spannungsabfall an zwei Dioden geringer. Die Schaltung belastet ein Drehstromnetz unsymmetrisch (Bilder 3.11a und 3.11b).

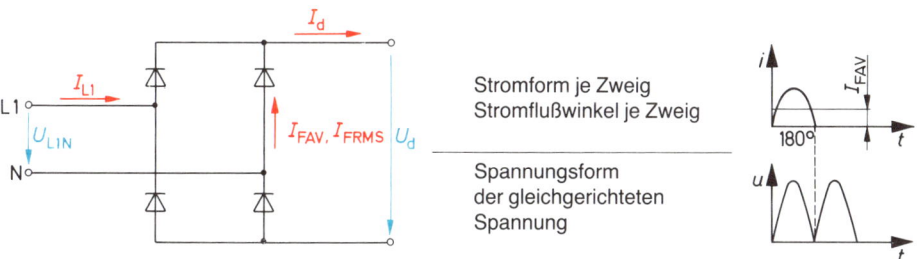

Bild 3.11a   Zweipuls-Brückenschaltung B 2
Bild 3.11b   Strom- und Spannungsform der Zweipuls-Brückenschaltung, Widerstandslast

3.1.4.4   Dreipuls-Mittelpunktschaltung M 3

Anwendung: Bei kleinen Drehstromleistungen, bei der die Welligkeit von $w = 18,3\%$ nicht stört.

Vorteile: Nur drei Dioden notwendig, die auf dem gleichen Kühlkörper montiert werden können.

Nachteile: Die Sperrspannungsbeanspruchung der Dioden ist groß. Es muß ein Drehstromnetz bzw. ein Transformator mit voll belastbarem Null- bzw. Sternpunkt zur Verfügung stehen (Bilder 3.12a und 3.12b).

345

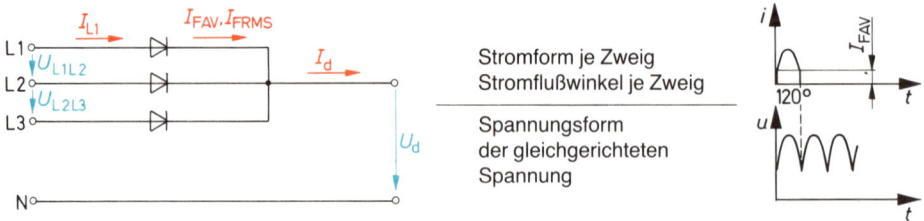

Bild 3.12a   Dreipuls-Mittelpunktschaltung M 3
Bild 3.12b   Strom- und Spannungsform der Dreipuls-Mittelpunktschaltung, Widerstandslast

3.1.4.5   Sechspuls-Brückenschaltung (Drehstrom-Brückenschaltung) B 6

Anwendung: Für alle Drehstromleistungen geeignet. Geringe Welligkeit $w = 4,2\%$

Vorteile: Gute Diodenausnutzung, gering erhöhte Transformatorleistung. Kleine Sperrspannungsbeanspruchung der Dioden. Die Schaltung kann ohne Trafo direkt am Netz betrieben werden (Bilder 3.13a und b).

Nachteile: Ausgangsspannung um den Spannungsabfall von zwei Dioden geringer, 6 Dioden erforderlich.

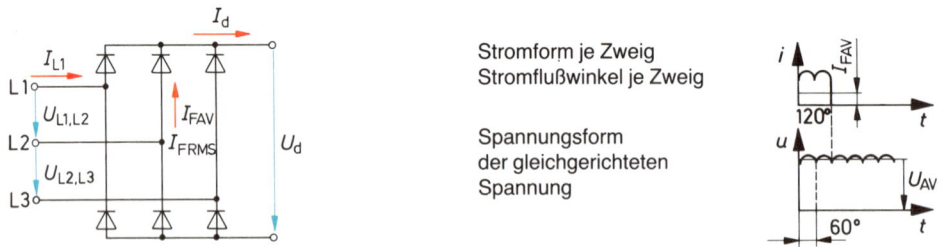

Bild 3.13a   Sechspuls-Brückenschaltung B 6
Bild 3.13b   Strom- und Spannungsform der Sechspuls-Brückenschaltung, Widerstandslast

3.1.5   Dimensionierungshinweise für Gleichrichterschaltungen

In Tabelle 3/1 sind die wichtigsten Berechnungsformeln der einzelnen Gleichrichterschaltungen für ohmsche und induktive Last aufgeführt.

Aus den Vor- und Nachteilen der einzelnen Gleichrichterschaltungen ist ersichtlich, daß die Einphasen-Brückenschaltung B 2 und die Drehstrom-Brückenschaltung B 6 die in der Praxis am häufigsten eingesetzten Schaltungen sind.

3.1.5.1   Spannungsbeanspruchung der Dioden

Da die periodischen Spitzensperrspannungen U_{RRM} von Dioden Grenzwerte sind, dürfen diese Werte im Betrieb nicht überschritten werden. Daher muß zwischen dem Scheitelwert der Netznennspannung und der periodischen Spitzensperrspannung ein Sicherheitsabstand eingehalten werden. Je nach der Größe der im Netz auftretenden Überspannungen liegt dieser Sicherheitsabstand bei einem Faktor von 1,5 bis 2,5, d.h.,

346

Tabelle 3/1   Gleichrichtertabelle

Schaltungskennzeichen nach DIN 41761		M 1	M 2	B 2		M 3	B 6
Lastart		$\dfrac{L}{R} = 0$	$\dfrac{L}{R} = 0$	$\dfrac{L}{R} = 0$	$\dfrac{L}{R} = \infty$	$\dfrac{L}{R} = \infty$	$\dfrac{L}{R} = \infty$
Stromrichter	Welligkeit in %	121	48,2	48,2		18,3	4,2
	Pulszahl	1	2	2		3	6
	$\dfrac{U}{U_d}$	2,22	1,11	1,11		1,48	0,74
	$\dfrac{I}{I_d}$	1,57	0,785	1,11	1	0,577	0,816
Ventil	$\dfrac{U_{RRM}}{U_d}$	3,14	1,57	1,57		2,09	1,05
	$\dfrac{I_{FAV}}{I_d}$	1,0	0,5	0,5		0,333	0,333
	$\dfrac{I_{FRMS}}{I_d}$	1,57	0,785	0,785	0,707	0,577	0,577
	Stromflußwinkel	180°	180°	180°		120°	120°
	$\dfrac{S_{Trafo}}{P_d}$	3,09	1,48	1,23	1,11	1,345	1,05

U = Effektivwert der Eingangsspannung
U_d = Arithmetischer Mittelwert der Ausgangsspannung
U_{RRM} = Periodische Spitzensperrspannung in der Schaltung ohne Sicherheitsfaktor
I_{FAV} = Arithmetischer Mittelwert des Diodenstromes
I_{FRMS} = Effektivwert des Diodendurchlaßstromes
I_d = Arithmetischer Mittelwert des Ausgangsgleichstromes
P_{Trafo} = Typenleistung des Transformators
P_d = Arithm. Mittelwert der Gleichrichterausgangsleistung ($U_d \cdot I_d$)

die zulässige periodische Spitzenspannung einer Diode sollte folgenden Wert keinesfalls unterschreiten:

$$U_{RRM} \approx 1{,}5 \text{ bis } 2{,}5 \cdot \sqrt{2} \cdot U_{Netz}$$

Überspannungen, die diesen Faktor übersteigen, sollten nicht durch Überdimensionierung der Diodensperrspannung, sondern durch eine geeignete Schutzbeschaltung bedämpft werden (Diodenschutzbeschaltung, Netzschutzbeschaltung siehe Abschnitt 3.1.3).

3.1.5.2 Strombeanspruchung der Dioden

Je nach Schaltung wird die Diode vom gesamten oder nur von einem Teilstrom durchflossen.

Die Grenzdaten des Herstellers der Diode, der Mittelwert des Diodendauergrenzstromes I_{FAVM} und der Grenzeffektivwert I_{FRMS} müssen in jedem Fall eingehalten werden, d.h., die in der Schaltung auftretenden Werte müssen in jedem Fall kleiner sein.

Da bei höherpulsigen Schaltungen der Effektivwert des Diodenstromes im Verhältnis zum arithmetischen Mittelwert groß wird, reicht die Auslegung nur nach arithmetischem Mittelwert nicht aus.

Es müssen daher immer beide Werte, I_{FAV} und I_{FRMS}, kleiner sein als die angegebenen Grenzwerte des Bauelements.

3.1.5.3 Sicherungsauslegung

Um die Dioden sicher gegen einen Kurzschluß zu schützen, muß die Sicherung der Diode angepaßt sein.

Die meisten Hersteller geben zu den Dioden auch noch eine Auswahltabelle der zugehörigen Sicherungen an. Der Nennstrom der Sicherung muß aber größer sein als der errechnete Strom I_{FRMS}.

Das Grenzlastintegral der Sicherung muß jedoch kleiner sein als das der Diode.

Wird die Sicherung bei einer Brückenschaltung im Strang angeordnet, so muß der Nennwert der Sicherung um den Faktor $\sqrt{2}$ gegenüber dem errechneten Diodenstrom I_{FRMS} vergrößert werden.

3.2 Gesteuerte Stromrichter für Gleichstrommotoren

Werden die Dioden ganz oder teilweise gegen Thyristoren ausgetauscht, so besteht die Möglichkeit, durch Verzögern des Zündzeitpunktes gegenüber dem «natürlichen Zündzeitpunkt» (Zeitpunkt, bei dem Dioden den Strom übernehmen) die Ausgangsspannung einzustellen (Bilder 3.14a und 3.14b).

Der Zündwinkel wird im natürlichen Zündzeitpunkt mit $\alpha = 0°$ bezeichnet. Von hier aus wird er in elektrischen Graden gezählt.

Die Ausgangsgleichspannung U_d besitzt bei $\alpha = 0°$ den gleichen Betrag wie ein ungesteuerter Stromrichter. Die Werte der Tabelle 3/1 in Abschnitt 3.1.5 können daher direkt verwendet werden. Die Spannung wird mit U_{d0} bei $\alpha = 0°$ und mit U_{d90} bei $\alpha = 90°$ bezeichnet.

Durch die motorische Last (ohmsch-induktiv) und durch die Zündwinkelverstellung wird dem Netz Blindleistung entnommen (φ ist zündwinkelabhängig). Durch zusätzliche Glättungsdrosseln im Lastkreis wird eine entsprechende Glättung des Stromes erreicht und ein Lücken des Stromes vermieden. Unter «Lücken» versteht man das Nullwerden des Stromes. Je nach Zündzeitpunkt und Art der vollgesteuerten Schaltung können daher an der Last negative Spannungszeitflächen entstehen.

348

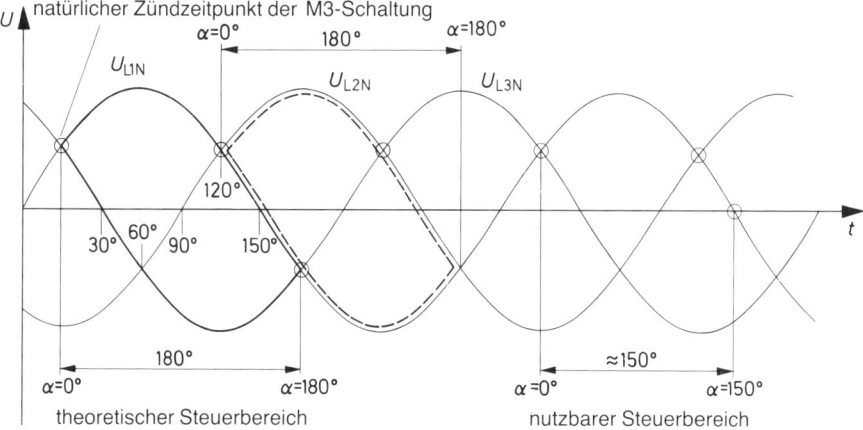

Bild 3.14a   Zündwinkel α im Wechsel-
spannungsnetz

Stromflußzeit

Bild 3.14b   Zündwinkel α im Dreh-   ○ natürlicher Zündzeitpunkt
stromnetz bei der M3-Schaltung

3.2.1   Impulssteuersatz

Die zur Zündung erforderlichen Zündimpulse werden dem Impulssatz bzw. Steuersatz
entnommen. Die Impulse werden synchron zur anliegenden Frequenz der Netzspannung erzeugt und lassen sich abhängig von einer Steuerspannung in ihrer Phasenlage
zur Netzspannung verschieben (Bild 3.15).

Die Eingangsspannung des Impulssatzes wird in den meisten Stromrichtern vom
Ausgang des Stromreglers (z.B. 0 bis 10 V) geliefert. Somit bestimmt der Stromregler die
Lage der Zündimpulse und damit den Strom des Stromrichters.

Je nach Art der anzusteuernden Schaltung müssen 2-Puls-, 3-Puls- oder 6-Puls-Steu-
ersätze verwendet werden. Die Elektronikindustrie liefert hierfür komplett serienmäßig
hergestellte Steuersätze oder auch integrierte Schaltkreise.

3.2.2   Halb- und vollgesteuerte Stromrichterschaltungen

Die 2-Puls-Brückenschaltung B 2 und 6-Puls-Brückenschaltung B 6 werden in der Praxis
am häufigsten eingesetzt, da sie auch ohne Transformator direkt am Netz betrieben
werden können. Bei beiden Schaltungen besteht die Möglichkeit, nur die eine Hälfte der

349

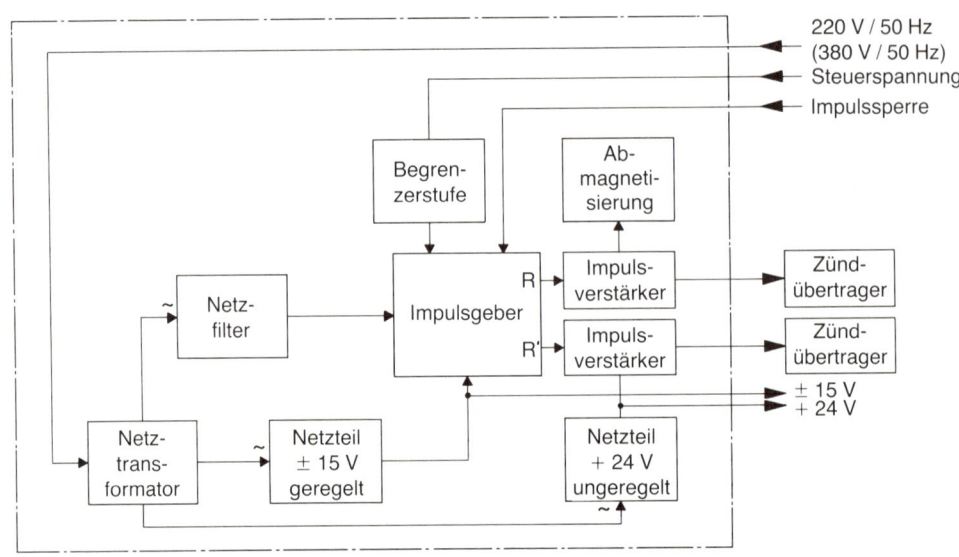

Bild 3.15 Blockschaltbild eines 2-Puls-Steuersatzes (die Synchronisierspannung wird über ein Filter auf den Impulsgeber geführt)

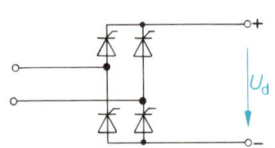

Bild 3.16a Vollgesteuerter Stromrichter B 2

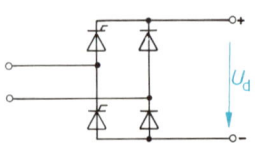

Bild 3.16b Halbgesteuerter Stromrichter B 2 HZ

Dioden durch Thyristoren auszuwechseln. Solche Schaltungen werden als *halbgesteuerte Stromrichter* bezeichnet. Negative Spannungszeitflächen können bei halbgesteuerten Schaltungen nicht auftreten, da der leitende Thyristor in Verbindung mit einer Diode oder zwei Dioden zusammen einen Freilaufkreis gegenüber der Last bildet (Bilder 3.16a und 3.16b).

3.2.3 Gleichrichterbetrieb

Gleichrichterbetrieb eines Stromrichters liegt dann vor, wenn Energie aus dem Wechselstromnetz über den Stromrichter dem Gleichstromnetz zugeführt wird (Abschnitt 3.1.1). Bei vollgesteuerten Stromrichtern ist dieses der Fall, wenn der Zündwinkel α von $\alpha = 0°$ bis $\alpha = 90°$ variiert wird (Bild 3.17). Bei halbgesteuerten Stromrichtern liegt dieser Betrieb bei Zündwinkeln zwischen $\alpha = 0°$ und $\alpha < 160°$ (theoretisch 180°, siehe

350

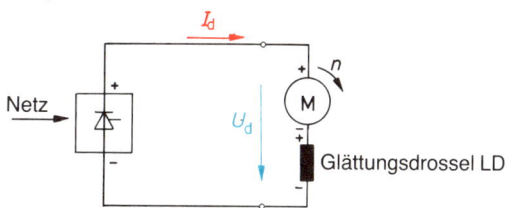

Bild 3.17 Gleichrichterbetrieb einer Stromrichterschaltung, Zündwinkel α zwischen 0° und 90°

Wechselrichtertrittgrenze, Abschnitt 3.2.5). Bei vollgesteuerter Schaltung und $\alpha = 90°$ sind die positive und negative Spannungszeitfläche gleich groß, so daß hier der arithmetische Mittelwert der Ausgangsspannung *Null* ist. Ein am Stromrichter angeschlossener Motor wird sich hier nicht drehen, und dem Netz wird fast ausschließlich Blindleistung entnommen.

3.2.4 Wechselrichterbetrieb

Diese Betriebsart eines Stromrichters ist dann erforderlich, wenn ein Motor mit Hilfe eines Stromrichters abgebremst werden soll, oder wenn ein Magnetfeld schnell entregt werden muß. Diese Betriebsart setzt eine *vollgesteuerte Stromrichterschaltung* voraus.

Wechselrichterbetrieb eines Stromrichters liegt dann vor, wenn Energie aus der Gleichstromseite über den Stromrichter in das Wechselstromnetz zurückgeliefert wird. Nachfolgend nochmals die erforderlichen Voraussetzungen für diese Betriebsart.

1. Auf der Gleichstromseite muß ein Energielieferant vorhanden sein, z.B. ein von der Last angetriebener Motor.
2. Die Spannung auf der Gleichstromseite muß eine Polarität besitzen, welche eine für den Stromrichter *richtige* Stromrichtung liefert.
3. Um den Rückspeisestrom einstellen zu können, muß der Stromrichter eine negative Gegenspannung liefern; dieses ist jedoch nur bei vollgesteuerten Stromrichterschaltungen möglich.

Kurzzeitig kann ein dynamischer Wechselrichterbetrieb von einer großen Induktivität aufrechterhalten werden. Der Strom wird hierbei jedoch schnell zu Null (Entregung von Magnetfeldern) (Bilder 3.18a, b und c).

Bei einer halbgesteuerten Schaltung klingt der Strom nach einer e-Funktion ab. Ein statischer Wechselrichterbetrieb kann gefahren werden, wenn ein Gleichstrommotor zum Generator wird und beim Abbremsen die mechanische Energie in Form von elektrischer Energie ins Netz zurückgespeist wird (Bild 3.19).

3.2.5 Wechselrichtertrittgrenze

Mit Wechselrichtertrittgrenze bezeichnet man den größten Steuerwinkel im Wechselrichterbetrieb, der mit Rücksicht auf eine einwandfreie Kommutierung nicht überschritten werden darf. Wird dieser Winkel $\alpha_W \approx 160°$ überschritten, kann das gezündete Ventil den Strom nicht mehr von dem noch leitenden Ventil übernehmen. Der Strom bleibt auf dem abgebenden Ventil «hängen», das bedeutet, da die Spannung wieder in positiver Richtung läuft, einen schlagartigen Polaritätswechsel der Stromrichterausgangsspannung (Wechselrichterkippen). Der hieraus entstehende kurzschlußartige Laststrom läßt die Sicherungen ansprechen.

351

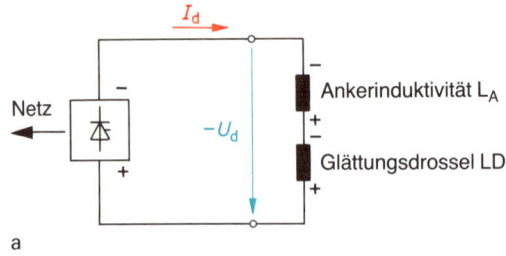

a

Netz

I_d

$-U_d$

Ankerinduktivität L_A

Glättungsdrossel LD

Bild 3.18a Dynamischer Wechselrichterbetrieb einer Stromrichterschaltung, Zündwinkel α zwischen 90° und 160°

Bild 3.18b Laststromverlauf einer vollgesteuerten Schaltung bei schneller Zündwinkelverstellung in den Wechselrichterbetrieb

Bild 3.18c Laststromverlauf bei einer halbgesteuerten Schaltung und schneller Zündwinkelverstellung auf $\alpha = 160°$

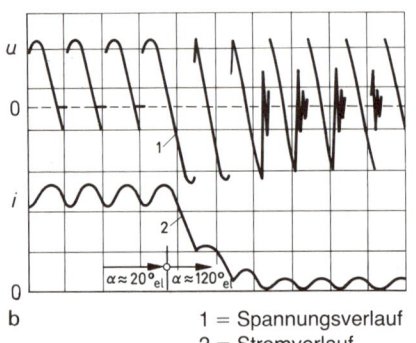

b

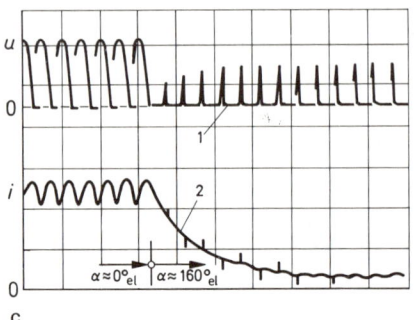

c

1 = Spannungsverlauf
2 = Stromverlauf

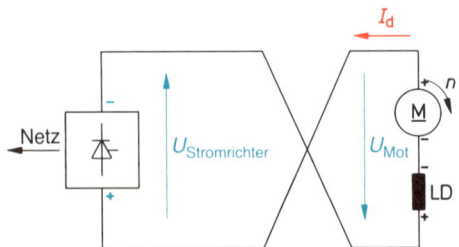

Netz

I_d

$U_{\text{Stromrichter}}$

U_{Mot}

M n

LD

Bild 3.19 Statischer Wechselrichterbetrieb einer Stromrichterschaltung

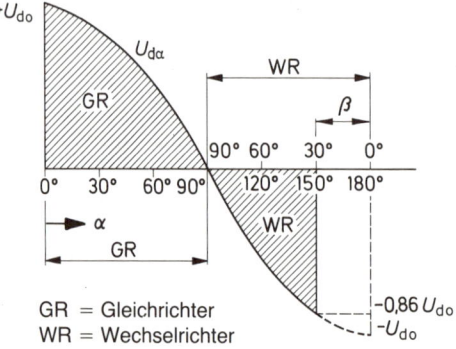

$+U_{do}$

$U_{d\alpha}$

WR

β

GR

90° 60° 30° 0°

0° 30° 60° 90°   120° 150° 180°

α

WR

GR

GR = Gleichrichter
WR = Wechselrichter

$-0,86\,U_{do}$
$-U_{do}$

Bild 3.20 Steuerkennlinie eines Stromrichters im Gleichrichter- und Wechselrichterbetrieb

352

Dieser Vorgang wird vermieden, wenn der Zündwinkel α nicht bis auf 180° einge-stellt wird, sondern ein Respektabstand β zu 180° gehalten wird. β ergibt sich aus der Kommutierungsdauer und der Freiwerdezeit der Thyristoren. Die Wechselrichtertritt-grenze α_w ergibt sich aus der Formel

$$\alpha_w = 180° - \beta, \qquad \text{wobei } \beta \approx 20° \text{ bis } 30° \text{ beträgt}$$

$$\alpha_w \approx 150° \text{ bis } 160°$$

(Bild 3.20).

3.2.6 Zweipulsige vollgesteuerte Brückenschaltung B 2

Die vier steuerbaren Ventile ermöglichen im Gegensatz zu den halbgesteuerten Schal-tungen den Wechselrichterbetrieb. Die Ventile müssen paarweise (diagonal) gezündet werden. Ohne Netztransformator müssen in den Netzzuleitungen Kommutierungsdros-seln vorgesehen werden. Die nachfolgenden Strom- und Spannungsverläufe sind unter idealen Voraussetzungen gezeichnet:

a) völlig geglätteter Laststrom durch Glättungsdrossel mit $L = \infty$,
b) Kommutierungszeit Null,
c) ideale Ventile.

Bild 3.21a Vollgesteuerte Brückenschal-tung B 2 mit fremderregtem Gleichstrom-motor

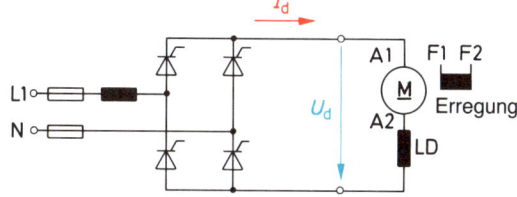

Bild 3.21b Spannungsverläufe im Gleich- und Wechselrichterbetrieb

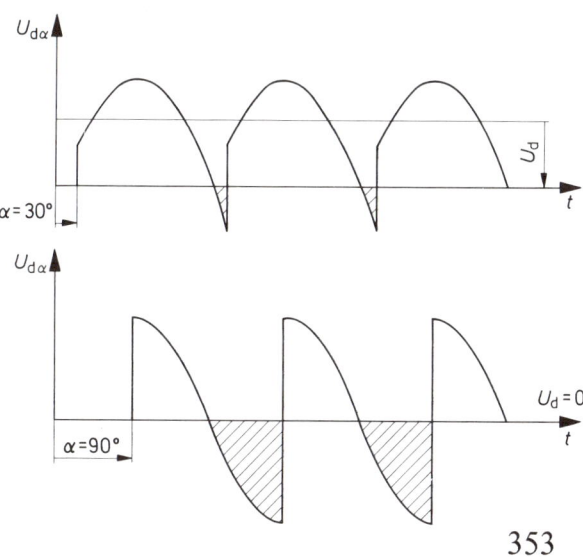

353

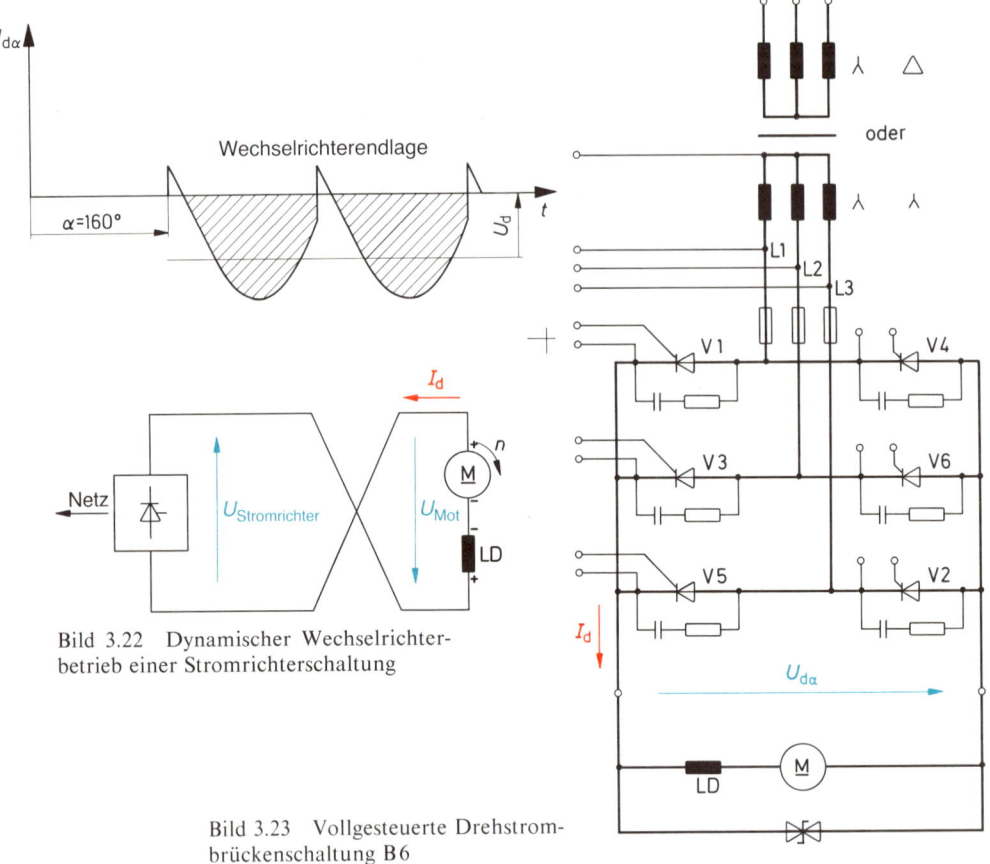

Bild 3.22   Dynamischer Wechselrichterbetrieb einer Stromrichterschaltung

Bild 3.23   Vollgesteuerte Drehstrom-
brückenschaltung B 6

Die Bilder 3.21a und 3.21b zeigen die Schaltung und den Verlauf der Ausgangsspannungen des Stromrichters bei den Zündwinkeln

$$\alpha = \ 0° \text{ bis } 90° \quad \text{Gleichrichterbetrieb} \quad U_{d\alpha} = \text{positiv}$$
$$\alpha = 90° \quad\quad\quad\quad \text{Ausgangsspannung} \quad U_{d\alpha} = 0$$
$$\alpha = 90° \text{ bis } 160° \quad \text{Wechselrichterbetrieb} \quad U_{d\alpha} = \text{negativ}$$

Bei schlagartiger Zündwinkelverstellung ergibt sich mit der induktiven Last der dynamische Wechselrichterbetrieb. Für den statischen Wechselrichterbetrieb ist eine Energiequelle mit richtiger Polung erforderlich (Bild 3.22), siehe Abschnitt Wechselrichterbetrieb.

3.2.7   Sechspulsige Brückenschaltung B 6

Für größere Leistungen und symmetrische Netzbelastung wird die Drehstrombrückenschaltung B 6 verwendet. Durch die hohe Pulsfrequenz (6 Pulse je Periode) beträgt die Frequenz der Ausgangsgleichspannung 300 Hz. Zur Glättung des Ankerstromes reicht daher in den meisten Fällen die Ankerinduktivität aus (Bild 3.23).

354

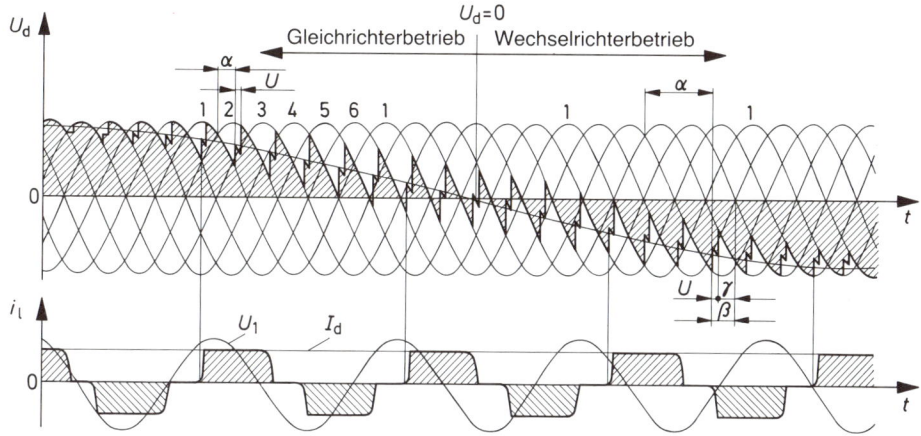

Bild 3.24 Ausgangsspannungsverlauf der B6-Schaltung, mit Kommutierungseinbrüchen, beim Umsteuern von Gleichrichter- in den Wechselrichterbetrieb

Unter der Voraussetzung eines nicht lückenden Stromes errechnet sich die Ausgangsspannung zu $U_{d\alpha} = U_d \cdot \cos \alpha$. Bild 3.24 zeigt die Ausgangsspannung dieser Schaltung mit den entstehenden Kommutierungseinbrüchen und verschiedenen Zündwinkeln.

Um einen einwandfreien Betrieb der Schaltung auch bei Lückbetrieb zu gewährleisten, müssen ständig zwei Thyristoren gezündet werden. Wenn die Zündimpulse sich überlappen sollen, muß der Einzelimpuls daher eine Breite von 60° besitzen. Eine bessere Möglichkeit bieten aber Doppelimpulse im Abstand 60° oder Kettenimpulse, da hierdurch die Baugrößen der Impulstransformatoren erheblich reduziert werden.

3.2.8 Halbgesteuerte Brückenschaltung B 2 HZ

Bei der halbgesteuerten Wechselstrombrückenschaltung sind zwei unterschiedliche Schaltungen möglich. Hier soll jedoch nur die B 2 HZ (H = halbgesteuert, Z = zweipaar gesteuerte Brücke) besprochen werden, da sie häufiger eingesetzt wird, weil die beiden in Reihe liegenden Dioden einen direkten Freilaufkreis bilden (Bild 3.25). Der Vorteil der halbgesteuerten Schaltungen liegt in der geringeren Anzahl der steuerbaren Ventile und der gesenkten Netzblindleistung. Der Phasenwinkel φ zwischen Netz- und Grundwelle wird halb so groß wie bei der vollgesteuerten Schaltung.

Bild 3.25 Halbgesteuerte Brückenschaltung B 2 HZ

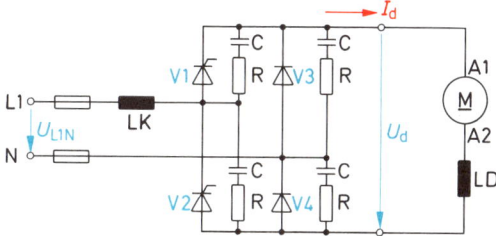

355

Nachteil: Wie schon erwähnt, kein Wechselrichterbetrieb möglich, d.h. keine schnelle Entmagnetisierung und keine Energierückspeisung beim Bremsen von Motoren.

Bei 1-Quadranten-Antrieben (nur eine Drehrichtung ohne Bremsen) jedoch durchaus eine häufig eingesetzte Stromrichterschaltung. Bei Triebfahrzeugen der DB werden zur weiteren Leistungsfaktorverbesserung sogar 2 halbgesteuerte Schaltungen in Reihe geschaltet. Auf die halbgesteuerte Drehstrombrücke soll nicht mehr eingegangen werden, da sie keine neuen Erkenntnisse bringt.

3.2.9 Aufbau eines geregelten Stromrichters

Drehzahlveränderbare Antriebe werden fast ausschließlich geregelt betrieben. Die ganze Einheit des Regelkreises setzt sich aus den Einzelsystemen zusammen:

1. Motor mit Antriebsmaschine,
2. Stromrichterleistungsteil,
3. Istwerterfassung von Strom und Drehzahl,
4. Regler und Sollwertgeber (siehe Bild 3.26).

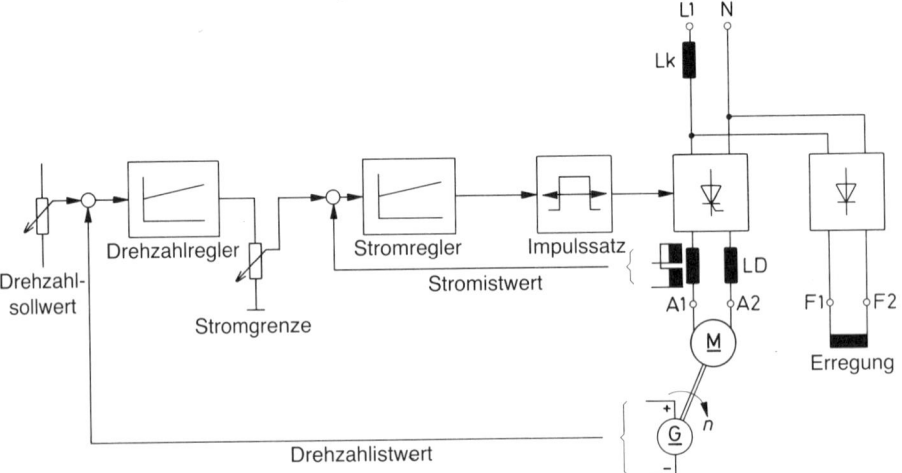

Bild 3.26 Blockschaltbild einer Drehzahl-regelung mit unterlagerter Stromregelung

Bei einem drehzahlveränderbaren Antrieb muß sowohl der Stromrichter als auch die Maschine vor strommäßiger Überlastung geschützt werden. Hierzu dient eine Strombegrenzung, die durch eine Begrenzung der Stellgröße (Ausgangsspannung) des Drehzahlreglers vorgenommen wird. Da der Stromregler dem Drehzahlregler nachgeschaltet ist, spricht man von einem Drehzahlregler mit unterlagerter Stromregelung. Der Stromregler führt den Ankerstrom entsprechend dem vorgegebenen Sollwert und regelt Stromänderungen durch Störgrößen, wie Netzspannungsschwankungen oder Belastungsänderungen, sehr schnell aus.

Die Aufgabe der Regeleinrichtung besteht darin, die Motordrehzahl konstant zu halten, d.h., das Motormoment muß zu jedem Zeitpunkt gleich dem Lastmoment sein. Ein ansteigendes Lastmoment muß durch ein größeres Motormoment kompensiert werden. Bei konstanter Erregung muß sich daher die Ausgangsspannung des Stromrichters so einstellen, daß jeweils der vom Anker geforderte Strom fließen kann.

$$M \sim I_A$$

Der Drehzahlregler erfaßt die Abweichung der Drehzahl vom vorgegebenen Sollwert und beeinflußt mit seinem Ausgangssignal den ihm nachgeschalteten (unterlagerten) Stromregler.

Bild 3.27   Operationsverstärker
als PI-Regler beschaltet

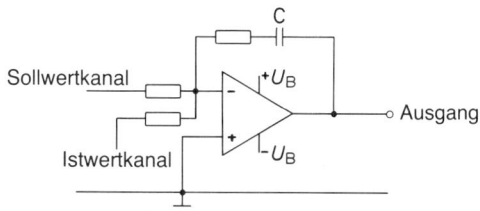

Der Stromregler vergleicht den Sollwert mit dem Strom-Istwert und steuert über seine Ausgangsspannung den Impulssteuersatz. Hierdurch werden die Impulse verschoben, damit sich die Ausgangsspannung des Stromrichters so erhöht, daß der benötigte Strom für das geforderte Moment fließen kann. Die Regler werden heute meist aus OP-Verstärkern aufgebaut. Der am häufigsten eingesetzte Regler ist der PI-Regler (Bild 3.27).

Nachfolgend soll ein Übersichtsschaltbild eines Stromrichters, halbgesteuerte Wechselstrombrücke B 2 HZ, in industrieller Ausführung gezeigt werden. Die einzelnen Systemblöcke wie Drehzahlregler, Stromregler, Impulssatz usw. sind in Bild 3.28 einzeln bezeichnet. Auf weitere Einzelheiten der Schaltung soll jedoch nicht eingegangen werden.

3.2.10   Zusammenwirken von Stromrichter und Motor

3.2.10.1   Gleichstrom-Nebenschlußmotor

Das Drehmoment eines fremderregten Gleichstrommotors ist proportional dem Erregerfluß Φ_E und dem Ankerstrom I_A.

$$M \sim \Phi_E \cdot I_A$$

M = Motordrehmoment
Φ_E = Erregerfluß
I_A = Ankerstrom

Die Klemmenspannung des Motors ist abhängig vom Spannungsabfall im Anker $I_A \cdot R_i$ (belastungsabhängig) und der von der Drehzahl induzierten Ankergegenspannung U_0

357

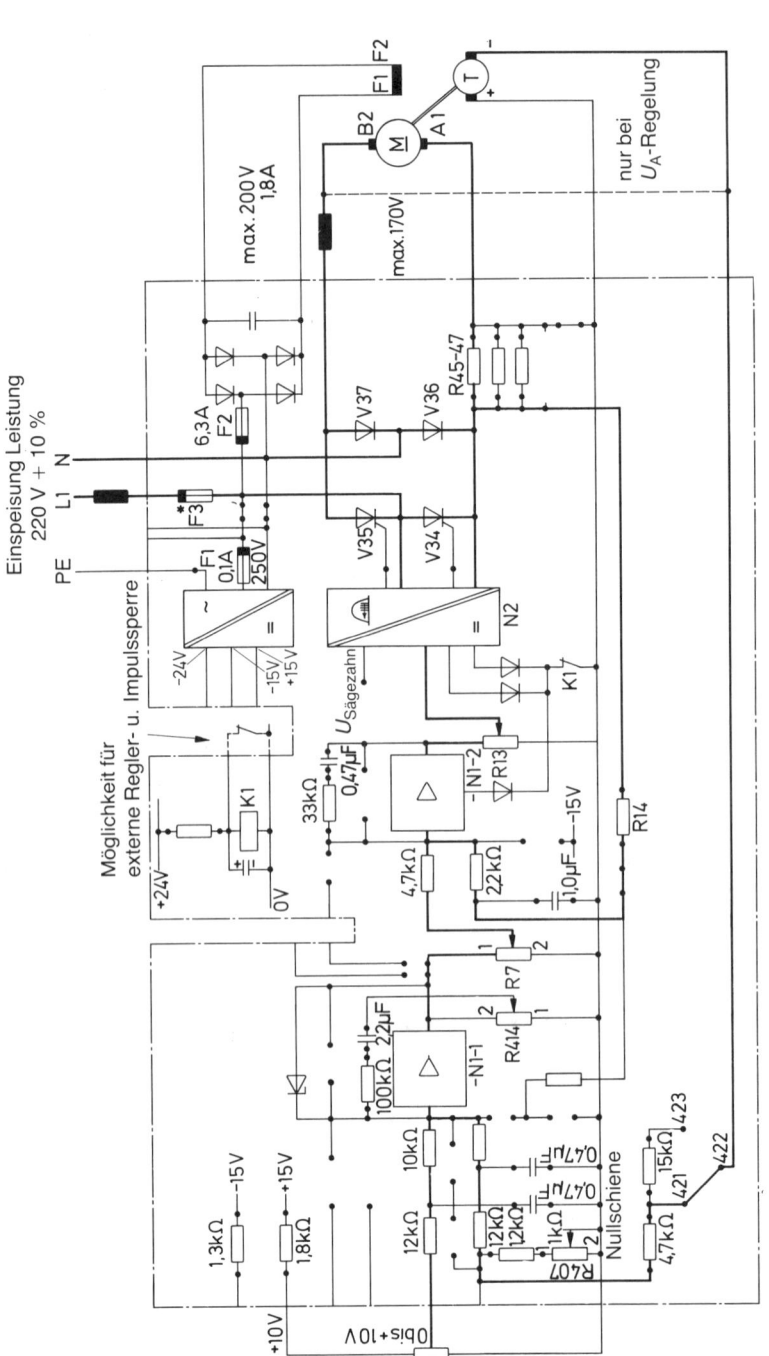

N1–1 Spannungs-Drehzahlregler
Drehzahlistwertabgleich
Brücke 422–421 für $U_A/X_n = 100$ V
Brücke 422–423 für $U_A/X_n = 170$ V
R407 = Drehzahlistwertfeinabgleich
R414 = dynamische P-Verstärkung

N1–2 Stromregler
Stromistwertabgleich

Typenstrom	4 A	7 A	10 A
Bürde	R45	R45, R46	R45–R47
Sicherung F3*	5 A/250 V	10 A/250 V	12,5 A/250 V

R14 = Stromistwertfeinabgleich N2 Impulsbildung
R 7 = Stromgrenze
R13 = ⊀ α Begrenzung
(Gleichrichterendlage)
Potentiometer Stellung
2 ≙ Linksanschlag

keine Änderung
bei 60 Hz

Thyristor-
leistungsteil
V34–V37

Bild 3.28   Übersichtsschaltbild eines industriellen Stromrichters

$$U_{Kl} = U_0 + I_A \cdot R_i$$

$$U_0 \sim \Phi_E \cdot n$$

$$n \sim \frac{U_{Kl} - R_i \cdot I_A}{\Phi}$$

U_{KL} = Klemmenspannung
U_0 = Ankergegenspannung
R_i = Ankerwiderstand
n = Drehzahl

Wie aus den vorstehenden Formeln ersichtlich, kann die Drehzahl des Motors über die Ankerspannung (Klemmenspannung) und das Erregerfeld beeinflußt werden. Der gesamte Drehzahlstellbereich wird in Ankerstellbereich und Feldstellbereich unterteilt. Bis zur Nenndrehzahl geschieht die Verstellung über die Ankerspannung bei konstanter Erregung. Oberhalb der Nenndrehzahl erfolgt die Drehzahlverstellung durch Feldschwächung bei konstanter Ankerspannung.

3.2.10.2 Motor und Stromrichter

Wird die Einheit «Motor und Stromrichter» in Betrieb genommen, so folgt auf eine schlagartige Sollwertänderung ein schnelles Ansteigen des Ankerstromes auf den maximalen Stromwert (eingestellte Stromgrenze).

Bild 3.29   Hochlauf der Drehzahl
bei Betrieb des Stromrichters an der
Stromgrenze sowie Ankerstrom- und
Leistungsverlauf

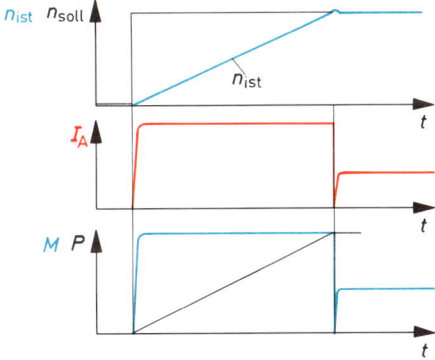

Während des ganzen Hochlaufvorgangs steht der Ankerstrom an der eingestellten Stromgrenze. Der Motor gibt also ein diesem Strom proportionales Moment ab (Bild 3.29). Der Antrieb beschleunigt, die Ankerspannung steigt und ebenso die Leistung.

In vielen Fällen ist es notwendig, die Drehzahl über den Nennwert zu erhöhen. Das ist praktisch nur möglich, wenn das Feld des Motors geschwächt wird, angewendet wird dieses z.B. bei Hauptspindelantrieben von Werkzeugmaschinen. Diese Drehzahlerhöhung hat aber nur Sinn, wenn nicht gleichzeitig von der Last das maximale Moment gefordert wird, da bei Feldschwächung das Moment zurückgeht. Als Istwert bei Feldschwächung dient dann für den Feldstromrichter die Ankerspannung (Bild 3.30).

359

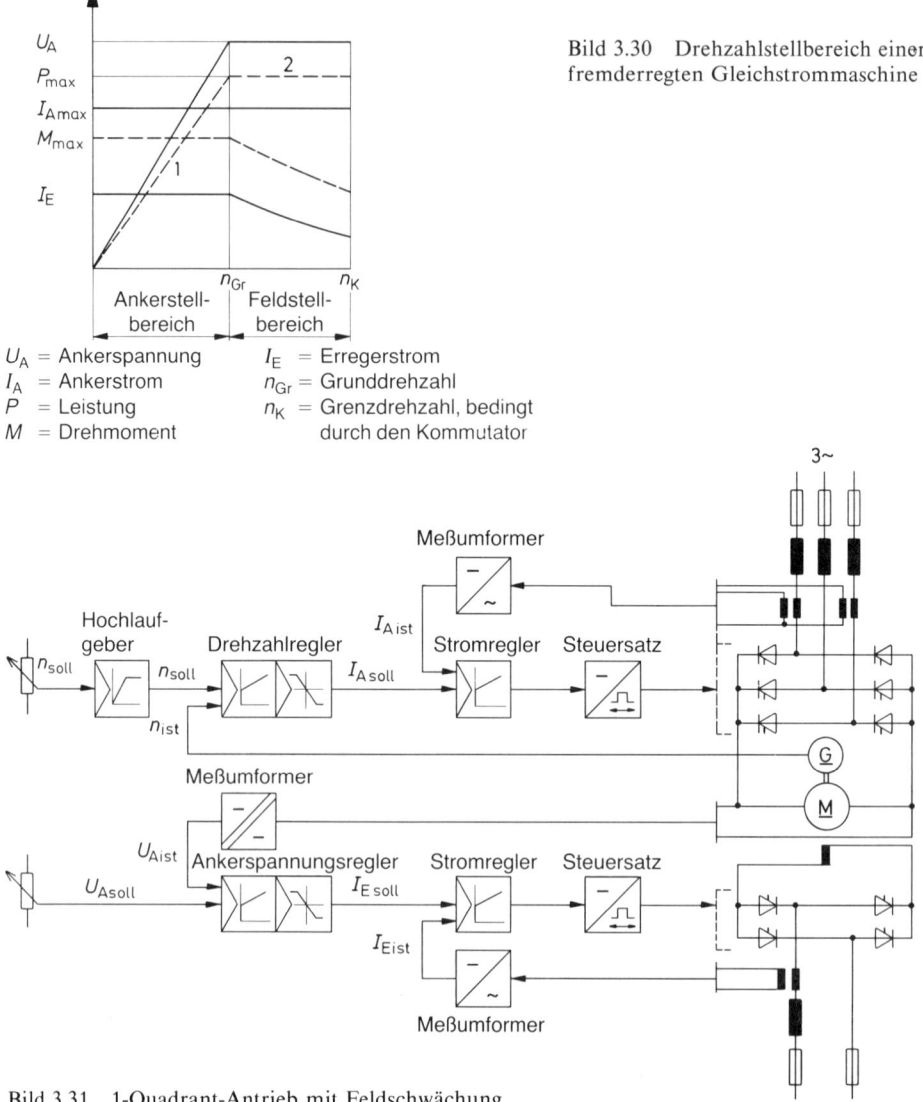

Bild 3.30 Drehzahlstellbereich einer fremderregten Gleichstrommaschine

U_A = Ankerspannung I_E = Erregerstrom
I_A = Ankerstrom n_{Gr} = Grunddrehzahl
P = Leistung n_K = Grenzdrehzahl, bedingt
M = Drehmoment   durch den Kommutator

Bild 3.31   1-Quadrant-Antrieb mit Feldschwächung

Bild 3.31 zeigt ein Blockschaltbild mit einem zusätzlichen Stromrichter zur Feldschwächung.

3.2.10.3 Drehrichtungs- und Momentenumkehr mit Stromrichtern

Die möglichen Betriebsarten eines Einfach-Stromrichters in Verbindung mit einer Gleichstromnebenschlußmaschine sind folgende:

Halbgesteuerte Stromrichter: Treiben in einer Richtung ohne Bremsen. Soll der Motor

360

in beiden Richtungen betrieben werden, so muß eine mechanische Umpolung mittels Schützen im Anker- oder Feldkreis bei *Stillstand* vorgenommen werden.

Vollgesteuerte Stromrichter: Treiben in einer Richtung (z.B. Rechtslauf) und Bremsen in anderer Richtung (z.B. Linkslauf). Bei Hubantrieben erfolgt dieses automatisch zwischen Heben und Senken. Soll bei gleicher Drehrichtung gebremst werden, so kann diese entgegengesetzte Momentrichtung durch Anker- oder Feldwendung erfolgen. Vollgesteuerte Stromrichterbrücken können durch die elektromechanische Umschaltung im 2-Quadranten-Betrieb und 4-Quadranten-Betrieb arbeiten. Zweifachstromrichter, d.h. zwei antiparallel geschaltete Stromrichter, ermöglichen, da die Stromrichtung hiermit umgekehrt werden kann, ebenfalls den 4-Quadranten-Betrieb. Diese Schaltung wird jedoch nur bei erhöhten Anforderungen an den Antrieb, schnelle Drehrichtungsumkehr mit Nutzbremsung bis zum Stillstand bei sehr kleiner momentenfreier Pause, eingesetzt. Die Umschaltung ist hier kontaktlos, da jede Stromrichtung ihren eigenen Stromrichter besitzt. Je nach Schaltung unterscheidet man die kreisstromfreie oder die kreisstromführende Gegenparallelschaltung.

Momentenfreie Pausen bei 4-Quadranten-Antrieben:

Ankerkreisumschaltung (elektromechanisch)	0,1 bis 0,2 s
Feldkreisumschaltung (elektromechanisch)	0,5 bis 2,5 s
Gegenparallelschaltung ohne Kreisstrom	10 bis 15 ms
Gegenparallelschaltung mit Kreisstrom	keine

Besonders deutlich sind die Betriebsarten eines Antriebs durch die vier Quadranten des Drehzahl-Drehmomenten-Diagramms gekennzeichnet (Bild 3.32).

Bild 3.32 Drehzahl-Drehmoment-Quadranten

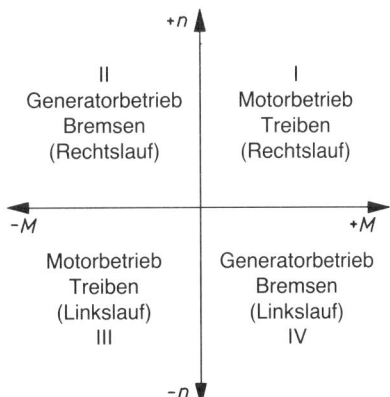

II Generatorbetrieb Bremsen (Rechtslauf)	I Motorbetrieb Treiben (Rechtslauf)
Motorbetrieb Treiben (Linkslauf) III	Generatorbetrieb Bremsen (Linkslauf) IV

+n

−M   +M

−n

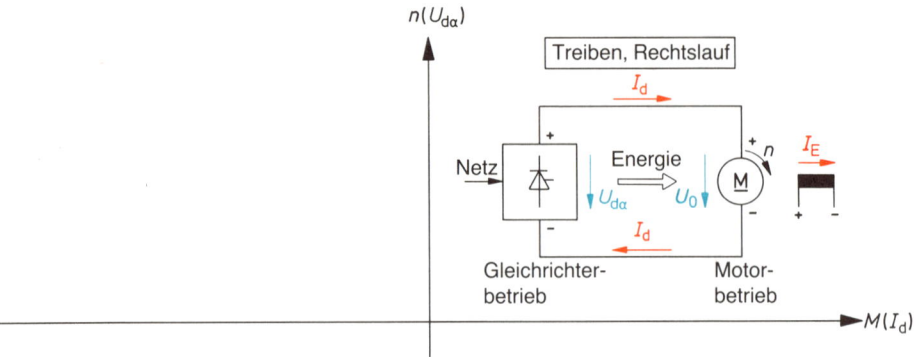

Bild 3.33 1-Quadrant-Antrieb

1-Quadrant-Antrieb

Betrieb im I. oder III. Quadranten

   Gleichstrommaschine und Einfachstromrichter

   Keine betriebsmäßige Umschaltung im Anker- oder Feldkreis (Bild 3.33).

   Dieser Betrieb kann mit einem halbgesteuerten Stromrichter, z.B. B 2 HZ, realisiert werden (siehe Abschnitt 3.2.8).

   Bei großen Leistungen wird oft die B-6-Schaltung eingesetzt, ohne jedoch den statischen Wechselrichterbetrieb auszunutzen.

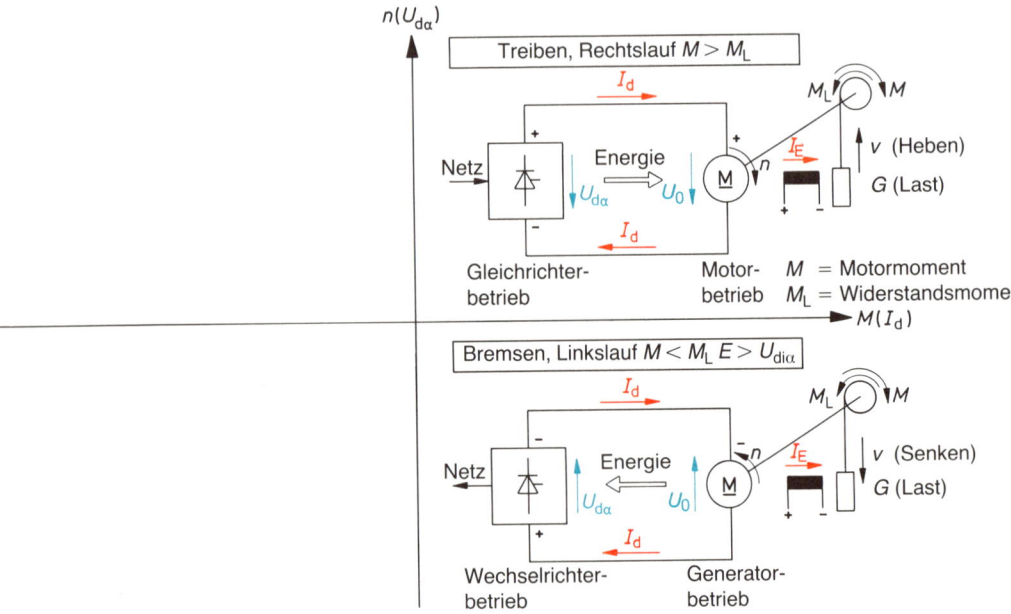

Bild 3.34 2-Quadranten-Antrieb eines Hubantriebs

362

2-Quadranten-Antriebe

a) Betrieb im I. und II. Quadranten oder III. und IV. Quadranten. Siehe 4-Quadranten-Antriebe.

b) Betrieb im I. und IV. Quadranten oder II. und III. Quadranten

Gleichstrommaschine und Einfachstromrichter
Keine betriebsmäßige Umschaltung im Anker- oder Feldkreis (Bild 3.34).
Für diese Betriebsart muß eine vollgesteuerte Stromrichterschaltung eingesetzt werden.

4-Quadranten-Antriebe
a) Mit Umschaltung im Ankerkreis
Gleichstrommaschine und Einfachstromrichter
Betriebsmäßige Umschaltung im Ankerkreis (Bild 3.35).
Zusätzlich zum vollgesteuerten Stromrichter sind Ankerumschaltschütze sowie eine Umschaltlogik erforderlich (Bild 3.36).
Umsteuervorgang im Stromrichter bei Übergang vom Gleichrichter- in den Wechselrichterbetrieb:

1. Zündimpulse schlagartig von Gleichrichterbetrieb in den Wechselrichterbetrieb stellen $30° \rightarrow 150°$.
2. Der Ankerstrom wird sehr schnell zu Null (dynamischer Wechselrichterbetrieb).
3. Bei $I_A = 0$ werden die Zündimpulse ganz gesperrt.
4. Umpolung des Ankerkreises mit Schaltschützen.
5. Freigabe der Zündimpulse im Wechselrichterbetrieb $\alpha \approx 150°$.

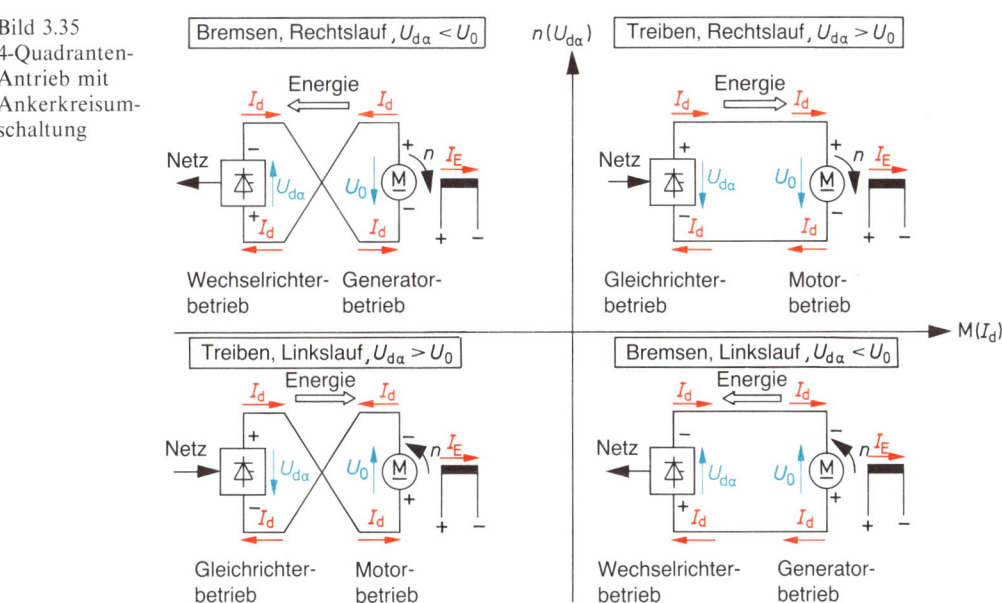

Bild 3.35
4-Quadranten-Antrieb mit Ankerkreisum-schaltung

363

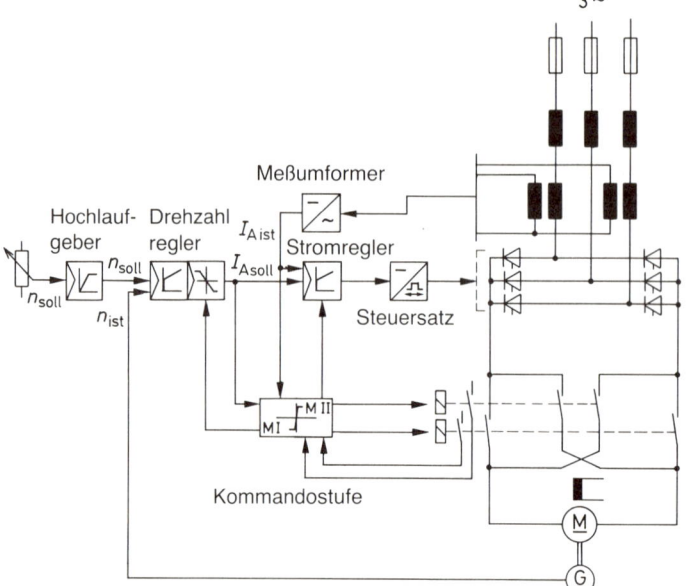

Bild 3.36 Schaltung eines
4-Quadranten-Antriebs mit
Ankerkreisumschaltung

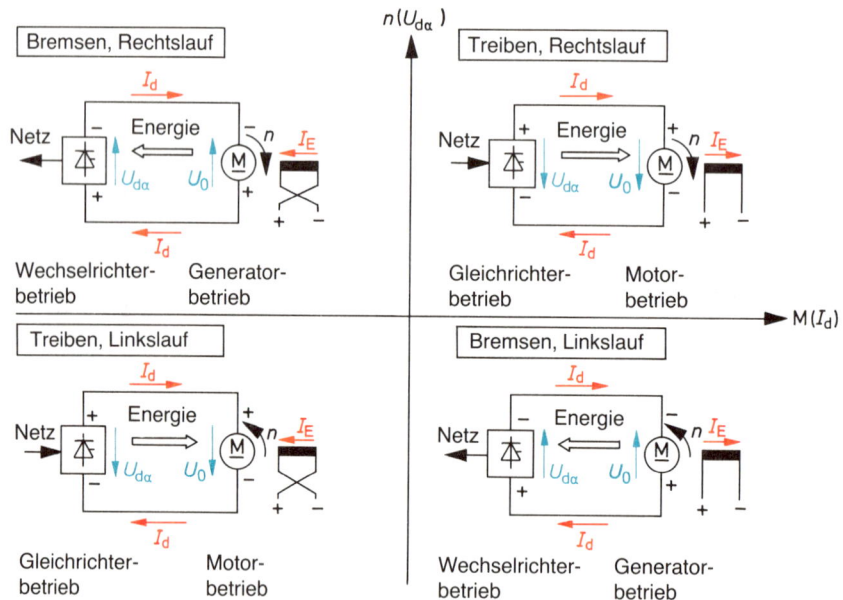

Bild 3.37 4-Quadranten-Antrieb mit Feldkreisumschaltung

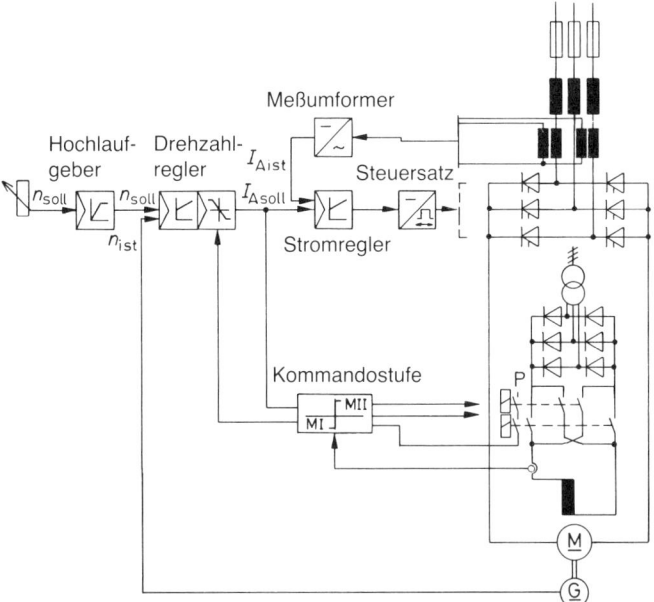

Bild 3.38 Schaltung eines
4-Quadranten-Antriebs mit
Feldkreisumschaltung

6. Die negative Netzspannung wirkt der Klemmenspannung des Motors (Generators) entgegen, d.h. Ankerstrom sehr gering oder Null.

7. Durch Zündwinkeleinstellung von $\alpha = 150°$ in Richtung $\alpha = 90°$ sinkt die Gegenspannung des Stromrichters so, daß die Motorspannung einen Strom treiben kann.

8. Der Motor wird gebremst, die Klemmenspannung sinkt, der Zündwinkel muß nachgestellt werden, damit der Bremsstrom weiter fließen kann.
   (Erfolgt automatisch von der Stromregelung.)

9. Der Bremsstrom fließt, solange sich der Motor dreht und die Motorspannung größer als die Gegenspannung ist.

10. Bei $\alpha = 90°$ steht der Motor.

11. Ausschalten des Antriebs oder Hochlaufen in die andere Drehrichtung.

b) Mit Umschaltung im Feldkreis
Gleichstrommaschine und Einfachstromrichter
   Betriebsmäßige Umschaltung im Feldkreis (Bild 3.37).
   Zusätzlich zu einem vollgesteuerten Stromrichter sind hier Umschaltschütze für das Feld nebst der entsprechenden Umschaltung vorzusehen (Bild 3.38).

c) Mit Zweifachstromrichter in Gegenparallelschaltung
Gleichstrommaschine und Zweifachstromrichter.
   Kreisstromfreie Gegenparallelschaltung der beiden Stromrichter (Bild 3.39).
   Die Gegenparallelschaltung ist die gleichstromseitige Parallelschaltung zweier vollgesteuerter Stromrichter mit entgegengesetzter Durchlaßrichtung der Ventile. Sie stellt einen Zweifachstromrichter dar, der in allen vier Quadranten betrieben werden kann. Im allgemeinen wird eine Gegenparallelschaltung kreisstromfrei betrieben, d.h., von den

365

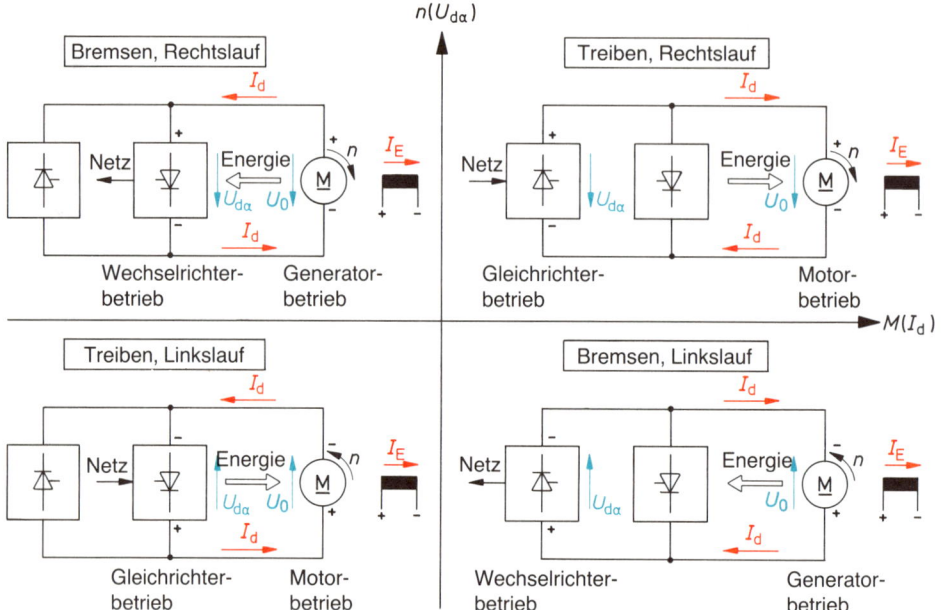

Bild 3.39 Kreisstromfreie Gegenparallelschaltung
zweier Stromrichter

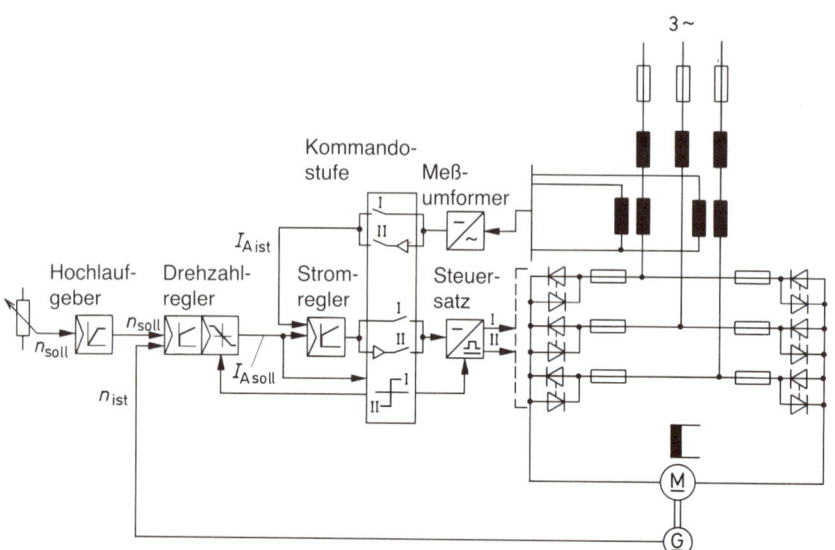

Bild 3.40 Schaltung eines 4-Quadranten-
Antriebs mit kreisstromfreier Gegenparallelschaltung zweier Stromrichter

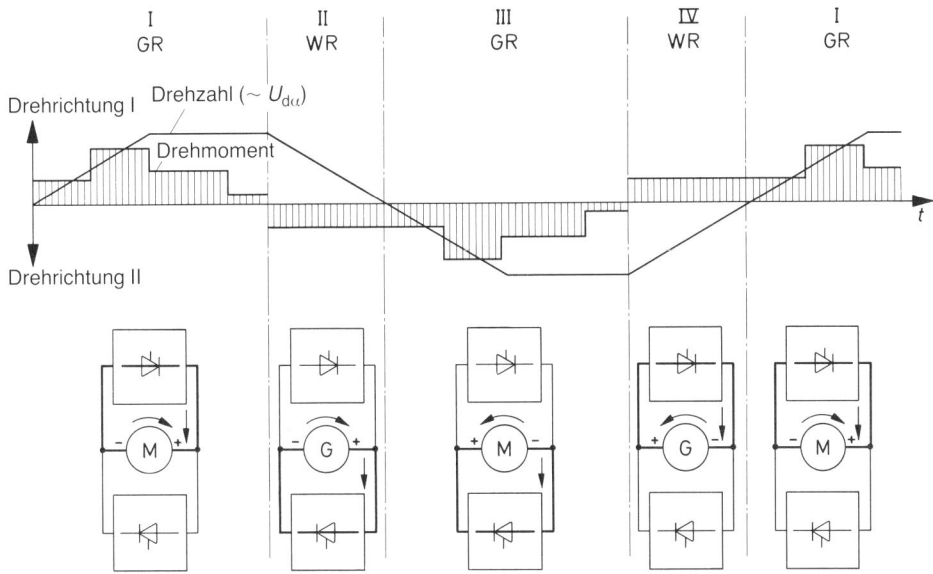

Bild 3.41 Lastspielverhalten bei der Gegenparallelschaltung zweier Stromrichter

beiden Stromrichtern ist immer nur *einer* in Betrieb, während die Zündimpulse des anderen Stromrichters gesperrt sind (Bild 3.40).

Beim Übergang von Quadrant I zu II oder von II zu IV muß durch eine Strom-Istwert-Erfassung ebenfalls das Nullwerden des Stromes erfaßt werden. Eine Umschaltlogik sperrt die Zündimpulse des einen Stromrichters und gibt die des anderen an der Wechselrichtertrittgrenze frei. Während dieses Umsteuervorgangs tritt eine kurze stromlose Pause und damit eine momentenfreie Pause von ca. 10 bis 20 ms ein.

In Bild 3.41 ist das idealisierte Lastspielverhalten beim Antrieb einer Umkehrwalzenstraße dargestellt. Gleiches Vorzeichen von Drehzahl und Drehmoment entspricht dem Gleichrichterbetrieb (Motorbetrieb), ungleiches Vorzeichen dem Wechselrichterbetrieb (Generatorbetrieb).

d) Mit Zweifachstromrichter in Kreuzschaltung

Gleichstrommaschine und Zweifachstromrichter
Kreisstromführende Kreuzschaltung der beiden Stromrichter (Bild 3.42).

Bei dieser Gegenparallelschaltung zweier Stromrichter mit Kreisstrom werden zu jedem Augenblick *beide* Stromrichter mit Impulsen angesteuert. Der eine Stromrichter arbeitet jedoch im Gleichrichterbetrieb, und der andere Stromrichter arbeitet im Wechselrichterbetrieb. Zum Motorstrom kommt daher noch ein Kreisstrom, der über beide Stromrichter fließt, hinzu. Die Zündwinkel für beide Geräte müssen folgenden Bedingungen entsprechen

$$\alpha_{\text{Str. II}} = 180° - \alpha_{\text{Str. I}}$$

367

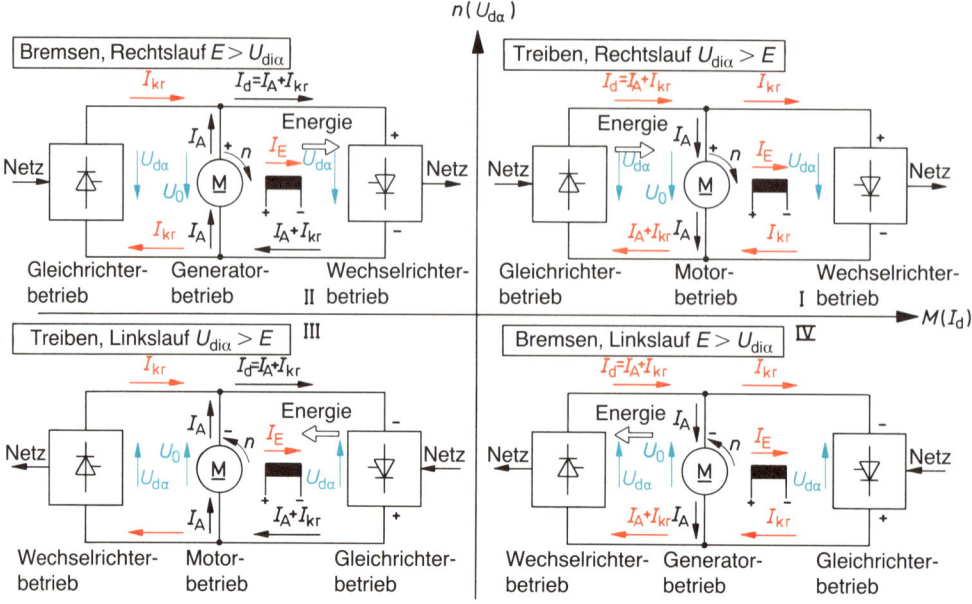

Bild 3.42   Kreisstromführende Gegenparallelschaltung zweier Stromrichter

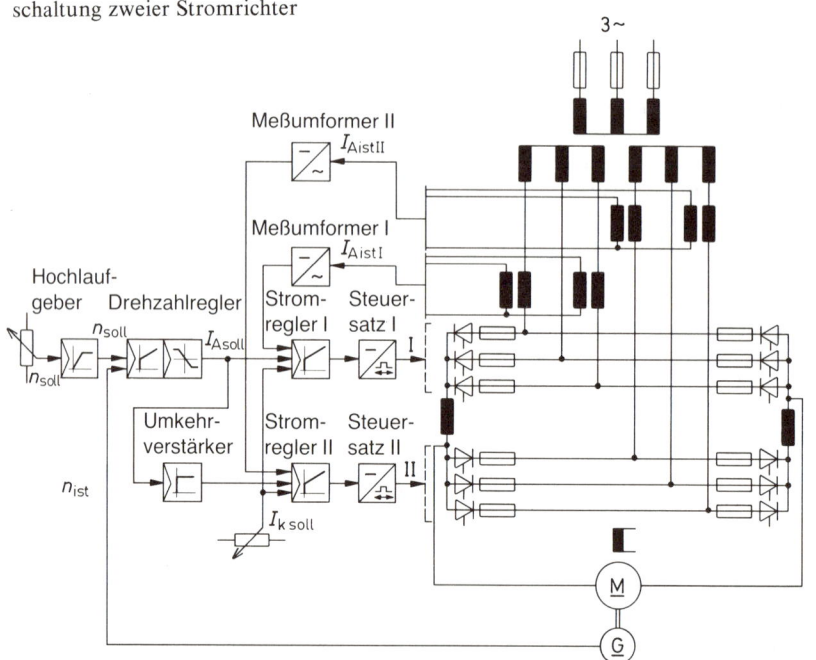

Bild 3.43   Schaltung eines 4-Quadranten-An-
triebs mit kreisstromführender Gegenparallelschaltung zweier Stromrichter

Da nur die Gleichspannungsmittelwerte, nicht aber die Augenblickswerte gleich sind, treibt diese Spannungsdifferenz den Kreisstrom. Dieser Kreisstrom muß durch Induktivitäten (Kreisstromdrosseln) begrenzt werden (Bild 3.43).

3.2.11 Einsatzbereich von Gleichstrom-Nebenschlußmotoren

Tabelle 3/2 zeigt den typischen Einsatzbereich von Gleichstrom-Nebenschlußmotoren in Verbindung mit verschiedenen Stromrichtern.

3.2.12 Gleichstromumrichter (Gleichstromsteller)

Gleichstromsteller sind Gleichstromumrichter ohne Wechselstromzwischenkreis. Die beiden Gleichstromseiten sind galvanisch miteinander verbunden. Zum Einstellen der Gleichspannung auf der Ausgangsseite wird ein Halbleiterschalter periodisch geschaltet (Bild 3.44).

$$U_{AV} = U_B \frac{t_i}{T}$$

$$U_{AV} = U_B \cdot \alpha$$

$$\alpha = \frac{t_i}{T}$$

α = Aussteuerungsgrad

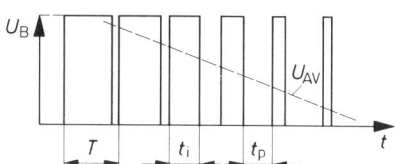

Bild 3.44
Prinzip der Spannungsverstellung

Der Halbleiterschalter kann ein Transistor oder ein Thyristor mit Löschzweig sein. Gleichstromumrichter sind selbstgeführt, sie benötigen keine Taktung durch die Netzfrequenz und keine netzgeführte Kommutierung. Die Kommutierung erfolgt entweder durch Widerstandserhöhung (Leistungsschalttransistor, Bild 3.45a) oder durch eine kapazitive Zusatzspannungsquelle (Kommutierungskondensator, Bild 3.45b). Die Kommutierung kann daher *netzunabhängig* durchgeführt werden.

Das Abschalten von Gleichstrom im ohmsch-induktiven Kreis ist nur mit Freilaufdiode möglich, da sonst die Induktionsspannung die Bauelemente zerstören würde. Die

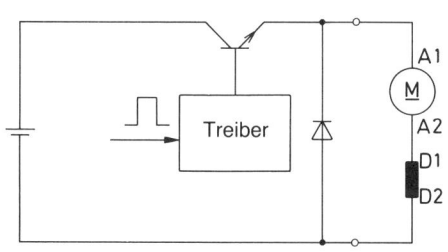

Bild 3.45a Gleichstromsteller mit Leistungstransistor

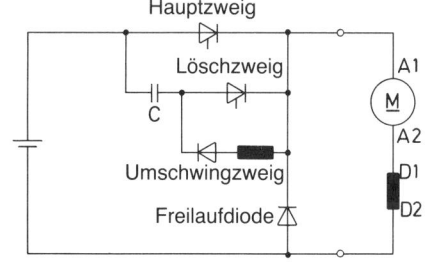

Bild 3.45b Gleichstromsteller mit zwangskommutierter Thyristorschaltung

Tabelle 3/2 Stromrichter mit Gleichstromnebenschlußmotoren

Serienmäßige, drehzahlveränderbare Antriebe	Gleichstromantriebe		
Antrieb	Einquadrantenantrieb mit Einfachstromrichter	Mehrquadranten-antrieb mit Einfach-stromrichter	Mehrquadranten-antrieb mit Zweifach-stromrichter
Antriebsmotoren	Gleichstrom-Nebenschlußmotor		
Drehzahlbestimmende Größen	Ankerspannung des Motors, ggf. auch Feld des Motors		
Prinzip der Drehzahlverstellung	Regelung der Ankerspannung durch gesteuerten, netzgeführten Stromrichter		
Typischer Drehzahlstellbereich	1 : 50	1 : 50	1 : 50
Prinzip der Drehmomentumkehr	—	Umkehr des Anker-stromes oder des Feldstromes durch externe Schütze	Umkehr des Anker-stromes
Typische Betriebsart	1 Drehrichtung, Treiben	2 Drehrichtungen, Treiben und Bremsen	2 Drehrichtungen, Treiben und Bremsen
Durch Zusatzmaßnahmen mögliche Betriebsarten	Widerstandsbremsung	Bremsen bis zum Stillstand	—
Typischer Leistungsbereich G = Gerätereihe A = Grenzleistungen in der Anlagentechnik	1 bis 1 000 kW (G) bis 10 000 kW (A)	18 bis 830 kW (G) bis 10 000 kW (A)	18 bis 416 kW (G) bis 10 000 kW (A)
Typische Merkmale	geringer Stromrichteraufwand	geringer Stromrichteraufwand; begrenzte Häufigkeit der Drehmomentumkehr	regeldynamisch hochwertig
Anwendungsschwerpunkte	Verarbeitungsmaschinen	Hebezeuge, Pressen, Zentrifugen, Drehmaschinen, Walzenstraßen	Krane, Walzenstraßen, Papier-, Kunststoff- und Textilmaschinen, Werkzeugmaschinen

Freilaufdiode sollte eine Diode mit kleiner Sperrverzugszeit t_{rr} sein, um große Rückströme, die bei einem erneuten Einschalten der Last und noch fließendem Freilaufstrom auftreten, zu vermeiden.

3.2.12.1 Funktion eines Gleichstromstellers

Transistorgleichstromsteller (Bild 3.45a)
Der Leistungstransistor, oder mehrere parallel, werden über Treiberschaltungen mit einem entsprechenden Impuls-Pausen-Verhältnis angesteuert (getaktet).

Thyristorgleichstromsteller (Bild 3.45b)
Innerhalb einer Pulsperiode des Stellers laufen unter der Voraussetzung:
«Der Hauptthyristor sei gesperrt und der Löschkondensator auf Betriebsspannung aufgeladen» (positiver Belag zur Spannungsquelle) folgende Vorgänge ab:

1. Der Hauptthyristor wird gezündet. Der Motorstrom kommutiert in den Hauptthyristor. Die Kondensatorladung schwingt über den Umschwingkreis auf entgegengesetzte Polarität, die zum Löschen des Hauptthyristors erforderlich ist, um.
2. Der Umschwingvorgang ist beendet, der Kondensator hat die richtige Löschpolarität. Das Rückschwingen wird durch die Umschwingdiode verhindert. Der Motorstrom steigt an. Der Hauptthyristor leitet.
3. Der Löschthyristor wird gezündet. Er schaltet die Spannung des Löschkondensators an den Hauptthyristor. Der Hauptthyristor sperrt. Der Motorstrom kommutiert in den Löschkreis und lädt den Löschkondensator um. Die Zeit, in der negative Spannung am Hauptthyristor liegt, ist die Schonzeit. In dieser Zeit muß der Thyristor seine Sperrfähigkeit für die positive Spannung wieder aufbauen.
4. Der Löschkondensator ist umgeladen, wenn die Spannung am Kondensator der Betriebsspannung entspricht. Jetzt wird die Freilaufdiode leitend, der Motorstrom beginnt zu sinken, alle Thyristoren sind gesperrt. Der Vorgang kann wie unter 1. wiederholt werden.

Die Umladezeiten des Kondensators bestimmen die Mindesteinschalt- und Mindestsperrzeit des Hauptthyristors. Sie liegen durch die Freiwerdezeiten der heutigen Thyristoren bei $\approx 250\,\mu s$ bis $300\,\mu s$. Das Verhältnis zwischen maximaler und minimaler Aussteuerung wird hierdurch begrenzt.

Ein günstiger Kompromiß zwischen der Forderung, den Motorstrom nicht zu wellig und die Verluste im Kreis nicht zu groß werden zu lassen, bietet die Frequenz von 250 Hz. Bei dieser Frequenz ist ein Aussteuergrad (Tastverhältnis t_i / T) von minimal 0,09 bis maximal 0,97 zu erreichen (gem. AEG-Telefunken).

3.2.12.2 Steuerung der Ausgangsspannung

Die Steuerung der Ausgangsspannung erfolgt entweder durch Ändern der Einschaltdauer t_i bei konstanter Periodendauer (Pulsbreitensteuerung) oder durch Ändern der Periodendauer T bei konstanter Einschaltdauer t_i (Pulsfolgesteuerung). Letztere Möglichkeit wird jedoch seltener eingesetzt, da die Frequenz sich ständig ändert und hierdurch negative Rückwirkungen auf das Netz entstehen können (Bilder 3.46a und 46b).

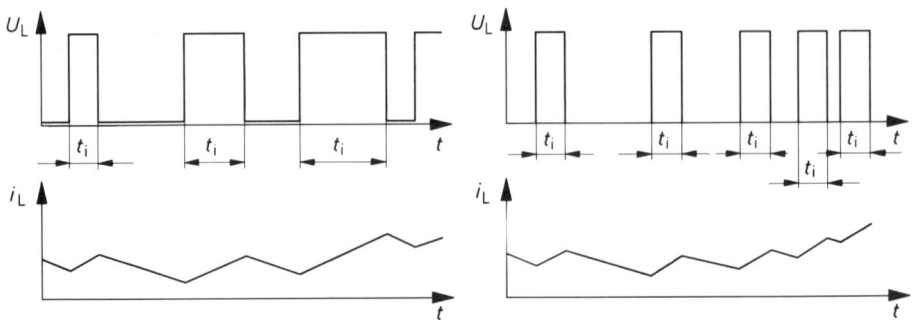

Bild 3.46a Spannungseinstellung durch Pulsbreitensteuerung

Bild 3.46b Spannungseinstellung durch Pulsfolgesteuerung

3.2.12.3 Einsatz von Gleichstromstellern

Gleichstromsteller werden im wesentlichen für die Drehzahlsteuerung von Gleich-
strom-Fahrzeugantrieben (Reihenschlußmotoren), die aus Batterien oder Gleichstrom-
netzen bzw. Fahrleitungen versorgt werden, eingesetzt (Straßen- und U-Bahnen). Tran-
sistorisierte Gleichstromsteller bis ca. 10 kW werden jedoch auch industriell für Neben-
schlußmotoren gefertigt. Der Gleichstromreihenschlußmotor hat ein quadratisch vom
Strom abhängiges Moment, daher bietet er bei geringem Strom schon ein großes
Moment, das gerade bei Fahrantrieben von großer Bedeutung ist. Mit einem Gleichstromsteller kann in veränderter Schaltung der Motor abgebremst und dabei Energie
impulsförmig an die Spannungsquelle zurückgeliefert werden.

Bei batteriegetriebenen Fahrzeugen steigt der Wirkungsgrad hierdurch um ca.
30%.

 Bild 3.47 Schaltsymbol eines Gleichstromstellers

Durch Kombination einer Fahrschaltung mit einer Bremsschaltung ergibt sich bereits
ein Mehrquadrantenbetrieb. Der Einfachheit halber werden Gleichstromsteller auch
wie ein Thyristor mit zwei Steueranschlüssen dargestellt (Bild 3.47).

3.2.12.4 4-Quadranten-Betrieb mit mechanischer Umschaltung

Im Bremsbetrieb muß der Gleichstromsteller in Verbindung mit der Induktivität des
Reihenschlußmotors durch periodisches Takten eine so hohe Maschinenspannung
erzeugen, daß ein Strom in das Netz oder die Batterie zurückfließen kann. Der Steller
wird deshalb parallel zur Maschine geschaltet. Diesem Zweck dient das Schütz K 3 bei
Rechtslauf (Bild 3.48) und die Bremsdiode V 2.

Damit überhaupt gebremst werden kann, muß der Anker umgepolt werden, denn
sonst würde die in den Anker induzierte Spannung einen Strom liefern, der dem
Betriebsstrom entgegenwirkt und damit das Erregerfeld zum Verschwinden bringt
(Selbstmordschaltung). Um die Fahrtrichtung zu ändern, müssen sowieso Umschaltkon-
takte vorhanden sein (K 2, K 3). Um auch bremsen zu können, wenn das Netz keine

372

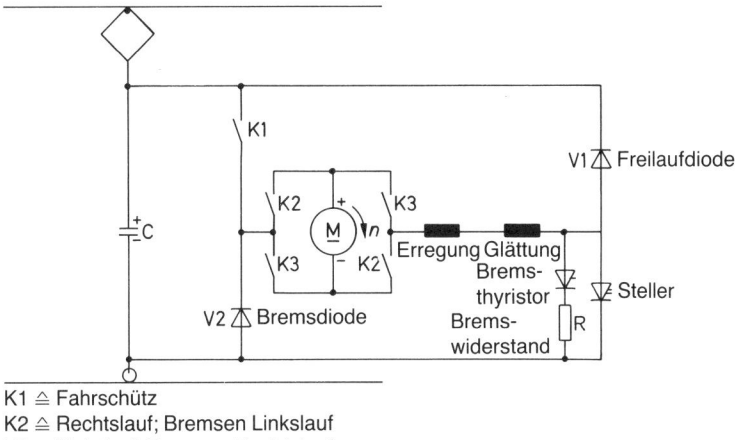

Bild 3.48
Übersichtsschaltung
eines Triebfahrzeugs
mit Gleichstromsteller-
steuerung

K1 ≙ Fahrschütz
K2 ≙ Rechtslauf; Bremsen Linkslauf
K3 ≙ Linkslauf; Bremsen Rechtslauf

Energie aufnehmen kann, ist parallel zum Steller ein Bremsthyristor mit Widerstand vorhanden.

Schaltphasen im Bremsbetrieb bei Drehrichtung «Rechts»

1. Steller und K 3 ist eingeschaltet, d.h., der Maschinenkreis ist in Verbindung mit der Bremsdiode V 2 kurzgeschlossen, der Maschinenstrom steigt an.
2. Der Steller ist gesperrt. Die Drossel treibt den Strom gegen die Netzspannung über die Freilaufdiode V 1 in den Netzkondensator C. Falls das Netz nicht die ganze Brems-energie aufnehmen kann, steigt nun die Kondensatorspannung an.
3. Wird die maximale Kondensatorspannung erreicht, so wird der Bremsthyristor gezündet und der Bremswiderstand R eingeschaltet. Nach diesem Prinzip werden viele Straßenbahnen und U-Bahnen gesteuert.

3.2.12.5 Betriebsquadranten von Gleichstromstellern ohne mechanische Umschaltung

Nachfolgend einige Schaltungen mit Gleichstromstellern, die ohne mechanische Um-schaltung verschiedene Betriebsquadranten ermöglichen (Bild 3.49 bis Bild 3.53).

Ohne mechanische Umschaltung ist für jeden Betriebsquadranten ein Gleichstrom-steller erforderlich. Für einen 4-Quadranten-Betrieb müssen daher 4 Gleichstromsteller vorgesehen werden.

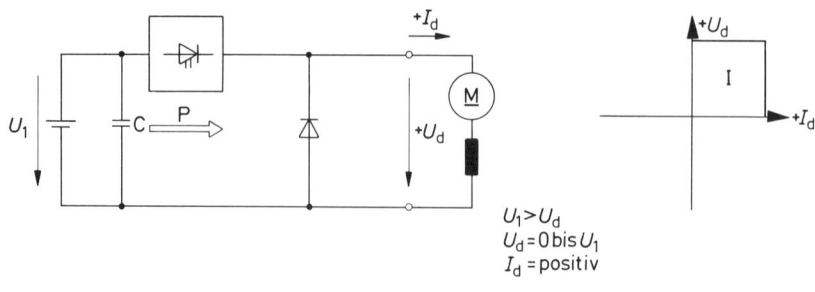

Bild 3.49
1-Quadrant-
Betrieb
«Treiben»

$U_1 > U_d$
$U_d = 0$ bis U_1
I_d = positiv

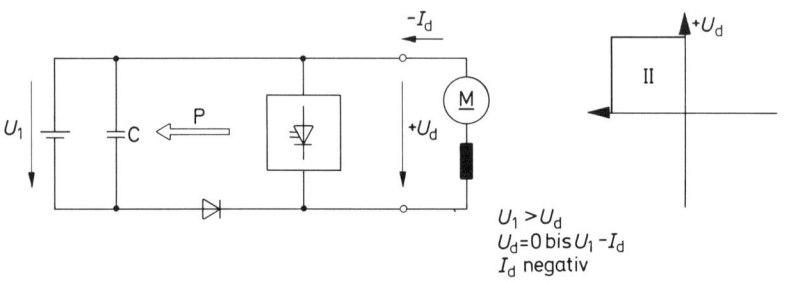

Bild 3.50
1-Quadrant-
Betrieb
«Bremsen»

$U_1 > U_d$
$U_d = 0$ bis $U_1 - I_d$
I_d negativ

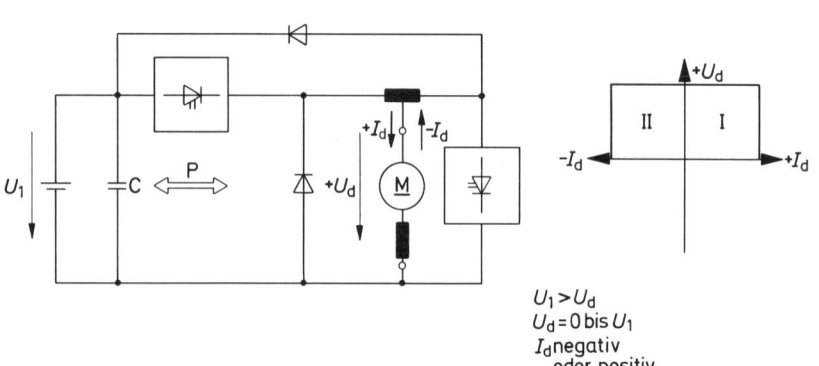

Bild 3.51
2-Quadranten-
Betrieb mit
Stromumkehr

$U_1 > U_d$
$U_d = 0$ bis U_1
I_d negativ
    oder positiv

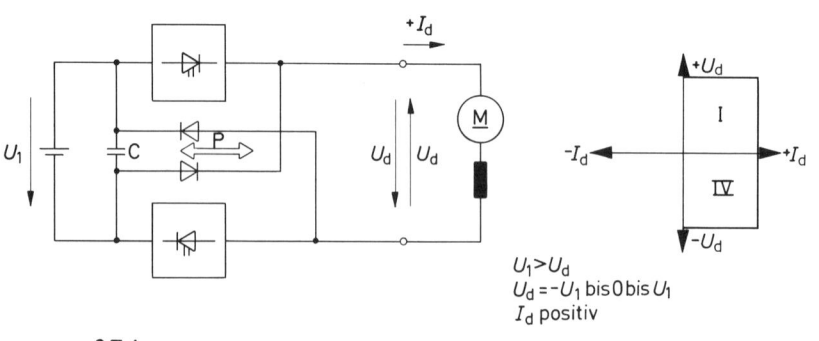

Bild 3.52
2-Quadranten-
Betrieb mit
Spannungsum-
kehr

$U_1 > U_d$
$U_d = -U_1$ bis 0 bis U_1
I_d positiv

Bild 3.53 4-Quadranten-Betrieb mit Spannungs- und Stromumkehr (diese Schaltung ist bereits eine Wechselrichterschaltung)

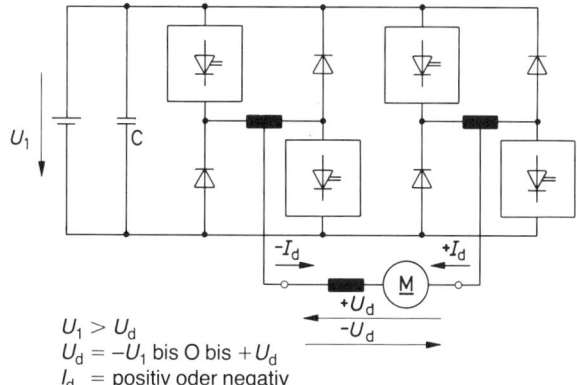

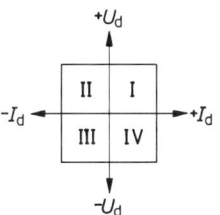

$U_1 > U_d$
$U_d = -U_1$ bis O bis $+U_d$
I_d = positiv oder negativ

3.3 Drehzahlsteuerung des Drehfeldmotors

Obwohl sich die Drehzahl bei Gleichstrommotoren mit wenig Aufwand über einen weiten Bereich steuern läßt, haben die nachfolgenden Vorteile des Drehstrommotors und die Fortschritte der Elektronik dazu geführt, daß immer mehr Drehstrommotoren in der Drehzahl gesteuert und geregelt werden. Einige dieser Vorteile gegenüber der Gleichstrommaschine sind:

— weitgehende Wartungsfreiheit,
— kleines Leistungsgewicht,
— hohe Schutzklassen,
— einfache und robuste Konstruktion,
— hohe Betriebsdrehzahlen im Mittelfrequenzgebiet,
— preiswerter als Gleichstrommotoren.

Drehstrommaschinen werden in synchroner und asynchroner Bauart hergestellt. Die Ständerwicklung ist so ausgelegt, daß bei Betrieb an einem Drehstromnetz im Motor ein Drehfeld entsteht, das den Läufer mitnimmt. Die Drehzahl wird von folgenden Größen bestimmt:

1. Netzfrequenz
2. Polpaarzahl

$$n_s = \frac{f_1 \cdot 60}{p}$$

n_s = synchrone Drehzahl
p = Polpaarzahl
f_1 = Ständerfrequenz

Bei gegebener Polpaarzahl eines Motors und konstanter Netzfrequenz liegt somit die Drehzahl fest. Bei polumschaltbaren Motoren kann die Drehzahl entsprechend der

375

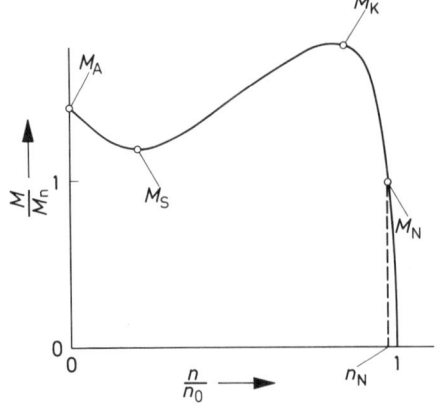

M_A = Anlaufmoment
M_S = Sattelmoment
M_K = Kippmoment
M_N = Nennmoment
n_s = synchrone Drehzahl
n_N = Nenndrehzahl
n = Betriebsdrehzahl

Bild 3.54 Drehmoment-Drehzahl-Kennlinie eines Drehstrommotors an konstanter Spannung und Frequenz

Wicklungen in festen Stufen umgeschaltet werden. Eine stufenlose, mit geringen Verlusten behaftete Drehzahlverstellung ist nur durch Frequenzänderung bei gleichzeitiger Spannungsänderung möglich. Werden größere Läuferverluste akzeptiert, kann eine bedingte Drehzahlverstellung auch über die Ständerspannung bei konstanter Frequenz erfolgen. Aus folgenden Gründen muß bei einer Änderung der Frequenz die Spannung mit verändert werden.

Frequenzänderung $\rightarrow X_L$ ändert sich
X_L-Änderung $\rightarrow Z$ ändert sich
Z-Änderung $\rightarrow$ Stromänderung

Da der Strom das Moment beeinflußt und ein maximaler Wicklungsstrom nicht überschritten werden darf, *muß* mit der Frequenz auch die Spannung verstellt werden.

Asynchronmotoren haben an fester Versorgungsspannung und Frequenz folgendes Drehmoment-Drehzahlverhalten (Bild 3.54). Für das Drehmoment gilt:

$$M \sim \Phi_1 \cdot I_2 \quad \text{mit} \quad \Phi_1 \sim \frac{U_1}{f_1}$$

Φ_1 = magnetischer Fluß im Motor (Ständerfluß)
I_2 = Läuferstrom
U_1 = Ständerspannung
f_1 = Ständerfrequenz

Um bei einer Drehzahlverstellung ein konstantes Motormoment zu behalten, muß Φ_1 konstant bleiben. Die Spannung muß daher proportional zur Frequenz mit verstellt werden. Eine Frequenz- und Drehzahlverstellung mittels eines Umrichters bewirkt unter diesen Bedingungen in etwa eine Parallelverschiebung der Kennlinie auf der Drehzahlachse. Wird bei Erreichen der Ständernennspannung die Ständerfrequenz weiter erhöht, so ergibt dieses eine Feldschwächung und damit ein fallendes Drehmoment bei steigender Drehzahl (Bild 3.55).

Asynchronmotoren haben, bedingt durch den Schlupf, einen wenn auch geringen lastabhängigen Drehzahlabfall. Die Betriebsdrehzahl beträgt:

376

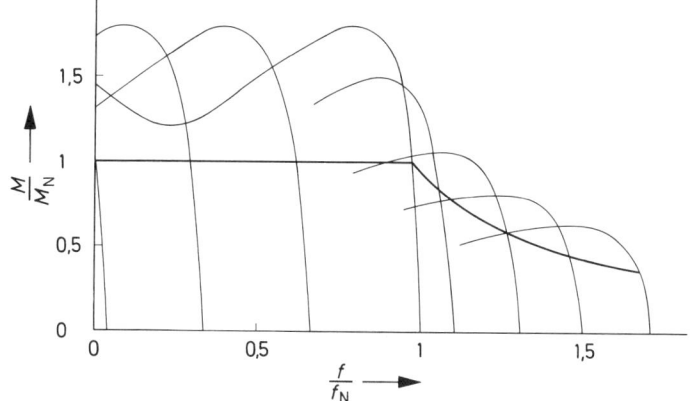

Bild 3.55 Drehmoment-Drehzahl-Kennlinie eines Drehstrommotors an variabler Spannung und Frequenz

$$n = n_s \, (1 - s)$$

$$n = \frac{f_1 \cdot 60}{p} \, (1 - s)$$

n_s = Synchrondrehzahl
n = Betriebsdrehzahl
s = Schlupf
f_1 = Netzfrequenz
p = Polpaarzahl

Aus der Gleichung ist ersichtlich, daß neben der Frequenzänderung auch die Schlupfänderung eine Verstellung der Drehzahl bewirkt.

Eine Änderung der Drehzahl über den Schlupf ist nur bei ganz speziellen Anwendungsfällen möglich, da mit wachsendem Schlupf die Maschinenverluste stark zunehmen. Größere Verluste lassen sich nur für einen zeitlich begrenzten Anlaufvorgang hinehmen.

Die nachfolgenden Tabellen zeigen die Einsatzmöglichkeiten der verschiedenen Induktionsmotoren. Tabelle 3/3 zeigt die Abhängigkeit der Drehzahlverstellmöglichkeiten von der Ständerspannung, Ständerfrequenz und Läuferspannung. Tabelle 3/4 zeigt die Möglichkeiten der Drehzahlverstellung in Verbindung mit den verschiedenen Stromrichtern.

3.3.1   Wechsel- und Drehstromsteller für Induktionsmotoren

Wechselstrom- und Drehstromsteller sind zum Verstellen der Spannung bei konstanter Netzfrequenz geeignet. Die Steuerung der Spannung erfolgt durch Phasenanschnitt, wobei die Frequenz nicht verändert wird (Prinzip eines Stelltransformators).

Der Stromrichtersatz besteht aus einem Triac bzw. zwei antiparallelen Thyristoren je Phase. Die Bauelemente werden periodisch in jeder Halbschwingung mit dem Steuerwinkel α gezündet. Bei ohmscher Last kann die Ausgangsspannung vom vollen Wert bei $\alpha = 0°$ bis zum Wert Null bei $\alpha = 180°$ stetig verstellt werden. Bei rein induktiver Last

Tabelle 3/3 Zusammenfassung der Drehzahlverstellmöglichkeiten von Induktionsmotoren

Verstellen von	Stromrichter	Einsatz
1. Ständerspannung	Wechselstromsteller und Drehstromsteller bei Käfigläufermotor	Antrieb von Pumpen und Lüftern bis ca. 6 kW
2. Läuferspannung	gepulster Widerstand, USK bei Drehstromschleifringläufermotor	Antrieb von Pumpen, Lüftern und Aufzügen mit begrenztem Drehzahlbereich bis ca. 20 MW
3. Ständerfrequenz und Ständerspannung	Zwischenkreisumrichter mit Spannungszwischenkreis bei Synchron- und Käfigläufermotor	Antrieb von Mehrmotorenantrieben in Rollgängen, Textilmaschinen und Werkzeugmaschinen bis ca. 750 kW
	Zwischenkreisumrichter mit Stromzwischenkreis und Käfigläufermotor	Antrieb von Einzelmotoren für Lüfter, Zentrifugen, Pumpen und Rührwerke bis ca. 700 kW
	Zwischenkreisumrichter mit Stromzwischenkreis und Synchronmotor	Antrieb von Verarbeitungsmaschinen, Pumpen und Gebläse bis ca. 16 MW
	Direktumrichter mit Synchron- oder Käfigläufermotor	Antriebe mit sehr niedrigen Drehzahlen, z.B. Steinmühlen oder Rohrmühlen bis ca. 16 MW
	Pulsumrichter	Einzelantriebe, Mehrmotorenantriebe, sehr gute Dynamik, Drehzahlbereich 9% bis 100% n_N, Antriebe in der chemischen Industrie, Schleifmaschinen, Fräsmaschinen, Bahnantriebe bis ca. 750 kW, f bis 150 Hz

eilt der Strom der Spannung jedoch um 90° nach, so daß die gesamte Spannungseinstellung hier bereits durch eine Verstellung des Steuerwinkels α von 90° bis 180° erreicht wird (Bild 3.56).

Eine Schwingungspaktsteuerung ist in der Antriebstechnik nicht einsetzbar, weil die Pausen zwischen den Sinushalbwellen zu Stromlücken führen und damit Momentensprünge entstehen.

3.3.1.1 Steller für Wechselstrommotoren

Bei asynchronen Wechselstrommotoren mit Kurzschlußläufern oder Universalmotoren (Reihenschlußkommutatormotoren) wird die Drehzahleinstellung mit Hilfe eines Stellers durch Phasenanschnitt vorgenommen.

Der Steller besteht aus einem Triac mit entsprechender Ansteuerschaltung.

Bei Wechselstrom-Asynchronmotoren mit Betriebskondensator ist eine Drehzahleinstellung mit Hilfe eines *gesteuerten* Stellers nur bedingt möglich (z.B. Lüfter und Pumpen), denn wenn das Lastmoment oder Losbrechmoment größer als das Motormoment

378

Tabelle 3/4 Umrichter mit Drehstrommotoren

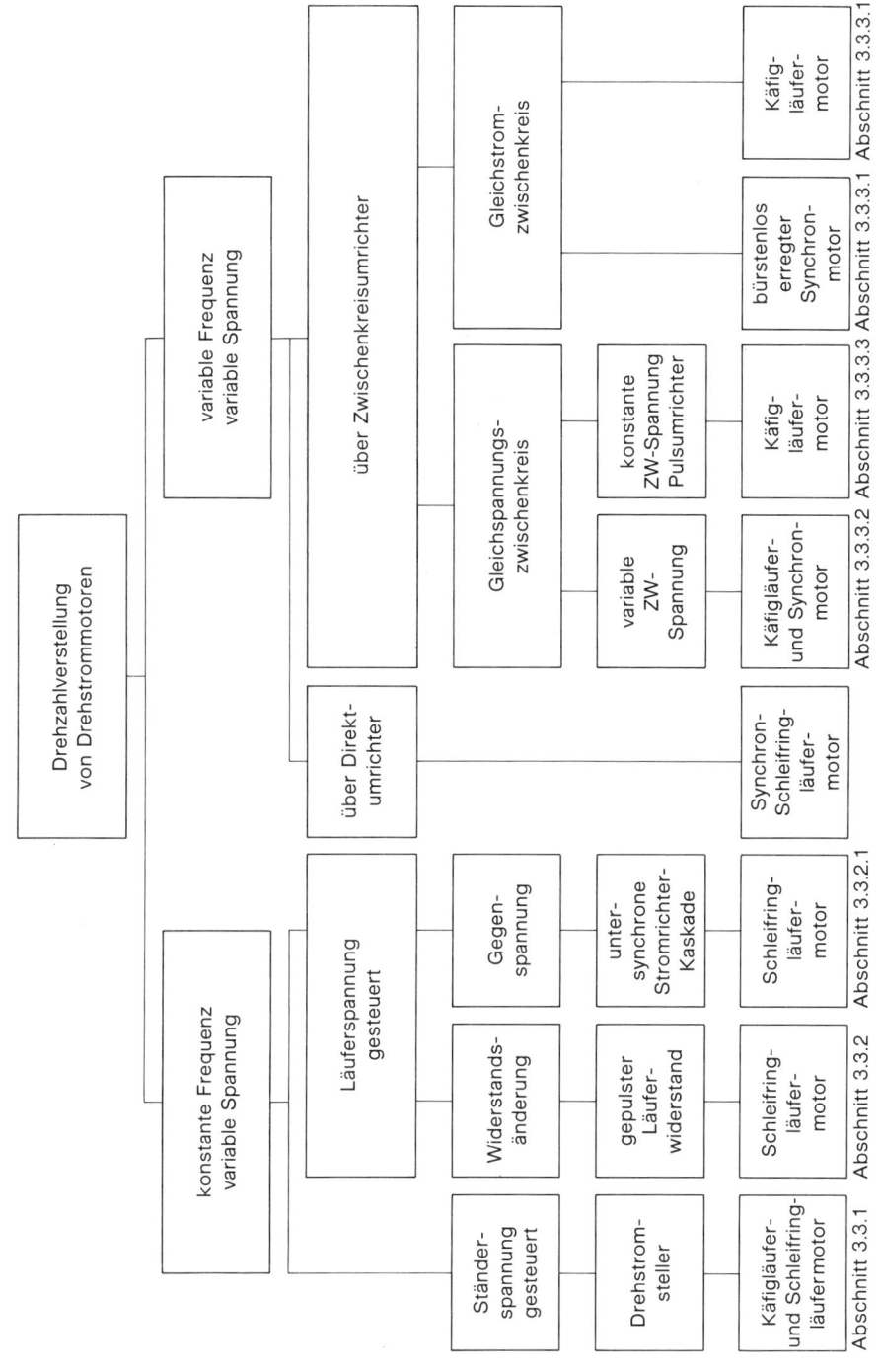

379

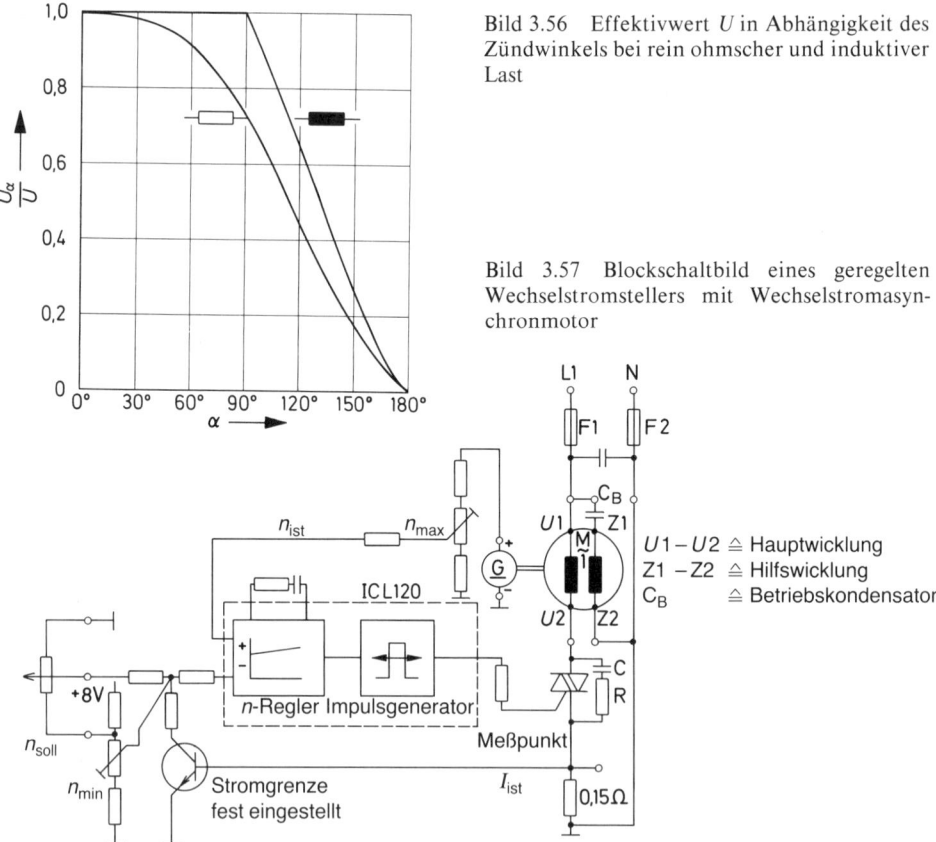

Bild 3.56 Effektivwert U in Abhängigkeit des Zündwinkels bei rein ohmscher und induktiver Last

Bild 3.57 Blockschaltbild eines geregelten Wechselstromstellers mit Wechselstromasynchronmotor

$U1 - U2 \;\; \triangleq$ Hauptwicklung
$Z1 - Z2 \;\; \triangleq$ Hilfswicklung
$C_B \qquad \triangleq$ Betriebskondensator

wird, bleibt der Motor stehen. Eine Regelung mit automatischer Zündwinkelverstellung ist daher bei entsprechenden Lastmomenten einzusetzen (Bild 3.57). Symbole der Regler siehe Band «Elektrische Meß- und Regeltechnik».

Der Universalmotor wird wegen des großen Anlaufmomentes und kleinen Leistungsgewichtes in sehr vielen Haushaltgeräten und auch in Handbohrmaschinen eingesetzt.

3.3.1.2 Steller für Drehstrom-Kurzschlußläufermotoren

Die Drehzahlverstellung von Drehstrom-Asynchronmotoren erfolgt ebenfalls mittels eines Stellers durch Phasenanschnitt. Die Spannungseinstellung wird durch den Phasenanschnitt vorgenommen, die Frequenz bleibt konstant. Die Drehzahländerung ist eine Folge des durch die Spannung zurückgehenden Momentes. Da das Motormoment quadratisch mit der Spannung abnimmt,

$$M \sim U^2$$

380

ist der Einsatz stark eingeschränkt. Die Motoren erhalten daher Läufer mit erhöhten Widerständen, sogenannte Widerstandsläufer, bei denen das Kippmoment in der Nähe der Drehzahl Null liegt (Bild 3.58).

Im Läuferkreis treten bei Drehzahlen $n < n_{\text{Nenn}}$ erhebliche Verluste auf, weil die Läuferverluste proportional mit dem Schlupf steigen. Anwendungsgebiete des Drehstromstellers sind Antriebe mit quadratischer Drehzahl-Drehmoment-Kennlinie, wie bei Lüfterantrieben, Kreiselpumpen und Wicklern bis ca. 6 kW Leistung (Bild 3.59).

Bild 3.58 Drehmoment-Drehzahl-Kennlinien einer Asynchronmaschine mit erhöhtem Läuferwiderstand bei verschiedenen Spannungen

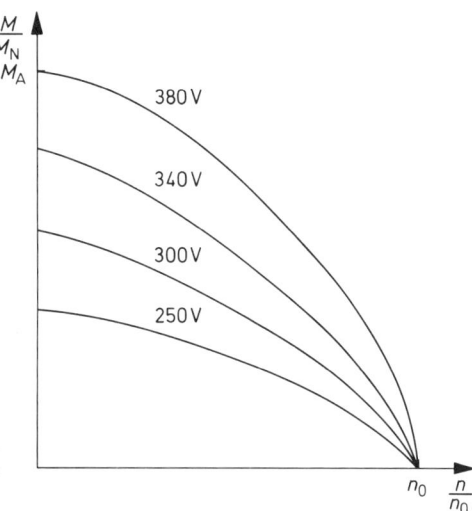

Bild 3.59 Blockschaltbild eines Drehstromstellers mit Drehzahl- und Stromregler sowie Drehstromkurzschlußläufermotor

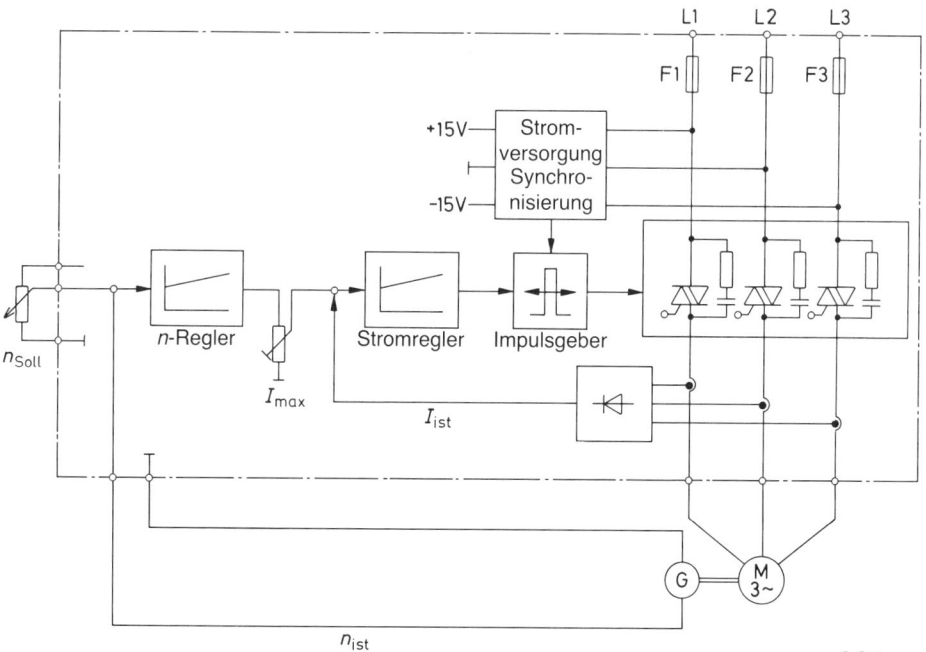

3.3.2 Drehzahlsteuerung beim Drehstrom-Schleifringläufermotor

Die Läuferwicklungsenden sind zum Sternpunkt zusammengeschaltet und die Anfänge an Schleifringe herausgeführt (siehe Abschnitt 1.5.2). Hierdurch ist die Möglichkeit gegeben, den Widerstand des Läufers zu verändern. Wie beim Widerstandsläufer wird auch hier das Kippmoment zu niedrigen Drehzahlen hin verschoben. Diese Läufersteuerung ist im gesamten Drehzahlbereich des Motors möglich. Da die Schlupfleistung in Wärme umgesetzt wird, setzt man dieses Prinzip heute nur noch zum Anlaufen ein. Bei Hebezeugen wird häufig ein Drehstrom-Schleifringläufermotor mit gepulstem Läuferwiderstand eingesetzt (Bild 3.60).

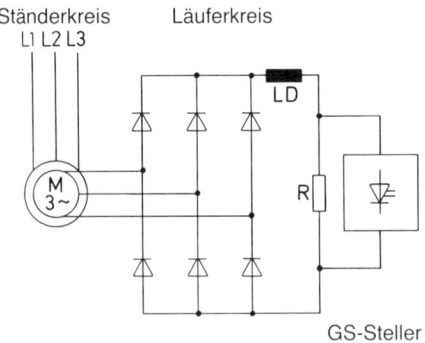

Bild 3.60   Drehstromschleifringläufermotor mit gepulstem Läuferwiderstand

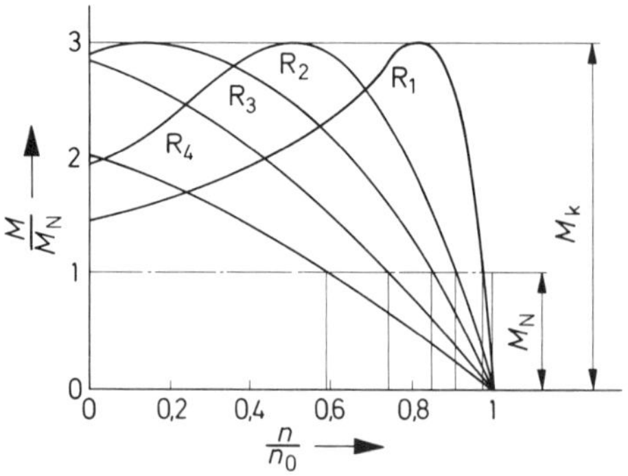

Bild 3.61   Drehmoment-Drehzahl-Kennlinien bei verschiedenen Läuferwiderständen

Die an den Schleifringen des Asynchronmotors auftretende Wechselspannung wird mit einer Diodenbrücke gleichgerichtet. Die Gleichspannung wird an die Reihenschaltung einer Drossel und eines Widerstandes gelegt. Parallel zum Widerstand befindet sich ein Gleichstromsteller (GS), der es ermöglicht, den Widerstand periodisch kurzzuschließen und somit den resultierenden Widerstandswert von 0 bis zum maximalen Wert zu verändern.

Bild 3.61 zeigt den Momentenverlauf für verschiedene Widerstandswerte.

Dabei bedeuten:

R_1 kurzgeschlossene Schleifringe (nur Läuferwiderstand)
R_2 bis R_4 veränderlicher Läuferwiderstand von R_{min} bis R_{max}

3.3.2.1 Untersynchrone Stromrichterkaskade (USK)

Die USK ist ein drehzahlveränderbarer Drehstromantrieb mit Schleifringläufermotor, bei dem die Schlupfleistung gleichgerichtet und über einen im Wechselrichterbetrieb arbeitenden Stromrichter in das Drehstromnetz zurückgespeist wird. Das von der Maschine abgegebene Drehmoment ist dem Läuferstrom — also dem Gleichstrom der

382

Kaskade — proportional, während die Läuferspannung dem Schlupf der Maschine proportional ist. USK werden vorwiegend für Antriebe mit quadratisch mit der Drehzahl steigenden Drehmomenten (Pumpen und Lüfter) eingesetzt, bei denen nur ein Stellbereich von ca. 50% bis 100% der Nenndrehzahl erforderlich ist. USK finden vorwiegend bei mittleren bis großen Leistungen (20 MW) Anwendung (Bild 3.62).

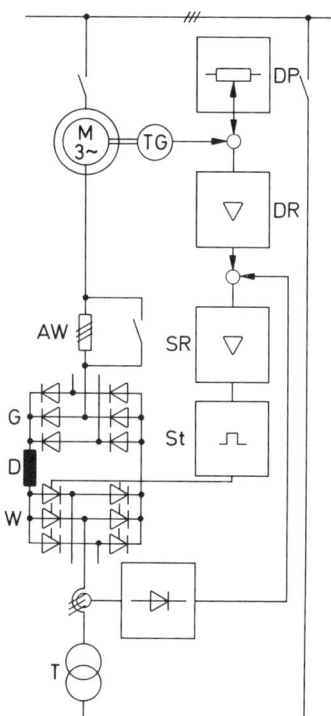

Bild 3.62 Blockschaltbild einer untersynchronen Stromrichterkaskade

G   = Gleichrichter
W   = Wechselrichter
T   = Stromrichtertransformator
AW = Anlaßwiderstand
D   = Glättungsdrossel
DP = Drehzahlpotentiometer
DR = Drehzahlregler
SR = Stromregler
ST = Steuersatz
TG = Tachogenerator

3.3.3 Umrichter mit Zwischenkreis

Umrichter mit Zwischenkreis bestehen aus je einem netzseitigen und einem lastseitigen Stromrichter, die über einen Zwischenkreis untereinander verbunden sind. Der Zwischenkreis besteht aus einem kapazitiven oder induktiven Energiespeicher und bewirkt eine Entkopplung zwischen Last und Netz. Je nachdem, ob der Zwischenkreis eine eingeprägte Spannung oder einen eingeprägten Strom führt, unterscheidet man Spannungszwischenkreis- und Stromzwischenkreisumrichter.

Bei Zwischenkreisumrichtern erfolgt eine zweimalige Energieumformung (Bild 3.63).

1. Aus dem Drehstromnetz erfolgt eine Umformung in eine Gleichspannung bzw. in einen Gleichstrom.
2. Aus der Gleichspannung bzw. dem Gleichstrom wird mit Hilfe eines Wechselrichters ein frequenzvariabler Drehstrom erzeugt.

383

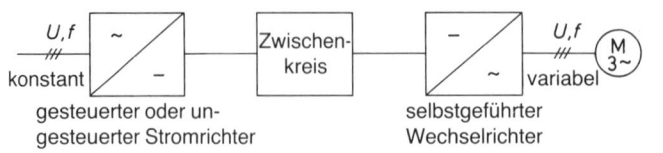

Bild 3.63 Blockschaltbild eines Umrichters mit Zwischenkreis

Bild 3.64 Prinzip der Erzeugung eines Drehfeldsystems

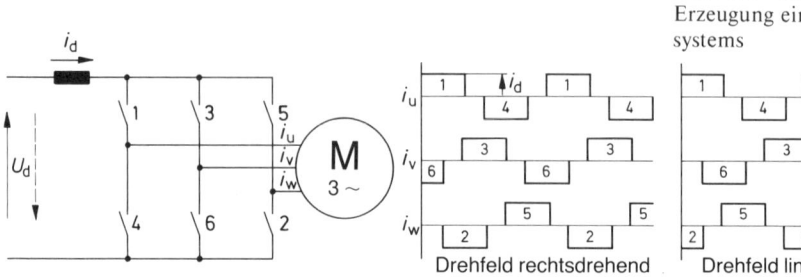

Der Wechselrichter bestimmt die Ausgangsfrequenz des Motors und damit die Drehzahl.

Beim Wechselrichten wird Gleichstromenergie in Wechselstromenergie umgeformt. Zum besseren Verständnis wird in Bild 3.64 das Prinzip des Wechselrichters mit Schaltern dargestellt.

Durch Änderung der Schaltreihenfolge kann sehr einfach die Drehrichtung geändert werden.

3.3.3.1 Umrichter mit Stromzwischenkreis

Der Umrichter mit Stromzwischenkreis ist gekennzeichnet durch den eingeprägten lastabhängigen Gleichstrom des Zwischenkreises (Bild 3.65).

Der netzseitig gesteuerte Stromrichter stellt in Verbindung mit der Last den Strom im Zwischenkreis ein, während der Wechselrichter die Frequenz einstellt. Diese Umrichter sind *nur* für Einzelantriebe geeignet, da die Kommutierung vom Laststrom (Motorstrom) geführt wird, d.h., die Maschinendaten und die Kommutierungskondensatoren sind aufeinander abgestimmt. Die Schaltung ist gegenüber den Umrichtern mit Spannungszwischenkreis einfacher aufgebaut. Da in der Löscheinrichtung auf Freilaufdioden verzichtet werden kann, läßt sich ohne Mehraufwand generatorischer Betrieb, d.h. 2-Quadranten-Betrieb, realisieren. Bild 3.66 zeigt den Prinzipschaltplan eines Umrichters mit Stromzwischenkreis und Phasenfolgelöschung.

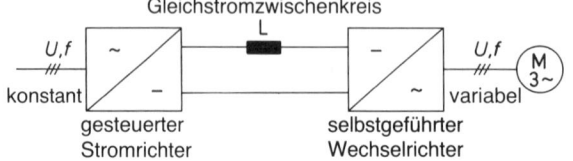

Bild 3.65 Blockschaltbild eines Umrichters mit Stromzwischenkreis

384

Bild 3.66 Prinzipschaltplan des Umrichters
Monoverter (AEG-TFK)

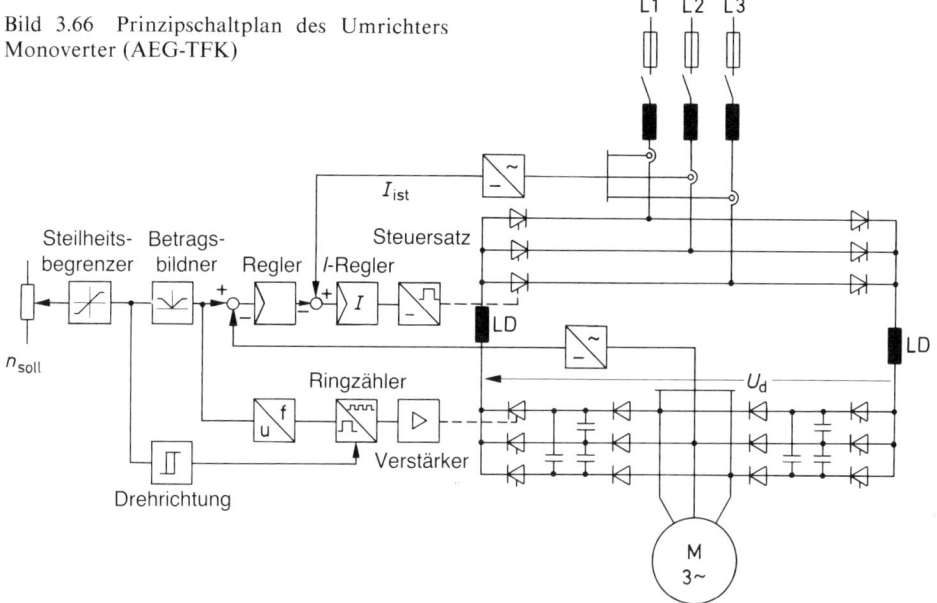

Bild 3.67 zeigt den Stromverlauf und Spannungsverlauf des Motors an einem Umrichter mit Stromzwischenkreis.

Haupteinsatzgebiete liegen bei
Lüftern, Pumpen, Zentrifugen, Extrudern, Drehöfen, Werkzeugmaschinen, Prüfständen und Kernenergieanlagen. Serienmäßig werden Umrichter für Leistungen von ca. 10 bis 700 kVA hergestellt. Der Drehzahlstellbereich liegt bei ca. 1 : 20. Die Ausgangsfrequenz beträgt 5 Hz bis 100 Hz.

Bild 3.67 Typischer Verlauf von Motorstrom und Motorspannung bei motorischem Betrieb

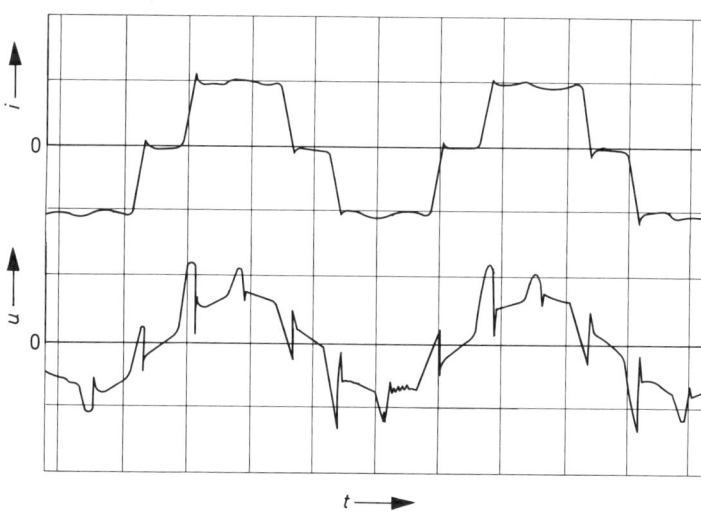

385

Motorauslegung

Die Normmotoren müssen wegen des Oberschwingungsgehaltes des Stromes ca. 10 bis 15% überdimensioniert werden.

Die Ausgangsspannung des Umrichters beträgt normalerweise 380 V. Wird ein vierpoliger Motor für 380 V/50 Hz eingesetzt, so kann dieser zwischen 5 Hz und 50 Hz Umrichterfrequenz eine Drehzahl zwischen 150 min^{-1} und 1500 min^{-1} haben. Eine Vergrößerung des Stellbereichs ergibt sich, wenn ein Motor für eine Spannung von 220 V in Dreieck bzw. 380 V in Sternschaltung verwendet wird. Diese Maschine wird an dem Umrichter in Dreieckschaltung betrieben. Die Nenndrehzahl der Maschine ist bei 50 Hz und 220 V erreicht. Durch Erhöhung der Ausgangsfrequenz auf 87 Hz und der Ausgangsspannung auf 380 V kann die Drehzahl der Maschine um den Faktor $\sqrt{3}$ gesteigert werden. Mit diesem 4poligen Motor erreicht man dann eine Drehzahl von 2500 min^{-1}. Eine Steigerung über 87 Hz hinaus auf 100 Hz und damit eine Drehzahlerhöhung auf 3000 min^{-1} ist möglich, allerdings dann bei reduziertem Fluß und reduziertem Moment. Die sonst beim Anfahren von Asynchronmotoren auftretenden hohen Anlaufströme werden durch eine Stromgrenze in Verbindung mit der Spannungs- und Frequenzeinstellung sicher vermieden.

Da die Kühlung des Motors meistens mit einem auf der Motorwelle befestigten Lüfterrad erfolgt, ist die Kühlung drehzahlabhängig. Bei Verkleinerung der Drehzahl sinkt die Kühlleistung überproportional. Zum Ausgleich werden Motoren mit Leistungen < 10 kW überdimensioniert. Bei Leistungen > 10 kW sollte stets ein Fremdlüfter eingesetzt werden.

Umrichter mit Stromzwischenkreis für Synchronmotoren

Eine Besonderheit stellt der Synchronmotor in Kombination mit einem Gleichstromzwischenkreisumrichter dar. Er wird als «Stromrichtermotor» bezeichnet. Die Steuerung des Wechselrichters wird hier in Abhängigkeit der Läuferstellung (Polrad) vorgenommen. Der Synchronmotor zeigt hierbei das Verhalten einer Gleichstromnebenschlußmaschine. Wird die Erregung mittels Induktion übertragen, so bezeichnet man diese Ausführung auch als kollektorlose Gleichstrommaschine oder Elektronikmotor (Bild 3.68). Einsatz: Pumpen, Lüfter und Verarbeitungsmaschinen bis ca. 10 MW.

3.3.3.2 Umrichter mit Spannungszwischenkreis

Es wird zwischen zwei Grundausführungen unterschieden:
1. variable Zwischenkreisspannung
2. konstante Zwischenkreisspannung
Ein Erkennungsmerkmal des Umrichters mit Zwischenkreis ist der zusätzlich zur Drossel vorhandene Kondensator (Bild 3.69).

Umrichter mit variabler Zwischenkreisspannung

Der gesteuerte sechspulsige Stromrichter richtet die Netzspannung gleich und stellt die Spannung im Zwischenkreis ein (Bild 3.69). Der Zwischenkreis besteht aus einer Glättungsdrossel (L) und einem Kondensator (C). Der aus dem Gleichspannungszwischenkreis gespeiste selbstgeführte Wechselrichter II stellt durch zyklisches Zünden und Löschen der Thyristoren die Ausgangsfrequenz ein. Da auch bei kleinen Zwischenkreisspannungen noch einwandfrei gelöscht werden muß, ist der Wechselrichterteil mit der Löscheinrichtung sehr aufwendig (Bild 3.70).

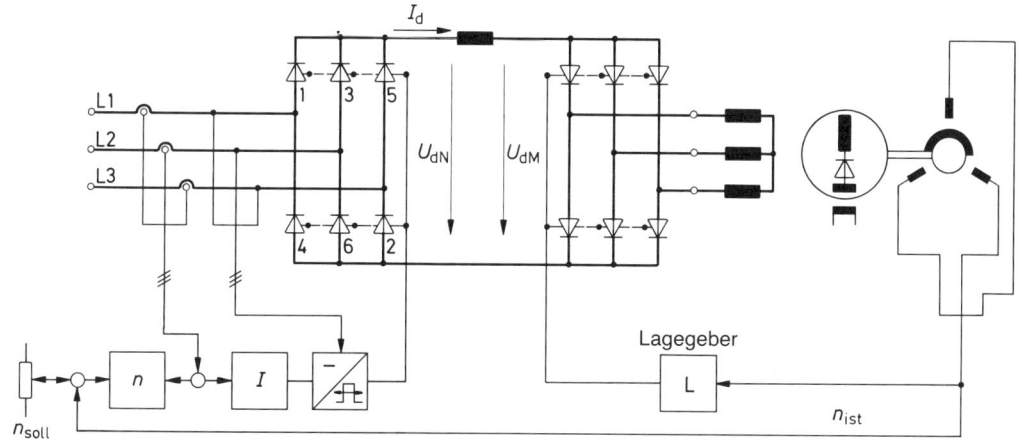

Bild 3.68 Prinzipschaltplan eines Strom-
zwischenkreisumrichters mit Synchronmotor

Bild 3.69 Blockschaltbild
eines Umrichters mit
variabler Zwischenkreis-
spannung

Bild 3.70 Schaltplan des
Leistungsteils vom Um-
richtersystem Semiverter

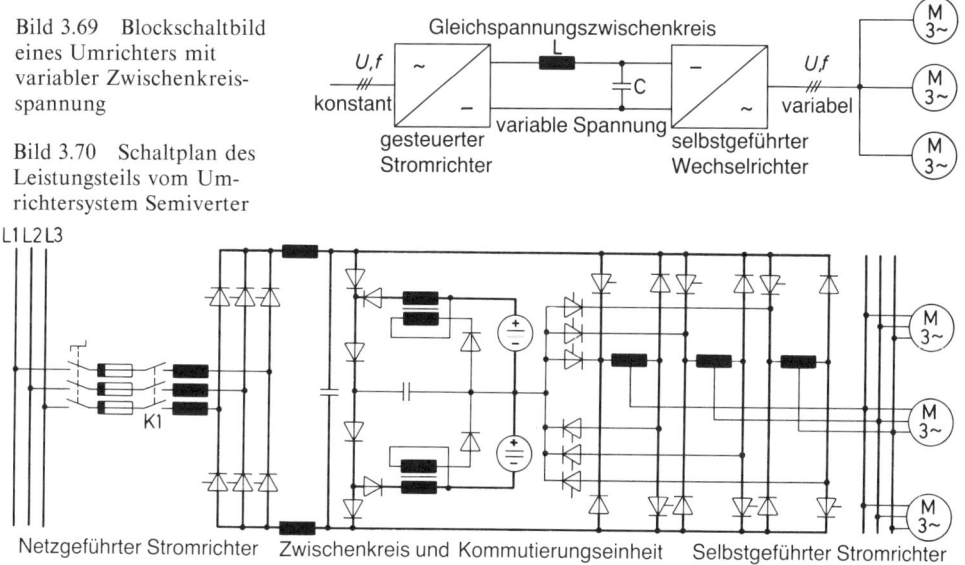

Netzgeführter Stromrichter   Zwischenkreis und Kommutierungseinheit   Selbstgeführter Stromrichter

Stromrichter mit Spannungszwischenkreis sind vorzugsweise für Gruppenantriebe, wie Rollgänge, Textilmaschinen usw., geeignet. Es können sowohl Asynchronmotoren wie auch Synchronmotoren und Reluktanzmotoren mit hohem Stellbereich angeschlossen werden. Die Seriengeräte der Industrie umfassen einen Leistungsbereich von 10 bis ca. 500 kVA. Der Frequenzbereich reicht von 1 Hz bis ca. 750 Hz. Wegen der Oberwellen müssen die Motoren ebenfalls um ca. 10 bis 15% überdimensioniert werden. Durch die hohen Frequenzen sind Drehzahlen über 3000 min^{-1} möglich. Die Motoren entsprechen dann nicht mehr den Standard-Normmotoren, es ist auf gute Auswuchtung zu achten, z.B. Gütestufe Q 2,5 nach VDI 2060.

387

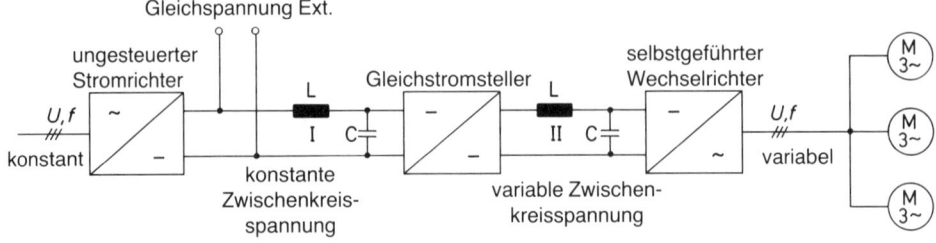

Bild 3.71 Blockschaltbild eines Umrichters mit konstanter Zwischenkreisspannung

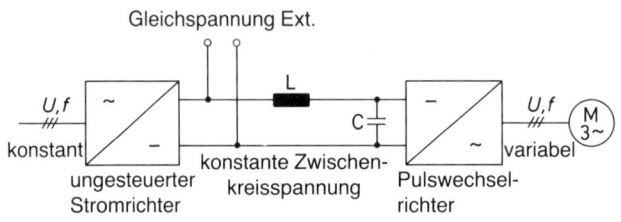

Bild 3.72 Blockschaltbild eines Umrichters mit konstanter Zwischenkreisspannung (Pulsumrichter)

Umrichter mit konstanter Zwischenkreisspannung
Schaltungsbeschreibung zu Bild 3.71

Der ungesteuerte Stromrichter liefert eine konstante Zwischenkreisspannung in dem Zwischenkreis I. Dem Netz wird daher keine Blindleistung entnommen. Der Zwischenkreis I mit seiner konstanten Spannung kann durch eine Gleichspannungsquelle gepuffert werden. Damit die Ausgangsspannung variabel wird, wandelt der Gleichstromsteller die konstante Spannung in eine gepulste Gleichspannung um. Im Zwischenkreis II erfolgt eine Glättung. Der nachgeschaltete Wechselrichter formt die Gleichspannung wieder in eine Dreiphasenspannung um, deren Frequenz und Spannungshöhe variabel ist.

Die bereits im vorherigen Abschnitt genannten Verhältnisse für Ausgangsfrequenz und die Motoren gelten auch für diese Schaltung.

Diese Schaltung hat den Vorteil von: $\cos\varphi = 1$ und Batteriepufferung, sie ist jedoch sehr aufwendig, daher wird meist der in Abschnitt 3.3.3.3 folgende Pulsumrichter eingesetzt.

3.3.3.3 Pulsumrichter (Umrichter mit konstanter Zwischenkreisspannung)

Der netzseitige Stromrichter ist ein Gleichrichter und liefert eine konstante Ausgangsspannung. Die erforderliche Spannungsänderung in Verbindung mit der Frequenzänderung wird vom lastseitigen Pulswechselrichter ausgeführt (Bild 3.72). Die Spannungsänderung wird durch Pulsbreitenmodulation erreicht (Bild 3.73).

Die Pulsbreitenmodulation setzt sehr schnelle Gleichstromsteller im Pulswechselrichter voraus, denn die Spannung wird durch mehrmaliges Ein- und Ausschalten während einer Halbperiode eingestellt. Die Schaltung ist daher sehr aufwendig und wird im Leistungsbereich bis ca. 10 kVA sehr häufig mit Leistungstransistoren ausgerüstet. Der Pulswechselrichter kann auch ohne den netzseitigen Stromrichter direkt aus einem

388

Bild 3.73 Pulsbreitenmodulation zum Erzeugen einer
variablen Spannung und
Frequenz

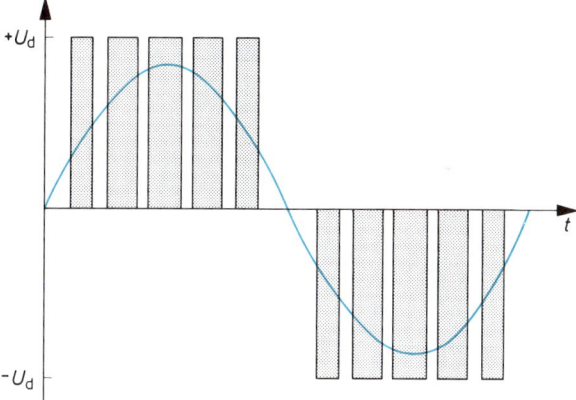

Bild 3.74 Leistungsteil eines
Pulswechselrichters für Bahnbetrieb

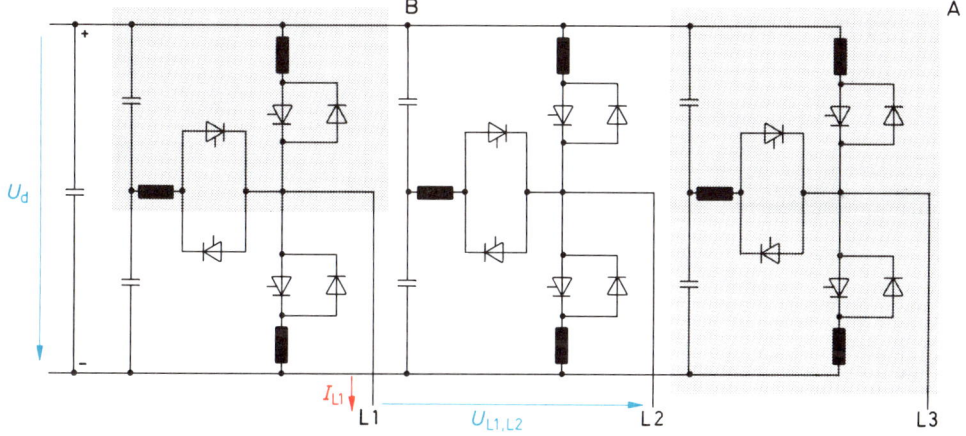

A $\triangleq$ Baustein für eine Phase (2GS-Steller)
B $\triangleq$ Ein Gleichstromsteller

Gleichstromnetz gespeist werden und ermöglicht damit den Einsatz von mehreren
Drehstrommotoren im Bahnbetrieb (Bild 3.74).

Bei Speisung aus dem Drehstromnetz stellt sich ein sehr guter Leistungsfaktor ein.
Durch eine Gleichspannungsquelle ist eine einfache Leistungspufferung möglich. Der
Pulswechselrichter kann Energie in beiden Richtungen führen. Ein Bremsbetrieb ist
möglich, wenn die Bremsenergie durch andere Verbraucher an der Gleichspannungs-
seite abgenommen wird. Ins Drehstromnetz kann jedoch nur durch einen zusätzlich
gesteuerten Stromrichter, der dem Gleichrichter gegenparallel geschaltet wird, zurückgespeist werden.

Kennzeichnend für Drehstromantriebe mit Pulsumrichtern sind der große Drehzahlstellbereich bis herab zum Stillstand und die hervorragenden dynamischen Eigenschaften. Sie eignen sich gleichermaßen für Einzel- und Gruppenantriebe sowie für Stoßbe-
lastung und Schweranlauf.

Tabelle 3/5 Übersicht selbstgeführter Umrichter für drehzahlgeregelte Drehstrommotoren gemäß Unterlage der Fa. Siemens

Umrichterart	Umrichter mit Gleichspannungs-Zwischenkreis					Umrichter mit Gleichstrom-Zwischenkreis
Schaltung						
Ausführung		mit zusätzlichem Stromrichter für Bremsbetrieb			mit zusätzlichem Stromrichter für Bremsbetrieb	
Form der Leiterspannung						
Form des Ausgangsstroms						
Leistungsbereich	bis 200 kVA			bis 400 kVA		bis 600 kVA
Anschlußspannung	380 V			380 V (500 V)		
höchste Ausgangsfrequenz	je nach Auslegung bis 1000 Hz (1500 Hz)			bis 200 Hz		
niedrigste Ausgangsfrequenz	5 Hz			0 Hz		5 Hz mit Zusatzeinrichtung bis nahe 0 Hz

Leistungsfaktor auf der Netzseite	drehzahlabhängig	konstant etwa 0,96	drehzahl- und lastabhängig
Formfaktor der Ausgangsspannung	etwa 0,95	aussteuerungsabhängig	→ 1,0
Formfaktor des Ausgangsstroms	lastabhängig	aussteuerungs- und lastabhängig	etwa 0,95
Puffermöglichkeit	nur sehr kurzzeitig durch Kondensatoren	durch Kondensatoren oder Batterie	keine
Antriebsart	Gruppenantriebe Einzelantriebe bedingt	Gruppen- und Einzelantriebe	Einzelantriebe
Motorenart	perm. erregte Synchronmotoren, Reluktanzmotoren, Asynchronmotoren mit niedriger Läuferklasse		Asynchronmotoren mit niedriger Läuferklasse und niedriger Streuinduktivität
Betriebsart	nur Antriebsmoment / Antriebs- und Bremsmoment	nur Antriebsmoment / Antriebsmoment, Bremsmoment nur bedingt	Antriebs- und Bremsmoment
Drehrichtungsumkehr	im Stillstand durch Umschalten	mit zusätzlichem Steuer- und Regelteil kontinuierliche Umkehr der Drehrichtung	mit zus. Steuer- und Regelteil kontinuierliche Umkehr der Drehrichtung
Drehzahlstellbereich	1:10 (1:20)	1:∞	1:20 mit Zusatz 1:→∞
Eignung für Schweranlauf	kaum geeignet	sehr gut	gut
Momentenwelligkeit	unterhalb etwa 5 Hz stark bemerkbar	kaum bemerkbar, da von hoher Frequenz	unterhalb 5 Hz stark, mit Zusatzeinrichtung nur gering
Dynamik	mäßig	sehr gut	gut

Die Seriengeräte der Industrie umfassen einen Leistungsbereich von etwa 10 bis 750 kVA.

Im Leistungsbereich > 10 kVA werden Thyristoren eingesetzt, so daß die maximale Ausgangsfrequenz ≈ 150 Hz beträgt. Im Bereich < 10 kVA werden Leistungstransistoren eingesetzt; hierdurch sind Ausgangsfrequenzen von ≈ 500 Hz erreichbar (Bild 3.75). Pulsumrichter werden für folgende Antriebe eingesetzt:

chemische Industrie (wartungsarm, Ex-Schutz)
Schleifmaschinen
Fräsmaschinen (hohe Drehzahl)
Bahnantriebe (wartungsarm, geringes Gewicht und Volumen)

Tabelle 3/5 zeigt eine Übersicht über selbstgeführte Umrichter für drehzahlgeregelte Drehstromantriebe. Sie ist den Unterlagen der Fa. Siemens entnommen.

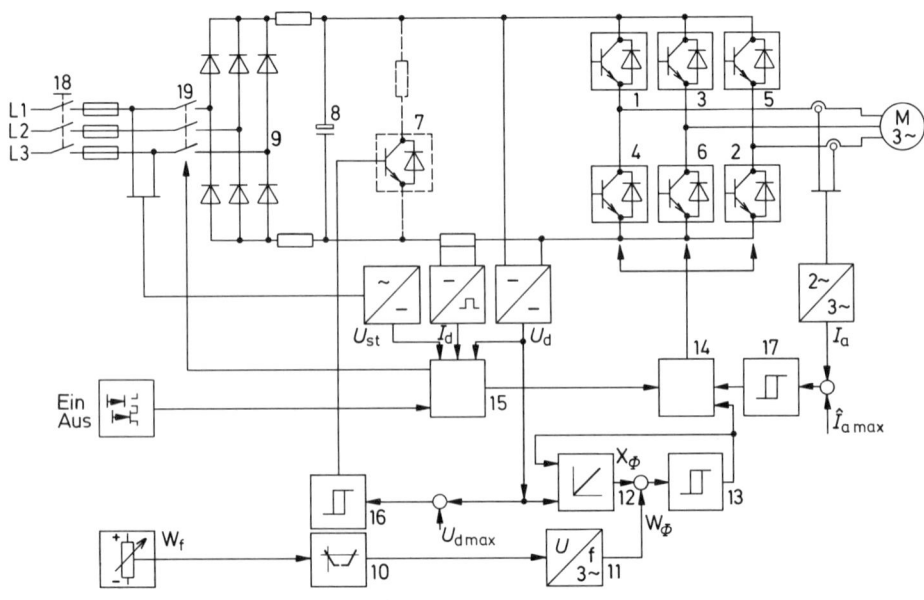

1 bis 6 Transistorschalter des Wechselrichters mit antiparallelen Freilaufdioden

7 Transistorschalter für Bremswiderstand	13 Zweipunkt-Flußregler
8 Zwischenkreiskondensator	14 Wechselrichter-Ansteuerlogik
9 Netzgleichrichterbrücke	15 Zentrale Störungsüberwachung
10 Steilheitsbegrenzer	16 Ansteuerlogik für den Widerstandsschalter
11 dreiphasiger spannungsgesteuerter Sinusgenerator	17 Zweipunktregler zur Strombegrenzung
12 Maschinenflußnachbildung	18 Hauptschalter
	19 Eingangsschütz

Bild 3.75 Pulswechselrichter mit Transistoren

Stichwortverzeichnis

A

Abfallverzögerung 231
Ablaufsteuerungen 309
Abschaltverhalten (Schmelzsicherungen) 244
Aderzahlermittlung 276
Anker 15, *16
Ankergegenfeld 167
Ankermitfeld 168
Ankerquerfeld 35, 167
Ankerrückwirkung 35
Ankerstellbereich 359
Anlasser 22
Anlaßdrossel 153
Anlaßkondensator 154
Anlaßverfahren
    Drehstrom-Asynchronmotoren 129
    Schleifringläufermotoren 133
Anlaßwiderstand 153
Anordnungsplan 274
Anschlußbezeichnung elektr. Maschinen 13
Anschlußplan 273
Antriebsglieder 209
Anweisung (speicherpr. Steuerungen) 324
Anwurfmotor 153
Anzugsmoment 117
Anzugsverzögerung 231
asynchron 112
Ansynchrongeneratoren 150
Asynchronlinearmotor 125
Asynchronmaschinen
    Drehstrom- 111
    Einphasen- 151
Ausgabebaugruppen 319
Ausschaltverzögerung 231
Aussetzbetrieb 29
Außenpolmaschinen 162
Automatisierungsgerät 315
Autotransformator 108

B

Backenbremse 73
Barlowsches Rad 79
Bauformen (Maschinen) 31
Bauleistung (Transformator) 109
Begrenzer 232
Begrenzungssteuerung 292
Belastungsarten 29
Belastungsdauer 29
Berührungsschutzkondensator 78
Betriebsarten 28
Betriebsklassen 247
Betriebskondensator 154
Bimetallauslöser 251
Bimetallrelais 256
Binäre Steuerungen 299
Bistabile Kippglieder 333
Blasmagnet 215
Blindleistung 123
Blindleistungsgenerator 176
Blindleistungsmaschine 175
Blockschaltbild 269
Bremsgenerator 74
Bremsschaltungen
    (Gleichstrommaschinen) 78
Bremswächterschaltung 295
Bruchlochwicklung 118
Brückenschaltung
    halbgesteuerte 355
    sechspulsige 353
    zweipulsige 353
Buchholz-Schutzrelais 88
Bürstenabhebevorrichtung 113
Bus-System 321

C

CEE-Steckvorrichtungen 240
Clophen 86

393

D
Dämpferwicklung 163
Dahlanderschaltung 141, 143, 291
Dauerbetrieb 29
Deri-Motor 187
Diazed-System 243
Direktumrichter 378
Doppelinduktorkamm 125
Doppelkäfigläufer 120
Doppeldreieckschaltung 145
Doppelschlußgenerator 48
Doppelschlußmotor 66
Doppelsternschaltung 143, 145
Dreileitergenerator 55
Dreipulsmittelpunktschaltung 345
Drehfeld
    elliptisch 153
    invers 155
    kreisförmig 111
Drehfeldmaschinen 203
Drehmomente 117
Drehmomentkennlinien
    Doppelschlußmotor 68
    Fremderregter Motor 69
    Kurzschlußläufermotor 122
    Nebenschlußmotor 60
    Schleifringläufermotor 117
    Reihenschlußmotor 63
    Universalmotor 64
Drehstrombrückenschaltung 346
Drehstrommotor
    Asynchron- 111
    Kurzschlußläufer- 118
    Linear- 125
    Nebenschluß- 193
    Reihenschluß- 191
    Reluktanz- 178
    Schleifringläufer- 112
    Stromwender- 191
Drehstromsteller 377
Drehtransformator 148
Drehzahlregler 357
Drehzahlstellbereich 359
Drehzahlsteuerung
    Drehstromasynchronmotoren 136
    Gleichstrommotoren 70
    Stromrichter 375
Drehzahlwächter 234

Dreileiternetz (Gleichstrom) 54
Druckknopftaster 225
Druckwächter 233
Dunkelschaltung 51, 170
Durchgangsleistung (Transformator) 109
Durchlaufbetrieb 29

E
Eigenerregung 28
Einankerumformer 199
Einfachinduktorkamm 125
Eingabebaugruppen 317
Einphasenfeld 153
Einpulsschaltung 344
Ein-Quadranten-Betrieb 362
Einschaltdauer (siehe Betriebsarten 28)
Einschaltverzögerung 231
Einwegschaltung 344
Eisenverluste 75
elektrische Bremsung 135
elektrische Welle 147
elektrodynamisches Schweben 128
elektromagnetisches Schweben 128
Elektronikschütze 238
Endtaster 227
Energieumformung 203
Engewiderstand 213
Entionisierungskammer 215
EPROM-Speicher 323
Erregerarten (Gleichstromgeneratoren) 27
Erregermaschine 165
Erregerverluste 75
Erregerwicklung 15
Euro-Stecker 239

F
Feinsicherungen 248
Feldstellbereich 359
Feldsteller 18
Ferranti-Effekt 169
Feuerungsanlage 297
Flüssigkeitsdampfanlasser 133
Folgeschaltung 281
Freiauslösung 251
fremderregter Generator 42
fremderregter Motor 68
Fremderregung 27
Fremdwiderstand 213

Frequenzänderung 138
Frequenzumformer 197
Förderbandschaltung 294
Funken
  Entstehung 214
  Löschung 215
Funkentstörung 76
Funktionen (logische) 301
Funktionsbeschreibung 277
Funktionskennzeichen 301
Funktionspläne 308

G
Gegenstrombremsung 78, 135
Generatoren
  asynchron
  Doppelschluß- 48
  fremderregt 42
  Nebenschluß- 45
  Reihenschluß- 47
  Synchron-
Geräteschutzsicherungen 248
Geräteverdrahtungsplan 273
Gleichpol-Schrittmotor 181
Gleichrichten 339
Gleichrichterbetrieb 350
Gleichstrombremsung 136
Gleichstrom-Dreileiternetz 54
Gleichstromgeneratoren 23, 25, *35
  Parallelschaltung 50
Gleichstrommotoren 57
  Doppelschluß- 66
  fremderregt 68
  Nebenschluß- 60
  Reihenschluß- 63
Gleichstromsteller 371
Gleichstromumrichten 340, 369
GLS-Schalter 252
Grenztaster 227
Grundschaltungen 279

H
Halbleiterspeicher 323
Haltegliedsteuerungen 280
Harmonische (Oberwellen) 121
Hauptfeld 36
Hauptschalter 264
Hauptschlußgenerator 47

Hauptstromkreis 259, 271
Hellschaltung 51, 170
Hilfspole 39
Hilfsstrang 157
Hilfsstromkreis 260, 272
HLS-Schalter 252
Hochstabläufer 120

I
Impulsschaltungen 280
Impulssteuersatz 349
Induktionsmotor 112
Induktorkamm 125
Industrie-Steckvorrichtung 240
Innenpolmaschinen 162

J
Joch 15

K
Käfigwicklung 118
Kappsches Dreieck 92
Kaskadenschaltung 292
Keilstabläufer 120
Kennbuchstaben 268
Kerntransformator 81, 83
Kippmoment 117
Klauenpol-Schrittmotor 181
Kleintransformatoren 105
Klingeltransformatoren 108
Kohlebürsten 15
Kollektor 16
Kompensation (Blindleistung) 124
Kompensationswicklung 39
Kompoundgenerator 48
Kommutator 16
Kommutierung 338
Kommutierungsdauer 351
Kontaktwerkstoffe 213
Kontrollschaltungen 285
Koordinatensystem 272
Kühlanlagensteuerung 286
Kurzschlußläufermotor 118
Kurzschlußringe 118
Kurzschlußspannung 92
Kurzschlußstrom (Transformator) 92
Kurzzeitbetrieb 29
Kusa-
  Anlasser 129
  Schaltung 287

L

Läuferanlasser 114
Läuferspannung 118
Lagenwicklung 83
Lastschalter 219
Lastverluste 75
Lastwinkel 173, 175
Lebensdauer 217, 237
Leerlaufdurchflutung 88
Leerlaufverluste 75
Leerschalter 219
Leistungsflußschaubild 75
    Asynchronmotor 123
Leistungsmessungen an Maschinen 73
Leistungsschalter 220, *255
Leistungsschild
    Einphasenasynchronmotor 152
    Gleichstrommotor 69
    Schleifringläufermotor 118
    Synchronmaschine 166
    Transformator 91
Leitungsschutzschalter 250
Leitungsverlegungsbestimmungen 261
Leonardschaltung 71
Lichtbogen-
    Entstehung 214
    Löschung 215
Lichtbogenschweißtransformator 102
Linearmotor 125
LS-Schalter 252
Lücken (Stromrichter) 348
Luftentfeuchter (Transformator) 86
Luftschütze 235

M

Magnetauslöser 251
magnetisches Rad 127
Magnetpulverkupplung 132
Magnetschwebebahn 127
Manteltransformator 81
Maschinenstörungen 206
Meisterschalter 222
Meldeleuchten 230
Merker 321, 327
Mikroschalter 224
Mittelleiter (Gleichstrom) 55
Momentschalter 224
Motorgeneratoren 196

Motorschalter 220
Motorschutzschalter 253
Motorvollschutz 258

N

Nachlaufbremsung 78
NAND-Verknüpfung 303, 330
Nebenschlußgenerator 45
Nebenschlußmaschinen 205
Nebenschlußmotor 60
Negierung 301, 326, 329
Neozed-System 243
Netzumschaltung (automatisch) 296
NH-Sicherungen 248
NICHT-Funktion 302, 329
Niederspannungshochleistungs-
    sicherungen 248
Nockenschalter 221
NOR-Funktion 304, 331
Not-Aus-Einrichtung 264
Not-Aus-Taster 227

O

Oberwellen 121
Ölausdehnungsgefäß 88
Ölschütze 237
Ölkessel (Transformator) 86
ODER-Verknüpfung 302, 329
Operanden 325, 327
Operationen 325, 326

P

PAM-Wicklungen 143
Parallelschaltungen
    Gleichstromgeneratoren 50
    Synchrongeneratoren 169
    Transformatoren 100
Pendelmaschine 74
Perilex-Steckvorrichtungen 240
Phasenfolge 169
Phasenlage 169
Phasenschieber 175
Pilotkontakt 241
Polamplitudenmodulationswicklungen 143
Polhörner 177
Polkörper 16
Polpaarzahlen 139
Polrad 162

Polradwinkel 173, 175
Polumschaltungen 139
Potentialzahlen 276
Primäranker 113
Primärwicklung 84
Programmeingabe 334
Programmgeber (mechanisch) 229
Programmiergerät 334
Programmierung von Steuerungen 334
Programmspeicher 319, 321
Prozeßabbild 321
Pulsumrichter 378, 388
Pulswechselrichter 388

Q
Quadranten-Antriebe 362
Quadranten-Systeme 340
Quecksilberschaltkontakt 214

R
RAM-Speicherbaugruppen 323
Rastschalter 221
Reaktionsschiene 125
Reihenschlußgenerator 47
Reihenschlußmaschinen 205
Reihenschlußmotor 63
Relais 230
Reluktanzmotor 178
Remanenzschütze 238
Repulsionsmotoren 187
Röhrenwicklung 83
Rotorverluste 122
Rundstabläufer 119
Rush-Strom 129

S
Sattelmoment 117
Schaltbedingungen 217
Schalter 219 ff
Schaltfolge 226
Schaltgeräte 212
Schaltglieder 209
Schaltgruppen (Transformator) 96
Schalthäufigkeit 217
Schaltkontakte 212
Schaltungsunterlagen 264
Schaltvermögen 216, 250, 253
Schaltwegdiagramm 228

Schaltzeichen
    Bedeutung 209
    binäre 299 ff
    Symbole 210
Scheibenläufermotor 79
Scheibenwicklung 83
Schenkelpolläufer 162
Schleifringläufermotor 112
    Drehzahlsteuerung 382
Schleifringläuferschaltung 295
Schlupf 115, 204
Schlupfdrehzahl 137
Schlupfspannung (Drehstrom-
    nebenschlußmotor) 194
Schmelzsicherungen 242
Schnittbandkern 105
Schraubautomaten 251
Schrittmotoren 179
    Ansteuerungsarten 182
    Schrittfrequenz 184
    Schrittwinkel 184
Schütze 235
Schutzarten 31, 219
Schutzeinrichtungen 242
Schutzkontaktsteckdose 239
Schutzobjekte 247
Schutzschalter 242
Sechspulsbrückenschaltung 346
Sekundäranker 114
Sekundärwicklung 84
Selektivität 248
Selbsterregung 27
Senkbremsung 78
Sicherheitstransformatoren 108
Sicherungsselektivität 248
Signalpegel 299
Spaltnut 158
Spaltpolmotor 158
Spannungsteilermaschinen 110
Spannungsumschaltungen (Drehstrom-
    maschinen) 145
Spartransformatoren 108
Speicherbaugruppen 321
Speicherglieder 332
speicherprogrammierbare Steuerungen
    313 ff
Spieldauer 29
Spielzeugtransformatoren 108

Spulenwicklung 83
Ständer 15
Ständeranlasser 129
Ständerverluste 122
Stauschieber 88
Steckvorrichtungen 238
Steinmetzschaltung 160
Stellanlasser 22
Stellschaltungen 279
Stelltransformatoren 102
Stern-Dreieck-
  Anlaßverfahren 129
  Schaltung 288
Steueranlasser 22
Steuerschalter 221
Steuerspannungen 262
Steuertransformator 262
Steuerungsbeispiele 286
Steuerungsentwurf 279
Steuerwerk (speicherprogrammierbar) 319
Stirnringe 118
Störungen an elektrischen Maschinen 206
Streufelder 91
Streufeldtransformator 102
Streujoch 103
Streunutläufer 119
Strombegrenzungsklassen 251
Stromkreise (Bestimmungen) 259
Stromlaufpläne 269
Stromregler 357
Stromrelais 232
Stromrichter (Tabelle) 370
  Drehrichtungsumkehr 360
  geregelt 356
  gesteuert 348
  Momentenumkehr 360
  vollgesteuert 361
Stromrichterschaltungen 349
Stromrichtertechnik 339
Stromstoßrelais 231
Stromstoßschalter 231
Stromverdrängungsläufer 120
Stromwender 16
Stromwendermaschinen 186
Stromwendung 37
Stufentransformator 102
Synchrongenerator 166
Synchronisiervorgang 169

Synchronmaschinen 162
Synchronmotor 173
Synchronoskop 172

T
Taster 227
Tastschalter 225
Teillochwicklung 118
Temperaturwächter 234
thermisches Überstromrelais 256
Thermostat 234
Thyristor-Gleichstromsteller 371
Tippbetrieb 280
Trägerstaueffekt 341
Transformatoren 81
  Belastungsfall 89
  Kleintransformatoren 105
  Klingeltransformatoren 108
  Kurzschlußspannung 92
  Leerlaufbedingungen 88
  Leistungsschild 91
  Lichtbogenschweißtransformator 102
  Parallelschaltungen 100
  Schaltgruppen 96
  Sicherheitstransformatoren 108
  Spannungserzeugung 88
  Spartransformatoren 108
  Spielzeugtransformatoren 108
  Stelltransformatoren 102
  Streufeldtransformatoren 102
  Stufentransformator 102
  Trenntransformator 107
  Zickzackschaltung 97
  Zündtransformatoren 107
Transistor-Gleichstromsteller 371
Trommelanker 17

U
Übergangswiderstand 213
Überkommutierung 38
Überlappungswinkel 341
Überlappungszeit 340
Übersichtsschaltplan 266
Umformer 196
Umlaufschaltung 170
Umrichter (Tabelle) 390
  mit konstanter Zwischenkreis-
  spannung 388

mit Spannungszwischenkreis 386
mit Stromzwischenkreis 384
mit variabler Zwischenkreisspannung 386
mit Zwischenkreis 383
Umspanner 81
UND-Verknüpfung 301, 328
Universalmotor 64
Unterkommutierung 38
untersynchrone Stromrichterkaskade 382

V
Verbindungsplan 273
verbindungsprogrammierte Steuerungen 313
Verbundgenerator 48
Verknüpfungen (logische)
  NAND 303
  NICHT 302
  NOR 304
  ODER 302
  UND 301
Verknüpfungssteuerungen 308
Verluste (Gleichstrommaschinen) 74
Verriegelungsschaltungen 282
verstürzte Wicklung 84
Verzögerungsglieder 306
Verzögerungsschaltungen 282
Vier-Quadranten-Betrieb 340, 361
V-Kurve (Synchronmotor) 176
Vollpolläufer 162

W
Wächter 232
Wahrheitstabelle 300
Walzenschalter 222

Wanderfeldmotor 126
Wechselrichten 339
Wechselrichterbetrieb 351
Wechselrichterkippen 351
Wechselrichtertrittgrenze 351
Wechselstromsteller 377
Wechselstromumrichten 339
Wendelwicklung 84
Wendepole 39
Wendeschützschaltung 292
Wicklungen (Transformatoren) 83
Widerstandsbremsung 78
Wirbelstrombremse 73
Wirkungsgrad (Maschinen) 74

Z
Zeichenregeln 266
Zeitbaugruppen 319
Zeitglieder 306, 333
Zeitrelais 230
Zentralbaugruppe 319
Zickzackschaltung 97
Zündtransformatoren 107
Zündwinkel 348
Zusatzverluste 75
Zusatzwicklung 146
Zweifachstromrichter 365
Zweiphasenschaltung
  (Schleifringläufermotor) 118
Zweipulsbrückenschaltung 345
Zweipulsmittelpunktsschaltung 344
Zwei-Quadranten-Betrieb 361
Zwischenkreisumrichter 378
Zylinderwicklung 83

399